재료 상평형 시뮬레이션

Materials Phase Equilibrium

조경식 지음

Materials Phase Equilibrium

재료 상평형
시뮬레이션

인 쇄: 2024년 12월 13일 초판 1쇄
발 행: 2024년 12월 20일 초판 1쇄

저 자: 조경식
발행인: 송 준
발행처: 도서출판 홍릉
주 소: 01093 서울시 강북구 인수봉로 50길 10
등 록: 1976년 10월 21일 제5-66호

전 화: 02-999-2274~5, 903-7037
팩 스: 02-905-6729
e-mail: hongpub@hongpub.co.kr
http://www.hongpub.co.kr
ISBN: 979-11-5600-251-2(93560)

정 가: 29,000원

재료 상평형 시뮬레이션

조경식 지음

Materials Phase Equilibrium

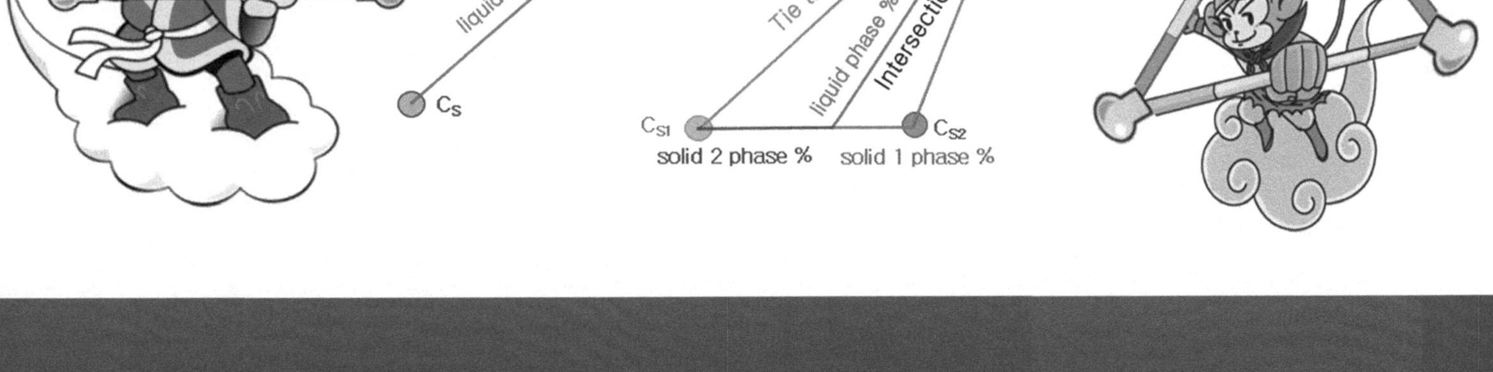

도서출판 홍릉

지은이 소개

조경식 (Ph. D)

연세대학교 세라믹공학과에서 학사, 석사 및 박사학위를 취득하고 KIST에서 Post Doc.을 거쳐 금오공과대학교 신소재공학부에 재직하며 세라믹 공학에 대한 강의와 연구 활동을 하고 있다. U.C. Davis에서 Visiting Scientist로서의 연구 활동, 한국세라믹학회 대구·경북지부장 및 첨단소재·부품 자기주도형 창의교육사업단장 등을 역임하였다.

머리말

세라믹스와 금속 소재의 물성은 미세구조의 구성 요소인 상(phase)의 종류, 조성 및 분율에 깊이 연관되어 있다. 소재의 미세구조는 제조공정의 압력, 온도 및 조성 조건에서 일어나는 상의 반응과 변화에 따라 달라진다. 따라서 조건 변화에 따른 소재의 상태 변화를 이해하면, 원하는 미세구조와 좋은 특성의 소재를 만들 수 있다.

상평형도(equilibrium phase diagram)는 압력, 온도 및 조성 조건에 따라 평형 상태에서 존재하는 상의 종류, 조성 및 분율이 어떠한지를 나타낸 그림이다. 특별히 대기압에서 일정한 조성의 소재를 열처리하여 제조하는 일반적인 공정의 경우에는 상평형도의 등조성선 연구를 이용하면 상과 미세구조가 어떻게 변하는지를 쉽게 이해할 수 있다.

재료를 다루는 엔지니어는 상평형도가 제공하는 많은 정보를 잘 이해하면, 좋은 소재를 만들고, 잘 활용하는 데뿐만 아니라, 더 유용한 새로운 소재를 찾는 데 도움이 될 것이다.

여기서는 재료공학의 저술이나 학술논문 및 인터넷 자료를 통하여 1, 2, 3성분계 상평형도를 이해하는 데 필요한 기초적인 내용인 상평형도의 종류, Gibbs 상률, 불변 반응, 지렛대 원리 및 Alkemade 정리 등을 우선 정리하였다.
그리고 2성분계와 3성분계의 냉각 시뮬레이션에 대한 구체적인 예를 들어 시각적 효과를 통해 상평형도의 이해도를 높이고자 하였다. 특정 온도-조성의 평형 상태에서 존재하는 상은 2상 영역에서는 공액선(tie line)을 적용하고 3상 영역에서는 공액 삼각형(tie triangle)을 적용하며 3성분계의 최종 냉각에서는 조성 삼각형(composition triangle)을 적용하여 분석하는 방법을 제시하였다. 이러한 분석 도구를 활용하여 상분석 하는 것은, 마치 손오공이 여의봉 또는 삼각형 무기와 같은 마법의 도구로 어려운 상황을 극복하는 것처럼, 유능한 재료공학자로 성장하는 데 도움을 주고자 하였다.

현장에서 소재를 만들고 활용하고 개발하는 엔지니어가 관심 소재에 대한 상평형도에서 되도록 많은 정보를 찾아내면서 행복하였으면 좋겠다.

이 책을 완성하기까지 상평형 수업을 같이한 동료 교수들에게 감사하고, 마지막 정리하는 단계에서 기꺼이 애정으로 논의하고 아름다운 문장으로 수정해 주신 이상우 교수님에게 고마움을 전하며, 휴일에도 당근라페 샌드위치로 응원한 가족에게 특별한 감사를 드립니다.

2024년 가을
조 경 식
조경식

차 례

제 1 장 상평형도와 미세구조

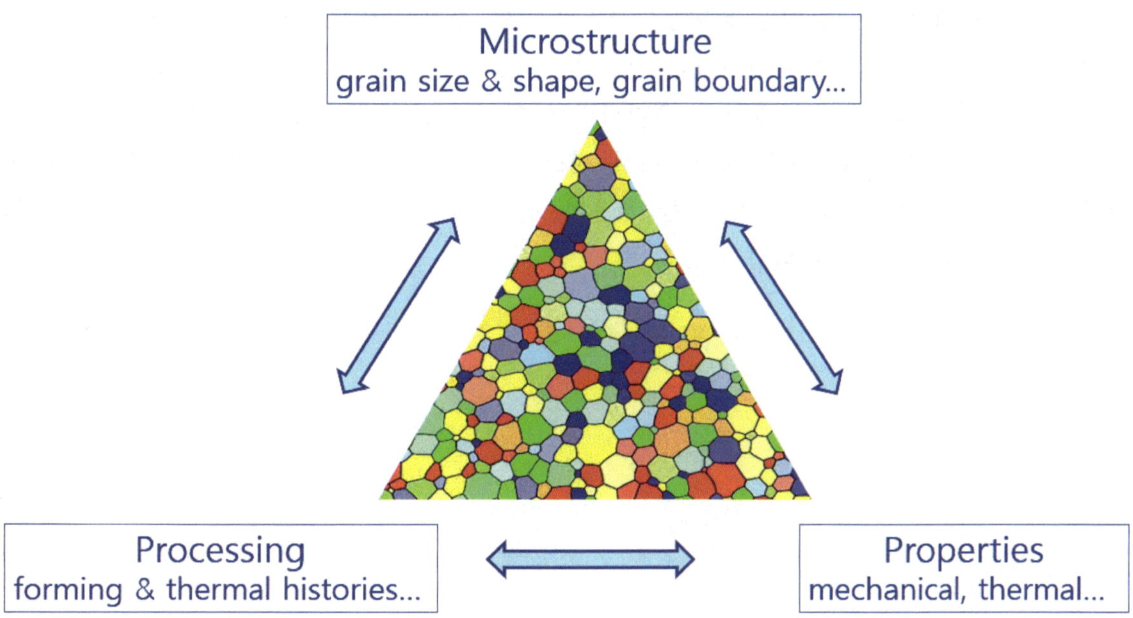

제 1 장 상평형도와 미세구조(Equilibrium Phase Diagram and Microstructure)

상평형도(equilibrium phase diagram) 또는 상태도(phase diagram)는 압력, 온도 및 조성에 따라서 열역학적으로 평형을 이루고 있는 어떤 계(system)가 갖는 상의 상태를 나타내는 도표이다. 하나 또는 몇 개의 물질(substance)이 독립적으로 하나의 상태를 이루고 있는 것이 계이고, 계는 하나 이상 성분(component)의 조성(composition)으로 구성되며 물리적, 결정학적으로 구분이 가능한 하나 이상의 상(phase)을 갖고 있다. 특정 조성을 가진 액상은 서서히 냉각되면서 맨눈으로 구분이 가능한 고상으로 분리 응고(고화)된다. 이때 압력, 온도와 조성에 따라 각 상이 생성되는 정도를 표시해 놓은 것이 상평형도이다. 즉, 상평형도는 관심을 두고 있는 물질의 대상인 계가 주어진 압력, 온도 및 조성의 평형조건에 따라 액상인지, 고상인지, 고상은 어떤 결정상인지 그리고 액상과 각 고상의 조성과 분율이 얼마인지 등, 계의 상태를 알 수 있게 표시해 놓은 그림으로 이해하면 된다.

상평형도로부터, 물질을 구성하는 기본적인 성분이 한 종류의 원소(element)이거나 2종 이상의 원소가 일정 비율로 화학적 결합한 화합물(compound)인 순물질(pure substance)의 상태 변화를 알 수 있다. 또한, 둘 이상의 순물질이 섞인 혼합물(mixture)이 특정 압력, 온도 및 조성에서 평형 상태에 도달할 때, 상평형도를 통하여 어떠한 상들이 존재하는지, 각 상의 조성은 어떠한지, 그리고 각 상은 얼마만큼 존재하는지를 알 수 있다. 따라서 상태도의 정보를 통하여 계의 압력, 온도 또는 조성이 달라지면 평형 상태에서 어떤 상이 얼마나 존재(생성 또는 소멸 포함) 하는지, 각 상의 조성은 어떻게 바뀌는지, 한 화합물(또는 원소)에 다른 화합물(또는 원소)이 얼마나 고용되는지를 알 수 있을 뿐만 아니라, 고화(또는 용융, 분해)가 어느 조건에서 개시되는지, 어떤 화합물(또는 원소)의 상전이(phase transformation) 또는 상 분리(phase separation)가 어느 조건에서 일어나는지도 알 수 있다.[1,2]

상평형도는 계가 조건 변화에 따라 평형이 유지되면서 일어나는 반응의 상태를 나타낸 것으로서, 실제 반응이 평형에 도달할 수 없는 짧은 시간이어서 원소의 확산(diffusion)이 충분히 일어나지 않는 경우나 국부적으로 분말의 혼합이 충분하지 못한 경우와 같이, 비평형(nonequilibrium) 반응이 진행되면 상평형도에 제시된 상태와 똑같이 나타나지는 않는다.

1.1 계, 상, 성분 및 조성(System, Phase, Component and Composition)

상평형도의 유용한 정보를 알아내기 위해서는 상평형도에서 사용하는 용어인 계, 상 및 성분에 대한 정확한 이해가 필요하다.

1.1.1 계

계(system)는 실험적으로 연구하는 재료 영역의 일부분으로서 하나 또는 몇 개의 물질(이후에 서술하는 '상'을 의미함)이 독립적으로 하나의 상태를 이루는 것이다.

① 변하는 조건에서 그 안에서 일어날지 모르는 변화를 고려할 때, 그 주변으로부터 완전히 그리고 임의로 고립될 수 있는 재료 영역의 일부분

② 평형 상태에서 한 상만으로 구성된 계는 균일(homogeneous)하다고 하며, 둘 이상의 상을 갖는 계는 불균일(heterogeneous)하다고 함.

1.1.2 상

상(phase)은 계 내에서 조성과 미세구조 면에서 주변의 영역들과는 다른 균질 영역(homogeneous regions)으로서, 특정한 조성을 가지고 있고, 물리적, 결정학적으로 균질하다. 계 내의 상들은 경계면에 의해 서로 구분된다.

① 계 내에서 특정한 조성을 갖는 유한 영역의 물질 부분으로서, 물리적, 결정학적(밀도, 결정구조, X선 회절 거동, 광학적 성질)으로 균질함.

② 일반적인 고체의 상은 특정 조성과 특정 결정구조를 갖고 있으므로 조성 또는 결정구조가 다르면 다른 상이고, 기체나 액체의 상과 고용체(solid solution)는 조성이 특정되지는 않아도 같은 상으로 간주함(불혼화 액체는 다른 상으로 취급).

③ 다양한 상으로 구성된 불균일한 계는 적어도 이론상으로는 여러 상을 각각 기계적으로 분리할 수 있음.

물질의 3가지 상태인 기체, 액체 및 고체 상태를 상의 관점에서 살펴보면, 기체는 서로 완전히 용해되어(섞여) 단 하나의 상으로 된 단일상(또는 단상, single phase)이고 액체는 구성 성분 사이에 용해도가 있느냐와 없느냐에 따라 단상과 다상(polyphase 또는 multiphase)으로 구분된다.

즉, 두 화합물(또는 원소)이 균일하게 섞여 있는 일반적인 액체 화합물(liquid compound), 예를 들어 설탕물 또는 소주는 용매(solvent)인 물에 용질(solute)인 설탕 또는 알코올이 균질하게 섞여 있는 용액(solution)으로서, 서로 다른 화학적인 물질로 이루어진 단상 물질이다. 다시 말해, 이러한 액체 화합물 용액은 용질의 농도가 변해도 새로운 상을 정출하지 않고, 조성이 변하더라도 균일한 특성이 변하지 않을 뿐 아니라, 물리적 구조가 급격히 또는 뚜렷하게 변하지 않기 때문에 단상으로 취급한다. 그러나 용해도가 없어 균질하지 않은 불혼화 액체{immiscible liquids, 예로 (물 + 수은), (물 + 기름) 혼합 액체}는 각각의 액체가 물리적으로 구별되기 때문에 다상으로 취급한다.

이상에서 설명한 구성 성분 사이의 용해도에 따른 상 분류의 예를 Fig. 1.1에 나타내었다. Fig. 1.1(a)에서 보이는 H_2O의 3가지 형태는 각각 다른 단상이다. Fig. 1.1(b)에 보인 것처럼, 용매인 물에 용질인 알코올이 용해도 한계 이하로 섞여 있는 수용액은 단상이지만, Fig. 1.1(c)와 같이 용해도 한계 이상의 소금이 섞여서 생긴 (소금물 용액 + 소금 침전물) 혼합물과 Fig. 1.1(d)와 같이 서로 용해도가 없어서 전혀 섞이지 않는 (물 + 기름) 혼합물은 2상이다. 한편, 소금물 용액과 함께 얼음 및 소금 침전물이 공존하는 혼합물은 3상으로 취급한다.

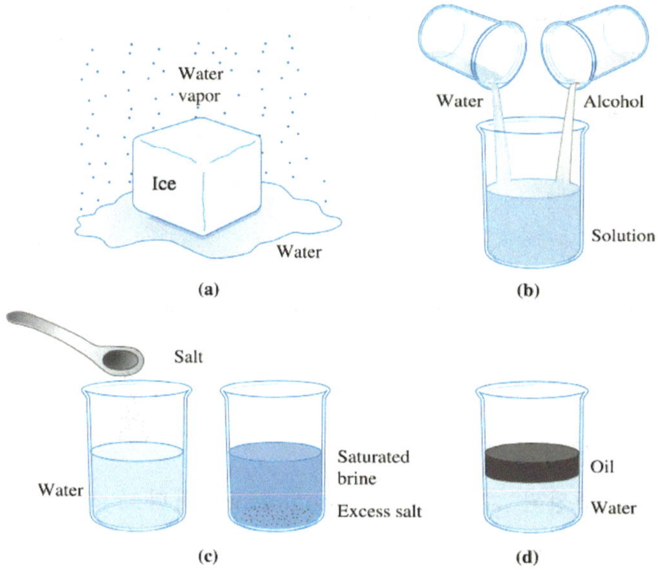

Fig. 1.1. Illustration of phases and solubility: (a) water(H_2O) in gas, liquid, or solid form is each a phase, (b) water and alcohol have infinite solubility, (c) salt and water have finite solubility and (d) oil and water have virtually no solubility.[3]

물질의 고체 상태는 상의 관점에서는 무정형(amorphous) 또는 비정질(non-crystalline) 고체와 결정질(crystalline) 고체로 구분*하여 각각의 상으로 취급한다. 같은 조성의 결정질 고체라도 화학종의 3차원적 배열의 주기적 규칙성이 서로 다르면 결정학적으로 구별할 수 있어서 각각 다른 상이다.[4-6] 예를 들어, 실리카(SiO_2)는 Fig. 1.2에 보인 것처럼, $[SiO_4^{-4}]$ 골격의 규칙성에 따라 비정질 상뿐만 아니라 쿼쯔(quartz), 트리디마이트(tridymite) 및 크리스토발라이트(cristobalite) 등의 결정질 상으로 존재한다.

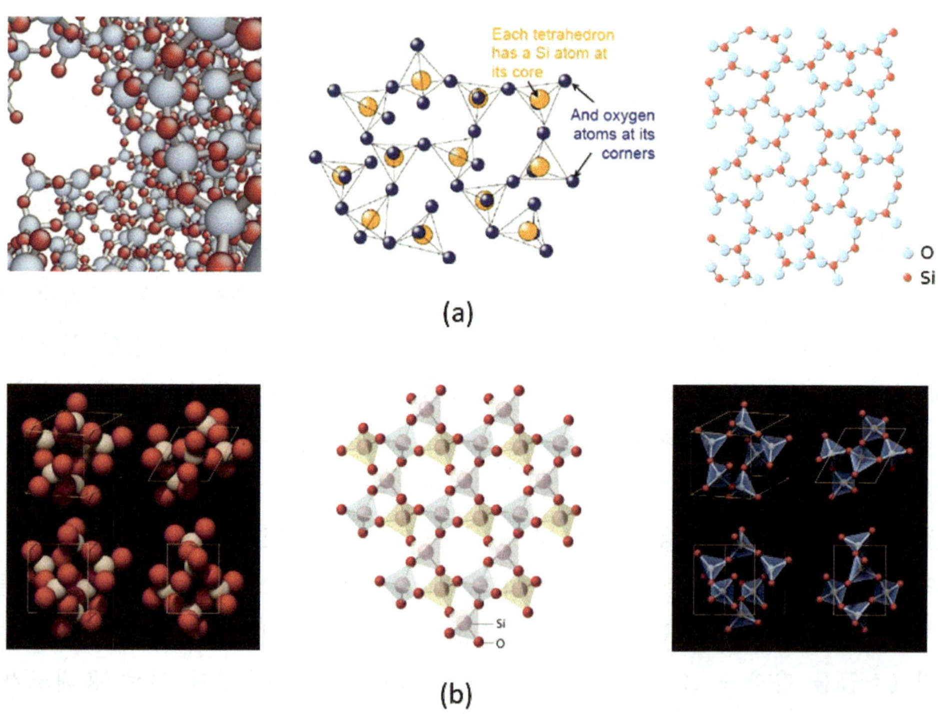

Fig. 1.2. Illustration of solid SiO_2 phases: (a) amorphous and (b) crystalline.

*고체는 구성하는 화학종(원자, 이온, 분자 단위)이 3차원적 배열의 주기적 규칙성(종류 + 위치 + 거리)을 갖는 결정질(crystalline) 고체와 규칙적 공간 격자를 이루지 않고 집합하여 생기는 고체 물질 상태인 무정형(amorphous) 또는 비정질(non-crystalline) 고체로 구분된다. 단거리 규칙성(short-range order)과 장거리 규칙성(long-range order)을 모두 가지고 있는 결정질 고체는 X-선 회절도에서 예리한 피크(sharp peak)가 나타난다. 그러나 비정질 고체는 단거리 규칙성을 가질지라도 장거리 규칙성을 띠고 있지 않기 때문에 X-선 회절도에서 나타나는 피크는 넓고 무딘 선(선폭 확장, line broadening)의 특징을 갖는다. 그리고 일반적으로 무정형 상태의 용융 액체 상태에서 냉각 시, 결정화되지 않고 고화한 과냉각된 액체 상태(supercooled liquid)를 유리(glass)라 한다.

그러나 결정질 고체 중에는 같은 결정구조를 가지고 있지만 조성이 일정하지 않은 고용체(solid solution), 예를 들어 Cu와 Sn 원소의 조성비가 변하는 청동, 그리고 MgO와 Al_2O_3 산화물의 조성비가 변하는 스피넬(spinel) 고용체는 단상으로 취급한다. 반면, 고체의 광물 집합체, 불혼화 규산염(immiscible silicate)을 이루는 각각의 결정질 고체는 서로 다른 상이다.

1.1.3 성분과 조성

성분(component)은 계를 구성하는 화학 요소인 원소 또는 화합물로, 계에 존재하는 모든 상의 조성(composition)을 분율로 완전히 나타내는 데 필요한 독립 조성 변수를 구성하는 화학 요소이다. 단일 성분의 재료가 고려되는 1성분계에서는 성분의 수가 1이며, 둘 또는 세 금속이 함께 혼합되어 합금을 형성하는 경우와 같은 2성분계 또는 3성분계에서는 성분의 수가 2 또는 3이다. 따라서 2성분계 또는 3성분계에서 상의 조성은 존재하는 각 성분의 분율이다.

① 성분은 원소 혹은 화합물이 될 수 있음
- 1성분계{one-component(unary) system} : Fe, C, H_2O, SiO_2, Al_2SiO_5
- 2성분계{two-component(binary) system} : Fe-C, Fe-Fe_3C, Mg-Al, H_2O-NaCl, Al_2O_3-SiO_2
- 3성분계{three-component(ternary) system} : Fe-Cr-C, MgO-Al_2O_3-SiO_2
- 4성분계{four-component(quaternary) system}: Si-Al-O-N

② alumina-silica 계
- 계의 성분은 Al_2O_3와 SiO_2
  (∵ 모든 상의 상태와 반응을 이 두 성분만을 사용하여 나타낼 수 있기 때문)
- Al, Si 및 O는 계의 성분이 아님.
  (∵ 이들은 계를 정량적으로 표현할 수 있는 화학적 물질의 최소 단위가 아니기 때문)

Fig. 1.3은 다결정질 고체의 계, 상, 성분 및 조성의 구분을 보여주는 모식도이다. 이 계는 21x21개의 원자로 구성된 고체이고, 계의 성분은 노란색과 초록색 원자이다. 그리고 이 계는 α, β, γ, δ 및 θ의 5개의 상으로 구성되어 있다. α 상과 β 상은 노란색과 초록색 원자 성분의 비율이 1 : 1인 조성을 갖지만, 서로 다른 결정구조를 갖고 있다. γ 상은 노란색과 초록색 원자 성분의 비율이 2 : 1인 조성으로 다른 특정한 결정구조를 가지고 있다. δ 상과 θ 상은 노란색 원자 성분 100% 또는 초록색 원자 성분 100%의 조성을 가지며 각각 특정한 결정구조를 가지고 있다.

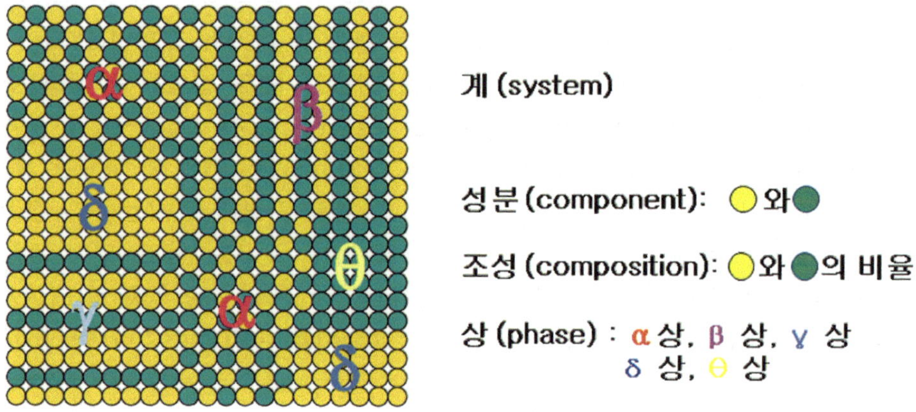

Fig. 1.3. Schematic illustration showing the distinction between polycrystalline system, component, composition and phase.

1.2 상평형도(Equilibrium Phase Diagrams)

1.2.1 평형

평형(equilibrium)은 외부 압력 또는 온도의 변화가 없는 경우, 그 계의 자유에너지(free energy)가 최소이고 시간에 따라 계의 상태가 변하지 않는 안정한 상태이다.

① 열역학적 평형(thermodynamic equilibrium): 계의 자유에너지가 최소가 되는 상태이고, Gibbs 자유에너지 변화($\Delta G = \Delta H - T\Delta S$, 반응에 대한 구동력)가 0일 때의 상태
(ΔH: 엔탈피 변화, T: 절대온도(K), ΔS: 엔트로피 변화)

② 화학적 평형(chemical equilibrium): 화학반응이 일어날 때, 정방향 화학반응 속도와 역방향 화학반응 속도가 같은 상태

③ 상평형(phase equilibrium): 압력, 온도 및 조성의 3개 조건 변수의 변화에 따라 계의 상태(상의 종류와 수)가 시간 경과에 따라 변하지 않고 안정한 상태

1.2.2 상평형도

앞서 기술하였듯이, 상평형도는 압력, 온도 및 조성 조건에 따라 평형으로 유지되는 계의 상태를 나타내는 그림이다. 즉 조건에 따라 어떤 상이 존재하며 그 영역이 어디까지이고, 상영역의 경계선(혹은 경계점)에서 어떤 반응이 나타나는지를 도식적으로 표시한 것이다.[7]

상평형도에서 상영역이란, 존재하는 상의 조합 상태가 균일한, 즉 상영역 내의 어떤 지점에서 다른 지점으로 이동해도(조건이 변해도) 상의 조합 상태(상의 종류와 수)가 변하지 않는 범위이다. 그리고 어떤 계가 상영역 경계를 벗어나는 것은 반응이 일어나는 것으로 이해하면 된다. 즉, 단상 액상 또는 (고상 + 액상)의 다상 계가 압력, 온도 또는 조성 조건이 바뀌어 다른 상영역으로 이동함에 따라 정출, 공정, 포정 및 고용반응 등이 일어난다.

문헌에 게시된 상평형도는 실험 연구로 결정된 것이거나 다양한 이론적 접근을 통하여 예측된 것이다. 두 방법 모두 고유한 제한사항을 가지고 있다. 실험 상평형도 사이의 불일치는 실험 규약뿐만 아니라 특정 물질의 상전이 특성에 따라 나타날 수 있다. 예측 상평형도는 일반적으로 개별 상의 Gibbs 자유에너지를 비교하여 상 사이의 경계와 용융 곡선으로 그린 것이다. 이 경우는 서로 다른 모델과 근사치를 가지고 계산하여 그린 것이므로 다수의 저자들이 보고한 상평형도는 서로 크게 다를 수 있다.[8]

Fig. 1.4는 일정한 압력에서 부분 고용체를 포함하는 가상의 A-B 2성분계 상평형도이다. 특정 압력의 응축 2성분계 상태도에서 온도(℃)는 세로축 선분에, 조성은 한 성분이 100%인 점에서 다른 성분이 100%인 점을 잇는 가로축 선분에 표시한다. 성분의 비율인 조성은 일반적으로는 중량 백분율(wt%)이 사용되지만, 때에 따라서는 몰 백분율(mol%) 또는 원자 백분율(at%)로 나타낼 때도 있다.

이 상평형도에는 3개의 단상 영역과 3개의 2상 영역 등 총 6개의 상영역이 존재한다. 즉, 지점 ①과 ⑧은 A에 B가 고용된 고용체 α의 단상 영역, 지점 ⑦, ⑭는 B에 A가 고용된 고용체 β의 단상 영역, 그리고 지점 ④는 액상 L만 존재하는 단상 영역의 지점이다. 또한 지점 ②, ③은 (액상 L + 고용체 α), 지점 ⑤, ⑥은 (액상 L + 고용체 β)의 2상 영역, 지점 ⑨, ⑩, ⑪, ⑫와 ⑬은 (고용체 α + 고용체 β)의 고상 혼합물이 존재하는 2상 영역의 지점이다.

이 상평형도에서 계의 상태가 유지되는 평형과 계의 상태가 변하는 반응은 다음과 같이 생각할 수 있다. 지점 ①에서 지점 ⑧로 온도가 변할 경우는 고상의 고용체 α만으로 유지되어 계의 상태가 평형을 유지한다. 지점 ②에서 지점 ①로 조성이 변하거나 지점 ②에서 지점 ⑨로 온도가 변하면, (액상 L + 고용체 α)이었던 계의 상태가 고용체 α로 바뀌거나 (고용체 α + 고용체 β)로 바뀐다. 이는 상영역의 경계를 넘어가면서 특정한 반응이 일어나기 때문이다. 그리고 상경계를 따라 지점 ⑮에서 지점 ⑯으로 이동

하는 경우는 온도와 조성이 같이 변하여도 (액상 L + 고용체 β)인 계의 상태가 변하지 않고 평형을 유지하는 것으로 이해하면 된다.

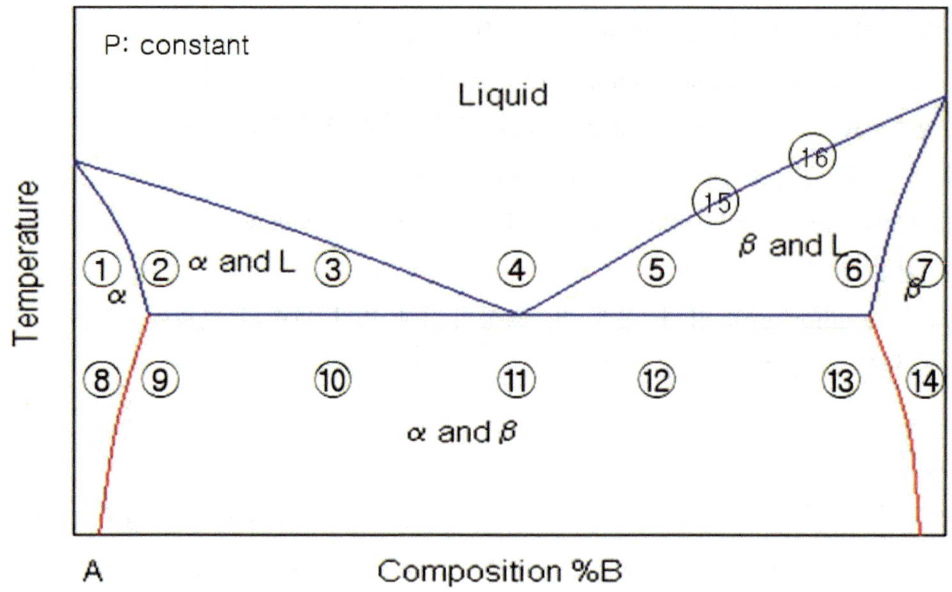

Fig. 1.4. Hypothetical A-B binary equilibrium phase diagram at a fixed pressure.

1.3 Gibbs 상률(Gibbs Phase Rule)

Gibbs§는 평형 상태의 계를 특정하기 위해서 성분의 수, 존재하는 상의 수와 지정해야 하는 세기 변수(압력 변수, 온도 변수와 조성 변수)※의 수 사이에 중요한 관계가 있음을 발견했다. 압력, 온도 및 조성의 변화에 따라 상태가 변하는 계가 평형 상태에 놓이기 위해 지정해야 하는 세기 변수의 수를 자유도(degrees of freedom) 또는 변화도(variance)라고 하고 기호 F로 정했다.[9] Gibbs 상률에 따르면, 화학반응이 없는 계가 평형 상태에 놓인다면, 식 (1-1)과 같이 상의 수와 자유도를 더한 값이 성분의 수에 2를 더한 것과 같다.

$$P + F = C + 2 \tag{1-1}$$

여기서, P는 상(phase)의 수이고, F는 자유도(degrees of freedom)이며, C는 성분(component)의 수이다.

평형 상태의 계를 기술하기 위해서는 세기 변수 중에서 값이 지정되어야 하는 일정 개수의 독립 변수(independent variables)가 있다. 식 (1-1)에서 숫자 2는 압력과 온도의 세기 변수를 의미하는 비조성 변수(non-compositional variables)의 값이고, 조성 변수(compositional variables) C의 값은 좀 더 정교하게 생각해야 한다. 압력이 일정한 계에서의 Gibbs 상률은 (P + F = C + 1)이 된다.

§Josiah Willard Gibbs는 1839년 2월 11일 미국의 New Haven에서 태어났다. 1854년 Yale 대학에 입학하여 수학과 라틴어를 전공하고 1858년 졸업했다. 그곳에서 학문을 계속하여 1863년 미국 최초로 공학으로 Ph-D를 획득했고, 라틴어와 자연철학을 강의하였다. 그 후 Paris, Berlin 그리고 Heidelberg 등 유럽에서 저명한 과학자로 활동하다가 미국으로 돌아가 1871년부터 Yale 대학의 수리물리학 교수를 하다 1903년 사망하였다. Albert Einstein은 '미국에서 이제까지 배출한 과학자 중 가장 창의적이고 독창적인 생각을 가졌으며, 중요한 발견을 한 사람'이라고 칭찬하였다.

화학에 열역학을 도입한 화학열역학을 연구하였으며 1876~1878년 발표한 '불균일 물질계의 평형'이라는 논문이 유명하다. 이 이론은 당시 화학열역학의 기초로서 성립되고 있던 물리화학에 중요하게 이바지하였고, Gibbs 자유에너지 개념이 현재까지 알려져 '열역학의 아버지'로 추앙받고 있다. 또한 열역학 이론을 구체화한 법칙, 이른바 'Gibbs의 상률'은 재료공학 및 과학의 발전에 공헌한 바 크다. 벡터 해석학에 관한 연구는 수학에서 중요한 의미가 있으며, 물리학에 쉽게 응용할 수 있는 시스템을 고안하였고, 벡터를 이용하여 혜성의 궤도도 발견하였다. 1902년에는 '통계역학의 기초원리' 등의 논문을 발표하였으며 통계역학 이론은 양자역학과 맥스웰 이론에 대한 수학적 틀을 제공하였다. 그가 남긴 '수학은 언어다.' '지식의 전당이 추구하는 주요 목표 가운데 하나는 모든 것을 가장 간명하게 볼 수 있는 관점을 찾는 일이다.'라는 명언은 두고두고 회자되고 있다.

※계의 상태 성질은 부피, 질량, 내부에너지, 엔탈피, 엔트로피와 같이 물질의 양에 비례하여 크기가 변하는 크기 성질(extensive property)과 온도, 압력 및 조성 등은 물질의 양과 무관한 세기 성질(intensive property)로 구분한다.

1.3.1 Gibbs 상률의 유도

성분의 수가 C일 때, 각 상의 조성은 (C - 1) 개의 변수로 정의된다. 즉, 각 상은 C 개의 성분 분율의 합이 1이어야 하므로, (C - 1) 개의 성분 분율을 정하면 나머지 한 개의 성분 분율은 자동으로 정해진다.

1성분계에서는 각각의 상이 한가지 성분만으로 구성되어 있으므로 성분 분율 변수는 없다(즉 0개이다). 2성분계에서는 어떤 상이 함유한 한 성분의 분율이 X라면 다른 성분의 분율은 (1 - X)로 정해지므로 성분 분율에 관련된 변수는 단지 X가 되어, 성분 분율 변수의 수는 (C - 1) = (2 - 1) = 1개이다. 3성분계에서는 어떤 상이 함유한 한 성분의 분율이 X_1이고 다른 성분의 분율이 X_2라면, 또 다른 성분의 분율 X_3는 $(1 - X_1 - X_2)$로 자동으로 정해지므로, 독립된 성분 분율 변수는 X_1과 X_2로 되어 성분 분율 변수의 수는 (C - 1) = (2 - 1) = 2개이다.

그리고 계에 P 개의 상이 존재한다면, 각각의 상이 지닌 성분 분율 변수의 수에 상의 수를 곱한 조성 변수의 수를 갖게 된다. 따라서 해당 계가 갖는 조성 변수의 수는 상의 수 P에 성분 분율 변수의 수 (C - 1)을 곱한 {P · (C - 1)} 개다.

Table 1.1에는 C개의 성분으로 구성되고 P개의 상이 존재하는 각각의 계에서 조성 변수의 수를 나타내었다. 이와 같이 계가 지닌 전체 세기 변수의 수는 조성 변수의 수에 압력, 온도 등 2개의 비조성 변수를 더한 {P · (C - 1) + 2} 개가 된다.

Table 1.1 Compositional Variables for the System Consisted with Different Component-Phase

Systems	Compo-nents	Compositional variables for the system consisted with different component-phase				Number of compositional variables [P · (C - 1)]
		L Phase	α Phase	β Phase	γ Phase	
2 Component - 1 Phase	C_1	X_1^L				1 [=1 · (2-1)]
	C_2	$X_2^L(=1-X_1^L)$				
2 Component - 2 Phase	C_1	X_1^L	X_1^α			2 [=2 · (2-1)]
	C_2	$X_2^L(=1-X_1^L)$	$X_2^\alpha(=1-X_1^\alpha)$			
2 Component - 3 Phase	C_1	X_1^L	X_1^α	X_1^β		3 [=3 · (2-1)]
	C_2	$X_2^L(=1-X_1^L)$	$X_2^\alpha(=1-X_1^\alpha)$	$X_2^\beta(=1-X_1^\beta)$		
3 Component - 1 Phase	C_1	X_1^L				2 [=1 · (3-1)]
	C_2	X_2^L				
	C_3	$X_3^L(=1-X_1^L-X_2^L)$				
3 Component - 2 Phase	C_1	X_1^L	X_1^α			4 [=2 · (3-1)]
	C_2	X_2^L	X_2^α			
	C_3	$X_3^L(=1-X_1^L-X_2^L)$	$X_3^\alpha(=1-X_1^\alpha-X_2^\alpha)$			
3 Component - 3 Phase	C_1	X_1^L	X_1^α	X_1^β		6 [=3 · (3-1)]
	C_2	X_2^L	X_2^α	X_2^β		
	C_3	$X_3^L(=1-X_1^L-X_2^L)$	$X_3^\alpha(=1-X_1^\alpha-X_2^\alpha)$	$X_3^\beta(=1-X_1^\beta-X_2^\beta)$		
3 Component - 4 Phase	C_1	X_1^L	X_1^α	X_1^β	X_1^γ	8 [=4 · (3-1)]
	C_2	X_2^L	X_2^α	X_2^β	X_2^γ	
	C_3	$X_3^L(=1-X_1^L-X_2^L)$	$X_3^\alpha(=1-X_1^\alpha-X_2^\alpha)$	$X_3^\beta(=1-X_1^\beta-X_2^\beta)$	$X_3^\gamma(=1-X_1^\gamma-X_2^\gamma)$	

식 (1-2)와 같이, 자유도(F)는 계가 지닌 전체 세기 변수의 수에서 계가 평형 상태에 있을 때 설정되는 종속 변수의 수를 빼서 계산한다.

$$\text{자유도} = [\text{계가 지닌 전체 세기 변수의 수}] - [\text{계가 평형일 경우 설정되는 종속 변수의 수}] \quad (1\text{-}2)$$

여러 상이 존재하는 계가 평형 상태에 있기 위한 필요조건은 구성하는 각 상에 대한 각 성분의 화학포텐셜(chemical potential) μ_i가 같아야 하는 것이다. 즉, 각 상에 대한 각 성분의 화학포텐셜이 같아야 존재하는 상 사이에 반응 일어나지 않고 계가 평형이 유지된다. 각 상의 성분 i의 농도가 지정된다면, 성분의 화학포텐셜은 각 상에서 같으므로 상 내의 다른 상들의 성분 i의 농도는 고정된다.

P개의 상으로 이루어진 평형 상태의 계에는 각 성분의 화학포텐셜을 규정하는 (P - 1) 개의 독립 방정식(independent equation)이 있다. 즉, 계 내에서 쌍(pair)을 이루어 공존하는 두 상에 함유된 각 성분의 화학포텐셜이 같다고 설정하면, 마지막 두 상의 쌍에 대해서는 따로 설정하지 않아도 각 성분의 화학포텐셜은 자동으로 같아진다. 따라서 마지막 쌍인 두 상의 화학포텐셜이 같다는 방정식은 이전에 각기 다른 두 상의 쌍에서 설정한 방정식들로부터 알 수 있는 종속 방정식(dependent equation)이 되므로 해당하는 종속 변수(dependent variables)는 따로 고려하지 않아도 된다.

C개의 성분과 P개의 상으로 이루어진 계가 평형 상태에 놓여 있다면, 종속 변수의 수는 C · (P - 1) 개로 정해진다. Table 1.2에 나타낸 바와 같이, 3상이 존재하는 3성분계에서는 각 상에서 마지막 성분 쌍의 화학포텐셜이 같다는 각각의 방정식 ($\mu_1^L = \mu_1^\beta$), ($\mu_2^L = \mu_2^\beta$) 및 ($\mu_3^L = \mu_3^\beta$)는 이전의 성분 쌍의 화학포텐셜이 같다는 각각의 방정식 ($\mu_1^L = \mu_1^\alpha$, $\mu_1^\alpha = \mu_1^\beta$), ($\mu_2^L = \mu_2^\alpha$, $\mu_2^\alpha = \mu_2^\beta$) 및 ($\mu_3^L = \mu_3^\alpha$, $\mu_3^\alpha = \mu_3^\beta$)에 포함되는 종속 방정식이 되어 종속 변수로 고려하지 않는다.

Table 1.2 Dependent Variables that are Specifying the System in Equilibrium

Systems	Components	Chemical potentials for the system consisted with different component-phase				Dependent variables that are specifying the system in equilibrium	Number of dependent variables [C · (P - 1)]
		L Phase	α Phase	β Phase	γ Phase		
2 Component - 1 Phase	C_1	μ_1^L					0 [=2 · (1-1)]
	C_2	μ_2^L					
2 Component - 2 Phase	C_1	μ_1^L	μ_1^α			$\mu_1^L=\mu_1^\alpha$	2 [=2 · (2-1)]
	C_2	μ_2^L	μ_2^α			$\mu_2^L=\mu_2^\alpha$	
2 Component - 3 Phases	C_1	μ_1^L	μ_1^α	μ_1^β		$\mu_1^L=\mu_1^\alpha$, $\mu_1^\alpha=\mu_1^\beta$	4 [=2 · (3-1)]
	C_2	μ_2^L	μ_2^α	μ_2^β		$\mu_2^L=\mu_2^\alpha$, $\mu_2^\alpha=\mu_2^\beta$	
3 Component - 1 Phase	C_1	μ_1^L					0 [=3 · (1-1)]
	C_2	μ_2^L					
	C_3	μ_3^L					
3 Component - 2 Phase	C_1	μ_1^L	μ_1^α			$\mu_1^\alpha=\mu_1^{L\alpha}$	3 [=3 · (2-1)]
	C_2	μ_2^L	μ_2^α			$\mu_2^\alpha=\mu_2^{L\alpha}$	
	C_3	μ_3^L	μ_3^α			$\mu_3^\alpha=\mu_3^{L\alpha}$	
3 Component - 3 Phase	C_1	μ_1^L	μ_1^α	μ_1^β		$\mu_1^L=\mu_1^\alpha$, $\mu_1^\alpha=\mu_1^\beta$	6 [=3 · (3-1)]
	C_2	μ_2^L	μ_2^α	μ_2^β		$\mu_2^L=\mu_2^\alpha$, $\mu_2^\alpha=\mu_2^\beta$	
	C_3	μ_3^L	μ_3^α	μ_3^β		$\mu_3^L=\mu_3^\alpha$, $\mu_3^\alpha=\mu_3^\beta$	
3 Component - 4 Phase	C_1	μ_1^L	μ_1^α	μ_1^β	μ_1^γ	$\mu_1^L=\mu_1^\alpha$, $\mu_1^\alpha=\mu_1^\beta$, $\mu_1^\beta=\mu_1^\gamma$	9 [=3 · (4-1)]
	C_2	μ_2^L	μ_2^α	μ_2^β	μ_2^γ	$\mu_2^L=\mu_2^\alpha$, $\mu_2^\alpha=\mu_2^\beta$, $\mu_2^\beta=\mu_2^\gamma$	
	C_3	μ_3^L	μ_3^α	μ_3^β	μ_3^γ	$\mu_3^L=\mu_3^\alpha$, $\mu_3^\alpha=\mu_3^\beta$, $\mu_3^\beta=\mu_3^\gamma$	

따라서 (1-3) 식과 같이 자유도는 계가 지닌 전체 세기 변수의 수에서 계가 평형일 경우 설정되는 종속 변수의 수를 뺀 값이다.

$$F = \{P \cdot (C - 1) + 2\} - \{C \cdot (P - 1)\} \qquad (1\text{-}3)$$

이식을 단순화하면 Gibbs 상률인 식 (1-1)과 같이 P + F = C + 2가 된다.

1.3.2 Gibbs 상률의 적용

이 절에서는 1성분계와 2성분계 상평형도에서 Gibbs 상률의 적용에 관해 설명하고, 3성분계 상평형도에서 Gibbs 상률의 적용에 대해서는 따로 5장 7절에서 설명하기로 한다.

① 1성분계의 Gibbs 상률

1성분계에서 성분의 수는 하나로 C = 1이다. 따라서 1성분계에서는 식 (1-1)에 의해, 가능한 상의 수(P)와 자유도(F)의 합은 3이다. Fig. 1.5에서 보이는 바와 같은 1성분계에 대한 압력-온도 상평형도에서 상영역에 따른 자유도는 다음과 같다.

지점 ©와 같은 단상 영역(고상, 액상 또는 기상만 존재하는 상영역)에 있는 계의 자유도는 2로서, 평형 상태를 나타내기 위해 지정해야 하는 세기 변수의 수는 2이다. 즉, 이 영역에서처럼 단상이 평형인 계의 상태를 정의하기 위해서는 온도와 압력을 모두 지정해야 한다. 또한 계가 단상 영역 밖으로 이동하지 않고서도 온도와 압력 모두를 변경할 수 있다.

2상의 평형인 계는 지점 Ⓐ와 같이 양쪽 단상 영역을 경계로 하는 선에 놓여있다. 이 선은 두 상이 공존할 수 있는 압력-온도 조건이다. 이 선에 놓여있는 계의 자유도는 1로서, 평형 상태를 나타내기 위해 지정해야 하는 세기 변수의 수는 1이다. 즉, 온도 또는 압력 중의 하나의 변수를 지정하면, 다른 변수는 선의 방정식에 따라 정해진다. 결국, 2상이 평형인 계의 상태를 정의하기 위해서는 하나의 세기 변수만 지정하면 된다.

3상 평형인 계(여기서는 지점 Ⓑ와 같이 삼중점에 위치함)에서 자유도는 0이다. 이는 불변 평형 상태에 있으며, 불변점의 압력과 온도는 정해져 있으므로 세기 변수를 따로 지정할 필요가 없다. 결국, 지점 Ⓑ와 같이 계가 불변 평형 상태에 있다는 것은 압력과 온도가 고정된다는 의미이다.

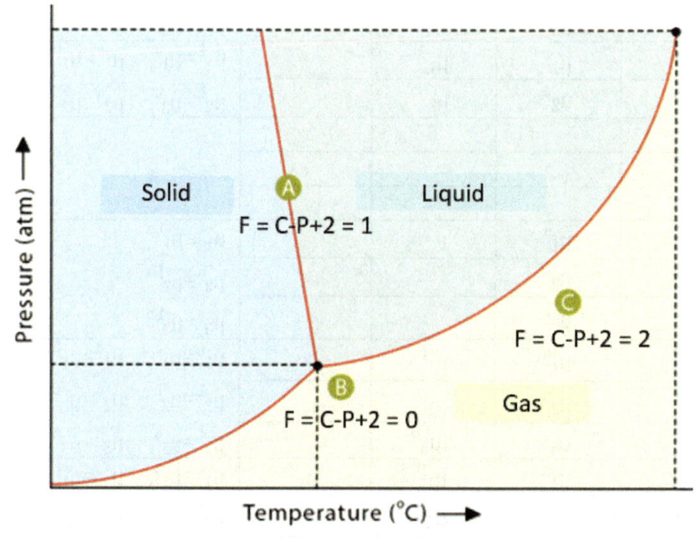

Fig. 1.5. Application of the Gibbs phase rule to the hypothetical unary phase diagram.

② 2성분계의 Gibbs 상률

2성분계에서 성분의 수는 두 개로 C = 2이다. 따라서 계에서 가능한 상의 수와 자유도의 합은 4이다. 압력이 고정된 온도-조성 2성분계가 자주 고려되는데, 이 경우는 압력이 자유도에서 빠진다. 따라서 일정한 압력에서는 계의 Gibbs 상률 (P + F = C + 1)이 적용되어 가능한 상의 수와 자유도의 합은 3이다. Fig. 1.6에서 보이는 바와 같은 압력이 일정한 가상 A-B 2성분계 상평형도의 상영역에 따른 자유도는 다음과 같다.

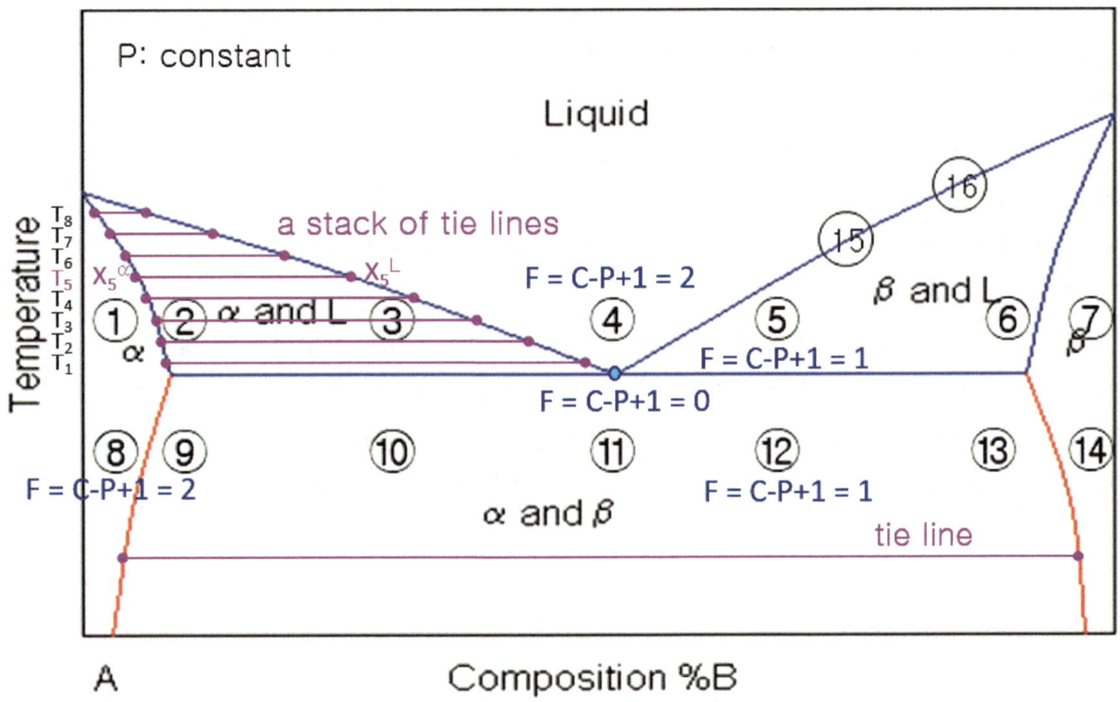

Fig. 1.6. Application of the Gibbs phase rule to the hypothetical A-B binary phase diagram.

단상 영역은 2성분계 상평형도에서 고용체 α 또는 고용체 β 영역(지점 ①, ⑧ 또는 지점 ⑦, ⑭가 속한 상영역)과 액상 L 영역(지점 ④가 속한 상영역)이다. 단상 영역 안에 있는 계의 자유도는 2로, 계가 평형 상태로 되려면 지정해야 하는 변수가 2개이다. 온도와 조성 모두를 지정하여 계의 평형 상태를 정의해야 한다.

2상 영역은 2성분계 상평형도에서 (액상 L + 고용체 α) 또는 (액상 L + 고용체 β) 혼합 상영역(지점 ②, ③ 또는 ⑤, ⑥이 속한 상영역)과 (고용체 α + 고용체 β) 혼합 상영역(지점 ⑨, ⑩, ⑪, ⑫ 및 ⑬이 속한 상영역)이다. T_1~T_8의 온도에서 (액상 L + 고용체 α)의 2상 영역 안에 있는 계가 평형 상태에 놓이면 존재하는 두 상의 조성은, 그림에서 보인 바와 같이 직선의 방정식을 따르는 등온 공액선의 연속 쌓기 더미(a stack of isothermal tie lines)로 생각할 수 있다. 각 온도에서 (액상 L + 고용체 α)의 2상 영역의 양쪽 경계선은 이러한 공액선 양 끝에 해당하는 두 상의 조성에 대한 궤적이다. 공액선(tie lines)에 대해서는 2성분계와 3성분계 상평형도에 대한 3장과 5장에서 자세히 서술되어 있다.

(액상 L + 고용체 α), (액상 L + 고용체 β) 또는 (고용체 α + 고용체 β)의 2상 영역에 있는 2성분계가 지닌 전체 세기 변수는 (액상 L의 조성 변수 X^L + 고용체 α의 조성 변수 X^α + 온도 변수 T), (액상 L의 조성 변수 X^L + 고용체 β의 조성 변수 X^β + 온도 변수 T) 또는 (고용체 α의 조성 변수 X^α + 고용

체 β의 조성 변수 X^{β} + 온도 변수 T)로 3개이다. 계가 지닌 3개의 세기 변수에서 평형 상태에 놓이면 설정되는 종속 변수를 빼서 자유도를 계산해야 한다.

예를 들어, (액상 L + 고용체 α)의 2상 영역에 있는 지점 ②의 2성분계가 지닌 세기 변수는 (X^{L}, X^{α} 및 T) 3개이다. 이 계가 온도 T_5에서 평형 상태에 놓인다면, 액상 L의 조성 X^{L}과 고용체 α의 조성 X^{α}는 해당 공액선의 양 끝의 조성에 해당하는 X_5^{α}와 X_5^{L}이 된다. 그런데, 평형 상태의 계는 직선의 방정식을 따르는 공액선의 함수 관계가 내재 되어, T_5, X_5^{α} 및 X_5^{L}의 세기 변수 간에 함수 관계를 가지고 있다. 즉, 온도 변수 T를 T_5로 지정하면 공액선의 함수 관계에 따라 존재하는 두 상의 조성 변수 X^{L}과 X^{α}는 자동으로 X_5^{L}과 X_5^{α}로 정해져 X^{L}과 X^{α}가 종속 변수로 된다. 이와 같은 방식으로 액상 L의 조성 변수 X^{L}을 X_5^{L}로 지정하면 공액선의 함수 관계로 고용체 α의 조성 변수 X^{α}와 온도 변수 T가 종속 변수로 되고, 고용체 α의 조성 변수 X^{α}를 X_5^{α}로 지정하면 공액선의 함수 관계로 액상 L의 조성 변수 X^{L}과 온도 변수 T가 종속 변수로 되는 관계도 성립한다.

(액상 L + 고용체 α)의 2상 영역에 있는 계에서뿐만 아니라 (액상 L + 고용체 β) 또는 (고용체 α + 고용체 β)의 2상 영역에 있는 2성분계에서도, 이와 같은 방식으로 계 지닌 전체 세기 변수는 3개에서 평형 상태에 있게 되면 공액선이 갖는 직선의 방정식으로부터 2개의 변수가 종속 변수로 됨에 따라 지정해야 하는 변수는 1개뿐으로 자유도가 1이다.

3상 영역에 있는 계는 자유도가 0이다. 고정된 온도와 조성을 가진 상평형도의 불변점에 놓인 계는 불변 평형이다. 이 상평형도의 불변점(invariant point)은 (액상 L + 고용체 α + 고용체 β)의 3상이 평형인 공정점(eutectic point)이다. 계의 온도와 조성은 불변점에서 벗어나지 않고는 변경할 수 없다. 즉 3상이 공존하는 계가 평형 상태로 되기 위해 지정해야 하는 변수는 없다는 의미이다.

1.4 상평형도와 미세구조

재료는 구성 이온(원자) 단위가 규칙 배열된 결정과 불규칙 배열된 비정질로 구성된다. 구성 화학종 단위 다음의 재료 요소 단위로는 미세구조를 생각할 수 있다.

미세구조 관점에서 재료는 단결정, 다결정, 박막(thin film) 및 유리로 나눌 수 있다. 실리콘 잉곳(ingot), 사파이어 잉곳, 인조 다이아몬드 및 보석류와 같은 단결정(single crystal)이나 박막의 미세구조는 하나의 이온(원자) 단위의 결함(defects)에 관심을 두는 경우가 일반적이다.

일반적인 고체 재료들은 작은 결정(혹은 결정과 비정질)이 모여 벌크(bulk)를 이루는 다결정질(polycrystalline)이다. 다결정질 재료에서는 구성단위를 결정립(grain)이라 하고 결정립들이 이루는 경계를 입계(grain boundary)라 한다.[10] 다결정질 재료는 주 구성 요소인 결정립뿐만 아니라 유리질 또는 기공을 포함한 요소의 조합이 특정한 형태를 이루며 미세구조를 형성한다. 다결정질 재료의 물성은 미세구조에 크게 의존하는 경향을 보여, 다결정질 재료를 다루는 사람들은 미세구조에 많은 관심을 둔다.

다결정질 재료의 물성은 Table 1.3에서 보이는 바와 같이 열팽창률, 탄성계수 및 융점 등과 같은 고유 물성(intrinsic properties)과 강도, 인성 등과 같은 특성 물성(characteristic properties)으로 구분한다. 고유 물성은 화학종의 구성, 결합 형태, 결정구조 및 결함구조에 따라 영향받는 단결정으로서의 미시적(원자 또는 이온 레벨) 성질이다. 특성 물성은 기지인 결정립과 기공의 크기, 형태와 크기분포, 비정질 상의 분포, 그리고 그들의 배향에 따라 좌우되는 다결정으로서의 거시적(미세구조 레벨) 성질이다.[11] 단일 원소 금속 혹은 합금의 다결정질 금속 재료에서 대부분의 입계는 3차원적인 부피를 갖지 않는다. 다결정질 금속 재료의 입계는 결정구조가 같거나 다른 양쪽 결정상(결정립)이 서로 다른 결정학적 배향을 가진 면으로 맞닿은 2차원적인 깨끗한 경계(clean boundary)이다. 그러나 다결정질 세라믹 재료의 입계는 구성 성분이 다른 제2의 결정질 상, 비정질 상 및 기공이 존재하는 일정한 부피를 가지고 있는 것이 일반적이다.

Table 1.3 Intrinsic and Characteristic Properties of Materials

Intrinsic properties		Characteristic properties	
Influence factors	Examples	Influence factors	Examples
1. Elemental constitution 2. Form of ionic (atomic) bonds 3. Electronic- and point defect structure 4. Crystal structure	1. Thermal expansion 2. Elastic modulus 3. Melting point	1. Grain size, shape and size distribution 2. Pore size, shape and size distribution 3. Phase (crystalline and noncrystalline) distribution 4. Alignment (or texture) in any of the above	1. Strength 2. Fracture toughness

다결정질 재료의 특성 물성을 좌우하는 다양한 미세구조가 어떻게 형성되는지는 제조 공정과 사용 이력에 따른다. 어떤 성분들의 출발물질로 시작하여 압력과 온도 변수의 공정 조건에 의해 제조됨에 따라 다양한 미세구조를 갖는다. 그리고 만들어진 재료도 압력과 온도 변수 환경에 노출되어 사용이 됨에 따라, 특히 다른 재료와 접촉되어 사용됨에 따라 미세구조는 다양하게 변한다.

다결정질 재료의 미세구조가 성분 조합, 압력과 온도 변수의 조건에서 어떻게 형성되는지, 어떻게 변화하는지에 관한 표준 정보는 상평형도가 제공한다. 상평형도는 1성분, 2성분, 3성분 등으로의 성분 조성을 갖은 재료 계(system)가 압력, 온도의 조건에서 어떤 상태(상의 종류와 분율 뿐만 아니라 미세구조까지)로 존재하는지에 대한 정보를 담고 있는 그림이다.

예를 들어 압력을 고정한 가상의 A-B 2성분계 상평형도인 Fig. 1.4의 각 지점(즉, 조성과 온도가 다른 각 조건)의 계가 갖는 미세구조는 Fig. 1.8에 보이는 바와 같다. 각 지점 2성분계의 미세구조는 6개 그룹의 상영역 별로 독특한 패턴으로 구별된다. 지점 ①, ⑧ 또는 지점 ⑦, ⑭에 있는 계는 순수한 고용체 α 상(흰색) 또는 고용체 β 상(회색)의 단상 결정립으로 구성된 미세구조를 갖고, 지점 ④에 있는 계는 단상의 액상(검정)만으로 구성된 미세구조를 갖는다. 지점 ②, ③ 또는 지점 ⑤, ⑥에 있는 계는 (액상 L + 고용체 α 상) 또는 (액상 L + 고용체 β 상)의 2상이 혼합된 미세구조를 갖는다. 지점 ⑪에 있는 계는 공융 조성물 액체가 공융 온도에서 고화하여 (고용체 α 상 + 고용체 β 상)의 2상 결정립이 층상으로 얽혀 있는(lamella, plate-like) 다결정질 미세구조를 갖는다. 지점 ⑨, ⑩ 또는 지점 ⑫, ⑬에 있는 계는 (고용체 α 상 + 고용체 β 상)인 공융 혼합물의 층상 결정립 기지에 고용체 α 상 또는 고용체 β 상 결정립이 포함된 미세구조를 갖는다.

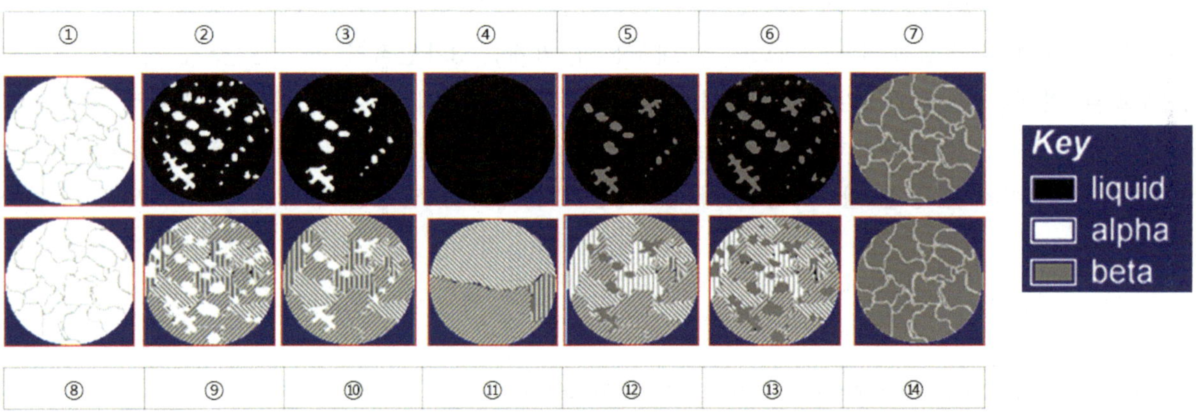

Fig. 1.8. Schematic illustration showing the microstructure of the system at the points shown in the binary phase diagram of Figure 1.4.

엔지니어링 재료의 공정-미세구조-물성 사이에는 Fig. 1.9와 같이 상호 긴밀한 연관성이 있다. 대부분 다결정질로 구성된 엔지니어링 재료는 용융물을 고화시켜 가공 열처리하는 공정, 또는 특정 성분 조합의 출발물질을 성형 및 열처리 공정으로 제조되는데, 제조 이력에 따라 생기는 상의 분포, 즉 미세구조 차이가 크기 때문으로, 좋은 물성의 소재를 제조하려면 그 미세구조를 잘 조절해야 한다.

상평형도는 여러 성분의 재료가 조성, 압력 및 온도에 따라 존재하는 상의 종류와 분율을 체계적으로 알려주는 도구이다. 상평형도는 물질계에서 특정 조건에 따른 상의 변화를 분석할 수 있는 좋은 자료이지만, 계의 상태 변화가 상평형도에 제시된 바와 같이 이루어지려면 압력과 온도의 변화가 아주 느리게 평형 조건으로 진행되어야 한다. 실재의 제조 공정은 성분 혼합이 불균질한 상태, 압력과 온도가 불균일한 비평형 조건으로 진행되는 것이 일반적이므로, 계의 변화는 상평형도에서 예측된 계의 변화와 일치하지 않을 수 있다.

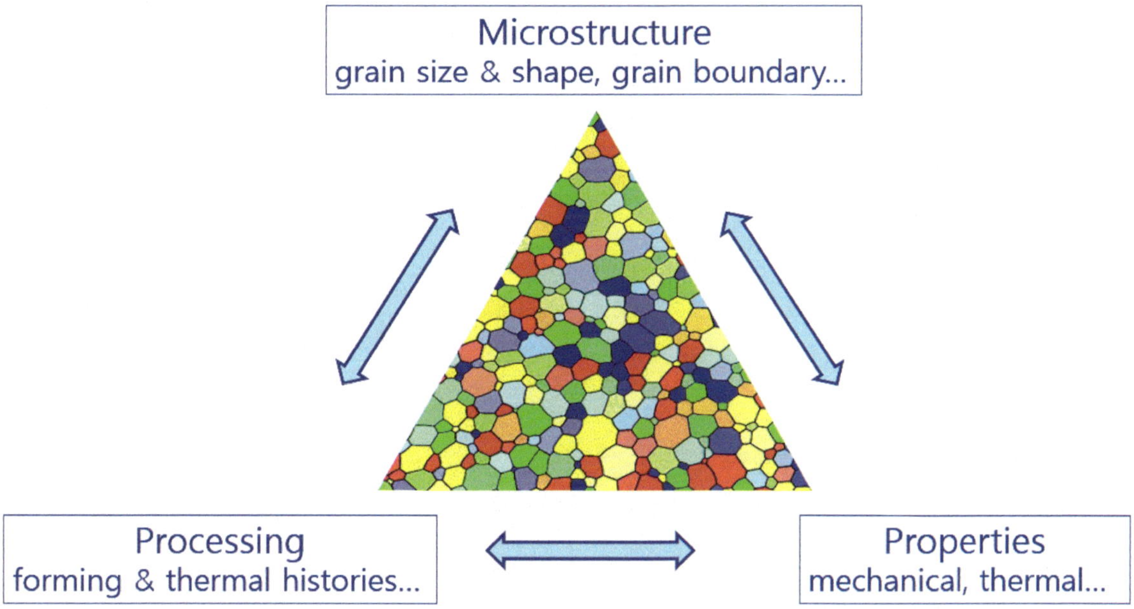

Fig. 1.9. The interrelationship between microstructure, processing and properties from the point of materials science and engineering.

[참고문헌]

1. C. G. Bergeron and S. H. Risbud, 'Introduction to Phase Equilibria in Ceramics,' Wiley, 1984.
2. ASTM C162-04, 'Standard Terminology of Glass and Glass Products,' https://www.astm.org/DATABASE.CART/HISTORICAL/C162-04.htm(2023).
3. D. R. Askeland, P. P. Fulay and W. J. Wright, 'The Science and Engineering of Materials,' 6th Ed., Cengage Learning, Inc., 2010.
4. R. Schmid-Fetzer, "Phase Diagrams: The Beginning of Wisdom," JPEDAV, 35(6) 735 - 60 (2014).
5. K. F. Dziubek, "On the Definition of Phase Diagram," Crystals, 12, 1186 (2022).
6. J. W. Gibbs, "On the Equilibrium of Heterogeneous Substances," Am. J. Sci., s3-16(96), 441-458 (1878).
7. W. E. Lee and W. M. Rainforth, 'Ceramic Microstructures: Property Control by Processing,' Chapman & Hall, 1994.
8. National Research Council, 'Materials Science and Engineering for the 1990s: Maintaining Competitiveness in the Age of Materials,' National Academy Press, 1989.

제 2 장 1성분계 상평형도

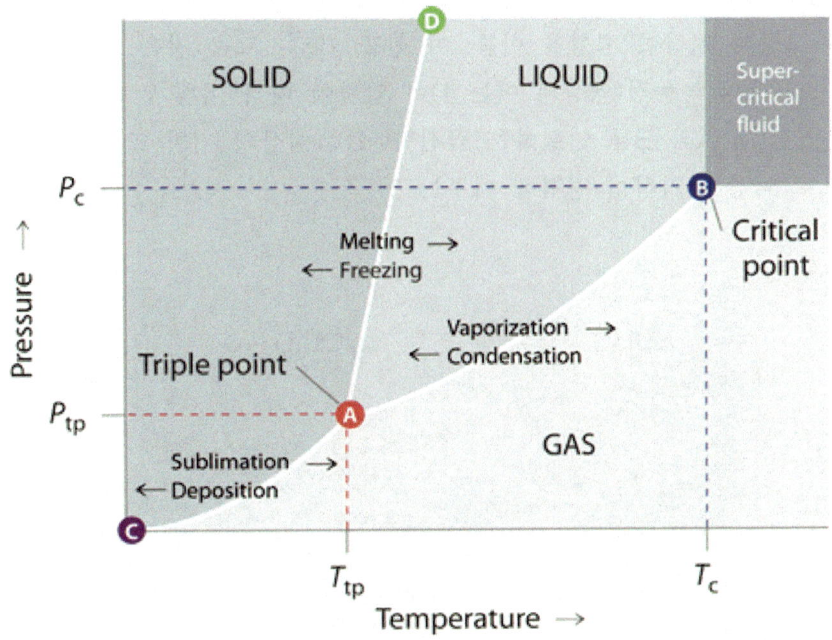

제 2 장 1성분계 상평형도(Unary Equilibrium Phase Diagrams)

주어진 물질이 나타내는 상태는 공기와 접촉하고 있는 열린계인 경우와 주변과 고립된 닫힌계인 경우에 따라 다르고, 온도 및 압력에 따라서도 다르다. 닫힌계에서 1성분계 상평형도는 조건 변수인 압력과 온도에 따른 단일 순수 물질의 상태를 2차원 사각형 상평형도로 그리는 것이 일반적이다.

2.1 1성분계의 상변화(Phase Change in Unary System)

일반적으로 닫힌계의 단일 순수 물질에 대한 1성분계 상평형도는 Fig. 2.1과 같이 평형 상태에서 압력과 온도에 따라 물질 계에 존재하는 상(phase)들의 개별 영역으로 구성된다. 각 영역에 표기된 상은 해당 압력-온도 조건에서 계 내에 존재하는 안정상(stable phase)을 나타낸다. 또한 영역 사이의 경계선상의 각 지점은 계 내의 두 상이 평형 상태로 공존하는 압력-온도 조건이자, 반응이 일어나는 상변화 지점에 해당한다. Fig. 2.1의 왼쪽 위는 고압-저온의 조건에서 계가 고상으로 존재하는 영역이지만, 저압-고온의 조건인 오른쪽 아래는 계가 기상으로 존재하는 영역이다. 액상으로 존재하는 영역이 가운데 있고, 고압-고온의 조건인 오른쪽 위는 계가 초임계 유체로 존재하는 영역이다.[1)]

1성분계 상평형도에서 특정한 경계선과 점은 다음과 같은 의미가 있다.

① 용해(용융 또는 동결) 곡선(점 A와 D를 연결하는 곡선 A-D): 고상과 액상이 분리되는 경계선으로, 이 선을 따라 고상과 액상이 평형을 이룸. 이 선을 가로지르는 것은 고상이 녹거나 액상이 어는 것에 해당하며, 고상의 녹는점(액상의 어는점)이 압력에 따라 어떻게 변하는지를 보여줌.

② 기화(또는 응축) 곡선(점 A와 B를 연결하는 곡선 A-B): 액상의 기화(또는 증기압) 곡선 또는 기상의 응축 곡선으로 액상과 기상이 평형을 이루는 선

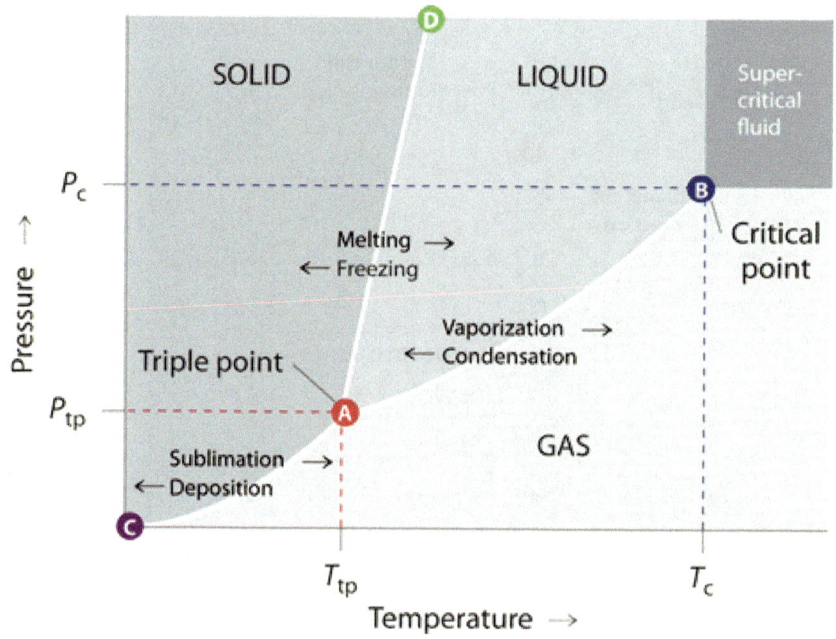

Fig. 2.1. Typical phase diagram of a single component material containing three phases region and a supercritical fluid region.[1)]

③ 승화(또는 증착) 곡선(점 A와 C를 연결하는 곡선 A-C): 고상의 증기압 곡선으로, 이 선을 따라 고상은 승화와 증착을 통해 기상과 평형을 이룸.

④ 삼중점(triple point)(점 A): 고상/액상, 액상/기상 및 고상/기상 경계선이 만나는 점으로, (기상 + 액상 + 고상)의 3상이 모두 평형 상태에 있으므로 동시에 존재할 수 있는 압력-온도의 유일한 조합

⑤ 임계점(critical point)(점 B): 이 점 초과에서는 물질이 액체 상태와 기체 상태 사이에서 구별할 수 없는 초임계 유체(supercritical fluid) 상태

Fig. 2.2의 냉각 곡선은 순물질이 기체에서 액체를 거쳐 고체로 변하는 물질의 상태 변화를 나타내는 선 그래프이다. 독립 변수(가로축)는 시간이고, 종속 변수(세로축)는 온도이다.

물질이 상태 변화가 일어나거나 성분의 일부가 정출(석출)되는 온도에서는 비열(specific heat, 단위 질량의 어떤 물질을 단위 온도만큼 올리는 데 필요한 열량, J/g · ℃)이 변하므로 냉각 곡선이 꺾이기도 한다. 냉각 곡선을 이용하여 물질의 특성인 녹는점(melting points), 전이점(transition points) 등을 구할 수 있고, 냉각에 따른 변화나 조직의 변화를 알 수 있으며, 상평형 그림을 얻을 수도 있다.

냉각 곡선의 기울기는 순물질의 비열, 열전도율 및 외부 온도와 관련이 있다. 물질의 온도를 낮추는데 더 많은 열이 방출되어야 할수록(비열이 클수록), 냉각 속도가 느려지므로 곡선의 기울기가 작아진다. 열전도율이 높을수록 열이 더 빨리 전달되므로 물질은 더 빨리 냉각된다. 액체는 일반적으로 3가지 상태 중에서 비열이 가장 높다. 물질이 냉각됨에 따라 주변과 물질 사이의 온도 차가 감소하기 때문에 선이 아래로 내려간다. 이는 열이 물질 밖으로 전달되는 속도를 줄여 냉각 속도를 줄이기 때문이다.

대부분 순수한 물질의 상태 변화는 특정 온도에서 발생한다. 상태 변화가 일어나는 동안 온도는 일정하게 유지되는데, 이는 물질에 새로운 결합을 형성하여 방출되는 열량(잠열, latent heat, 단위 질량의 어떤 물질이 온도 변화 없이 상태가 변할 때 방출되는 열에너지, J/g)에 의해 냉각이 상쇄되기 때문이다. 이를 열정지(heat arrest)라 하며, 상의 온도 변화는 수평선으로 나타난다.

Fig. 2.2의 냉각 곡선에서의 특정한 점과 구간에서 순물질의 상태 변화는 다음과 같다.

① 점 P: 순물질은 기체 상태로 존재한다. 구성 화학종(원자, 이온 또는 분자)은 매우 높은 에너지를 가지며 무작위로 움직이고 화학종 입자 사이의 힘은 매우 약하여 무시할 수 있음.

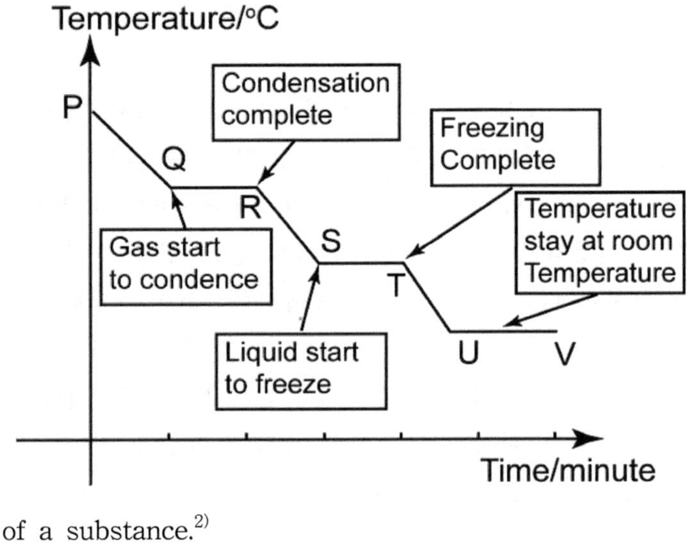

Fig. 2.2. Cooling curve of a substance.[2)]

② P-Q 구간: 물질은 기체 상태로 화학종 입자는 냉각 중에 운동 에너지를 잃어서 서로 가까워지고 온도가 떨어짐.

③ 점 Q: 물질은 여전히 기체로 존재하는데, 입자가 가까워질수록 더 강한 인력으로 입자 간 결합을 형성하며 기체가 응축되기 시작하여 액체가 됨.

④ Q-R 구간: 응축 과정이 진행되는데, 기체가 액체로 변하면서 더 강한 결합을 형성함. 물질은 기체 상태와 액체 상태 모두 존재하며 온도는 변함이 없음. 이는 결합이 형성될 때 생성되는 에너지가 냉각 중에 주변으로 방출되는 열에너지와 같기 때문이며, 이 일정한 온도가 끓는 점임. 이러한 응축 과정에서 방출되는 열에너지를 기화 잠열(latent heat of vaporization)이라 함.

⑤ 점 R: 모든 기체 입자가 액체로 응축되어 물질은 액체 상태로만 존재함.

⑥ R-S 구간: 물질은 액체로 존재하는데, 온도가 떨어지면 액체 분자는 열에너지를 잃음. 그들의 움직임은 보통 아래 방향이고 서로 더 가까이 이동함.

⑦ 점 S: 물질은 여전히 액체 상태이고 입자는 에너지가 거의 없으며 서로 더 가까이 움직이기 시작하면서 고체로 응고됨.

⑧ S-T 구간: 액체가 고체 형태로 변하는데, 분자는 재배열되어 고체의 분자 배열을 형성함. 순물질은 액체와 고체로 존재함. 모든 액체가 고체로 변할 때까지 온도는 일정한데, 이 일정한 온도인 어는점에서 물질은 응고되기(대부분 결정화되고 일부는 유리화됨) 시작하여 고체/액체 계면에서 융해 잠열(latent heat of fusion)을 발생시켜 물질 전체가 일정한 온도를 유지함.

⑨ 점 T: 모든 액체는 고체로 응고되며 이제 입자가 질서정연하게 밀집하게 됨.

⑩ T-U 구간: 냉각이 계속되면 응고된 고체의 온도는 분위기 온도인 상온(room temperature)에 도달함.

⑪ 점 U: 물질은 상온에 도달하고, 분위기 온도가 변하지 않는 한 고체의 온도는 U-V 구간과 같이 상온을 유지함.

한편, 순물질 액체(보통 융체)의 응고는 단결정, 다결정질 및 유리질의 고체 생성물로 구분해야 한다. 많은 양의 물질이 단일 핵 생성 지점에서 결정화되면 단결정이 생성된다. 엔지니어링 재료에서 단결정은 엄밀하게 제어된 조건에서만 생성된다. 전자재료용 잉곳, 터빈 엔진 블레이드, 태양전지 및 압전재료와 같은 특수 응용 분야에서만 단결정 생성을 고려한다. 일반적으로 순물질이 액체에서 응고될 때 여러 지점에서 결정이 성장하면 다결정질이 형성된다. 순물질 융체가 냉각되면서 발생하는 열에너지 변화와 다결정질 고체 상태로 응고하는 구조의 변화를 크기(길이) 척도로 나타내면, Fig. 2.3에서와 보이는 바와 같다.

Fig. 2.3(a)에서 보듯이, 냉각에 따른 순물질의 응고 과정에서 액체-고체 전이는 단일 온도인 융점에서 발생하며, 융점은 잠열과 연관된다. 잠열은 높은 에너지를 갖는 무질서한 구조의 액체 상태와 낮은 에너지로 정렬된 구조의 고체 상태 사이의 에너지 차이이다. 액체에서는 화학종이 무작위로 배열되는 반면, 고체에서 그들은 규칙적인 결정격자에 배열된다. 따라서 응고 반응 중에는 발열, 즉 열을 생성한다. 액체에서 지속해서 열을 방출함에 따라 계의 온도가 떨어진다. 응고 과정이 시작되면 잠열의 영향으로 순물질이 계속 냉각되는 것이 억제된다. 따라서 응고 속도는 잠열이 물질에서 방출되는 속도에 의해 결정된다. 응고 과정이 완료된 후 고체 물질에서 열이 방출되면서 다시 냉각된다.

응고 과정이 완료된 다결정질 고체가 단상이라고 하면, Fig. 2.3(b)와 같이 크기 체계는 원자 격자(atomic lattice), 결정립 구조(grain structure) 및 재료 구성물(material component) 크기로 증가하는 3가지 크기 척도(scale)로 생각할 수 있다.

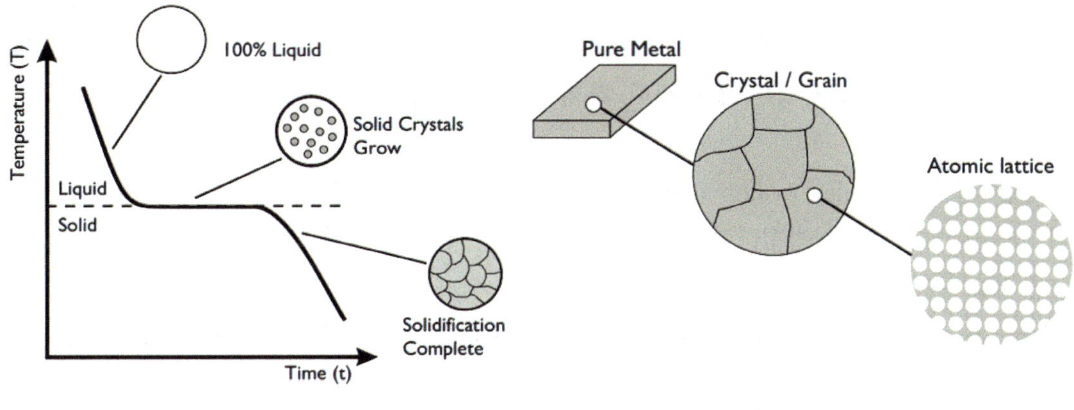

Fig. 2.3. Cooling curve of a pure material, showing a temperature arrest at the melting point(a) and hierarchy of length scales of the atomic lattice, grain structure and component in a solid pure material(b).

그리고 순물질의 응고 중에 일어나는 다결정질 미세구조의 발달 과정과 자유에너지 변화는 Fig. 2.4에 나타낸 바와 같다.

(a) 결정핵 생성(nucleation of crystals): 융체가 응고점 이하로 냉각되면 융체 중의 소수의 화학종이 규칙적인 배열을 하여 매우 작은 결정핵을 만듦. 결정이 성장하기 시작하는 순간을 핵 생성(nucleation)이라고 하며 그것이 발생하는 지점이 핵 생성 시작점임. 응고 온도에서 용융 금속과

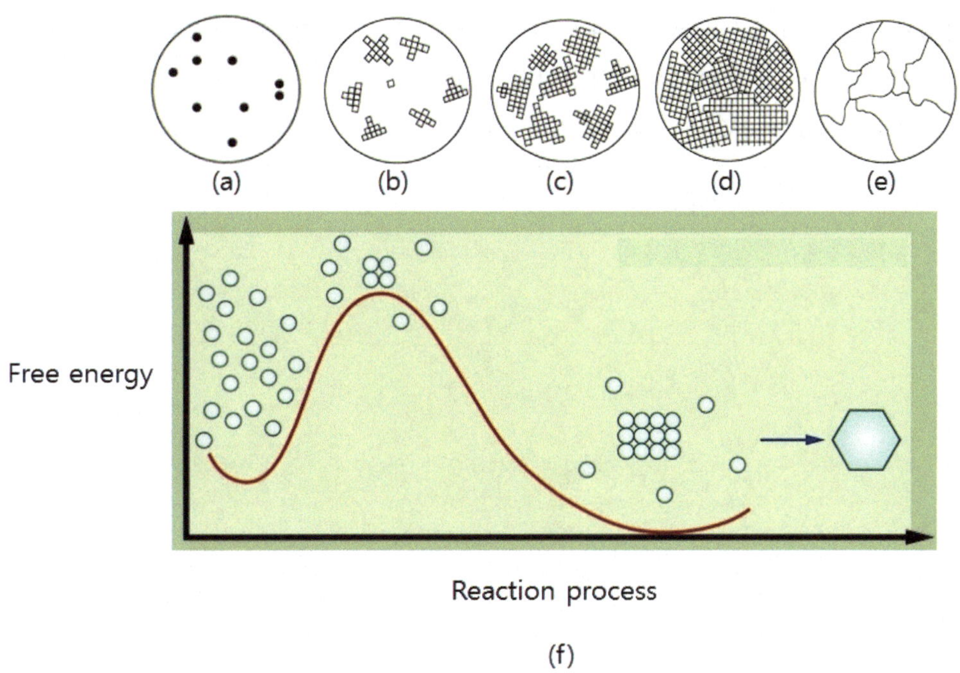

Fig. 2.4. Solidification process from melt: (a) nucleation of crystals, (b) crystal growth, (c) irregular grains form as crystals grow together, (d) grain boundaries as seen in a microscope, (e) formation of polycrystalline and (f) the free energy change during solidification process.[3)]

같은 액체의 원자는 핵 생성 지점에서 함께 결합하기 시작하여 결정을 형성하기 시작함. 개별 결정의 최종 크기는 핵 생성 지점의 수에 따라 다름.

(b) 결정 성장(crystal growth): 생성된 결정핵이 화학종의 점진적인 응집으로 크기가 증가하여 결정으로 성장함.

(c) 불규칙 결정립 형성(irregular grains form): 개별 결정의 크기는 증가하고, 인접하여 성장하는 다른 결정과 충돌할 때까지 성장함. 이때 성장한 결정은 액상과의 계면과 고상과의 계면이 혼재된 불규칙 결정립을 형성함.

(d) 입계 형성(grain boundaries formation): 다결정질 재료를 구성하는 결정은 일반적으로 결정립(grains)이라고 함. 결정립은 다른 결정립이나 경계면과의 접촉으로 인해 성장의 방해를 받아 생기는 접촉면이 없는 단결정임. 결정립 사이에 형성된 계면을 입계(grain boundaries) 또는 결정립계라고 함. 결정립 사이의 입계에 있는 화학종들은 일정한 결정구조를 갖지 않으며 무질서함.

(e) 다결정 생성(formation of polycrystalline): 융체는 결국 다결정질을 만들며 응고됨. 금속이나 광물의 결정립은 일반 광학 현미경이나 맨눈으로도 볼 수 있을 만큼 충분히 크며, 엔지니어링 세라믹스의 결정립은 상대적으로 작음. 일반적으로 급속 냉각은 더 많은 핵 생성 지점과 더 작은 결정립(미세 입자 구조)을 생성하며, 느린 냉각은 더 큰 결정립을 생성함.

열역학적 관점에서 응고 반응 중의 자유에너지 변화를 Fig. 2.4(f)에 나타내었다. 응고 온도에서, 생성물인 고체 상태의 체적 자유에너지(volume free energy, 온도와 부피가 변하지 않는 평형 상태의 계가 유효한 일을 할 수 있는 자유에너지로 Helmholtz free energy를 의미) A_{solid}는 반응물인 액체 상태의 체적 자유에너지 A_{liquid}보다 상대적으로 작다. 따라서 그 차이($\Delta A = A_{solid} - A_{liquid}$)가 0보다 작게 되어 응고 과정은 자발적으로 진행된다. 이때 중간에 고상의 핵이 생성되는 단계에서는 일시적으로 에너지가 높아지는 단계를 거치는데, 이는 생성된 고상 핵과 액상 사이의 경계면이 가진 표면에너지(surface energy) 또는 계면에너지(interfacial energy) 때문이며, 이에 따라 계의 총 자유에너지는 액상이 가지고 있던 것보다 커지게 된다. 이후 고상의 핵이 성장함에 따라 액상에 비해 더 작은 체적 자유에너지를 갖는 고상이 차지하는 부피가 증가하면서 계의 전체 자유에너지가 낮아지므로 응고는 자발적으로 진행된다.

2.2 물의 상평형도(Equilibrium Phase Diagram of Water)

물은 1기압(atm) 120℃에서는 기체로 존재하고, 1기압 -5℃에서는 고체로 존재한다. 그에 따라 물질의 특성, 즉 물성이 크게 달라진다. 물 자체는 금속이나 세라믹 공학에서 직접적인 관심 대상은 아니지만 소재의 출발물질로 쓰이는 고순도 원료를 인공적으로 합성할 때 출발물질의 용매로 자주 사용되기 때문에 상평형도를 이해할 필요가 있다.

Fig. 2.5에 나타나듯이 물의 상평형도에서 고체-액체 평형(공존) 곡선은 일반적인 1성분계 물질의 상평형도와는 반대로 왼쪽으로 기울어져 있다. 이 때문에 어는점은 압력이 증가하면 낮아진다. 또한 액체-기체 평형 곡선은 일반적인 1성분계 물질의 상평형도와 같이 오른쪽으로 기울어져 있어서 끓는점은 압력에 증가할수록 높아진다. 3상이 공존하는 삼중점은 0.0075℃, 0.006 atm으로, 1 atm보다 훨씬 아래에 있고, 1 atm에서 물의 끓는점은 100℃이고, 어는점은 0℃이다. 또한 217.75 atm이 되면 물의 끓는점은 373.99℃가 되는데, 그 이상의 온도가 되면 압력을 계속 가해도 물은 더 이상 액체 상태를 유지하지 못한다. 이 온도를 물의 임계 온도라 하고, 이때의 압력을 임계 압력이라 한다. 이처럼 임계점(critical point)은 액체와 기체의 상을 구분할 수 있는 최대의 온도-압력 한계이고, 액체와 기체의 구분이 사라진 상태의 물질을 초임계 유체(super-critical fluid)라 한다.

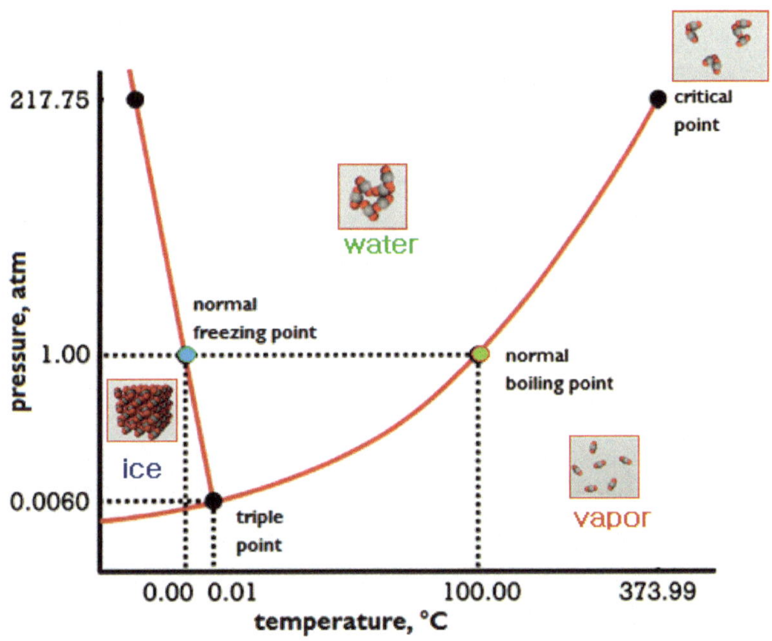

Fig. 2.5. Equilibrium phase diagram showing the phase transition of single component water(H_2O).

만약, 압력이 1기압보다 높으면, 물의 끓는점은 100℃보다 높아지고(비점 상승), 어는점은 0℃보다 낮아진다(빙점 강하). 이와 같은 관계는 단일 성분 물질의 2상 사이의 불연속 상전이 온도가 압력 의존성을 갖는다는 Clausius-Clapeyron 방정식에 따른다. 압력이 높아지면 물의 끓는점이 높아진다는 것을 응용한 것이 압력밥솥인데, 압력밥솥에서 밥을 지으면 물이 100℃보다 높은 온도에서 끓기 때문에 밥맛이 좋아진다. 또한 압력이 높아지면 물의 어는점이 낮아지기 때문에 얼음 위에서 스케이팅을 즐길 수 있다. 압력은 단위 면적당 작용하는 힘으로 정의되는데, 스케이트 날의 면적은 매우 좁고 선수의 운동으로 인

한 힘이 더해지기 때문에 스케이트 날 아래의 얼음에는 높은 압력이 작용한다. 이 때문에 물의 어는점이 내려가게 되어 스케이트 날 아래의 얼음은 녹아서 물이 되어 스케이트가 잘 미끄러지게 된다.

반대로, 압력이 1기압보다 낮으면, 물의 끓는점은 100℃보다 낮아진다. 실제로 높은 산은 지상보다 기압이 낮아서 지리산 천왕봉 장터목 산장에서 밥을 지으면, 물의 끓는점이 낮아져서 밥이 설익게 된다. 그리고 봄이면 산 아래에는 얼음이 다 녹았을지라도, 기압이 낮은 높은 산 정상에서는 영상의 온도임에도 얼음을 볼 수 있다.

물의 1성분계 상태도에서 상영역에 따른 자유도는 다음과 같다.

㉠ 기체, 액체 및 고체 상태만의 단상 영역: C = 1, P = 1, F = (C - P + 2) = 2
- 물 상태도의 단상 영역에서 온도, 압력의 양쪽을 임의로 선택해도 단상의 평형을 유지
- 대기압에서 물의 온도를 자유로이 올리거나 내릴 수 있음.

㉡ 얼음-물 혹은 물-수증기 등 2상이 공존하는 선: C = 1, P = 2, F = (C - P + 2) = 1
- 2상이 평형을 유지하려면 온도와 압력 중에서 어느 하나의 변수만을 한정된 범위 내에서 임의로 선택할 수 있고, 다른 변수는 상태도 내 2상의 경계선에 따라 자연히 결정되는 종속변수가 됨.

㉢ 얼음-물-수증기 3상이 공존하는 삼중점: C = 1, P = 3, F = (C - P + 2) = 0
- 3상이 평형을 유지하기 위해 온도, 압력을 임의로 선택할 수 없는 불변점
- 압력: 0.006 atm(4.58 mmHg, 4.579 torr), 온도: 0.075℃

2.3 순수 철의 상평형도(Equilibrium Phase Diagram of Pure Iron)

철(Fe, iron)과 그 합금은 적절한 기계적 특성 등을 가지고 있어 가장 많이 사용되는 공업용 재료이다. 순철(pure iron)은 부드럽고 연성이 있지만, 합금으로 만들면 기계적 성질을 향상시킬 수 있다. 모든 합금 원소 중에서 탄소가 가장 심오하게 철의 미세구조와 특성에 영향을 미친다. 강철(steel)과 주철(cast iron)은 철과 탄소의 합금으로 모든 엔지니어링 재료 분야에서 널리 사용된다. 따라서 모든 2원 합금 계에서 철 - 탄소(Fe-C) 계가 가장 중요하다.

순철은 동소체 금속(allotropic metal), 즉 특정 온도 범위에서 안정한 각각 다른 결정구조의 고체 상(phase)인 여러 가지 동소체(allotrope)로 존재하는 금속이다. 철에는 세 가지 동소체가 있으며 각각은 그리스 문자 알파(α), 감마(γ) 및 델타(δ)로 표시된다.

Fig. 2.6(a)에서 보이는 바와 같이 1기압에서 α-철(ferrite)은 상온에서 910℃까지 안정한 bcc 구조이며, 910℃ 초과에서 1394℃ 미만까지는 fcc 구조의 γ-철(austenite)로 존재하고, 1394℃에서 융점(1538℃) 미만까지는 δ - 철이라는 bcc 구조로 다시 변한다. 철의 동소체 변화는 특정 온도에서 일어나는데, 합금 원소의 추가에 따라 변태 온도는 변한다. Fig. 2.6(b)는 압력을 가로축으로 온도를 세로축으로 하여 나타낸 철의 1성분계 PT 상평형도이다. 압력이 증가하면, α → γ 상전이 온도가 낮아지지만, γ → δ 상전이 온도는 높아진다. 상온에서 140 kbar의 압력을 가한 경우, bcc 결정구조의 α-철은 hcp 결정구조의 ε-철로 변환되는 것을 알 수 있다.

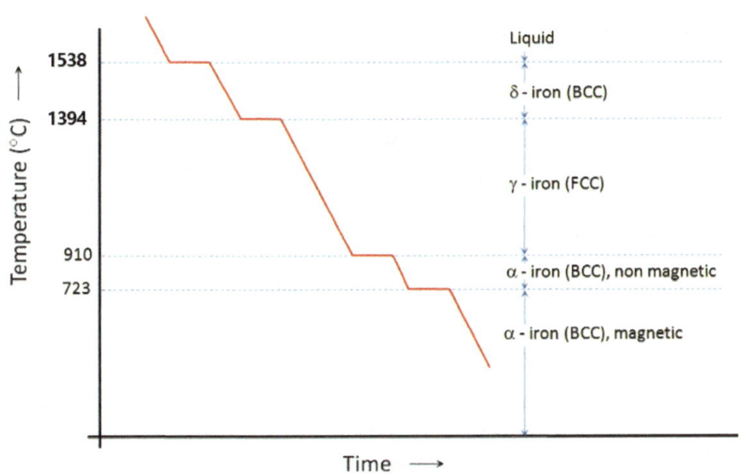

(a)

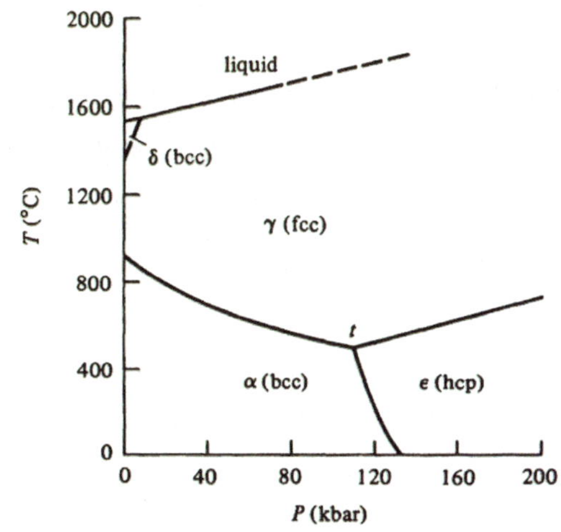

(b)

Fig. 2.6. Cooing curve(a) and PT equilibrium phase diagram[4](b) for pure iron.

2.4 탄소의 상평형도(Equilibrium Phase Diagram of Carbon)

탄소(C, carbon)는 최소 두 종류의 안정적인 동소체를 가지고 있다. 동소체 중 하나인 흑연(graphite)은 XY 평면에서는 탄소 원자 하나가 3개의 탄소 원자와 sp^2 공유결합 함으로써 탄소의 배열이 벌집 모양의 정육각형을 이룬다. 또한 탄소 원자들은 위아래 평면의 탄소 원자들과 Z 방향으로 van der Waals 결합함으로써, 흑연은 공유결합 탄소들로 이루어진 여러 판이 층층이 쌓인 판상의 결정 형태를 이룬다. 반면에 다이아몬드(diamond)는 탄소 원자가 sp^3 혼성궤도에 의해 3차원적으로 공유결합된 결정 형태를 갖는 동소체이다. 흑연은 전기 전도체로 전기 저항은 결정 방향에 따라 큰 차이를 보이며 1.7~2.2 g/cm^3 밀도를 갖고, 다이아몬드는 열전도도가 높고 열팽창계수가 극단적으로 낮으며 전기 저항은 아주 높고 3.5 g/cm^3의 밀도를 갖는다.

Fig. 2.7에 보이는 바와 같이 흑연과 다이아몬드 결정 형태는 모두 매우 넓은 범위의 열역학적 조건에서 존재한다.[5] 그러나 흑연-다이아몬드 상전이는 높은 에너지 장벽을 가지고 있어, 상온 압축으로는 다이아몬드가 생성되지 않고 10 GPa 이상의 매우 높은 압력으로만 다이아몬드로 변태시킬 수 있다. 한편, 다이아몬드에서 흑연으로의 상전이는 대기압과 상온에서 동역학적으로(kinematically) 방해를 받아 "다이아몬드는 영원하다"라는 말이 전해지고 있다.[6] 그리고 두 안정상 사이에는 모든 원소 중에 가장 많은 500개 이상의 준안정 고상이 있고, 다이아몬드는 극도의 고압(>100 GPa)에서 금속 상태로 상변태(입방정일 가능성이 있음)가 된다는 보고가 있다.[7,8] 탄소의 유명한 동소체인 풀러렌과 나노튜브는 탄소의 상평형도에서 발견되지 않는데, 이 물질들은 흑연과 다이아몬드가 나타나는 모든 압력(P), 온도(T) 조건에서 준안정상(metastable phase)이기 때문이다. Fig. 2.7에서 준안정 흑연과 다이아몬드의 상경계는 점선으로 나타나 있다.

대기압에서 흑연은 가열될 때 녹기보다는 승화된다는 것은 잘 알려져 있다. 그러나 기체 탄소의 압력은 상대적으로 낮아서, 흑연은 충분한 온도와 압력에서 승화하기보다는 녹을 것이다. 두 가지 액체상은 1.3~1.5 g/cm^3 밀도를 갖고 전기 절연체인 반금속 액체(semi-metallic liquid), 그리고 2.7 g/cm^3 밀도를 갖고 전기 전도체인 금속 액체(metallic liquid)로 구분된다.[9,10] 두 개의 삼중점은 4300~4700K 범위의 온도와 0.01 GPa(흑연-증기-액체) 그리고 10 GPa(흑연-액체 - 다이아몬드)에서 존재한다.

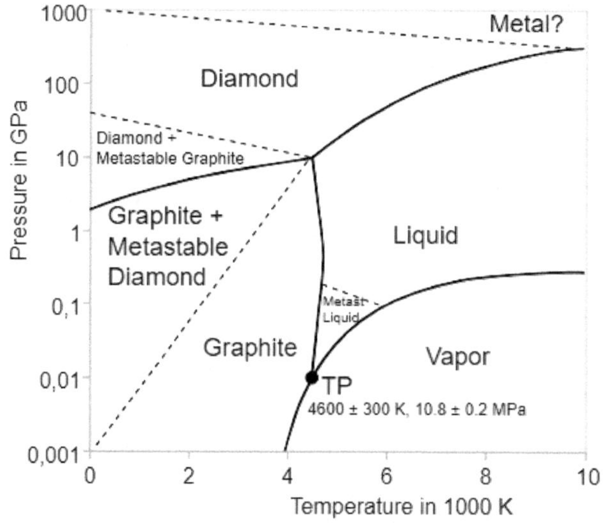

Fig. 2.7. Equilibrium phase diagram showing the phase transition of single component carbon.[5]

2.5 규산화알루미늄의 상평형도(Equilibrium Phase Diagram of Alumino-silicate)

규산화알루미늄(Al_2SiO_5) 광물은 변성암의 핵심 성분을 이루는 실리카(SiO_2)와 알루미나(Al_2O_3) 모두를 포함하기 때문에 변성암에서 흔히 발견된다. 이 광물은 물을 함유하지도 않고, 규산염 사면체도 포함하지 않기 때문에 압력, 온도가 바뀌어도 광물의 결정 배열은 바뀔지언정 다른 광물과 쉽게 반응하지 않는다. 이것은 높은 압력에서 안정한 남정석(kyanite), 높은 온도와 낮은 압력에서 안정한 규선석(sillimanite), 그리고 낮은 압력과 낮은 온도에서 안정한 홍주석(andalusite)의 독특한 다른 상으로 존재하는 것으로 알려져 있다. 남정석은 푸르스름하며 납작하고 길쭉한(보통 칼날 형태(blade shape)라고 말함) 형태이고, 홍주석은 단단하고 육면체 모양의 붉은 결정이지만, 규선석은 섬유상이거나 길쭉한 형태를 띤다.

Fig. 2.8의 Al_2SiO_5 상평형도에서 자유도는 다음과 같다.

㉠ kyanite가 안정한 영역에 있는 빨간 점: C = 1, P = 1, F = (C - P + 2) = 2

- kyanite 단상이 평형인 계의 상태를 정의하기 위해서는 압력과 온도 모두 지정해야 함.
- 압력과 온도 미량을 자유로이 올리거나 내려도 kyanite 단상이 평형인 계가 유지됨.

㉡ kyanite와 sillimanite의 상경계선 상의 파란 점: C = 1, P = 2, F = (C - P + 2) = 1

- 경계선 상의 어떤 점이든 상의 수 P는 kyanite와 sillimanite로 2개
- Gibbs의 상률에 따라 F = 1로 압력과 온도 중에서 어느 하나의 독립 변수만 존재하고, 다른 변수는 두 상의 경계선 관계(선의 방정식을 따르는 함수 관계)에 따라 자연히 결정되는 종속 변수가 됨.

㉢ 3개의 상경계선이 만나는 초록 점: C = 1, P = 3, F = (C - P + 2) = 0

- kyanite, andalusite, 그리고 sillimanite가 평형 상태에서 공존하는 불변점(4.2 kbar-530°C)
- Gibbs의 상률에 따라 F = 0으로, 3상이 평형으로 유지되기 위해서는 압력과 온도를 임의로 선택할 수 없음.

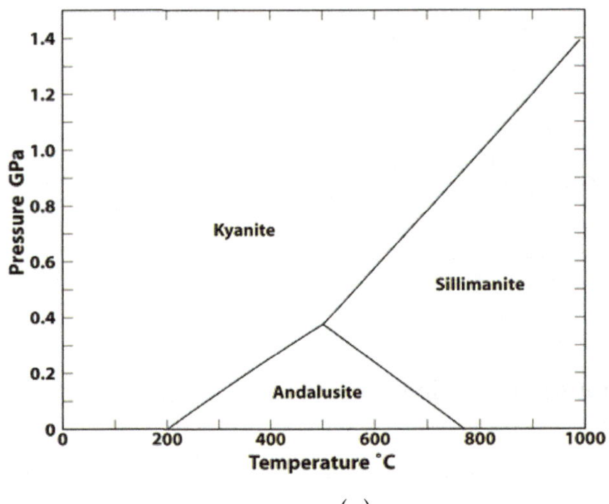

(a)

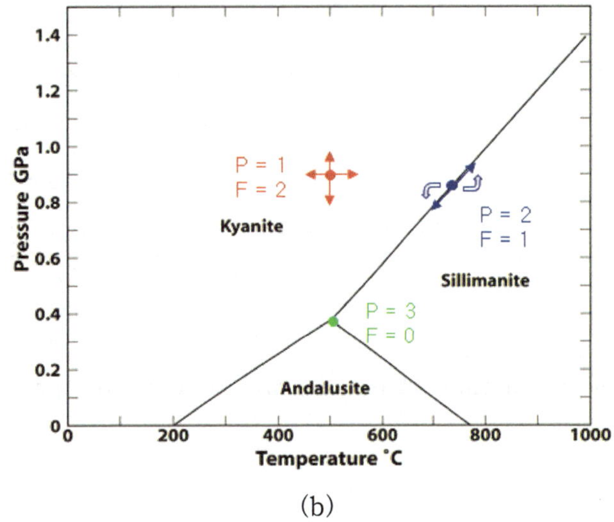

(b)

Fig. 2.8. Equilibrium phase diagram(a)[11] and phase rule(b) for the one component system-aluminosilicate(Al_2SiO_5).

2.6 실리카의 상평형도(Equilibrium Phase Diagram of Silica)

실리카(silica, SiO_2)는 지구 표면층을 구성하는 원소 중에서 가장 흔한 산소(46.6 wt%)와 두 번째로 흔한 규소(27.7 wt%)의 조합 화합물이다. 자연에 존재할 때 단독 혹은 다른 산화물과 결합한 규산염(silicate)으로 구성되어 있으며, 무기재료 주성분 중의 하나인 원료이다. 실리카는 Si-O 결합이 공유결합성(49%)과 이온 결합성(51%)의 특성을 갖고, $[SiO_4^{-4}]$ 사면체 구조를 기본으로 형성하고 있다.

가장 많이 알려진 결정질은 quartz, tridymite, cristobalite인데, 각각 저온형 α 상과 고온형 β 상의 결정구조를 가지고 있다. 모두 중심의 Si 원자를 4개의 O 원자가 둘러싼 사면체로 되어 있고, O 원자는 2개의 Si 원자 사이에 존재한다. $[SiO_4^{-4}]$ 사면체의 4개 꼭지점 중 몇 개가 다른 사면체의 꼭지점과 공유되느냐에 따라, 각기 다른 실리카 구조를 형성한다. 예를 들어 $[SiO_4^{-4}]$ 사면체의 4개 꼭지점 모두가 다른 $[SiO_4^{-4}]$ 사면체의 꼭지점과 공유되어 망목형의 3차원적인 결정이 형성되면 cristobalite가 된다. 각 결정은 β 결정형 간의 상변태와 α-β 저온형-고온형 간의 상변태를 가지고 있다.

Fig. 2.9의 실리카 상평형도에서 보는 바와 같이 대기압-상온에서 안정한 α-quartz는 온도가 올라감에 따라 tridymite, cristobalite를 거쳐서 녹는 것을 알 수 있다. α-quartz와 β-quartz의 공존 경계선에서는 C = 1, P = 2로 Gibbs 상률은 F = (C - P + 2) = 1인데, 압력을 1 atm으로 고정하면 F = 0이 되며 온도는 573℃로 결정된다.

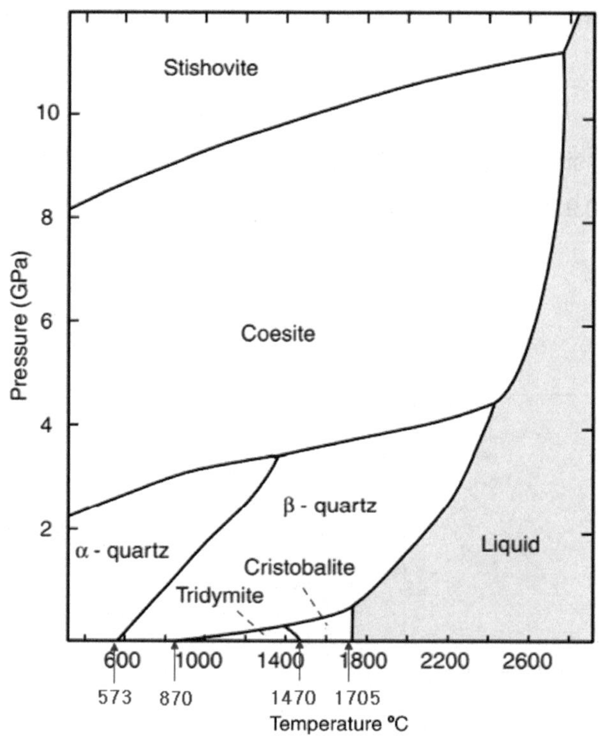

Fig. 2.9. Equilibrium phase diagram showing the phase transition of single component SiO_2.[12)]

화합물에서는 특정 조성을 갖는 물질이 결정구조가 다른 두 개 이상의 결정 형태로 존재하는 것을 동질이상(polymorphism)이라 한다. 상변태(phase transformation) 혹은 상전이(phase transition)는 일정한 결정상을 가지고 있는 고체가 주위의 압력-온도에 따라서 자유에너지가 더 낮은 다른 결정상으로 바뀌는 것이고, 전이 속도는 원자 이동에 대한 활성화 에너지의 크기와 새로운 결정핵 생성의 난이도에 의해 좌우된다. 대부분의 동질이상 물질은 고온형과 저온형으로 분류된다. 일반적으로 고온형은 조밀충전 구조(close packed structure)가 아닌 열린 구조(open structure)를 가지므로 밀도가 낮고, 결정학적으로는 FCC나 HCP와 같은 대칭성이 높은 구조를 취한다. 반대로 저온형일 때는 찌그러지고 대칭성이 없는 구조를 취하며, 밀도가 상대적으로 높은 특성이 있다.

결정구조의 전이 유형은 Fig. 2.10에서 보이는 바와 같이 크게 변위형 전이(displacive transformation)와 재구축형 전이(reconstructive transformation)로 나눌 수 있다. 변위형 전이는 결정 내부의 화학 결합은 그대로 유지되지만, 결합각과 결합 거리 등이 바뀌는 전이이고, 재구축형 전이는 구조 내의 화학 결합이 끊어져서 새로운 결정구조가 다시 생기는, 즉 새로운 화학 결합이 일어나는 전이이다.

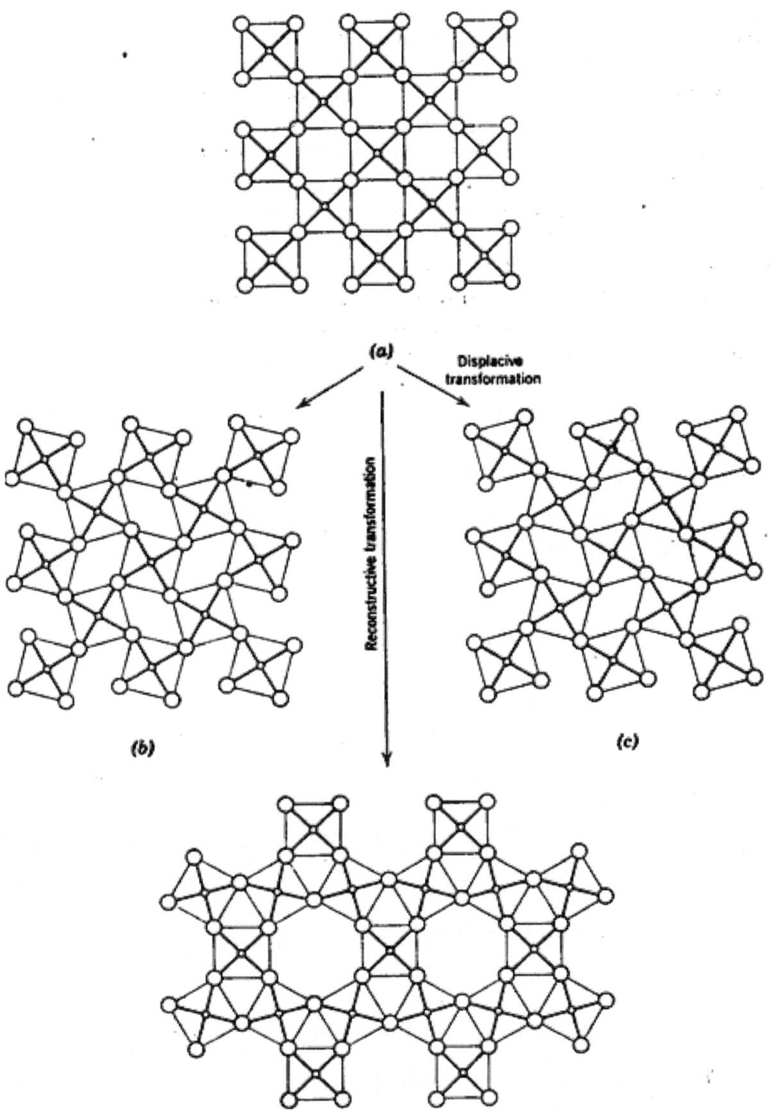

Fig. 2.10. Open form of structure(a) showing displacive transformations into collapsed forms(b, c) and reconstructive transformation into basically different form(d).

변위형 전이로 생기는 상들의 명칭은 저온 영역에서 안정한 상부터 차례대로 결정구조 이름 앞에 α, β, γ, δ 등을 붙인다. 재구축형 전이의 경우에는 결정의 이름을 다르게 붙이는 것이 일반적이다. 예를 들어 SiO_2 상전이의 경우, α-quartz, β-quartz로 표현되는 결정구조의 동질이상 변화는 변위형 전이에 의한 것이고, quartz, tridymite, cristobalite 등의 각각 다른 구조로 되어 있는 결정 간의 변화는 재구축형 전이에 의한 것이다.

변위형 전이는 특정 온도(well defined temperature)에서 매우 빠르게 일어나며, 온도의 상승과 하강에 따라 가역적(reversible)으로 일어난다. 반면에 재구축형 전이는 결합이 끊어지고, 원자 간의 확산이 일어난 후 다시 결합이 일어나야 하므로 전이 속도가 상당히 느리고, 가열이나 냉각 속도가 빠르면 비가역적(irreversible)이 되는 경우가 많다. 따라서 재구축형 전이는 고온에서 액상이 존재할 때 그것을 매개로 하여 액상에 녹았다가 재결정화(recrystallization)되는 과정을 통하여 전이가 일어나는 경우도 많다.

SiO_2의 상전이는 Fig. 2.11에서 보이는 바와 같이 변위형 전이(양방향 실선 화살표로 표현)와 재구축형 전이(한 방향에 점선 화살표 포함) 요소를 모두 포함하고 있다.

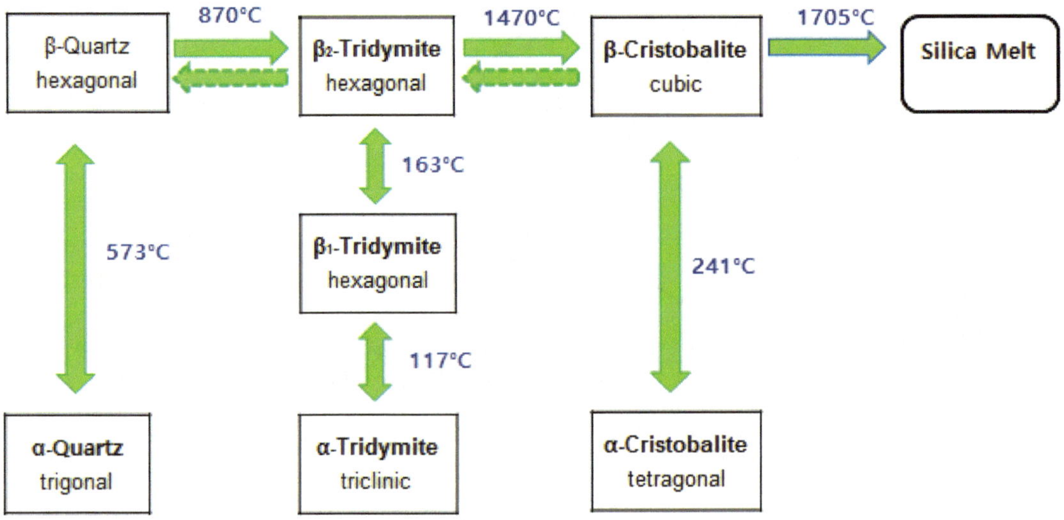

Fig. 2.11. Polymorphous modifications of silica.

① 변위형 전이(displacive transformation)

- α-quartz와 β-quartz는 모두 $[SiO_4^{-4}]$ 사면체가 나선형 배열을 기반으로 한 구조로 되어 있음.
- α-quartz는 $[SiO_4^{-4}]$ 사면체의 연결이 144°의 Si-O-Si 결합으로 되어 있어, 3중 나선형 회전축을 갖는 3각형 구조이고 β-quartz는 α-quartz의 왜곡된 구조로 $[SiO_4^{-4}]$ 사면체의 연결이 3중과 6중 나선형 회전축을 모두 갖는 육각형 구조
- Fig. 2.12와 같이 β-quartz ↔ α-quartz 전이는 원자간 연결 상태에는 변화 없고, 다만 $[SiO_4^{-4}]$ 사면체의 변위 또는 회전으로 Si-O-Si의 결합각만 변화하여 구조의 대칭이 바뀔 뿐이므로 전이는 매우 빠르고 가역적인 전이
- 전이 속도가 대단히 빠르고, 특정 온도에서 동시에 일어나므로 이런 전이가 일어나는 영역에서는 Fig. 2.13에 나타나듯이 급격한 팽창과 수축이 일어나게 됨.
- 변위형 전이 때문에 급격한 팽창과 수축이 일어나면 재료 내부에 미세한 균열(crack)이 생기거나,

파괴가 일어날 수 있어서, 재료를 제조할 때 전이 온도 부근에서는 가급적 가열과 냉각 속도를 천천히 하여야 하고, 또한 이 온도 영역에서 재료를 장시간 사용하지 않아야 함.

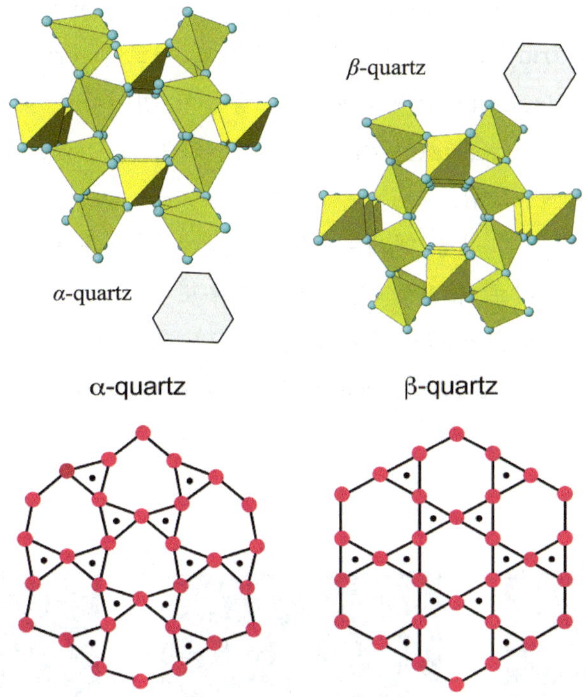

Fig. 2.12. Schematic structures of α- and β-quartz, projected onto (0001) plane. $[SiO_4^{-4}]$ tetrahedra attach in helical configuration, so that atoms in figure are out of plane. Si - O - Si bonds undergo enhanced bending and stretching on approaching the inversion temperature of 573°C, thereby weakening the structure.[13,14]

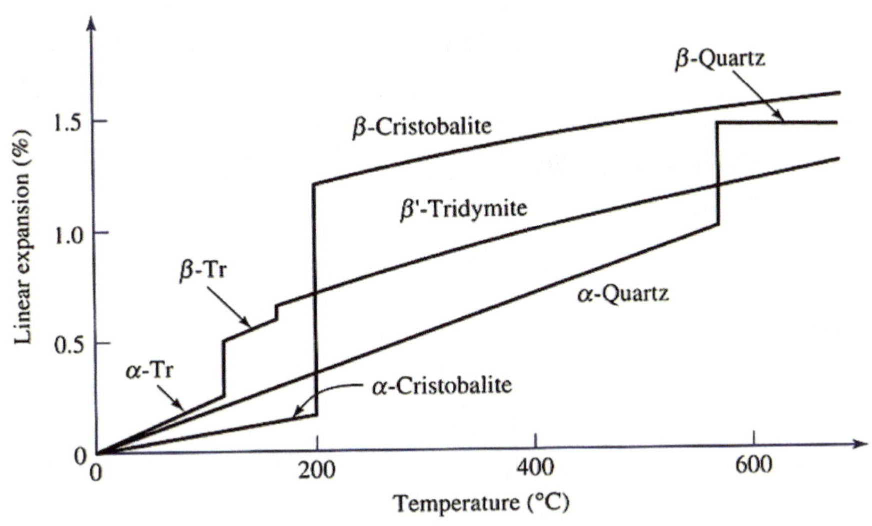

Fig. 2.13. Linear thermal expansion curves during phase transformation of various silica.

② 재구축형 전이(reconstructive transformation)

- Fig. 2.14에서 보듯이, β 형 결정 사이의 상전이는 새로운 구조를 형성하기 위하여 기존의 원자간 결합이 끊어지고 재결합하는 과정을 거치므로 많은 에너지가 요구되며 상당히 느리게 진행되는 비가역적 전이임.
- β-quartz가 $β_2$-tridymite와 β-cristobalite로의 재구축형 전이를 차례대로 거친 다음 용융에 이르기도 하지만, β-quartz가 $β_2$-tridymite 상태를 거치지 않고 바로 β-cristobalite로 재구축 전이를 일으킨 다음 용융에 이르거나, β-quartz 상태에서 바로 용융이 일어나는 때도 있음.
- 준안정 상태로 존재하는 β-quartz를 870℃로 가열하면 β-tridymite로 변화되는데, 그 반전(inversion, 냉각 시)의 변화는 느림.
- 고온에서 액상이 존재할 때는 그것을 매개로 하여 액상에 녹았다가 재결정 되는 과정 등을 통하여 전이가 일어나는 때도 있고, 바로 유리로 변화되는 경우도 있음.
- 유리 상태의 SiO_2가 β-cristobalite로의 전이가 일어나면 온도가 낮은 영역에서 $β_2$-tridymite나 β-quartz로의 전이는 잘 일어나지 않고 β-cristobalite에서 α-cristobalite로의 변위형 전이만 일어나면서 냉각되는 것이 일반적임.

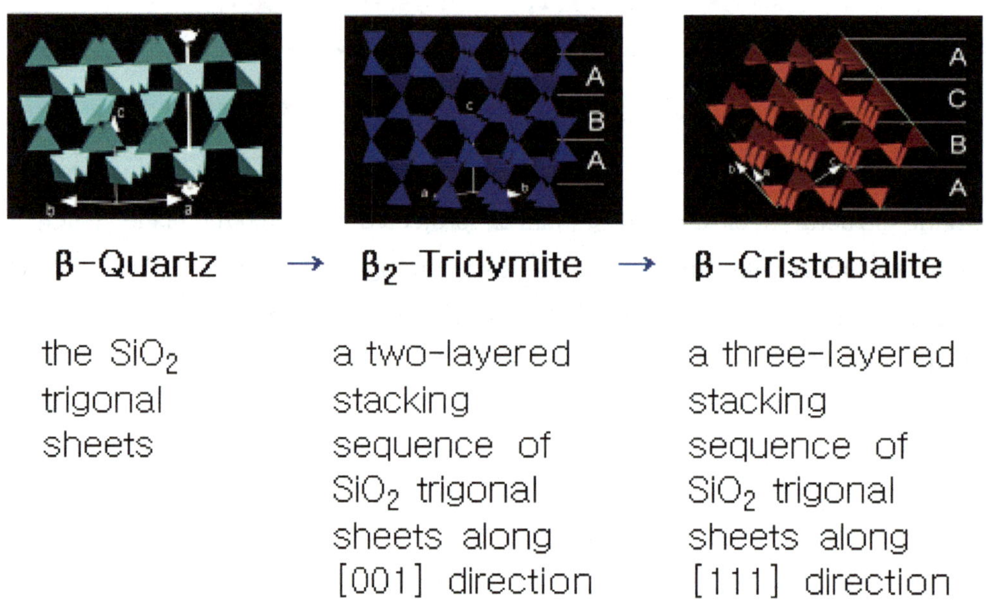

Fig. 2.14. Reconstructive transformation of SiO_2.[15)]

2.7 지르코니아의 상평형도(Equilibrium Phase Diagram of Zirconia)

지르코니아(ZrO_2)는 높은 용융 온도(약 2700℃)를 가지며, 엔지니어링 세라믹스 중 상온에서 가장 우수한 기계적 강도와 인성, 낮은 열전도도, 내화학 안정성, 내마찰성 등 재료 특성이 우수하여 19세기 초부터 유리 용융, 제철 제강 등의 고온 공정 설비를 제작하는 내열 재료로 사용되고 있다.

Fig. 2.15의 상평형도에서 보이는 바와 같이, 순수 지르코니아는 온도와 압력에 따라 결정구조의 변위형 전이가 일어난다. 1기압에서는 상온에서의 단사정(monoclinic) 결정구조가 1,170℃에서 정방정(tetragonal) 구조로 상전이 하고, 2,370℃에서 입방정(cubic) 구조로 바뀐다.

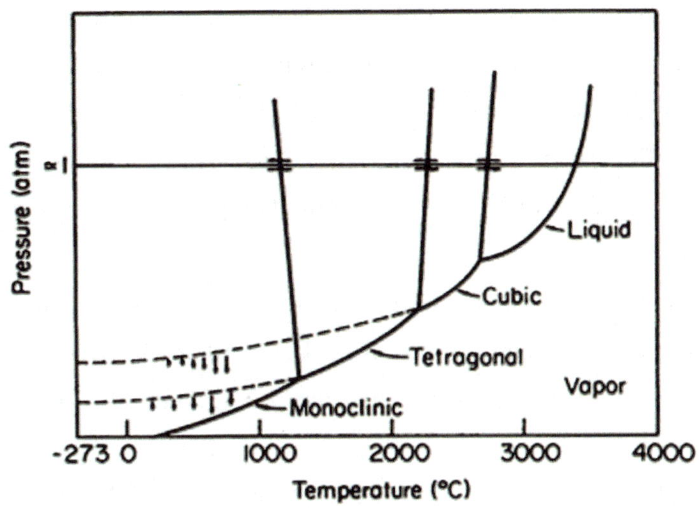

Fig. 2.15. Equilibrium phase diagram showing the phase transition of single component ZrO_2.[16]

Fig. 2.16의 결정구조 모식도와 같이 순수 ZrO_2는 냉각 시 정방정 구조에서 단사정 구조로의 마르텐사이트 변태가 일어나는데, 이때 생기는 3~5 vol%의 급격한 체적 변화(팽창)는 균열을 유발시킬 수 있다. 이러한 이유로 순수 지르코니아는 활용 범위가 매우 제한되었다. 그러나 1975년 Garvie 등[18]이 지르코니아의 상변태를 활용하여 강도가 향상되고 세라믹스의 단점인 취성을 개선할 수 있음을 발표한 후, 고강

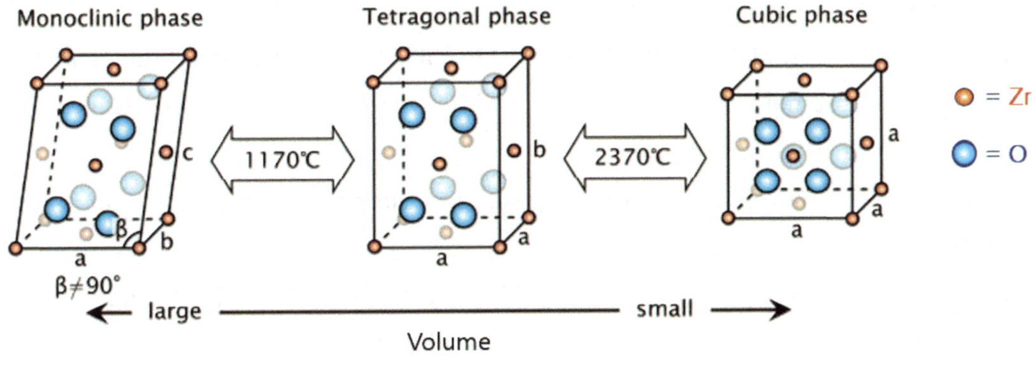

Fig. 2.16. Schematic of temperature-dependent crystalline structure of pure zirconia.[17]

도-고인성 지르코니아의 제조가 활발하게 진행되었다. 이후에는 지르코니아에 CaO, MgO 및 Y_2O_3 등과 같은 산화물 안정화제를 첨가한 안정화 지르코니아(stabilized zirconia)는 바이오 및 극한 구조 재료 등 다양한 분야에 활용되고 있다.

[참고문헌]

1. https://chem.libretexts.org/Bookshelves/GeneralChemistry, LibreTexts(2022).
2. https://spmchemistry.blog.onlinetuition.com(2012).
3. R. Jatoth and G. V. Naik, "Solidification Process of Pure Metal," Inter. J. Eng. Tech. Sci. and Res., 4(12) 705-714 (2017).
4. L. J. Swartzendruber, "The Fe(Iron) System," Bull. Alloy Phase Diagrams, 3(2) 161-165 (1982).
5. J. M. Zazula, "On Graphite Transformations at High Temperature and Pressure Induced by Absorption of the LHC Beam," LHC Project Note 78/97(1997).
6. K. F. Dziubek, "On the Definition of Phase Diagram," Crystals, 12(9) 1186 (2022).
7. A. G. Whittaker, "Carbon: A New View of Its High-Temperature Behavior," Science 200(4343) 763-464 (1978).
8. W. H. Gust, "Phase Transition and Shock Compression Parameters to 120 GPa for Three Types of Graphite and for Amorphous Carbon," Phys. Rev. B, 22(10) 4744-4756 (1980).
9. F. P. Bundy, "Pressure-Temperature Phase Diagram of Elemental Carbons," Physica A, 156, 169-178 (1989).
10. G. Galli, R. M. Martin, R. Car and M. Parrinello, "Carbon: The Nature of the Liquid State," Phys. Rev. Lett., 63(9) 988-991 (1989).
11. M. J. Holdaway, "Stability of Andalusite and the Aluminum Silicate Phase Diagram," Am. J. Sci., 271(2) 97-131 (1971).
12. V. Swamy, S. K. Saxena, B. Sundman and J. Zhang, "A Thermodynamic Assessment of Silica Phase Diagram," J. Geophys. Res., 99(B6) 11787-11794 (1994).
13. B. Lawn, D. Marshall, R. Raj, G. Hirth, T. Page and J. Yeomans, "Precipitous Weakening of Quartz at the α-β Phase Inversion," J. Am. Ceram. Soc., 104(1) 23-26 (2021).
14. H.-R. Wenk, N. Barton, M. Bortolotti, S. C. Vogel, M. Voltolini, G. E. Lloyd and G. B. Gonzalez, "Dauphine Twinning and Texture Memory in Polycrystalline Quartz. Part 3: Texture Memory during Phase Transformation," Phys. Chem. Minerals, 36, 567-583 (2009).
15. R. D. Febo, L. Casas, A. A. del Campo, J. Rius, O. Vallcorba, J. C. Melgarejo and C. Capelli, "Recognizing and Understanding Silica-polymorph Microcrystals in Ceramic Glazes," J. Euro. Ceram. Soc., 40(15) 6188-6199 (2020).
16. R. Ruh and T. J. Rockett, "Proposed Phase Diagram for the System ZrO_2," J. Am. Ceram. Soc., 53(6) 360 (1970).
17. R. H. J. Hannink, P. M. Kelly and B. C. Muddle, "Transformation Toughening in Zirconia-containing Ceramics," J. Am. Ceram. Soc., 83, 461-487 (2000).
18. R. C. Garvie, R. H. Hannink and R. T. Pascoe, "Ceramic Steel?," Nature, 258, 703-704 (1975).

제 3 장 2성분계 상평형도의 기본 개념

3.1 2성분계 상평형도의 표현과 종류

3.1.1 2성분계 상평형도의 표현

3.1.2 2성분계 상평형도의 종류

3.2 2성분계의 응고

3.3 고용체가 있는 2성분계 상평형도

3.3.1 고용체의 정의

3.3.2 고용체의 미세구조

3.3.3 고용체 상평형도의 응용

3.4 공정반응이 있는 2성분계 상평형도

3.4.1 공정반응의 정의

3.4.2 공정 혼합물의 미세구조

3.4.3 공정조직의 예

3.5 포정반응이 있는 2성분계 상평형도

3.5.1 포정반응의 정의

3.5.2 포정 화합물의 미세구조

3.5.3 포정조직의 예

3.6 공석반응이 있는 2성분계 상평형도

3.6.1 공석반응의 정의

3.6.2 공석 혼합물의 미세구조

3.7 포석반응이 있는 2성분계 상평형도

3.8 편정반응이 있는 2성분계 상평형도

3.9 합성반응이 있는 2성분계 상평형도

3.10 염의 용해와 상평형도

제 3 장 2성분계 상평형도의 기본 개념(Basic Concepts for Binary Phase Diagrams)

두 가지 성분으로 구성된 계는 2원계(binary system) 또는 2성분계(two-component system)라고 부른다. 2성분계 상평형도(binary phase diagrams)는 구성 변수인 온도, 압력 및 조성에 따른 물질계의 상태 변화를 보여준다. 2성분계 에서 세 가지 구성 변수를 나타내는 완전한 상평형도를 그리려면 3차원 공간을 사용해야 하지만, 일정한 압력에서는 온도와 조성만을 변수로 하여 상의 변화를 나타내는 사각형의 2차원 상평형도로 그리는 것이 일반적이다.

3.1 2성분계 상평형도의 표현과 종류

3.1.1 2성분계 상평형도의 표현

A와 B 성분의 2성분계 상평형도의 표현은 Fig. 3.1(a)에 도식적으로 나타낸 것과 같이 온도-압력-조성 변수를 사용한 3차원 모형으로 나타낸다. 2성분계에서는 Gibbs의 상률 F = (C - P + 2)의 관계에서 C = 2가 되고 P = 1, 2, 3이 될 수 있는 상의 수에 따라 자유도가 변하며 최대 자유도 F = 3이다. 즉 상의 수가 다른 영역에서 2성분계의 평형 상태를 정의하려면 자유도에 따라 조성 변수 하나만 지정하든지, 온도와 조성 변수 2개를 지정하든지, 또는 압력, 온도 및 조성 변수 3개 모두를 지정해야 한다.

기체 상태인 높은 온도를 제외한 적절한 온도에서 액상과 고상을 갖는 응축계(condensed system)에서 대부분 상의 관계는 대기압(상압)인 열린계에서 결정된다. Fig. 3.1(a)와 (b)에서 빗금 친 평면은 일정한 압력에 놓인 응축 재료의 2성분계 상평형도이다. 압력이 변수에서 빠지게 되어 계의 변수는 온도와 조성 2개이다. 따라서 이러한 응축계에 대한 Gibbs의 상률은 F = (C - P + 1)로 되어 최대 자유도 F = 2이다. 일정한 압력에 놓인 응축 2성분계에 대한 상평형도는 온도-조성 조합에서 존재하는 모든 상을 표현한다. 상평형도에서 온도는 세로축에, 두 성분의 조성은 가로축에 나타낸다.

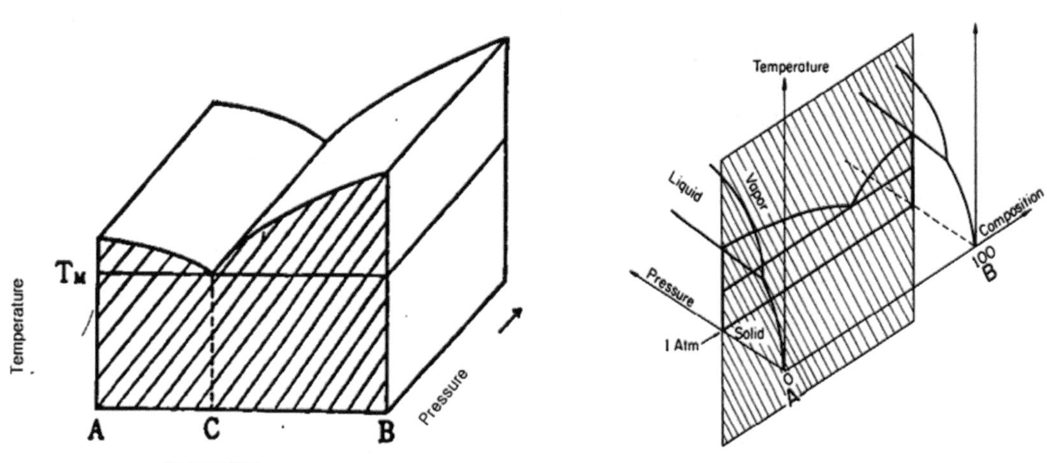

(a) (b)

Fig. 3.1. Three dimensional phase relationship for the hypothetical A-B binary system(a) and cross section plane at constant pressure with binary system(b).[1]

압력이 일정한 2성분계 상평형도는 온도(T)-조성(X) 변수를 나타내는 2차원 모형으로 표현하는데, 하나의 예로 Fig. 3.2는 하나의 공정점을 갖는 응축 2성분계의 상평형도이다.

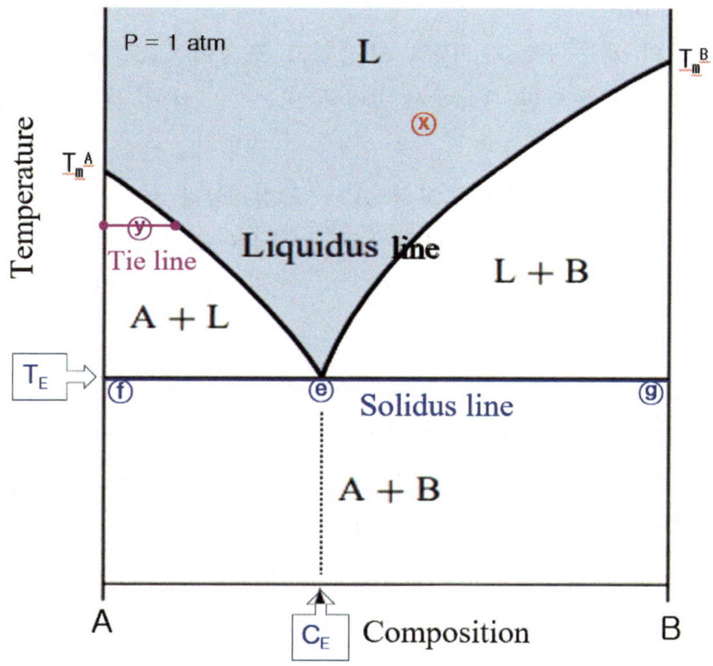

Fig. 3.2. A hypothetical condensed A-B binary phase diagram containing a eutectic reaction.

A와 B 성분의 2성분계 상평형도 내에서는 2개의 고상과 액상이 단독으로 또는 함께 존재하는 상영역으로 구분된다. 각각의 영역, 경계선 혹은 특정점에 있는 계의 상태는 다음과 같다.

① 점 ⓧ: 액상(L) 영역 내의 점 ⓧ

- C = 2 (성분 A + 성분 B)
- P = 1 (L)
- F = 2 (가변 영역에서 자유도 2)
- 단상인 액상이 안정하게 평형이 유지되는 가변 영역에서 온도 변수와 액상의 조성 변수는 독립적으로 미량 변화하여도 단상의 액상을 유지할 수 있음.

② 점 ⓨ: (고상 A + 액상 L) 영역의 점 ⓨ

- C = 2 (성분 A + 성분 B)
- P = 2 (고상 A + 액상 L)
- F = 1 (가변 영역에서 자유도 1)
- 2상 영역의 계가 온도 변수가 지정되어 평형이 유지되면, 등온 공액선(tie line)을 그을 수 있음.
- 2상 영역에서 계가 평형 상태일 때 그은 공액선의 양 끝점의 조성은 해당 온도에서 존재하는 두 상의 조성을 의미함.
- 공액선이 갖는 직선의 함수 관계로부터 온도 변수가 지정되면 액상의 조성 변수와 고상의 조성 변수가 종속 변수로 되어 자동으로 정해짐.
- 2성분계 상평형도에서 곡선 T_m^A-ⓔ 또는 곡선 T_m^B-ⓔ선과 같이 액상 영역과 (액상 + 고상) 영역

의 경계선을 액상선(liquidus lines)이라 하고, 액상선 초과 온도에서는 고상이 존재하지 않음.

③ 점 ⓔ: 고정된 온도(T_E)와 고정된 조성(C_E)을 가진 불변점이 되는 점 ⓔ

- C = 2 (성분 A + 성분 B)
- P = 3 (고상 A + 고상 B + 액상 L)
- F = 0 (불변점에서 자유도 0)
- 3상이 공존하는 평형 상태의 계는 온도가 T_E로 고정되고 조성이 C_E로 고정되어 자유도는 0
- 점 ⓔ에서 온도 또는 조성이 변동되면, 3상에서 한 상 또는 두 상이 사라져서 P 값이 변하게 되어 상률에 어긋남.
- 2성분계 상평형도에서 직선 ⓕ-ⓖ와 같이 (고상 A + 고상 B)의 두 고상 영역과 (액상 L + 고상 A) 영역 또는 (액상 L + 고상 B) 영역의 경계선을 고상선(solidus line)이라 하고, 고상선 미만 온도에서는 액상이 존재하지 않음.

2성분계 상평형도를 해석하면 액상의 고용도, 온도-조성 변화에 따른 상의 변화 및 2상 영역에 존재하는 각 상의 조성과 분율 등 많은 정보를 알 수 있다.

첫째, 2성분계 상평형도에서 용액(고용체도 포함)의 고용 한계를 알 수 있다. 상평형도에서 용액은 단상이고 혼합물은 하나 이상의 상이며, 고용 한계(solubility limit)는 단상으로 유지되는 용질 성분의 최대 농도이다. Fig. 3.3은 고용 한계를 알 수 있는 설탕-물 2성분계 상평형도의 일부이다. 20°C에서 고용 한계는 설탕 63.0 wt%이고, 설탕 농도가 63.0 wt% 미만이면 설탕물 단상, 농도가 63.0 wt% 이상이면 (설탕물 + 고상 설탕)의 2상으로 존재한다.

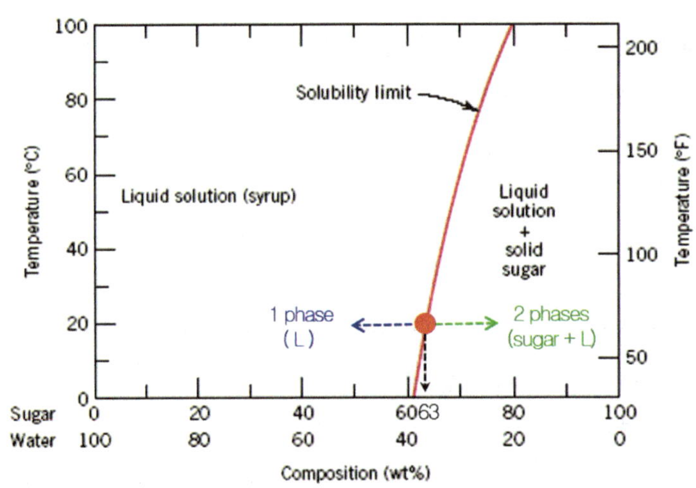

Fig. 3.3. Equilibrium phase diagram of sugar-water with limited solubility.

둘째, 2성분계 상평형도에서 온도와 조성의 변화가 존재하는 상의 수에 미치는 영향을 알 수 있다. Fig. 3.4의 점 A(20℃, 70.0 wt% sugar-30.0 wt% water)에서 점 B(100℃, 70.0 wt% sugar-30.0 wt% water)로 이동하는 경로와 같이 계의 조성이 일정하더라도 온도가 변하면 2상에서 1상으로 상의 수가 변한다. 또한 점 B(100℃, 70.0 wt% sugar-30.0 wt% water)에서 점 D(100℃, 90.0 wt% sugar-10.0 wt% water)로 이동하는 경로와 같이 계의 온도가 일정하더라도 조성이 변하면 상의 수가 변한다.

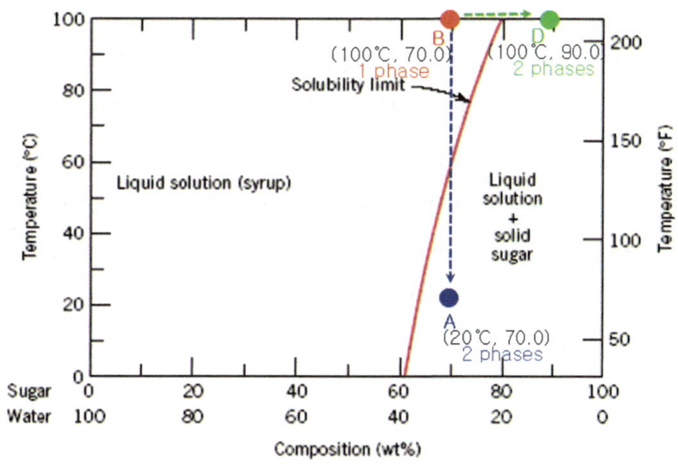

Fig. 3.4. Effects of temperature and composition on number of phase in sugar-water phase diagram.

셋째, 2성분계 상평형도에서 2상 영역에 존재하는 두 상의 조성은 등온 공액선을 그어 알 수 있다. 공액선(tie lines 또는 conodes)은 특정 온도의 평형 상태에서 2상 영역에 존재하는 두 상의 조성점을 연결한 등온선이다. Fig. 3.5의 2성분계 상평형도에서 공액선 ⓐ, ⓑ, ⓒ을 포함하는 계는 (액상 + 고상)의 2상이 존재한다. 공액선 ⓐ를 포함하는 계에 존재하는 고상 A의 조성은 100.0 mol% A-0.0 mol% B이고 액상 L의 조성은 80.0 mol% A-20.0 mol% B이고, 공액선 ⓑ를 포함하는 계에 존재하는 고상 AB의 조성은 50.0 mol% A-50.0 mol% B이고 액상 L의 조성은 70.0 mol% A-30.0 mol% B이며, 공액선 ⓒ를 포함하는 계에 존재하는 고상 B의 조성은 0.0 mol% A-100 mol% B이고 액상 L의 조성은 20.0 mol% A-80.0 mol% B이다. 그리고 공액선 ⓓ, ⓔ를 포함하는 계는 (고상 + 고상)의 2상이 존재한다. 공액선 ⓓ를 포함하는 계에 존재하는 고상 A의 조성은 100 mol% A-0.0 mol% B이고 고상 AB의 조성은 50.0 mol% A-50.0 mol% B이며, 공액선 ⓔ를 포함하는 계에 존재하는 고상 AB의 조성은 50.0 mol% A-50.0 mol% B이고 고상 B의 조성은 0.0 mol% A-100 mol% B이다.

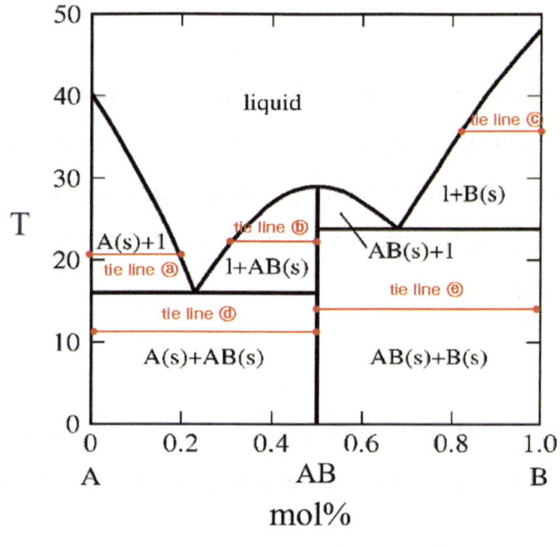

Fig. 3.5. Composition of two phases obtained from tie lines in a hypothetical A-B binary phase diagram.

3.1.2 2성분계 상평형도의 종류

2성분계 응축 상평형도의 다양한 예를 Fig. 3.6에 나타내었다. (a)는 고용체를 갖지 않으며 새로운 화합물이 존재하지 않고 단순 공정점을 갖는 상평형도, (b)는 고용체를 갖지 않으며 조화용융 화합물(AB_2)이 존재하는 상평형도, (c)는 고용체를 갖지 않으며 분해용융 화합물(XY_2)이 존재하는 상평형도, (d)는 고용체를 갖지 않으며 여러 개의 분해용융 화합물(Q, R, S)이 존재하는 상평형도, (e)는 전율 고용체를 갖는 상평형도, (f)는 액상 영역이 팽창하여 최소점이 있고 고상 영역이 팽창하여 최고점이 있는 전율 고용체를 갖는 상평형도, (g)는 부분 고용체와 공정점을 갖는 상평형도, 그리고 (h)는 고상 영역이 팽창하여 최고점이 있는 전율 고용체를 갖는 상평형도이다.

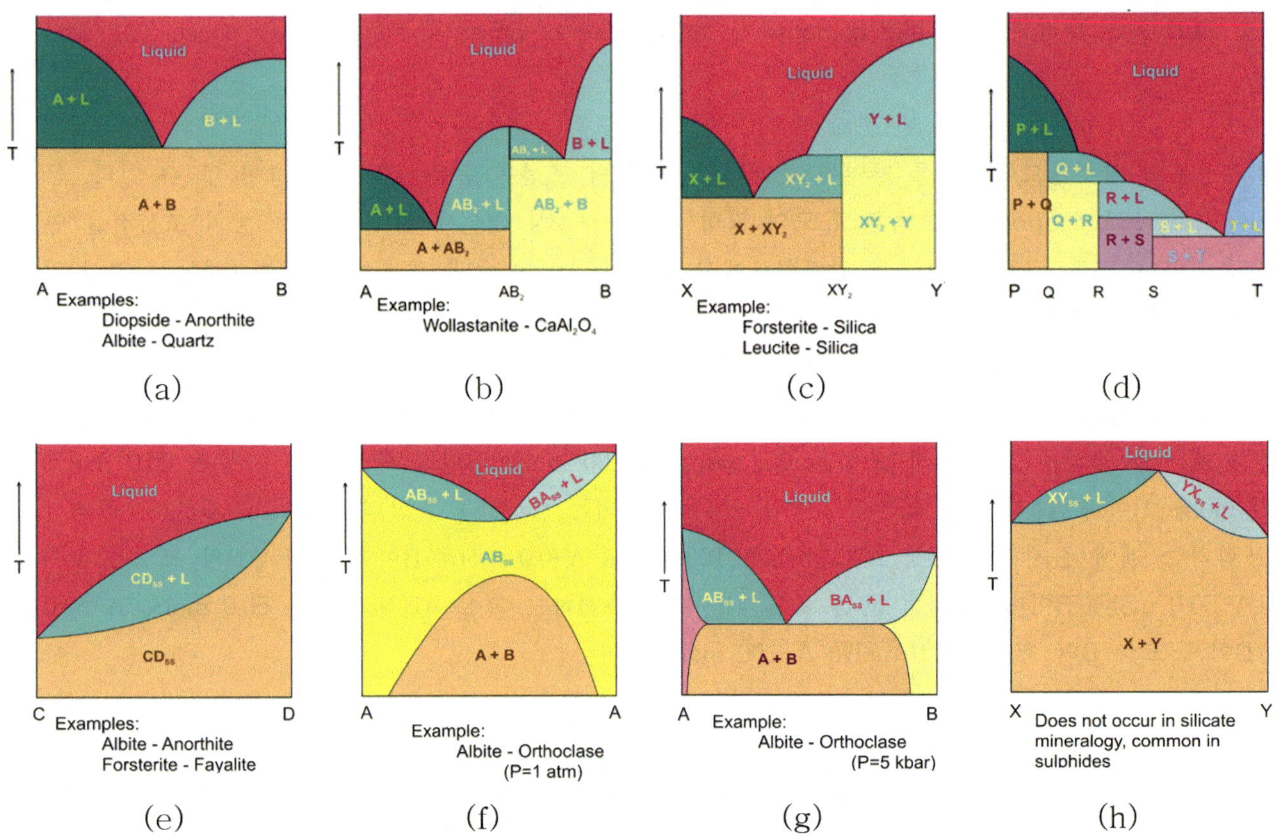

Fig. 3.6. Examples of the hypothetical condensed binary phase diagrams: (a) simple eutectic, no SS, (b) no SS, congruently melting compound, (c) no SS, incongruently melting compound, (d) no SS, more than 1 incongruently melting compound, (e) complete SS, no minimum or maximum, (f) complete SS with a minimum and a maximum, (g) partial SS and a eutectic, and (h) complete SS and a maximum.

Fig. 3.7에서 볼 수 있는 바와 같이 2성분계 상평형도에는 여러 가지 불변반응 존재하며, 이러한 불변반응의 반응식과 반응에 관계된 상영역을 보여주는 상평형도의 일부분, 그리고 불변반응의 예를 Table 3.1에 나타내었다.

공정반응(eutectic reaction)은 냉각 시 하나의 액상이 두 개의 고상으로 변하는 반응이다. 알루미늄-실리콘 계, 납-주석 계, 염-물 계, 실리콘-구리 계 및 실리카-산화물 계는 공정반응을 포함하고 있다. 공석반응(eutectoid reaction)은 하나의 고상이 다른 두 고상으로 변하는 반응으로서, 철-탄소 계와 지르코니아-이트리아 계 상평형도의 일부에서 나타난다. 편정반응(monotectic reaction)은 하나의 액상이 고상과 다른 제2의 액상으로 변하는 반응으로 구리-납 계와 붕규산염 계에서 나타난다. 포정반응(peritectic reaction)은 액상과 고상이 제2의 고상으로 변하는 반응으로 마그네슘-니켈 계, 루사이트-실리카 계, 지르코니아-티타니아 계 및 철-탄소 계에서 나타난다. 포석반응(peritectoid reaction)은 두 개의 고상이 제3의 고상으로 변하는 반응으로 구리-주석 계와 실리콘-우라늄 계에서 나타난다. 합성반응(synthetic reaction)은 두 액상 층의 계면에서 고상이 합성되는 경우로 나트륨-아연 계에서 나타난다.

상평형도와 관련된 학술용어는 액상이 관련된 불변반응의 영어 용어 어미는 ‘-tectic’으로 끝나고 한글 용어는 ‘-정출’이라 한다. 고상 상태에서 발생하는 반응은 영어 용어 어미가 ‘-tectoid’로 끝나고 한글 용어는 ‘-석출’이라 한다.

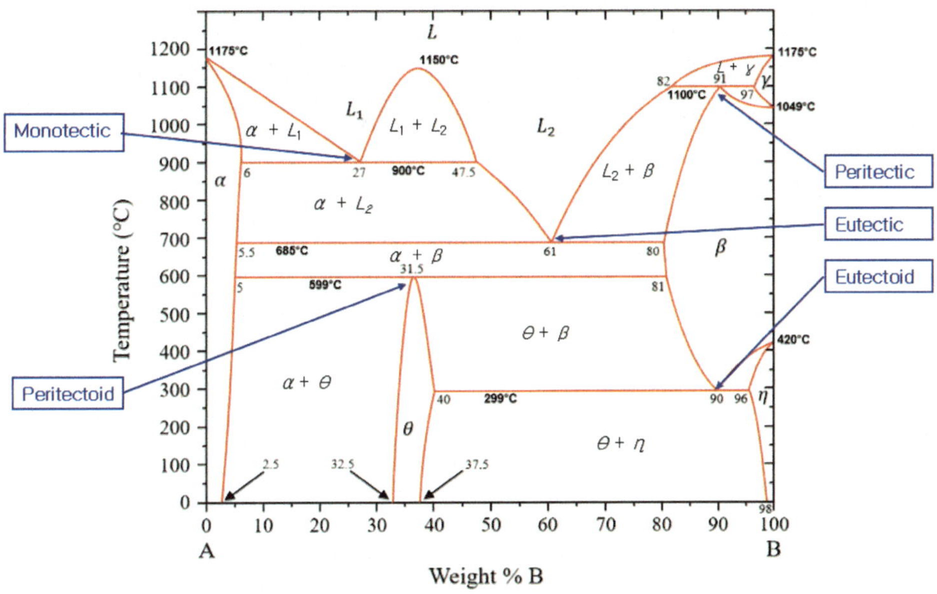

Fig. 3.7. A hypothetical A-B binary phase diagram containing various invariant reactions.

Table 3.1 Invariant Reactions in Binary Phase Diagrams

Invariant reactions	Symbolic representation	Schematic representation	Examples
Eutectic	No solid solubility $L \rightarrow A + B$	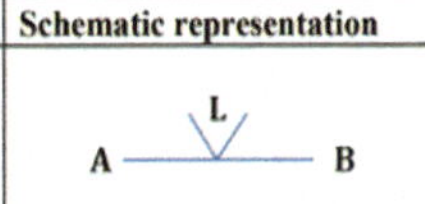	Bi – Cd: $L_{55\% Cd} \xrightarrow[146\ ℃]{cooling} Bi + Cd$
	Partial solid solubility $L \rightarrow \alpha + \beta$	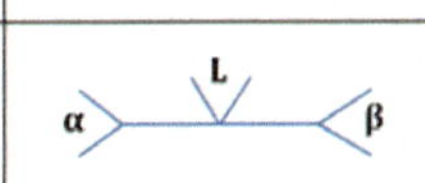	Cu – Ag: $L_{71.9\% Ag} \xrightarrow[779\ ℃]{cooling} \alpha_{8\% Ag} + \beta_{91.2\% Ag}$
Peritectic	$L + \alpha \rightarrow \beta$	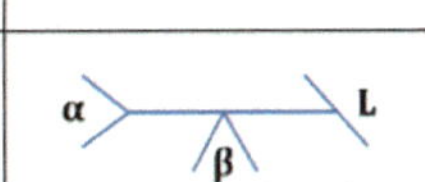	Fe – C: $\delta_{0.1\% C} + L_{0.5\% C} \xrightarrow[1495\ ℃]{cooling} \gamma_{0.16\% C}$
Eutectoid	$\gamma \rightarrow \alpha + \beta$	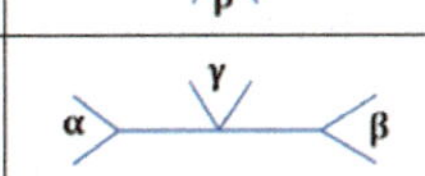	Fe – C: $\gamma_{0.8\% C} \xrightarrow[723\ ℃]{cooling} \alpha_{0.02\% C} + Fe_3C_{6.67\% C}$
Peritectoid	$\alpha + \beta \rightarrow \gamma$	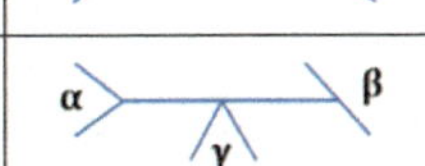	Ag – Al
Monotectic	$L_1 \rightarrow L_2 + \alpha$	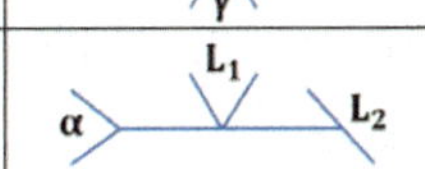	Cu – Pb, Ag – Ni
Syntectic	$L_1 + L_2 \rightarrow \alpha$	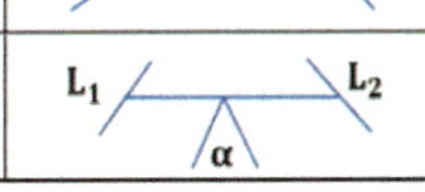	Na – Zn

3.2 2성분계의 응고

일반적으로 두 성분을 혼합하면 액체 상태와 고체 상태에 따라 혼합되는 성분들의 크기 레벨의 차이가 크다. Fig. 3.8은 두 성분 액체가 혼합되는 경우로서, 물과 알코올의 두 성분의 액체를 구성하는 각각의 화학종들이 분자 단위 크기로 균질하게 섞여 *브라운 운동(Brownian motion)을 한다. 구성 화학종의 양이 적은 성분이 용질(solute)이 되고 구성 화학종의 양이 많은 성분이 용매(solvent)가 된다.

그러나 고령토 흙과 모래의 두 성분 고체를 혼합할 경우는 두 고체 각각을 인위적으로 아주 작게 분쇄하여 혼합하여도 특정 결정구조를 가지고 있는 일정한 부피의 흙 조각과 모래 조각이 섞여 있는 흙모래이다. 이것은 각각의 성분 고체가 1개 분자씩 쪼개어져서 섞여 있는 분자 단위 크기로 혼합된 상태가 아닌 커다란 덩어리 단위 크기의 성분이 불균일하게 혼합된 상태의 혼합물(mixture)이다.

이와는 다르게 두 고체가 특정한 공정 환경(예를 들어 두 고체가 액체 상태로 섞여서 응고하는 환경)을 거칠 때에는 액체의 혼합 시와 같이 분자 단위 크기의 높은 혼합도를 갖는 단일상의 고체로 두 구성 화학종(이온이나 원자)이 섞이게 되는 특수한 예도 있다. 이러한 고체를 고용체(solid solution)라고 하며, 본질은 고체지만 서로 다른 구성 성분 화학종의 높은 혼합도 면에서는 액체의 특성이 있다고 할 수 있다.

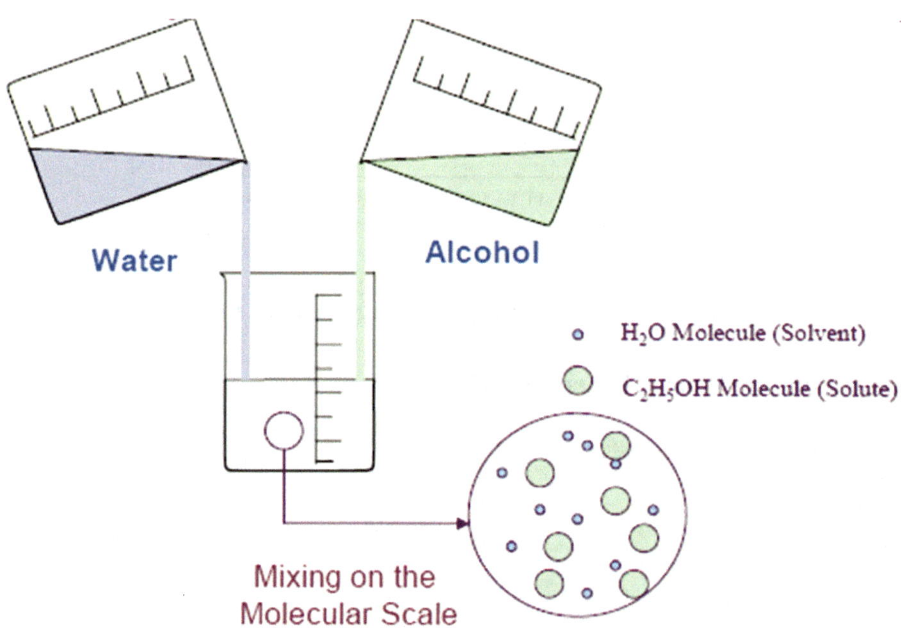

Fig. 3.8. Molecular scale mixing for two liquid solutions of water-alcohol.

*브라운 운동(Brownian motion): Scotland 식물학자 Robert Brown이 1827년에 물 위에 떠 있는 꽃가루가 무작위로 끊임없이 움직이는 것을 관찰하여 붙여진 이름이다.

비교적 높은 온도에서 액체 상태의 금속이나 세라믹스는 화학종이 약한 인력으로 상호 결합하여 불규칙하게 배열되어 있는데, 이 액상이 냉각되어 고상으로 변하는 것을 응고(solidification)라 한다. Fig. 3.9와 같이 물체가 열을 빼앗겨서 온도가 내려가면서 냉각될 때, 온도와 시간의 관계를 나타내는 그림을 냉각 곡선(cooling curve)이라 한다.

물질의 상태 변화가 일어나거나 성분의 일부가 정출(석출)되는 온도에서는 비열(specific heat)이 변하므로 냉각 곡선이 꺾이기도 한다. 냉각 곡선을 이용하여 물질의 특성인 녹는점, 전이점 등을 구할 수 있고, 냉각에 따른 변화나 조직의 변화를 알 수 있으며, 상평형 그림을 얻을 수도 있다.

1성분계 순물질의 냉각 곡선은 Fig. 3.9(a)와 같다. 처음에 액체로 존재하다가 온도가 떨어지면서 액체 분자는 열에너지를 잃는다. 냉각되면서 액체 물질의 온도는 어는점 T_M에 도달할 때까지 꾸준히 낮아진다. 그리고 입자의 에너지가 거의 없어지고 서로 더 가까이 움직이기 시작하면서 액체가 응고되어 고체 형태로 변한다. 어는점에서 액체와 고체는 평형 상태로 함께 존재한다. 모든 액체가 고체로 변할 때까지 온도는 일정하게 유지되는 데, 이는 방출되는 에너지인 잠열(latent heat)이 냉각 중에 주변으로 손실되는 에너지와 같기 때문이다. 응고가 완료되면 고체 물질은 다시 냉각이 시작된다. Fig. 3.8(a)처럼 응고 중 냉각 곡선이 일정하게 유지되는 것을 통해 시간-온도 곡선에서 1성분계 순물질의 어는점(녹는점)을 식별할 수 있다.

2성분계 혹은 3성분계 물질의 냉각 곡선은 Fig. 3.9(b)처럼 응고 곡선에서 고체 및 액체가 평형을 이루는 온도가 일정한 구간의 범위로 나타난다. 이 경우에는 1성분계에서 나타나는 고정된 어는점 대신에, 계가 액체에서 고체로 변화하는 온도 범위를 나타내는 액상선 온도와 고상선 온도의 두 가지 온도가 존재한다. 액상선 온도(liquidus temperature)는 가열할 때 계 전체가 완전히 액체 상태가 되는 온도이고, 고상선 온도(solidus temperature)는 냉각할 때 계가 완전히 고체 상태가 되는 온도인데, 이 두 지점 사이에서 (액체 + 고체)가 평형을 이루고 있다. 액체가 냉각되어 액상선 온도에 도달하면 응고가 시작되고 잠열 발생으로 인해 냉각 속도의 감소하고, 결과적으로 냉각 곡선의 기울기가 줄어든다. 응고가 완료되면 냉각 속도가 다시 변하여 냉각 곡선의 기울기가 바뀌므로 이로부터 고상선의 온도를 결정할 수 있다. Fig. 3.9(b)에서 볼 수 있듯이 이러한 기울기의 변화를 통해 액상선 온도 T_L과 고상선 온도 T_S를 알 수 있다.

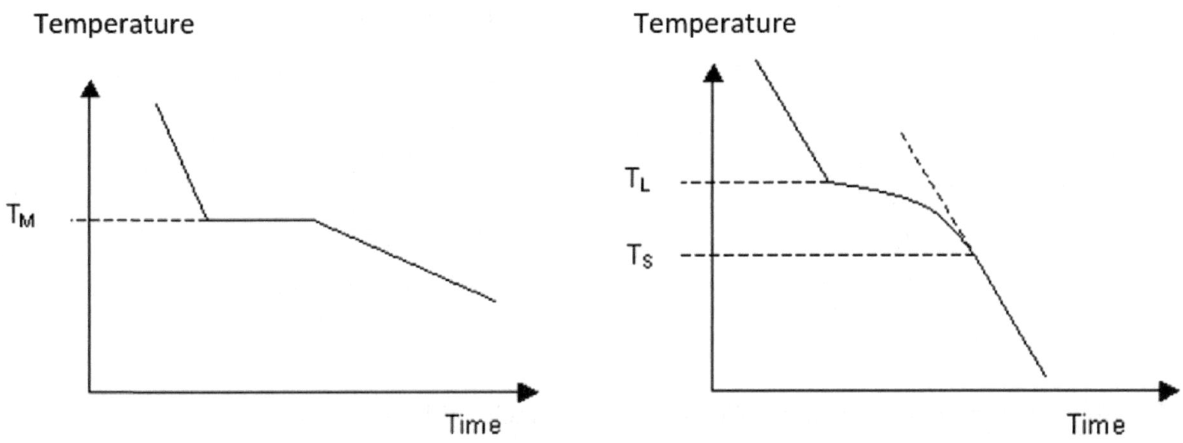

(a) (b)

Fig. 3.9. Cooling curves from liquid to solid phases of a one-component system(a pure materials)(a) and two-component system(b).[2)]

두 가지 성분으로 이루어진 2성분계 액상이 냉각되어 응고될 때, 일어날 수 있는 반응을 Fig. 3.10에 도식적으로 나타내었다. 2성분계 액상도 용액이므로, 큰 농도 성분이 용매이며 작은 농도의 성분을 용질이라 한다. 액상이 응고할 때는 다음과 같이 3가지의 반응으로 응고되어 결정상(또는 미세구조)이 완전히 다른 고체가 출현한다.

① 2개의 결정상(two crystalline phases) 재출현 (Fig. 3.10-①)
응고 시 용매(기지)의 결정구조에 용질 화학종을 함유시키는 것이 계의 격자에너지를 증가 시킨다면, 용매로부터 용질 화학종은 모두 방출되고 결정구조와 조성이 서로 완전히 다른, 융융 이전의 고체 결정상들과 같은 2개의 결정상이 재출현

② 새로운 2성분계 화합물(new binary compound) 형성 (Fig. 3.10-②)
응고 시 용질 화학종들이 규칙적인 방법(두 종류 화학종이 간단한 정수비를 갖는 화학양론 화합물처럼)으로 용매 결정의 격자 내에 함유되어 재편성시키는 것이 계의 에너지를 낮춘다면, 새로운 제3의 2성분계 화합물을 형성

③ 고용체(solid solution) 조화(Fig. 3.10-③)
응고 시 새로운 상의 출현 없이 단일 결정상을 형성시키기 위하여 결정구조가 유지되면서 용질 화학종들이 용매(기지) 격자 내에 무질서한 방식으로 고용(격자 치환 혹은 격자 틈새 침입)되어 계의 에너지를 크게 낮추며 고용체를 형성

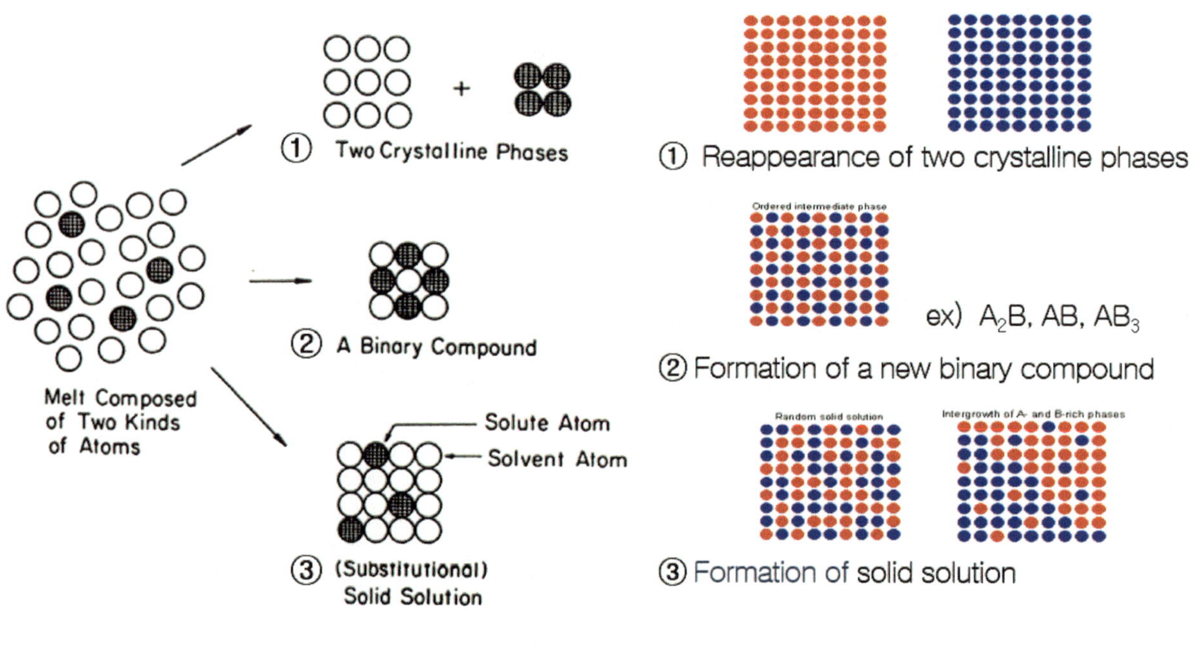

Fig. 3.10. Possible three reactions during solidification of a melt with two-component system.[1]

3.3 고용체가 있는 2성분계 상평형도

3.3.1 고용체의 정의

고용체(solid solution)는 두 가지 이상의 화학종을 포함하는 균질한 결정상으로 고상을 혼합할 경우 부가적인 상(phase)의 출현 없이 일정한 범위로 조성이 변할 수 있는 단일 결정상이다. 고용체는 Fig. 3.11(a)에서 보이는 바와 같이, 다른 원소의 고용에 의한 금속 합금 고용체와 (b)와 같이 다른 화합물의 고용(좀 더 세부적으로는 화합물을 구성하는 화학종의 고용)에 의한 화합물 고용체를 생각할 수 있다. Fig. 3.11(b)의 경우에서 $Zn_{1-x}Cd_xS$ 고용체는 입방정 ZnS 초격자(32 Zn 이온과 32 S 이온 함유)와 육방정 CdS 초격자(32 Cd 이온과 32 S 이온 함유)가 결합하면서, 음이온 S는 동일하고 주류 양이온(Zn 또는 Cd)에 미량 양이온(Cd 또는 Zn)이 치환된 것으로 생각할 수 있다. 그 예로 $Zn_{0.5}Cd_{0.5}S$ 고용체가 제시되었다.

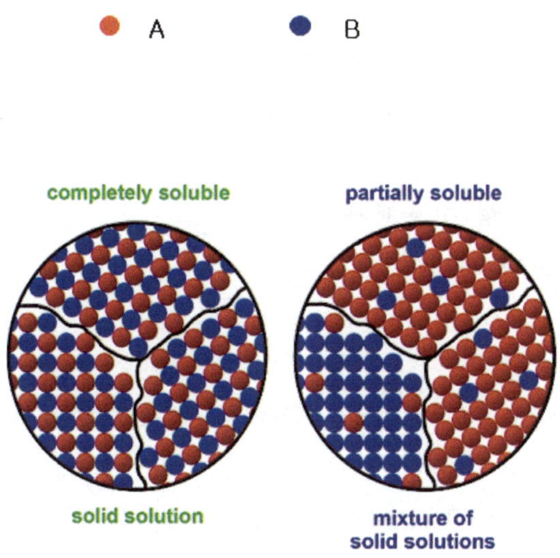

(a)

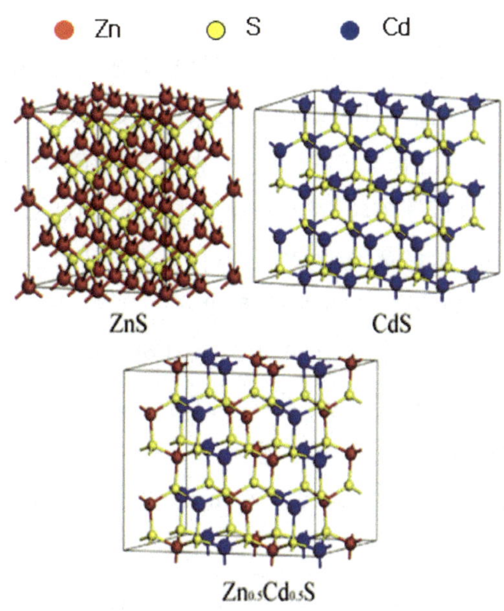

(b)

Fig. 3.11. Schematic concept of solid solution for A-B element(a) and ZnS-CdS compound(b).[3)]

고용체를 구성하는 용질 화학종은 Fig. 3.12와 같이 2가지 명확한 방법으로 기지 또는 주인(matrix or host) 결정격자 내에 고용된다.

① 치환형 고용체(substitutional solid solution)(Fig. 3.12(a, b))
  - 용질 화학종이 용매(주인) 화학종이 점유하는 격자 위치를 채움.
  - 사실상 용질 화학종이 용매 화학종의 일부 또는 전부를 치환함.

② 침입형 고용체(interstitial solid solution)(Fig. 3.12(c))
  - 용질 화학종이 용매 화학종에 의해 형성된 격자의 틈새(interstices)에 고용됨.

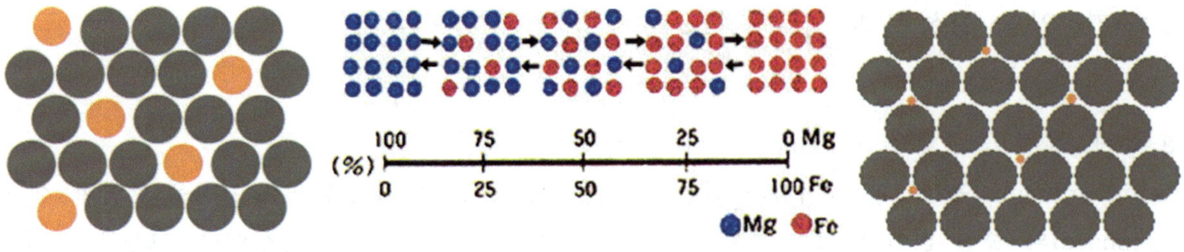

(a) (b) (c)

Fig. 3.12. Schematics showing substitutional solid solution(a, b) and interstitial solid solution(c).

치환형 고용체가 되기 위한 조건(Hume-Rothery 법칙)은 다음과 같다.[4]

① 화학종 반지름 차이: $\Delta r/r \leq 15\%$

- 용질 화학종의 크기가 용매(주인) 화학종과 크기가 거의 비슷하면 광범위한 치환이 일어남.
- 용질 화학종의 크기 차이는 국부적 응력을 일으켜 계의 에너지를 증가시키므로, 화학종의 크기 차이가 15%보다 크면 치환은 일반적으로 1% 이하로 제한됨.

② 같은 결정구조

- 두 성분 사이에 완전하게 연속 고용이 일어나려면 같은 결정구조를 가져야 함.
- 예로서 Mg와 Fe 그리고 Al_2O_3와 Cr_2O_3는 완전하게 연속 고용체를 형성함.

③ 비슷한 전기음성도: $|X_A - X_B| \leq 0.6$ (perfectly ≤ 0.4)

- 상대 화학종과의 전기음성도* 차이가 0.6보다 작아야 치환형 고용체가 가능함.
- 치환형 고용체가 완전해지려면 전기음성도 차이가 0.4보다 작아야 함.

④ 최소한 하나의 원자가가 동일

- 용질과 용매의 원자가가 동일해야 고용체를 형성함.
- 용질과 용매의 원자가가 다르면, 고용체는 전기적으로 중성을 유지하기 위하여 구조의 변화가 필요하므로 고용이 제한됨.
- 가끔 화학종 격자 자리가 비어있다면, 2가 이온 대신 3가 이온으로의 치환이 수용될 수 있음.

고용 범위에 따라서도 고용체를 분류한다. Fig. 3.13(a)의 albite($NaAlSi_3O_8$)-anorthite($CaAl_2Si_2O_8$)처럼 양 끝 성분까지의 전 범위 조성에서 고용체가 이루어지면 완전 또는 전율 고용체(complete solid solution)라 한다. Fig. 3.13(b)의 $MgO-Al_2O_3$처럼 일부 범위의 조성에서만 고용체가 이루어지면 부분 또는 제한 고용체(limited solid solution)라 한다.

*L. Pauling에 의해 정해진 전기음성도(electronegativity)는 분자 내에 있는 하나의 원자가 공유전자쌍의 전자를 끌어당길 수 있는 능력의 상대적인 수치이다. 전기음성도가 가장 큰 F 원자를 4.0으로 정하고, 다른 원자들의 전기음성도는 상대적으로 정한 상수이다. 두 원자의 전기음성도 차이가 크면 이온결합을 형성하고 전기음성도 차이가 작은 원자들은 공유결합을 형성하는데, 이를 기준으로 Pauling은 결합의 이온결합 백분율을 다음과 같이 정하였다. 여기서 X_A, X_B는 각각 A, B 원자의 전기음성도이다.

$$P = 16\,|X_A - X_B| + 3.5\,|X_A - X_B|^2$$

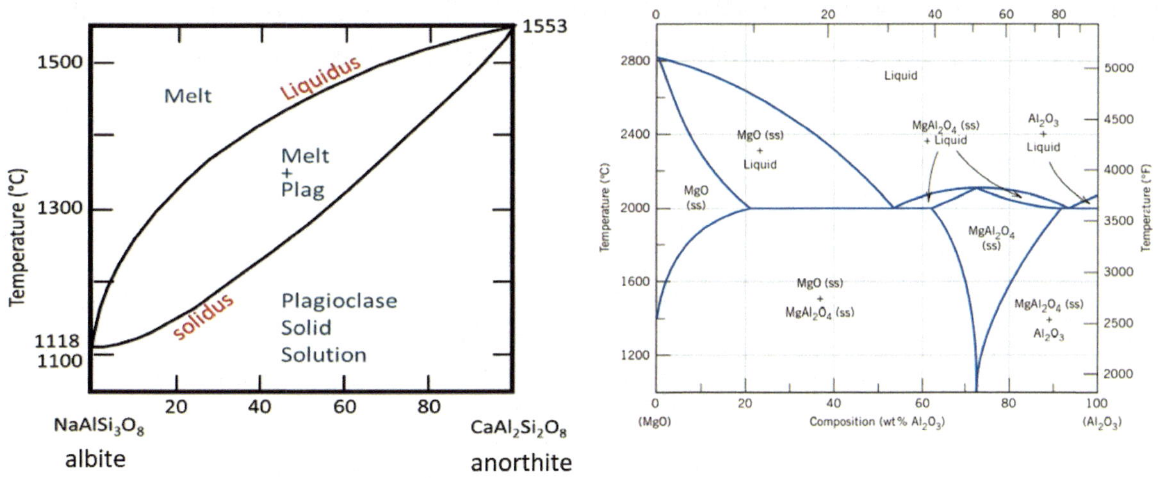

(a) (b)

Fig. 3.13. Complete solid solution in the albite($NaAlSi_3O_8$)-anorthite($CaAl_2Si_2O_8$) phase diagram(a)[5] and limited solid solution in the $MgO-Al_2O_3$ phase diagram(b).

Fig. 3.14와 같이 전율 고용체를 이루는 A-B 2성분계 상평형도에서 존재하는 상은 액상과 고용체 α 상이고, 상의 영역은 액상 영역, (액상 + 고상) 영역과 고용체 영역의 3가지로 나뉜다. 상평형도로부터 평형 상태에 놓인 특정 조성의 계에 대한 ① 존재하는 상의 수와 종류, ② 존재하는 각 상의 조성, ③ 존재하는 각 상의 분율 및 ④ 평형 냉각에서의 미세구조 변화에 대한 정보를 알 수 있다.

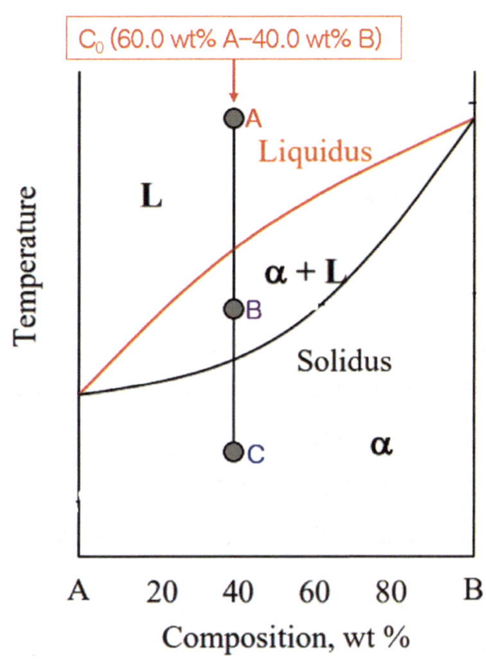

Fig. 3.14. Equilibrium cooling for the system with composition of 60 wt% A-40 wt% B in a hypothetical A-B binary phase diagram containing complete solid solution.

Fig. 3.14의 초기 조성이 C_0(40 wt% A-60.0 wt% B)인 계가 점 A, B 및 C를 지나면서 평형 냉각될 경우, 각각의 특정 온도 T에서 해석할 수 있는 정보들은 Fig. 3.15에 나타낸 바와 같다.

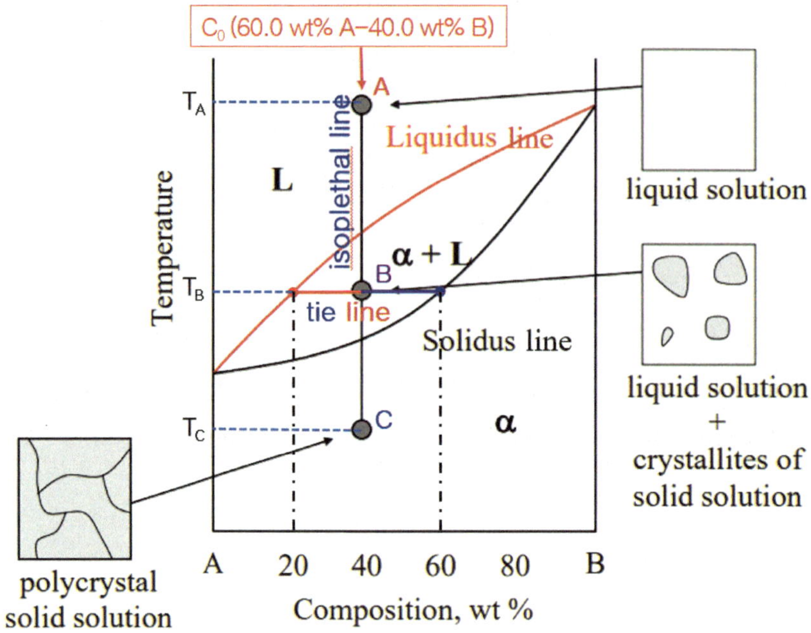

Fig. 3.15. Information about ① the number and type of phases, ② the composition of phases, ③ the weight fraction of phases and ④ microstructure development upon equilibrium cooling for the system with composition of 60 wt% A-40 wt% B in a hypothetical A-B binary phase diagram containing complete solid solution.

① 해석 정보 1: 존재하는 상의 수와 종류

- 점 A: 온도 T_A에서 액상 L
- 점 B: 온도 T_B에서 고용체 α 상과 액상 L
- 점 C: 온도 T_C에서 고용체 α 상

② 해석 정보 2: 존재하는 각 상의 조성

- 점 A: 온도 T_A에서 존재하는 액상 L의 조성(C_L)은 60 wt% A-40 wt% B
- 점 B: 온도 T_B에서 존재하는 고용체 α 상의 조성($C_α$)은 38 wt% A-62 wt% B
  액상 L의 조성(C_L)은 79 wt% A-21 wt% B
- 점 C: 온도 T_C에서 존재하는 고용체 α 상의 조성($C_α$)은 60 wt% A-40 wt% B

③ 해석 정보 3: 존재하는 상의 분율

2성분계 상평형도에서 2상 영역의 특정 온도에서 존재하는 두 상의 조성점을 연결한 수평 선분인 공액선을 긋고, 두 상의 분율은 초기 조성점을 기준으로 한 공액선의 분할 길이를 지렛대 원리(lever rule)에 적용하여 구할 수 있다. 구하는 상의 분율은 상대되는 상의 조성점(공액선 한쪽 끝의 조성)으로부터 초기 조성점(C_o)까지의 길이를 공액선 전체 길이(공액선 양 끝 조성점을 잇는 선분의 길이)로 나누어 주면 된다. Fig. 3.16에 보였듯이, 균형 잡힌 지렛대에서 양 끝에 놓인 두 물체의 무게와 지렛대 중심에서 물체까지 거리의 곱이 서로 같은 것처럼, 상평형도에서는 각 상의 무게 분율(또는 mol 분율, 원자 분율)과 공액선 중 해당하는 분할 길이의 곱이 서로 같기에 지렛대 원리라 한다.

$$W_S : W_L = \frac{L_S}{(L_L + L_S)} : \frac{L_L}{(L_L + L_S)}$$

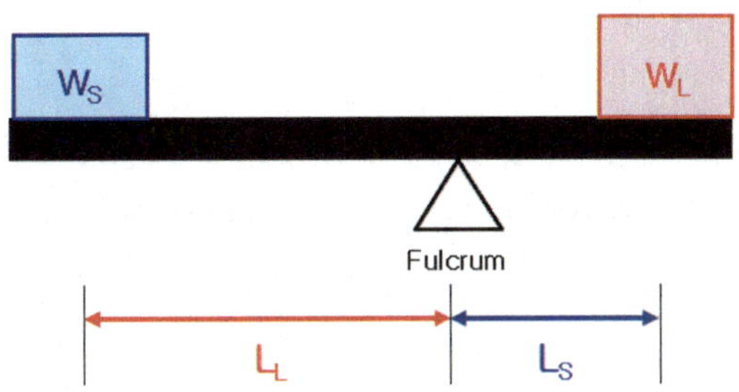

Fig. 3.16. Schematic illustration of two objects on the balanced lever showing that the light object on the long arm balances the heavy object on the short arm.

Fig. 3.15에서 보인 바와 같이 2상 영역에서 특정 온도(T_B)와 특정 조성(C_0 = 60 wt% A-40 wt% B)의 점 B의 계에 존재하는 상의 분율은 초기 조성점을 기준으로 정해지는 공액선의 분할 길이로부터 알 수 있다.

○ 점 A: 온도 T_A에서 존재하는 액상의 분율(W_L)은 100 wt%

○ 점 B: 온도 T_B에서 존재하는 액상의 분율(W_L)

$$W_L : \frac{62 - 40}{62 - 21} = 0.537 \equiv 53.7 \text{ wt\%}$$

고용체 α 상의 분율(W_α)

$$W_\alpha : \frac{40 - 21}{62 - 21} = 0.463 \equiv 46.3 \text{ wt\%}$$

○ 점 C: 온도 T_C에서 존재하는 고용체 α 상의 분율(W_α)은 100 wt%

④ 해석 정보 4: 미세구조 변화

60 wt% A-40 wt% B 조성의 융체가 평형 냉각되는 과정에서 일어나는 미세구조 변화는 Fig. 3.15에 모식도로 표현한 것처럼 다음과 같다.

○ 점 A: 온도 T_A에서 계 내에는 60 wt% A-40 wt% B 조성의 액상 L만 100% 존재

○ 등조성선과 액상선의 교차점: 계의 조성을 같게 유지하며 냉각하는 가상의 수직선인 등조성선(isoplethal line)이 액상선과 만나는 온도에서 액상 내에 고용체 α 상(20 wt% A-80 wt% B)이 핵생성 되기 시작함.

○ 점 B: 온도 T_B에서는 79 wt% A-21 wt% B 조성의 액상(분율 53.7 wt%)과 38 wt% A-62 wt % B 조성의 고용체 α 상(분율 46.3 wt%)이 혼재된 혼합물로 변화됨.

○ 등조성선과 고상선의 교차점: 등조성선과 고상선이 만나는 온도에서 액상은 완전히 고갈되고 60 wt % A-40 wt% B 조성의 고용체 α 상으로 전부 변함.

○ 점 C: 고상선 미만 온도(점 C인 T_C는 하나의 예)에서 계는 60 wt% A-40 wt% B 조성의 고용체 α 상으로 되고, 온도를 더욱 내려도 상변화 또는 조성 변화가 없이 최종적으로 균일하게 60 wt% A-40 wt% B 조성의 고용체 α 상으로 유지됨.

Fig. 3.17에서 보이는 바와 같이 제한 고용체가 있는 $MgO-Al_2O_3$ 2성분계 상평형도에서 50.0 wt% MgO-50.0 wt% Al_2O_3 조성의 계가 1900°C인 점 A에서 평형 상태로 존재할 때의 두 상은 {고용체 $MgO(MgO_{SS})$ + 고용체 spinel($MgAl_2O_4ss$)}이다. 고용체 MgO의 조성은 공액선 왼쪽 끝의 조성에 해당하는 90.0 wt% MgO-10.0 wt% Al_2O_3이고, 고용체 spinel의 조성은 공액선 오른쪽 끝의 조성에 해당하는 35.0 wt% MgO-65.0 wt% Al_2O_3이다. 고용체 MgO와 고용체 spinel 상의 분율은 지렛대 원리에 의해 27.0 wt% MgO_{SS}과 73.0 wt% $MgAl_2O_4ss$로 해석할 수 있다.

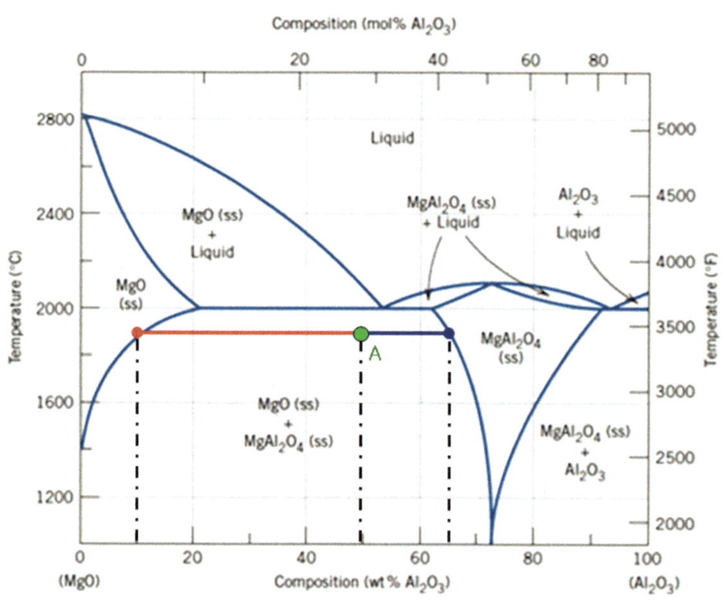

Fig. 3.17. Application of lever rule to a tie line in $MgO-Al_2O_3$ binary phase diagram containing limited solid solution.

3.3.2 고용체의 미세구조

융점이 다른 A, B 물질이 전율 고용체를 이루면, Fig. 3.18(a)에 나타냈듯이 액상 영역, 고상 영역 및

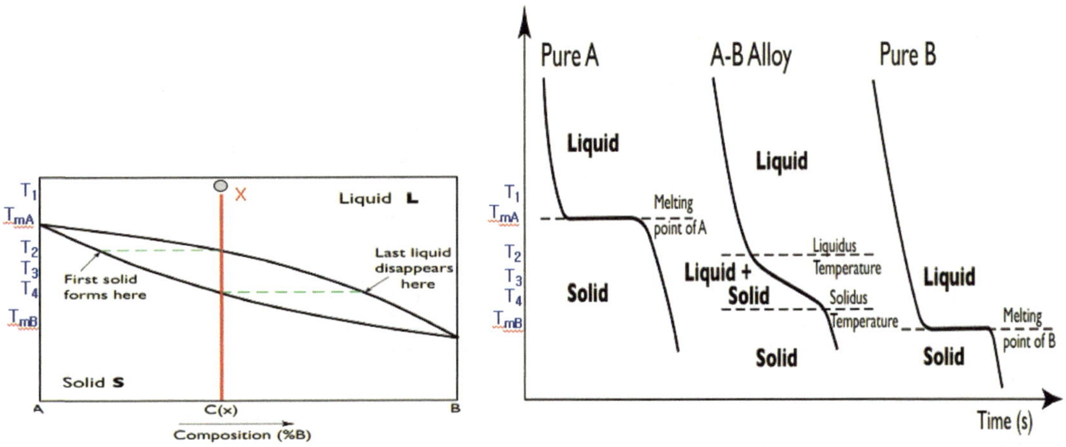

(a) (b)

Fig. 3.18. Formation of solid and liquid on cooling of composition $C_{(x)}$ melt(a) and cooling curve(b) for a continuous solid solution between elements A and B.

(액상 + 고상) 영역을 갖는다. 또한 Fig. 3.18(b)의 냉각곡선에서 보듯이, 순물질 A, B는 서로 다른 융점 T_{mA}와 T_{mB}에서 시간에 따른 온도 변화가 없는 열정지(heat arrest)가 나타나지만, 성분 A와 B가 혼합된 조성 $C_{(x)}$의 융체 X(A-B alloy)가 냉각될 때는, 순물질 A, B와 달리 열정지 없이 일정 온도 구간에서 계속 온도가 낮아지는 냉각 곡선을 나타낸다.

조성이 $C_{(x)}$인 융체 X가 온도 T_1에서 냉각될 때, 순물질 A의 녹는점 T_{mA}를 지나 액상선 초과 온도까지는 액상 L은 단일 조성 $C_{(x)}$를 유지하며 냉각된다. 등조성선과 액상선이 만나는 온도 T_2에서는 성분 A가 많은 고상 S와 조성 $C_{(x)}$를 갖는 액상 L로 나누어지는 것이 열역학적으로 유리하여 고상 S가 정출된다. 이때는 고상 S가 형성되는 양이 매우 적어 두 상의 혼합물에서 액상 L의 조성은 초기 융체의 조성 $C_{(x)}$와 같다고 간주한다.

계가 (액상 L + 고상 S) 2상 영역의 온도 T_3로 냉각됨에 따라 고형화(응고)는 더욱 진행되고 고상과 액상 모두 성분 B의 함량이 증가한다. 그러나 더 많은 고상이 형성됨에 따라 상의 분율은 변하지만 계의 성분 A, B의 전체 함량은 같게 유지된다. 고상 S의 조성은 온도에 따른 용해도 한계인 고상선을 따르고, 액상 L의 조성은 액상선을 따른다.

계가 초기 조성 $C_{(x)}$를 유지되는 등조성선과 고상선이 만나는 온도 T_4 미만에서는 남아 있던 액상 L은 모두 사라지고 초기 융체의 조성 $C_{(x)}$를 갖는 고상 S로 완전히 응고될 것이다. 이 과정에서 발생하는 응고 잠열로 인하여 융체 X의 냉각 곡선은 Fig. 3.18(b)에 보인 A-B 합금의 냉각 곡선처럼 고상선과 액상선 사이의 온도 구간인 $T_2 \sim T_4$ 범위에서 냉각 속도가 변하는 것으로 나타나게 된다. 따라서 특정 조성의 두 성분 혼합물 융체의 냉각 곡선으로부터 해당 조성 합금의 액상선 및 고상선 온도를 식별할 수 있다.

고용체로 응고되는 융체의 냉각 곡선과 대응하여 미세구조가 어떻게 발달할지를 Fig. 3.19에 묘사하였다. 여기서 온도 $T_1 \sim T_4$는 Fig. 3.18의 특정 온도와 같다. 조성 $C_{(x)}$를 갖는 혼합물은 온도 T_1에서 균질한 액상 L로 100% 존재한다. 융체의 등조성선과 액상선이 만나는 온도 T_2로 냉각되면 C_S 조성의 고상 S가 형성되기 시작하여 $C_{(x)}$ 조성의 액상 L과 혼합된 미세구조를 갖는다. 이후 냉각되어 (액상 L + 고상 S)인 2상 영역의 T_3 온도에 도달하면 고상 S의 부피 Vs가 점점 커지며 고상 S의 조성 C_S는 B 성분이 풍부해지며, 액상 L의 부피 V_L이 점점 감소하며 액상 L의 조성 C_L도 B 성분이 풍부해진다.

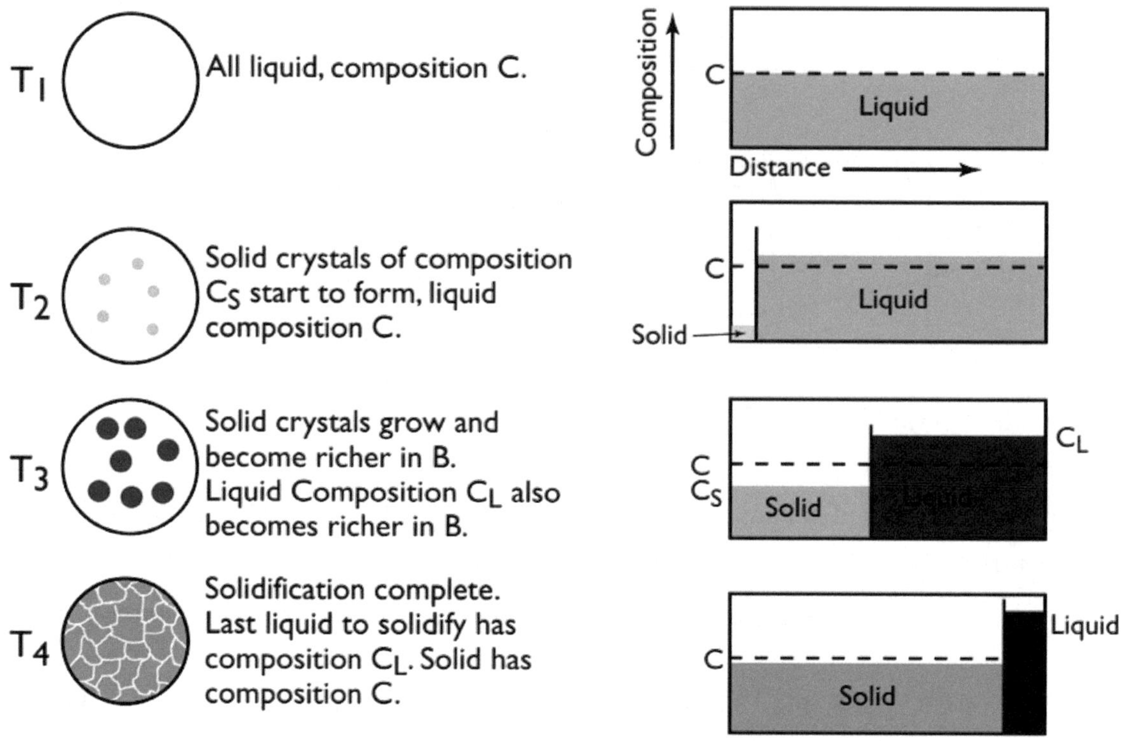

Fig. 3.19. Microstructure development during cooling of a solid solution material.

상평형도에 두 상의 조성점을 연결한 공액선을 그으면 고상 S와 액상 L의 조성을 알 수 있고, 지렛대 원리를 적용하여 초기 융체의 조성 $C_{(x)}$를 기준으로 한 공액선으로부터 두 상의 분율을 정확히 결정할 수 있다. 냉각되어 등조성선과 고상선이 교차하는 온도 T_4 미만인 단상 영역으로 들어가면 액상 L은 사라지고 고상 S의 부피 V_S가 100%로 되며, 고상 S의 조성 C_S는 초기 융체의 조성 $C_{(x)}$와 같게 된다.

A, B 화학종의 크기, 결정구조, 전기음성도 및 원자가가 유사한 조건을 가질 때는 100% A에서 100% B까지의 전체 조성 범위에 걸쳐 '전율 고용체'를 형성한다. 이러한 고용체의 일반적인 미세구조는 단상(single phase)의 여러 결정립을 갖는 다결정체로 이루어져 있다. 또한 각각의 결정립은 A, B 화학종의 무작위 혼합물(random mixture)로 볼 수 있다. Fig. 3.20(a)에 도식적으로 나타낸 전율 고용체의 미세구조처럼, 가상의 70% A-30% B인 합금의 미세구조는 순수 금속 A의 미세구조{Fig. 2.3(b)}와 비슷하게 보이지만, 차이점은 결정 내 격자 자리의 30%는 A 원자가 아닌 B 원자가 차지한다는 것이다.

한편 대부분의 A, B 화학종의 조합은 서로 제한된 용해도를 갖는데, 이 경우, α 상을 이루는 원소 대부분은 A 원소이고, B 원소는 수 %로 제한된 양만 존재하며, 반대로 β 상을 이루는 원소 대부분은 B 원소이고, A 원소는 수 %로 제한된 양만 존재한다. 이러한 고용체를 '제한 고용체'라고 한다. Fig. 3.20(b)에 도식적으로 나타낸 제한 고용체의 미세구조처럼, 가상의 90% A-10% B인 합금의 미세구조는 원소 A에 원소 B가 5%만 함유된 α 상의 결정립과 원소 B에 원소 A가 7%만 함유된 β 상의 결정립이 섞인 2상 혼합물(binary phase mixture)이 될 것이다.

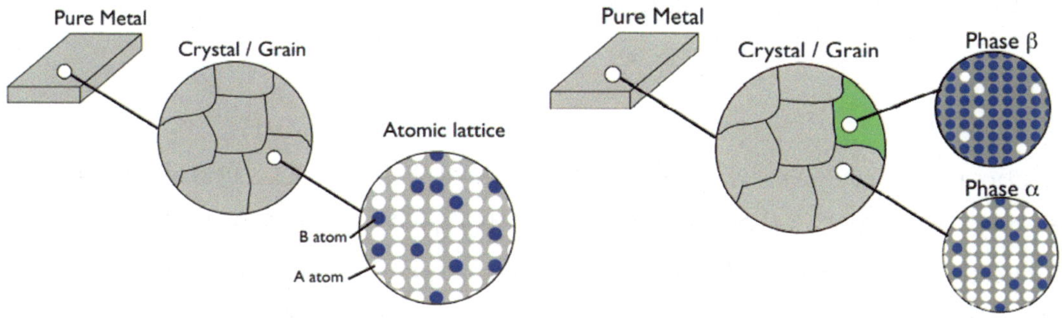

(a) (b)

Fig. 3.20. Schematics showing the solid microstructures of complete solid solution(a) and limited solid solution(b) materials.

3.3.3 고용체 상평형도의 응용

전자산업에서 인(P)은 Si 반도체의 도펀트(dopant)로 사용되는데, 상평형도에서 보면 미량의 P가 Si에 치환형으로 고용되기 때문이다. Si 반도체 제조공정에서 1230℃로 가열할 때 주의할 점을 생각해 보자. 이 온도에서 Si에 대한 P의 고용한계는 Fig. 3.21에서 붉은색으로 나타낸 선에서 보이는 바와 같이 약 2 at%이다. 만일 이보다 많은 양의 P를 첨가하면 가열 시 {액상 L + 고용체 (Si)}의 2상 영역으로 들어가게 되어, 냉각 시 1131℃에서 일어나는 공정반응(아래 3.4절에서 설명)에 의해 반도체에 (Si)(Si 고용체의 표기) 외에 결정 SiP가 출현하는 것을 알 수 있다. 의도하지 않는 SiP 상의 출현은 반도체 고유의 성질에 악영향을 미친다. 따라서 반도체 공정 시, 고용체 (Si)가 안정하게 유지하기 위해서는, 상평형도에서 알 수 있듯이 2 at%보다 적은 양의 P를 Si에 도핑하든지, 가열 온도를 약 100℃ 정도 내려서 P가 최대로 고용되는 1131℃로 하는 편이 바람직하다.

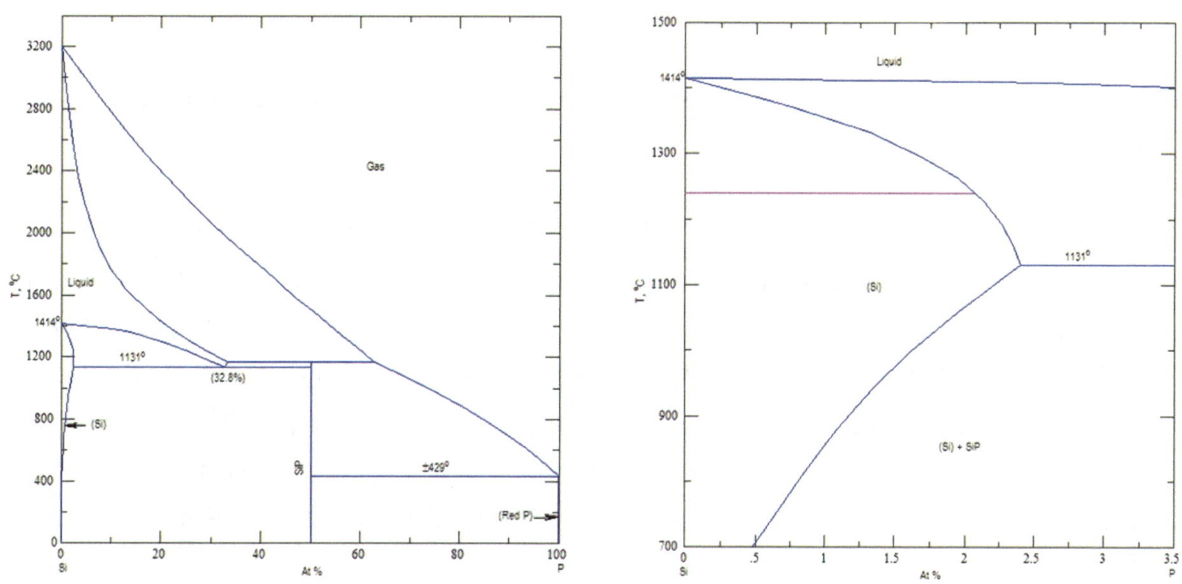

(a) (b)

Fig. 3.21. Si-P binary phase diagram(a) and its closeup phase diagram for solid solution part(b).

3.4 공정반응이 있는 2성분계 상평형도

3.4.1 공정반응의 정의

공정반응(eutectic reaction)은 단상의 액상이 냉각 시 둘 이상의 고상으로 변하는 반응이다. 형성되는 고상의 수는 계의 구성요소인 성분의 수와 같다. 즉 2성분계에서 공정반응으로 생성되는 고상의 수는 2이다. 공정(eutectic)이라는 용어는 쉽게 녹는다는 의미로 그리스어 “eutectos”에서 유래되었다. 실제로, 하나의 공정반응이 있는 2성분계 혼합물(합금)의 모든 조성 중에서 공정조성이 완전히 녹는 온도가 가장 낮다. 이 조성 혼합 액상의 고화(응고, 동결) 반응은 어떤 온도 구간이 아니라 특정한 온도(즉, 이 혼합물의 고화는 고정된 특정 온도에서 발생)에서 일어나는 불연속 반응(discontinuous reaction)이다.

2성분계에서 공정반응을 포함하는 상평형도가 Fig. 3.22에 나타나 있다. Fig. 3.22(a)는 성분 A와 B가 서로 제한된 용해도를 갖는 제한 고용체 α와 고용체 β를 갖는 2성분계 상평형도이다. Fig. 3.22(b)는 성분 A와 B가 전혀 용해되지 않아 각각 다른 상 A와 상 B를 갖는 상평형도이다. 이들 상평형도에서는 낮은 온도 영역에서 (고용체 α + 고용체 β)로 구성되거나, 순수한 (고상 A + 고상 B)로 구성된 2상 영역이 있다.

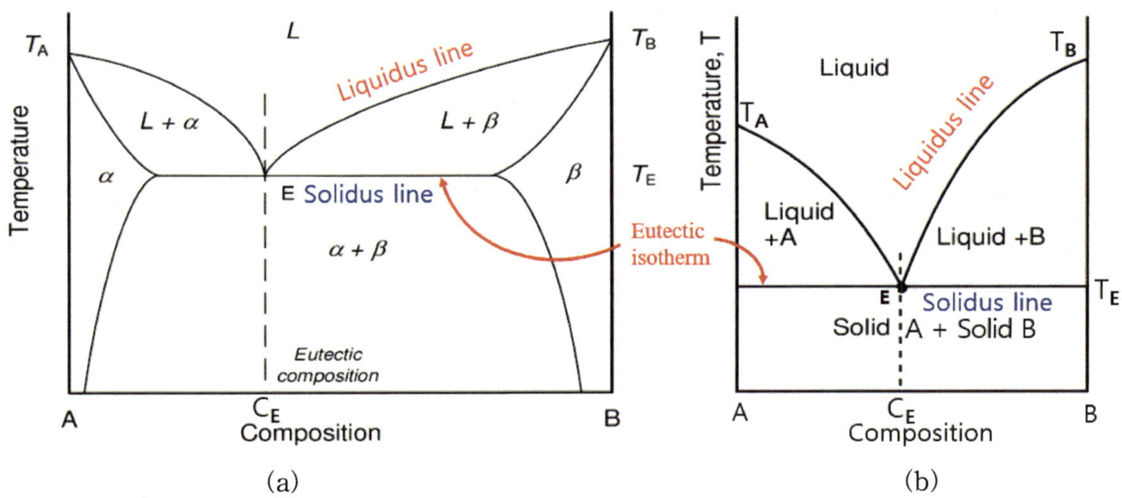

Fig. 3.22. Hypothetical A-B binary eutectic phase diagram with limited solid solution(a) and no solid solution(b).

Fig. 3.22에 보인 두 종류의 상태도의 경우, 특정 조성 범위에서 조성 축과 평행한 선분은 이 선 미만에서는 액상이 존재하지 않는 고상선(solidus line)으로 볼 수 있다. 한 성분에 다른 성분이 혼입되면 융점은 낮아지므로, 혼합물의 액상선(liquidus line)은 각각의 순수 성분의 융점으로부터 점차 내려가게 되어 얕은 ‘V’자 모양을 형성하게 된다. 이렇듯 V자 모양을 이루는 두 액상선이 고상선과 만나는 점을 공정점(E, eutectic point)이라 하고, 이 점의 조성을 공정조성(C_E, eutectic composition)이라 하며 해당 온도를 공정 온도(T_E, eutectic temperature)라 한다. 공정점에 걸쳐있는 온도 수평선을 공정 등온선(eutectic isotherm)이라 하며, 공정조성뿐만 아니라 공정 등온선에 걸쳐있는 조성 범위의 계가 냉각 시 공정반응을 일으킨다.

가열 시 공정조성의 2성분계 고상 혼합물은 공정온도에서 완전히 녹는다. 공정조성과 다른 조성의 2성분계가 완전히 녹으려면 (액상 L + 고용체 α) 또는 (액상 L + 고상 A)나 (액상 L + 고용체 β) 또는 (액상 L + 고상 B)의 2상 영역을 지나 액상선을 초과하는 온도로 가열되어야 한다.

공정반응이 있는 상평형도에서 중요한 것은 바로 점 E로 불변점(invariant point, Gibbs 자유도 F = 0)이다. 공정조성 C_E의 액상은 냉각 시 고상선(공정온도)에서 바로 (고용체 α + 고용체 β) 또는 (고상 A + 고상 B)로 바뀌는 것을 알 수 있다. 이러한 공정반응을 식으로 나타내면 아래의 식 (3-1)과 같다.

$$\text{(eutectic reaction)}\quad \text{Liquid} \underset{\text{heating}}{\overset{\text{cooling}}{\rightleftarrows}} \text{Solid } \alpha\text{(Solid A)} + \text{Solid } \beta\text{(Solid B)} \qquad (3\text{-}1)$$

공정조성을 벗어난 조성의 액상은 냉각 시 액상선 이하의 온도 구간에서 먼저 하나의 고상이 초정으로 정출되는 과정을 거친 후, 공정온도에 이르렀을 때, 남아있는 액상은 공정반응에 의해 두 개의 고상으로 바뀐다. 여기서 액상이 냉각되어 초정이 정출되는 결정화 반응은 액상선과 고상선 사이의 온도 범위에서 일어나는 연속 반응(continuous reaction)이고, 두 고상이 함께 정출되는 결정화 반응은 액상이 소멸할 때까지 고정된 온도인 고상선(공정 등온선)에서 일어나기 때문에 불연속 반응의 한 유형이다.

공정반응의 예는 Fig. 3.23의 Cu-Ag 상평형도에서 볼 수 있다. 상평형도 양 끝부분에는 고용체 α(Ag 성분이 많은 고용체, FCC)와 고용체 β(Cu 성분이 많은 고용체, FCC) 영역이 있고, 두 고용체 사이의 조성 영역에서는 두 상이 섞여 있다. 액상선은 곡선 A-E, E-F와 같은 액체/고체의 경계선이고, 고상선은 곡선 A-B, 선분 B-G 및 곡선 G-F와 같은 (액체 + 고체)/고체의 경계선이다.

고용선(solvus line)은 곡선 B-C, 곡선 G-H와 같은 고체/고체 경계선이다. 고용선은 고용체 α와 고용체 β에서 기지 화학종(고용체 α에서는 Ag 원자, 고용체 β에서는 Cu 원자)에 원자 상태로 고용되는 화학종(고용체 α에서는 Cu 원자, 고용체 β에서는 Ag 원자)의 온도에 따른 고용 한계를 나타낸다.

상평형도에서 중요한 공정점 E는, 조성 C_E(71.9 wt% Ag-28.1 wt% Cu)를 갖는 액상 L이 공정온도 T_E(779℃)에서 바로 91.2 wt%-Ag 8.8 wt% Cu 조성의 고용체 α와 8.0 wt% Ag-92.0 wt% Cu 조성의 고용체 β의 2상 혼합물 고체로 바뀌는 불변점이다.

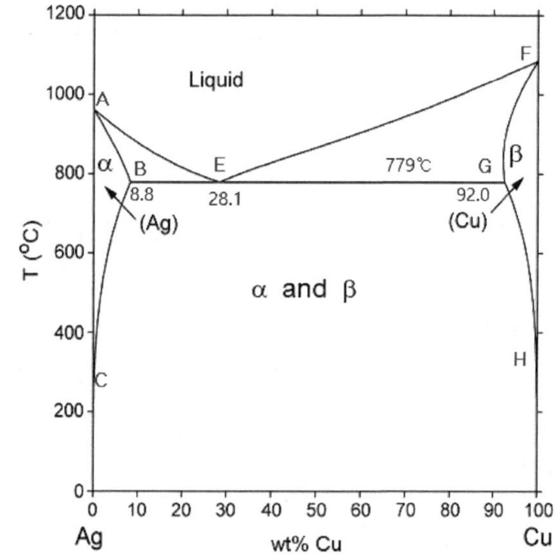

Fig. 3.23. Cu-Ag binary phase diagram containing a eutectic reaction.

3.4.2 공정 혼합물의 미세구조

Cu-Ag 공정 합금의 결정구조 모형과 미세구조는 Fig. 3.24에서 보이는 바와 같다. Fig. 3.23의 상평형도에 나타난 두 고상은 기지 원자들이 이루는 결정격자에 제한된 양의 상대 원자가 고용된 고용체 α와 고용체 β를 이루며 존재한다. 즉 Fig. 3.24(a)에서 보이는 바와 같이, 고상은 각각의 FCC 결정구조 격자의 일부분에 상대 원자가 치환되어 들어가 서로 다른 제한 고용체인 고용체 α와 고용체 β를 이루고 있다.

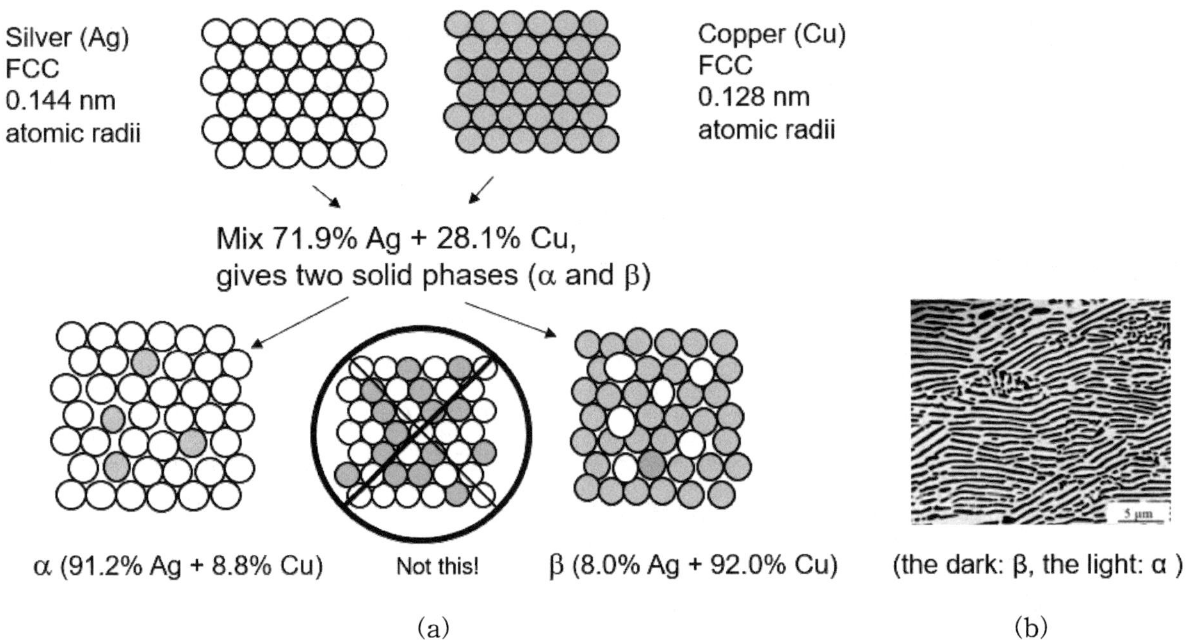

Fig. 3.24. Crystal structure(the two constituents are not completely soluble in each other)(a) and microstructure(b) of Cu-Ag eutectic alloy.[6)]

공정조성의 융체가 공정반응 하여 (고용체 α + 고용체 β)의 두 상이 생성될 때, 두 고용체의 조성은 공액선 끝점의 조성에 해당한다. 응고는 특정 온도인 공정온도에서 전부 발생하며, Fig. 3.25(a)의 냉각곡선에 나타나듯이 공정반응이 일어나는 동안에는 순수한 물질과 유사하게 열정지 또는 안정기가 존재한다. 이와 같이, 고용체의 냉각 곡선에서는 액상선과 고상선 사이의 동결 온도 범위를 갖고 있지만, 공정조성 화합물은 이러한 규칙의 예외로 특정한 온도(즉, 공정온도)에서만 액체에서 고체로 바뀐다. 응고하는 동안 공정조직의 성장으로 용융 잠열은 모두 제거되고 두 개의 다른 화학종은 확산으로 재분배된다.

공정조성의 융체가 갖고 있던 화학종이 응고 중에 재분배됨에 따라, 공정조직은 Fig. 3.24(b)와 Fig. 3.25(b)에 보인 것처럼 두 상이 층상(lamella) 또는 판형(plate-like)으로 배열된 혼합물 형태의 미세구조로 발달한다. 층상구조로의 발달은 공정반응 시 화학종이 액체를 통해 짧은 거리를 이동하여 상들 사이에서 화학종의 재분배가 빠르게 일어나는 방법이다. 이러한 층상구조(lamella structure)는 수많은 공정 화합물의 미세구조 특징이다.

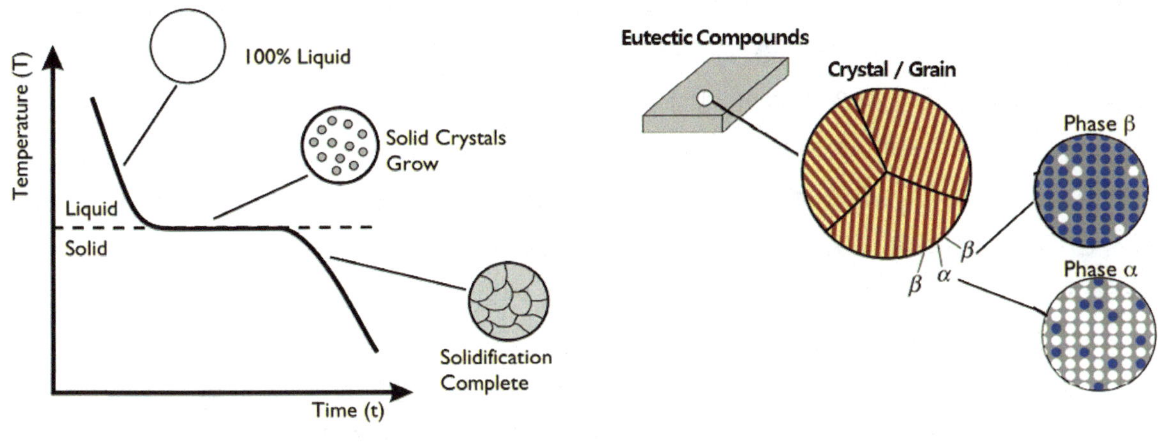

(a) (b)

Fig. 3.25. The cooling curve(a) and microstructure(b) for an eutectic composite.

층상 공정조직의 발달은 일반적으로 불연속 반응이지만, 액상(융체)을 구성하는 화학종이 확산을 통해 단계적으로 응고되는 것으로 생각할 수 있다. Fig. 3.26은 ● 화학종과 ○ 화학종이 무작위로 분포하는

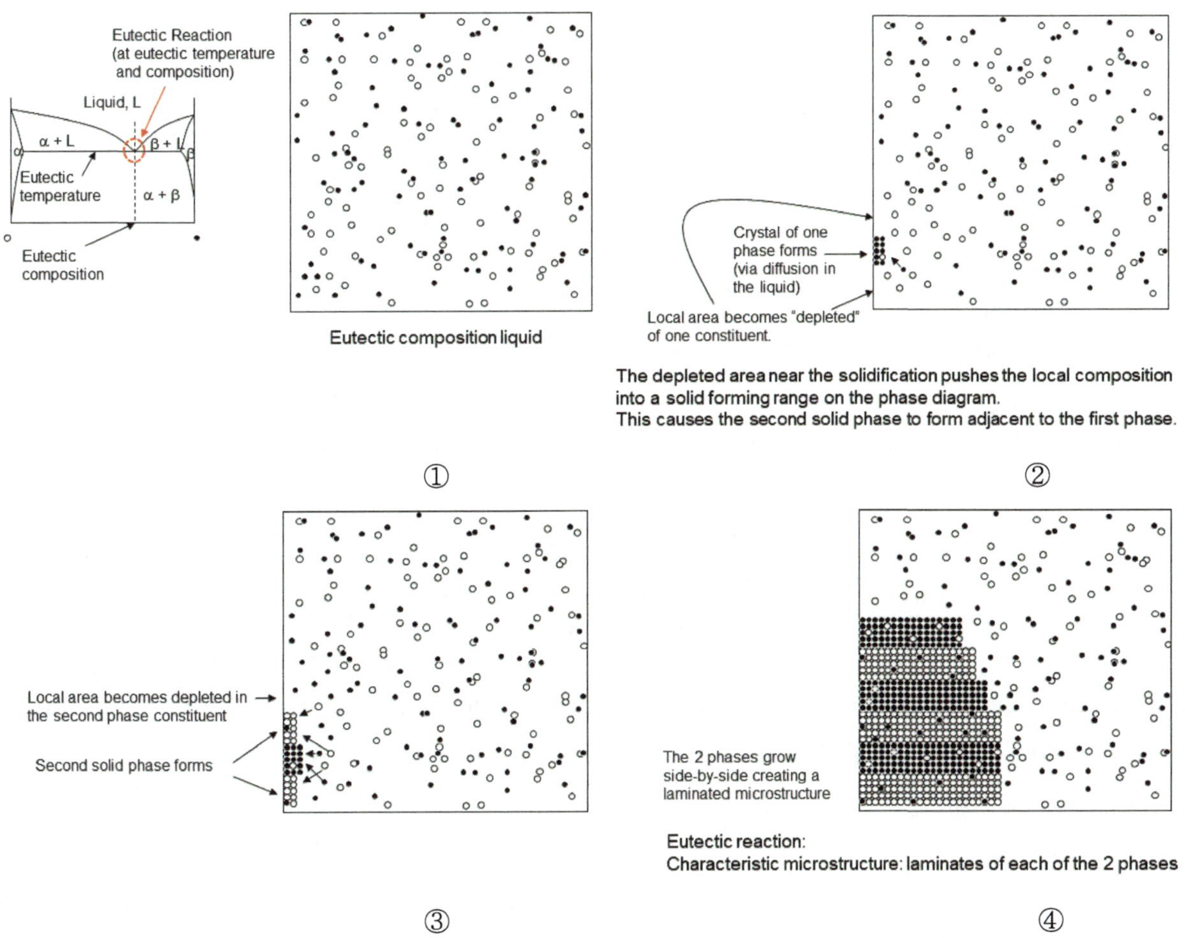

Fig. 3.26. Step formation of the eutectic lamellar microstructure of α and β phases from the melt with random distributed ● and ○ chemical species.[6)]

융체가 고화되어 공정조직을 이루는 순차적인 과정을 나타낸 모식도이다. 공정조직의 발달은 생성된 두 상이 융체와 접촉하면서 확산으로 각각 ● 화학종과 ○ 화학종이 풍부한 두 상이 동시에 성장하여 층을 이루는 것으로써, 순차적으로는 다음과 같이 생각할 수 있다.

① 액상 내에서는 ● 화학종과 ○ 화학종이 무작위로 분포

② 먼저 액상 내에서 확산을 통해 ● 화학종이 풍부한 고상 α가 핵생성 되고 성장함에 따라 주위의 액상에서는 국부적으로 ● 화학종이 고갈되고 ○ 화학종이 풍부하게 됨.

③ 성장하는 고상 α와 ○ 화학종이 풍부한 액상 사이의 계면(고상 α/액상 계면)에서 고상 β의 핵이 형성되고 ○ 화학종의 확산을 통해 2차상으로 성장함.

④ 성장하는 고상 β를 둘러싸는 액상 지역은 또다시 ● 화학종이 풍부하게 되어 ● 화학종의 확산을 통해 고상 β/액상 사이의 계면에서 고상 α가 성장하면서 층상 공정조직으로 발달함.

Fig. 3.27은 Di(diopside, $CaMgSi_2O_6$)-An(anorthite, $CaAl_2Si_2O_8$) 2성분계 상평형도이다. 여기서 수직선은 주어진 82.0 wt% diopside-18.0 wt% anorthite 조성의 융체를 냉각할 경우, 계의 조성이 유지되는 등조성선을 표시한 것이다. 82.0 wt% Di-18.0 wt% An 조성의 계가 액체 상태에서 상온까지 평형 냉각되는 과정에서 초정이 정출되고 최종적으로 공정반응으로 결정화되는 과정을 아래 설명과 함께 Figs. 3.27.1~3에 나타내었다.

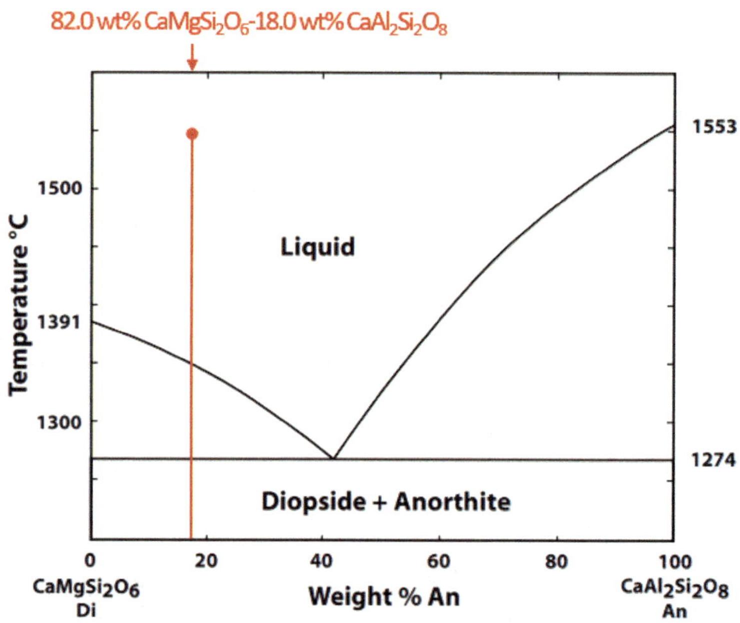

Fig. 3.27. Isoplethal line drawn for the melt with initial composition of 82.0 wt% Di-18.0 wt% An in Di(diopside, $CaMgSi_2O_6$)-An(anorthite, $CaAl_2Si_2O_8$) binary phase diagram containing a eutectic reaction.

① 등조성선과 액상선이 만나는 온도 초과 범위(T>1360℃)

㉠ Fig. 3.27.1에 나타낸 바와 같이, 해당 온도 범위에 속하는 1500℃에서 융체는 82.0 wt% $CaMgSi_2O_6$-18.0 wt% 조성을 유지하는 액상으로 100% 존재함.

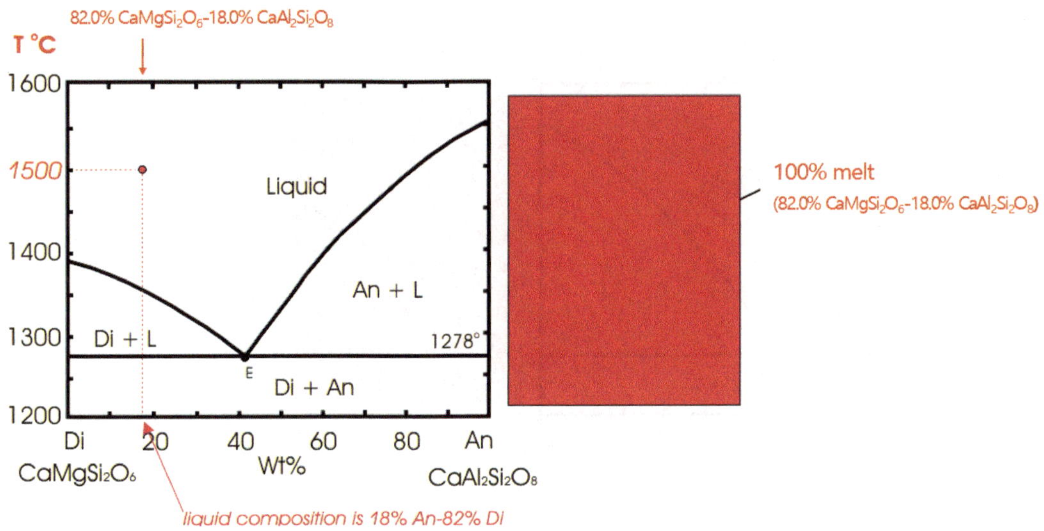

Fig. 3.27.1. The change in microstructure during equilibrium cooling above liquidus line temperature for the melt with initial composition of 82.0 wt% Di-18.0 wt% An.

② 등조성선과 액상선의 교차점 이하에서 고상선과의 교차점 초과 온도 범위(1360℃≥T>1274℃)

㉠ 등조성선과 액상선이 만나는 온도인 1360℃에서는 액상에서 100.0 wt% Di-0.0 wt% An 조성의 결정 Di가 초정(primary crystal)으로 정출되기 시작하고, 이후 점차 결정 Di의 정출량이 많아짐.

㉡ (액상 L + 결정 Di)의 2상 영역에서는 해당 온도에서 공액선을 그어 두 상의 조성과 분율(wt%)을 알 수 있음.

- 1325℃에서 공액선 한 끝점의 조성에 해당하는 결정 Di의 조성은 100.0 wt% Di-0.0 wt% An이고, 다른 끝점 조성에 해당하는 액상의 조성은 72.0 wt% Di-28.0 wt% An임.
- 1325℃에서 등조성선을 기준으로 한 공액선 분할 길이에 대해 지렛대 원리를 적용하여 계산된 결정 Di의 분율은 35.7 wt%이고, 액상의 분율은 64.3 wt%임.

㉢ 냉각이 진행됨에 따라 Fig. 3.26.2에서 순차적으로 보이는 바와 같이 결정 Di의 정출량이 증가하여도 결정 Di의 조성은 변하지 않지만, 액상의 조성은 An 함량이 18.0 wt%(1360℃)에서 42.0 wt%(1274$^+$℃)까지 변함.

③ 등조성선과 고상선이 교차하는 공정온도 이하의 온도 범위(1274℃≥T)

㉠ 1274℃에서는 1274$^+$℃의 (액상 L + 결정 Di) 영역에서 1274$^-$℃의 (결정 Di + 결정 An) 영역으로 전환되는 공정반응이 일어남.

㉡ 1274℃에서의 공정반응(L → 결정 Di + 결정 An) 물질수지

- 공정반응의 물질수지(mass balance with eutectic reaction)를 생각하면, 1274$^+$℃에서의 존재상은 반응물이고 1274$^-$℃에서의 존재상은 생성물임. 반응 중에 기상은 포함되지 않고 (고상 + 액상)의 응축상만 관여하므로 소멸되는 양이 없어 (생성물의 양 - 반응물의 양 = 0)의 관계로부터 다음과 같이 구할 수 있음.
- 공정반응의 물질수지: 생성물 무게 - 반응물 무게 = 0

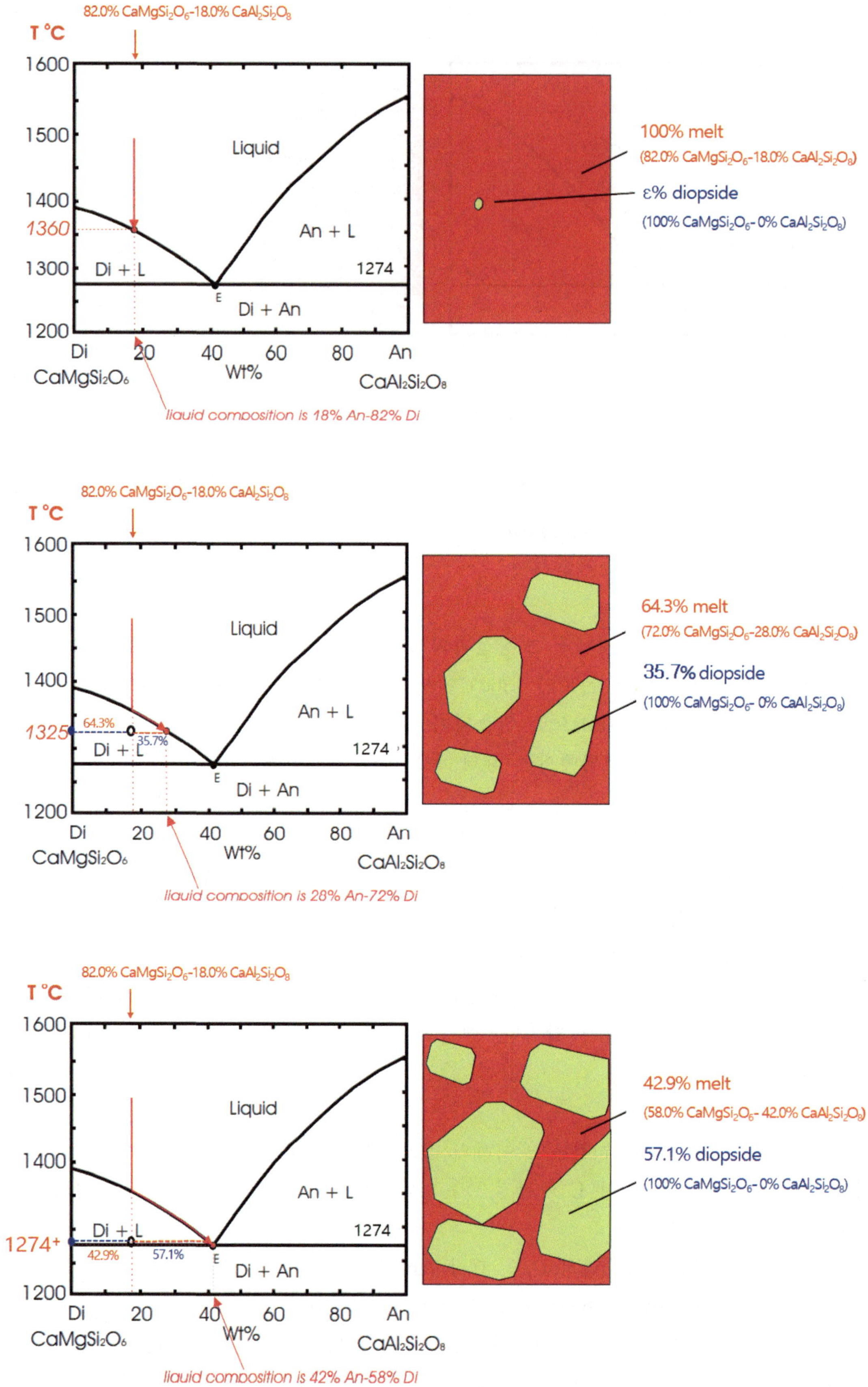

Fig. 3.27.2. The change in microstructure during equilibrium cooling the temperature range between liquidus line and eutectic reaction for the melt with initial composition of 82.0 wt% Di-18.0 wt% An.

82.0 wt% Di + 18.0 wt% An
－) 57.1 wt% Di + 42.9 wt% Liquid

34.9 wt% Di + 18.0 wt% An － 42.9 wt% Liquid = 0

- 이항 정리하면, 1274℃에서의 공정반응의 물질수지는 다음과 같음

$$42.9 \text{ wt\% Liquid} \xrightarrow[\text{eutectic reaction}]{\text{cooling}} 34.9 \text{ wt\% Di} + 18.0 \text{ wt\% An} \qquad (3\text{-}2)$$

- 따라서 1274^{+}℃에서 존재하던 42.9 wt% 액상은 1274℃의 평형 냉각으로 공정반응 하여 1274^{-}℃에서는 34.9 wt% Di와 18.0 wt% An의 층상 공정조직을 생성함.

㉢ 1274℃ 미만 온도에서는 두 상의 조성(결정 Di: 100.0 wt% Di-0.0 wt% An, 결정 An: 0.0 wt% Di-100.0 wt% An)과 분율(82.0 wt% 결정 Di + 18.0 wt% 결정 An)이 상온까지 변동 없이 유지됨.

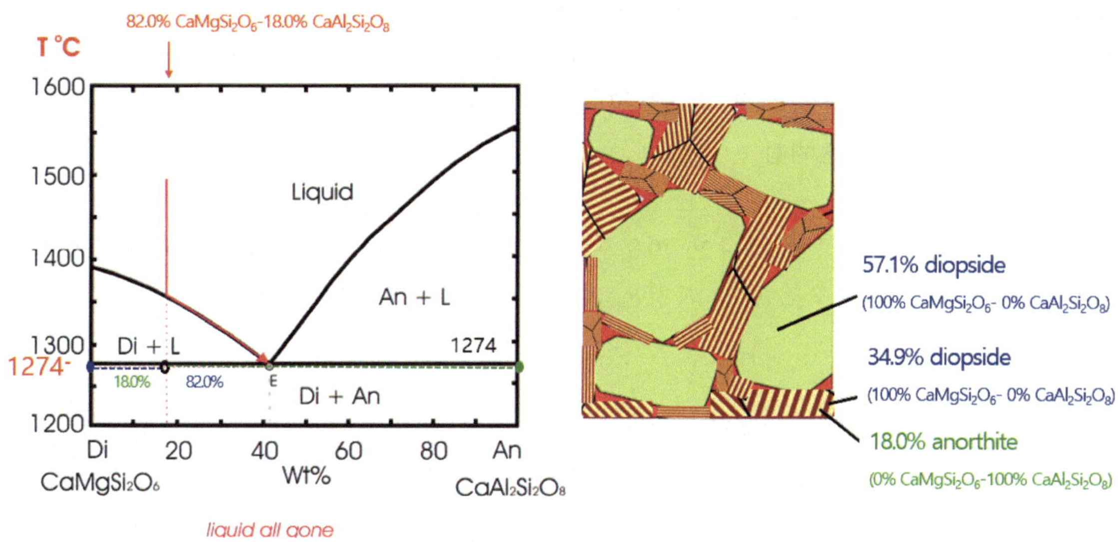

Fig. 3.27.3. The change in microstructure during equilibrium cooling below eutectic reaction for the melt with initial composition of 82.0 wt% Di-18.0 wt% An.

공정 조성과 아공정 조성의 Pb-Sn 융체를 상온까지 평형 냉각시키는 경우의 미세구조 발달 과정을 Figs. 3.28~3.31에 나타내었다.

우선, 공정조성(38.1 wt% Pb-61.9 wt% Sn)의 Pb-Sn 융체를 상온까지 평형 상태를 유지하며 서냉시키는 경우의 온도에 따른 미세구조 발달 과정은 Fig. 3.28에 나타낸 바와 같다.

① 공정온도 초과의 온도 범위(T>183℃): 냉각 중에 100% 액상으로 존재

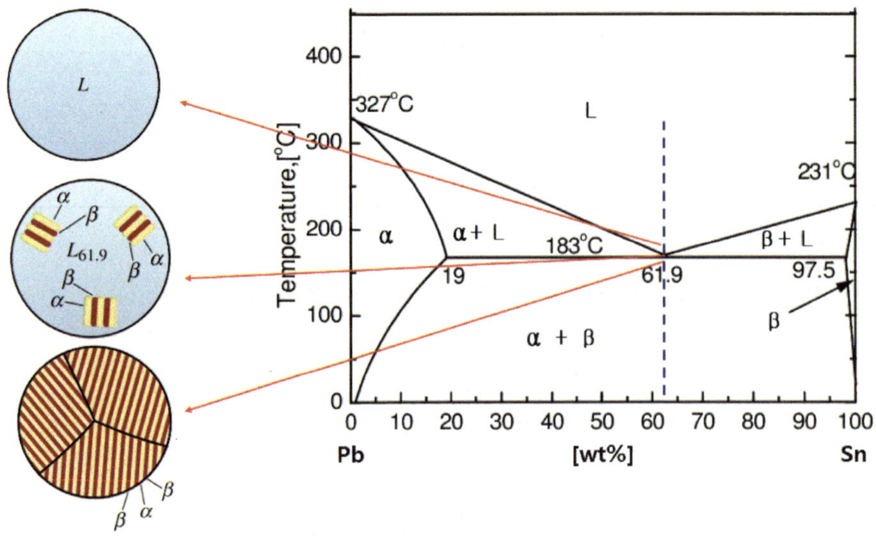

Fig. 3.28. The change in microstructure during equilibrium cooling for the melt with eutectic composition of 38.1 wt% Pb-61.9 wt% Sn.

② 공정온도(T=183℃): 모든 액상은 공정반응에 의해 고용체 α(81.0 wt% Pb-19.0 wt% Sn)와 고용체 β(2.5 wt% Pb-97.5 wt% Sn)가 핵생성 되고 성장하는 고화 과정으로 고용체 α와 고용체 β 결정립이 성장하여 교대로 쌓인 층상 구조(lamella structure)를 형성함.

③ 공정온도 미만의 온도 범위(183℃>T): 층상구조를 이룬 고용체 α와 고용체 β 내에 있는 용질의 고용도는 고용선(solvus line)을 따라 감소하여 고용체 α와 고용체 β의 조성은 고용선을 따라 변하지만, 층상구조 공정조직은 유지함.

둘째, 아공정(hypoeutectic) 중의 하나인 70.0 wt% Pb-30.0 wt% Sn 조성의 융체를 상온까지 서냉시키는 경우의 온도에 따른 미세구조 발달 과정은 Fig. 3.29에 나타낸 바와 같다.

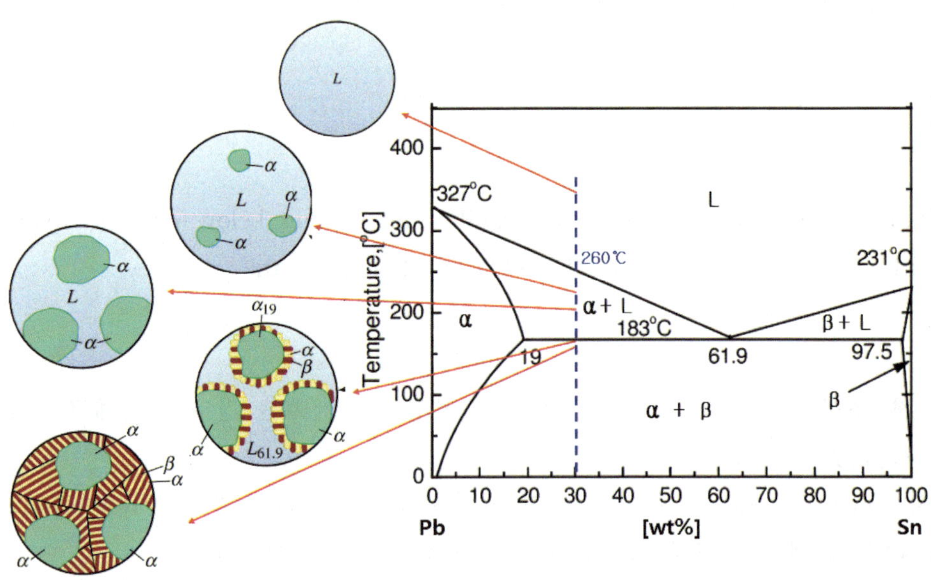

Fig. 3.29. The change in microstructure during equilibrium cooling for the melt with hypoeutectic composition of 70.0 wt% Pb-30.0 wt% Sn.

① 등조성선과 액상선이 만나는 온도 초과 범위(T>260℃): 100% 액상으로 존재

② 등조성선과 액상선의 교차점 이하에서 고상선과의 교차점 초과까지의 범위(260℃≥T>183℃): (액상 L + 고용체 α)인 2상 영역으로 냉각됨에 따라 액상으로부터 88.0 wt% Pb-12.0 wt% Sn 조성의 고용체 α가 초정으로 정출되기 시작하고, 점차 고용체 α의 정출량이 많아짐. 고용체 α의 정출이 증가함에 따라 초정 고용체 α의 조성은 12.0 wt% Sn에서 19.0 wt% Sn으로, 액상의 조성은 초기 융체 조성인 30.0 wt% Sn에서 공정조성인 61.9 wt% Sn으로 변화됨.

③ 등조성선과 고상선이 만나는 공정온도(T=183℃): (액상 L + 고용체 α) 중에서 이미 생성된 초정의 고용체 α는 유지되고, 액상 L은 공정반응으로 {고용체 α(81.0 wt% Pb-19.0 wt% Sn) + 고용체 β (2.5 wt% Pb-97.5 wt% Sn)}이 핵생성 되고 성장하여 결정립이 교대로 쌓인 층상 구조(lamella structure)를 형성함.

④ 공정온도 미만의 온도 범위(183℃>T): (고용체 α + 고용체 β)의 2상 영역에 속함. 상온으로 평형 냉각이 지속됨에 따라 공정반응으로 생긴 결정립의 층상구조는 유지됨. 다만 고용체 α와 고용체 β 내에 있는 용질의 고용도는 고용선을 따라 변하여, 고용체 α는 Pb가 풍부하게, 고용체 β는 Sn이 풍부하게 각 상의 조성은 연속적으로 변화됨.

셋째, Sn 성분이 2.0~19.0 wt% 조성 중의 하나인 90.0 wt% Pb-10.0 wt% Sn 조성 융체가 상온까지 서냉시키는 경우의 온도에 따른 미세구조 발달 과정은 Fig. 3.30에 나타낸 바와 같다.

① 등조성선과 액상선이 만나는 온도 초과 범위(T>310℃): 100% 액상으로 존재

② 등조성선과 액상선의 교차점 이하에서 고상선과의 교차점 이상까지 온도 범위(310℃≥T≥275℃): (액상 L + 고용체 α)인 2상 영역으로 냉각됨에 따라 두 상이 존재함. 처음에는 액상 L로부터 96.0 wt% Pb-4.0 wt% Sn 조성의 고용체 α가 초정으로 정출되기 시작하고, 점차 고용체 α의 정출량이 많아짐. 고용체 α의 정출량이 증가함에 따라 고용체 α의 조성은 4.0 wt% Sn에서 10.0 wt% Sn으로 증가하고, 액상의 조성은 10.0 wt% Sn에서 23.0 wt% Sn으로 연동되어 변화됨.

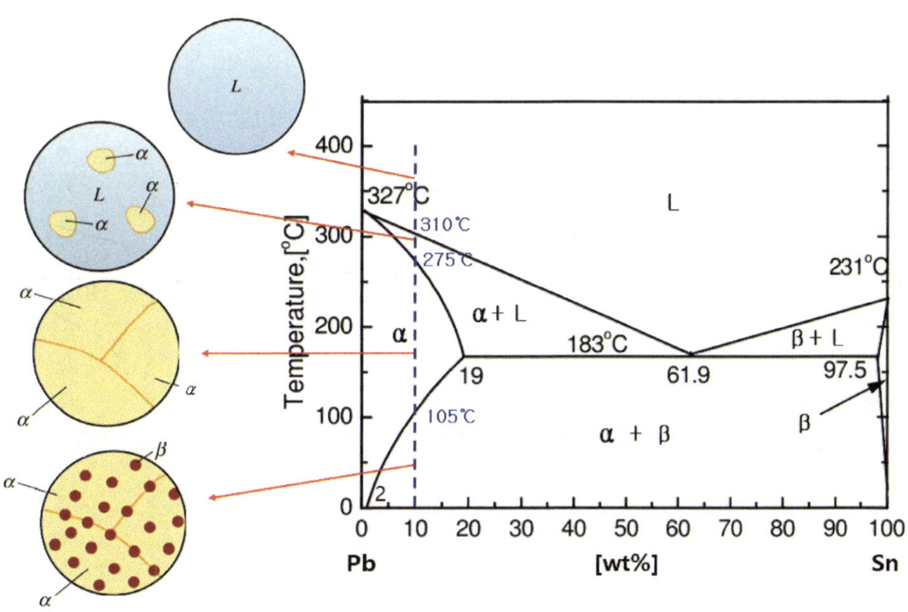

Fig. 3.30. The change in microstructure during equilibrium cooling for the melt with composition of 90.0 wt% Pb-10.0 wt% Sn.

③ 등조성선과 고상선의 교차점 미만에서 고용선과의 교차점 초과까지 범위(275℃>T>105℃): (액상 L + 고용체 α)의 2상 영역에 있던 액상도 275℃에서 고화되기 시작하여 고용체 α 단상의 다결정체로 전환됨. 이 온도 범위에서의 고용체 α의 조성은 초기 융체와 같은 조성의 90.0 wt% Pb-10.0 wt% Sn으로 유지됨.

④ 등조성선과 고용선의 교차점 이하의 범위(105℃≥T): 고용체 α 단상이 상영역 경계인 고용선 온도(105℃)에서 고상반응에 의해 Sn이 풍부한 조성의 2차상인 고용체 β가 고용체 α의 입계나 입내에 석출(precipitation)되기 시작함. 상온으로 평형 냉각됨에 따라 고용체 β의 석출량이 증가하고, 고용체 α의 Sn 함량은 10.0 wt%에서 점차 2.0 wt%로 감소하고, 석출되는 고용체 β의 Sn 함량은 98.0 wt%에서 100.0 wt% 가깝게 증가함.

마지막으로 98.5 wt% Pb-1.5 wt% Sn 조성의 융체를 상온까지 서냉시키는 경우의 온도에 따른 미세구조 발달 과정은 Fig. 3.31에 보이는 바와 같다.

① 등조성선과 액상선이 만나는 온도 초과 범위(T>326℃): 100% 액상으로 존재

② 등조성선과 액상선의 교차점 이하에서 고상선과의 교차점 이상까지 온도 범위(326℃≥T≥325℃): 처음에는 액상으로부터 99.0 wt% Pb-1.0 wt% Sn 조성의 고용체 α가 정출되기 시작하고, 점차 고용체 α의 정출량이 많아짐. 고용체 α의 정출량이 증가함에 따라 고용체 α의 Sn 함량은 1.0 wt%에서 1.5 wt%로 증가하고, 액상의 Sn 함량은 1.5 wt%에서 2.5 wt%로 연동되어 변화됨.

③ 등조성선과 고상선이 만나는 온도 미만 범위(325℃>T): (액상 L + 고용체 α) 중의 액상이 325℃에서 고용체 α로 고용되기 시작하여 325℃ 미만에서 모두 고용체 α로 변함. 이 온도 미만에서는 Pb 기지에 Sn 용질의 고용 한계 2.0 wt% 미만의 Sn을 함유한 98.5 wt% Pb-1.5 wt% Sn 조성의 고용체 α로 100% 존재함.

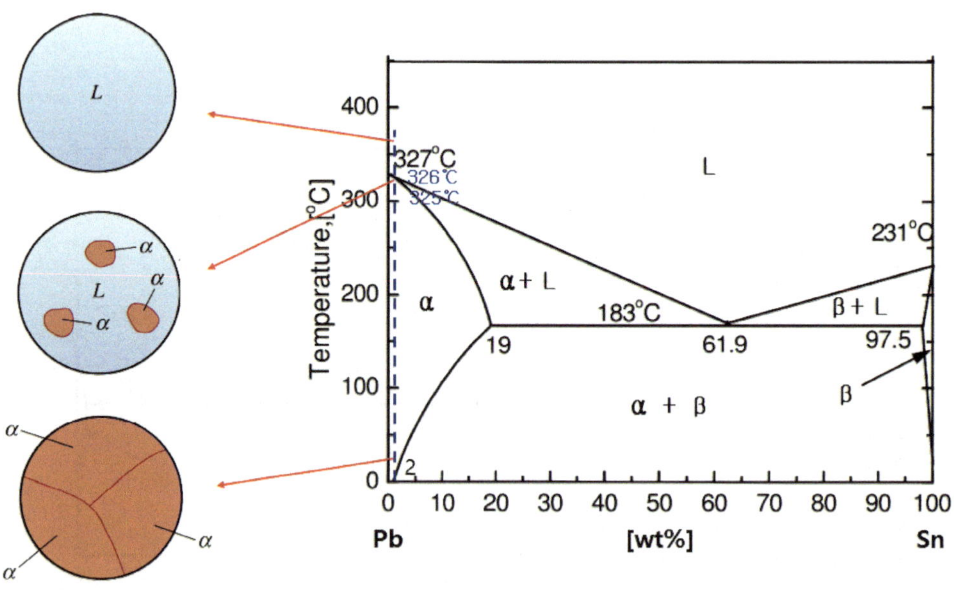

Fig. 3.31. The change in microstructure during equilibrium cooling for the melt with composition of 98.5 wt% Pb-1.5 wt% Sn.

3.4.3 공정조직의 예

Fig. 3.32의 TiB_2 - TiC 2성분계 상평형도에는 43.0 mol% TiB_2-57.0 mol% TiC의 공정조성이 존재한다. 따라서 공정 등온선이 포함하는 조성의 계가 평형 냉각되면 공정조직의 미세구조가 나타날 것이다.

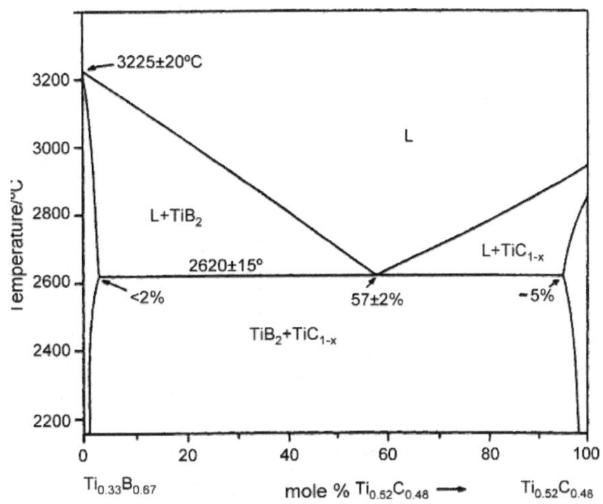

Fig. 3.32. Experimental binary phase diagram of the TiC - TiB_2 system.[7]

TiB_2 - TiC 복합체에서 나타나는 층상 공정조직의 주사전자현미경(SEM) 미세구조의 실제 예를 Fig. 3.33에 나타내었다. Fig. 3.33(a)에서 보듯이 20.0 mol% TiB_2-80.0 mol% TiC 조성의 과공정 복합체에서는 크게 구형으로 발달한 밝은색의 TiC 초정 사이에 층상 공정조직이 발달한 미세구조가 보인다. 그리고 Fig. 3.33(b)에서 보듯이 60.0 mol% TiB_2-40.0 mol% TiC 조성의 아공정 복합체에서는 크게 주상으로 발달한 어두운색의 TiB_2 초정 사이에 층상의 공정조직이 발달한 미세구조를 볼 수 있다. 공정조직은 밝은색의 TiC 결정립과 어두운색의 TiB_2 결정립이 교대로 쌓인 층상구조를 형성하고 있다.

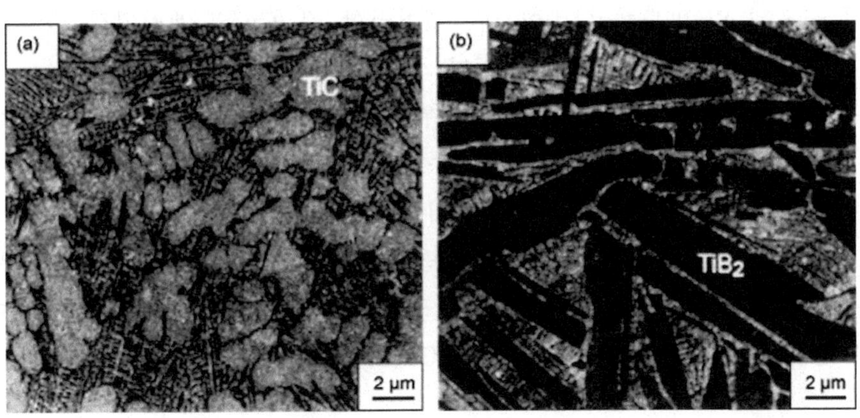

Fig. 3.33. Microstructure of TiB_2 - TiC composites prepared by floating zone directional solidification at the composition of 20.0 mol% TiB_2-80.0 mol% TiC(a) and 60.0 mol% TiB_2-40.0 mol% TiC(b).[8]

층상 공정조직은 Pb-Sn 합금의 SEM 미세구조에서도 볼 수 있다. Fig. 3.34(a)의 과공정 조직에는 구형으로 크게 발달한 어두운색의 초정(Sn이 풍부한 상) 사이에 층상의 공정조직이 나타나 있고, Fig. 3.34(b)의 아공정 조직에는 구형으로 크게 발달한 밝은색의 초정(Pb가 풍부한 상) 사이에 층상의 공정조직이 존재하는 것을 알 수 있다. Fig. 3.34(c)에 보이듯이, 38.1 wt% Pb-61.9 wt% Sn 조성의 공정조직은 Sn이 풍부한 어두운 상과 Pb가 풍부한 밝은 상 결정립이 교대로 쌓인 층상구조를 이루고 있다.

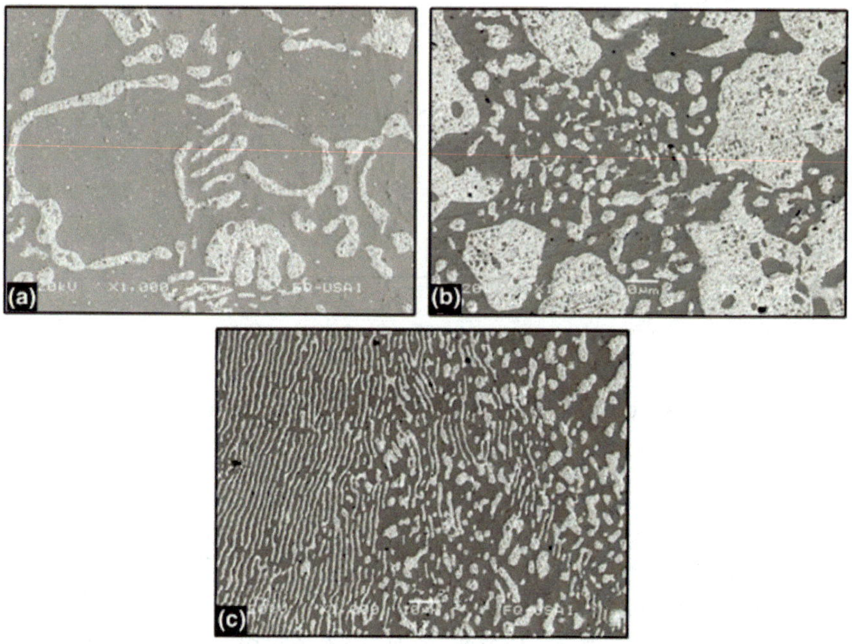

Fig. 3.34. SEM back-scattered electron images of (a) hypereutectic, (b) hypoeutectic, and (c) eutectic solidified Pb-Sn alloys.[9]

상평형도는 Si 반도체 제조공정에서 열처리 온도를 정하는 데에 활용될 수 있다. Fig. 3.35의 단면 그림과 같이 Cu 도선이 도포된 Si 반도체 디바이스를 열처리할 때, Cu/Si 계면에서 일어날 수 있는 미세구조의 변화를 Cu-Si 상평형도로부터 예상할 수 있다.

Si 기판에 적용하는 Cu 회로는 낮은 전기 저항과 우수한 전자기적 저항으로 디바이스 제조공정에서 많이 사용된다. 그러나 디바이스 공정에서 행하는 필수 불가결한 열처리는 Cu와 Si 원자의 상호 확산으로 의도하지 않은 Cu-Si 화합물을 생성하여 소수 캐리어 수명의 감소와 누설 전류의 증가 등 디바이스의 성능을 떨어뜨리게 된다. 고온 열처리로 Cu-Si 계면이 용해되어 빠른 확산 전이가 일어나고 냉각하는 동안 침전물이 생성될 수 있다. Fig. 3.36은 Cu 도선이 깔린 Si 디바이스에서 보이는 적층 결함(stacking faults)으로 둘러싸이고 층상 배열한 규화물(Cu_xSi_y)로 구성된 불순물의 예를 보여주고 있다.

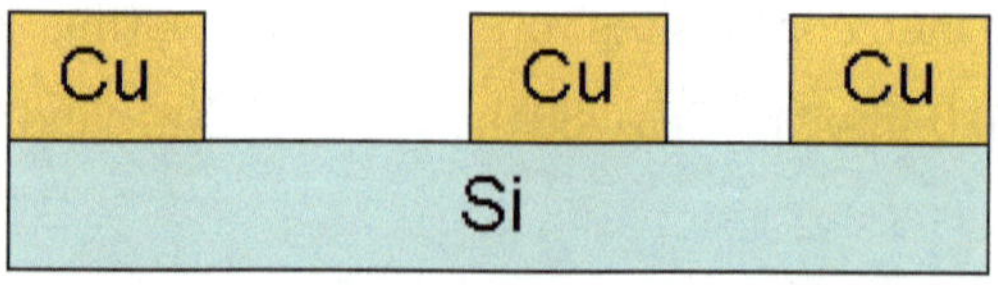

Fig. 3.35. Schematic of a Si device with Cu lines fabricated on top.

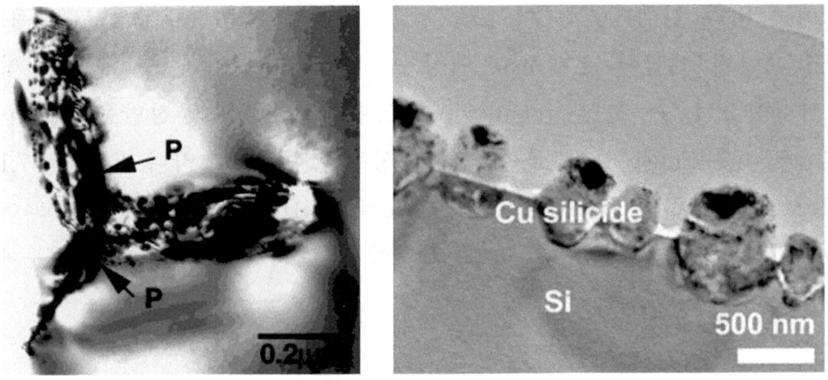

(a) (b)

Fig. 3.36. Cu silicide platelet surrounded by an extrinsic stacking fault(a) and Cu silicide impurities (b) at the Cu - Si interface after annealing.[10,11]

따라서 디바이스 제조 시 Cu 회로가 견고하게만 Si 기판에 입혀지도록 열처리 온도를 되도록 낮추어야 한다. Cu-Si 2성분계 상평형도의 등조성선 연구는 열처리 후의 미세구조를 예상함으로써 공정온도를 결정하는 데 활용될 수 있다.

Fig. 3.37에 보이는 Cu-Si 2성분계 상평형도에는 11개의 상(액상, fcc-Cu 고용체, 다이아몬드-Si 고용체, bcc-β 고용체, hcp-κ 상 고용체, 입방정-ϵ 상, 입방정-γ 상, 정방정-δ 상, 능면정-η 상, 저온형-η‘ 상과 저온형-η“ 상)이 존재하며, 이중 η-$Cu_{19}Si_6$, η’-Cu_3Si, η”-Cu_3Si, γ-$Cu_{56}Si_{11}$, ε-$Cu_{15}Si_4$ 및 δ-$Cu_{33}Si_7$ 등 6개의 상은 비화학량론적 금속간화합물이다. 이 계에는 859℃에서 용융 되는 η 상영역의 양쪽에 2개의 공정반응이 있고 β 상 영역과 δ 상 영역의 위쪽에 2개의 포정반응 등 여러 종류의 불변반응이 존재한다.

Cu-Si 디바이스 제조 과정에서 공정온도 802℃ 이상과 최저 상전이 온도 467℃ 미만에서 각각 열처리하였을 때, Cu-Si 계면에서 예상되는 미세구조를 Fig. 3.37.1에 나타내었다. 여기서 Cu-Si 계면은 50.0 at% Cu-50.0 at% Si인 조성의 계로 가정하였다.

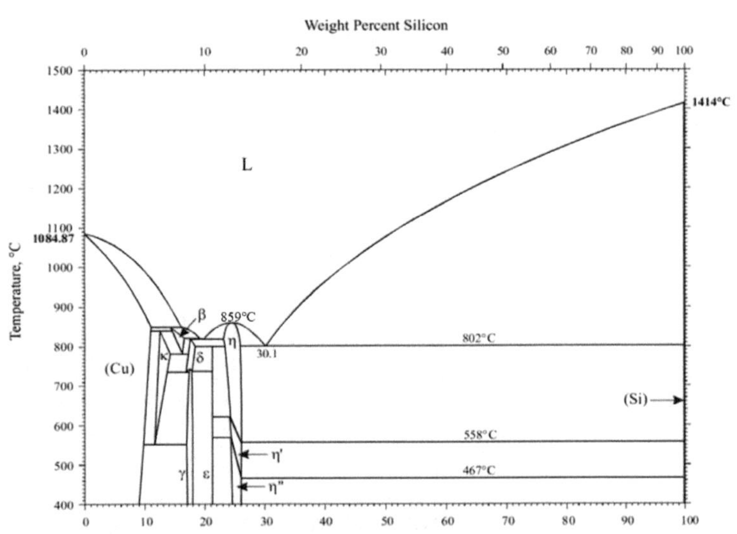

Fig. 3.37. Cu - Si binary phase diagram containing various invariant reactions.[12,13]

Fig. 3.37.1(a)에서 보이는 바와 같이 802℃ 이상으로 열처리하면 계는 {액상 L + 고용체 (Si)} 2상 영역으로 진입하여, Cu-Si 계면에 액상이 존재하고 액상 중에서 Cu 원자와 Si 원자가 빠르게 확산한다. 이후 냉각 시, 802℃에서 {액상 L → 고상 η-$Cu_{19}Si_6$ + 고용체 (Si)}의 공정반응으로 η-$Cu_{19}Si_6$ 상뿐만 아니라 저온 상인 η'-Cu_3Si, η"-Cu_3Si 상이 불순물로 생성될 것이다. 그러나 Fig. 3.37.1(b)에서 보이는 바와 같이 467℃ 미만으로 열처리하면 {η"-$Cu_{19}Si_6$ + 고용체 (Si)} 영역만 경유하게 되어 Cu-Si 계면에서의 η"-$Cu_{19}Si_6$ 생성이 Cu와 Si 원자의 느린 고상 확산에 의해서만 이루어지기 때문에 그 양이 작을 것으로 예상된다.

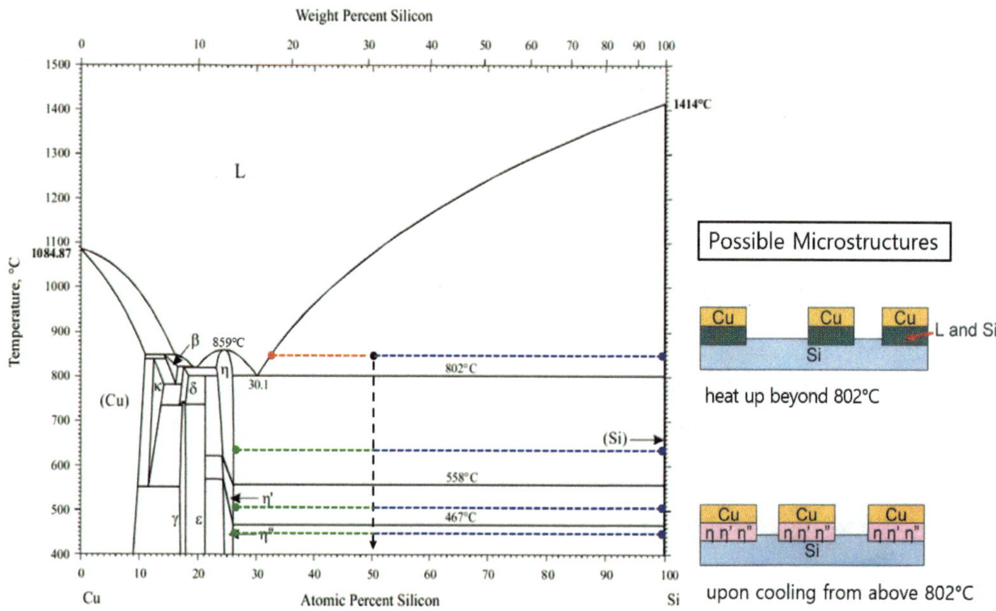

(a)

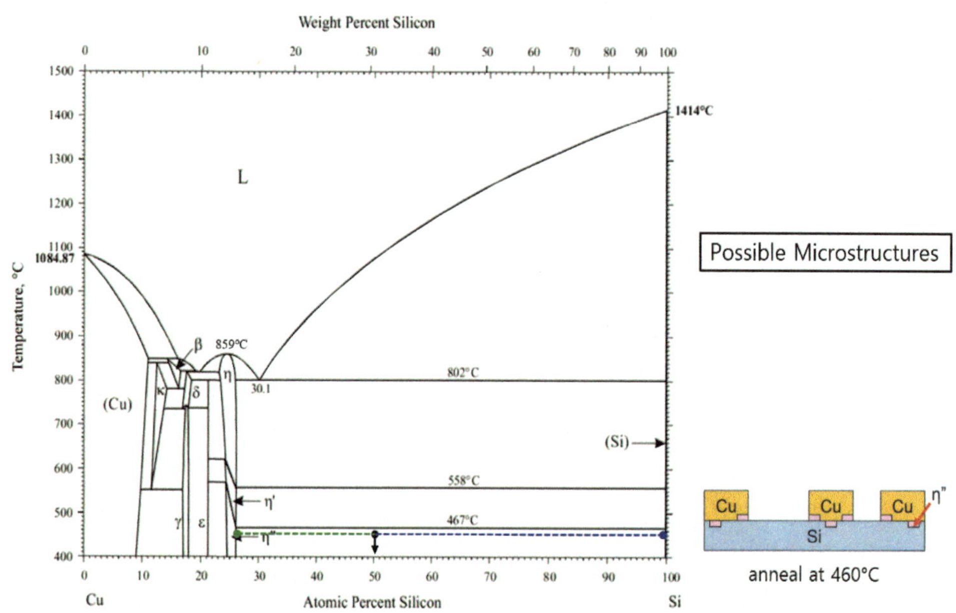

(b)

Fig. 3.37.1 Isoplethal analysis and possible microstructures after heat up beyond 802°C and upon cooling to room temperature(a), and anneal below at 467°C(b) for the system with composition of 50.0 at% Cu-50.0 at% Si.

3.5 포정반응이 있는 2성분계 상평형도

3.5.1 포정반응의 정의

포정반응(peritectic reaction)은 냉각 시 액상과 고상이 반응하여 새로운 단상의 고상을 형성하는 것이다. 2성분계의 포정반응은 상평형도의 포정점을 포함하는 포정 등온선(peritectic isotherm)에서 발생하는 등온 가역반응으로서, 초기(모체) 상인 결정질 고체가 액체와 반응하여 다른 결정질 고체 상태로 전이되는 불변반응이다. 일반적으로 두 성분의 융점 차이가 매우 크고 복잡한 2원계 상평형도의 일부로 존재하며, 반응 경계 이동과 상 분리를 포함하는 불균일 상전이의 범주에 포함된다. 반응 생성물이 모상의 결정구조와 다른 결정구조를 갖는다는 점에서 석출반응과 다르고, 모체 결정상을 포함하는 액상 혼합물에서 새로운 2차상의 생성을 포함하는 불연속 석출반응(discontinuous precipitation reaction)이다.

2성분계 특정 조성의 냉각 과정에서 나타나는 포정반응은, 가열 과정에서는 비조화용융 반응에 해당한다. Fig. 3.38에서 50.0 mol% A-50.0 mol% B 조성의 화학양론 화합물 AB는 가열 시 원래의 고상 조성과 다른 조성의 액상으로 녹기 때문에 비조화용융 화합물(incongruent melting compound)이라 한다. (액상 + 고상 B + 고상 AB)의 3상이 공존하는 포정점은 온도와 조성이 고정된 불변점이다. "peritectic" 이란 용어는 "surrounded by"라는 의미로 포정반응이 냉각 시 액상이 반응물을 둘러싸서 생성물을 만드는 의미이고, 용융 시는 "가까이 녹는다"를 의미하는 그리스어에서 유래되어 비조화 용융 현상을 설명하는 데 사용한다. Fig. 3.38의 포정점에서 일어나는 포정조성의 계가 냉각과 가열 시의 포정반응은 다음과 같이 쓸 수 있다.

$$\text{(peritectic reaction)} \qquad \text{Liquid} + \text{Solid B} \underset{\text{heating}}{\overset{\text{cooling}}{\leftrightarrows}} \text{Solid AB} \qquad (3\text{-}3)$$

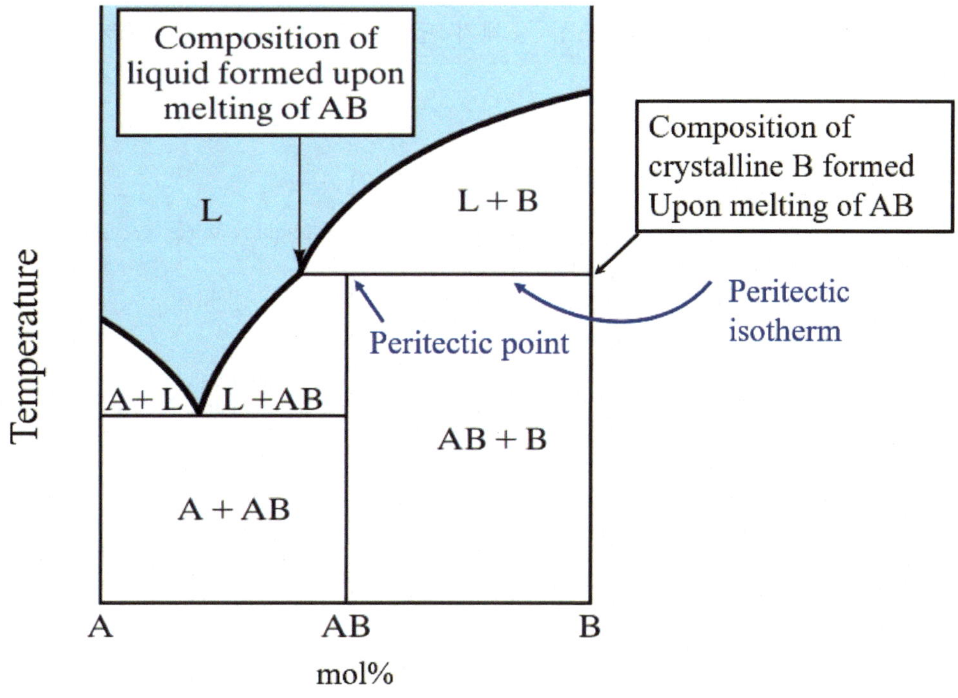

Fig. 3.38. A hypothetical A-B binary phase diagram showing a peritectic reaction.

Fig. 3.39는 중간 화합물 Mg_2Ni와 $MgNi_2$가 나타나는 Mg-Ni 2원계 상태도이다. 금속간화합물인 $MgNi_2$는 융점 위에서도 그 조성을 유지하는 조화용융 화합물이며, Mg_2Ni는 녹아서 생기는 액상의 조성이 변하는 비조화용융 화합물이다. Mg_2Ni는 가열 시 761℃에서 비조화용융 반응으로 (액상 + $MgNi_2$ 상)으로 분해되며, 이는 포정반응으로 볼 수 있다. 또한 (액상 + $MgNi_2$ 상)은 냉각 시 761℃에서 포정반응에 의해 Mg_2Ni가 생성된다. 이러한 포정반응은 다음과 같이 쓸 수 있다.

$$\text{(peritectic reaction)} \qquad \text{Liquid} + \text{Solid } MgNi_2 \underset{\text{heating}}{\overset{\text{cooling}}{\rightleftarrows}} \text{Solid } Mg_2Ni \qquad (3\text{-}4)$$

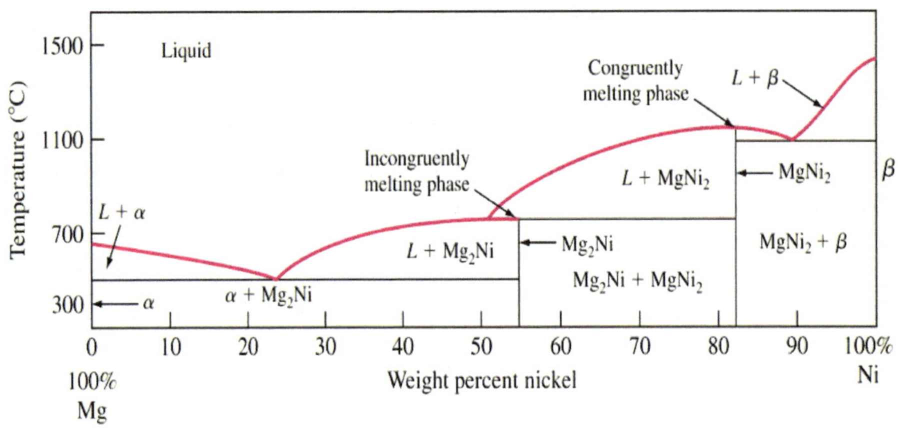

Fig. 3.39. Mg-Ni binary phase diagram containing congruent and incongruently melting compounds.

3.5.2 포정 화합물의 미세구조

Fig. 3.43에는 50.0 mol% A-50.0 mol% B 조성 융체가 냉각 시, 포정반응을 일으키기 전후의 미세구조를 도식적으로 나타냈다.

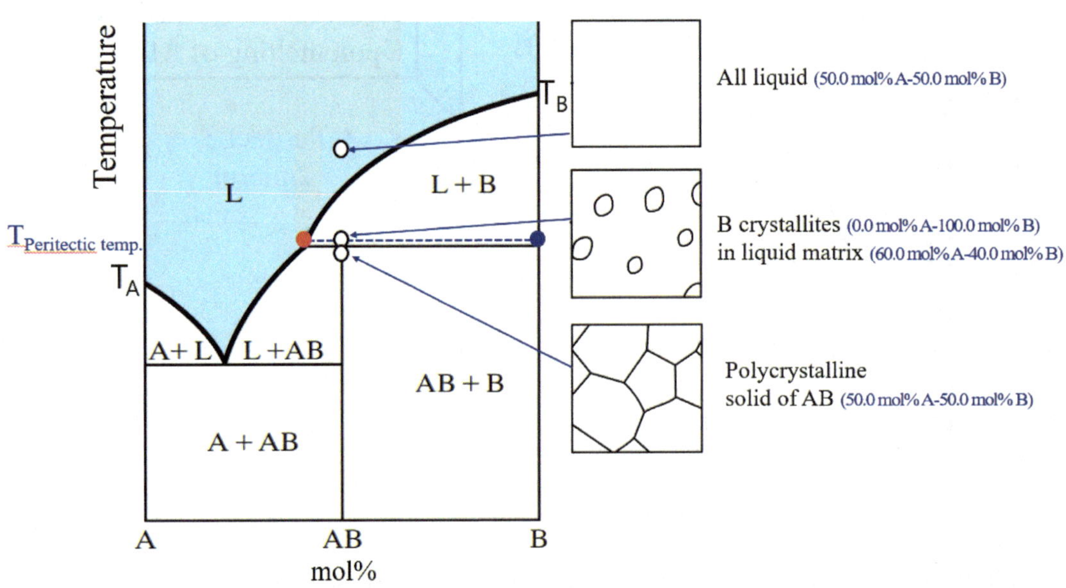

Fig. 3.40. Representative microstructures for the peritectic binary diagram.

액상선 초과 온도에서 100% 액체로 존재하다가, 액상선 온도로 냉각되면 결정 B(100 mol% B)가 초정으로 정출되기 시작한다. 액상선 이하에서 포정반응을 일으키기 직전까지 결정 B의 분율은 증가하고 액상의 분율은 감소하며, 액상 내 화학종 A의 농도는 증가하여 60.0 mol% A-40.0 mol% B가 된다. 포정온도에서 (액상 L + 결정 B)는 포정반응에 의해 모두 50.0 mol% A-50.0 mol% B 조성의 화학양론 화합물 AB로 변하고, 포정온도 미만에서는 단상의 다결정질 AB의 미세구조를 갖게 된다. 그러나 반응에 참여하는 (액상 + 초정) 계의 조성이 화학양론 화합물 조성과 같은 포정조성이 아니면 포정반응 후에 화학양론 화합물(여기서는 결정 AB) 이외에 다른 고상(여기서는 결정 B)이나 액상이 남을 수 있다.

포정반응이 평형 상태로 진행될 때, Fig. 3.41(a)의 (액상 L + 고상 B)가 냉각되면 포정온도에서 Fig. 3.41(c)와 같이 고상 AB의 다결정질 미세구조로 변해야 하지만, 비평형 상태의 냉각에서는 반응이 완전히 일어나지 못하여 생성물 고상의 조성이 균질한 화학양론 화합물 AB 상으로 발달하지 않는다. 포정반응에 의해 초기에 생성되는 고상 AB가 초정 B를 둘러싸는 현상을 Fig. 3.44(b)에 나타내었다. 포정반응 생성물 고상 AB는 액상으로부터의 A 화학종과 초정 B로부터의 B 화학종의 상호 확산으로 생성된다. 일반적인 비평형 냉각 조건에서는 이미 생성된 AB 층을 통과해야 하는 B 화학종의 고체 확산은 액상에서부터의 A 화학종의 액체 확산보다 상대적으로 느리다. 따라서 고상 B 껍질에 이미 생성된 고상 AB가 확산 장벽(diffusion barrier)으로 작용하게 되어 포정반응은 점점 진행 속도가 느려진다. 따라서 일반적인 포정 화합물은 초정이 유핵화된 포정상으로 둘러싸인 미세구조를 생성하게 된다. 새롭게 생성되는 고상 AB가 이미 있던 고상 B를 보자기처럼 감싸면서 생기므로(이런 형상을 '싸개 현상'이라 함), 'surrounded by' 의미의 보자기 "包" 자를 써서 포정반응이라 한다. 이렇듯 포정반응으로 생긴 상의 내부와 외부의 조성이 다르므로 유핵 조직(core-rim structure)이라고도 불린다. 실제 사용되는 포정 합금에서 비평형 응고로 생성된 불균질한 조성의 미세구조는 균질화 열처리(homogenization heat treatment)라고 하는 공정을 적용하여 보다 균질한 조성을 갖도록 하는 것이 일반적이다.

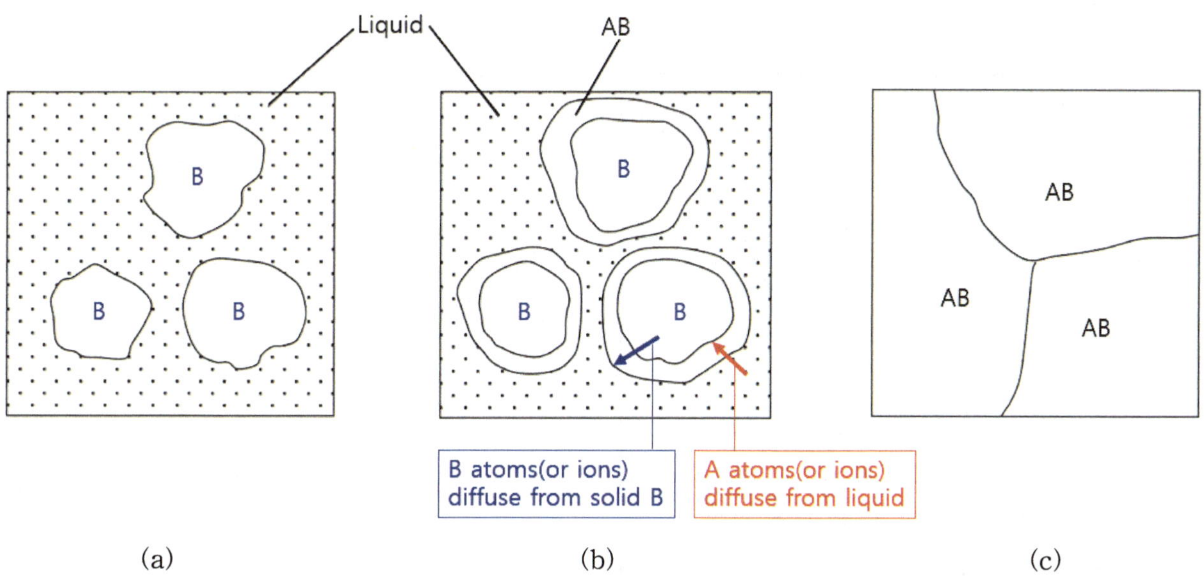

Fig. 3.41. Schematic representation of before(a), during(b) and after(c) peritectic reaction.

Fig. 3.42의 leucite-silica 2성분계 상평형도는 포정반응을 갖는 좋은 예이다. 이 계에서 포정반응(액상 L + 고상 leucite → 고상 K-feldspar)은 1149℃에서 일어난다. 포정점에서는 액상 L(55.0 wt% $KAlSi_2O_6$-45.0 wt% SiO_2), 고상 leucite(100 wt% $KAlSi_2O_6$-0.0 wt% SiO_2), 그리고 고상 K-feldspar (78.0 wt% $KAlSi_2O_6$-22.0 wt% SiO_2)가 공존한다. Figs. 3.42.1~3에는 leucite-silica 2성분계의 85.0 wt% $KAlSi_2O_6$-15.0 wt% SiO_2 조성의 융체가 평형 상태로 등조성선을 따라 상온까지 냉각될 때 미세구조가 어떻게 변화되는지를 도식적으로 나타내었다.

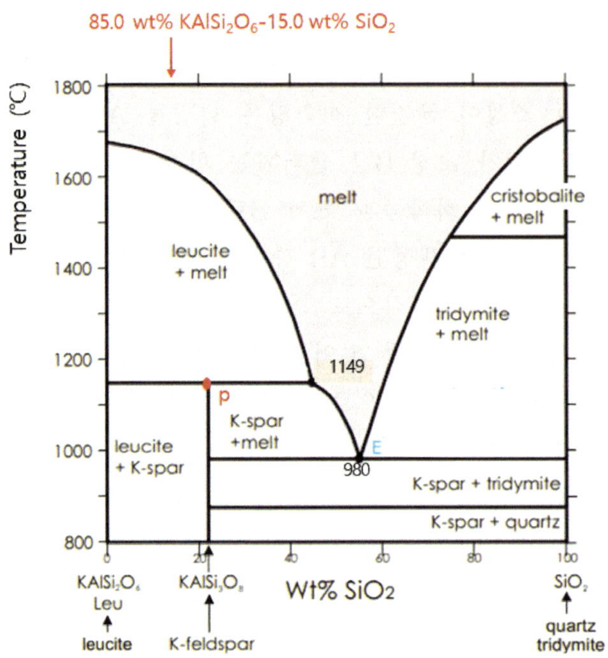

Fig. 3.42. Leucite-silica binary phase diagram.[14)]

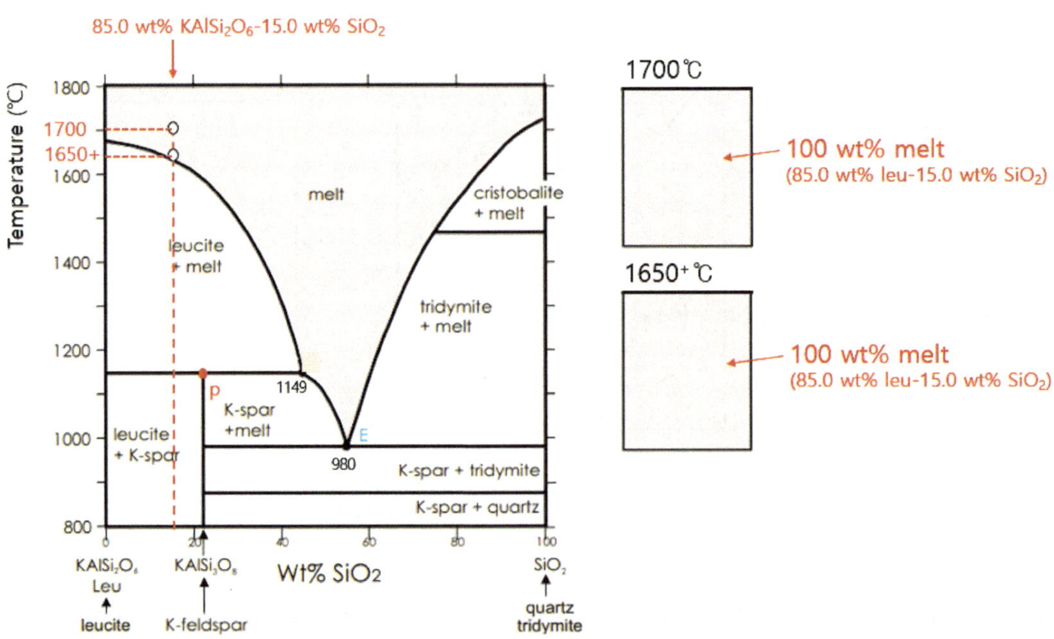

Fig. 3.42.1. The change in microstructure during equilibrium cooling above liquidus line temperature for the melt with initial composition of 85.0 wt% leucite-15.0 wt% silica.

① 등조성선과 액상선이 만나는 온도 초과 범위(T>1650℃)

㉠ Fig. 3.42.1에 나타낸 바와 같이 해당 온도 범위(1700~1650⁺℃)의 냉각과정 중에 융체는 85.0 wt% $KAlSi_2O_6$-15.0 wt% silica 조성을 유지하며 100% 액상 L로 존재함.

② 등조성선과 액상선의 교차점 이하에서 포정반응 초과까지의 온도 범위(1650℃≥T>1149℃)

㉠ (액상 L + 고상 leucite)의 2상 영역으로 냉각됨에 따라 Fig. 3.42.2에서 보이는 바와 같이 1650℃에서는 액상 L로부터 100.0 wt% leucite-0.0 wt% silica 조성의 고상 leucite가 초정으로 정출되기 시작하고, 점차 고상 leucite의 정출량이 많아짐.

㉡ 해당 범위의 특정 온도에서는 공액선을 그어 두 상의 조성과 분율을 알 수 있음

- 1300℃에서는 공액선 양 끝 조성에 상응하여 고상 leucite의 조성은 100 wt% leucite-0.0 wt% silica이고, 액상 L의 조성은 58.0 wt% leucite-42.0 wt% silica임.
- 1300℃에서 초기 융체 조성을 기준으로 공액선의 지렛대 원리에 의해 고상 leucite의 분율은 64.3 wt%이고, 액상 L의 분율은 35.7 wt%임.

㉢ 고상 leucite의 정출량이 증가하여도 고상의 조성은 변동 없지만, 액상 L의 조성은 SiO_2의 함량이 15.0 wt%(1650℃)에서 45.0 wt%(1149⁺℃)까지 연동되어 변화됨(1149⁺℃라 표기한 온도는 1149℃에 도달하기 직전의 바로 위의 온도를 의미).

- 1149⁺℃에서 초기 융체 조성을 기준으로 공액선의 지렛대 원리에 의해 고상 leucite의 분율은 66.7 wt%이고, 액상 L의 분율은 33.3 wt%임.

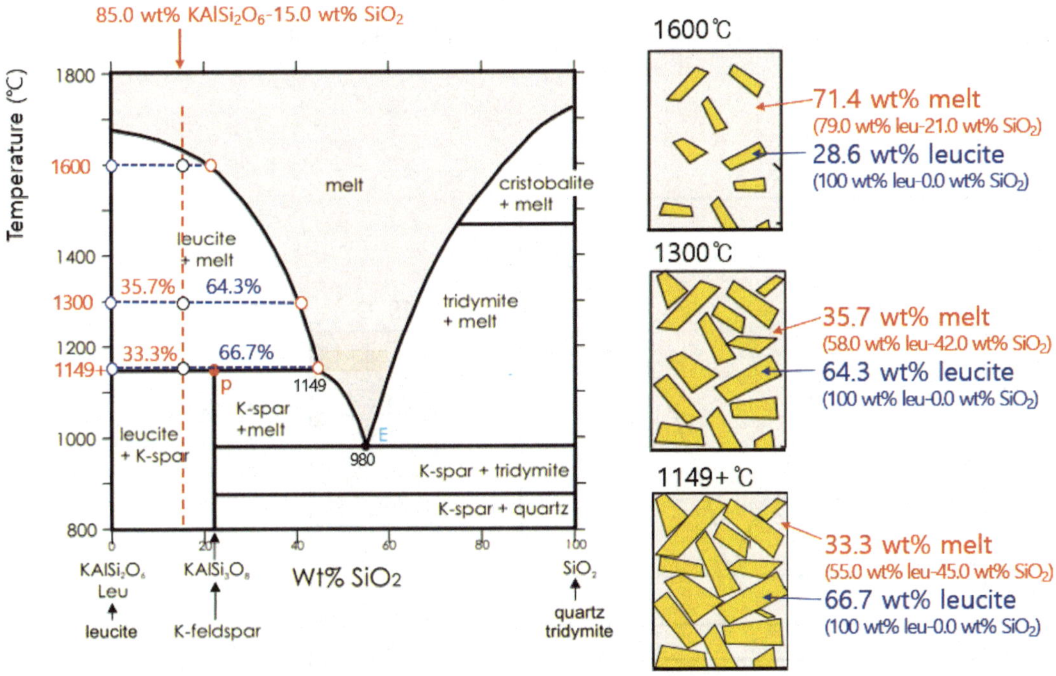

Fig. 3.42.2. The change in microstructure during equilibrium cooling the temperature range between liquidus line and peritectic reaction for the melt with initial composition of 85.0 wt% leucite-15.0 wt% silica.

③ 포정반응 이하의 온도 범위(1149℃ ≥ T)

㉠ Fig. 3.42.3에 나타낸 바와 같이, 1149^{+}℃의 (액상 L + 고상 leucite) 영역에서 1149^{-}℃에서는 (고상 leucite + 고상 K-feldspar) 영역으로 전환됨

㉡ 1149℃에서의 포정반응(액상 L + 고상 leucite → 고상 K-feldspar) 물질수지

- 포정반응의 물질수지를 생각하면 1149^{+}℃에서의 존재상은 반응물이고 1149^{-}℃에서의 존재상은 생성물이며, 생성물 양과 반응물 양이 같다는 관계로부터 다음과 같이 구할 수 있음.
- 포정반응의 물질수지: 생성물 무게 - 반응물 무게 = 0

	31.8 wt% Leucite	+	68.2 wt% K-feldspar				
-)	66.7 wt% Leucite			+	33.3 wt% Liquid		
	- 34.9 wt% Leucite	+	68.2 wt% K-feldspar	-	33.3 wt% Liquid	=	0

- 이항 정리하면, 1149℃에서 포정반응의 물질수지는 다음과 같음.

$$34.9\text{ wt\% Leucite} + 33.3\text{ wt\% Liquid} \xrightarrow[\text{peritectic reaction}]{\text{cooling}} 68.2\text{ wt\% K-feldspar} \qquad (3\text{-}5)$$

- 1149^{+}℃에서 존재했던 (33.3 wt% 액상 L + 66.7 wt% 고상 leucite)는 1149^{-}℃로 되면 고상 leucite 중에서 내부의 31.8 wt%는 반응 없지만, 외부의 34.9 wt% 고상 leucite는 33.3 wt% 액상 L과 포정반응 하여 68.2 wt% 고상 K-feldspar(78.0 wt% leucite-22.0 wt% silica)를 생성

㉢ 1,149℃ 미만 온도 범위에서는 Fig. 3.45.3에서 보이는 바와 같이 존재하는 2상의 조성(고상 leucite: 100 wt% $KAlSi_2O_6$-0.0 wt% silica, 고상 K-feldspar: 78.0 wt% $KAlSi_2O_6$-22.0 wt% silica)과 분율(31.8 wt% 고상 leucite-68.2 wt% 고상 K-feldspar)이 변동 없이 유지

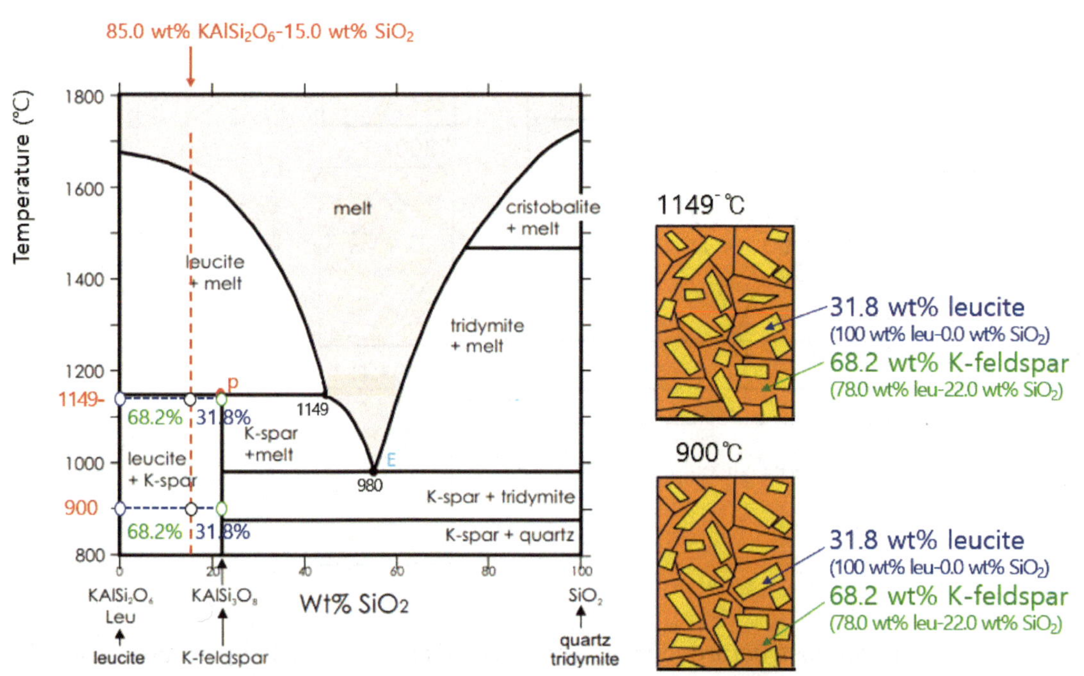

Fig. 3.42.3. The change in microstructure during equilibrium cooling below peritectic reaction for the melt with initial composition of 85.0 wt% leucite-15.0 wt% silica.

3.5.3 포정조직의 예

철 계 Fe-C 합금인 강(steel)에서 δ-페라이트로부터 γ-오스테나이트의 형성은 중요한 포정반응이다. Fe-C 합금의 융체가 연속 냉각되는 동안 (액상 L + δ-페라이트 → γ-오스테나이트)의 포정반응이 진행되고, 합금 첨가제에 의해 안정화되지 않으면 δ-페라이트는 일반적으로 γ-오스테나이트 영역으로 냉각 시 완전히 사라진다. 강 대부분에서는 오스테나이트나 페라이트 안정화 원소가 존재하며, 오스테나이트 안정화 원소(탄소, 질소, 니켈, 망간 등)를 함유한 강의 상평형도에는 항상 포정반응이 나타나 있다.

Fig. 3.46(a)의 부분 상평형도에 보이는 바와 같이, Fe에 C가 0.1~0.5 wt% 포함된 조성의 강은 1495 ℃에서 액상과 δ-페라이트가 접촉하여 포정반응($L_{0.1\%C}$ + δ-$ferrite_{0.5\%C}$ → γ-$austenite_{0.16\%C}$)으로 γ-오스테나이트를 형성한다. Fig. 3.46(b)에 나타낸 바와 같이, 포정반응은 γ-오스테나이트 층이 액상/δ-페라이트의 경계면을 따라 성장한다. 이미 생성된 γ-오스테나이트 층이 두꺼워짐으로써 국부적으로 액체가 소진되면 고상 반응이 뒤따르고, 고체가 소진되면 액상 반응이 뒤따르게 된다. 따라서 액상과 고상의 양이 많고 적음에 따라 반응물 전체가 포정반응에 참여하지 못할 수도 있게 되며, 만일 고상 δ의 양이 포정반응에 필요한 양보다 많았다면, 포정반응으로 생긴 γ-오스테나이트 내부에 δ-페라이트가 남아있는 유핵 조직(core-rim structure)이 나타날 수 있다.

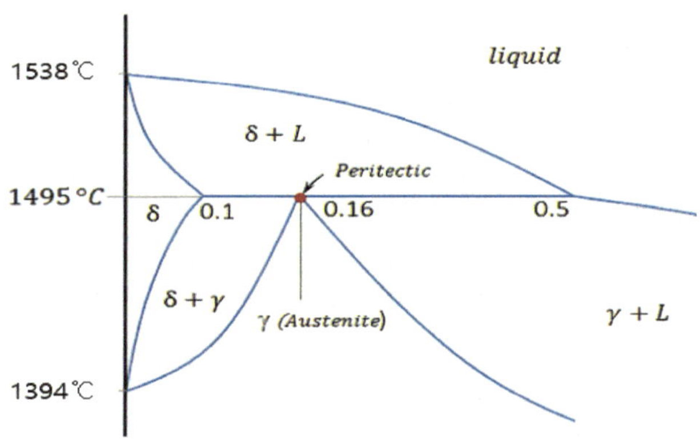

(a)

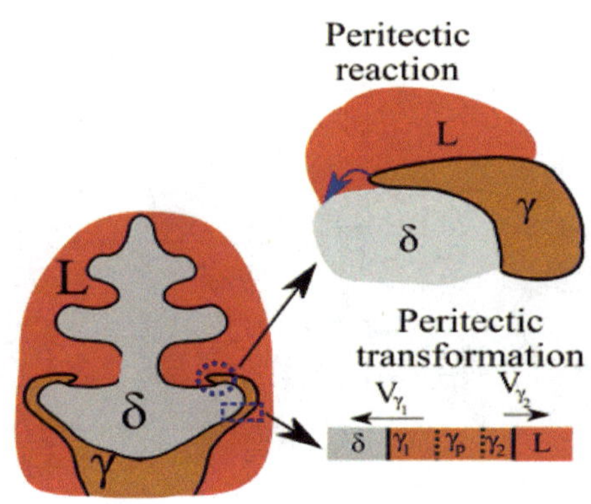

(b)

Fig. 3.43. Part of Fe-C binary phase diagram showing peritectic reaction(a) and schematics of the peritectic reaction(b).[15)]

Fig. 3.44의 조직사진은 포정반응 중에 생긴 미세구조 변화의 예로서, 일방향 응고된 고속도강의 δ-페라이트 수지상 돌기 주위에 포정반응으로 생긴 γ-오스테나이트가 감싸고 있는 것을 볼 수 있다. 여기서 진한 회색은 δ-페라이트, 흰색은 γ-오스테나이트이고, 짙게 보이는 얼룩은 담금질 된 액체의 흔적이다.

Fig. 3.45(a)는 82.0 at% Al-18.0 at% Ni 합금의 미세구조로서, 이 합금은 3개의 상으로 구성되어 있다. 밝은 상은 Al_3Ni_2 1차상이고 Al_3Ni_2 상을 둘러싸고 있는 회색 상은 포정 Al_3Ni 상이며, Al_3Ni 상 사이에 분포하는 어두운 상은 Al_3Ni/Al 공정조직이다. Fig. 3.45(b)의 Al-Ni 2성분계 상평형도에서 82.0 at% Al-18.0 at% Ni 합금에 관한 등조성선 연구를 통해 알 수 있는 냉각 중의 상변화는 다음과 같다. 온도가 940℃(액체-고체 전이 온도인 T_L)를 초과하면 액상만 존재한다. 초정이 정출되는 940℃ 이하에서 854℃(T_P, 포정반응 온도) 초과까지의 온도 범위에서는 Al_3Ni_2 1차상이 생성되어 액상과 공존한다. 평형 냉각에서의 포정반응은 854℃에서 일어나지만, 자연 냉각에서는 854~639.9℃의 온도 구간에서 일

(a) (b) (c)

Fig. 3.44. Three stages of a peritectic reaction in a unidirectional-solidified high-speed steel(dark gray: δ-ferrite and white: γ-austenite): first-stage structure(the mottled structure is quenched liquid)(a), subsequent peritectic reaction(b) and further peritectic transformation(dark gray in the middle of the white ferrite is residual δ-ferrite)(c).[16)]

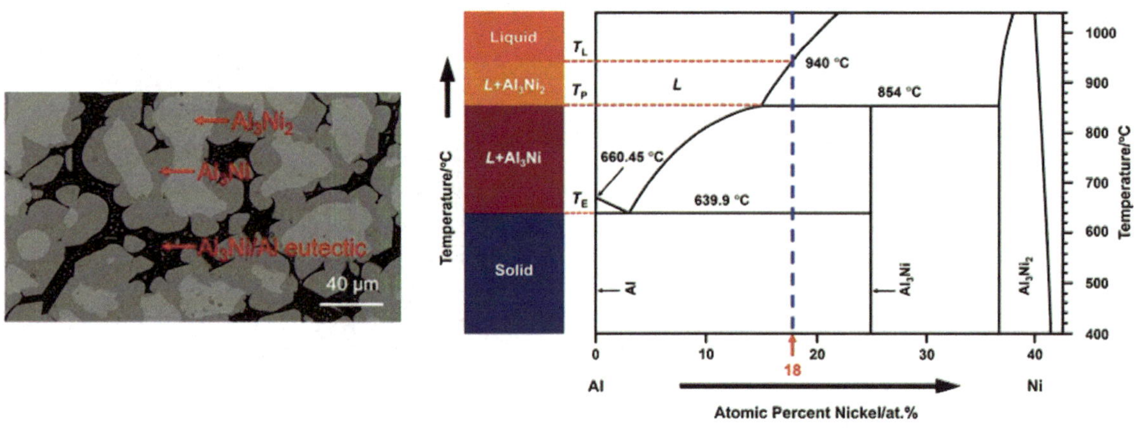

(a) (b)

Fig. 3.45. Microstructure of 82 at% Al-18 at% Ni alloy(a) and isoplethal analysis in Al-Ni partial binary phase diagram(b).[17)]

어나는데, 액상과 Al_3Ni_2 1차상이 상호 작용하여 포정 Al_3Ni 상으로 변태된다. 639.9℃(T_E, 공정반응 온도)에서 잔존 하던 액상은 (순수한 Al 상 + Al_3Ni 상)으로 구성된 공정조직으로 변화되며, 639.9℃ 미만의 온도에서는 상전이가 일어나지 않는다.

Fig. 3.46(a)는 22.0 mol% ZrO_2-78.0 mol% TiO_2 복합체의 미세구조로서, 이 복합체는 3개의 상으로 구성되어 있다. 밝은 상은 ZrO_2 1차상이고 ZrO_2 상을 둘러싸고 있는 회색 상은 포정 β-$(Zr_xTi_{1-x})_2O_4$ 상이며, β-$(Zr_xTi_{1-x})_2O_4$ 상 사이에 분포하는 어두운 상은 $ZrTiO_4$/TiO_2 공정조직이다. Fig. 3.46(b)의 ZrO_2-TiO_2 2성분계 상평형도에서 22.0 mol% ZrO_2-78.0 mol% TiO_2 합금에 관한 등조성선 연구를 통해 알 수 있는 냉각 중의 상변화는 다음과 같다. 1844℃ 초과 온도 범위에서는 (액상 L + t-ZrO_2 상)의 2상이 공존하지만, 1844℃에서는 (액상 L + t-ZrO_2 상)이 포정반응으로 β-$(Zr_xTi_{1-x})_2O_4$ 상을 생성한다. 포정 결정상과 공존하던 액상 L은 1756℃에서는 ($ZrTiO_4$ 상 + TiO_2 상)으로 구성된 공정조직으로 변화된다. 그리고 약 800℃ 부근에서는 $ZrTiO_4$가 분해되어 (ZrO_2 상+ TiO_2 상)으로 변화된다. 그러나 반응이

비평형 상태로 진행되면 반응이 완결되지 못하여 평형 상태의 변화를 나타내는 상평형도처럼 조성이 균질한 화학양론 화합물들의 혼합물로 발달하지 않는다. 따라서 Fig. 3.46(a)의 미세구조에서 보이는 것처럼 ZrO_2, β-$(Zr_xTi_{1-x})_2O_4$, $ZrTiO_4$ 및 TiO_2 상이 혼재하게 된다.

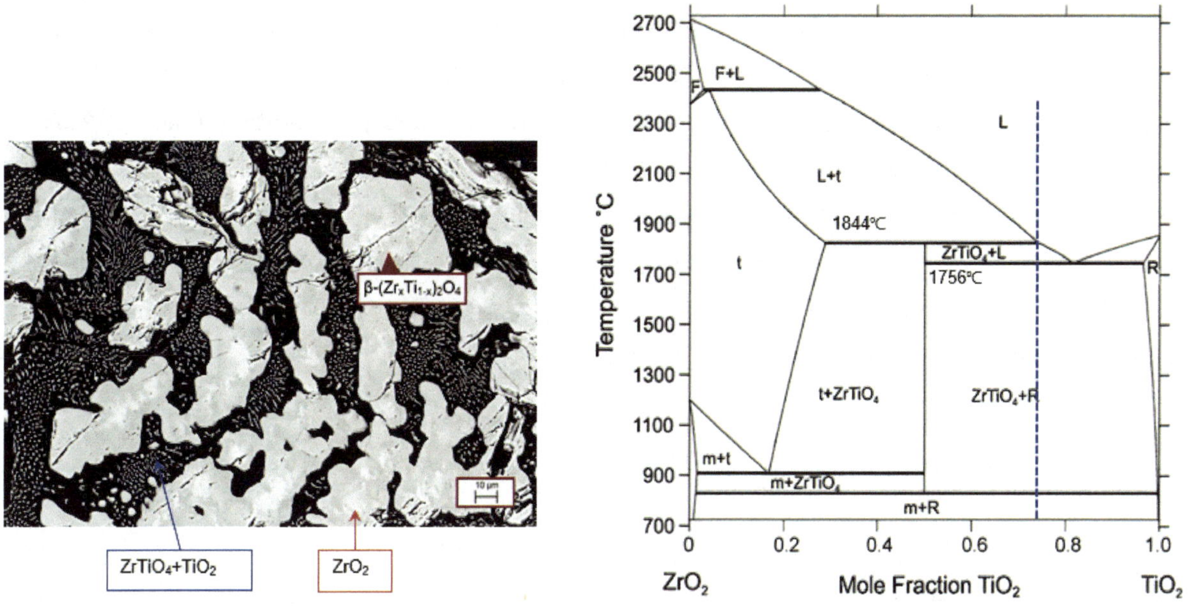

(a) (b)

Fig. 3.46. Microstructure of 22.0 mol% ZrO_2 - 78.0 mol% TiO_2 composites(a)[18] and isoplethal line with composition 22.0 mol% ZrO_2 - 78.0 mol% TiO_2 in ZrO_2 - TiO_2 binary phase diagram(b).[19]

3.6 공석반응이 있는 2성분계 상평형도

3.6.1 공석반응의 정의

공석반응(eutectoid reaction)은 2성분계 고용체가 냉각 시 다른 두 고상을 형성하는 반응이다. 공석반응은 상평형도의 불변점에서 발생하는 등온 가역반응으로, 초기(모체) 상인 결정질 고체가 공석반응으로 모상의 결정구조와 다른 새로운 결정구조의 반응 생성물 고체를 포함한다는 점에서 석출 반응과 다르다. 새로운 결정상의 생성을 포함하는 불연속 석출 반응(discontinuous precipitation reaction)이고, 고체 상태의 불변 변태(invariant transformation)로 분류된다.

공석반응으로 형성되는 고상의 수는 계의 구성요소인 성분의 수와 같다. 즉 2성분계에서의 공석반응으로 생성되는 고상의 수는 2이다. 2성분계에서의 공석반응은 반응물은 고체이고 생성물은 결정구조가 다른 두 고체인데, 반응물이 액체인 것을 제외하고 공정반응과 유사하여 그리스어로 "eutectic-like" 의미의 "eutectoid" 명칭을 갖게 되었다.

$$\text{(eutectoid reaction)} \qquad \text{Solid } \gamma \underset{\text{heating}}{\overset{\text{cooling}}{\rightleftarrows}} \text{Solid } \alpha + \text{Solid } \beta \qquad (3\text{-}6)$$

Fig. 3.47의 가상 A-B 2성분계 상평형도에서 빨간 점으로 표시한 공석점(eutectoid point)은 3개의 고상이 관련된 불변점(압력이 일정한 상평형도에서 특정한 공석조성과 공석온도를 가져 자유도가 "0"인 지점)이다. 공석점에 걸쳐있는 온도 수평선을 공석 등온선(eutectoid isotherm)이라 하며, 공석조성(eutectoid composition)뿐만 아니라 공석 등온선에 걸쳐있는 조성 범위의 계는 냉각 시 공석반응을 일으킨다.

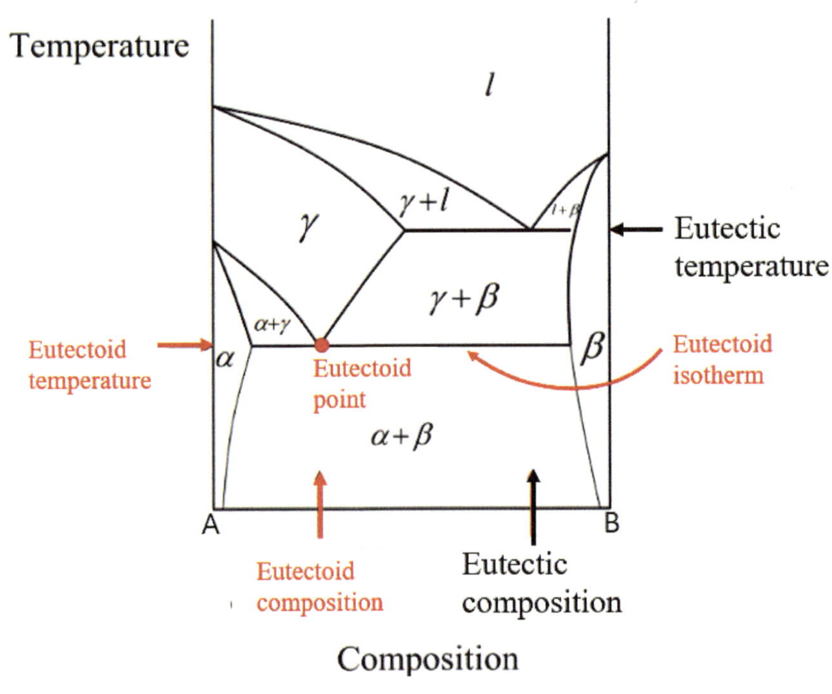

Fig. 3.47. A hypothetical A-B binary phase diagram containing a eutectoid reaction.

3.6.2 공석 혼합물의 미세구조

Fig. 3.48에 나타나 있는 Fe-Fe_3C 상태도는 6.69 wt%까지의 탄소를 함유한 Fe-C 합금에서 나타나는 평형상을 보여 준다. 이 상태도에서는 6.69 wt% C까지의 조성만 나타나는데, 이 조성 범위에서 상태도의 우측 수직선으로 표시된 중간 화합물인 시멘타이트(Fe_3C)가 생성되기 때문이다. 모든 강철과 주철의 탄소 함량은 6.69 wt% 미만이고 나머지인 6.69~100 wt% 부분의 상태도는 공학적으로는 실용성이 없다. 시멘타이트는 단단하고 부서지기 쉬운 금속간화합물로 사방정계 결정구조를 가진 화합물이다. 탄소는 철과 함께 δ, γ 및 α 상의 고용체를 형성하지만, 철에 대한 탄소의 고용도는 매우 제한적이다. α-페라이트는 727℃에서 최대 탄소 고용도가 약 0.02 wt%에 불과하지만, γ-오스테나이트는 1148℃에서 최대 탄소 고용도가 2.11 wt%로 상당히 크다. 상온에서 탄소의 고용도는 훨씬 더 낮아 α-페라이트 철에는 0.005 wt%만 고용된다. 따라서 γ-fcc 오스테나이트의 탄소 고용도는 α-bcc 페라이트보다 약 100배 더 크다. 이것은 bcc에 비해 fcc의 틈새 위치가 더 크기 때문에 주변의 철 격자에 가해지는 부담이 훨씬 적기 때문이다. 탄소는 아주 소량 존재하더라도, 페라이트 철의 기계적 특성에 크게 영향을 미친다.

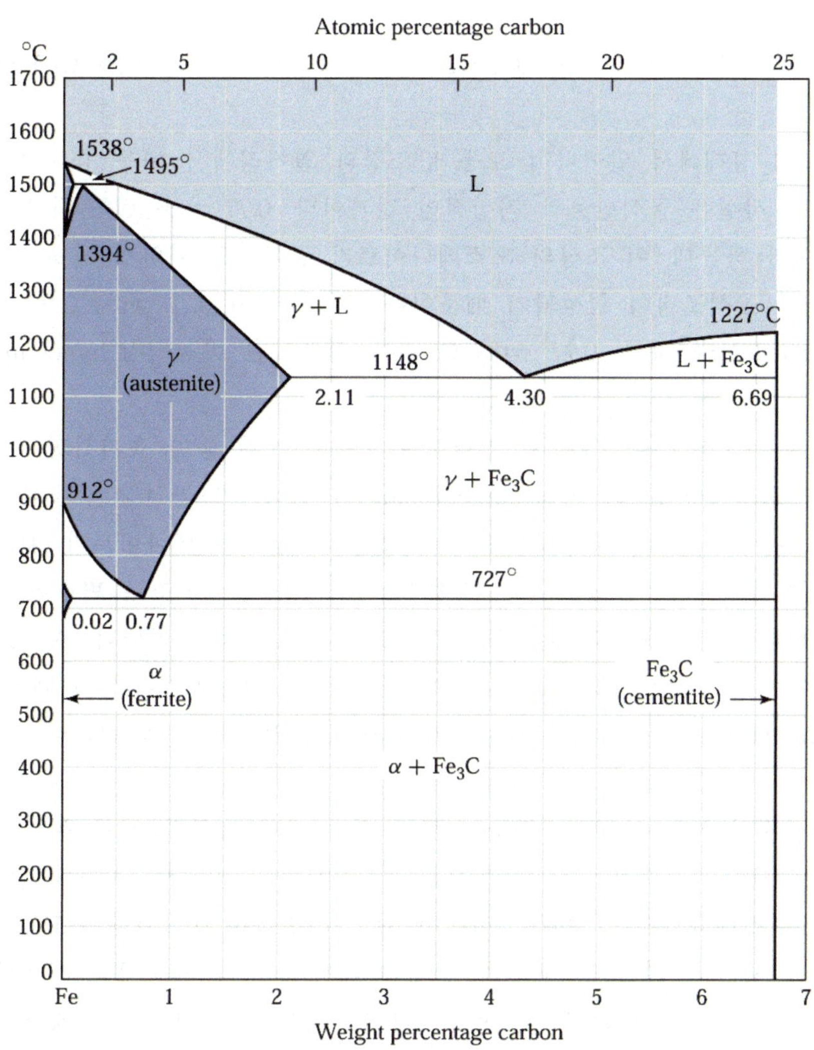

Fig. 3.48. The iron-carbon binary phase diagram plotted up to 6.69 wt% carbon.[20]

철 합금에서 탄소 및 기타 합금 원소가 자주 사용된다. 탄소 함량에 따라 순철(pure iron), 강(steel) 및 주철(cast iron)의 3가지 유형의 철 합금이 있다. 상업적으로 순철은 0.008 wt% 미만의 C를 함유하고 상온으로 냉각될 때 거의 모두 α-페라이트로 구성된다. 0.008~2.0 wt% 범위의 탄소 함량을 가지고 있는 강은 상온으로 천천히 냉각하면 (페라이트 + 시멘타이트)의 2상을 갖는 미세구조를 보인다.

강은 최대 2.0 wt%의 C를 함유할 수 있지만, 과도한 탄소 함량은 취성을 초래하므로 일반적으로 탄소 함량은 1.5 wt% 이하로 제한된다. 일반적으로 높은 연성, 높은 인성 및 우수한 용접성을 요구하는 강재에서는 탄소 함량을 낮게 유지하지만, 고강도, 고경도, 내피로성, 내마모성이 요구되는 강재에는 더 높은 함량의 탄소가 첨가된다. 주철은 6.69 wt% C까지의 탄소를 함유하는 합금으로 분류된다. 그러나 대부분의 주철은 2~4 wt%의 C를 포함한다. 강은 시멘타이트 형태의 탄소를 함유하는 반면, 주철은 시멘타이트 또는 흑연 형태의 탄소를 함유할 수 있다. 흑연은 시멘타이트보다 탄소가 풍부한 상이다. 탄소 함량이 높거나 실리콘과 같은 특정 합금 원소가 첨가되면 흑연 형성이 촉진된다. 따라서 흑연은 중요한 주철의 상이지만 강에서는 거의 발견되지 않는다. 시멘타이트는 준안정 상이고 상온에서는 무한정 화합물로 유지된다. 하지만, 몇 년 동안 650~705°C로 가열하면 점차 철과 흑연으로 변한다.

727℃의 공석점에서 0.77 wt% C가 고용된 오스테나이트 고상으로부터 다음과 같은 공석반응에 의해 0.02 wt% C인 α 페라이트와 6.67 wt% C를 함유하는 시멘타이트(Fe_3C)가 생성된다.

$$\gamma\text{-austenite}(0.77\ \text{wt\% C}) \rightarrow \alpha\text{-ferrite}(0.02\ \text{wt\% C}) + \text{cementite}(6.67\ \text{wt\% C}, Fe_3C) \quad (3\text{-}7)$$

공석반응은 완전한 고체 상태에서 일어나며 보통 탄소강의 열처리에서 매우 중요한 역할을 한다. 탄소강이 경화될 수 있다는 사실은 공석반응의 직접적인 결과이다. 0.77 wt% C를 함유한 보통 탄소강을 공석강(eutectoid steel)이라 하는데, 이 조성의 오스테나이트가 공석온도 이하로 서냉 될 때 (α-페라이트 + 시멘타이트)로 이루어진 공석조직이 형성되기 때문이다. 탄소강에서 0.77 wt% C를 초과 함유하면 과공석강(hypereutectiod steel)이라 하며, 0.77 wt% C 미만 함유하면 아공석강(hypoeutectoid steel)이라 한다.

Fe-0.77 wt% C의 탄소강(공석강)을 750℃로 가열하여 충분한 시간 동안 유지하면 균일한 오스테나이트가 되는데, 이 공정을 오스테나이트화 처리(austenitizing)라 한다. 이 공석강을 공석온도 초과에서 서냉하면 Fig. 3.49의 점 a에서처럼 오스테나이트로 남아 있게 된다. 오스테나이트가 공석온도 이하로 냉각되면, 전체 구조는 α-페라이트와 시멘타이트가 교대로 나타나는 층상구조로 변태된다. 공석온도 바로 미만인 Fig. 3.49의 점 b에서 두 결정상의 혼합물 층상구조는 그림처럼 나타난다. 이 공석구조를 펄라이트(pearlite)라 하는데, 이는 모진주(mother-of-pearl)의 구조와 닮았기 때문이다. α-페라이트와 시멘타이트의 탄소 고용도는 727℃에서 상온에 이를 때까지 거의 변하지 않기 때문에 펄라이트 조직은 본질적으로 변하지 않는다.

0.25 wt% C 탄소강(아공석강)을 약 875℃(Fig. 3.50의 점 c)에서 충분한 시간 동안 가열하면 균질한 오스테나이트 조직으로 된다. 그리고 약 775℃(Fig. 3.50의 점 d)에서 서냉하면, 초석 페라이트(proeutectoid ferrite)가 오스테나이트 입계에서 핵생성 되고 성장한다. 이 합금을 Fig. 3.50의 점 d에서 점 e까지 서냉하면 약 32 wt%의 오스테나이트가 변태될 때까지 초석 페라이트 생성량은 계속 증가하고, 점 c에서 점 e까지 냉각되는 동안 존재하는 오스테나이트의 탄소 함량은 0.25 wt%에서 0.77 wt%까지 증가한다. 727℃에서 서냉하면, 남아 있는 오스테나이트는 공석반응으로 (페라이트 + 시멘타이트)의 펄라이트로 변태하게 된다. 펄라이트 내의 페라이트는 공석 페라이트(eutectoid ferrite)라 하고, 727℃ 초과 온도(727^+℃로 표기)에서 먼저 생성되는 초석 페라이트와 구별한다.

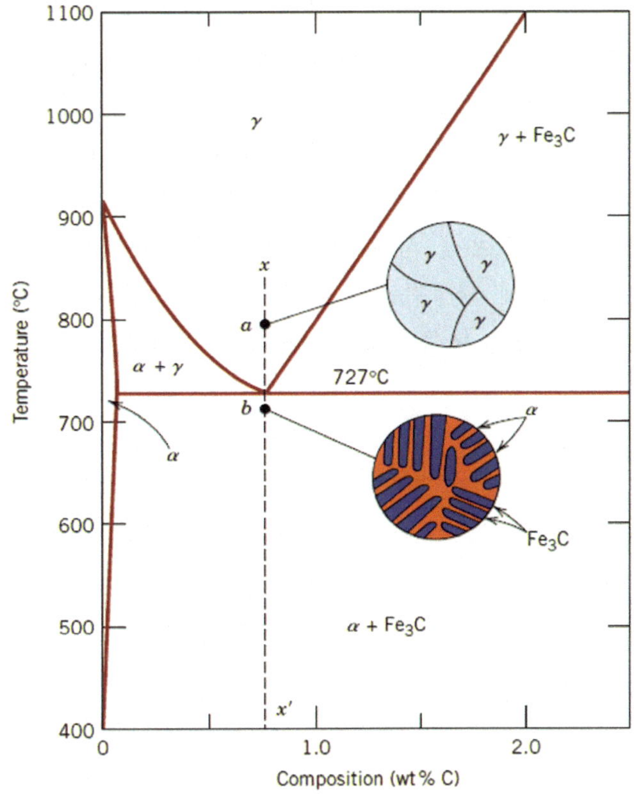

Fig. 3.49. Transformation of eutectoid steel(0.77 wt% C) during slow cooling.

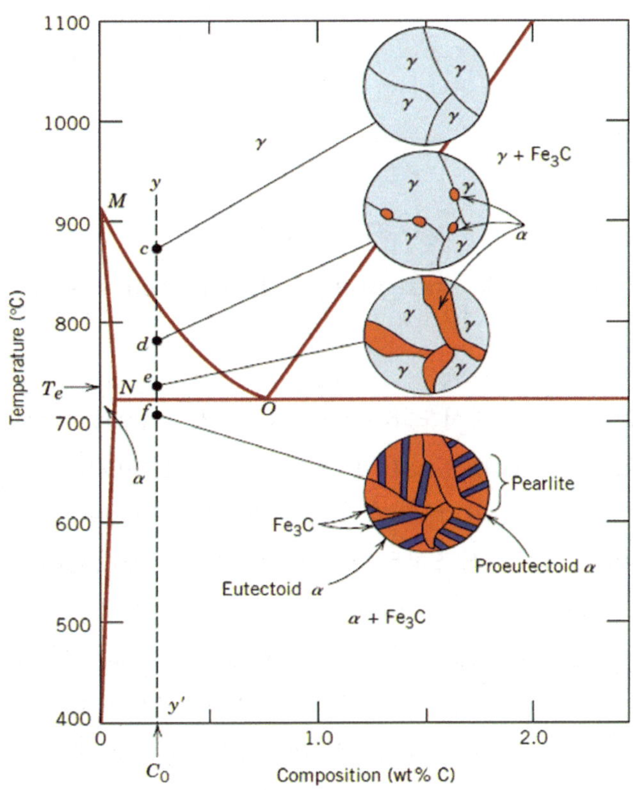

Fig. 3.50. Transformation of a 0.25 wt% C hypoeutectoid plain-carbon steel during slow cooling.

1.1 wt% C 탄소강(과공석강)을 910℃로 가열하여 충분히 유지하면 모두 오스테나이트(Fig. 3.51의 점 g)가 된다. 그리고 이 강을 점 h로 서냉하면 초석 시멘타이트(proeutectoid cementite)가 오스테나이트 결정립계에서 핵생성 되고 성장한다. 더욱 서냉하여 727℃에 도달하면, 더 많은 초석 시멘타이트가 오스테나이트 입계에서 생성된다. 727℃에서 서냉으로 평형에 근접하는 조건이 유지되면 이 합금에 남아 있는 오스테나이트의 탄소량은 1.1 wt%에서 0.77 wt%로 감소한다. 727℃ 미만(727^{-}℃로 표기)으로 더 냉각되면 Fig. 3.51의 점 i에 보이는 것처럼 초석 시멘타이트와 공석반응에 의해 (페라이트 + 시멘타이트)의 펄라이트가 나타난다. 공석반응에 의해 생성되는 시멘타이트를 공석 시멘타이트(eutectoid cementite)라 하고, 이는 727℃ 초과 온도에서 생성된 초석 시멘타이트와 구별된다.

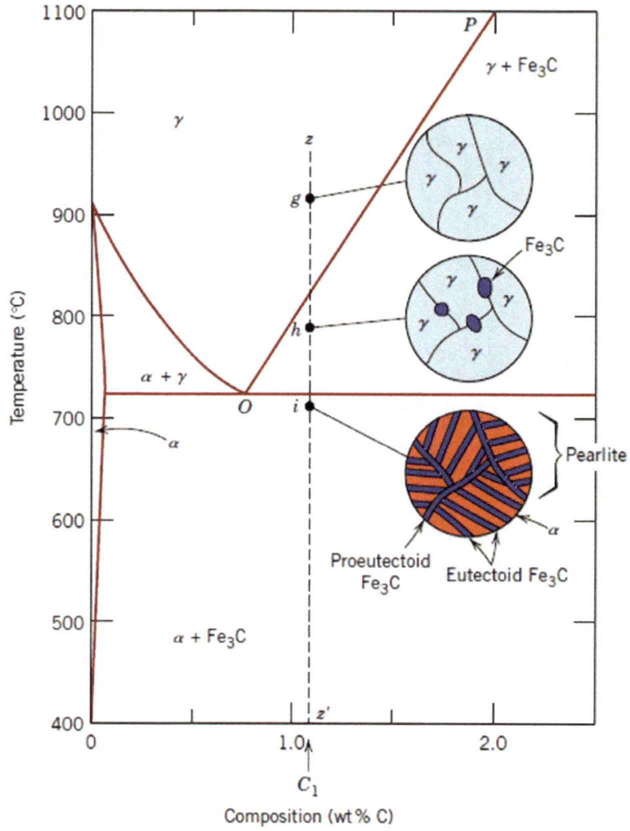

Fig. 3.51. Transformation of a 1.1 wt% C hypereutectoid plain-carbon steel during slow cooling.

Fig. 3.52에 보인 Cu-Zn 2성분계 상태도에서도 δ 상 ↔ (γ 상 + ε 상)의 공석반응을 볼 수 있다. 상태도에서 알 수 있듯이 δ 상($(Cu,Zn)_1$, bcc), γ 상(Cu_5Zn_8) 및 ε 상{$(Cu,Zn)_1$, hexagonal}은 비화학양론(non-stoichiometric) 금속간화합물로서, 원자 비율이 고정되지 않고 일정한 조성 범위를 갖는 화합물이다. 따라서 24.0 at% Cu-76.0 at% Zn의 공석조성뿐만 아니라, 72.0~80.0 at% Zn 범위의 조성을 갖는 δ 상이 냉각될 때 558℃에서 공석반응이 일어남을 알 수 있다.

Fig. 3.53의 광학현미경 미세구조 사진에서 보듯이, 690℃로 가열된 Cu-Zn 2성분계의 확산 쌍(diffusion couple)이 냉각될 시 공석반응에 의해 (ε 상 + γ 상)의 공석조직이 나타난 것을 볼 수 있다. δ 상과 액상이 응고된 양쪽 경계 안쪽으로 어두운 ε 상 기지에 흰색의 커다란 γ 상이 렌즈 모양으로 석출되어 있다. 558℃의 공석온도를 지나 냉각되면, Cu가 풍부한 오른쪽의 액상/고상 계면으로부터 커다란

ɣ 상이 발달하기 시작하고, 왼쪽의 Zn이 풍부한 δ 상이 공석 분해를 거쳐 고상/고상 계면으로부터 미세한 (ɣ 상 + ε 상)의 2상을 형성하는 것으로 추정된다.

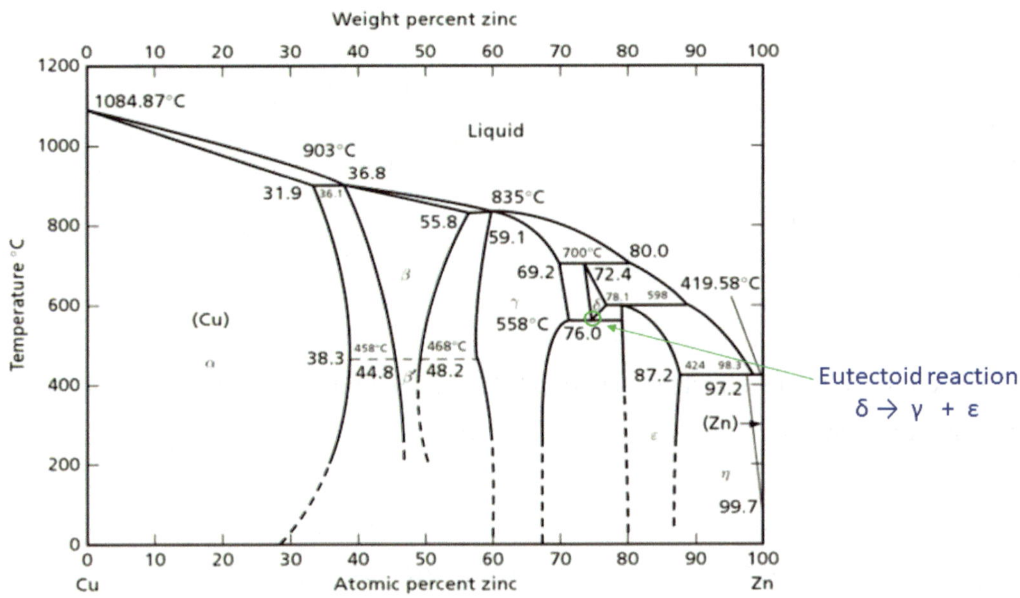

Fig. 3.52. Cu-Zn binary phase diagram containing a eutectoid reaction.[21,22]

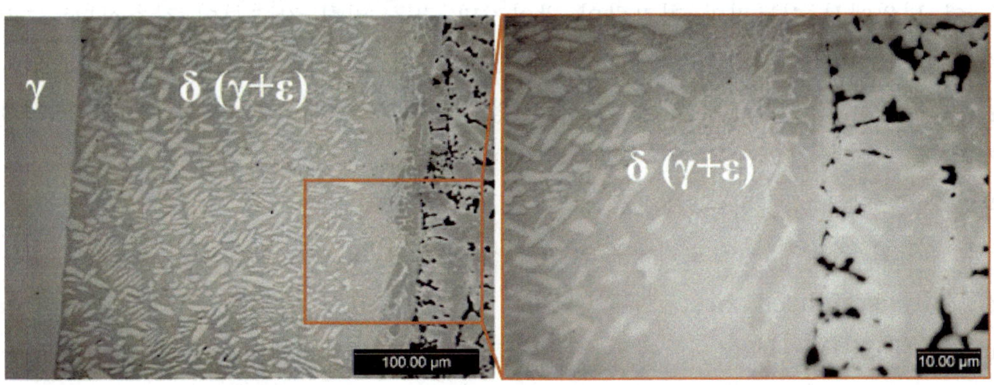

Fig. 3.53. Optical micrographs of the Zn-rich diffusion zone from a Cu - Zn couple after being heat treated at 690℃ for 3 h.[23]

치밀하고 안정한 결정의 지르코니아(ZrO_2)를 얻기 위해서는 Y_2O_3. CaO, MgO, CeO_2 등의 안정화제(stabilizer)를 첨가하여 제조한다. 안정화제 첨가로 ZrO_2가 상온에서 단사정으로 변태되지 않고, 정방정 또는 입방정의 안정한 상으로 유지되어 냉각 또는 저온 사용 중의 균열 발생을 피할 수 있다. 지르코니아에 안정화제로 이트리아(Y_2O_3)를 약 10 mol% 첨가하면, 지르코니아가 입방정 형태로 안정화되어 상온에서 준안정 상태로 존재할 수 있다. Fig. 3.54(a)는 이트리아 안정화 지르코니아의 결정구조이다. 지르코니아에 이트리아가 첨가됨으로써 Zr^{4+} 이온 중 일부가 Y^{3+} 이온으로 치환되고 산소 빈자리가 생긴다. 이에 따라 지르코니아가 상전이를 일으키지 않는 자물쇠 역할을 하게 된다.

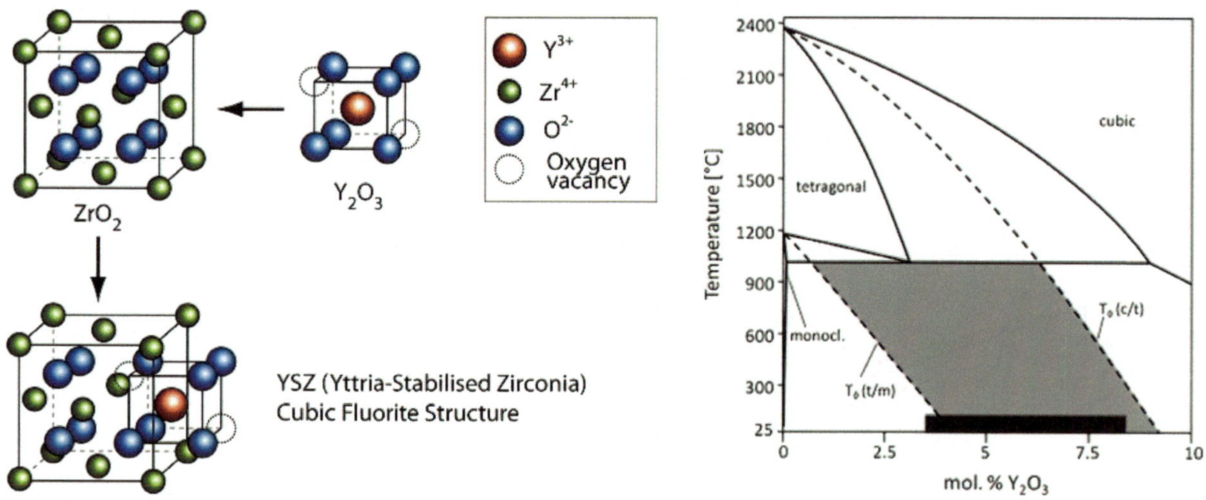

(a) (b)

Fig. 3.54. Crystal structure of yttria-stabilized zirconia(a)[24] and stabilized range in Y_2O_3-ZrO_2 partial binary phase diagram(b).[25]

Fig. 3.54(b)는 Y_2O_3 - ZrO_2 부분 상평형도이다. Y_2O_3 안정화 ZrO_2를 제조할 때는 지르코니아가 상평형도의 음영 영역에서 준안정화 되도록 Y_2O_3 첨가량을 조절한다. Y_2O_3 - ZrO_2의 조성은, 정방정 영역과 단사정 영역의 경계인 T_0(t/m) 점선에서 정방정 영역과 준안정 유사 입방정 영역(pseudocubic region)의 경계인 T_0(c/t) 점선까지의 범위로 한다. 인공 뼈 등 생체 재료에 응용하기 위해서는 음영 부분의 조성 범위가 권장되며, 이 범위에서 이트리아 첨가량이 많아지면 저온 열화 감수성이 감소한다. 그러나 안정화제를 많이 첨가하여 상 안정성만을 증가시키면 응력 유기 상전이(stress-induced transformation)를 제한하여, 파괴인성 및 강도를 감소시키게 된다. 따라서 정형외과 분야에서 사용되는 생의학 등급 지르코니아는 높은 기계적 특성을 유지하면서 저온 열화에 대한 충분한 저항성을 갖도록 이트리아를 3 mol% (≈ 5 wt%) 내외의 적은 양을 첨가하여 안정화한다.

안정화 산화물과 조합된 입방정 지르코니아는 상온에서 입방정 구조로 유지되기 때문에 완전 안정화 지르코니아(FSZ, fully stabilized zirconia)라 한다. 이트리아 완전 안정화 지르코니아(yttria-(fully) stabilized zirconia, Y-(F)SZ)는 지르코니아에 이트리아를 첨가하여 상온에서도 안정하도록 만든 세라믹스이다. 8.0～16.0 wt%의 Y_2O_3로 안정화 시킨 지르코니아는 기계적 성질은 약한 편이므로 기계적 응용에 적합하지 않지만, 전기적인 특성을 갖게 되어 산소센서 및 고체산화물 연료전지(solid oxide electrolyte)로 사용된다.

부분 안정화 지르코니아(PSZ, partially stabilized zirconia)는 상온에서 입방정과 정방정이 혼합된 지르코니아이다. Y-PSZ는 일반적으로 Fig. 3.55(a)의 ZrO_2-Y_2O_3 부분 2성분계 상평형도에 표시된 것처럼 3.0～6.0 mol% Y_2O_3를 함유한 혼합물을 1900°C에서 소성하며, Fig. 3.55(b)의 미세구조에서 보이는 것처럼 30-60 μm 범위의 굵은 결정립을 갖는 지르코니아 세라믹스이다. 소성된 소결체는 적절한 열처리 과정으로 준안정상을 유지하게 된다. 즉 적절한 열처리로 (i) 안정화된 c-ZrO_2 기지 내에서 t-ZrO_2를 균일한 분포로 석출시키고, (ii) 석출물의 대부분을 t-ZrO_2로 유지하며, (iii) 결정립계에서 광범위한 아공석 ZrO_2의 형성을 방지하는 것이다. 이러한 3가지 목적은 상호 의존적이며, 정방정이 단사정으로 전이되는 것을 방지하고, 지르코니아의 미세구조가 "예비 응력(pre-stressed)"을 받게 함으로써 강도와 인성의 증가 효과를 얻을 수 있는 것이다.

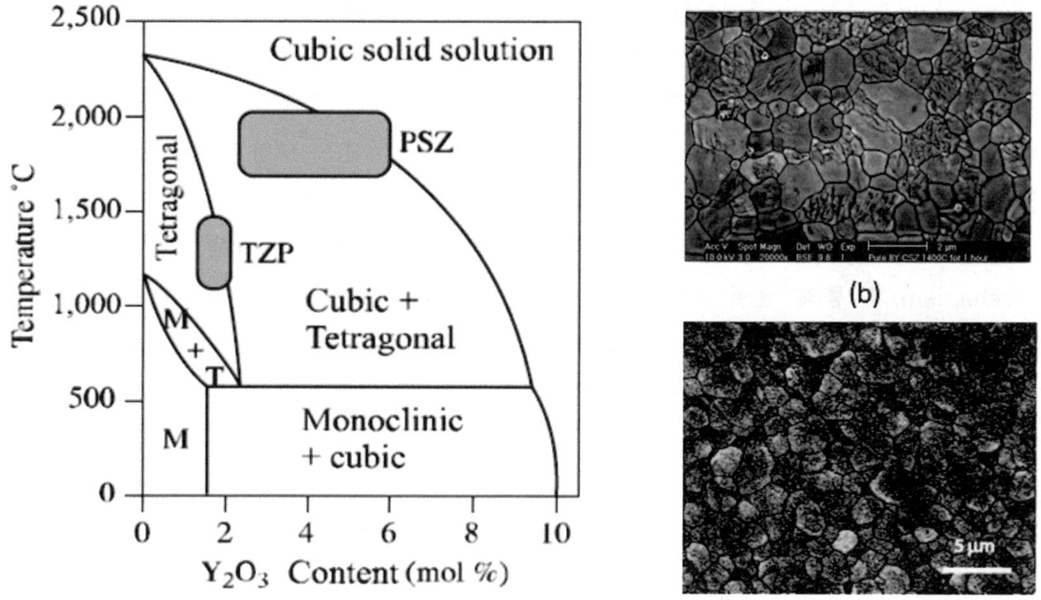

(a) (c)

Fig. 3.55. Zirconia rich end of the ZrO_2-Y_2O_3 phase diagram(a) and microstructures of yttria fully stabilized tetragonal zirconia(PSZ)(b) and tetragonal zirconia polycrystalline(TZP)(c).[26,27]

정방정 지르코니아 다결정(TZP, tetragonal zirconia polycrystal)은 Fig. 3.55(a)의 상평형도에 표시된 것처럼 2.0 mol% Y_2O_3 조성을 갖는 극도로 작은 크기(10 - 200 nm)의 ZrO_2-Y_2O_3 공침 분말을 낮은 온도(1300~1500°C)로 소결하여, Fig. 3.55(c)의 미세구조에서 보이는 것처럼 매우 미세한(0.5-2 μm) 결정립 크기를 갖게 만든 지르코니아 세라믹스이다. 이에 따라 TZP는 매우 미세한 미세구조와 준안정 정방정 구조로 인해 1500 MPa를 초과하는 기계적 강도를 나타내는 지르코니아이다.

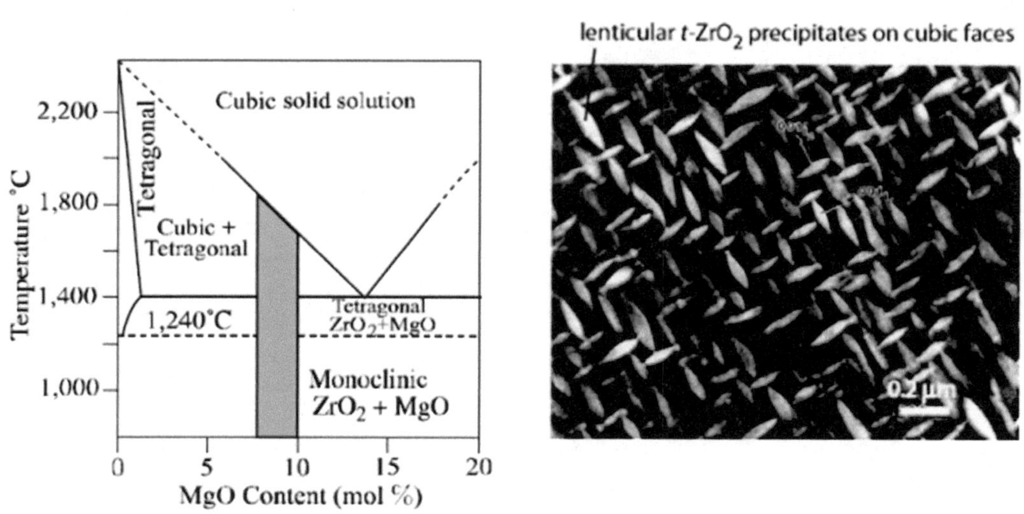

(a) (b)

Fig. 3.56. Zirconia rich end of the ZrO_2-MgO phase diagram indicating the composition range(a) and microstructure(b) of magnesia partially-stabilized zirconia(Mg-PSZ).[26,27]

Fig. 3.56(a)의 ZrO_2-MgO 부분 상평형도에서 보이는 바와 같이, ZrO_2-9 mol% MgO 조성 혼합물을 1800℃에서 소결하고 상온으로 급랭시키면 모두 준안정한 입방정 지르코니아 구조가 된다. 그리고 이 재료를 1400℃에서 재가열하여 충분히 유지하면 공석반응에 의해, Fig. 3.56(b)의 미세구조에서 보이는 바와 같이, 50～100 μm 입방정 지르코니아 기지 안에 150 nm 길이 렌즈 모양의 미세한 준안정한 정방정 지르코니아가 석출된다. 균열이 발생하여 전파될 때, 균열 주위의 정방정 지르코니아는 단사정 지르코니아로 변태된다. 이 변태는 마르텐사이트 변태로서, 이때 발생하는 부피 팽창에 의한 균열 닫힘 기구(crack-closing mechanism)를 통해 균열 전파가 억제되어 재료의 파괴인성이 높아진다. 최적화된 재료는 파괴인성 20 MPa·$m^{1/2}$, 곡강도 1.5 GPa의 우수한 기계적 특성을 가지는 아주 중요한 엔지니어링 세라믹스이다.

3.7 포석반응이 있는 2성분계 상평형도

포석반응(peritectoid reaction)은 냉각 시 한 고상이 다른 고상과 반응해서 새로운 고상을 만드는 반응이다. Fig. 3.66의 가상 2성분계 상태도에서 빨간 원으로 표시한 포석점은 3개의 고상이 관련된 불변점이다. 포석점에 걸쳐있는 온도 수평선을 포석 등온선(peritectoid isotherm)이라 하며, 포석조성(peritectoid composition)뿐만 아니라 포석 등온선에 걸쳐있는 조성 범위의 계가 냉각 시 포석반응을 일으킨다. 액체가 포함되지 않고 고체 상태만의 반응이기 때문에, 이러한 유형의 불변 반응은 종종 매우 느리고 핵생성과 성장의 문제로 일반적인 가열 및 냉각 조건에서는 관찰하기 어렵다. 포석반응이 공석반응의 역이 된다는 사실은 흥미로우며 Gibbs의 상률에 의해 포석점에서 자유도는 '0'이다.

$$\text{(peritectoid reaction)} \quad \text{Solid } \gamma + \text{Solid } \beta \underset{\text{heating}}{\overset{\text{cooling}}{\rightleftarrows}} \text{Solid } \alpha \qquad (3\text{-}8)$$

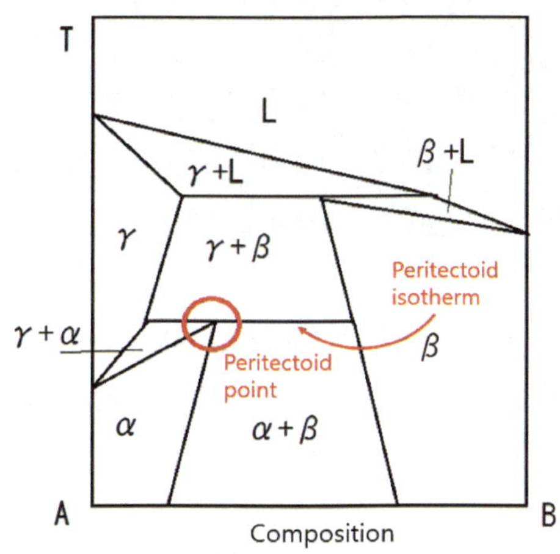

Fig. 3.57. A hypothetical A-B binary system containing a peritectoid reaction.

Fig. 3.58의 Cu-Sn 2원계 상태도의 초록색 원으로 표시한 부분에서 보이는 바와 같이, 640℃에서 (고용체 γ 상 + 금속간화합물 Cu_3Sn 상)이 포석반응으로 새로운 금속간화합물 Cu_4Sn을 형성하는 불변점이

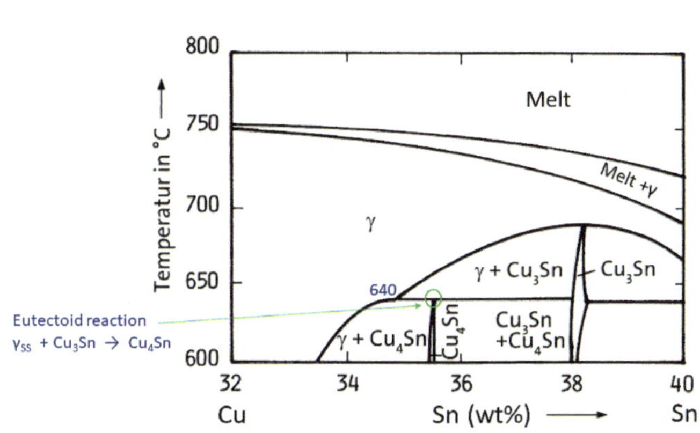

Fig. 3.58. Cu-Sn partial binary diagram between 32.0 and 40.0 wt% Sn containing a peritectiod reaction.[30)]

있는 것을 볼 수 있다. Fig. 3.59는 500℃에서 20시간 등온 결합한 Cu-Sn계 확산 쌍의 단면에서 관찰된 미세구조로서, (γ 상 + Cu_3Sn → Cu_4Sn)의 포석반응이 관련된 상들을 보여주고 있다. 확산 쌍 중 Sn 쪽에 있는 가리비 조개 형상(scallop morphology)을 갖는 ε-Cu_3Sn 상과 Cu 쪽에 있는 고용체 γ 상이 포석반응에 의해 균일한 두께의 δ-Cu_4Sn 상으로 성장한 것을 볼 수 있다. 생성 층의 두께 분석으로, ε-Cu_3Sn의 성장은 부피 확산으로 제어되지만, δ-Cu_4Sn 층의 성장은 계면 포석반응에 의해 제어되는 것으로 보고하였다.

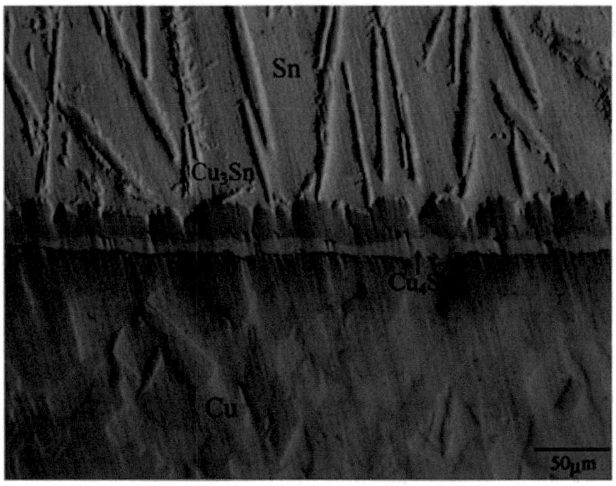

Fig. 3.59. Cross-sectional DICOM image of the Cu/Sn diffusion couple(intermetallic compound Cu_4Sn phase was produced by the peritectic reaction of γ_{SS} and Cu_3Sn).[31]

3.8 편정반응이 있는 2성분계 상평형도

편정반응(monotectic reaction)은 액상이 냉각 시 조성이 다른 액상과 고상을 형성하는 반응이다. 모든 비율로 완전히 섞이는 기체들과는 다르게, 액체들은 모든 경우에 서로 완전히 용해되지는 않는다. 특정 조성 범위에 걸쳐 두 액체는 물속의 기름처럼 섞이지 않게 되어 개별적인 상으로 존재하기도 한다. 두 액체가 서로 완전히 용해되지 않을 때, 액체는 두 상으로 분리되었다고 하고 이 조건을 액체 불공융(liquid immiscibility)이라고 한다.

Fig. 3.60의 가상 A-B 2성분계 상평형도의 곡선 MTN 아래 영역에서 보이는 바와 같은 불혼화 영역(miscibility gap)에서 서로 섞이지 않고 독립적으로 존재하는 두 액체를 공액상(conjugate phases)이라고 하고, 이들은 각각 다른 조성을 띠고 있다. 이러한 2상이 있는 2성분계는 Gibbs 자유도가 2이므로 주어진 온도-압력에서 각 공액상은 고정된 조성을 갖는다.

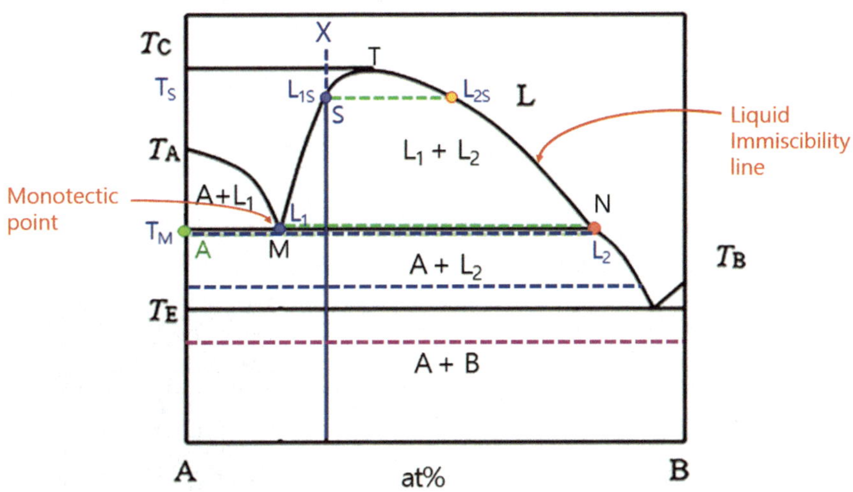

Fig. 3.60. A hypothetical A-B binary system in which liquid immiscibility occurs.[32)]

Fig. 3.60에서 조성 X의 융체가 냉각되어 T_S 온도에 도달하면, 조성이 다른 두 액상으로 변한다. 이때 두 액상의 조성은 공액선(초록색 점선)이 공액상 경계선(곡선 MTN)과 만나는 양 끝점의 조성(L_{1S} 및 L_{2S})이며, 각 액상의 분율은 통상의 지렛대 원리를 따르게 된다. 불혼화 영역 범위인 곡선 MTN 아래 영역으로 냉각이 진행됨에 따라 두 액상의 조성과 분율은 계속 변하게 된다.

온도 T_M에 도달하면, 액상 L_1은 아래의 편정반응에 의해 (결정 A + 액상 L_2)로 변한다.

$$\text{(monotectic reaction)} \qquad \text{Liquid } L_1 \underset{\text{heating}}{\overset{\text{cooling}}{\rightleftarrows}} \text{Solid A} + \text{Liquid } L_2 \qquad (3\text{-}9)$$

이후 온도 T_M에서 온도 T_E를 거쳐 냉각되면서 계의 상태는 변한다. T_M 미만에서 온도 T_E 초과까지의 온도 범위에서는 (결정 A + 액상 L_2)가 존재하고, T_E에서 공정반응으로 액상 L_2가 (결정 A + 결정 B)로 변하며, 최종적으로 T_E 미만의 온도 영역에서는 (결정 A + 결정 B)이 존재한다. 각 온도에서 존재하는 상의 조성은 푸른색과 보라색 점선으로 표시한 공액선 양 끝 조성이며, 각 상의 분율은 공액선을 기준으로 한 지렛대 원리를 통해 알 수 있다.

Fig. 3.61(a)는 편정반응이 존재하는 Cu-Pb 2성분계 상평형도이다. 상태도에서 알 수 있듯이, 편정조성인 62.6 wt% Cu-37.4 wt% Pb 융체 L_1은 냉각 시 편정온도인 955℃에서 초기 융체와 달리 납이 풍부한 액상 L_2와 α-Cu 고상으로 변하는 편정반응이 일어난다. 이 편정반응을 식으로 표현하면 아래와 같으며, 편정반응은 가열 및 냉각 시에 등온·가역적으로 일어나는 상변태 과정이다.

$$L_1(62.6\ \text{wt\%}\ \text{Cu}-37.4\ \text{wt\%}\ \text{Pb}) \rightleftarrows \alpha\text{-Cu}(100.0\ \text{wt\%}\ \text{Cu}) + L_2(13.0\ \text{wt\%}\ \text{Cu}-87.0\ \text{wt\%}\ \text{Pb}) \quad (3\text{-}10)$$

액체-액체 분리가 일어날 때 융체의 미세구조는 변화하는데, 2차상이 기지상 안에 불연속인 작은 방울로 분리되어 분포하거나, 또는 상의 경계가 산란하여 기지상과 2차상이 모두 연속상으로 분리되어 분포하는 때도 있다. Fig. 3.70(b)에 보이는 현미경 사진은 60.0 wt% Cu - 40.0 wt% Pb 과편정 합금(hypermonotectic alloy)의 미세조직이다. 여기서 섬유상으로 자란 밝은 부분은 Cu를 많이 함유한 액상 L_1의 편정반응으로 생긴 결정질 α-Cu 기지이고, 어두운 부분은 Pb가 풍부한 액상 L_2로부터 생긴 비정질 상으로서 국화 같은 형상(chrysanthemum-like morphology)을 보인다.

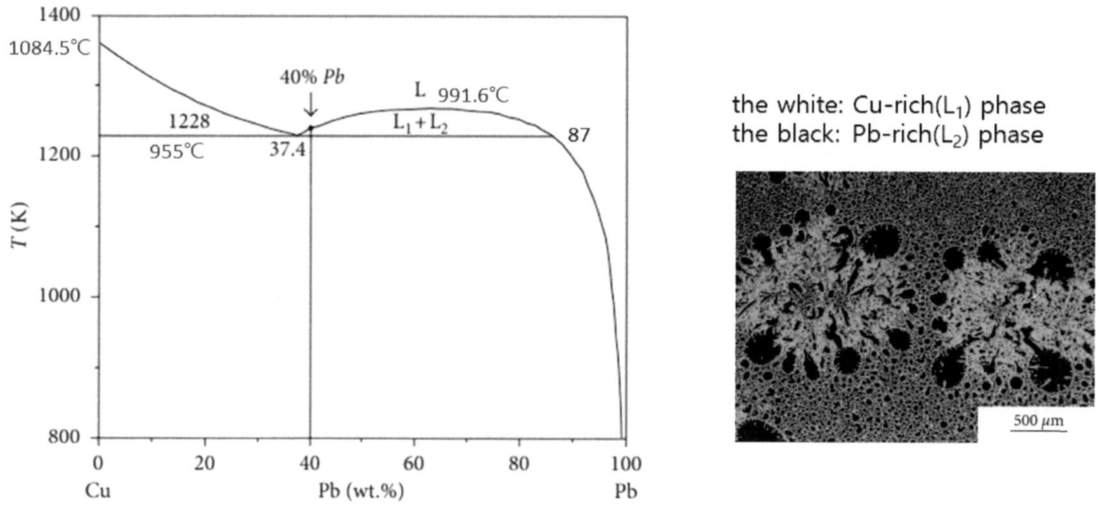

(a) (b)

Fig. 3.61. Cu-Pb binary phase diagram containing a monotectic reaction(a) and microstructure of cast monotectic alloy 60 wt% Cu-40 wt% Pb(b).[33]

3.9 합성반응이 있는 2성분계 상평형도

합성반응(synthetic reaction)은 냉각 시 두 종류의 액상이 하나의 고상으로 바뀌는 반응이다. 2성분계 상태도에서 특정 조성 범위에 걸쳐 두 액상이 개별적인 상으로 존재하는 액체 불공융 영역에서 나타나는 또 다른 3상 불변계 반응이다.

$$\text{(synthetic reaction)} \quad \text{Liquid } L_1 + \text{Liquid } L_2 \underset{\text{heating}}{\overset{\text{cooling}}{\rightleftarrows}} \text{Solid A} \qquad (3\text{-}11)$$

Fig. 3.74는 합성반응이 있는 Na-Zn 2성분계 상태도이다. 상태도에서 557℃의 등온선 상에 빨간 화살표로 표시한 7.1 at% Na-92.9 at% Zn 조성점이 합성반응 점이며, 조성이 다르고 개별적으로 존재하는 두 액상 L_1, L_2가 냉각 시 이 반응점에서 아래 식과 같은 등온·가역적인 합성반응으로 고상 $NaZn_{13}$으로 상변화 된다.

$$L_1(90.6 \text{ at\% Na-}9.4 \text{ at\% Zn}) + L_2(5.5 \text{ at\% Na-}94.5 \text{ at\% Zn}) \underset{\text{heating}}{\overset{\text{cooling}}{\rightleftarrows}} NaZn_{13} \qquad (3\text{-}12)$$

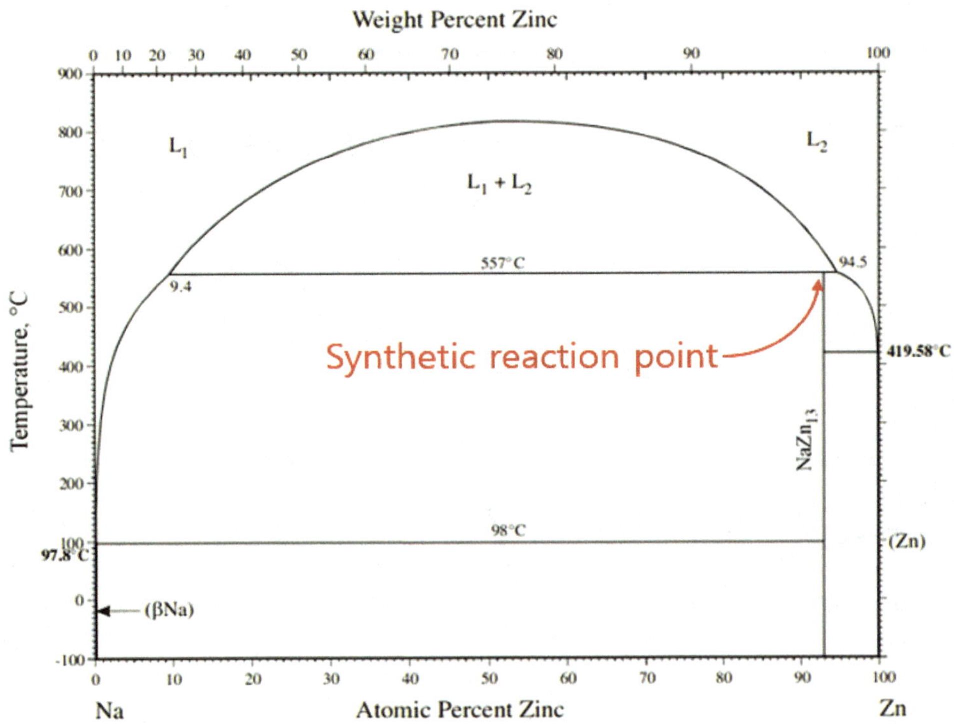

Fig. 3.62. Na-Zn binary phase diagram containing a synthetic reaction.[34,35]

3.10 염의 용해와 상평형도

액상법에 의한 세라믹 미분체의 제조는 염을 출발물질로 하는 경우가 많으므로, 용질 염이 용매 물질에서의 용해되는 현상과 결정화에 대한 이해가 필요하다. 특히 염이 수화물인 경우는 결정구조를 이루는 결정수(H_2O)의 분자수가 다양한 비율을 갖는 여러 화합물이 공존하는 것이 일반적이다. 그러므로 여러 중간화합물을 갖는 염은 용해와 결정화에 대한 정확한 이해가 매우 중요한데, 이에 필요한 수화물의 용해도 곡선에 대한 해석은 상평형도를 해석하는 방법대로 하면 된다.

Fig. 3.63은 용매 H_2O와 용질 $Zn(NO_3)_2$ 간에 $Zn(NO_3)_2 \cdot 9H_2O$, $Zn(NO_3)_2 \cdot 6H_2O$, $Zn(NO_3)_2 \cdot 4H_2O$, $Zn(NO_3)_2 \cdot 2H_2O$, $Zn(NO_3)_2 \cdot H_2O$와 같은 5개의 중간화합물(수화물)이 포함된 용해도 곡선(=2성분계 상평형도)이다. 상평형도에는 ABC21, CDE32, EFG43, GHI54, IJK65와 KLM76 같은 6개의 부분 계로 구성되어 있으며, 점 B, D, F, H, J 및 L은 각 부분 계의 공정점을 나타내고, 점 C, E, G, I 및 K는 각 수화물의 조화점을 의미한다. 따라서 각각의 수화물과 그 수용액은 온도와 조성 변화에 따라 다양한 상태로 존재한다.

각각의 질산화아연수화물이 물에 용해된 수용액이 냉각 또는 증발하는 과정에서 일어나는 상태 변화는 다음과 같이 해석할 수 있다.

① 수화물에 해당하는 점 x 조성의 염-물 수용액을 냉각(freezing)시키면 조화점에 도달하여 해당 수화물의 고상으로 바뀜.

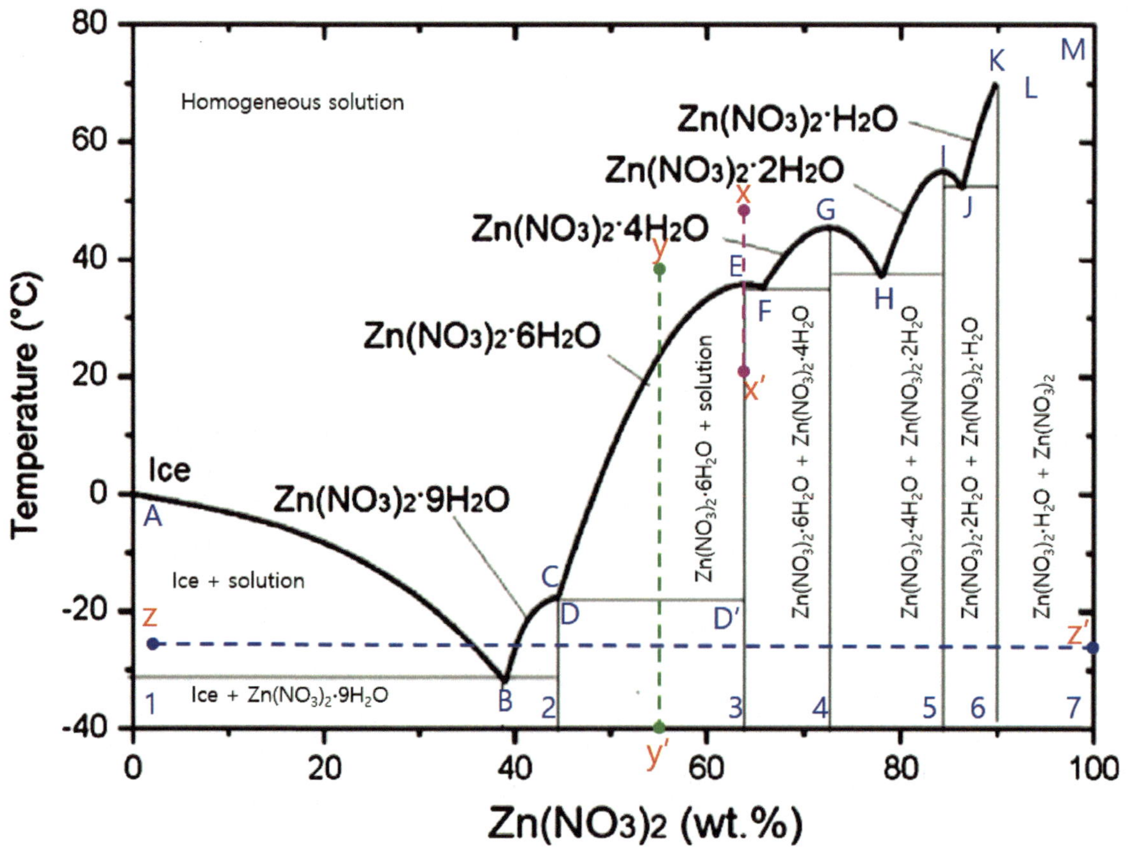

Fig. 3.63. Zinc nitrate-water binary phase diagram.[36)]

㉠ 50℃에서 $Zn(NO_3)_2 \cdot 6H_2O$의 조성에 해당하는 36.3 wt% H_2O-63.7 wt% $Zn(NO_3)_2$의 점 x 조성 수용액을 수분 증발 없는 분위기로 냉각시키면 수직 등조성선 x-x′를 따라 상태가 변하는데, 등조성선 x-x′가 36.4℃의 조화점 E에서 수화물 $Zn(NO_3)_2 \cdot 6H_2O$가 동일 조성 용액과 평형 상태에 있게 되고, 조화점 E 온도 미만에서는 $Zn(NO_3)_2 \cdot 6H_2O$의 고상으로 존재하게 됨.

㉡ 조화점 E 온도를 지날 때 정출되는 수화물 $Zn(NO_3)_2 \cdot 6H_2O$의 결정 크기는 여러 가지 요인 중 하나로 냉각 속도가 작을수록 생성되는 결정핵의 수가 많게 되어 미세하고 냉각 속도가 클수록 커지는 경향을 나타냄.

㉢ 조화점 E는 순수한 $Zn(NO_3)_2 \cdot 6H_2O$의 융점 또는 빙점을 나타냄.

② 수화물의 조성을 벗어나는 점 y 조성의 염-물 수용액을 냉각시켜 농축시키면, 등조성선과 액상선의 교차점에서부터 1차 수화물이 초정으로 먼저 결정화되어 점차 정출량이 늘어나고 고상선과의 교차점에 도달하면 1차 수화물과 2차 수화물의 고상으로 바뀜.

㉠ 40℃에서 45.0 wt% H_2O-55.0 wt% $Zn(NO_3)_2$의 점 y의 조성을 갖는 염-물 수용액을 수분 증발 없는 분위기로 냉각시키면 수직 등조성선 y-y′를 따라 상태가 변하는데, 등조성선 y-y′와 곡선 D-E의 교차점 초과 온도에서는 계의 상태 변화 없이 동일한 농도(=상평형도에서 조성에 해당)의 수용액 상태를 유지함.

㉡ 등조성선 y-y′와 곡선 D-E(=상평형도에서 액상선에 해당)의 교차점 온도인 25℃에서부터 1차 수화물 $Zn(NO_3)_2 \cdot 6H_2O$가 초정으로 결정화되기 시작하고, 곡선 D-E와의 교차점에서 수평 등온선 D-D′와의 교차점 초과 온도까지 냉각이 진행됨에 따라 $Zn(NO_3)_2 \cdot 6H_2O$의 정출량이 증가하면서 수용액의 $Zn(NO_3)_2$ 함량이 점차 줄어듦.

㉢ 액상선 온도를 지날 때 정출되는 1차 수화물 $Zn(NO_3)_2 \cdot 6H_2O$의 결정 크기는 여러 가지 요인 중 하나로, 냉각 속도가 작을수록 생성되는 결정핵의 수가 많게 되어 미세하고 냉각 속도가 클수록 커지는 경향을 나타냄.

㉢ 등조성선 y-y′와 수평 등온선 D-D′(=상평형도에서 고상선에 해당)의 교차점 온도인 -18℃에 도달하면 남아있던 수용액은 공정반응으로 ($Zn(NO_3)_2 \cdot 9H_2O$ + $Zn(NO_3)_2 \cdot 6H_2O$)의 두 고상으로 바뀜.

㉣ 고상선 온도를 지날 때, 이미 정출되었던 1차 수화물 $Zn(NO_3)_2 \cdot 6H_2O$의 결정의 크기는 계속 증가하고, 새로이 정출되는 2차 수화물 $Zn(NO_3)_2 \cdot 9H_2O$의 결정 크기는 냉각 속도가 작을수록 생성되는 결정핵의 수가 많게 되어 미세하고 냉각 속도가 클수록 커지는 경향을 나타냄.

③ 저온에서 얼음과 희석 염 수용액 상태로 존재하는 계를 항온 증발(isothermal evaporation)로 계속 농축시키면, 수평 등온선을 따라 순차적으로 액상 단독, (액상 + 수화물) 및 종류가 다른 두 수화물의 혼합물로의 상태 변화를 거쳐 H_2O 성분이 없는 무수염 $Zn(NO_3)_2$ 단독 고상으로 바뀜.

㉠ 40℃에서 얼음과 미량 용액의 희석 수용액을 항온 증발시키면 수평 등온선 z-z′를 따라 상태가 변하는데, 처음에는 얼음의 양은 변동 없지만 용액의 양이 점점 많아지는 혼합물이 됨.

㉡ 항온 증발됨에 따라 등온선 z-z′와 곡선 A-B의 교차점을 지나면서 얼음이 없어지고 모두 염 수용액의 액상으로 변화됨.

㉢ 등온선 z-z′와 곡선 B-C의 교차점에서 액상으로부터 1차 수화물 $Zn(NO_3)_2 \cdot 9H_2O$가 결정화되기 시작하여 수직선 C-2와 교차점 온도에 이르면 계는 완전히 $Zn(NO_3)_2 \cdot 9H_2O$의 고상으로 됨.

㉣ 계속 항온 증발시키면 1차 수화물 $Zn(NO_3)_2 \cdot 9H_2O$가 분해되어 2차 수화물 $Zn(NO_3)_2 \cdot 6H_2O$가 석출됨에 따라, 계는 {$Zn(NO_3)_2 \cdot 9H_2O$ + $Zn(NO_3)_2 \cdot 6H_2O$}의 두 고상 혼합물로 됨.

ⓜ 등온선 z-z′와 수직선 E-3의 교차점에서 계는 2차 수화물 $Zn(NO_3)_2 \cdot 6H_2O$만의 단상으로 존재함.

ⓗ 계속 항온 증발시켜 2차 수화물 $Zn(NO_3)_2 \cdot 6H_2O$가 분해되어 3차 수화물 $Zn(NO_3)_2 \cdot 4H_2O$가 석출됨에 따라, 계는 $\{Zn(NO_3)_2 \cdot 6H_2O + Zn(NO_3)_2 \cdot 4H_2O\}$의 두 고상 혼합물로 됨.

ⓢ 등온선 z-z′가 수직선 G-4와의 교차점에서 계는 3차 수화물 $Zn(NO_3)_2 \cdot 4H_2O$만의 단상으로 존재함.

ⓞ 이후 항온 증발을 계속 진행하면, 순차적으로 $\{Zn(NO_3)_2 \cdot 4H_2O + Zn(NO_3)_2 \cdot 2H_2O\}$의 혼합상, $Zn(NO_3)_2 \cdot 2H_2O$ 단일상 및 $\{Zn(NO_3)_2 \cdot 2H_2O + Zn(NO_3)_2\}$의 혼합상의 단계를 거쳐서 결국에는 모두 $Zn(NO_3)_2$로 변하게 됨

염의 수용액을 출발물질로 하여 냉각 또는 증발시키는 공정에 의해 생성되는 중간 생성물(수화물)을 열분해하여 ZnO 분체를 제조하려고 할 때는 중간 생성물의 특성이 최종 ZnO 분체 특성에 영향을 미친다. 즉, 공정 조건에 따라 생성되는 수화물이나 염의 형상, 크기 분포 등에 따라 최종 세라믹 분체의 형상과 크기 분포 등의 특성이 크게 달라진다. 따라서 염 용액에 해당하는 상평형도(용해도 곡선 그림)에서의 상태 변화를 신중히 고려해야 한다.

Fig. 3.64의 NaCl-H_2O계 상평형도는 용질과 용매 간에 생성된 수화물이 온도가 증가함에 따라 불안정한 경우의 한 예이다. 이는 $NaCl \cdot 2H_2O$ 수화물이 조화 용융점에 도달하기 전에 분해되는 비조화 용융점을 갖는 화합물을 형성하는 경우로 다음과 같이 해석할 수 있다.

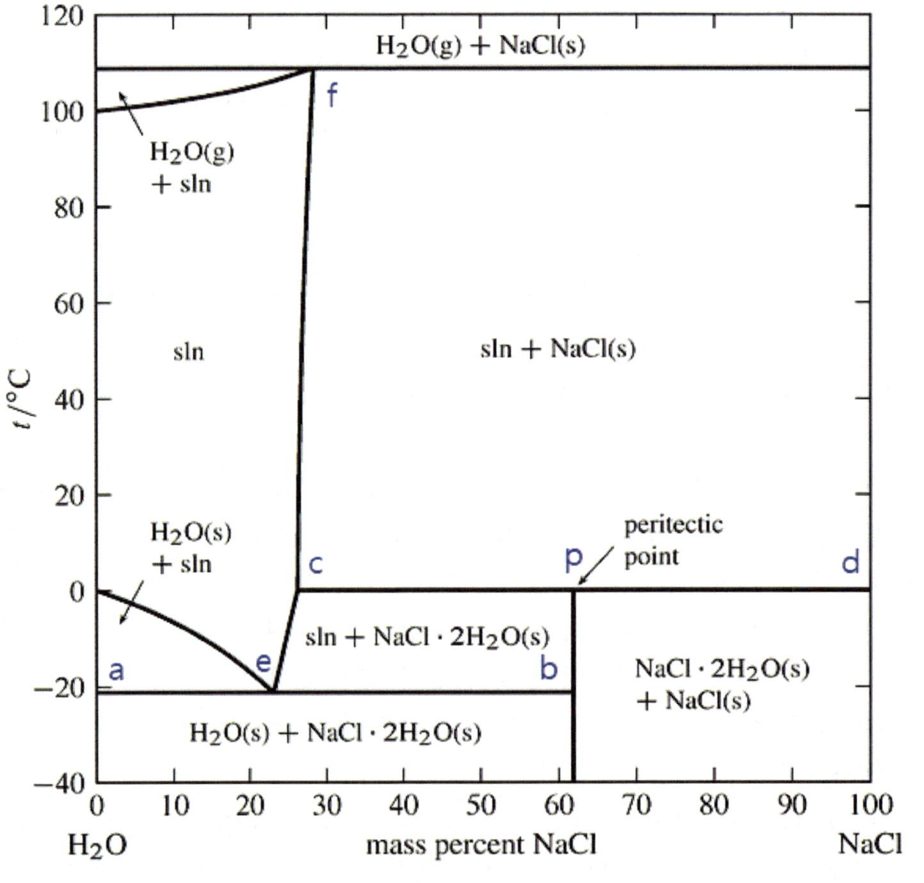

Fig. 3.78. Phase diagram of binary mixtures of water(H_2O) and sodium chloride(NaCl).[37]

① -21℃에 존재하는 점 e는 공정점이며, (수용액 + 얼음 + 수화물 NaCl·$2H_2O$)의 3상이 공존함

㉠ 공정점 e에서 생성된 고상은 (얼음 + NaCl·$2H_2O$)가 서로 기계적으로 밀접하게 혼합된 상으로서 공정 고체(eutectic solid)라 함.

㉡ 공정점 e를 지나는 고상선 a-b 온도 미만에서는 {얼음(조성: 100 wt% H_2O) + 수화물 NaCl·$2H_2O$(조성: 38.1 wt% H_2O-61.9 wt% NaCl)}의 두 고상으로 존재함.

② 109°C의 불변점에서 존재하는 상은 (기체 H_2O + 수용액(조성: 71.7 wt% H_2O-28.3 wt% NaCl) + 고체 NaCl)의 3상임.

③ 비조화 용융점을 갖는 수화물 NaCl·$2H_2O$를 가열했을 때, 명확한 전이점인 점 p에서 불안정하게 되어 조성점 d로 표시되는 NaCl과 조성점 b로 표시되는 포화 용액으로 분해됨.

㉠ 고체 화합물이 액체와 다른 고체로 변하는 상전이를 비조화 용융 또는 포정 용융(peritectic melting)라고 함.

㉡ 상태도 상에서의 이 조성(38.1 wt% H_2O-61.9 wt% NaCl)과 온도(0℃)가 나타내는 점 p를 포정점(peritectic point)이라고 함.

㉢ 포정점을 지나는 직선 c-d 초과의 온도에서는 {무수물 NaCl(조성: 100 wt% NaCl) + 수용액(조성: 73.7 wt% H_2O-26.3 wt% NaCl)}의 (고상 + 액상) 혼합물로 존재함.

④ 용액 영역의 오른쪽 경계인 곡선 e-c와 곡선 c-f는 모두 양의 기울기를 가지므로 수화물 NaCl·$2H_2O$와 무수염 NaCl의 용해도는 모두 온도가 높아짐에 따라 증가한다는 것을 의미함.

[참고문헌]

1. C. G. Bergeron and S. H. Risbud, 'Introduction to Phase Equilibria in Ceramics,' The American Ceramic Society, Wiley, 1984.
2. https://chem.libretexts.org/Bookshelves/GeneralChemistry, LibreTexts(2022).
3. Q. Li, H. Meng, P. Zhou, Y. Q. Zheng, J. Wang, J. G. Yu and J. R. Gong, "$Zn_{1-x}Cd_xS$ Solid Solutions with Controlled Band Gap and Enhanced Visible-light Photocatalytic H_2-production Activity," ACS Catal., 3(5) 882-889 (2013).
4. W. Hume-Rothery, G. W. Mabbott and K. M. C. Evans, "The Freezing Points, Melting Points, and Solid Solubility Limits of the Alloys of Sliver and Copper with the Elements of the B Subgroups," Phil. Tans, Royal Soc., A, 233, 721-730 (1934).
5. M. G. Best, 'Crystal-Melt Equilibria in Magmatic Systems,' pp. 87-121 in Igneous and Metamorphic Petrology, 2nd Ed., Blackwell Science Ltd, 2003.
6. https://slidetodoc.com/binary-eutectic-system-example-silvercopper-the-two-constituents/(2022).
7. E. Rudy, S. Windisch and Y. A. Chang, "Ternary Phase Equilibria in Transition Metal-Boron-Carbon-Silicon System, Part Ⅰ. Relate Binary System, Vol 1. Mo-C System," Tech. Rep. No. AFML-TR-65-2, Part I, Vol. I, 1965.

8. D. Vallauri, I. C. Atias Adrian and A. Chrysanthou, "TiC-TiB_2 Composites: A Review of Phase Relationships, Processing and Properties," J. Euro. Ceram. Soc., 28(8) 1697-1713 (2008).
9. H. Cruz, M. Ramirez-Argaez, A. Juarez, A. Garcia, and C. Gonzalez-Rivera, "Fourier Thermal Analysis of the Eutectic Formed in Pb-Sn Alloys," J. Mater. Eng. and Perform., 18(4) 441-445 (2009).
10. M. Seibt, M. Griess, A. A. Istratov, H. Hedemann, A. Sattler and W. Schroter, "Formation and Properties of Copper Silicide Precipitates in Silicon," Phys. Stat. Sol. (a) 166(1) 171-182 (1998).
11. J. Hong, S. Lee, S. Lee, H. Han, C. Mahata, H.-W. Yeon, B. Koo, S.-I. Kim, T. Nam, K. Byun, B.-W. Min, Y.-W. Kim, H. Kim, Y.-C. Joo and T. Lee, "Graphene as an Atomically Thin Barrier to Cu Diffusion into Si," Nanoscale, 6(13) 7503-7511 (2014).
12. W. Olesinskiand G. J. Abbaschian, "The Cu - Si(copper - silicon) System," pp. 398 in Phase Diagrams of Binary Copper Alloys, P. R. Subramanian, D. J. Chakrabarti, D. E. Laughlin(Eds.), ASM International, Materials Park, OH, 1994.
13. K. Sufryd, N. Ponweiser, P. Riani, K. W. Richter and G. Cacciamani, "Experimental Investigation of the Cu-Si Phase Diagram at x(Cu)>0.72," Intermetal., 19(10) 1479-1488 (2011).
14. https://serc.carleton.edu/serc/quick_urls.html/Integrating Research and Education/Teaching Phase Equilibria(2023).
15. G. Azizi, BRIAN G. Thomas, and M. A. Zaeem, "Review of Peritectic Solidification Mechanisms and Effects in Steel Casting," Metal. and Mater. Trans. B, 51(5) 1875-1903 (2020).
16. H. Frederiksson, "The Mechanism of the Peritectic Reaction in Iron Base Alloys," Met. Sci., 10(3) 77-86 (1976).
17. Y. Xiaoa, T. Liua, Y. Tong, M. Dong, J. Li, J. Wang and Q. Wang, "Microstructure Evolution of Peritectic Al-18 at.% Ni Alloy Directionally Solidified in High Magnetic Fields," J. Mater. Sci. & Tech., 76, 51-59 (2021).
18. I. Saenko, M. Ilatovskaia, G. Savinykh and O. Fabrichnaya, "Experimental Investigation of Phase Relations and Thermodynamic Properties in the ZrO_2 - TiO_2 System," J. Am. Ceram. Soc., 101(1) 386-399 (2017).
19. U. Troitzsch and D. Ellis, "The ZrO_2 - TiO_2 Phase Diagram," J. Mater. Sci., 40(17) 4571-4577 (2005).
20. J. Shackelford, Ch 9. Phase Diagrams-Equilibrium Microstructural Development in 'Introduction to Materials Science for Engineers.' Pearson Education, 2015.
21. T. B. Massalski, pp. 981 in 'Binary Alloy Phase Diagrams,' ASM International, 1986.
22. S.-M. Liang, H.-M. Hsiao and R. Schmid-Fetzer, "Thermodynamic Assessment of the Al-Cu-Zn System, Part I: Cu - Zn Binary System," Calphad, 51, 224-232 (2015).
23. C. M. Eastman Jr, Q. Zhang and J.-C. Zhao, "Diffusion Coefficients and Phase Equilibria of the Cu-Zn Binary System Studied Using Diffusion Couples," J. Phase Equilib. Diffus., 41(5) 642-653 (2020).
24. J. Molina Reyes, H. Tiznado, G. Soto, M. Vargas Bautista, D. Dominguez, E. Murillo, D. Sweeney and J. Read, "Physical and Electrical Characterization of Yttrium-stabilized Zirconia (YSZ) Thin Films Deposited by Sputtering and Atomic-layer Deposition." J. Mater. Sci.:

Mater.in Electro., 29(18) 15349-15357 (2018).

25. V. Lughi and V. Sergo, "Low Temperature Degradation-Aging-of Zirconia: A Critical Review of the Relevant Aspects in Dentistry," Dental Mater., 26(8) 807-820 (2010).
26. H.G. Scott, "Phase Relationships in the Zirconia-Yttria System," J. Mater. Sci., 10(9) 1527-1535 (1975).
27. T. Vagkopoulou, S. O. Koutayas, P. Koidis and J. R. Strub, "Zirconia in Dentistry: Part 1. Discovering the Nature of an Upcoming Bioceramic," Euro. J. Esthetic Dent., 4(2) 130-151 (2009).
28. C. F. Grain, "Phase Relations in the ZrO_2 - MgO System," J. Am. Ceram. Soc., 50(6) 288-290 (1967).
29. R. C. Garvie, R. H. Hannink and R. T. Pascoe, "Ceramic Steel?" Nature, 258, 703-704 (1975).
30. N. Saunders and A. P. Miodownik, "The Cu-Sn(Copper-Tin) System," Bull. Alloy Phase Diagrams, 11(3) 278-287 (1990).
31. S. Murakami, M. O and M. Kajihara, "Growth Behavior of Compounds during Reactive Diffusion in the Solid-Cu/Liquid-Sn System," Mater. Trans., 59(2) 198-203 (2018).
32. J.-Z. Zhao, T. Ahmed, H.-X. Jiang, J. He and Q. Sun, "Solidification of Immiscible Alloys: A Review," Acta Metal. Sinica(English Letters), 30(1) 1-28 (2017).
33. X. Sun, W. Hao, T. Ma, J. Zhang and G. Geng, "Liquid Phase Separation Mechanism of Cu-40 wt% Pb Hypermonotectic Alloys," Adv. Mater. Sci. and Eng., 6971981 (2018).
34. Y. Liu, Y. Ge, and D. Yu, "Thermodynamic Descriptions for Au-Fe and Na-Zn Systems," J. Alloys Compd., 476(1-2) 79-83 (2009).
35. H. Okamoto, "Supplemental Literature Review of Binary Phase Diagrams: Ag-Nd, Ag-Zr, Al-Nb, B-Re, B-Si, In-Pt, Ir-Y, Na-Si, Na-Zn, Nb-P, Nd-Pt, and Th-Zr," J. Phase Equilibria and Diffusion, 35(5) 636-648 (2014).
36. N. Kumar, J. Hirschey, T. J. LaClair, K. R. Gluesenkamp and S. Graham, "Review of Stability and Thermal Conductivity Enhancements for Salt Hydrates," J. Energy Storage, 24, 100794 (2019).
37. L. Huguet, V. Barge-Zwick and M. Le Bars, "Dynamics of a Reactive Spherical Particle Falling in a Linearly Stratified Fluid," Phys. Rev. Fluids, Am. Phys. Soc., 5(11) 114803 (2020).

제 4 장 2성분계 상평형도 냉각 시뮬레이션

4.1 고용체가 있는 2성분계 상평형도의 냉각 시뮬레이션

4.1.1 58.0 wt% Albite-42.0 wt% Anortite 조성 융체의 평형 냉각

4.1.2 90.0 wt% Pb-10.0 wt% Sn 조성 융체의 평형 냉각

4.2 공정반응이 있는 2성분계 상평형도의 냉각 시뮬레이션

4.2.1 50.0 wt% Al_2O_3-50.0 wt% BaO 조성 융체의 평형 냉각

4.2.2 60.0 wt% MnO-40.0 wt% Al_2O_3 조성 융체의 평형 냉각

4.3 포정반응이 있는 2성분계 상평형도의 냉각 시뮬레이션

4.3.1 65.0 wt% $KAlSi_2O_6$-35.0 wt% SiO_2 조성 융체의 평형 냉각

4.3.2 46.0 mol% ZrO_2-54.0 mol% TiO_2 조성 융체의 평형 냉각

4.4 공석반응이 있는 2성분계 상평형도의 냉각 시뮬레이션

4.4.1 99.0 wt% Fe-1.0 wt% C 조성 융체의 평형 냉각

4.4.2 98.0 mol% ZrO_2-2.0 mol% Y_2O_3 조성 고용체의 평형 냉각

4.5 포석반응이 있는 2성분계 상평형도의 냉각 시뮬레이션

4.5.1 30.0 at% Si-70.0 at% U 조성 융체의 평형 냉각

4.6 편정반응이 있는 2성분계 상평형도의 냉각 시뮬레이션

4.6.1 60.0 wt% Cu-40.0 wt% Pb 조성 융체의 평형 냉각

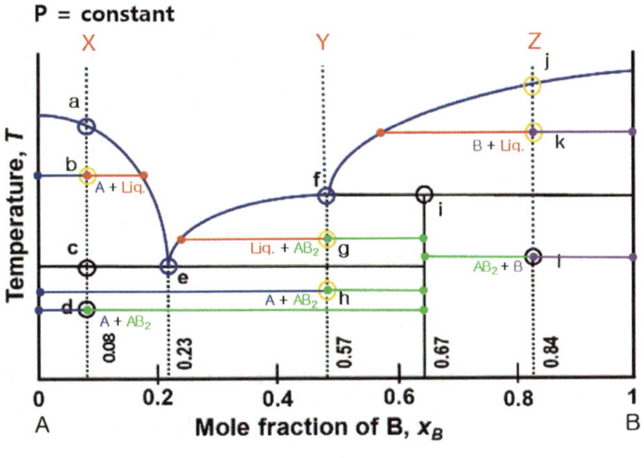

제 4 장 2성분계 상평형도 냉각 시뮬레이션(Cooling Simulation for Equilibrium Binary Phase Diagrams)

특정 조성의 융체가 평형 냉각될 때, 특정 온도에서 존재하는 상의 종류와 분율을 분석하는 것을 냉각 시뮬레이션(cooling simulation)이라 하며, 계의 조성이 일정하게 유지되며 융체가 평형 냉각될 때, 상평형도에서 상의 변화를 도식적으로 분석하는 것을 등조성선 연구라 한다.

일정한 압력에서 온도와 조성에 따른 상의 변화를 나타내는 2성분계 상평형도인 Fig. 4.1에서, 조성축에 수직하고 온도 축에 평행하게 그은 점선을 등조성선(isoplethal line)이라 하며, 이 선을 따라 냉각될 때 계의 조성은 유지된다. 따라서 특정 조성의 융체 X, 융체 Y 및 융체 Z에 대한 등조성선은 각각의 융체가 평형 냉각 과정을 거치는 동안 계의 조성이 일정하게 유지되는 상태에서 각각의 온도에서 존재하는 상의 조성과 분율 등을 분석할 수 있는 기준선이다.

Fig. 4.1(a)의 2성분계 상평형도에 나타냈듯이, 등조성선을 따라 냉각되어 2상 영역에 이르렀을 때, 특정 온도에서 존재하는 상의 조성과 분율은 해당 온도 점에서 수평 등온선을 상의 경계선까지 연결한 선분 즉, 해당 온도에서 존재하는 상의 각 조성점을 연결한 선분인 공액선(tie line)을 그어 알 수 있다. 즉, 평형 상태에서 특정 조성의 융체가 특정 온도로 냉각되었을 때 존재하는 두 상의 조성은 공액선의 양 끝점 조성으로부터 알 수 있다. 그리고 존재하는 두 상의 분율은 초기 융체 조성점에 해당하는 등조성선을 기준으로 한 공액선의 분할 길이를 지렛대 원리(lever rule)에 적용하여 구할 수 있다. 2상 영역에 존재하는 상에 대한 분석에서 공액선은 Fig. 4.1(b)에서 보이듯이 어려운 상황을 극복하는 손오공의 여의봉과 같은 마법의 도구라고 할 수 있다.

Fig. 4.1(a)의 상평형도에서 92.0 mol% A-8.0 mol% B 조성의 융체 X가 평형 냉각될 때, 2상 영역을

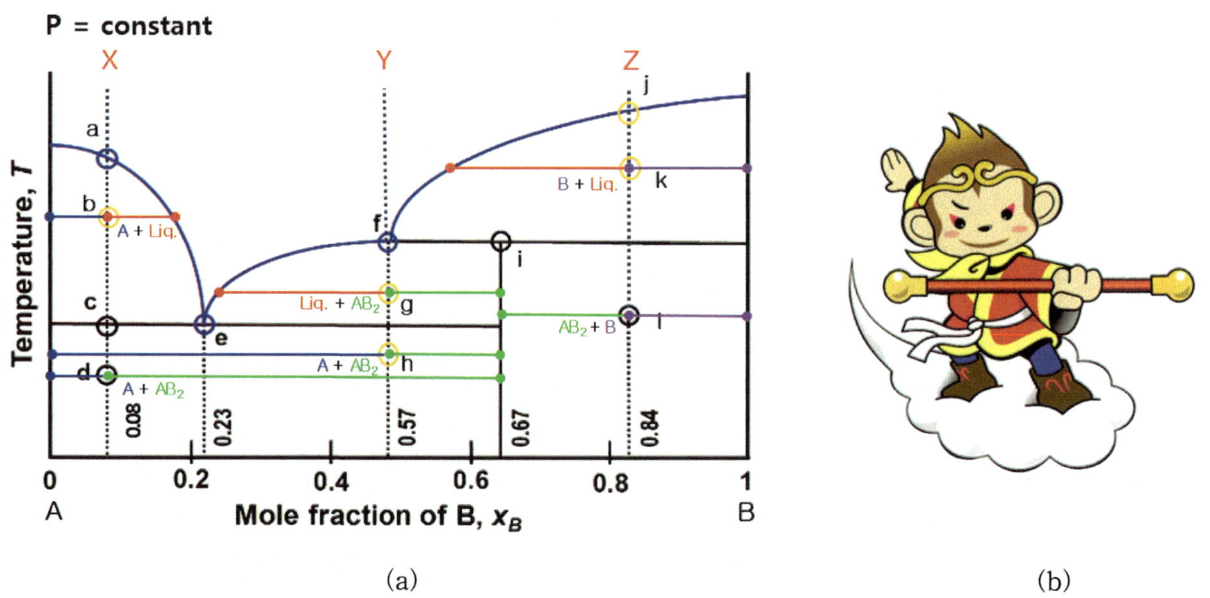

(a) (b)

Fig. 4.1. In the hypothetical A-B binary phase diagram, a tie line determines the composition and fraction of the phase formed when a melt with a specific composition is cooled in equilibrium(a) and tie line in the two-phase analysis of the phase diagram is like Sun Wukong's Yeouibong stick(b).

지나는 온도 b에서 존재하는 고상 A(100.0 mol%)의 분율은 공액선 길이에 대한 빨간색 길이 비율만큼이고 액상의 분율은 공액선 길이에 대한 파란색 길이 비율만큼이다. 다른 2상 영역을 지나는 온도 d에서 존재하는 고상 A의 분율은 공액선 길이에 대한 초록색 길이 비율만큼이고, 33.3 mol% A-66.7 mol% B 조성의 고상 AB_2의 분율은 공액선 길이에 대한 파란색 길이 비율만큼이다.

43.0 mol% A-57.0 mol% B 조성의 융체 Y가 평형 냉각될 때, 온도 g에서 존재하는 고상 AB_2의 분율은 공액선 길이에 대한 빨간색 길이의 비율만큼이고 액상의 분율은 공액선 길이에 대한 초록색 길이 비율만큼이다. 온도 h에서는 고상 A의 분율은 공액선 길이에 대한 초록색 길이 비율만큼이고 AB_2 고상의 분율은 공액선 길이에 대한 파란색 길이 비율만큼이다.

그리고 16.0 mol% A-84.0 mol% B 조성의 융체 Z가 평형 냉각될 때, 온도 k에서 존재하는 고상 B(100.0 mol% B)의 분율은 공액선 길이에 대한 빨간색 길이 비율만큼이고 액상의 분율은 공액선 길이에 대한 보라색 길이 비율만큼이다. 온도 l에서 고상 B의 분율은 공액선 길이에 대한 초록색 길이 비율만큼이고 고상 AB_2의 분율은 공액선 길이에 대한 보라색 길이 비율만큼이다.

한편 Fig. 4.2의 가상 A-B 2성분계 상평형도에 나타낸 바와 같이, 상영역 내부와 상경계선(phase boundary lines)에서 존재하는 상의 수(number of phases)는 구분되어야 한다. 상경계선과 불변점에서 존재하는 상의 수를 주변 상영역에 존재하는 상의 수와 함께 원 내에 붉은 숫자로 표기하였다. 단상 또는 2상 영역 내부의 특정 온도-조성점에 존재하는 상의 상태는 상영역 그대로 해석하면 된다. 그러나 상영역의 경계선(직선 또는 곡선)은 상들 사이의 반응으로 존재하는 상의 상태가 변하는 경계이므로, 경계선에서의 상의 상태는 양쪽 상영역의 상태를 포함하고 있는 것을 의미한다.

상경계선에는 단일 액상 L/(두 액상 L_1 + L_2)의 경계인 액체 불공용선(liquid immiscibility line), 액상 L/(액상 L + 두 고상 혼합상)의 경계인 액상선(liquidus line), (액상 L + 두 고상 혼합상)/고상(단일 고상 또는 두 고상 혼합상)의 경계인 고상선(solidus line), 그리고 고상/(두 고상 혼합상)의 경계인 고용선(solvus line)이 있다. 상경계선을 기준으로 한쪽 영역의 상의 수가 1이고 다른 쪽 영역의 상

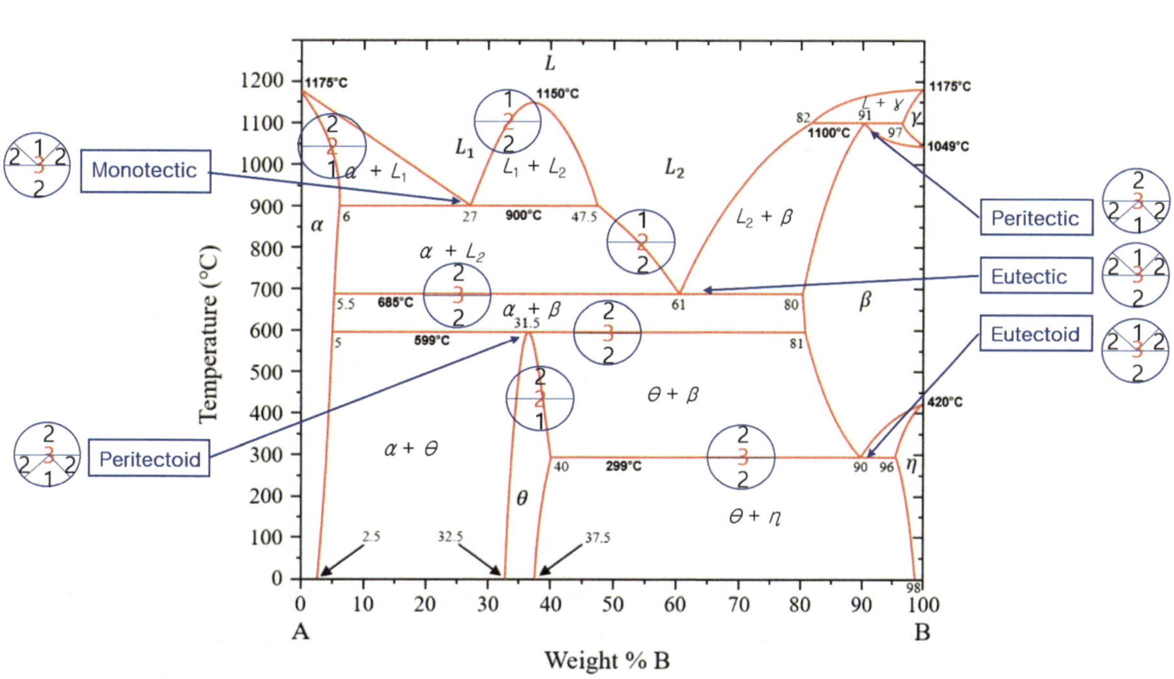

Fig. 4.2. Number of different phases on phase boundary lines and invariant points in the hypothetical A-B binary phase diagram containing various reactions.

의 수가 2이면 경계선에 존재하는 상의 수는 둘 중에 많은 2이다. 그리고 한쪽 영역의 상의 수가 2이고 다른 쪽 영역의 상의 수가 2로 같으면 경계선에서 존재하는 상의 수는 2보다 많은 3이다.

불변점(invariant points)은 상 영역의 경계선이 서로 교차하는 특정 온도-조성점으로 주변의 세 상영역이 교차하는 특정점이기도 하다. Fig. 4.2에서 보이는 바와 같이, 불변점 주변에는 상의 수가 1인 상영역이 항상 포함되어 있고 다른 주변 영역의 상의 수는 각각 2가 되어, 불변점에 존재하는 상의 수는 항상 3이다.

그리고 특정 조성의 계가 등조성선을 따라 냉각될 때는, 상경계선과 불변점 위와 아래 상영역의 상의 수에 따라 상경계선과 불변점에서의 상의 수가 다르다. 위 영역의 상의 수가 1이고 아래 영역의 상의 수가 2이면, 경계선과 불변점 온도 초과(over, above) 범위에 존재하는 상의 수는 1이고 경계선과 불변점 온도 이하(or under, or below) 범위에 존재하는 상의 수는 2이다. 반대로, 위 영역의 상의 수가 2이고 아래 영역의 상의 수가 1이면, 경계선과 불변점 온도 이상(or above, or over) 범위에 존재하는 상의 수는 2이고, 경계선과 불변점 온도 미만(under, below) 범위에 존재하는 상의 수는 1이다. 그리고 한 쪽 영역의 상의 수가 2이고 다른 쪽 영역의 상의 수도 2로 같으면 경계선에서 존재하는 상의 수는 3이 되므로 경계선 초과 범위와 경계선 미만 범위에 존재하는 상의 수는 2이지만, 경계선 선상에 존재하는 상의 수는 3이다.

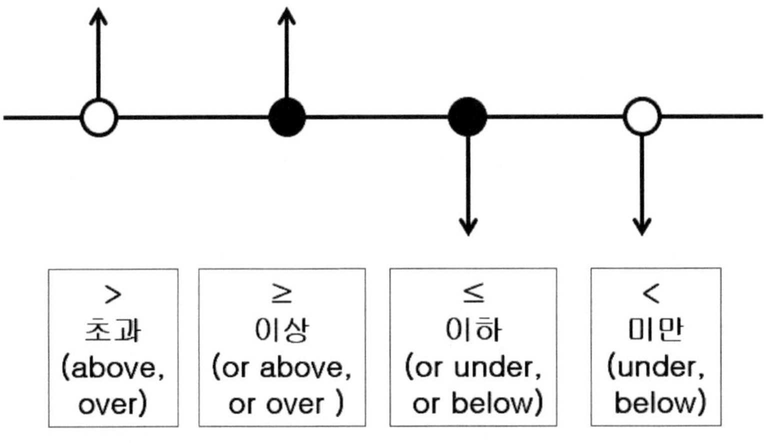

부등호(inequalities symbols)는 숫자의 대소 관계를 표기하는 수학기호이다. 초과(over, above)는 어떤 기준보다 큰 것으로 '>' 기호를 사용하며, 미만(under, below)은 어떤 기준보다 작은 것으로 '<' 기호를 사용한다. 이상(or above, or over)은 어떤 기준보다 크거나 같은 것으로 '≥' 기호를 사용하며, 이하(or under, or below)는 어떤 기준보다 작거나 같은 것으로 '≤' 기호를 사용한다.

4.1 고용체가 있는 2성분계 상평형도의 냉각 시뮬레이션

고용체(solid solution)가 있는 2성분계 상평형도에서 특정 온도-조성의 융체가 평형 상태로 냉각되는 과정에서 일어나는 계의 상태 변화는, 다음과 같이 전율 고용체(complete solid solution)가 있는 경우와 제한 고용체((limited solid solution)가 있는 경우로 구분하여 등조성선 연구를 진행한다.

첫째, 전율 고용체가 있는 2성분계 상평형도에서 특정 온도-조성의 융체가 평형 냉각될 때는 다음과 같은 순서의 등조성선 연구를 통하여 상태 변화를 알 수 있다.

① 특정 온도-조성의 초기 융체 조성점을 찍고 계의 성분 조성이 일정하게 유지되는 수직선인 등조성선을 그어서, 냉각 온도가 어느 상영역에 속하는지 파악하여 존재하는 상의 수와 종류를 알아낸다.

② 등조성선과 액상선이 교차하는 온도를 초과하는 범위의 단상 영역이면 최초 융체와 조성이 같은 액상으로 100% 존재한다.

③ 등조성선과 액상선이 교차하는 온도에서는 초기 융체와 조성이 다른 고용체가 초정으로 정출되기 시작한다.

④ 등조성선과 액상선의 교차점 온도 이하로부터 고상선과의 교차점 온도 이상까지 범위의 2상 영역이면 (액상 + 고용체 고상)이 공존하는데, 해당 온도에서 평형 상태일 때는 상 영역 좌우 경계선까지의 수평 선분인 공액선을 그어서, 공액선의 양 끝점 조성으로부터 두 상의 조성을 알아내고, 등조성선을 기준으로 한 공액선의 분할 길이를 이용하여 두 상의 분율을 구한다.

⑤ 등조성선과 고상선이 교차하는 온도에서는 이전에 존재했던 (액상 + 고용체 고상) 중의 액상이 모두 고용체로 바뀐다.

⑥ 등조성선과 고상선의 교차점 온도 미만에서는 최초 융체와 조성이 같은 고용체 단상으로 존재한다.

둘째, 제한 고용체가 있는 2성분계 상평형도에서 특정 온도-조성의 융체가 평형 냉각될 때는 다음과 같은 순서의 등조성선 연구를 통하여 상태 변화를 알 수 있다.

① 특정 온도-조성의 초기 융체 조성점을 찍고 계의 성분 조성이 일정하게 유지되는 등조성선을 그어서, 냉각 온도가 어느 상 영역에 속하는지 파악하여 존재하는 상의 수와 종류를 알아낸다.

② 등조성선과 액상선이 교차하는 온도를 초과하는 범위의 단상 영역이면 최초 융체와 조성이 같은 액상으로 100% 존재한다.

③ 등조성선과 액상선이 교차하는 온도에서는 초기 융체와 조성이 다른 고용체가 초정으로 정출되기 시작한다.

④ 등조성선과 액상선의 교차점 온도 이하로부터 고용선과의 교차점 온도 이상까지 범위의 2상 영역이면 (액상 + 고용체 고상)이 공존하는데, 해당 온도에서 평형 상태일 때는 상 영역 좌우 경계선까지의 수평 선분인 공액선을 그어서, 공액선의 양 끝점 조성으로부터 두 상의 조성을 알아내고, 등조성선을 기준으로 한 공액선의 분할 길이를 이용하여 두 상의 분율을 구한다.

⑤ 등조성선과 고용선이 교차하는 온도에서는 이전에 존재했던 (액상 + 고용체 고상) 중의 액상이 모두 고용체로 바뀐다.

⑥ 냉각이 계속 진행되어도 고용체 단상의 고용 범위를 벗어나지 않는 경우는 등조성선과 고용선의 교차점 온도 미만에서는 최초 융체와 조성이 같은 고용체 단상으로 존재한다.

⑥' 냉각이 진행됨에 따라 고용체 단상의 고용 범위를 벗어나는 경우가 있을 수 있는데, 이 경우는

등조성선과 제1 고용선의 교차점 온도 미만에서 제2 고용선과의 교차점 온도 초과까지 범위의 단상 영역에서는 최초 융체와 조성이 같은 고용체 단상으로 존재하지만, 등조성선과 제2 고용선의 교차점 온도에서 해당 고용체에서 다른 고용체가 석출됨에 따라 교차점 온도 이하의 2상 영역에서는 조성이 다른 두 고용체로 존재하며, 공액선의 양 끝점의 조성과 분할 길이를 이용하여 두 상의 조성과 분율을 구한다.

4.1.1 58.0 wt% Albite-42.0 wt% Anortite 조성 융체의 평형 냉각

Fig. 4.3은 조장석(Ab, albite, $NaAlSi_3O_8$)과 회장석(An, anorthite, $CaAl_2Si_2O_8$)이 전 조성 범위에서 고용되어 전율 고용체(complete solid solution)인 사장석(plagioclase)이 생성되는 것을 나타내는 Ab-An 2성분계 상평형도이다. 경사지게 쪼개지는 암석인 사장석은 지각에서 가장 많이 존재하는 광물인 장석의 일종으로, Na, Ca, Al을 포함하는 규산염 광물이다. 일정한 압력(1기압)에서 그려진 이 2성분계 상평형도에는 조장석의 융점 1180℃와 회장석의 융점 1553℃가 나타나 있다. 그리고 액상선 초과 온도 범위의 액상 영역, 액상선 이하에서 고상선 이상 온도 범위의 (액상 L + plagioclase 고용체) 2상 영역과 고상선 온도 미만 범위의 plagioclase 고용체 단상 영역 등 3개 상영역이 존재한다.

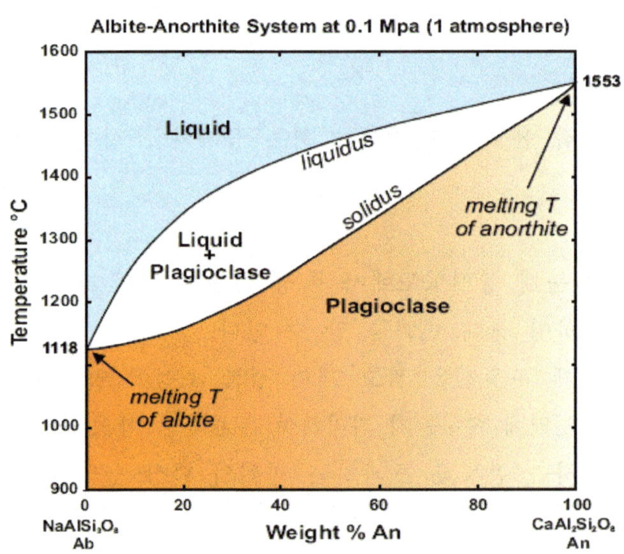

Fig. 4.3. Albite-anorthite binary phase diagram containing the complete solid solution.[1)]

58.0 wt% albite-42.0 wt% anortite 조성의 초기 융체가 평형 냉각될 때 각각의 온도 구간에서 존재하는 상의 조성과 분율은 다음과 같다.

① 액상 유지 구간(T>1430℃)

58.0 wt% albite-42.0 wt% anortite 조성의 초기 융체가 평형 냉각될 때, Fig. 4.3.1과 Table 4.3.1의 1450℃ 분석에서 나타낸 바와 같이, 등조성선과 액상선의 교차점 온도 초과 범위(T>1430℃)에서는 단상 영역을 지나므로 계의 상태는 변하지 않고 최초 융체와 조성 같은 액상 L로 100% 존재한다.

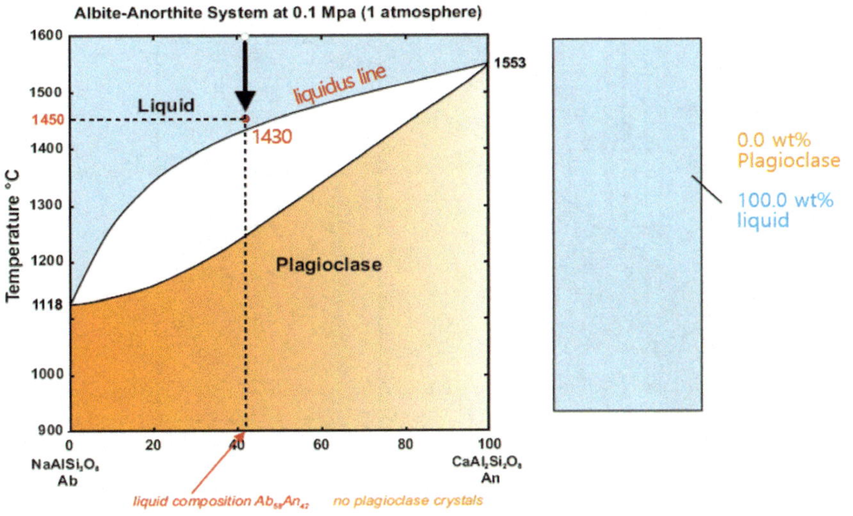

Fig. 4.3.1. Cooling at 1450℃ for a melt with composition of 58.0 wt% albite-42.0 wt% anorthite.

Table 4.3.1. Isoplethal Analysis at 1450℃ in Ab-An Binary System with Composition of 58.0 wt% Albite-42.0 wt% Anorthite

Temp. (℃)	Type and fraction basis of phases	Proportion (%)	Composition (%)		Analysis (%)	
					Ab	An
1450	- mm melt	100.0	Ab	58.0	58.0	
			An	42.0		42.0
	Total system composition				58.0	42.0

② 초정 정출 구간(1430℃≥T≥1240℃)

Fig. 4.3.2와 Table 4.3.2의 1400℃와 1300℃의 분석에서 보듯이, 등조성선과 액상선의 교차점 이하에서 고상선과의 교차점 이상까지 온도 범위(1430℃≥T≥1240℃)인 2상 영역에서는 plagioclase 고용체가 초정(primary crystal)으로 정출되어 존재상은 (액상 L + 고용체 plagioclase)이다.

등조성선과 액상선의 교차점인 1430℃에 도달하면 고용체 plagioclase가 초정으로 정출되기 시작한다. 고용체 plagioclase의 정출량이 증가하면 융체 내의 An 농도가 감소하여 융체는 점점 Ab가 풍부한 조성으로 변하고, 정출되는 고용체 plagioclase는 반대로 An이 풍부한 조성으로 변한다.

1400℃에서는 Fig. 4.3.2(a)에 나타냈듯이, 등조성선을 기준으로 한 공액선의 분할 길이에 의해 액상 L과 고용체 plagioclase의 분율은 각각 77.1 wt%와 22.9 wt%이다. 그리고 공액선 양 끝점의 조성으로부터 액상 L의 조성은 66.9 wt% Ab-33.1 wt% An이고, 고용체 plagioclase의 조성은 28.0 wt% Ab-72.0 wt% An이라는 것을 알 수 있다.

1300℃에서는 Fig. 4.3.2(b)에 나타냈듯이, 공액선 분할 길이의 지렛대 원리에 의해 액상 L과 고용체 plagioclase의 분율은 각각 26.3 wt%와 73.7 wt%이다. 또한 공액선 양 끝점의 조성으로부터 액상 L의 조성은 86.0 wt% Ab-14.0 wt% An이고, 고용체 plagioclase의 조성은 48.0 wt% Ab-52.0 wt% An임을 알 수 있다.

등조성선과 고상선이 교차하는 1240℃는 (액상 L + 고용체 plagioclase)의 2상 영역에서 고용체 plagioclase의 단상 영역으로 전환되는 지점으로, (액상 L + 고용체 plagioclase)가 공존한다.

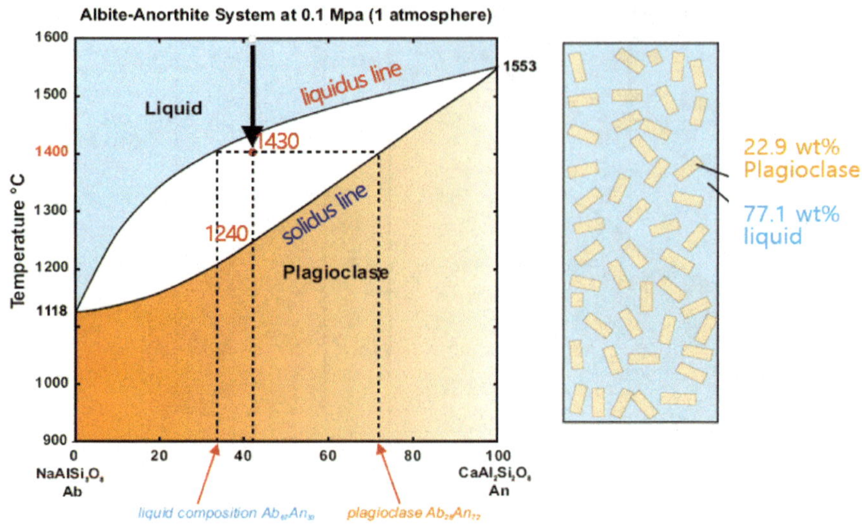

(a)

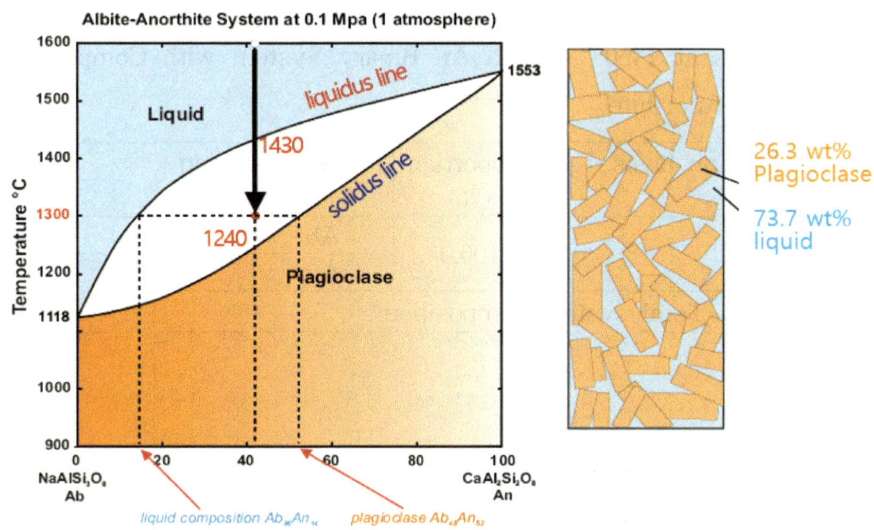

(b)

Fig. 4.3.2. Cooling at 1400℃(a) and 1300℃(b) for a melt with composition of 58.0 wt% albite-42.0 wt% anorthite.

Table 4.3.2. Isoplethal Analysis at 1400℃ and 1300℃ in Ab-An Binary System with Composition of 58.0 wt% Albite-42.0 wt% Anorthite

Temp. (℃)	Type and fraction basis of phases	Proportion (%)	Composition (%)		Analysis (%)	
					Ab	An
1400	16.2 mm melt	77.1	Ab	66.9	51.6	
			An	33.1		25.5
	4.8 mm plagioclase crystal	22.9	Ab	28.0	6.4	
			An	72.0		16.5
	Total system composition				58.0	42.0
1300	5.4 mm melt	26.3	Ab	86.0	22.6	
			An	14.0		3.7
	15.1 mm plagioclase crystal	73.7	Ab	48.0	35.4	
			An	52.0		38.3
	Total system composition				58.0	42.0

③ 고상 유지 구간(1240℃>T)

Fig. 4.3.3과 Table 4.3.3의 1200과 1000℃ 분석에 나타낸 바와 같이, 1240℃ 미만 온도(1240℃>T)의 단상 영역에서는 액상 L은 사라지고 초기 융체와 조성이 같은 고용체 plagioclase만 존재한다. 즉, 58.0 wt% albite-42.0 wt% anorthite 조성의 고용체 plagioclase로 100% 존재한다.

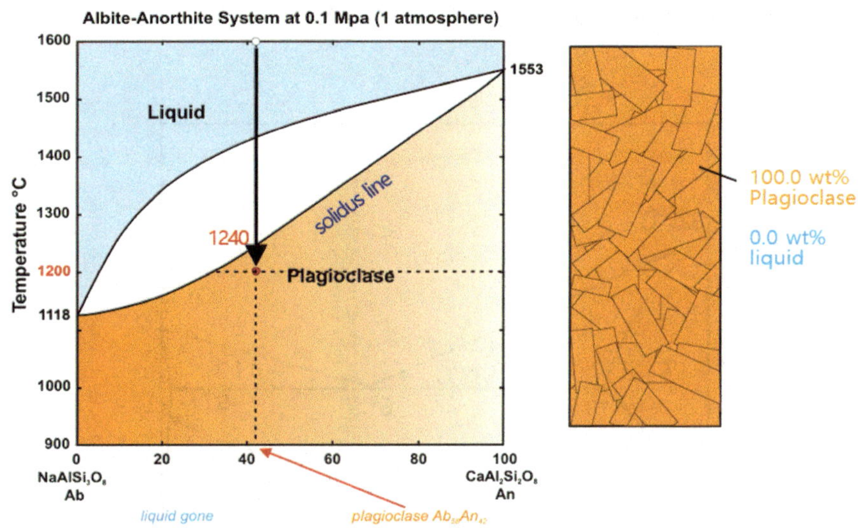

(a)

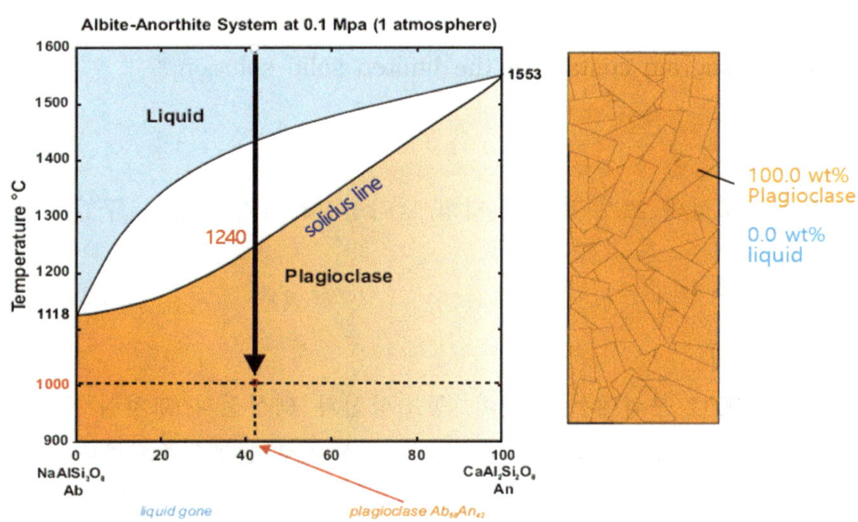

(b)

Fig. 4.3.3. Cooling at 1200℃(a) and 1000℃(b) for a melt with composition of 58.0 wt% albite-42.0 wt% anorthite.

Table 4.3.3. Isoplethal Analysis at 1200℃ and 1000℃ in Ab-An Binary System with Composition of 58.0 wt% Albite-42.0 wt% Anorthite

Temp. (℃)	Type and fraction basis of phases	Proportion (%)	Composition (%)		Analysis (%)	
					Ab	An
1200	- mm plagioclase crystal	100.0	Ab	58.0	58.0	
			An	42.0		42.0
	Total system composition				58.0	42.0
1000	- mm plagioclase crystal	100.0	Ab	58.0	58.0	
			An	42.0		42.0
	Total system composition				58.0	42.0

4.1.2 90.0 wt% Pb-10.0 wt% Sn 조성 융체의 평형 냉각

Fig. 4.4의 Pb-Sn 2성분계 상평형도에는 온도 183℃-조성 38.1 wt% Pb-61.9 wt% Sn의 공정점과 양쪽 끝 조성 범위에 부분 고용체 영역이 나타나 있다. 고상으로는 Pb에 Sn이 최대 19.0 wt%까지 고용될 수 있는 고용체 α와 Sn에 Pb가 최대 2.5 wt%까지 고용될 수 있는 고용체 β가 있다. 상평형도에는 액상, 고용체 α 및 고용체 β 영역의 3개 단상 영역과, (액상 + 고용체 α), (액상 + 고용체 β) 및 (고용체 α + 고용체 β) 영역의 2상 영역 등 모두 6개의 상 영역이 존재한다.

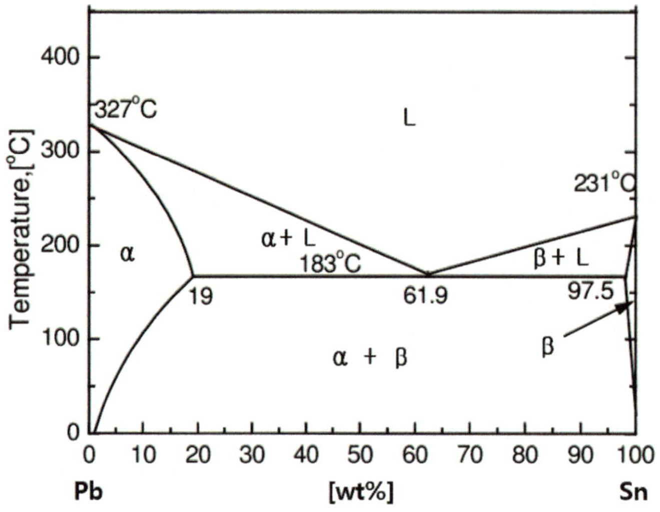

Fig. 4.4. Pb-Sn binary phase diagram containing the limited solid solution.[2)]

90.0 wt% Pb-10.0 wt% Sn 조성의 초기 융체가 평형 냉각될 때 각각의 온도 구간에서 존재하는 상의 조성과 분율은 다음과 같다.

① 액상 유지 구간(T>310℃)

Fig. 4.4.1과 Table 4.4.1의 400℃ 분석에서 보듯이, 등조성선과 액상선의 교차점 온도 초과(T>310℃)에서는 계의 상태는 변하지 않고 초기 융체와 조성이 같은 액상 L로 100% 존재한다.

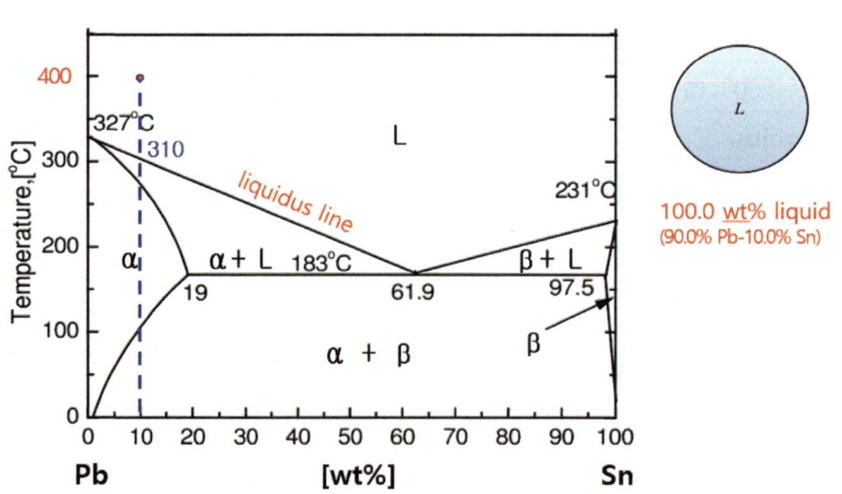

Fig. 4.4.1. Cooling at 400℃ for a melt with the composition of 90.0 wt% Pb-10.0 wt% Sn.

Table 4.4.1. Isoplethal Analysis at 400℃ in Pb-Sn Binary System with Composition of 90.0 wt% Pb-10.0 wt% Sn

Temp. (℃)	Type and fraction basis of phases	Proportion (%)	Composition (%)		Analysis (%)	
					Pb	Sn
400	- mm melt	(100.0)	Pb	90.0	90.0	
			Sn	10.0		10.0
	Total system composition				90.0	10.0

② 초정 정출 구간(310℃≥T≥275℃)

Fig. 4.4.2와 Table 4.4.2의 300℃ 분석에 나타낸 바와 같이, 등조성선과 액상선의 교차점 온도 이하에서 고상선과의 교차점 온도 이상까지 범위(310℃≥T>275℃)인 2상 영역에서는 액상 L로부터 고용체 α가 초정으로 정출되어 존재상은 (액상 L + 고용체 α)이다.

등조성선을 기준으로 한 공액선의 분할 길이로 구한 액상 L과 고용체 α의 분율은 각각 72.2 wt%와 27.8 wt%이다. 그리고 공액선 양 끝점의 조성으로부터 액상 L의 조성은 88.0 wt% Pb-12.0 wt% Sn이고, 고용체 α의 조성은 95.0 wt% Pb-5.0 wt% Sn이다.

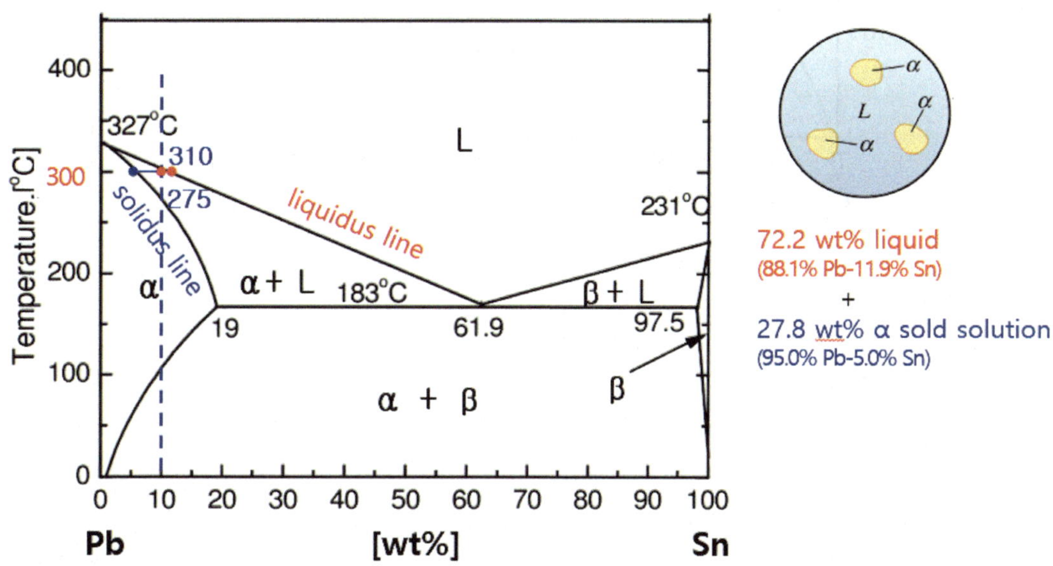

Fig. 4.4.2. Cooling at 300℃ for a melt with the composition of 90.0 wt% Pb-10.0 wt% Sn.

Table 4.4.2. Isoplethal Analysis at 300℃ in Pb-Sn Binary System with Composition of 90.0 wt% Pb-10.0 wt% Sn

Temp. (℃)	Type and fraction basis of phases	Proportion (%)	Composition (%)		Analysis (%)	
					Pb	Sn
300	3.9 mm melt	72.2	Pb	88.1	63.6	
			Sn	11.9		8.6
	1.5 mm α crystal	27.8	Pb	95.0	26.4	
			Sn	5.0		1.4
	Total system composition				90.0	10.0

② 단상 고용체 구간(275℃>T>105℃)

Fig. 4.4.3과 Table 4.4.3의 250℃와 150℃ 분석에 나타낸 바와 같이, 등조성선과 고상선의 교차점 온도 미만에서 고용선과의 교차점 온도 초과까지 온도 범위(275℃>T>105℃)인 단상 고용체 영역에서는 조성과 미세구조가 똑같은 고용체 α로만 100% 존재한다. 이때 고용체 α의 조성은 초기 융체의 조성과 동일한 90.0 wt% Pb-10.0 wt% Sn이다. Fig. 4.4.3에서 보이는 고용선은 각각의 고용체 α와 β가 해당 온도에서 단상으로만 존재하기 위해 용매 화학종(α 상에서는 Pb 원자, β 상에서는 Sn 원자)의 격자 자리를 치환할 수 있는 용질 화학종(α 상에서는 Sn 원자, β 상에서는 Pb 원자)의 최대 고용도를 의미하는 고용 한계(solubility limit)이다.

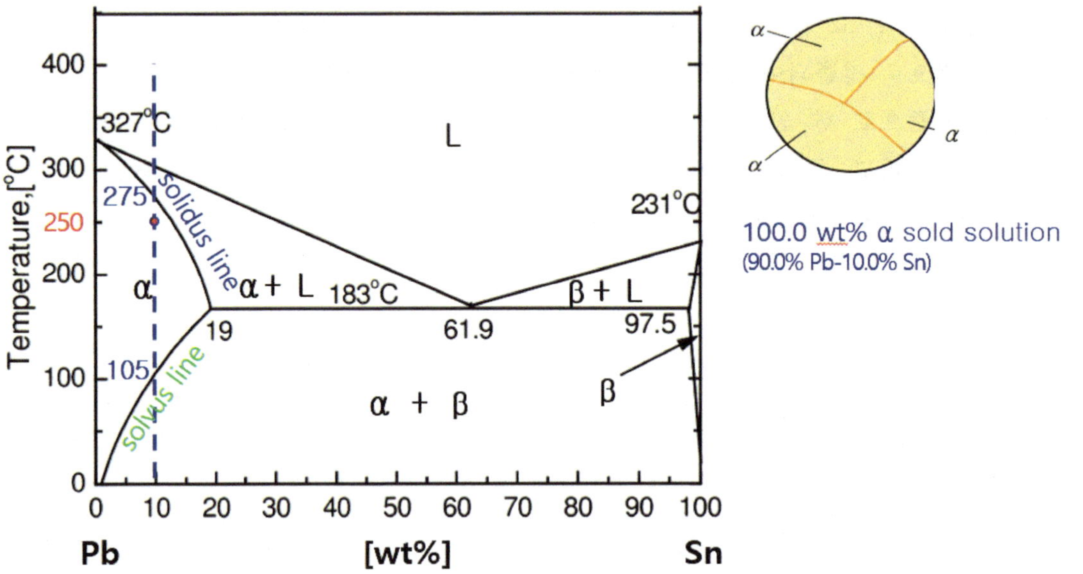

(a)

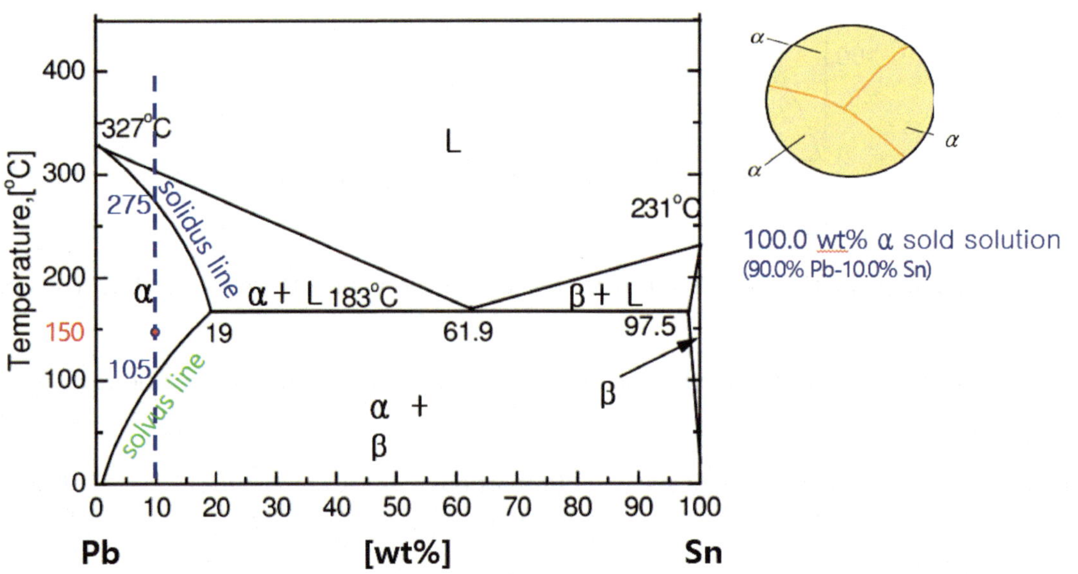

(b)

Fig. 4.4.3. Cooling at 250℃(a) and 150℃(b) for a melt with the composition of 90.0 wt% Pb-10.0 wt% Sn.

Table 4.4.3. Isoplethal Analysis at 250℃ and 150℃ in Pb-Sn Binary System with Composition of 90.0 wt% Pb-10.0 wt% Sn

Temp. (℃)	Type and fraction basis of phases	Proportion (%)	Composition (%)		Analysis (%)	
					Pb	Sn
250	- mm α crystal	100.0	Pb	90.0	90.0	
			Sn	10.0		10.0
	Total system composition				90.0	10.0
150	- mm α crystal	100.0	Pb	90.0	90.0	
			Sn	10.0		10.0
	Total system composition				90.0	10.0

③ 고상 혼합물 구간(105℃≥T)

Fig. 4.4.4와 Table 4.4.4의 50℃ 분석에서 보듯이, 등조성선과 고용선의 교차점 온도 이하(105℃≥T)인 2상 영역에서의 존재상은 (고용체 α + 고용체 β)인데, 미세구조는 고용체 α를 기지로 한 다결정질의 결정립과 입계에 골고루 고용체 β가 석출되어 있다. 그리고 온도에 따라 평형 상태로 존재하는 고용체 α와 고용체 β의 조성과 분율은 일정하지 않고 고용선을 따라서 변한다.

50℃에서는 등조성선을 기준으로 한 공액선의 분할 길이로 구해지는 고용체 α와 β의 분율은 각각 93.7 wt%와 6.3 wt%이다. 공액선 양 끝점의 조성으로부터 고용체 α의 조성은 96.0 wt% Pb-4.0 wt% Sn이고, 고용체 β의 조성은 0.3 wt% Pb-99.7 wt% Sn이다.

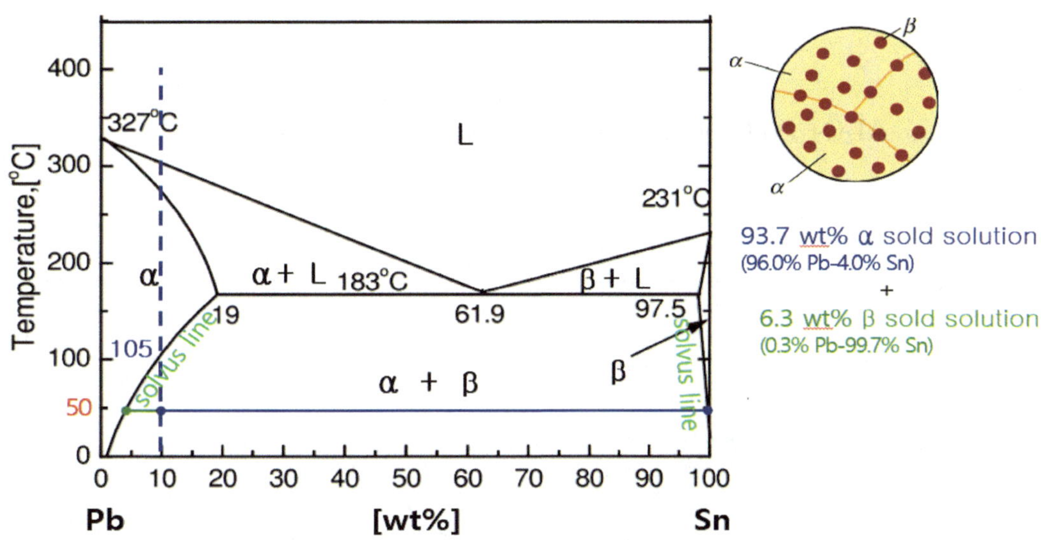

Fig. 4.4.4. Cooling at 50℃ for a melt with the composition of 90.0 wt% Pb-10.0 wt% Sn.

Table 4.4.4. Isoplethal Analysis at 50℃ in Pb-Sn Binary System with Composition of 90.0 wt% Pb-10.0 wt% Sn

Temp. (℃)	Type and fraction basis of phases	Proportion (%)	Composition (%)		Analysis (%)	
					Pb	Sn
50	71.4 mm α crystal	93.7	Pb	96.0	90.0	
			Sn	4.0		3.7
	4.8 mm β crystal	6.3	Pb	0.3	0.02	
			Sn	99.7		6.3
	Total system composition				90.0	10.0

4.2 공정반응이 있는 2성분계 상평형도의 냉각 시뮬레이션

단상의 액상이 냉각될 때 두 고상으로 변하는 공정반응(eutectic reaction)이 있는 2성분계 상평형도에서, 특정 온도-조성의 융체가 평형 냉각되는 동안 일어나는 계의 상태 변화는 다음과 같은 순서의 등조성선 연구를 통하여 알 수 있다.

① 특정 조성-온도의 초기 융체 조성점을 찍고, 계의 조성이 일정하게 유지되는 등조성선을 그어서, 냉각 온도가 어느 상영역에 속하는지 파악하여 존재하는 상의 수와 종류를 알아낸다.

② 등조성선과 액상선이 교차하는 온도를 초과하는 범위의 단상 영역이면 최초 융체와 조성이 같은 액상으로 100% 존재한다.

③ 등조성선과 액상선이 교차하는 온도에서는 액상으로부터 고상이 초정으로 정출되기 시작한다.

④ 등조성선과 액상선의 교차점 온도 이하에서 고상선과의 교차점 온도 초과까지 범위의 2상 영역이면 (액상 + 초정 고상)이 공존하는데, 해당 온도에서 평형 상태일 때는 상영역 좌우 경계선까지의 수평 선분인 공액선을 그어서, 공액선의 양 끝점 조성으로부터 두 상의 조성을 알아내고, 등조성선을 기준으로 한 공액선의 분할 길이를 이용하여 두 상의 분율을 구한다.

⑤ 등조성선과 고상선이 교차하는 온도에서는 이전에 존재했던 (액상 + 초정 고상) 중의 액상이 공정반응에 의해 (초정 고상 + 2차 고상)으로 변한다.

⑥ 등조성선과 고상선의 교차점 온도 미만의 (초정 고상 + 2차 고상) 2상 영역에서는 상영역 좌우 경계선까지의 수평 선분인 공액선을 그어서, 공액선의 양 끝점의 조성으로부터 두 상의 조성을 알아내고, 등조성선을 기준으로 한 공액선의 분할 길이를 이용하여 두 상의 분율을 구한다.

4.2.1 50.0 wt% Al_2O_3-50.0 wt% BaO 조성 융체의 평형 냉각

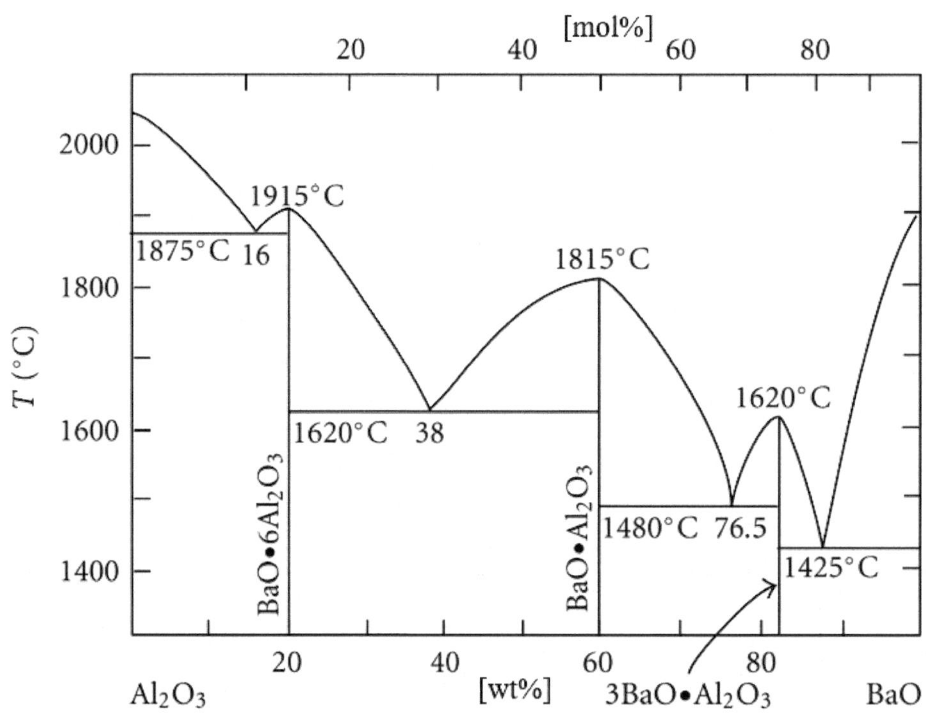

Fig. 4.5. Al_2O_3-BaO binary phase diagram containing four eutectic reactions.[3)]

Fig. 4.5의 Al_2O_3-BaO 2성분계 상평형도에는 일정한 화학양론 조성을 갖는 3개의 중간 화합물 BaO · $6Al_2O_3$, BaO · Al_2O_3 및 3BaO · Al_2O_3가 있는데, 이들은 융점 위에서도 그 조성을 유지하기 때문에 조화용융 화합물이라고 한다. 상평형도에는 액상선 초과 온도 범위에 존재하는 액상 단상 영역, 액상선 이하에서 고상선 이상 온도 범위에 존재하는 8개의 (액상 + 고상) 2상 영역 및 고상선 미만 온도에 존재하는 4개의 두 고상 2상 영역 등 모두 13개의 상영역이 존재한다.

50.0 wt% Al_2O_3-50.0 wt% BaO 조성의 초기 융체가 평형 냉각될 때 각각의 온도 구간에서 존재하는 상의 조성과 분율은 다음과 같다.

① 액상 유지 냉각 구간(T>1770℃)

Fig. 4.5.1과 Table 4.5.1의 1900℃와 1800℃ 분석에서 보듯이, 등조성선과 액상선의 교차점 온도 초과(T>1770℃)에서는 단상 영역을 지나므로 계의 상태는 변하지 않고 초기 융체와 조성이 같은 액상 L로 100% 존재한다.

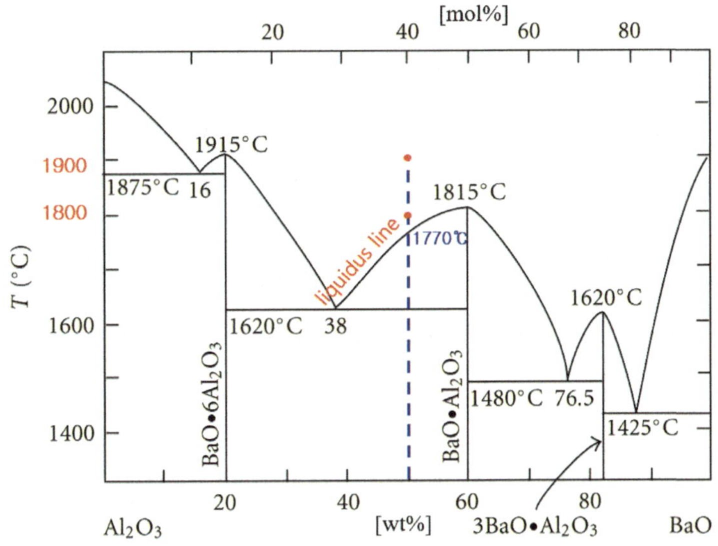

Fig. 4.5.1. Cooling at 1900℃ and 1800℃ for a melt with composition of 50.0 wt% Al_2O_3-50.0 wt% BaO.

Table 4.5.1. Isoplethal Analysis at 1900℃ and 1800℃ in Binary Al_2O_3-BaO System with Composition of 50.0 wt% Al_2O_3-50.0 wt% BaO

Temp. (℃)	Type and fraction basis of phases	Proportion (%)	Composition (%)		Analysis (%)	
					Al_2O_3	BaO
1900	- mm melt	100.0	Al_2O_3	50.0	50.0	
			BaO	50.0		50.0
	Total system composition				50.0	50.0
1800	- mm melt	100.0	Al_2O_3	50.0	50.0	
			BaO	50.0		50.0
	Total system composition				50.0	50.0

② 초정 정출 구간(1770℃≥T>1620℃)

Fig. 4.5.2와 Table 4.5.2의 1700℃ 분석에 나타낸 바와 같이, 등조성선과 액상선의 교차점 온도 이하에서 고상선과의 교차점 온도 초과까지 범위(1770℃≥T>1620℃)인 2상 영역에서는 액상으로부터 고상 $BaO \cdot Al_2O_3$가 초정으로 정출되어 존재상은 (액상 L + 고상 $BaO \cdot Al_2O_3$)이다. 등조성선을 기준으로 한 공액선의 분할 길이로 구해지는 액상 L과 고상 $BaO \cdot Al_2O_3$의 분율은 각각 60.8 wt%와 39.2 wt%이다. 그리고 액상 L의 조성은 56.4 wt% Al_2O_3-43.6 wt% BaO이고, 고상 $BaO \cdot Al_2O_3$의 조성은 40.0 wt% Al_2O_3-60.0 wt% BaO이다.

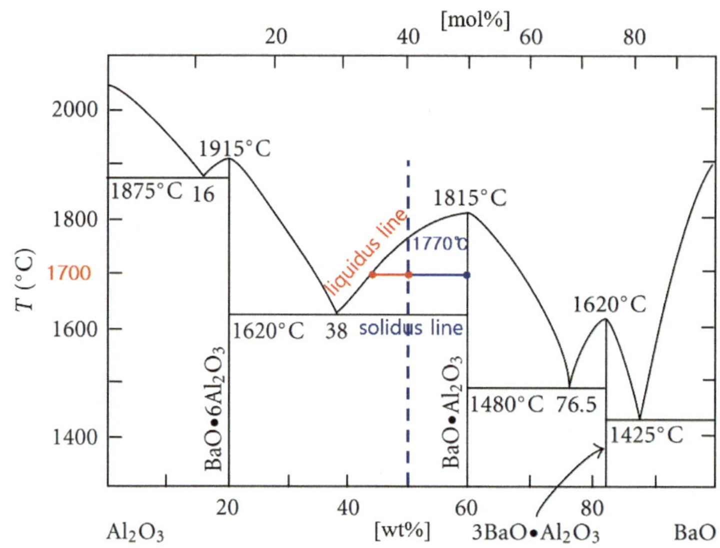

Fig. 4.5.2. Cooling at 1700℃ for a melt with composition of 50.0 wt% Al_2O_3-50.0 wt% BaO.

Table 4.5.2. Isoplethal Analysis at 1700℃ in Binary Al_2O_3-BaO System with Composition of 50.0 wt% Al_2O_3-50.0 wt% BaO

Temp. (℃)	Type and fraction basis of phases	Proportion (%)	Composition (%)		Analysis (%)	
					Al_2O_3	BaO
1700	7.6 mm melt	60.8	Al_2O_3	56.4	34.3	
			BaO	43.6		26.5
	4.9 mm $BaO \cdot Al_2O_3$ crystal	39.2	Al_2O_3	40.0	15.7	
			BaO	60.0		23.5
	Total system composition				50.0	50.0

③ 공정반응 구간(T=1620℃)

1620℃에서 등조성선과 고상선이 교차하며, 이전에 존재했던 (액상 + 초정 고상) 중의 액상이 이 온도에서 공정반응에 의해 (초정 고상 + 2차 고상)으로 변한다. Fig. 4.5.3(a)에 나타냈듯이 1620^{+}℃에서 존재했던 (액상 L + 고상 $BaO \cdot Al_2O_3$)가 Fig. 4.5.3(b)에 나타낸 것처럼 공정온도에 도달한 직후인 1620^{-}℃에서는 (고상 $BaO \cdot Al_2O_3$ + 고상 $BaO \cdot 6Al_2O_3$)의 고상 혼합물로 변하게 된다. 따라서 1620℃에서는 (액상 L + 고상 $BaO \cdot Al_2O_3$ + 고상 $BaO \cdot 6Al_2O_3$)의 3상이 공존한다.

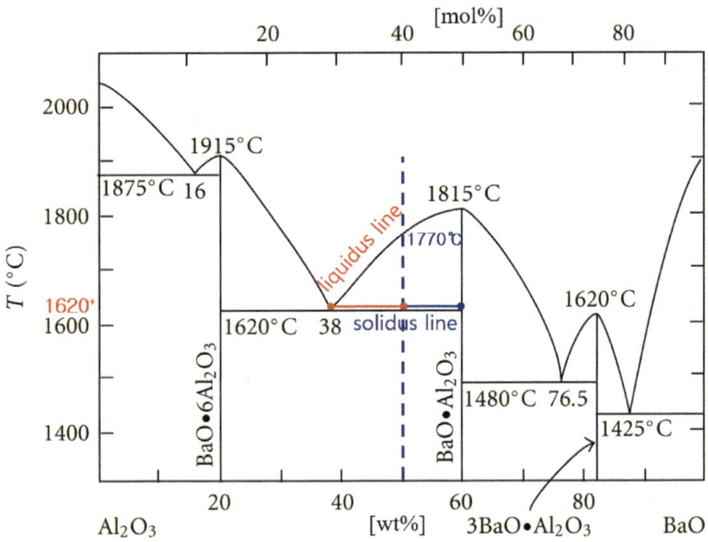

(a)

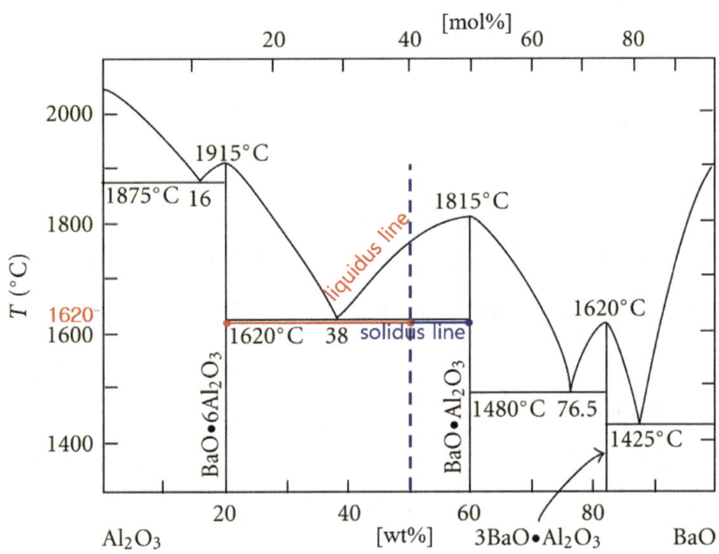

(b)

Fig. 4.5.3. Cooling at 1620^{+}℃(a) and 1620^{-}℃(b) for a melt with composition of 50.0 wt% Al_2O_3-50.0 wt% BaO.

Table 4.5.3. Isoplethal Analysis at 1620^{+}℃ and 1620^{-}℃ at 1900℃ and 1800℃ in Binary Al_2O_3-BaO System with Composition of 50.0 wt% Al_2O_3-50.0 wt% BaO

Temp. (℃)	Type and fraction basis of phases	Proportion (%)	Composition (%)		Analysis (%)	
					Al_2O_3	BaO
1620^{+}	7.3 mm melt	45.3	Al_2O_3	62.0	28.1	
			BaO	38.0		17.2
	8.8 mm BaO · Al_2O_3 crystal	54.7	Al_2O_3	40.0	21.9	
			BaO	60.0		32.8
	Total system composition				50.0	50.0
1620^{-}	8.0 mm BaO · $6Al_2O_3$ crystal	25.0	Al_2O_3	80.0	20.0	
			BaO	20.0		5.0
	24.0 mm BaO · Al_2O_3 crystal	75.0	Al_2O_3	40.0	30.0	
			BaO	60.0		45.0
	Total system composition				50.0	50.0

1620℃에서 (액상 L → 고상 $BaO \cdot Al_2O_3$ + 고상 $BaO \cdot 6Al_2O_3$)의 공정반응에 대한 물질수지(mass balance)는 다음과 같다. 1620^+℃에서의 존재상은 반응물이고 1620^-℃에서의 존재상은 생성물로서, 반응 중에 기상을 포함되지 않고 고상과 액상의 응축상만 관여하므로 계에서 소멸하는 양이 없다. 따라서, Table 4.5.3의 분석으로 계산된 존재상 분율 데이터에 기반한 (생성물의 양 - 반응물의 양 = 0)의 관계로부터 다음과 같이 구할 수 있다.

① 공정반응의 물질수지: 생성물 무게 - 반응물 무게 = 0

$$\begin{array}{rl} & 25.0\ wt\%\ BaO \cdot 6Al_2O_3 + 75.0\ wt\%\ BaO \cdot Al_2O_3 \\ -) & 54.7\ wt\%\ BaO \cdot Al_2O_3 + 45.3\ wt\%\ Liquid \\ \hline & 25.0\ wt\%\ BaO \cdot 6Al_2O_3 + 20.3\ wt\%\ BaO \cdot Al_2O_3 - 45.3\ wt\%\ Liquid = 0 \end{array}$$

② 이항 정리하면, 1620℃에서 공정반응의 물질수지

$$45.3\ wt\%\ Liquid \xrightarrow[\text{eutectic reaction}]{\text{cooling}} 25.0\ wt\%\ BaO \cdot 6Al_2O_3 + 20.3\ wt\%\ BaO \cdot Al_2O_3 \qquad (4\text{-}1)$$

따라서 1620^+℃에서 존재하던 54.7 wt% 고상 $BaO \cdot Al_2O_3$는 이미 초정으로 정출되어 냉각이 진행되어도 계속 잔존하고, 45.3 wt% 액상 L은 1620℃에서 일어나는 공정반응에 의해 1620^-℃에서는 25.0 wt% 고상 $BaO \cdot 6Al_2O_3$와 20.3 wt% 고상 $BaO \cdot Al_2O_3$의 층상 공정조직이 생성된다.

④ 고상 혼합물 냉각 구간(1620℃<T)

Fig. 4.5.4에서 보이는 바와 같이 등조성선과 고상선의 교차점 온도 미만(1620℃<T)인 2상 영역에서는 (고상 $BaO \cdot 6Al_2O_3$ + 고상 $BaO \cdot Al_2O_3$)의 고상 혼합물로 존재한다.

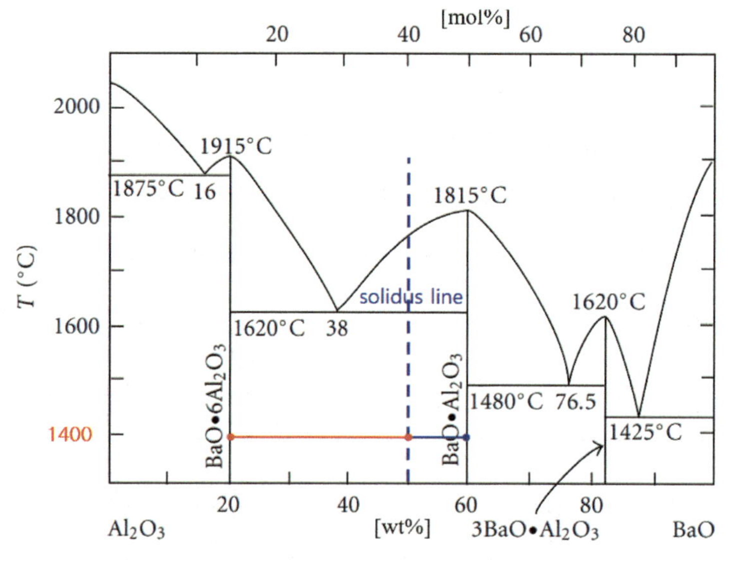

Fig. 4.5.4. Cooling at 1400℃ for a melt with composition of 50.0 wt% Al_2O_3-50.0 wt% BaO.

Table 4.5.4의 분석에 나타냈듯이 등조성선을 기준으로 한 공액선 분할 길이의 지렛대 원리에 의해 고상 $BaO \cdot 6Al_2O_3$와 고상 $BaO \cdot Al_2O_3$의 분율은 각각 25.0 wt%와 75.0 wt%이다. 공액선 양 끝점의 조성으로부터 고상 $BaO \cdot 6Al_2O_3$의 조성은 80.0 wt% Al_2O_3-20.0 wt% BaO이고, 고상 $BaO \cdot Al_2O_3$의 조성은 40.0 wt% Al_2O_3-60.0 wt% BaO이다. 결과적으로 1400℃와 1620‾℃에서 상의 상태는 동일하다.

Table 4.5.4. Isoplethal Analysis at 1400℃ in Binary Al_2O_3-BaO System with Composition of 50.0 wt% Al_2O_3-50.0 wt% BaO

Temp. (℃)	Type and fraction basis of phases	Proportion (%)	Composition (%)		Analysis (%)	
					Al_2O_3	BaO
1400	8.0 mm $BaO \cdot 6Al_2O_3$ crystal	25.0	Al_2O_3	80.0	20.0	
			BaO	20.0		5.0
	24.0 mm $BaO \cdot Al_2O_3$ crystal	75.0	Al_2O_3	40.0	30.0	
			BaO	60.0		45.0
	Total system composition				50.0	50.0

4.2.2 60.0 wt% MgO-40.0 wt% Al_2O_3 조성 융체의 평형 냉각

Fig. 4.6의 MgO-Al_2O_3 2성분계 상평형도에는 중간 화합물 스피넬(spinel) 영역이 존재하는데, 화학식은 $MgAl_2O_4$(MgO-Al_2O_3)이다. 스피넬은 50.0 mol% MgO-50.0 mol% Al_2O_3의 화학양론 조성을 갖는 28.3 wt% MgO-71.7 wt% Al_2O_3뿐만 아니라 MgO 또는 Al_2O_3 과잉 조성 범위를 갖는 부분 고용체를 띠고 있다.

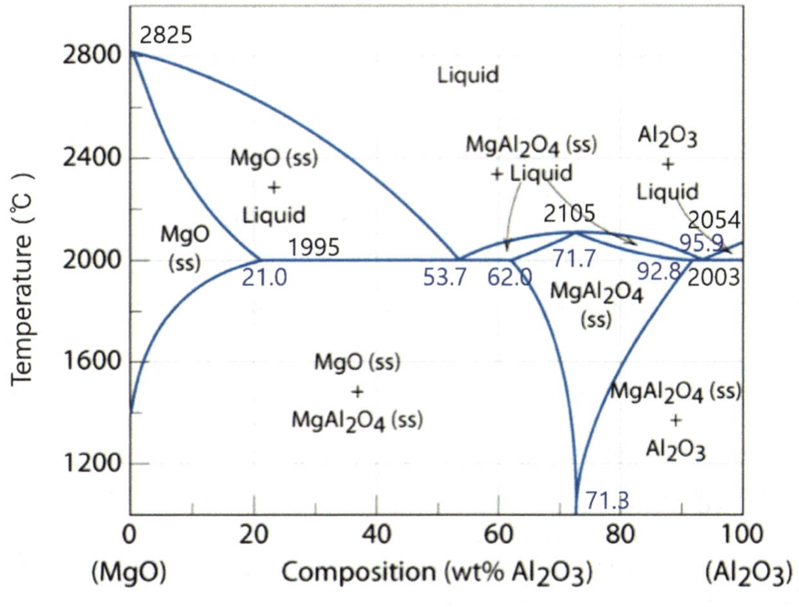

Fig. 4.6. MgO-Al_2O_3 binary phase diagram containing the limited solid solution and eutectic reaction.[4,5]

1995℃에서 Al_2O_3의 최대 고용도가 21.0 wt%인 고용체 $MgO_{(SS)}$는 1400℃에서는 Al_2O_3 고용도가 매우 작아지는데, 이것은 Mg^{2+}와 Al^{3+}의 전하(2^+와 3^+)와 이온 반지름(0.072와 0.053 nm) 차이에 기인한다. 상평형도의 오른쪽 끝에서 볼 수 있듯이 Al_2O_3 내의 MgO 고용도는 거의 없다.

스피넬 상영역의 양쪽 두 군데에서 공정 반응점이 존재하고 화학양론 스피넬은 2105℃에서 조화 용융된다. MgO-Al_2O_3 상평형도에는 3개의 단상 영역(액상 L 영역, 고용체 $MgO_{(SS)}$ 영역 및 고용체 $MgAl_2O_{4(SS)}$ 영역), 4개의 고/액 혼합물 2상 영역(액상 L + 고용체 $MgO_{(SS)}$ 영역, 두 군데의 액상 L + 고용체 $MgAl_2O_{4(SS)}$ 영역 및 액상 L + 고상 Al_2O_3 영역), 그리고 2개의 고상 혼합물 2상 영역(고용체 $MgO_{(SS)}$ + 고용체 $MgAl_2O_{4(SS)}$ 영역과 고용체 $MgAl_2O_{4(SS)}$ + 고상 Al_2O_3 영역) 등 모두 9개의 상영역이 존재한다.

60.0 wt% MgO-40.0 wt% Al_2O_3 조성의 초기 융체가 평형 냉각될 때 각각의 온도 구간에서 존재하는 상의 조성과 분율은 다음과 같다.

① 액상 유지 구간(T>2570℃)

Fig. 4.6.1과 Table 4.6.1의 2600℃ 분석에서 보듯이, 등조성선과 액상선의 교차점 온도 초과(T>2570℃)의 단상 영역에서는 계의 상태는 변하지 않고 초기 융체와 조성이 같은 액상 L로 100% 존재한다.

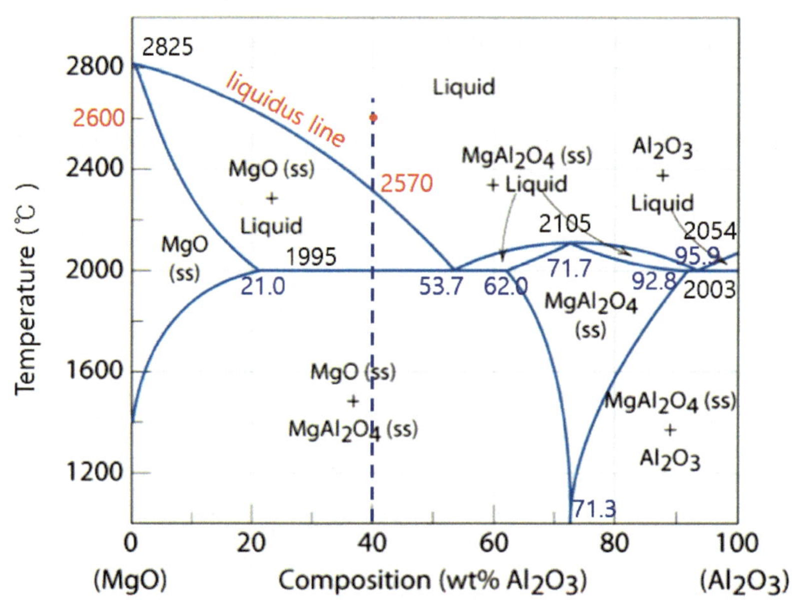

Fig. 4.6.1. Cooling at 2600℃ for a melt with composition of 60.0 wt% MgO-40.0 wt% Al_2O_3.

Table 4.6.1. Isoplethal Analysis at 2600℃ in MgO-Al_2O_3 Binary System with Composition of 60.0 wt% MgO-40.0 wt% Al_2O_3

Temp. (℃)	Type and fraction basis of phases	Proportion (%)	Composition (%)		Analysis (%)	
					MgO	Al_2O_3
2600	- mm melt	100.0	MgO	60.0	60.0	
			Al_2O_3	40.0		40.0
	Total system composition				60.0	40.0

② 초정 정출 구간(2570℃≥T>1995℃)

Fig. 4.6.2의 2200℃ 분석에 나타낸 바와 같이, 등조성선과 액상선의 교차점 온도 이하에서 공정 등온선과의 교차점 온도 초과까지 범위(2570℃≥T>1995℃)인 2상 영역에서는 액상으로부터 고용체 $MgO_{(SS)}$가 초정으로 정출되어 존재상은 (액상 L + 고용체 $MgO_{(SS)}$)이다.

Table 4.6.2에 나타냈듯이 2200℃에서는 등조성선을 기준으로 한 공액선 분할 길이의 지렛대 원리에 의해 액상 L과 고용체 $MgO_{(SS)}$의 분율은 각각 83.0 wt%와 17.0 wt%이다. 공액선 양 끝점의 조성으로부터 액상의 조성은 54.2 wt% MgO-45.8 wt% Al_2O_3이고, 고용체 $MgO_{(SS)}$의 조성은 88.0 wt% MgO-12.0 wt% Al_2O_3이다.

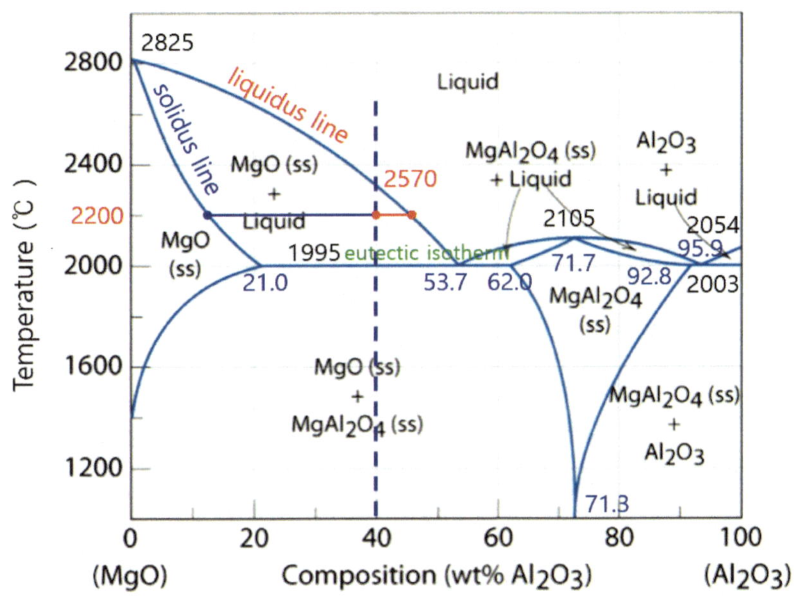

Fig. 4.6.2. Cooling at 2200℃ for a melt with composition of 60.0 wt% MgO-40.0 wt% Al_2O_3.

Table 4.6.2. Isoplethal Analysis at 2200℃ in MgO-Al_2O_3 Binary System with Composition of 60.0 wt% MgO-40.0 wt% Al_2O_3

Temp. (℃)	Type and fraction basis of phases	Proportion (%)	Composition (%)		Analysis (%)	
					MgO	Al_2O_3
2200	22.0 mm melt	83.0	MgO	54.2	45.0	
			Al_2O_3	45.8		38.0
	4.5 mm $MgO_{(ss)}$ crystal	17.0	MgO	88.0	15.0	
			Al_2O_3	12.0		2.0
	Total system composition				60.0	40.0

③ 공정반응 구간(T=1995℃)

등조성선과 고상선이 교차하는 온도인 1995℃에서는 공정반응이 일어난다. 이 온도를 전후하여 Fig. 4.6.3(a)의 1995^+℃에서 존재했던 (액상 L + 고용체 $MgO_{(SS)}$)가 Fig. 4.6.3(b)의 1995^-℃에서는 (고용체 $MgO_{(SS)}$ + 고용체 $MgAl_2O_{4(SS)}$)로 변하게 된다. 따라서 1995℃에서는 (액상 L + 고용체 $MgO_{(SS)}$ + 고용체 $MgAl_2O_{4(SS)}$)의 3상이 공존한다.

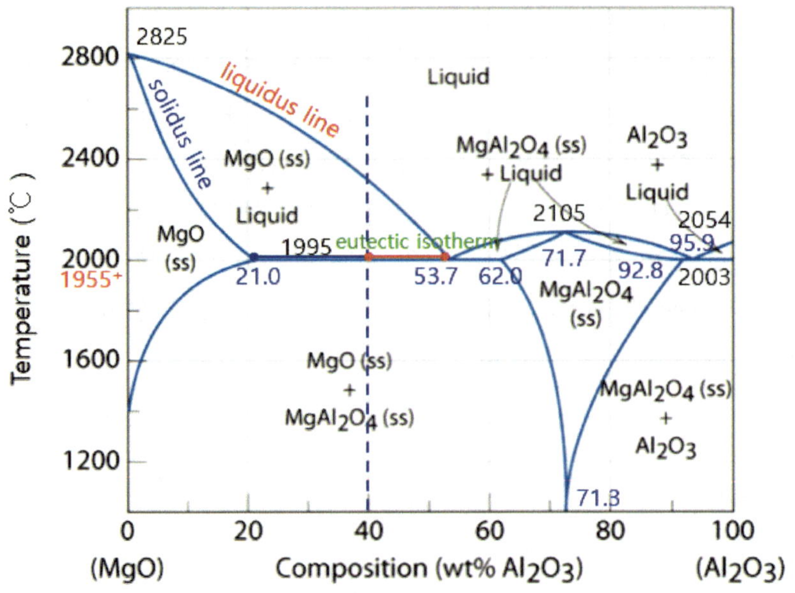

(a)

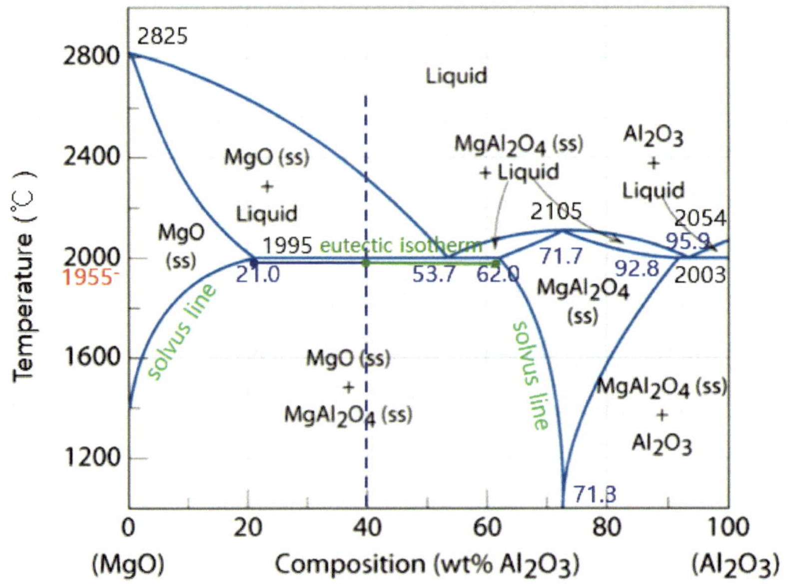

(b)

Fig. 4.6.3. Cooling at 1995^{+}℃(a) and 1995^{-}℃(b) for a melt with composition of 60.0 wt% MgO-40.0 wt% Al_2O_3.

1995℃에서 공정반응에 대한 물질수지를 분석할 수 있다. 1995^{+}℃에서의 존재상은 반응물이고 1995^{-}℃에서의 존재상은 생성물로서, Table 4.6.3의 분석으로 계산된 존재상의 분율 데이터에 기반한 (생성 물의 양 - 반응물의 양 = 0)의 관계로부터 다음과 같이 구할 수 있다.

① 공정반응의 물질수지: 생성물 무게 - 반응물 무게 = 0

$$
\begin{array}{lr}
 & 46.2 \text{ wt\% } MgAl_2O_{4(ss)} + 53.8 \text{ wt\% } MgO_{(ss)} \\
-) & 41.6 \text{ wt\% } MgO_{(ss)} + 58.4 \text{ wt\% Liquid} \\
\hline
 & 46.2 \text{ wt\% } MgAl_2O_{4(ss)} + 12.2 \text{ wt\% } MgO_{(ss)} - 58.4 \text{ wt\% Liquid} = 0
\end{array}
$$

Table 4.6.3. Isoplethal Analysis at 1995⁺℃ and 1995⁻℃ in $MgO-Al_2O_3$ Binary System with Composition of 60.0 wt% MgO-40.0 wt% Al_2O_3

Temp. (℃)	Type and fraction basis of phases	Proportion (%)	Composition (%)		Analysis (%)	
					MgO	Al_2O_3
1995^+	15.0 mm melt	58.4	MgO	46.4	27.1	
			Al_2O_3	53.6		31.3
	10.7 mm $MgO_{(ss)}$ crystal	41.6	MgO	79.0	32.9	
			Al_2O_3	21.0		8.7
	Total system composition				60.0	40.0
1995^-	15.0 mm $MgAl_2O_{4(ss)}$ crystal	46.2	MgO	37.9	17.5	
			Al_2O_3	62.1		28.7
	17.5 mm $MgO_{(ss)}$ crystal	53.8	MgO	79.0	42.5	
			Al_2O_3	21.0		11.3
	Total system composition				60.0	40.0

② 이항 정리하면, 1995℃에서 공정반응의 물질수지

$$58.4\text{ wt\% Liquid} \xrightarrow[\text{eutectic reaction}]{\text{cooling}} 46.2\text{ wt\% } MgAl_2O_{4(ss)} + 12.2\text{ wt\% } MgO_{(ss)} \quad (4\text{-}2)$$

따라서 1995^+℃에서 초정으로 정출되어 존재하던 41.6 wt% 고용체 $MgO_{(ss)}$는 냉각이 진행되어도 계속 남아 있고, 58.4 wt% 액상은 1995℃에서의 공정반응에 의해 1995^-℃에서는 (46.2 wt% $MgAl_2O_{4(ss)}$ + 12.2 wt% $MgO_{(ss)}$)의 층상 공정조직이 생성된다.

④ 고상 혼합물 구간(1995℃>T)

Fig. 4.6.4에서 보듯이, 등조성선과 고상선의 교차점 온도 미만(1995℃>T)에서는 (고용체 $MgO_{(ss)}$ + 고용체 $MgAl_2O_{4(ss)}$)로 존재한다. 다만, 평형 온도에 따라 각 고용체의 조성은 고용선을 따라 변하며, 분율도 연속적으로 변한다.

Fig. 4.6.4(a)와 Table 4.6.4의 분석에 나타낸 바와 같이, 1800℃에서는 공액선 분할 길이의 지렛대 원리에 의해 고용체 $MgO_{(ss)}$와 $MgAl_2O_{4(ss)}$의 분율은 각각 45.5 wt% 54.5 wt%이다. 공액선 양 끝점 조성에 해당하는 고용체 $MgO_{(ss)}$의 조성은 93.0 wt% MgO-7.0 wt% Al_2O_3이고, 고용체 $MgAl_2O_{4(ss)}$의 조성은 32.5 wt% MgO- 67.5 wt% Al_2O_3이다.

Fig. 4.6.4(b)와 Table 4.6.4의 분석 결과와 같이, 1200℃에서의 고용체 $MgO_{(ss)}$와 $MgAl_2O_{4(ss)}$의 분율은 각각 45.0 wt%와 55.0 wt%이다. 그리고 고용체 $MgO_{(ss)}$의 조성은 100.0 wt% MgO이고, 고용체 $MgAl_2O_{4(ss)}$의 조성은 27.3 wt% MgO-72.7 wt% Al_2O_3이다.

따라서 1800℃와 1200℃에서는 고용체 $MgO_{(ss)}$와 $MgAl_2O_{4(ss)}$가 존재하지만 각각의 조성과 분율은 변하는 것을 알 수 있다.

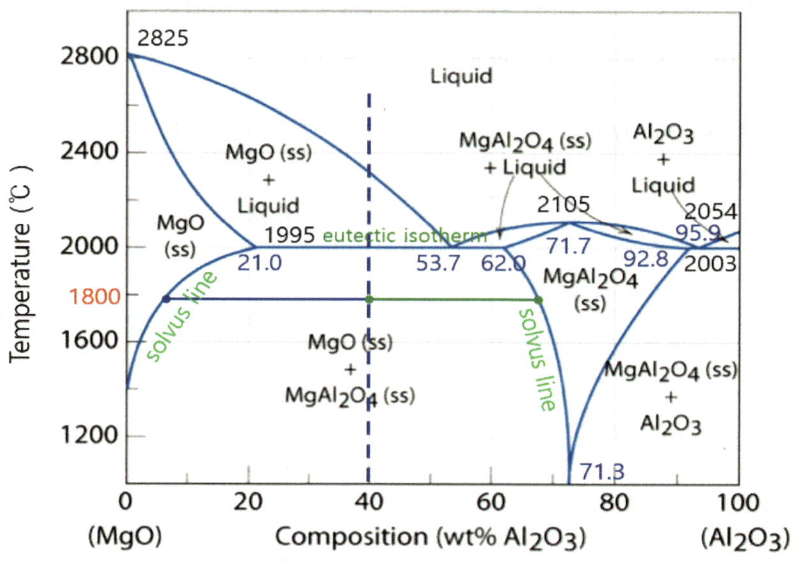

(a)

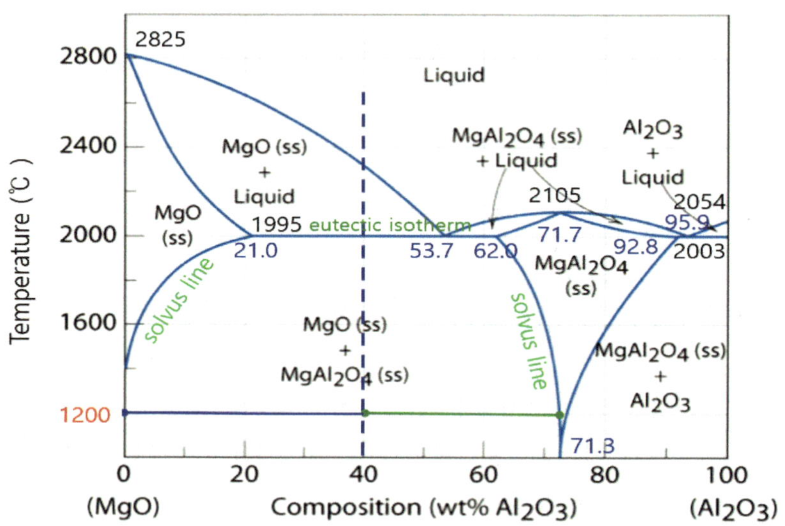

(b)

Fig. 4.6.4. Cooling at 1800℃(a) and 1200℃(b) for a melt with composition of 60.0 wt% MgO-40.0 wt% Al_2O_3.

Table 4.6.4. Isoplethal Analysis at 1800℃ and 1200℃ in MgO-Al_2O_3 Binary System with Composition of 60.0 wt% MgO-40.0 wt% Al_2O_3

Temp. (℃)	Type and fraction basis of phases	Proportion (%)	Composition (%)		Analysis (%)	
					MgO	Al_2O_3
1800	27.0 mm $MgAl_2O_{4(ss)}$ crystal	54.5	MgO	32.5	17.7	
			Al_2O_3	67.5		36.8
	22.5 mm $MgO_{(ss)}$ crystal	45.5	MgO	93.0	42.3	
			Al_2O_3	7.0		3.2
	Total system composition				60.0	40.0
1200	31.5 mm $MgAl_2O_{4(ss)}$ crystal	55.0	MgO	27.3	15.0	
			Al_2O_3	72.7		40.0
	25.8 mm $MgO_{(ss)}$ crystal	45.0	MgO	100.0	45.0	
			Al_2O_3	0.0		0.0
	Total system composition				60.0	40.0

4.3 포정반응이 있는 2성분계 상평형도의 냉각 시뮬레이션

냉각할 때 고상이 액상과 반응하여 새로운 단상의 고상을 형성하는 포정반응(peritectic reaction)이 있는 2성분계 상평형도에서, 특정 온도-조성의 융체가 평형 냉각되는 동안 일어나는 계의 상태 변화는 다음과 같은 순서의 등조성선 연구를 통하여 알 수 있다.

① 특정 온도-조성의 초기 융체 조성점을 찍고, 계의 조성이 일정하게 유지되는 등조성선을 그어서, 냉각 온도가 어느 상영역에 속하는지 파악하여 존재하는 상의 수와 종류를 알아낸다.

② 등조성선과 액상선의 교차점 온도 초과 범위의 단상 영역이면 최초 융체와 조성이 같은 액상으로 100% 존재한다.

③ 등조성선과 액상선이 교차하는 온도에서는 액상으로부터 고상이 초정으로 정출되기 시작한다.

④ 등조성선과 액상선의 교차점 온도 이하에서 포정 반응선과의 교차점 온도 초과까지 범위의 2상 영역에서는 (액상 + 초정 고상)이 공존하는데, 해당 온도에서 상영역 좌우 경계선까지의 수평 선분인 공액선을 그어서, 공액선의 양 끝점 조성으로부터 두 상의 조성을 알아내고, 등조성선을 기준으로 한 공액선의 분할 길이를 이용하여 두 상의 분율을 구한다.

⑤ 등조성선과 포정 반응선이 교차하는 온도에서는 이전에 존재했던 (액상 L + 초정 고상)이 포정반응에 의해 단상의 화학양론 화합물인 새로운 고상으로 변하는데, 반응에 참여하는 (액상 L + 초정 고상)을 합한 계의 조성이 포정 조성(=화학양론 화합물의 조성)을 갖지 않으면 포정반응 후에 2차 고상 외에 초정 고상이나 액상이 남게 되어 두 상이 공존하게 된다.

⑥ 등조성선과 포정 반응선의 교차점 온도 미만의 2상 영역이면 {2차 고상 + 액상 L(또는 초정 고상)}이 공존하는데, 해당 온도에서 상영역 좌우 경계선까지의 수평 선분인 공액선을 그어서, 양 끝점의 조성으로부터 두 상의 조성을 알아내고, 등조성선을 기준으로 한 공액선 분할 길이를 이용하여 두 상의 분율을 구한다.

4.3.1 65.0 wt% $KAlSi_2O_6$-35.0 wt% SiO_2 조성 융체의 평형 냉각

Fig. 4.7의 $KAlSi_2O_6$-SiO_2 2성분계 상평형도는 일정한 화학양론 조성을 갖는 중간 화합물 K-feldspar($KAlSi_3O_8$, $KAlSi_2O_6 \cdot SiO_2$)를 포함하고 있다. K-feldspar(78.0 wt% $KAlSi_2O_6$-22.0 wt% SiO_2)는 1149℃에서 용융될 때 단상의 고상과 다른 조성(55.0 wt% $KAlSi_2O_6$-45.0 wt% SiO_2)의 액상을 생성하기 때문에 비조화용융 화합물이다.

$KAlSi_2O_6$-SiO_2 2성분계 상평형도에는 1149℃에서의 포정반응(액상 L + 고상 leucite → 고상 K-feldspar)과 979℃에서의 공정반응(액상 L → 고상 K-feldspar + 고상 tridymite)을 포함하고 있다. 또한 상평형도에는 실리카(SiO_2)의 결정상 cristobalite, tridymite 및 quartz의 상전이도 나타나 있다.

한편 이 상평형도에는 1개의 액상 단상 영역, 4개의 (액상 + 고상) 2상 영역과 3개의 두 고상 2상 영역 등 모두 8개의 상영역이 존재한다.

65.0 wt% $KAlSi_2O_6$-35.0 wt% SiO_2 조성의 초기 융체가 평형 냉각될 때 각각의 온도 구간에서 존재하는 상의 조성과 분율은 다음과 같다.

① 액상 유지 구간(T>1420℃)

Fig. 4.7.1과 Table 4.7.1의 1600℃ 분석에 나타낸 바와 같이, 등조성선과 액상선의 교차점 온도 초과(T>1420℃)에서는 초기 융체와 조성이 같은 액상 L로 100% 존재한다.

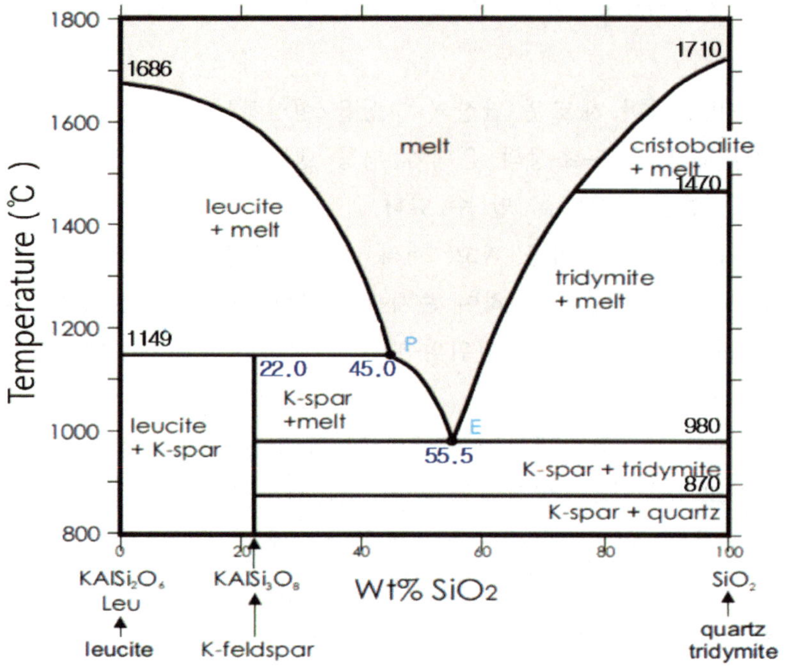

Fig. 4.7. $KAlSi_2O_6$-SiO_2 binary phase diagram containing a peritectic reaction.[6)]

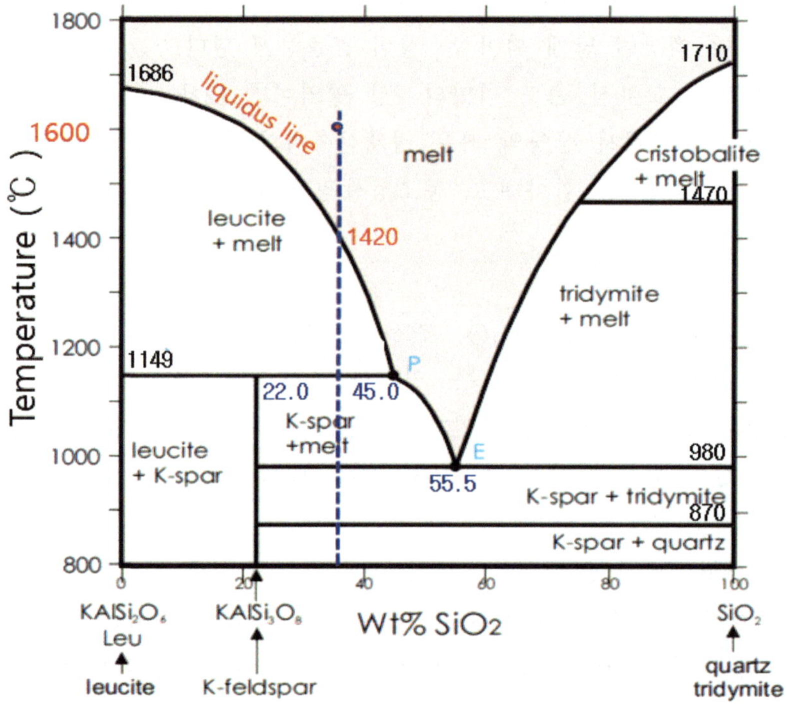

Fig. 4.7.1. Cooling at 1600℃ for a melt with composition of 65.0 wt% $KAlSi_2O_6$-35.0 wt% SiO_2.

Table 4.7.1. Isoplethal Analysis at 1600℃ in $KAlSi_2O_6$-SiO_2 Binary System with Composition of 65.0 wt% $KAlSi_2O_6$-35.0 wt% SiO_2

Temp. (℃)	Type and fraction basis of phases	Proportion (%)	Composition (%)		Analysis (%)	
					$KAlSi_2O_6$	SiO_2
1600	- mm melt	100.0	$KAlSi_2O_6$	65.0	65.0	
			SiO_2	35.0		35.0
	Total system composition				65.0	35.0

② 초정 정출 구간(1420℃≥T>1149℃)

Fig. 4.7.2의 1300℃에서 보이는 바와 같이, 등조성선과 액상선의 교차점 온도 이하부터 포정 반응선과의 교차점 온도 초과까지 범위(1420℃≥T>1149℃)인 2상 영역에서는 액상 L로부터 고상 leucite가 초정으로 정출되어 존재상은 (액상 L + 초정 leucite)이다.

Table 4.7.2에 나타낸 바와 같이, 1300℃에서는 등조성선을 기준으로 한 공액선의 분할 길이로부터 액상 L과 고상 leucite의 분율은 각각 87.5 wt%와 12.5 wt%이다. 공액선 양 끝점의 조성에 해당하는 액상 L의 조성은 60.0 wt% $KAlSi_2O_6$-40.0 wt% SiO_2이고, 고상 leucite의 조성은 100.0 wt% $KAlSi_2O_6$이다.

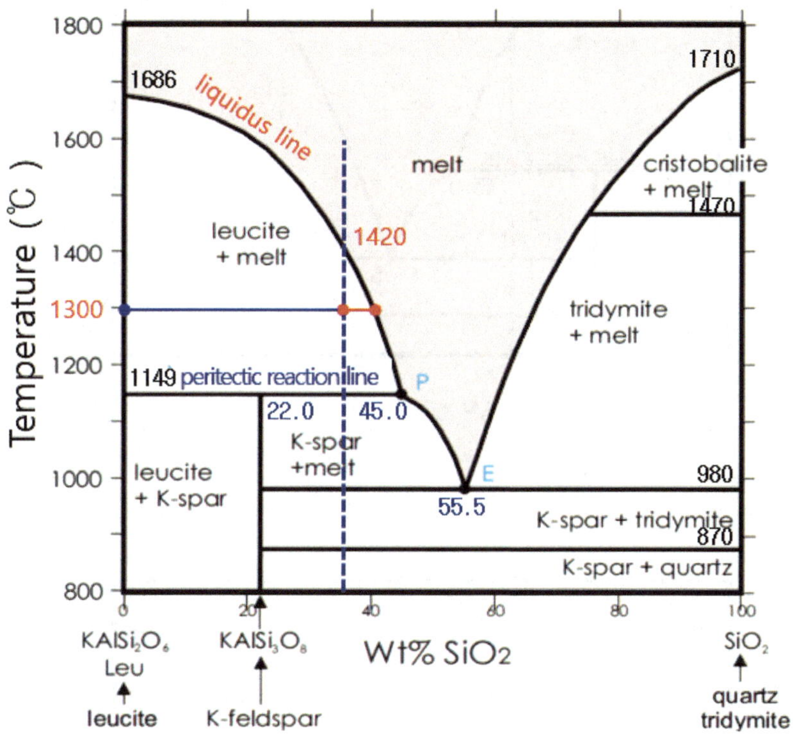

Fig. 4.7.2. Cooling at 1300℃ for a melt with composition of 65.0 wt% $KAlSi_2O_6$-35.0 wt% SiO_2.

Table 4.7.2. Isoplethal Analysis at 1300℃ in $KAlSi_2O_6$-SiO_2 Binary System with Composition of 65.0 wt% $KAlSi_2O_6$-35.0 wt% SiO_2

Temp. (℃)	Type and fraction basis of phases	Proportion (%)	Composition (%)		Analysis (%)	
					$KAlSi_2O_6$	SiO_2
1300	28.0 mm melt	87.5	$KAlSi_2O_6$	60.0	52.5	
			SiO_2	40.0		35.0
	4.0 mm leucite crystal	12.5	$KAlSi_2O_6$	100.0	12.5	
			SiO_2	0.0		0.0
	Total system composition				65.0	35.0

③ 포정반응 구간(T=1149℃)

Fig. 4.7.3(a)에서 보이는 바와 같이, 등조성선과 포정 반응선이 교차하는 1149℃에서는 초정 정출 구간에 존재했던 (액상 L + 고상 leucite)가 포정반응 하여 고상 K-feldspar로 변한다. 즉, Fig. 4.7.3(a)의 1149⁺℃에서 존재했던 (액상 L + 고상 leucite)가 Fig. 4.7.3(b)의 1149⁻℃에서는 (고상 K-feldspar + 액상 L)로 존재한다. 따라서 1149℃ 포정 온도에서는 (액상 L + 고상 leucite + 고상 K-feldspar)의 3상이 공존한다.

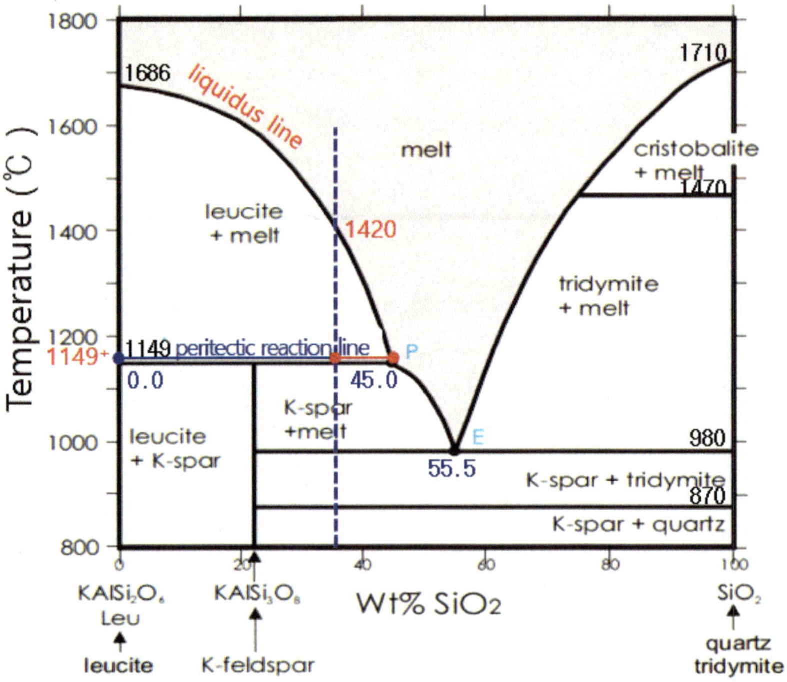

(a)

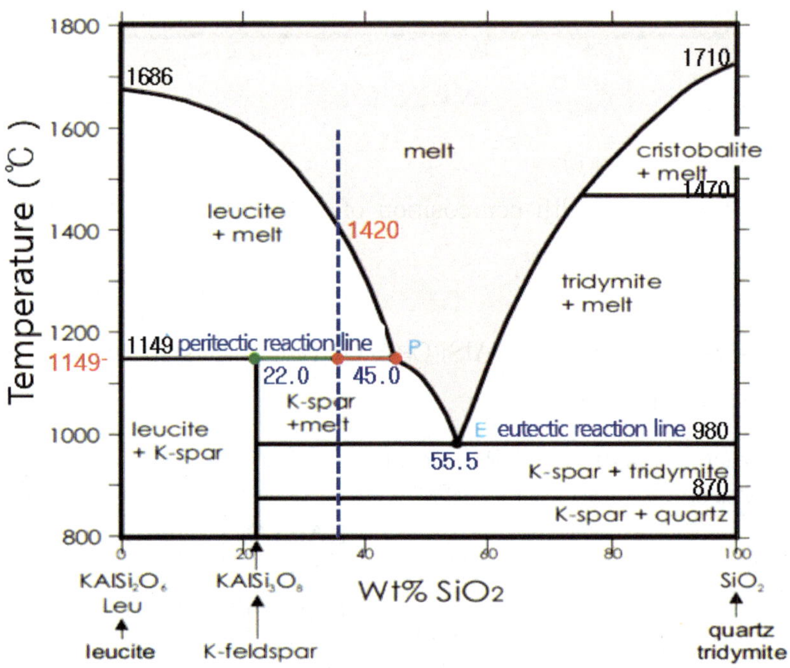

(b)

Fig. 4.7.3. Cooling at 1149⁺℃(a) and 1149⁻℃(b) for a melt with composition of 65.0 wt% $KAlSi_2O_6$-35.0 wt% SiO_2.

Table 4.7.3. Isoplethal Analysis at 1149^{+}℃ and 1149^{-}℃ in $KAlSi_2O_6$-SiO_2 Binary System with Composition of 65.0 wt% $KAlSi_2O_6$-35.0 wt% SiO_2

Temp. (℃)	Type and fraction basis of phases	Proportion (%)	Composition (%)		Analysis (%)	
					$KAlSi_2O_6$	SiO_2
1149^{+}	28.0 mm melt	77.8	$KAlSi_2O_6$	55.0	42.8	
			SiO_2	45.0		35.0
	8.0 mm leucite crystal	22.2	$KAlSi_2O_6$	100.0	22.2	
			SiO_2	0.0		0.0
	Total system composition				65.0	35.0
1149^{-}	10.4 mm melt	56.5	$KAlSi_2O_6$	55.0	31.1	
			SiO_2	45.0		25.4
	8.0 mm K-feldspar crystal	43.5	$KAlSi_2O_6$	78.0	33.9	
			SiO_2	22.0		9.6
	Total system composition				65.0	35.0

1149℃에서 포정반응에 대한 물질수지는 다음과 같다. 1149^{+}℃에서의 존재상은 반응물이고 1149^{-}℃에서의 존재상은 생성물로서, Table 4.7.3의 분석으로 계산된 존재상의 분율 데이터에 기반한 (생성물의 양 - 반응물의 양 = 0)의 관계로부터 다음과 같이 구할 수 있다.

① 포정반응의 물질수지: 생성물 무게 - 반응물 무게 = 0

$$
\begin{array}{rl}
 & 43.5 \text{ wt\% } KAlSi_3O_8 + 56.5 \text{ wt\% Liquid} \\
-) & 77.8 \text{ wt\% Liquid} + 22.2 \text{ wt\% } KAlSi_2O_6 \\
\hline
 & 43.5 \text{ wt\% } KAlSi_3O_8 - 21.3 \text{ wt\% Liquid} - 22.2 \text{ wt\% } KAlSi_2O_6 = 0
\end{array}
$$

② 이항 정리하면, 1149℃에서 포정반응의 물질수지

$$21.3 \text{ wt\% Liquid} + 22.2 \text{ wt\% } KAlSi_2O_6 \xrightarrow[\text{peritectic reaction}]{\text{cooling}} 43.5 \text{ wt\% } KAlSi_3O_8 \qquad (4\text{-}3)$$

따라서 1149^{+}℃에서 초정이 정출되어 존재했던 (77.8 wt% 액상 L + 22.2 wt% 고상 leucite)의 일부는 1149℃에서의 포정반응으로 43.5 wt% 분율의 제2 고상 K-feldspar를 생성함에 따라 1149^{-}℃에서는 (43.5 wt% 고상 K-feldspar + 56.5 wt% 액상 L)의 포정조직이 생성된다.

④ 2차상 정출 구간(1149℃>T>980℃)

Fig. 4.7.4의 1100℃에서 보이는 바와 같이, 등조성선과 포정 반응선의 교차점 온도 미만에서 고상선과의 교차점 온도 초과까지 범위(1149℃>T>980℃)인 2상 영역에서는 액상 L로부터 2차 고상 K-feldspar가 계속 정출되어, 존재하는 상은 (액상 L + 고상 K-feldspar)이다.

Table 4.7.4의 1100℃ 분석에 나타낸 바와 같이, 등조성선을 기준으로 한 공액선의 지렛대 원리에 의해 액상 L과 고상 K-feldspar의 분율은 각각 40.8 wt%와 59.2 wt%이다. 공액선 양 끝점의 조성에 해당하는 액상 L의 조성은 46.1 wt% $KAlSi_2O_6$-53.9 wt% SiO_2이고, 고상 K-feldspar의 조성은 78.0 wt% $KAlSi_2O_6$- 22.0 wt% SiO_2이다.

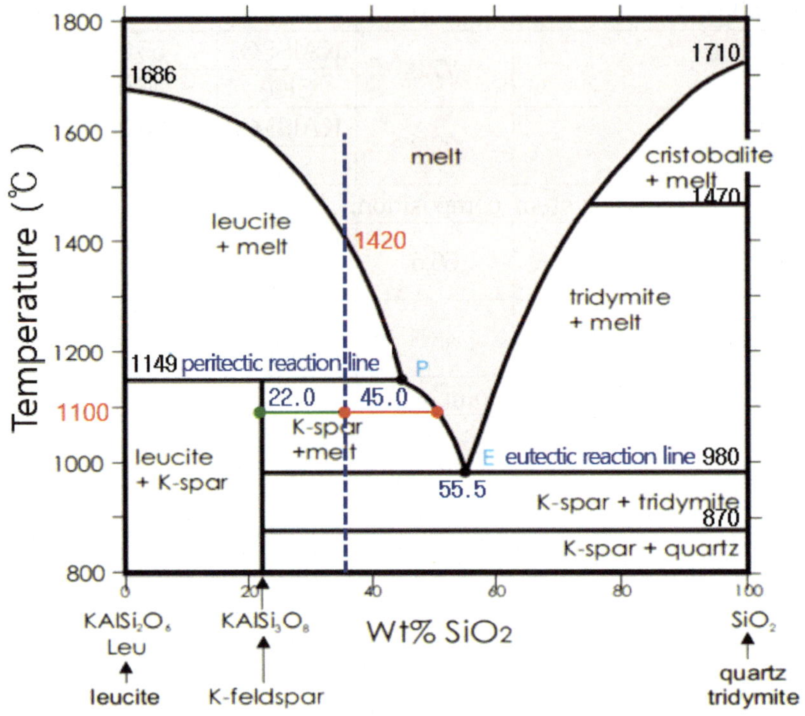

Fig. 4.7.4. Cooling at 1100℃ for a melt with composition of 65.0 wt% $KAlSi_2O_6$-35.0 wt% SiO_2.

Table 4.7.4. Isoplethal Analysis at 1100℃ in $KAlSi_2O_6$-SiO_2 Binary System with Composition of 65.0 wt% $KAlSi_2O_6$-35.0 wt% SiO_2

Temp. (℃)	Type and fraction basis of phases	Proportion (%)	Composition (%)		Analysis (%)	
					$KAlSi_2O_6$	SiO_2
1100	10.4 mm melt	40.8	$KAlSi_2O_6$	46.1	18.8	
			SiO_2	53.9		22.0
	15.1 mm K-feldspar crystal	59.2	$KAlSi_2O_6$	78.0	46.2	
			SiO_2	22.0		13.0
	Total system composition				65.0	35.0

⑤ 공정반응 구간(T=980℃)

Fig. 4.7.5의 (a)와 (b)에서 보이는 바와 같이, 980℃는 등조성선과 고상선이 교차하는 지점으로 액상 L이 공정반응에 의해 (고상 K-feldspar + 고상 trydimite)로 변한다. 즉, Fig. 4.7.5(a)의 980^+℃에서 존재했던 (액상 L + 고상 K-feldspar) 중의 액상 L이 공정반응으로 Fig. 4.7.5(b)의 980^-℃에서는 (고상 K-feldspar + 고상 trydimite)로 존재한다. 따라서 공정 온도점인 980℃에서는 (액상 L + 고상 K-feldspar + 고상 trydimite)의 3상이 공존한다.

Fig. 4.7.5와 Table 4.7.5의 980^+℃ 분석에 나타낸 바와 같이, 공액선 분할 길이에 대한 지렛대 원리로

계산되는 액상 L과 고상 K- feldspar의 분율은 각각 38.8 wt%와 78.0 wt%이고, 액상 L의 조성은 44.9 wt% $KAlSi_2O_6$-55.1 wt% SiO_2이다.

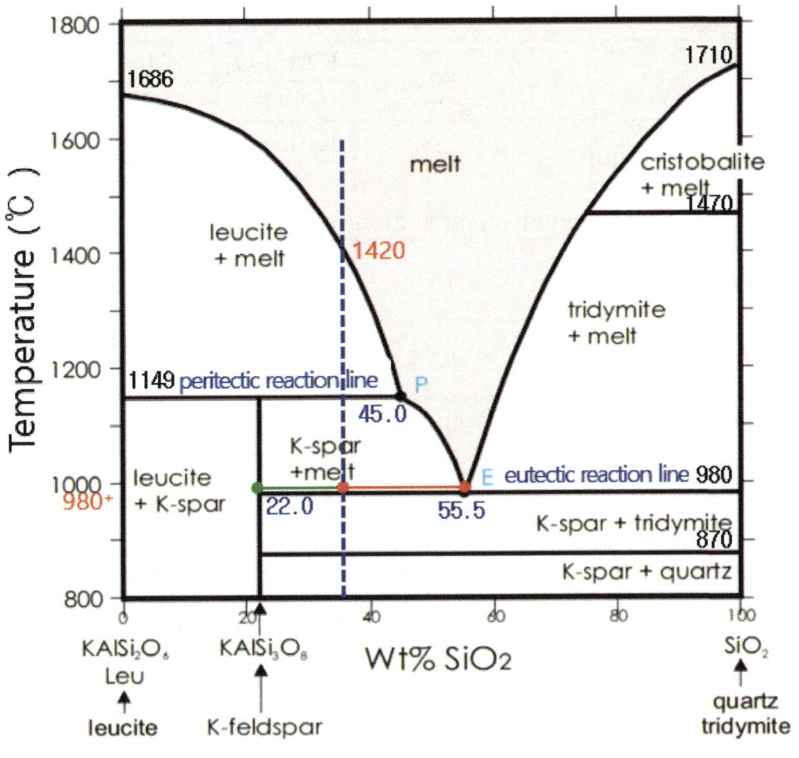

(a)

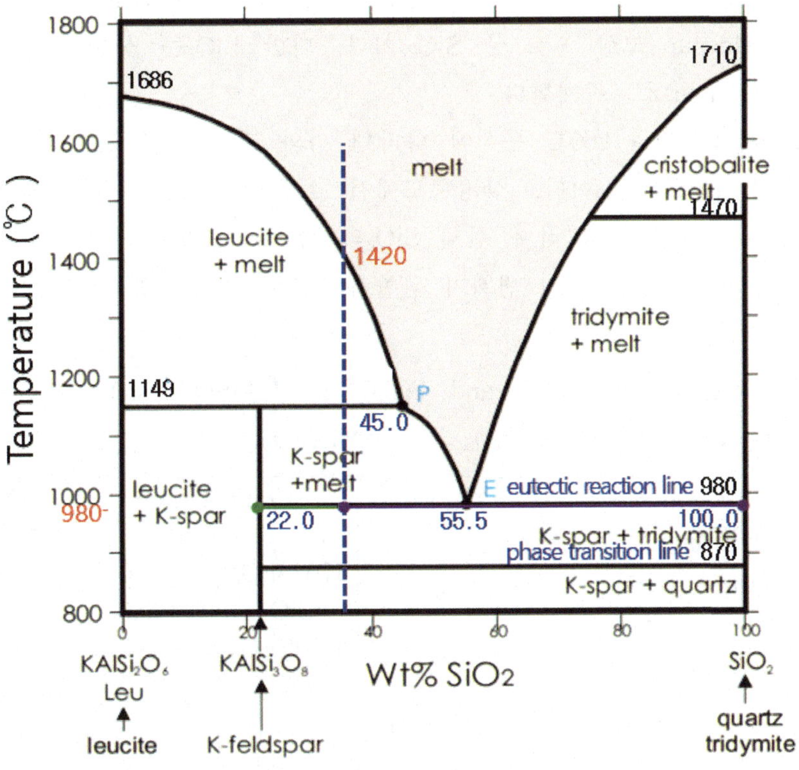

(b)

Fig. 4.7.5. Cooling at 980⁺℃(a) and 980⁻℃(b) for a melt with composition of 65.0 wt% $KAlSi_2O_6$-35.0 wt% SiO_2.

Table 4.7.5. Isoplethal Analysis at 980^{+}℃ and 980^{-}℃ in $KAlSi_2O_6$-SiO_2 Binary System with Composition of 65.0 wt% $KAlSi_2O_6$-35.0 wt% SiO_2

Temp. (℃)	Type and fraction basis of phases	Proportion (%)	Composition (%)		Analysis (%)	
					$KAlSi_2O_6$	SiO_2
980^{+}	10.4 mm melt	39.2	$KAlSi_2O_6$	44.9	17.6	
			SiO_2	55.1		21.6
	16.1 mm K-feldspar crystal	60.8	$KAlSi_2O_6$	78.0	47.4	
			SiO_2	22.0		13.4
	Total system composition				65.0	35.0
980^{-}	25.0 mm tridymite crystal	16.6	$KAlSi_2O_6$	0.0	0.0	
			SiO_2	100.0		16.6
	29.5 mm K-feldspar crystal	83.4	$KAlSi_2O_6$	78.0	65.0	
			SiO_2	22.0		18.4
	Total system composition				65.0	35.0

그리고 980^{-}℃에서는 존재하는 고상 tridymite와 고상 K-feldspar의 분율은 각각 16.6 wt%와 83.4 wt%이며, 고상 tridymite의 조성은 100.0 wt% SiO_2이고 고상 K-feldspar의 조성은 78.0 wt% $KAlSi_2O_6$ -22.0 wt% SiO_2이다.

⑥ 고상 혼합물 구간(980℃>T)

Fig. 4.7.6에서 보이는 바와 같이, 등조성선과 고상선의 교차점 온도 미만(980℃<T)의 2상 영역에서 존재하는 상은 (고상 K-feldspar 고상 + 고상 SiO_2)이다. 다만 SiO_2는 상전이 선(phase transition line)을 전후하여 tridymite와 quartz로 존재한다.

Fig. 4.7.6과 Table 4.7.6의 900℃와 860℃ 분석에 나타낸 바와 같이 고상 SiO_2와 고상 K-feldspar의 분율은 각각 16.6 wt%와 83.4 wt%이다. 상평형도에서 보듯이, 고상 SiO_2 결정은 900℃에서는 tridymite이고 860℃에서는 quartz이다. 그러나 실제 SiO_2의 상전이는 변위형 전이와 재구축형 전이로 구분되는데, tridymite → quartz 상전이는 그 변화가 원활하지 않은 재구축형 전이이다.

Table 4.7.6. Isoplethal Analysis at 900℃ and 860℃ in $KAlSi_2O_6$-SiO_2 Binary System with Composition of 65.0 wt% $KAlSi_2O_6$-35.0 wt% SiO_2

Temp. (℃)	Type and fraction basis of phases	Proportion (%)	Composition (%)		Analysis (%)	
					$KAlSi_2O_6$	SiO_2
900	10.4 mm tridymite crystal	16.6	$KAlSi_2O_6$	0.0	0.0	
			SiO_2	100.0		16.6
	52.4 mm K-feldspar crystal	83.4	$KAlSi_2O_6$	78.0	65.0	
			SiO_2	22.0		18.4
	Total system composition				65.0	35.0
860	10.4 mm quartz crystal	16.6	$KAlSi_2O_6$	0.0	0.0	
			SiO_2	100.0		16.6
	52.4 mm K-feldspar crystal	83.4	$KAlSi_2O_6$	78.0	65.0	
			SiO_2	22.0		18.4
	Total system composition				65.0	35.0

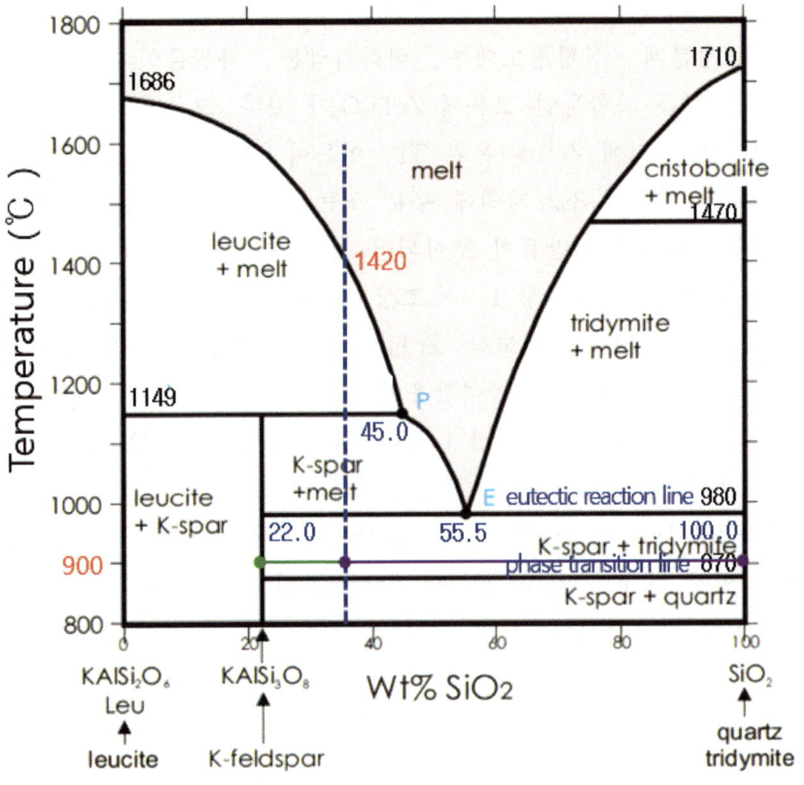

(a)

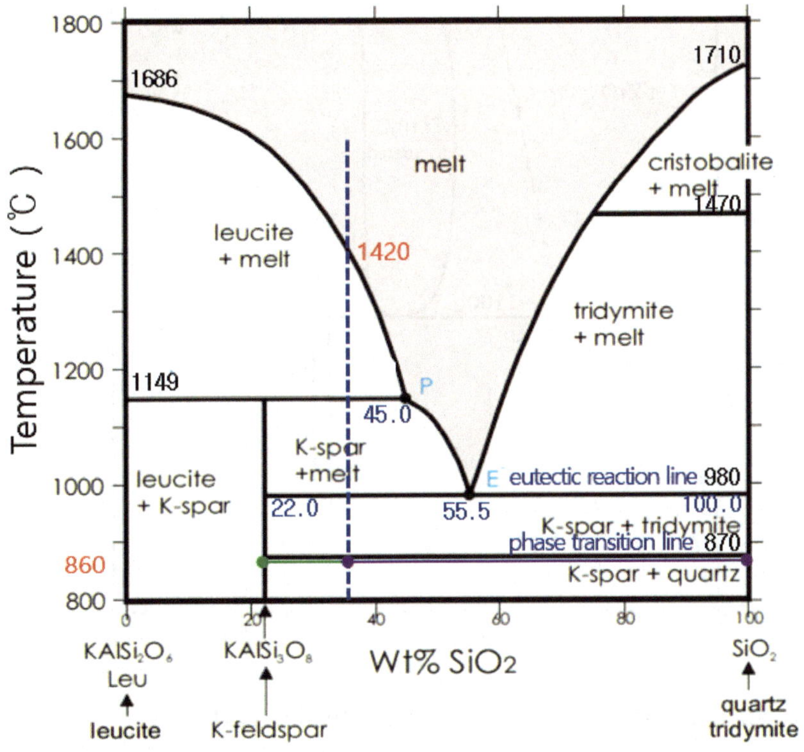

(b)

Fig. 4.7.6. Cooling at 900℃(a) and 860℃(b) for a melt with composition of 65.0 wt% $KAlSi_2O_6$-35.0 wt% SiO_2.

4.3.2 46.0 mol% ZrO_2-54.0 mol% TiO_2 조성 융체의 평형 냉각

Fig. 4.8의 ZrO_2-TiO_2 2성분계 상평형도에는 비화학양론 화합물인 고용체 $(Zr,Ti)_2O_4$ {또는 $(Zr_x,Ti_{1-x})_2O_4$, x=1±0.09}와 화학양론 화합물인 고용체 $ZrTi_2O_6$가 있다. 고온형 $(Zr_x,Ti_{1-x})_2O_4$ 상은 사방정계 α-PbO_2 결정구조이며 팔면체 자리에 Zr^{4+} 이온과 Ti^{4+} 이온이 무질서하게 분포한다. 저온형 $ZrTi_2O_6$ 상은 fersmite 결정구조에서 Zr^{4+} 이온이 8중 자리에 부분 또는 완전 정렬하여 분포한다. 이 상평형도에는 특정 조성-온도에 존재하는 4개의 불변반응이 포함되어 있다. 1820℃에서 (액상 L + 고상 t-ZrO_2 → 고상 $(Zr,Ti)_2O_4$)의 포정반응, 1760℃에서 (액상 L → 고상 $(Zr,Ti)_2O_4$ + 고상 TiO_2)의 공정반응, ~1200℃에서 {고상 $(Zr,Ti)_2O_4$ + 고상 TiO_2 → 고상 $ZrTi_2O_6$}의 포석반응 그리고 ~1100℃에서 {고상 $(Zr,Ti)_2O_4$ → 고상 m-ZrO_2 + 고상 $ZrTi_2O_6$)의 공석반응이 일어난다.

이 계는 6개의 단상 영역으로 액상 L 영역, 고상 t-ZrO_2 영역, 고상 m-ZrO_2 영역, 고상 $(Zr,Ti)_2O_4$ 영역, 고상 $ZrTi_2O_6$ 영역 및 고상 TiO_2 영역이 있다. 또한 3개의 (액상 + 고상) 2상 영역과 6개의 두 고상 2상 영역 등 모두 15개의 상영역이 존재한다. 상평형도에 나타난 점선은 준안정 상태도(metastable phase diagram)이고, 실선은 안정 상태도(stable phase diagram)인데, 이렇게 점선과 실선으로 표시하는 이유는 상의 변화가 공정 조건에 따라 구분되기 때문이다.[8]

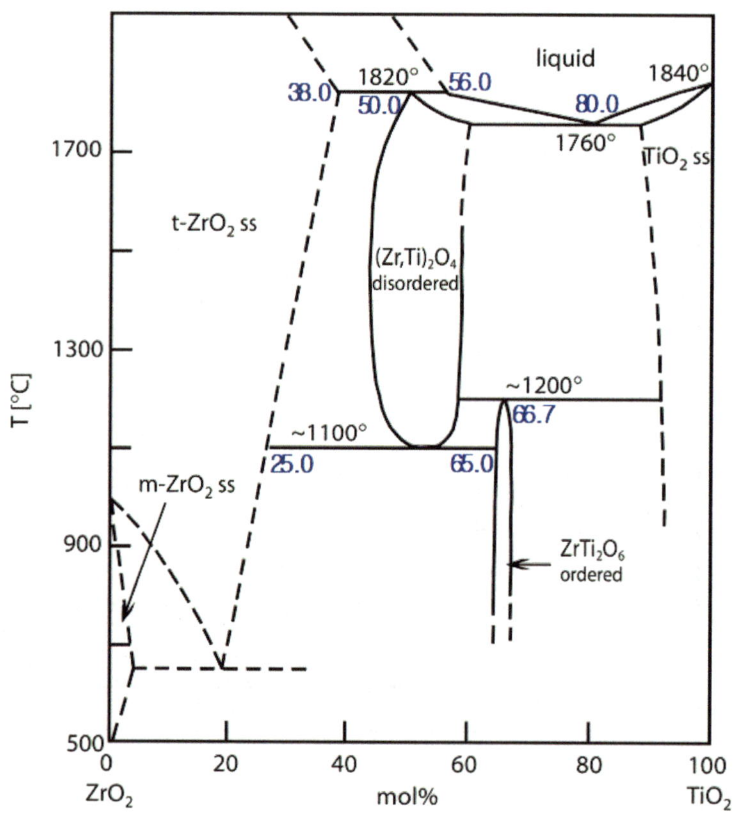

Fig. 4.8. ZrO_2-TiO_2 binary phase diagram containing a peritectic reaction.[7]

46.0 mol% ZrO_2-54.0 mol% TiO_2 조성의 초기 융체가 평형 냉각될 때 각각의 온도 구간에서 존재하는 상의 조성과 분율은 다음과 같다.

① 액상 유지 구간(T>1860℃)

Fig. 4.8.1과 Table 4.8.1의 1940℃ 분석에 나타낸 바와 같이, 등조성선과 액상선의 교차점 온도 초과 (T>1860℃)에서는 단상 영역을 지나므로 계의 상태는 변하지 않고 초기 융체와 조성이 같은 액상 L로 100% 존재한다.

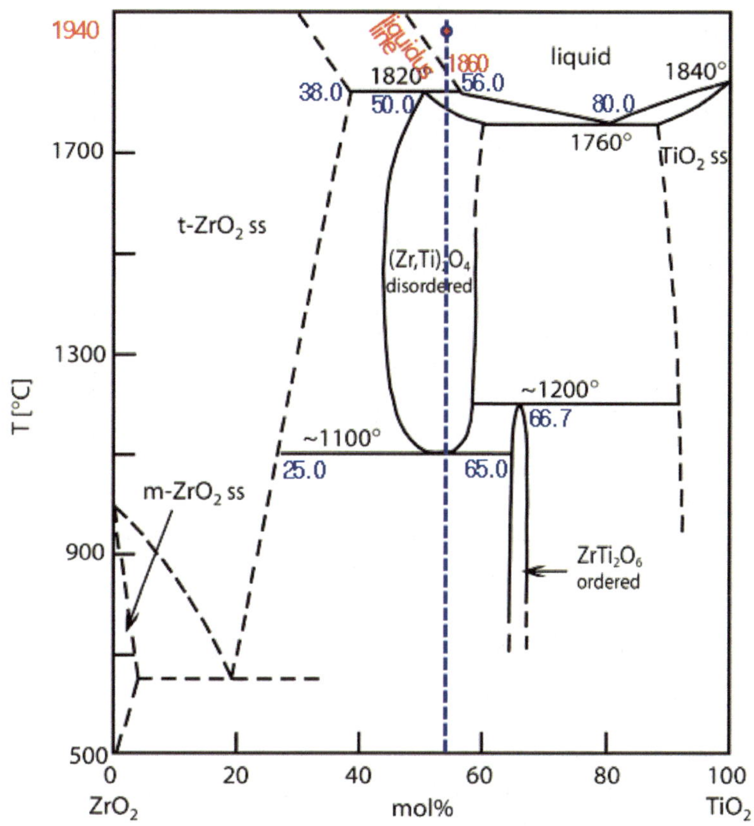

Fig. 4.8.1. Cooling at 1940℃ for a melt with composition of 46.0 mol% ZrO_2-54.0 mol% TiO_2.

Table 4.8.1. Isoplethal Analysis at 1940℃ in ZrO_2-TiO_2 Binary System with Composition of 46.0 mol% ZrO_2-54.0 mol% TiO_2

<table>
<tr><th rowspan="2">Temp. (℃)</th><th rowspan="2">Type and fraction basis of phases</th><th rowspan="2">Proportion (%)</th><th rowspan="2" colspan="2">Composition (%)</th><th colspan="2">Analysis (%)</th></tr>
<tr><th>ZrO_2</th><th>TiO_2</th></tr>
<tr><td rowspan="3">1940</td><td rowspan="2">- mm melt</td><td rowspan="2">100.0</td><td>ZrO_2</td><td>46.0</td><td>46.0</td><td></td></tr>
<tr><td>TiO_2</td><td>54.0</td><td></td><td>54.0</td></tr>
<tr><td colspan="4">Total system composition</td><td>46.0</td><td>54.0</td></tr>
</table>

② 초정 정출 구간(1860℃≥T>1820℃)

Fig. 4.8.2의 1840℃에서 보이는 바와 같이, 등조성선과 액상선의 교차점 온도 이하에서 포정 반응선과의 교차점 온도 초과까지 범위(1860℃≥T>1820℃)인 2상 영역에서는 액상 L로부터 고상 t-ZrO_2가 초정으로 정출되어 존재상은 (액상 L + 고상 t-ZrO_2)이다.

Fig. 4.8.2와 Table 4.8.2의 1840℃ 분석에서 보듯이 공액선 분할 길이의 지렛대 원리에 의해 액상 L과 고상 t-ZrO_2의 분율은 각각 95.2 mol%와 4.8 mol%이다. 공액선 양 끝점의 조성에 해당하는 액상 L의 조성은 45.0 mol% ZrO_2-55.0 mol% TiO_2이고, 고상 t-ZrO_2의 조성은 67.0 mol% ZrO_2-33.0 mol% TiO_2이다.

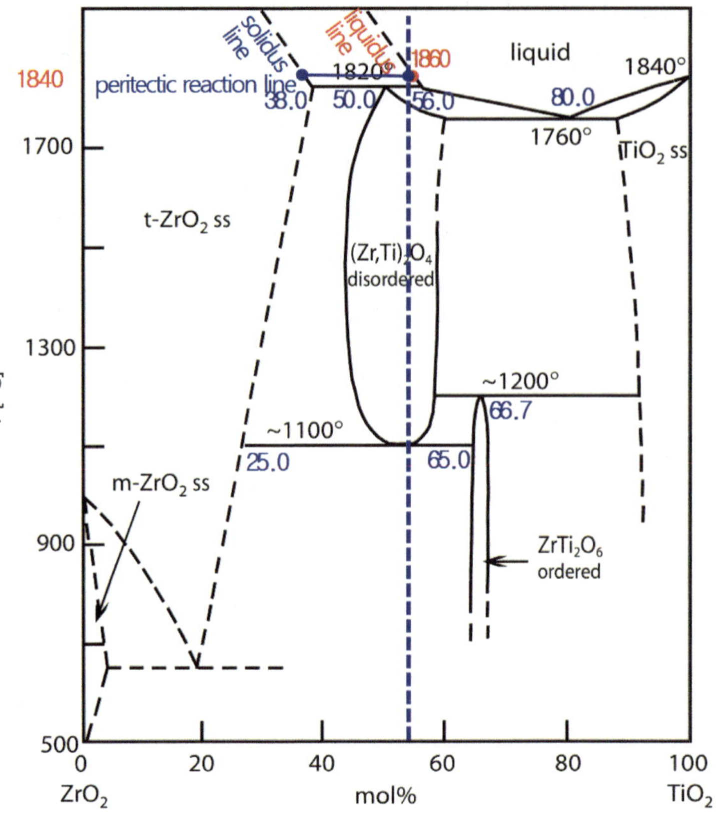

Fig. 4.8.2. Cooling at 1840℃ for a melt with composition of 46.0 mol% ZrO_2-54.0 mol% TiO_2.

Table 4.8.2. Isoplethal Analysis at 1840℃ in ZrO_2-TiO_2 Binary System with Composition of 46.0 mol% ZrO_2-54.0 mol% TiO_2

Temp. (℃)	Type and fraction basis of phases	Proportion (%)	Composition (%)		Analysis (%)	
					ZrO_2	TiO_2
1840	13.8 mm melt	95.2	ZrO_2	45.0	42.8	
			TiO_2	55.0		52.4
	0.7 mm t-ZrO_2ss crystal	4.8	ZrO_2	67.0	3.2	
			TiO_2	33.0		1.6
	Total system composition				46.0	54.0

③ 포정반응 구간(T=1820℃)

1820℃는 등조성선과 포정 반응선이 교차하는 지점으로 평형 냉각 시 (액상 L + 고상 t-ZrO_2)이 포정반응에 의해 고상 $(Zr,Ti)_2O_4$로 변한다. 즉, Fig. 4.8.3(a)의 1820^+℃에서 존재했던 (액상 L + 고상 t-ZrO_2)이 Fig. 4.8.3(b)의 1820^-℃에서는 {고상 $(Zr,Ti)_2O_4$ + 액상 L}로 변한다. 따라서 포정 온도점인 1820℃에서는 {액상 L + 고상 t-ZrO_2 + 고상 $(Zr,Ti)_2O_4$}의 3상이 공존한다.

1820℃에서 포정반응에 대한 물질수지는 다음과 같다. 1820^+℃에서의 존재상은 반응물이고 1820^-℃에서의 존재상은 생성물로서, Table 4.8.3의 분석으로 구한 존재상의 몰백분율 데이터에 기반한 (생성물의 양 - 반응물의 양 = 0)의 관계로부터 다음과 같이 구할 수 있다.

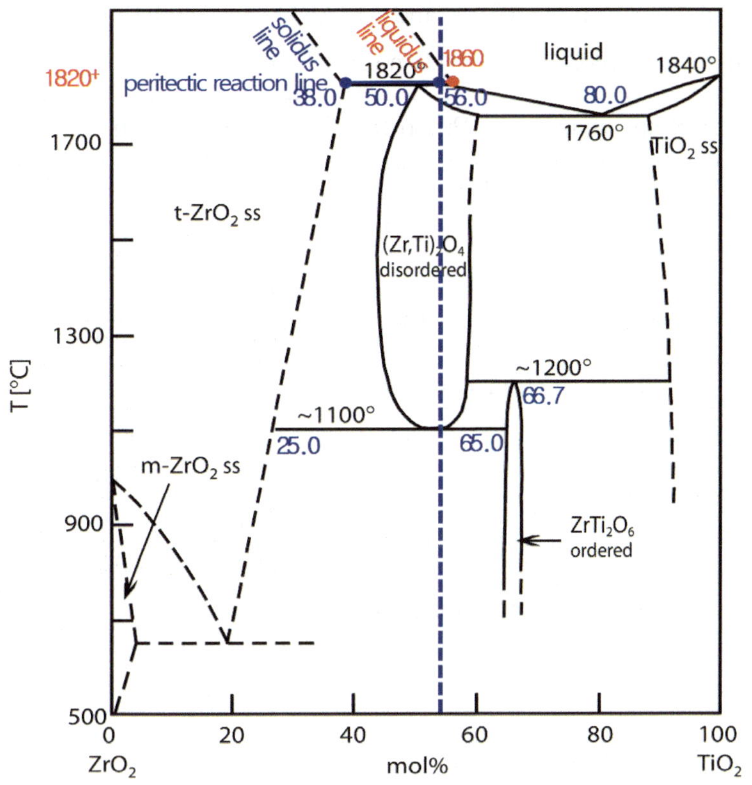

(a)

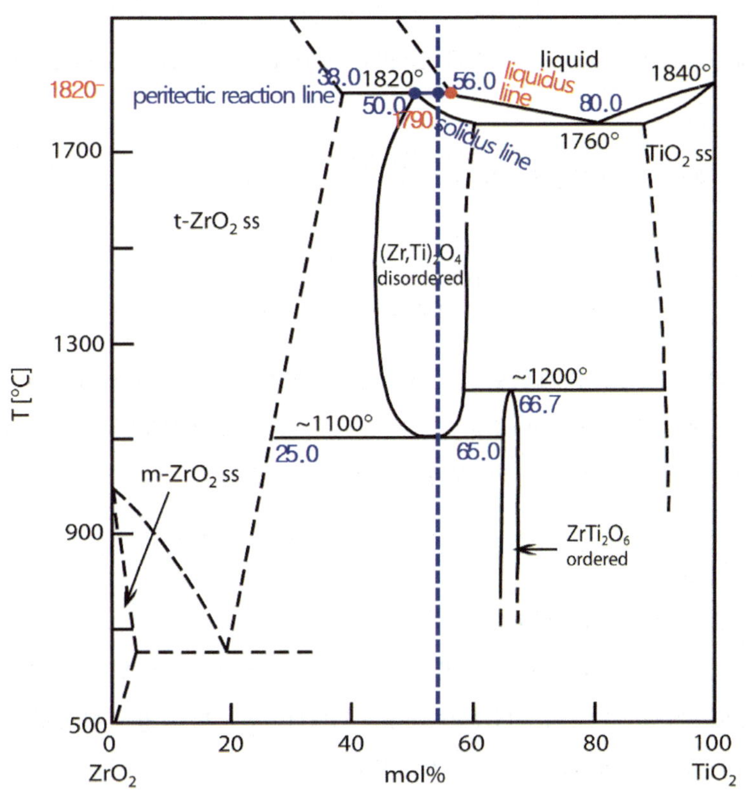

(b)

Fig. 4.8.3. Cooling at 1820^{+}℃(a) and 1820^{-}℃(b) for a melt with composition of 46.0 mol% ZrO_2–54.0 mol% TiO_2.

Table 4.8.3. Isoplethal Analysis at 1820⁺℃ and 1820⁻℃ in ZrO_2-TiO_2 Binary System with Composition of 46.0 mol% ZrO_2-54.0 mol% TiO_2

Temp. (℃)	Type and fraction basis of phases	Proportion (%)	Composition (%)		Analysis (%)	
					ZrO_2	TiO_2
1820^+	12.5 mm melt	89.3	ZrO_2	44.0	39.3	
			TiO_2	56.0		50.0
	1.5 mm t-ZrO_2ss crystal	10.7	ZrO_2	62.0	6.7	
			TiO_2	38.0		4.0
	Total system composition				46.0	54.0
1820^-	3.0 mm melt	66.7	ZrO_2	44.0	29.3	
			TiO_2	56.0		37.4
	1.5 mm $(Zr,Ti)_2O_4$ss crystal	33.3	ZrO_2	50.0	16.7	
			TiO_2	50.0		16.6
	Total system composition				46.0	54.0

① 포정반응의 물질수지: 생성물 몰수 - 반응물 몰수 = 0

$$\begin{array}{llll} & 33.3\ \text{mol\%}\ (Zr,Ti)_2O_4 & +\ 66.7\ \text{mol\%}\ \text{Liquid} & \\ -) & & \ \ 89.3\ \text{mol\%}\ \text{Liquid} & +\ 10.7\ \text{mol\%}\ t\text{-}ZrO_2 \\ \hline & 33.3\ \text{mol\%}\ (Zr,Ti)_2O_4 & -\ 22.6\ \text{mol\%}\ \text{Liquid} & -\ 10.7\ \text{mol\%}\ t\text{-}ZrO_2\ =\ 0 \end{array}$$

② 이항 정리하면, 1820℃에서 포정반응의 물질수지

$$22.6\ \text{mol\%}\ \text{Liquid} + 10.7\ \text{mol\%}\ t\text{-}ZrO_2 \xrightarrow[\text{peritectic reaction}]{\text{cooling}} 33.3\ \text{mol\%}\ (Zr,Ti)_2O_4 \qquad (4\text{-}4)$$

따라서 1820⁺℃에서 초정의 정출로 존재했던 (89.3 mol% 액상 L + 10.7 mol% t-ZrO_2)은 1820℃에서의 포정반응에 의해 제2 결정상인 33.3 mol% 고상 $(Zr,Ti)_2O_4$가 생성됨에 따라 1820⁻℃에서는 {33.3 mol% 고상 $(Zr,Ti)_2O_4$ + 66.7 mol% 액상 L}의 포정조직이 생성된다.

④ 2차상 정출 구간(1820℃>T≥1790℃)

Fig. 4.8.4의 1800℃에서 보이는 바와 같이, 초기 융체 등조성선과 포정 반응선의 교차점 온도 미만에서 고상선과의 교차점 온도 이상까지 범위(1820℃>T≥1790℃)인 2상 영역에서는 액상 L로부터 고상 $(Zr,Ti)_2O_4$가 정출되어 존재상은 {액상 L + 고상 $(Zr,Ti)_2O_4$}이다.

Fig. 4.8.4와 Table 4.8.4의 1800℃ 분석에서 보듯이, 등조성선을 기준으로 한 공액선 분할 길이의 지렛대 원리에 의해 액상 L과 고상 $(Zr,Ti)_2O_4$의 몰백분율은 각각 18.9 mol%와 81.1 mol%이다. 공액선 양끝점 조성에 해당하는 액상 L의 조성은 37.6 mol% ZrO_2-62.4 mol% TiO_2이고, 고상 $(Zr,Ti)_2O_4$의 조성은 48.0 mol% ZrO_2-52.0 mol% TiO_2이다.

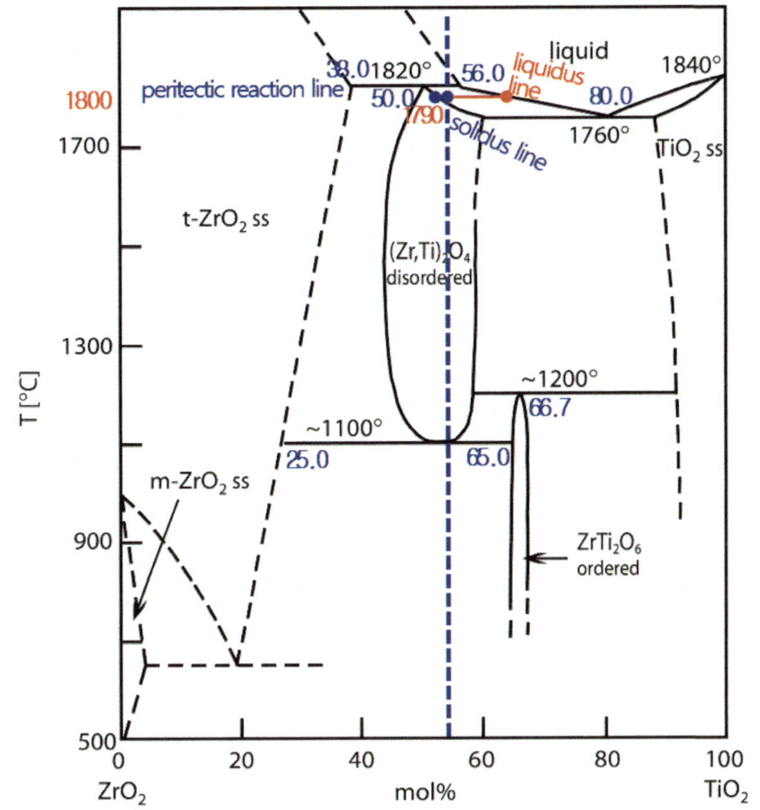

Fig. 4.8.4. Cooling at 1800℃ for a melt with composition of 46.0 mol% ZrO_2-54.0 mol% TiO_2.

Table 4.8.4. Isoplethal Analysis at 1800℃ in ZrO_2-TiO_2 Binary System with Composition of 46.0 mol% ZrO_2-54.0 mol% TiO_2

Temp. (℃)	Type and fraction basis of phases	Proportion (%)	Composition (%)		Analysis (%)	
					ZrO_2	TiO_2
1800	1.8 mm melt	18.9	ZrO_2	37.6	7.1	
			TiO_2	62.4		11.8
	7.7 mm $(Zr,Ti)_2O_4$ss crystal	81.1	ZrO_2	48.0	38.9	
			TiO_2	52.0		42.2
	Total system composition				46.0	54.0

⑤ 고용체 단상 유지 구간(1790℃>T>1100℃)

Fig. 4.8.5와 Table 4.8.5의 1300℃ 분석에 나타낸 바와 같이, 등조성선과 고상선의 교차점 온도 미만에서 공석반응선 초과까지 온도 범위(1790℃>T>1100℃)에서는 고상 $(Zr,Ti)_2O_4$의 단상 영역을 지나는 구간으로, 초기 융체와 같은 조성의 고용체 $(Zr,Ti)_2O_4$가 100% 존재한다.

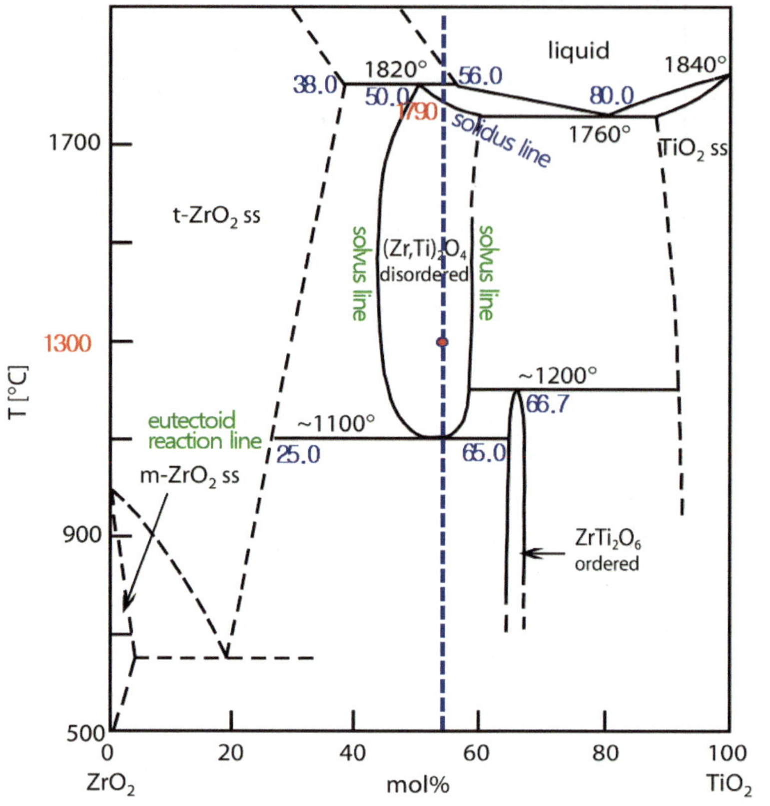

Fig. 4.8.5. Cooling at 1300℃ for a melt with composition of 46.0 mol% ZrO_2-54.0 mol% TiO_2.

Table 4.8.5. Isoplethal Analysis at 1300℃ in ZrO_2-TiO_2 Binary System with Composition of 46.0 mol% ZrO_2-54.0 mol% TiO_2

Temp. (℃)	Type and fraction basis of phases	Proportion (%)	Composition (%)		Analysis (%)	
					ZrO_2	TiO_2
1300	- mm $(Zr,Ti)_2O_4$ss crystal	100.0	ZrO_2	46.0	46.0	
			TiO_2	54.0		54.0
	Total system composition				46.0	54.0

⑥ 공석반응 구간(T=1100℃)

~1100℃는 등조성선과 공석반응선이 교차하는 온도점으로 고상 $(Zr,Ti)_2O_4$가 공석반응에 의해 (고상 t-ZrO_2 + 고상과 $ZrTi_2O_6$)로 변한다. 즉, Fig. 4.8.6(a)에 표시된 1100^{+}℃에서 존재했던 고상 $(Zr,Ti)_2O_4$는 1100℃에서의 공석반응에 의해 Fig. 4.8.6(b)에 표시된 1100^{-}℃에서는 (고상 t-ZrO_2 + 고상 $ZrTi_2O_6$)로 변하게 된다. 따라서 1100℃ 공석 온도점에서는 {고상 $(Zr,Ti)_2O_4$ + 고상 t-ZrO_2 + 고상 $ZrTi_2O_6$}의 3상이 공존한다.

1100℃에서 일어나는 공석반응에 대한 물질수지는 다음과 같다. 1100^{+}℃에서의 존재상은 반응물이고 1100^{-}℃에서의 존재상은 생성물로서, Table 4.8.6의 분석으로 계산된 존재상의 몰백분율 데이터에 기반한 (생성물의 양 - 반응물의 양 = 0)의 관계로부터 다음과 같이 구할 수 있다.

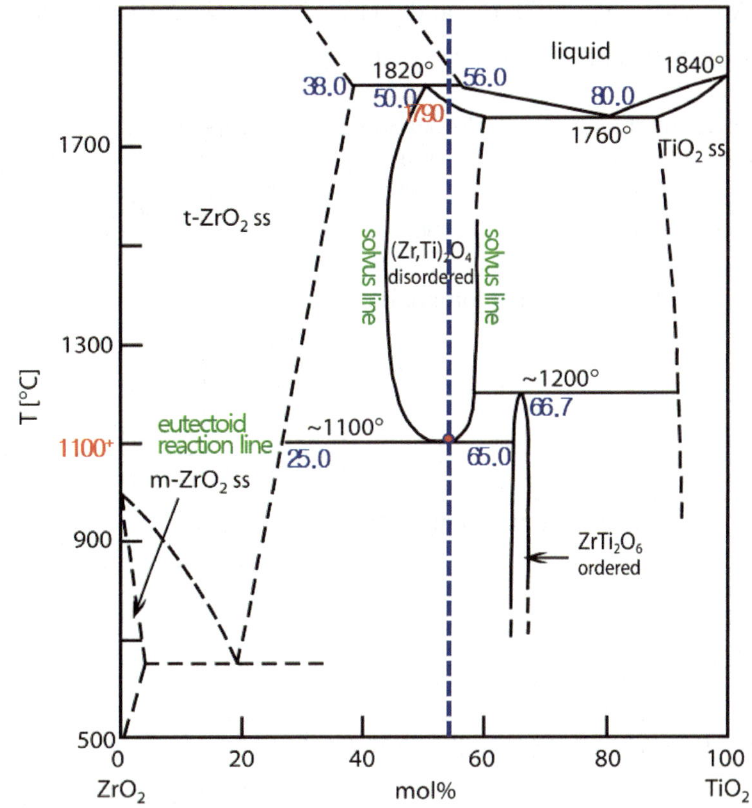

(a)

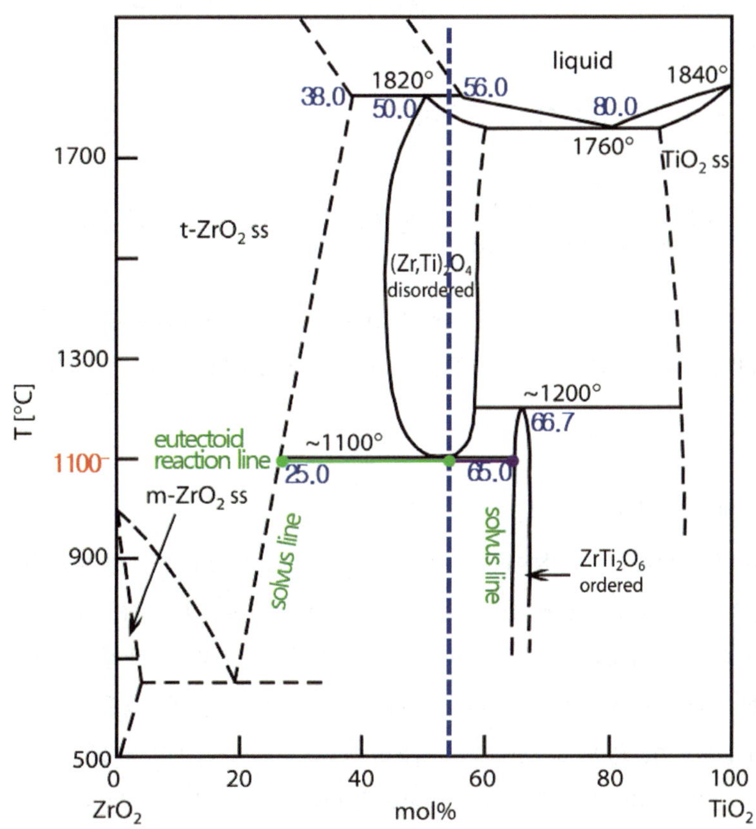

(b)

Fig. 4.8.6. Cooling at 1100^{+}℃(a) and 1100^{-}℃(a) for a melt with composition of 46.0 mol% ZrO_2–54.0 mol% TiO_2.

Table 4.8.6. Isoplethal Analysis at 1100^{+}℃ and 1100^{-}℃ in ZrO_2-TiO_2 Binary System with Composition of 46.0 mol% ZrO_2-54.0 mol% TiO_2

Temp. (℃)	Type and fraction basis of phases	Proportion (%)	Composition (%)		Analysis (%)	
					ZrO_2	TiO_2
1100^{+}	- mm $(Zr,Ti)_2O_4$ss crystal	100.0	ZrO_2	46.0	46.0	
			TiO_2	54.0		54.0
	Total system composition				46.0	54.0
1100^{-}	8.5 mm t-ZrO_2ss crystal	27.6	ZrO_2	75.0	20.7	
			TiO_2	25.0		6.9
	22.3 mm $ZrTi_2O_6$ss crystal	72.4	ZrO_2	35.0	25.3	
			TiO_2	65.0		47.1
	Total system composition				46.0	54.0

① 공석반응의 물질수지: 생성물 몰수 - 반응물 몰수 = 0

$$
\begin{array}{ll}
 & 27.6\ \text{mol\%}\ \text{t-}ZrO_2 + 72.4\ \text{mol\%}\ ZrTi_2O_6 \\
-) & \qquad\qquad 100.0\ \text{mol\%}\ (Zr,Ti)_2O_4 \\
\hline
 & 27.6\ \text{mol\%}\ \text{t-}ZrO_2 + 72.4\ \text{mol\%}\ ZrTi_2O_6 - 100.0\ \text{mol\%}\ (Zr,Ti)_2O_4 = 0
\end{array}
$$

② 이항 정리하면, 1100℃에서 공석반응의 물질수지

$$100.0\ \text{mol\%}\ (Zr,Ti)_2O_4 \xrightarrow[\text{eutectoid reaction}]{\text{cooling}} 27.6\ \text{mol\%}\ \text{t-}ZrO_2 + 72.4\ \text{mol\%}\ ZrTi_2O_6 \quad (4\text{-}5)$$

따라서 1100^{+}℃에서 단상의 고용체로 존재했던 100.0 mol% 고상 $(Zr,Ti)_2O_4$는 1100℃에서 공석반응 하여 1100^{-}℃에서는 (27.6 mol% 고상 t-$ZrO_{2(SS)}$ + 72.4 mol% 고상 $ZrTi_2O_6$)의 공석조직을 생성한다.

⑦ 고상 혼합물 구간(1100℃>T)

Fig. 4.8.7과 Table 4.8.7의 900℃ 분석에서 나타나듯이, 등조성선과 공석반응선의 교차점 온도 미만(1100℃>T)인 2상 영역에서는 (고용체 t-ZrO_2 + 고용체 $ZrTi_2O_6$)의 두 고상으로 완전히 변한다. 이때 고용체 t-ZrO_2와 고용체 $ZrTi_2O_6$의 조성은 냉각 시 고용선을 따라 변하게 된다.

900℃에서는 공액선 분할 길이의 지렛대 원리에 의해 고용체 t-ZrO_2와 고용체 $ZrTi_2O_6$의 몰백분율은 각각 25.2 mol%와 74.8 mol%이며, 공액선 양 끝점 조성에 해당하는 고상 t-ZrO_2의 조성은 75.8 mol% ZrO_2-24.2 mol% TiO_2이고 $ZrTi_2O_6$의 조성은 36.0 mol% ZrO_2-64.0 mol% TiO_2이다.

평형 상태일 경우, 온도가 더 내려가더라도 온도가 더 내려가더라도 평형 상태일 경우, 존재하는 상의 종류는 고용체 t-ZrO_2와 고용체 $ZrTi_2O_6$로 변동 없지만, 존재하는 상의 조성과 분율은 연동하여 변한다. 그리고 상평형도에서 보이는 준안정상의 전이를 나타내는 점선 경계선은 온도 요인뿐만 아니라 다른 환경에 의해 달라질 수 있다.

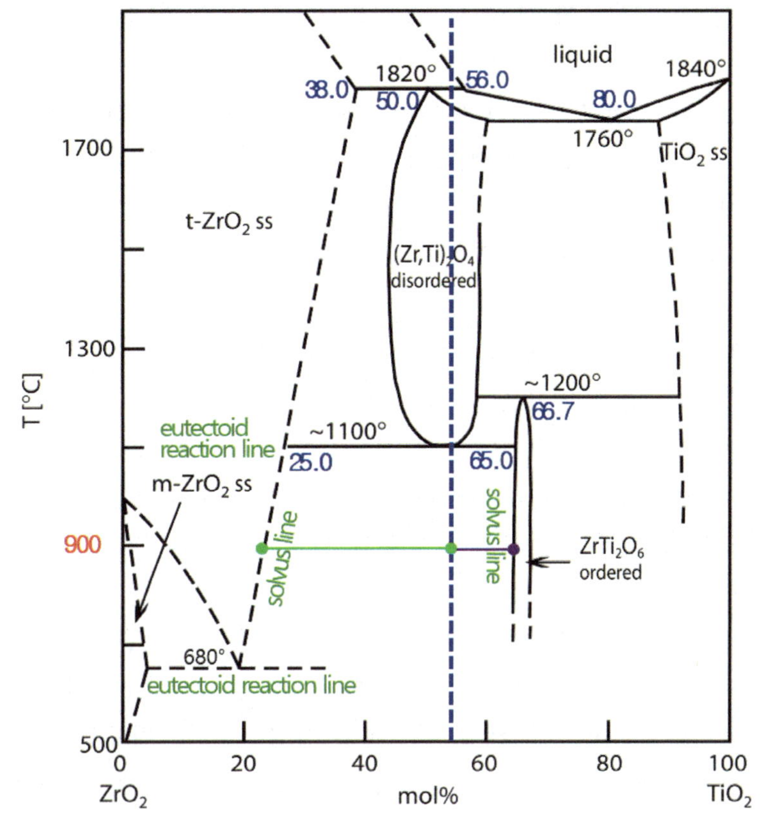

Fig. 4.8.7. Cooling at 900℃ for a melt with composition of 46.0 mol% ZrO_2-54.0 mol% TiO_2.

Table 4.8.7. Isoplethal Analysis at 900℃ in ZrO_2-TiO_2 Binary System with Composition of 46.0 mol% ZrO_2-54.0 mol% TiO_2

Temp. (℃)	Type and fraction basis of phases	Proportion (%)	Composition (%)		Analysis (%)	
					ZrO_2	TiO_2
900	8.3 mm t-ZrO_2ss crystal	25.2	ZrO_2	75.8	19.1	
			TiO_2	24.2		6.1
	24.7 mm $ZrTi_2O_6$ss crystal	74.8	ZrO_2	36.0	26.9	
			TiO_2	64.0		47.9
	Total system composition				46.0	54.0

4.4 공석반응이 있는 2성분계 상평형도의 냉각 시뮬레이션

냉각 과정에서 고용체가 모상의 결정구조와 다른 결정구조를 가진 둘 이상의 고상으로 변태되는 공석반응(eutectoid reaction)이 있는 2성분계 상평형도에서는, 특정 온도-조성의 융체가 평형 냉각되어 고용체를 거쳐 공석반응이 일어나는 경우와, 특정 온도-조성의 고용체가 평형 냉각할 때 다른 고용체를 거쳐 공석반응이 일어나는 경우로, 따로 구분하여 등조성선 연구를 진행한다.

첫째, 특정 온도-조성의 융체가 평형 냉각되면서 고용체를 거쳐 공석반응이 일어나는 경우는 다음과 같은 순서의 등조성선 연구를 통하여 상태 변화를 알 수 있다.

① 특정 온도-조성의 초기 융체 조성점을 찍고, 계의 조성이 일정하게 유지되는 등조성선을 그어서, 냉각 온도가 어느 상 영역에 속하는지 파악하여 존재하는 상의 수와 종류를 알아낸다.

② 등조성선과 액상선의 교차점 온도를 초과하는 범위의 단상 영역이면 최초 융체와 조성이 같은 액상으로 100% 존재한다.

③ 등조성선과 액상선이 교차하는 온도에서는 액상으로부터 고용체가 초정으로 정출되기 시작하며, 등조성선과 액상선의 교차점 온도 이하에서 고상선과의 교차점 온도 초과까지 범위의 2상 영역이면 (액상 + 초정 고용체)가 공존하는데, 해당 온도에서 상영역 좌우 경계선까지의 수평 선분인 공액선을 그어서, 공액선의 양 끝점 조성으로부터 두 상의 조성을 알아내고, 등조성선을 기준으로 한 공액선의 분할 길이를 이용하여 두 상의 분율을 구한다.

④ 등조성선과 고상선이 교차하는 온도에서는 이전에 존재했던 (액상 + 초정 고용체)가 고용체 단상으로 변하기 시작하며, 등조성선과 고상선의 교차점 온도 미만에서 고용선과의 교차점 온도 초과 범위에서는 고용체로 100% 존재한다.

⑤ 등조성선과 고용선이 교차하는 온도에서는 고용체에서 제2 고상이 석출되기 시작하며, 등조성선과 고용선의 교차점 온도 이하에서 공석 등온선과의 교차점 온도 초과까지 범위의 2상 영역이면 (고용체 + 제2 고상)이 공존하는데, 해당 온도에서 상영역 좌우 경계선까지의 수평 선분인 공액선을 그어서, 공액선 양 끝점의 조성으로부터 두 상의 조성을 알아내고, 등조성선을 기준으로 한 공액선의 분할 길이를 이용하여 두 상의 분율을 구한다.

⑥ 등조성선과 공석 등온선이 교차하는 온도에서는 이전에 존재했던 (고용체 + 제2 고상) 중 고용체가 공석반응에 의해 (제2 고상 + 제3 고상)으로 변하기 시작한다.

⑦ 최종으로 등조성선과 공석 등온선이 교차하는 온도 미만의 2상 영역에서는 (제2 고상 + 제3 고상)이 공존하는데, 상영역 좌우 경계선까지의 수평 선분인 공액선을 그어서, 공액선의 양 끝점 조성으로부터 두 상의 조성을 알아내고, 등조성선을 기준으로 한 공액선의 분할 길이를 이용하여 두 상의 분율을 구한다.

둘째, 특정 온도-조성의 고용체가 평형 냉각되면서 다른 고용체를 거쳐 공석반응이 일어나는 경우는 다음과 같은 순서의 등조성선 연구를 통하여 상태 변화를 알 수 있다.

① 특정 온도-조성의 초기 고용체의 조성점을 찍고, 계의 조성이 일정하게 유지되는 등조성선을 그어서, 냉각 온도가 어느 상 영역에 속하는지 파악하여 존재하는 상의 수와 종류를 알아낸다.

② 등조성선과 제1 고용선의 교차점 온도 초과 범위의 단상 영역이면 최초 고용체와 같은 조성의 고용체로 100% 존재한다.

③ 등조성선과 제1 고용선이 교차하는 온도에서는 모상 고용체에서 제2 고용체가 석출되기 시작하며, 등조성선과 제1 고용선의 교차점 온도 이하에서 제2 고용선과의 교차점 온도 이상까지 범위의 2상 영역이면 (모상 고용체 + 제2 고용체)가 공존하는데, 해당 온도에서 상영역 좌우 경계선까지의 공액선을 그어서, 공액선의 양 끝점 조성으로부터 두 상의 조성을 알아내고 등조성선을 기준으로 한 공액선의 분할 길이를 이용하여 두 상의 분율을 구한다.

④ 등조성선과 제2 고용선이 교차하는 온도에서는 (모상 고용체 + 제2 고용체)가 모상 고용체와 조성이 같지만 결정구조가 다른 제2 고용체 단상으로 변하기 시작하며, 등조성선과 제2 고용선의 교차점 온도 미만에서 제3 고용선과의 교차점 온도 초과까지 범위의 단상 영역이면 제2 고용체로 100% 존재한다.

⑤ 등조성선과 제3 고용선이 교차하는 온도에서는 제2 고용체에서 제3 고용체가 석출되기 시작하며, 등조성선과 제3 고용선의 교차점 온도 이하에서 공석 등온선과의 교차점 온도 초과까지 범위의 2상 영역이면, (제2 고용체 + 제3 고용체)가 공존하는데, 해당 온도에서 평형 상태일 때는 상영역 좌우 경계선까지의 공액선을 그어서, 공액선의 양 끝점 조성으로부터 두 상의 조성을 알아내고, 등조성선을 기준으로 한 공액선의 분할 길이를 이용하여 두 상의 분율을 구한다.

⑥ 등조성선과 공석 등온선의 교차하는 온도에서는 이전에 존재했던 (제2 고용체 + 제3 고용체) 중의 제2 고용체가 공석반응에 의해 (제3 고용체 + 모상 고용체)로 변하기 시작한다.

⑦ 최종으로 등조성선과 공석 등온선의 교차점 온도 미만의 2상 영역에서는 (제3 고용체 + 모상 고용체)가 공존하는데, 상영역 좌우 경계선까지의 공액선을 그어서, 공액선의 양 끝점 조성으로부터 두 상의 조성을 알아내고, 등조성선을 기준으로 한 공액선의 분할 길이를 이용하여 두상의 분율을 구한다.

4.4.1 99.0 wt% Fe-1.0 wt% C 조성 융체의 평형 냉각

Fig. 4.9에 나타나 있는 Fe-C 2성분계 상평형도는 6.69 wt%까지의 탄소(C)를 함유한 Fe-C계 합금에서 나타나는 평형상을 보여 준다. 여기서는 불변반응으로 1495℃의 포정반응과 1148℃의 공정반응을 볼 수 있다. 또한 보통의 탄소강 열처리에서 주목되는 것은 727℃에서의 공석반응으로, 이 반응에 의해 γ-오스테나이트에서 0.02 wt% C를 함유하는 α-페라이트와 6.69 wt% C를 함유하는 시멘타이트가 생성된다. 이 계에는 액상 영역, δ-페라이트 영역, γ-오스테나이트 영역, α-페라이트 영역 등 단상 영역 4개, (액상 + 고상)의 2상 영역 3개, 그리고 두 고상의 2상 영역 4개 등, 모두 11개의 상영역이 존재한다.

99.0 wt% Fe-1.0 wt% C 조성의 초기 융체가 평형 냉각될 때 각각의 온도 구간에서 존재하는 상의 조성과 분율은 다음과 같다.

① 액상 유지 구간(T>1470℃)

Fig. 4.9.1과 Table 4.9.1의 1600℃ 분석에서 보듯이, 등조성선과 액상선의 교차점 온도 초과(T>1470℃)에서는 단상 영역을 지나므로 계의 상태는 변하지 않고 초기 융체와 조성이 같은 액상 L로 100% 존재한다.

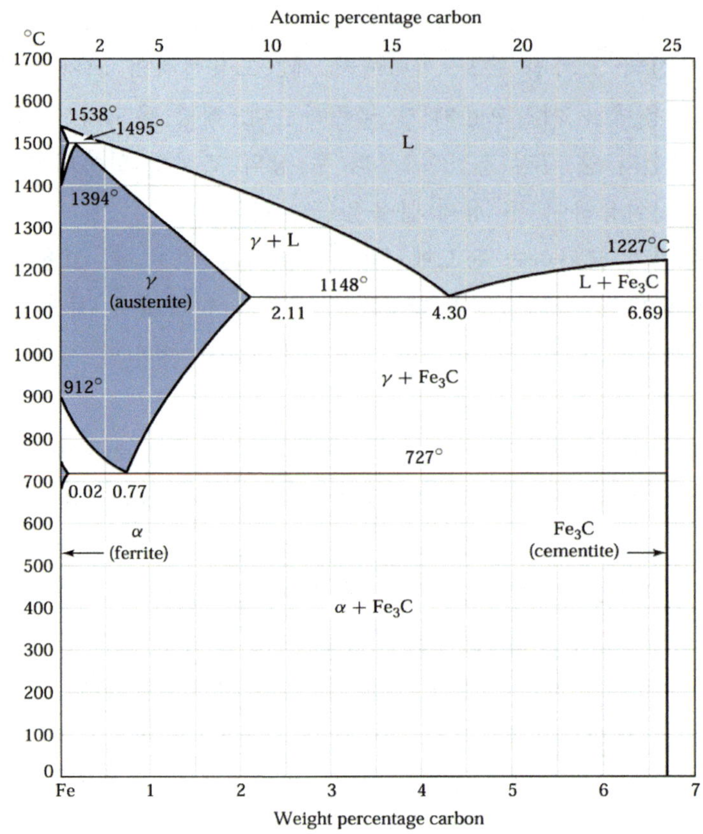

Fig. 4.9. The iron-carbon phase diagram plotted up to 6.69 wt% carbon.[9]

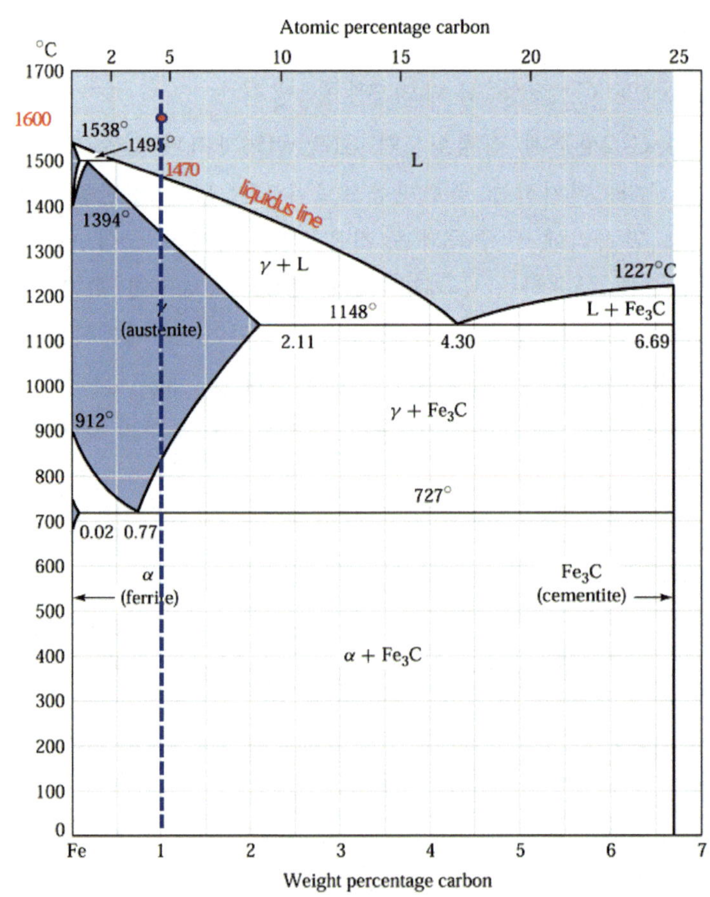

Fig. 4.9.1. Cooling at 1600℃ for a melt with composition of 99.0 wt% Fe-1.0 wt% C.

Table 4.9.1. Isoplethal Analysis at 1600℃ in Fe-C Binary System with Composition of 99.0 wt% Fe-1.0 wt% C

Temp. (℃)	Type and fraction basis of phases	Proportion (%)	Composition (%)		Analysis (%)	
					Fe	C
1600	- mm melt	100.0	Fe	99.0	99.0	
			C	1.0		1.0
	Total system composition				99.0	1.0

② 초정 정출 구간(1470℃≥T≥1340℃)

등조성선과 액상선의 교차점 온도 이하에서 고상선과의 교차점 온도 이상까지 범위(1470℃≥T≥1340℃)인 2상 영역에서는 액상 L로부터 고상 ɣ-austenite가 초정으로 정출되어 존재상은 (액상 L + 고상 ɣ-austenite)이다.

Fig. 4.9.2와 Table 4.9.2의 1400℃ 분석에 나타낸 바와 같이, 등조성선을 기준으로 하는 공액선 분할 길이의 지렛대 원리에 의해 액상 L과 고상 ɣ-austenite의 분율은 각각 24.5 wt%와 75.5 wt%이다. 그리고 액상 L의 조성은 98.2 wt% Fe-1.8 wt% C이고, 고상 ɣ-austenite의 조성은 99.3 wt% Fe-0.7 wt% C이다.

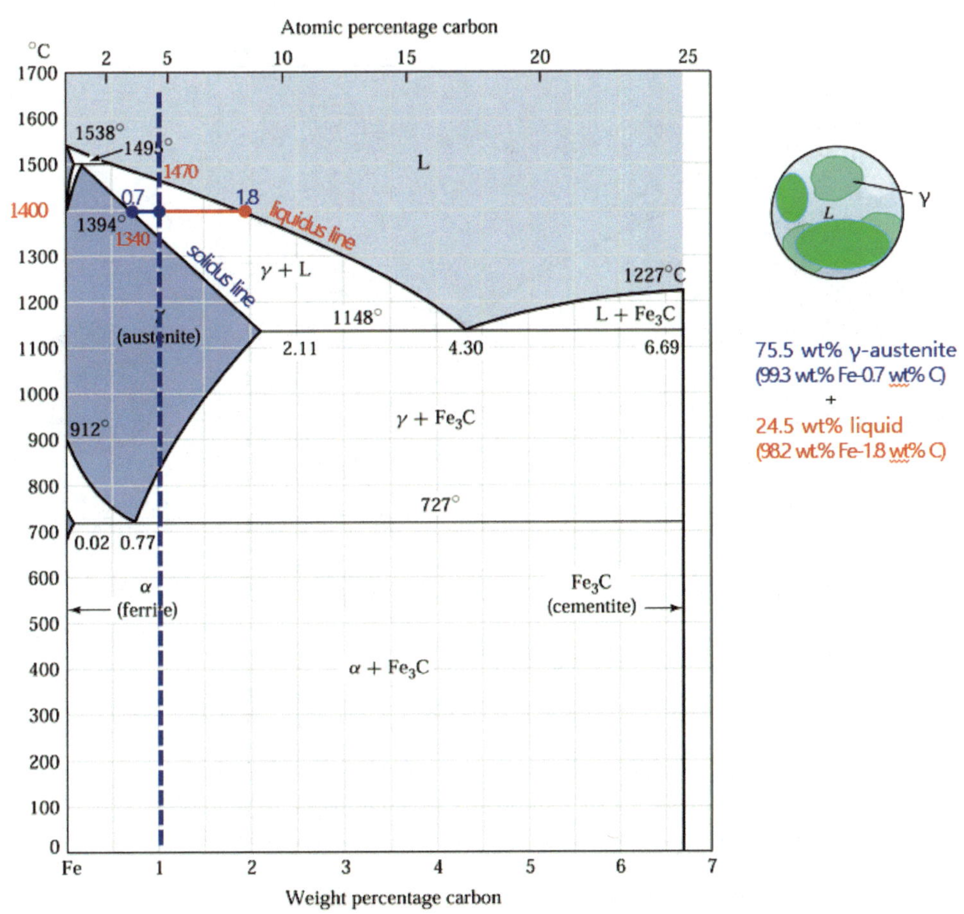

Fig. 4.9.2. Cooling at 1400℃ for a melt with composition of 99.0 wt% Fe-1.0 wt% C.

Table 4.9.2. Isoplethal Analysis at 1400℃ in Fe-C Binary System with Composition of 99.0 wt% Fe-1.0 wt% C

Temp. (℃)	Type and fraction basis of phases	Proportion (%)	Composition (%)		Analysis (%)	
					Fe	C
1400	3.5 mm melt	24.5	Fe	98.2	24.0	
			C	1.8		0.5
	10.8 mm γ-austenite crystal	75.5	Fe	99.3	75.0	
			C	0.7		0.5
	Total system composition				99.0	1.0

③ 고용체 단상 유지 구간(1340℃>T>830℃)

등조성선과 고상선이 교차하는 1340℃에서는 이전에 존재했던 (액상 L + 고상 γ-austenite)이 고상 γ-austenite의 단상으로 변하기 시작한다. 이는 고상 γ-austenite가 액상 L에 존재하던 모든 탄소(C)를 결정격자 틈새로 침입시켜 고용시킬 수 있는 고용체이기 때문이다.

Fig. 4.9.3과 Table 4.9.3의 1000℃ 분석에서 보이는 바와 같이, 등조성선과 고상선의 교차점 온도 미만에서 등조성선과 고용선의 교차점 온도 초과까지 범위(1340℃>T>830℃)인 단상 영역에서는 초기 융체와 조성이 같은 고용체 γ-austenite로만 100% 존재한다.

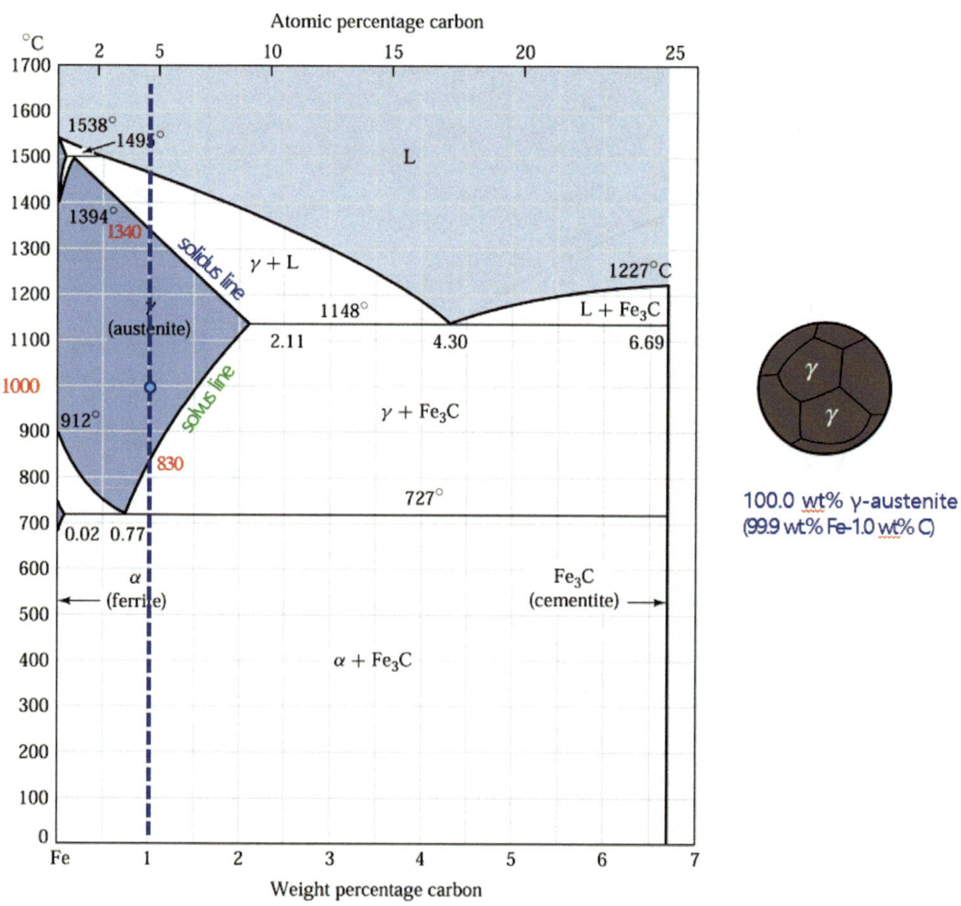

Fig. 4.9.3. Cooling at 1000℃ for a melt with composition of 99.0 wt% Fe-1.0 wt% C.

Table 4.9.3. Isoplethal Analysis at 1000℃ in Fe-C Binary System with Composition of 99.0 wt% Fe-1.0 wt% C

Temp. (℃)	Type and fraction basis of phases	Proportion (%)	Composition (%)		Analysis (%)	
					Fe	C
1000	- mm ɣ-austenite crystal	100.0	Fe	99.0	99.0	
			C	1.0		1.0
	Total system composition				99.0	1.0

④ 2차상 석출 구간(830℃≥T>727℃)

등조성선과 고용선의 교차점 온도 이하에서 공석 등온선과의 교차점 온도 초과까지의 범위(830℃≥T>727℃)에서는 고용체 ɣ-austenite로부터 고상 cementite(Fe_3C)가 석출되어 존재상은 (고용체 ɣ-austenite + 고상 cementitet)이다.

Fig. 4.9.4와 Table 4.9.4의 750℃ 분석에서 보듯이, 등조성선을 기준으로 하는 공액선 분할 길이를 지렛대 원리에 적용하여 구한 고용체 ɣ-austenite와 고상 cementite의 분율은 각각 96.4 wt% 3.6 wt%이다. 공액선 양 끝점의 조성에 해당하는 고용체 ɣ-austenite의 조성은 99.2 wt% Fe-0.8 wt% C이고, 고상 cementite의 조성은 93.31 wt% Fe-6.69 wt% C이다.

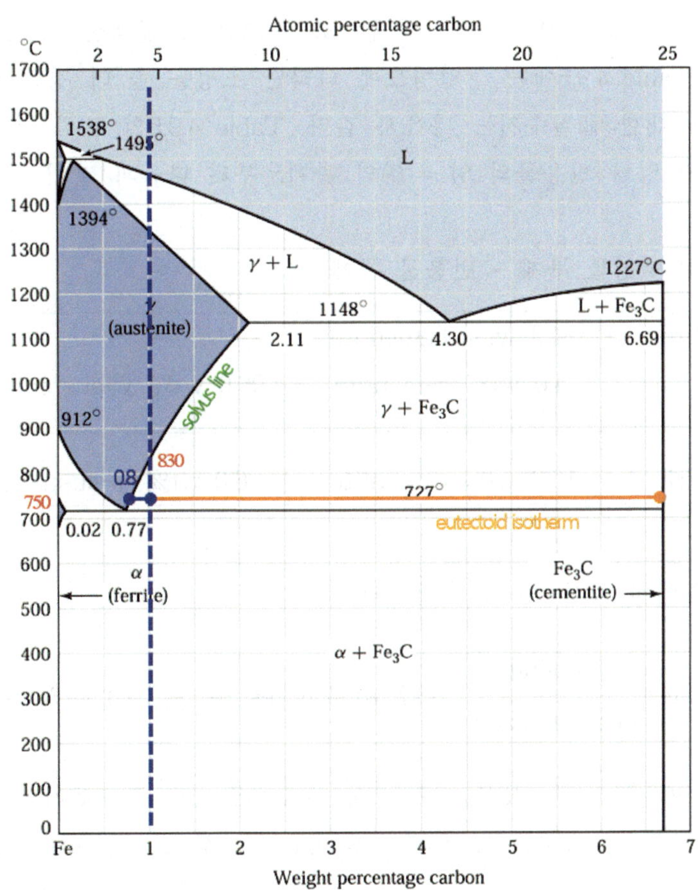

Fig. 4.9.4. Cooling at 750℃ for a melt with composition of 99.0 wt% Fe-1.0 wt% C.

Table 4.9.4. Isoplethal Analysis at 750℃ in Fe-C Binary System with Composition of 99.0 wt% Fe-1.0 wt% C

Temp. (℃)	Type and fraction basis of phases	Proportion (%)	Composition (%)		Analysis (%)	
					Fe	C
750	67.5 mm γ-austenite crystal	96.4	Fe	99.2	95.6	
			C	0.8		0.8
	2.5 mm cementite crystal	3.6	Fe	93.31	3.4	
			C	6.69		0.2
	Total system composition				99.0	1.0

⑤ 공석반응 구간(T=727℃)

등조성선과 공석 등온선의 교차하는 727℃에서는 고용체 γ-austenite가 (고용체 α-ferrite + 고상 cementite)로 변하는 공석반응이 일어나며, (고용체 γ-austenite + 고용체 α-ferrite + 고상 cementite)의 3상이 공존한다. 즉, Fig. 4.10.5(a)의 727^{+}℃에서 존재하던 (고용체 γ-austenite + 고상 cementite)가 727^{-}℃에서는 Fig. 4.10.5(b)에 나타낸 것처럼 (고용체 α-ferrite + 고상 cementite)로 변하게 된다.

공석반응 전인 727^{+}℃에서는 다결정립 형태의 고용체 γ-austenite의 분율과 입계에 존재하는 고상 cementite의 분율은 각각 96.0 wt% 4.0 wt%이다. 그리고 공석반응 후인 727^{-}℃에서 고용체 α-ferrite와 고상 cementite의 분율은 각각 85.7 wt% 14.3 wt%인데, 전체 고상 cementite 중 10.3 wt%는 공석조직인 pearlite에 포함되어 존재하고, 4.0 wt%는 단독으로 존재한다. 공액선 양 끝점의 조성이 존재하는 상의 조성에 해당하는데, Table 4.9.5에는 상평형도에 나타난 조성을 좀 더 정밀하게 표현하였다.

727℃에서의 공석반응에 대한 물질수지는 다음과 같다. Table 4.9.5의 분석으로 계산된 존재상의 분율 데이터에 기반한 (생성물의 양 - 반응물의 양 = 0)의 관계로부터 다음과 같이 구할 수 있다.

① 공석반응의 물질수지: 생성물 무게 - 반응물 무게 = 0

```
      85.7 wt% α-ferrite  +  14.3 wt% cementite
 - )                          4.0 wt% cementite  +  96.0 wt% γ-austenite
   ---------------------------------------------------------------------
      85.7 wt% α-ferrite  +  10.3 wt% cementite  -  96.0 wt% γ-austenite  =  0
```

② 이항 정리하면, 727℃에서 공석반응의 물질수지

$$96.0 \text{ wt\% } \gamma\text{-austenite} \xrightarrow[\text{eutectoid reaction}]{\text{cooling}} 85.7 \text{ wt\% } \alpha\text{-ferrite} + 10.3 \text{ wt\% cementite} \quad (4\text{-}8)$$

따라서 727^{+}℃에서는 (고용체 γ-austenite + 고상 cementite)로 존재했지만, 727℃에서 고용체 γ-austenite가 공석반응 하여, 727^{-}℃에서는 (고용체 α-ferrite + 고상 cementite)의 공석조직으로 존재한다.

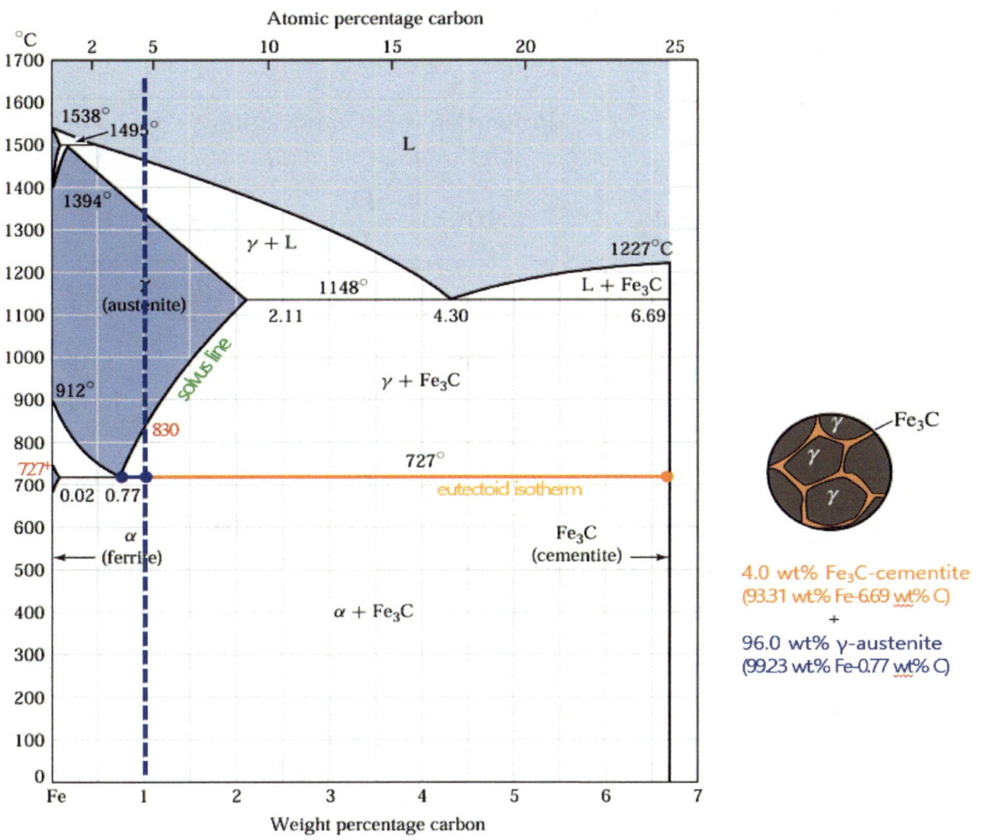

(a)

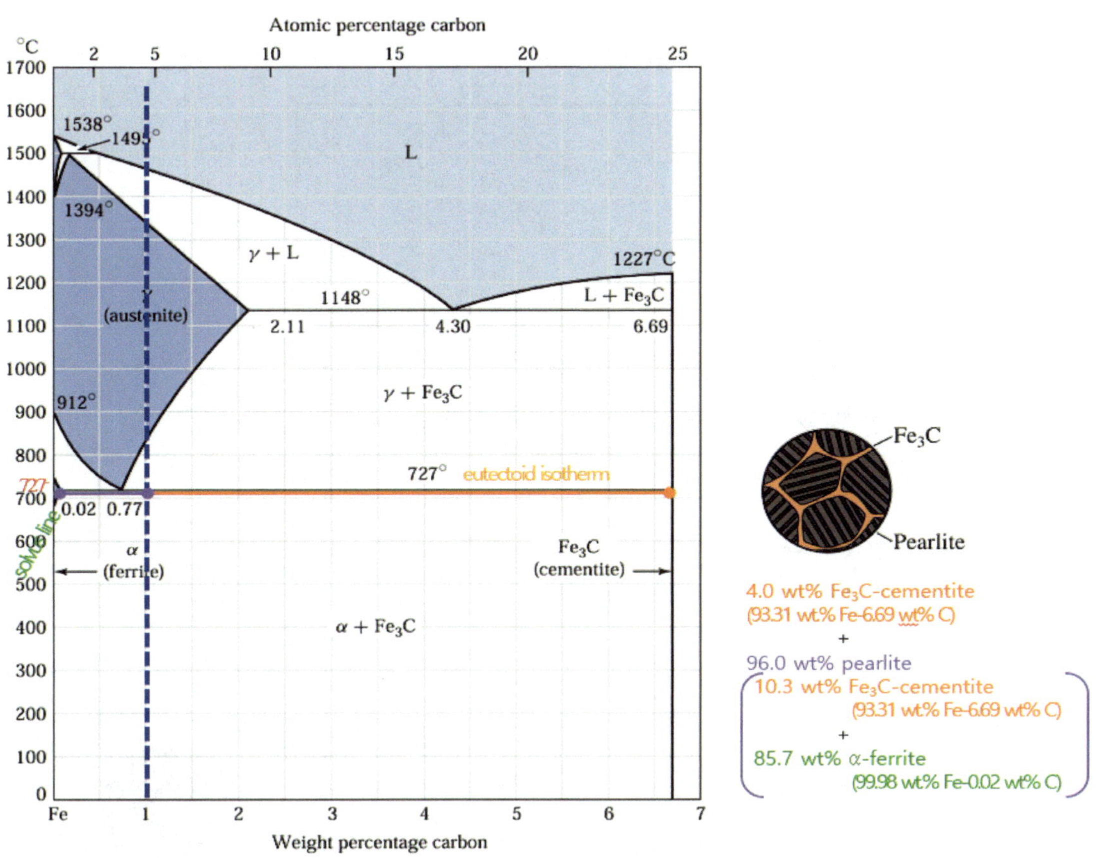

(b)

Fig. 4.9.5. Cooling at 727⁺℃(a) and 727⁻℃(b) for a melt with composition of 99.0 wt% Fe-1.0 wt% C.

Table 4.9.5. Isoplethal Analysis at 727⁺℃ and 727⁻℃ in Fe-C Binary System with Composition of 99.0 wt% Fe-1.0 wt% C

Temp. (℃)	Type and fraction basis of phases	Proportion (%)	Composition (%)		Analysis (%) Fe	Analysis (%) C
727⁺	67.6 mm γ-austenite crystal	96.0	Fe	99.23	95.26	
			C	0.77		0.74
	2.8 mm cementite crystal	4.0	Fe	93.31	3.73	
			C	6.69		0.27
	Total system composition				99.00	1.00
727⁻	67.6 mm α-ferrite crystal	85.7	Fe	99.98	85.68	
			C	0.02		0.02
	11.3 mm cementite crystal	14.3	Fe	93.31	13.34	
			C	6.69		0.96
	Total system composition				99.00	1.00

⑥ 고상 혼합물 구간(727℃>T)

Fig. 4.10.6과 Table 4.10.6의 25℃ 분석에 나타낸 바와 같이, 등조성선과 공석 반응선의 교차점 온도 미만(727℃>T)에서는 (고용체 α-ferrite + 고상 cementite)로 존재한다.

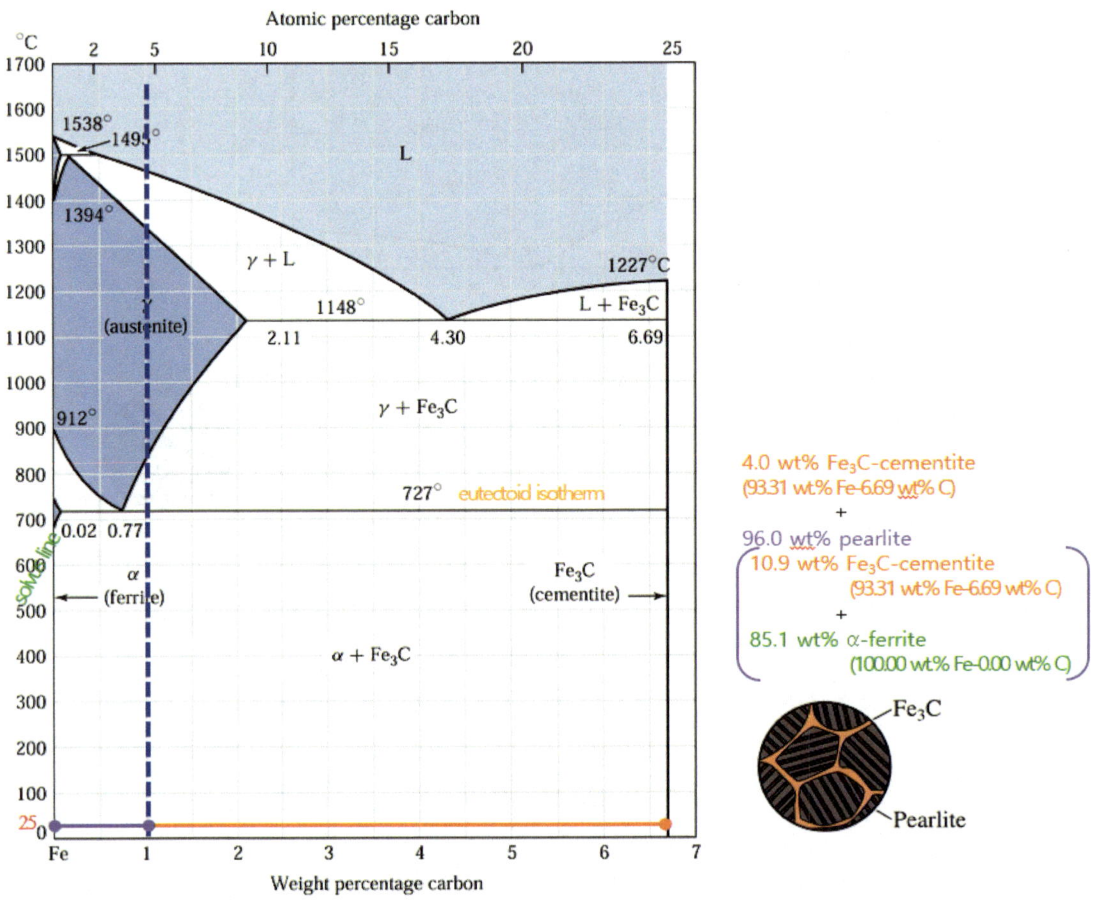

Fig. 4.9.6. Cooling at 25℃ for a melt with composition of 99.0 wt% Fe-1.0 wt% C.

Table 4.9.6. Isoplethal Analysis at 25℃ in Fe-C Binary System with Composition of 99.0 wt% Fe-1.0 wt% C

Temp. (℃)	Type and fraction basis of phases	Proportion (%)	Composition (%)		Analysis (%)	
					Fe	C
25	68.1 mm α-ferrite crystal	85.1	Fe	99.995	85.096	
			C	0.005		0.004
	11.9 mm cementite crystal	14.9	Fe	93.31	13.903	
			C	6.69		0.997
	Total system composition				99.000	1.00

고상 cementite는 조성이 6.69 wt% C로 고정된 화학양론 화합물이며, 고용체 α-ferrite의 조성은 고용선을 따라 미소하게 변동되어 25℃에서는 Fe에 0.005 wt% C가 고용된 조성을 갖는다.

Table 4.9.6의 분석에서 보이는 바와 같이, 25℃에서 평형 상태일 때 고용체 α-ferrite와 고상 cementite의 분율은 각각 85.1 wt%와 14.9 wt%이며, 고용체 α-ferrite의 조성은 99.995 wt% Fe-0.005 wt% C이고, 고상 cementite의 조성은 93.31 wt% Fe-6.69 wt% C이다. 그런데, Fig. 4.9.6의 미세구조에서 보듯이, 계에 존재하는 14.9 wt%의 고상 cementite 중 10.9 wt%는 공석조직인 pearlite에 포함되어 있고, 4.0 wt%는 공석조직의 입계에 단독으로 존재한다.

4.4.2 98.0 mol% ZrO_2-2.0 mol% Y_2O_3 조성 고용체의 평형 냉각

Fig. 4.10에 보이는 바와 같이 ZrO_2-Y_2O_3 2성분계 부분 상평형도에는 고용체 m-ZrO_2, t-ZrO_2 및 c-

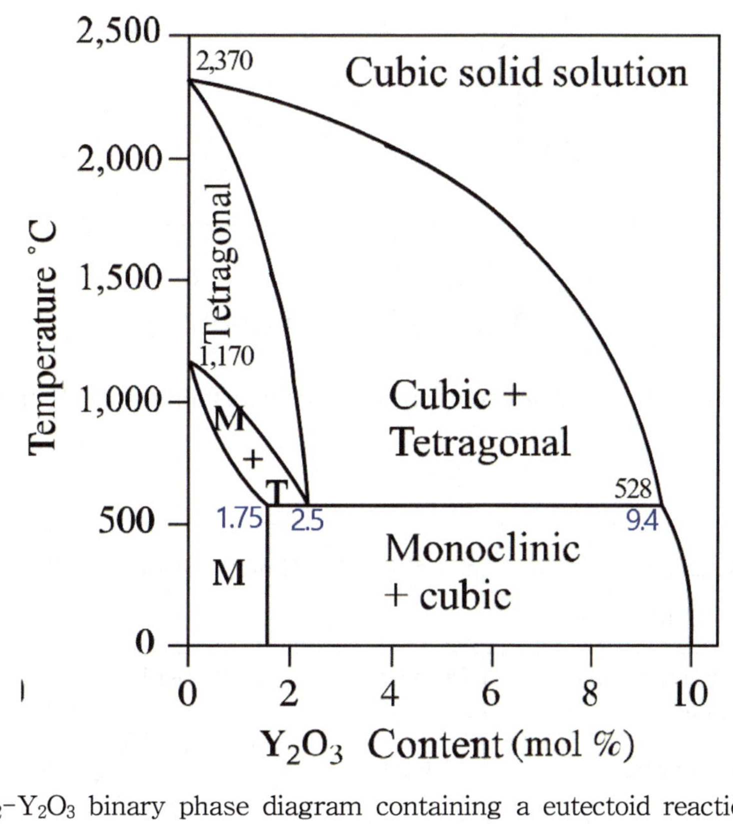

Fig. 4.10. Partial ZrO_2-Y_2O_3 binary phase diagram containing a eutectoid reaction.[10]

ZrO_2 상의 안정한 온도 범위가 나타나 있고, 상평형도에 표현된 m은 단사정 monoclinic, t는 정방정 tetragonal 및 c는 입방정 cubic의 약자이다. 고용체 m-ZrO_2와 t-ZrO_2 결정상 내의 Y_2O_3의 최대 고용 한계는 1.75 mol%와 2.5 mol%임을 알 수 있다. 그리고 528℃에서 (고용체 t-ZrO_2 → 고용체 m-ZrO_2 + 고용체 c-ZrO_2)의 공석반응이 포함되어 있으며, 고상만으로 이루어진 상의 영역은 3개의 고용체 단상 영역과 3개의 두 고상 영역 등, 모두 6개의 상영역으로 나뉘어 있는 것을 볼 수 있다.

98.0 mol% ZrO_2-2.0 mol% Y_2O_3 조성의 초기 고용체가 평형 냉각될 때 각각의 온도 구간에서 존재하는 상의 조성과 분율은 다음과 같다.

① 고용체 단상 유지 구간(T>2230℃)

Fig. 4.10.1과 Table 4.10.1의 2400℃ 분석에 나타낸 바와 같이, 등조성선과 고용선의 교차점 온도 초과(T>2230℃)에서는 단상 영역을 지나므로 계의 상태는 변하지 않고 모상 고용체와 같은 조성의 고용체 c-ZrO_2로 100% 존재한다.

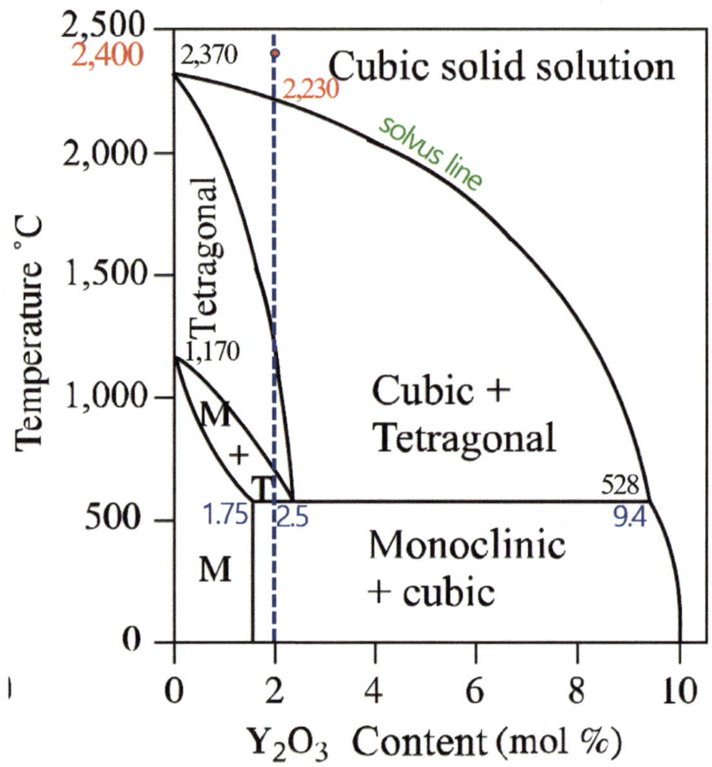

Fig. 4.10.1. Cooling at 2400℃ for a solid solution with composition of 98.0 mol% ZrO_2-2.0 mol% Y_2O_3.

Table 4.10.1. Isoplethal Analysis at 2400℃ in ZrO_2-Y_2O_3 Binary System with Composition of 98.0 mol% ZrO_2-2.0 mol% Y_2O_3

Temp. (℃)	Type and fraction basis of phases	Proportion (%)	Composition (%)		Analysis (%)	
					ZrO_2	Y_2O_3
2400	- mm c-ZrO_2 crystal	100.0	ZrO_2	98.0	98.0	
			Y_2O_3	2.0		2.0
	Total system composition				98.0	2.0

② 2차상 석출 구간(2230℃ ≥ T ≥ 1240℃)

등조성선과 제1 고용선이 교차하는 2230℃에서는 모상 고용체 c-ZrO_2에서 제2 고용체 t-ZrO_2가 2차상으로 석출되기 시작한다. 따라서 등조성선과 제1 고용선의 교차점 온도 이하에서 제2 고용선과의 교차점 온도 이상까지 범위(2230℃ ≥ T ≥ 1240℃)인 2상 영역에서는 석출반응이 진행되어 (모상 고용체 c-ZrO_2 + 제2 고용체 t-ZrO_2)로 존재한다.

Fig. 4.10.2와 Table 4.10.2에 나타낸 바와 같이 2000℃에서는 공액선의 지렛대 원리로 계산한 모상 고용체 c-ZrO_2와 제2 고용체 t-ZrO_2의 몰백분율은 각각 30.2 mol%와 69.8 mol%이다. 공액선 양 끝점 조성에 해당하는 모상 고용체 c-ZrO_2의 조성은 95.4 mol% ZrO_2-4.6 mol% Y_2O_3이고, 제2 고용체 t-ZrO_2의 조성은 99.2 mol% ZrO_2-0.8 mol% Y_2O_3이다.

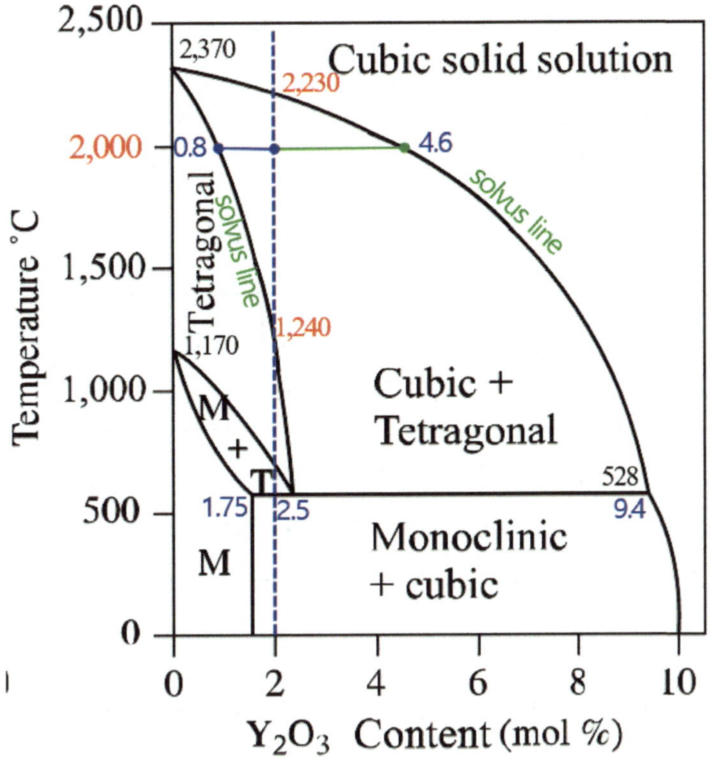

Fig. 4.10.2. Cooling at 2000℃ for a solid solution with composition of 98.0 mol% ZrO_2-2.0 mol% Y_2O_3.

Table 4.10.2. Isoplethal Analysis at 2000℃ in ZrO_2-Y_2O_3 Binary System with Composition of 98.0 mol% ZrO_2-2.0 mol% Y_2O_3

Temp. (℃)	Type and fraction basis of phases	Proportion (%)	Composition (%)		Analysis (%)	
					ZrO_2	Y_2O_3
2000	7.4 mm c-ZrO_2 crystal	30.2	ZrO_2	95.4	28.8	
			Y_2O_3	4.6		1.4
	17.1 mm t-ZrO_2 crystal	69.8	ZrO_2	99.2	69.2	
			Y_2O_3	0.8		0.6
	Total system composition				98.0	2.0

③ 제2 고용체 단상 구간(1240℃>T>720℃)

등조성선과 제2 고용선이 교차하는 1240℃에서는 (모상 고용체 c-ZrO_2 + 제2 고용체 t-ZrO_2)의 혼합상이 제2 고용체 t-ZrO_2의 단상으로 변하기 시작한다.

따라서 Fig. 4.10.3과 Table 4.10.3의 1000℃ 분석에 나타낸 바와 같이, 등조성선과 제2 고용선의 교차점 온도 미만에서 제3 고용선과의 교차점 온도 초과까지의 범위(1240℃>T>720℃)에서 계는 초기 고용체와 같은 조성이지만 결정구조가 다른 제2 고용체 t-ZrO_2로만 100% 존재한다.

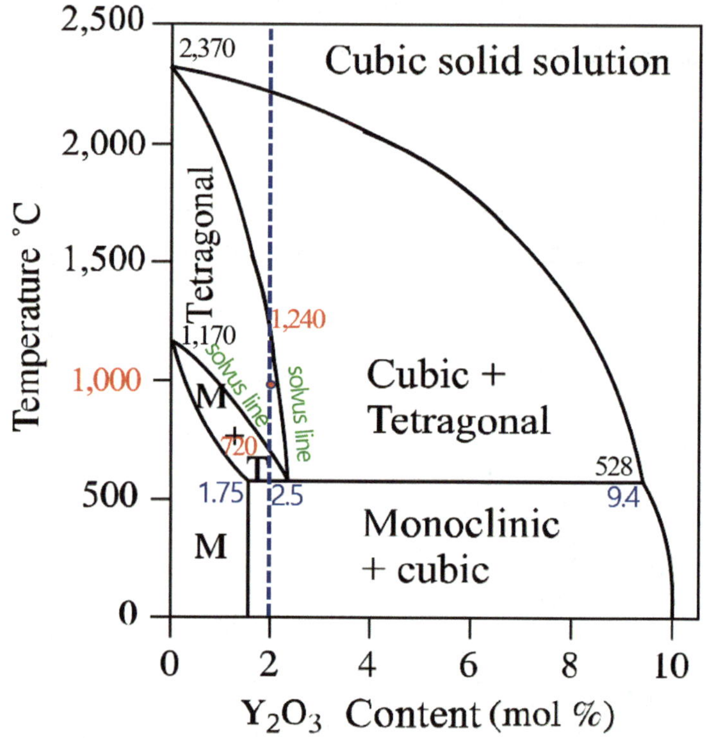

Fig. 4.10.3. Cooling at 1000℃ for a solid solution with composition of 98.0 mol% ZrO_2-2.0 mol% Y_2O_3.

Table 4.10.3. Isoplethal Analysis at 1000℃ in ZrO_2-Y_2O_3 Binary System with Composition of 98.0 mol% ZrO_2-2.0 mol% Y_2O_3

Temp. (℃)	Type and fraction basis of phases	Proportion (%)	Composition (%)		Analysis (%)	
					ZrO_2	Y_2O_3
1000	- mm t-ZrO_2 crystal	100.0	ZrO_2	98.0	98.0	
			Y_2O_3	2.0		2.0
	Total system composition				98.0	2.0

④ 3차상 석출 구간(720℃≥T>528℃)

등조성선과 제3 고용선이 교차하는 720℃에서는 제2 고용체 c-ZrO_2에서 제3 고용체 m-ZrO_2가 3차상으로 석출되기 시작한다. 따라서 Fig. 4.10.4의 700℃ 분석에 나타낸 바와 같이, 등조성선과 제3 고용선의 교차점 온도 이하에서 공석 등온선과의 교차점 온도 초과까지의 범위(720℃≥T>528℃)인 2상 영역에서의 존재상은 (제2 고용체 t-ZrO_2 + 제3 고용체 m-ZrO_2)이다. 해당 온도의 공액선으로부터 존재상의 조성과 분율을 알 수 있다.

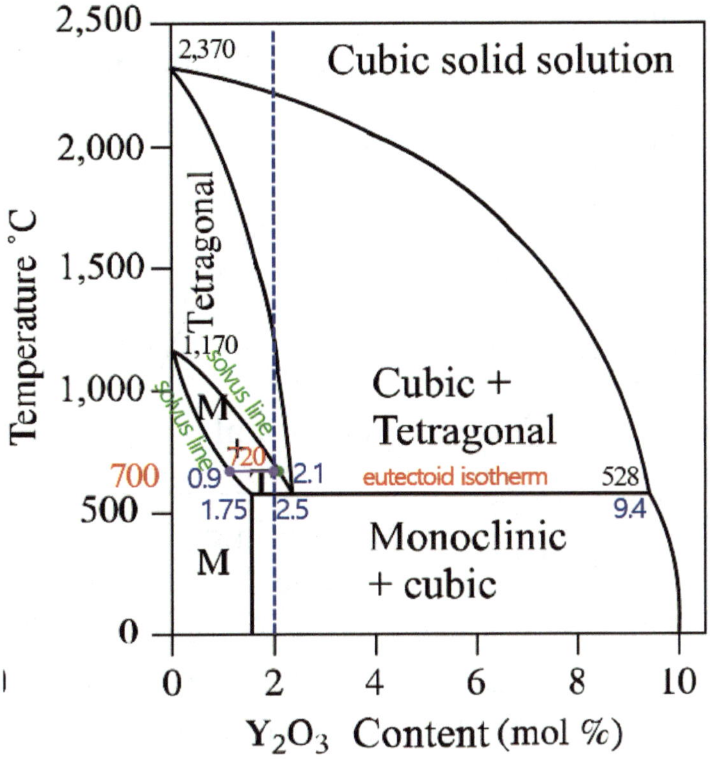

Fig. 4.10.4. Cooling at 700℃ for a solid solution with composition of 98.0 mol% ZrO_2-2.0 mol% Y_2O_3.

Table 4.10.4. Isoplethal Analysis at 700℃ in ZrO_2-Y_2O_3 Binary System with Composition of 98.0 mol% ZrO_2-2.0 mol% Y_2O_3

Temp. (℃)	Type and fraction basis of phases	Proportion (%)	Composition (%)		Analysis (%)	
					ZrO_2	Y_2O_3
700	0.8 mm m-ZrO_2 crystal	11.8	ZrO_2	99.1	11.7	
			Y_2O_3	0.9		0.1
	6.0 mm t-ZrO_2 crystal	88.2	ZrO_2	97.9	86.3	
			Y_2O_3	2.1		1.9
	Total system composition				98.0	2.0

⑤ 공석반응 구간(T=528℃)

등조성선과 공석 등온선의 교차하는 온도 528℃에서는 제2 고용체 t-ZrO_2가 공석반응으로 (제3 고용체 m-ZrO_2 + 모상 고용체 c-ZrO_2)로 변하기 시작하며, 이 온도에서는 (제2 고용체 t-ZrO_2 + 제3 고용체 m-ZrO_2 + 모상 고용체 c-ZrO_2)의 3상이 공존한다.

Fig. 4.10.5(a)에서 보이는 바와 같이 528^+℃에서는 (제2 고용체 t-ZrO_2 고용체 + 제3 고용체 m-ZrO_2)로 존재하는데, 제2 고용체 t-ZrO_2 고용체와 제3 고용체 m-ZrO_2의 분율은 각각 33.3 mol%와 66.7 mol%이고, Fig. 4.10.5(b)에서 보이는 바와 같이 528^-℃에서는 (제3 고용체 m-ZrO_2 + 모상 고용체 c-ZrO_2)로 존재하고, 제3 고용체 m-ZrO_2와 모상 고용체 c-ZrO_2의 분율은 각각 98.3 mol%와 1.7 mol%이다.

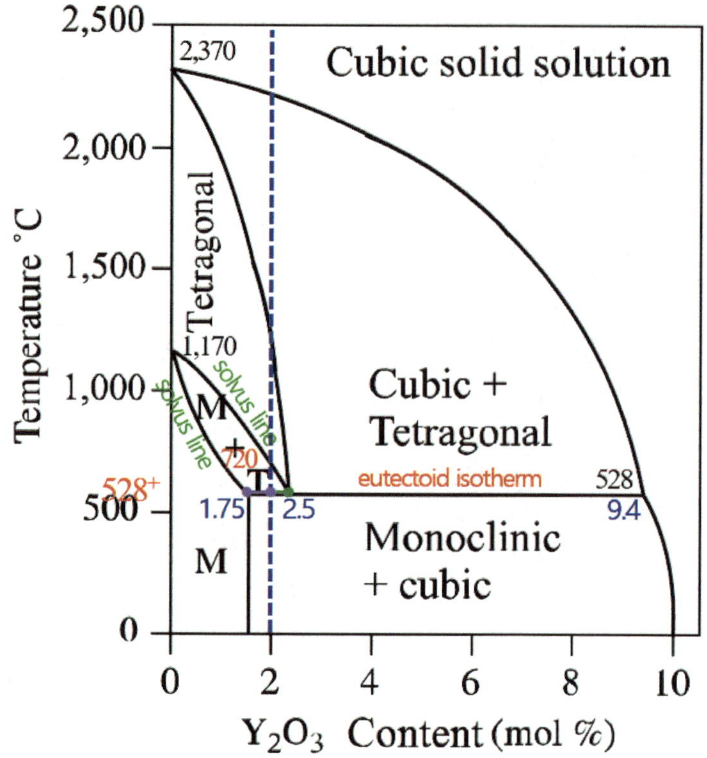

(a)

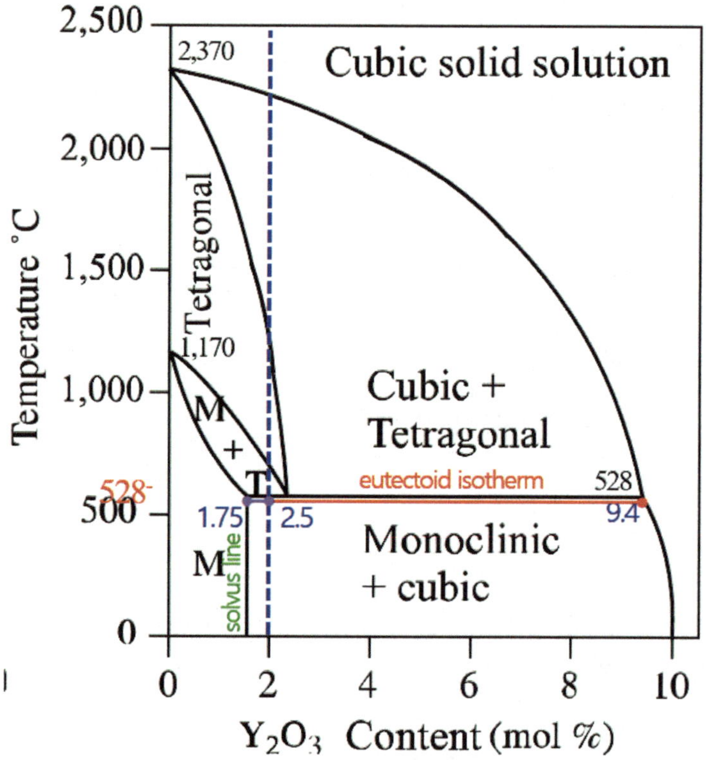

(b)

Fig. 4.10.5. Cooling at 528^{+}℃(a) and 528^{-}℃(b) for a solid solution with composition of 98.0 mol% ZrO_2-2.0 mol% Y_2O_3.

Table 4.10.5. Isoplethal Analysis at 528⁺℃ and 528⁻℃ in ZrO_2-Y_2O_3 Binary System with Composition of 98.0 mol% ZrO_2-2.0 mol% Y_2O_3

Temp. (℃)	Type and fraction basis of phases	Proportion (%)	Composition (%)		Analysis (%)	
					ZrO_2	Y_2O_3
528^+	5.0 mm m-ZrO_2 crystal	66.7	ZrO_2	98.25	65.5	
			Y_2O_3	1.75		1.2
	2.5 mm t-ZrO_2 crystal	33.3	ZrO_2	97.5	32.5	
			Y_2O_3	2.5		0.8
	Total system composition				98.0	2.0
528^-	149.0 mm m-ZrO_2 crystal	98.3	ZrO_2	98.25	96.6	
			Y_2O_3	1.75		1.7
	2.5 mm c-ZrO_2 crystal	1.7	ZrO_2	90.6	1.5	
			Y_2O_3	9.4		0.2
	Total system composition				98.0	2.0

528℃에서 일어나는 공석반응에 대한 물질수지는 다음과 같다. 528^+℃에서의 존재상은 반응물이고 528^-℃에서의 존재상은 생성물로서, Table 4.10.5의 분석으로 계산된 존재상의 몰백분율 데이터에 기반한 (생성물의 양 - 반응물의 양 = 0)의 관계로부터 다음과 같이 구할 수 있다.

① 공석반응의 물질수지: 생성물 몰수 - 반응물 몰수 = 0

$$
\begin{array}{lllll}
 & 98.3 \text{ mol\% m-}ZrO_2 & + \ 1.7 \text{ mol\% c-}ZrO_2 & & \\
-) & 66.7 \text{ mol\% m-}ZrO_2 & & + \ 33.3 \text{ mol\% t-}ZrO_2 & \\
\hline
 & 31.6 \text{ mol\% m-}ZrO_2 & + \ 1.7 \text{ mol\% c-}ZrO_2 & - \ 33.3 \text{ mol\% t-}ZrO_2 & = 0
\end{array}
$$

② 이항 정리하면, 528℃에서 공석반응의 물질수지

$$33.3 \text{ mol\% t-}ZrO_2 \xrightarrow[\text{eutectoid reaction}]{\text{cooling}} 31.6 \text{ mol\% m-}ZrO_2 + 1.7 \text{ mol\% c-}ZrO_2 \qquad (4\text{-}7)$$

따라서 528℃에서는 제2 고용체 t-ZrO_2가 공석반응 하여 (제3 고용체 m-ZrO_2 + 모상 고용체 c-ZrO_2)의 공석조직이 생성된다.

4.5 포석반응이 있는 2성분계 상평형도의 냉각 시뮬레이션

냉각 과정에서 두 고상이 반응하여 새로운 고상을 만드는 포석반응(peritectoid reaction)이 있는 2성분계 상평형도에서, 특정 온도-조성의 융체가 평형 냉각될 때 일어나는 계의 상태 변화는 다음과 같은 순서의 등조성선 연구를 통하여 알 수 있다.

① 특정 온도-조성의 초기 융체 조성점을 찍고, 계의 조성이 일정하게 유지되는 등조성선을 그어서, 냉각 온도가 어느 상 영역에 속하는지 파악하여 존재하는 상의 수와 종류를 알아낸다.

② 등조성선과 액상선의 교차점 온도를 초과하는 범위의 단상 영역이면 최초 융체 조성과 같은 액상으로 100% 존재한다.

③ 등조성선과 액상선이 교차하는 온도에서는 액상으로부터 고상이 초정으로 정출되기 시작하며, 등조성선과 액상선의 교차점 온도 이하에서 공정반응 선과의 교차점 온도 초과까지 범위의 2상 영역이면 (액상 + 초정 고상)이 공존하는데, 해당 온도에서 상영역 좌우 경계선까지의 수평 선분인 공액선을 그어서, 공액선의 양 끝점 조성으로부터 두 상의 조성을 알아내고, 등조성선을 기준으로 한 공액선의 분할 길이로부터 두 상의 분율을 구한다.

④ 등조성선과 공정 반응선이 교차하는 온도에서는 이전에 존재했던 (액상 + 초정 고상) 중의 액상이 공정반응으로 (초정 고상 + 제2 고상)으로 변하기 시작한다.

⑤ 등조성선과 공정 반응선의 교차점 온도 미만에서 포석 등온선과의 교차점 온도 초과까지 범위에서는 (초정 고상 + 제2 고상)이 공존하는데, 해당 온도에서 상 영역 좌우 경계선까지의 수평 선분인 공액선을 그어서, 공액선의 양 끝점 조성으로부터 두 상의 조성을 알아내고, 등조성선을 기준으로 한 공액선의 분할 길이로부터 두 상의 분율을 구한다.

⑥ 등조성선과 포석 등온선이 교차하는 온도에서는 (초정 고상 + 제2 고상)이 포석반응으로 새로운 제3 고상을 생성하기 시작한다.

⑦ 최종으로 등조성선과 포석 등온선의 교차점 온도 미만에서는, (초정 고상 + 제2 고상)을 합친 계의 조성이 포석조성과 같을 때는 포석 반응물인 제3 고상만의 단상으로 존재한다.

⑦' 최종으로 등조성선과 포석 등온선의 교차점 온도 미만에서는, (초정 고상 + 제2 고상)을 합친 계의 조성이 포석조성과 같지 않을 때는 제3 고상뿐만 아니라 초정 또는 제2 고상이 남으므로, 이때에는 상영역 좌우 경계선까지의 공액선을 그어서, 공액선의 양 끝점 조성으로부터 두 상의 조성을 알아내고, 등조성선을 기준으로 한 공액선의 분할 길이로부터 두 상의 분율을 구한다.

4.5.1 30.0 at% Si-70.0 at% U 융체의 평형 냉각

Fig. 4.11의 Si-U 2성분계 상평형도에서 보이는 바와 같이, 이 계에는 고용체 (Si), (γ-U), (β-U) 및 (α-U)가 존재하고, 화학양론 화합물 Si_3U, Si_2U, $Si_{1.88}U$, Si_5U_3, SiU, Si_4U_5, Si_2U_3 및 SiU_3가 중간화합물로 존재한다.

Si는 U를 극미량 고용하여 부분 고용체 (Si)를 형성하고, U도 Si를 최대 3.0 at% 고용하여 부분 고용체 (γ-U)를 형성하는데, 고용체 (γ-U)는 776℃와 668℃에서 고용체 (β-U)와 (α-U)로 상전이 한다. 중간화합물 중 Si_5U_3와 Si_2U_3는 용융 시 형성된 액체의 조성이 용융 전과 같으므로 조화용융 화합물이다.

Si-U 2성분계에는 3개의 공정반응과 2개의 포정반응뿐만 아니라 2개의 포석반응이 나타나 있다. 포석반응은 920℃에서 일어나는 (고용체 (γ-U) + 고상 Si_2U_3 → 고상 β-SiU_3) 반응과 450℃에서 일어나는 (고상 Si_3U + 고상 $USi_{1.88}$ → 고상 Si_2U) 반응이다.

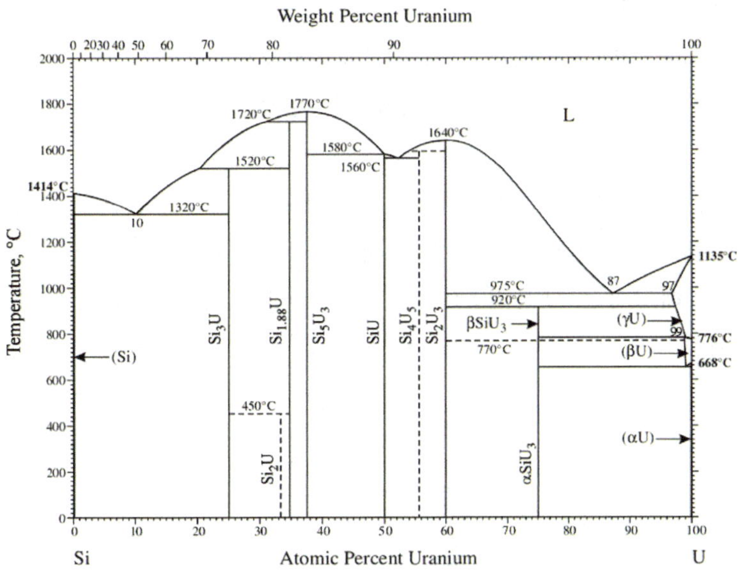

Fig. 4.11. Si-U phase diagram containing two peritectoid reactions.[11)]

30.0 at% Si-70.0 at% U 조성의 초기 융체가 평형 냉각될 때 각각의 온도 구간에서 존재하는 상의 조성과 분율은 다음과 같다.

① 액상 유지 구간(T>1590℃)

Fig. 4.11.1과 Table 4.11.1의 1700℃ 분석에서 보듯이, 등조성선과 액상선의 교차점 온도 초과(T>1590℃)에서 계의 상태는 변화 없이 초기 융체와 조성이 같은 액상 L로 100% 존재한다.

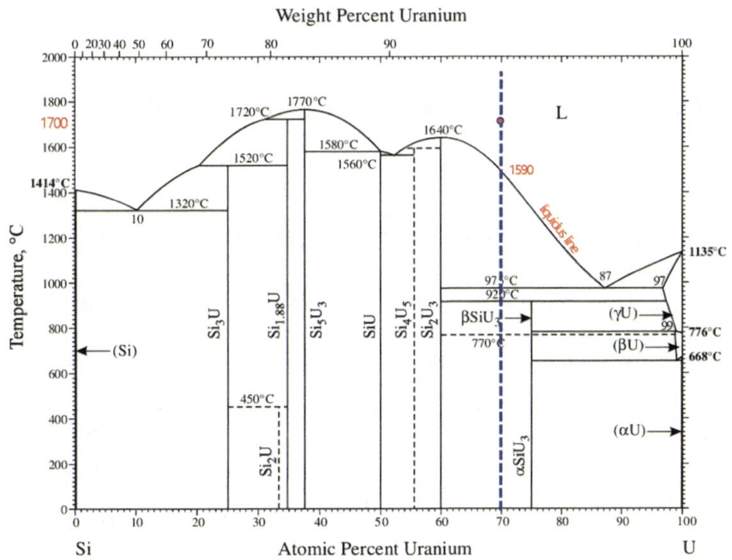

Fig. 4.11.1. Cooling at 1700℃ for a melt with composition of 30.0 at% Si-70.0 at% U.

Table 4.11.1. Isoplethal Analysis at 1700℃ in Si-U Binary System with Composition of 30.0 at% Si-70.0 at% U

Temp. (℃)	Type and fraction basis of phases	Proportion (%)	Composition (%)		Analysis (%) Si	Analysis (%) U
1700	- mm melt	100.0	Si	30.0	30.0	
			U	70.0		70.0
	Total system composition				30.0	70.0

② 초정 정출 구간(1590℃≥T>975℃)

등조성선과 액상선의 교차점 온도 이하에서 공정 반응선과의 교차점 온도 초과까지 범위(1590℃≥T>975℃)인 2상 영역에서는 액상 L로부터 고상 Si_2U_3가 초정으로 정출되어 존재상은 (액상 L + 고상 Si_2U_3)이다.

Fig. 4.11.2와 Table 4.11.2의 1200℃ 분석에 나타낸 바와 같이, 등조성선을 기준으로 한 공액선 분할 길이의 지렛대 원리에 의해 액상 L과 고상 Si_2U_3의 원자백분율은 각각 53.4 at%와 46.6 at%이다. 공액선의 양 끝점의 조성에 해당하는 액상의 조성은 21.3 at% Si-78.7 at% U이고, 고상 Si_2U_3의 조성은 40.0 at% Si-60.0 at% U이다.

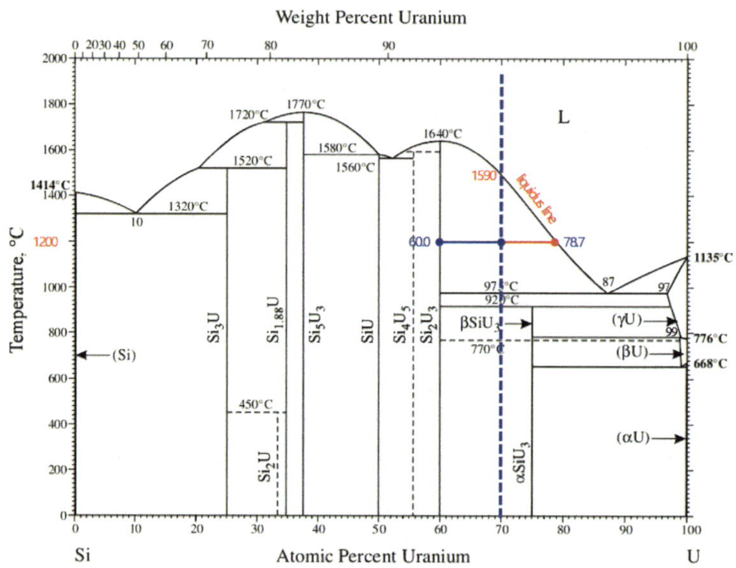

Fig. 4.11.2. Cooling at 1200℃ for a melt with composition of 30.0 at% Si-70.0 at% U.

Table 4.11.2. Isoplethal Analysis at 1200℃ in Si-U Binary System with Composition of 30.0 at% Si-70.0 at% U

Temp. (℃)	Type and fraction basis of phases	Proportion (%)	Composition (%)		Analysis (%)	
					Si	U
1200	7.9 mm melt	53.4	Si	21.3	11.4	
			U	78.7		42.0
	6.9 mm Si_2U_3 crystal	46.6	Si	40.0	18.6	
			U	60.0		28.0
	Total system composition				30.0	70.0

③ 공정반응 구간(T=975℃)

등조성선과 공정 반응선(=고상선)이 교차하는 975℃에서는 이전에 존재했던 (액상 L + 고상 Si_2U_3) 중의 액상 L이 {고상 Si_2U_3 + 고용체 (ɣ-U)}로 변하는 공정반응이 일어나기 시작하여 {액상 L + 고상 Si_2U_3 + 고용체 (ɣ-U)}가 공존한다. 즉, Fig. 4.11.3(a)에서 나타낸 것처럼 975^+℃에서 존재했던 (액상 L

+ 고상 Si_2U_3)는 Fig. 4.11.3(b)에 보인 것처럼 975⁻℃에서는 {고상 Si_2U_3 + 고용체 (ɣ-U)}로 변하게 된다.

Fig. 4.11.3와 Table 4.11.3의 975⁺℃ 분석에 나타낸 바와 같이, 공액선의 분할 길이를 이용한 지렛대 원리로 계산되는 액상 L과 고상 Si_2U_3의 원자백분율은 각각 36.4 at%와 63.6 at%이며, 공액선과 상경계의 교차점 조성에 해당하는 액상의 조성은 13.0 at% Si-87.0 at% U이고 고상 Si_2U_3의 조성은 40.0 at% Si-60.0 at% U이다. 그리고 975⁻℃에서는 고용체 (ɣ-U)와 고상 Si_2U_3의 원자백분율은 각각 26.8 at%와 73.2 at%이며, 고용체 (ɣ-U)의 조성은 3.0 at% Si-97.0 at% U이고 고상 Si_2U_3의 조성은 40.0 at% Si-60.0 at% U이다.

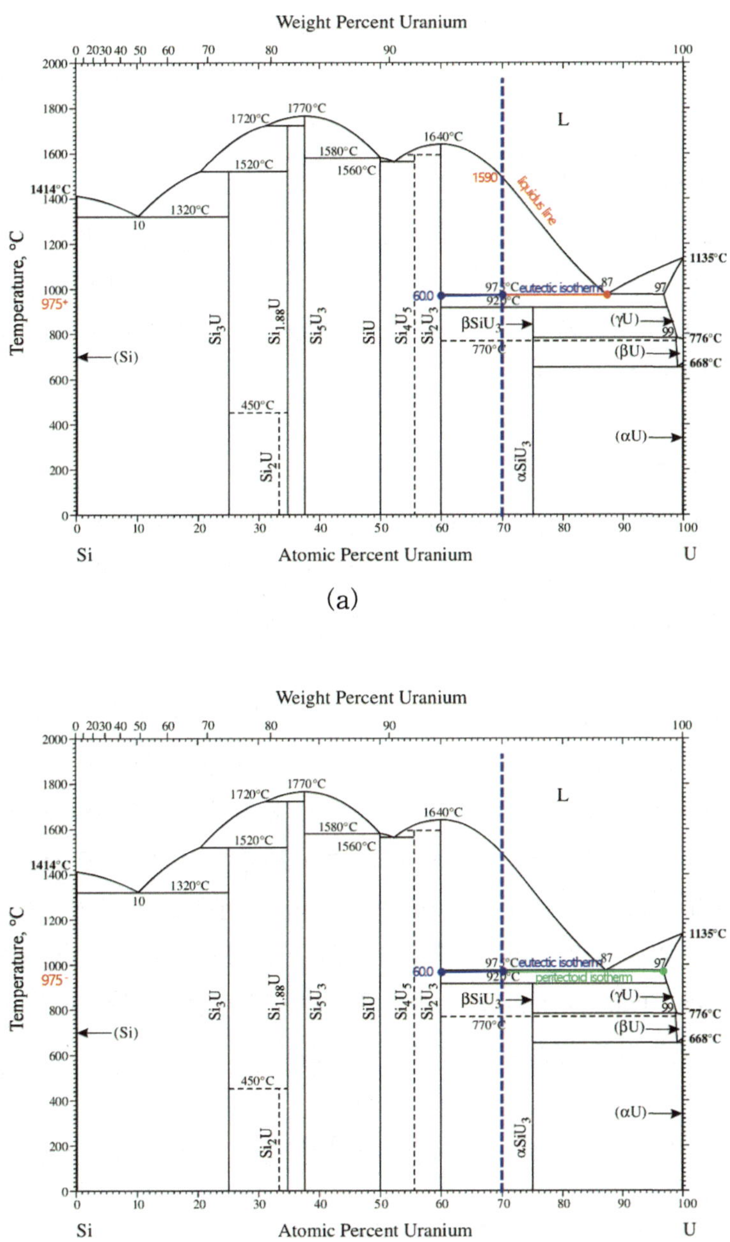

Fig. 4.11.3. Cooling at 975⁺℃(a) and 975⁻℃(b) for a melt with composition of 30.0 at% Si-70.0 at% U.

Table 4.11.3. Isoplethal Analysis at 975^{+}℃ and 975^{-}℃ in Si-U Binary System with Composition of 30.0 at% Si-70.0 at% U

Temp. (℃)	Type and fraction basis of phases	Proportion (%)	Composition (%)		Analysis (%)	
					Si	U
975^{+}	7.9 mm melt	36.4	Si	13.0	4.7	
			U	87.0		31.7
	13.8 mm Si_2U_3 crystal	63.6	Si	40.0	25.4	
			U	60.0		37.2
	Total system composition				30.0	70.0
975^{-}	7.9 mm (γ-U) crystal	26.8	Si	3.0	0.8	
			U	97.0		26.0
	21.6 mm Si_2U_3 crystal	73.2	Si	40.0	29.3	
			U	60.0		43.9
	Total system composition				30.0	70.0

④ 고상 혼합물 구간(975℃<T<920℃)

등조성선과 공정 반응선의 교차점 온도 미만에서 포석 등온선과의 교차점 온도 초과까지 범위(975℃<T<920℃)인 2상 영역에서는 두 고상으로 완전히 변하여 존재상은 {고상 Si_2U_3 + 고용체 (γ-U)}이다. 이때 고상 Si_2U_3는 화학양론 화합물로서 조성이 40.0 at% Si-60.0 at% U로 일정하지만, 고용체 (γ-U)의 조성은 고용선을 따라 변동된다.

⑤ 포석반응 구간(T=920℃)

등조성선과 포석 등온선이 교차하는 온도 920℃에서는 {고상 Si_2U_3 + 고용체 (γ-U)}가 고상 β-SiU_3로 변하는 포석반응이 일어나기 시작한다. 즉, Fig. 4.11.4(a)에 나타낸 것처럼 920^{+}℃에서 존재했던 {고상 Si_2U_3 + 고용체 (γ-U)}는 Fig. 4.11.4(b)에서 보인 것처럼 920^{-}℃에서는 (고상 Si_2U_3 + 고상 β-SiU_3)로 변하게 된다.

Table 4.11.4의 920^{+}℃ 분석에서 보듯이, 공액선에 대한 지렛대 원리로 계산되는 고상 Si_2U_3와 고용체 (γ-U)의 원자백분율은 각각 73.2 at%와 26.8 at%이며, 공액선과 상경계의 교차점 조성에 해당하는 고상 Si_2U_3의 조성은 40.0 at% Si-60.0 at% U이며 고용체 (γ-U)의 조성은 2.5 at% Si-97.5 at% U이다.

그리고 920^{-}℃에서는 고상 Si_2U_3와 고상 β-SiU_3의 원자백분율은 각각 33.6 at%와 66.4 at%이며, 고상 Si_2U_3의 조성은 40.0 at% Si-60.0 at% U이며 고상 β-SiU_3의 조성은 25.0 at% Si-75.0 at% U이다.

920℃에서의 포석반응에 대한 물질수지는 다음과 같다. 920^{+}℃에서의 존재상은 반응물이고 920^{-}℃에서의 존재상은 생성물로서, Table 4.11.4의 분석으로 구한 존재상의 상분율 데이터에 기반한 (생성물의 양 - 반응물의 양 = 0)의 관계로부터 다음과 같이 구할 수 있다.

① 포석반응의 물질수지: 생성물 원자량 - 반응물 원자량 = 0

$$
\begin{array}{lllll}
 & 66.4\text{ at\% }\beta\text{-}SiU_3 & + \ 33.6\text{ at\% }Si_2U_3 & & \\
-) & & \quad\ \ 73.2\text{ at\% }Si_2U_3 & + \ 26.8\text{ at\% }(\gamma\text{-}U) & \\
\hline
 & 66.4\text{ at\% }\beta\text{-}SiU_3 & - \ 39.6\text{ at\% }Si_2U_3 & - \ 26.8\text{ at\% }(\gamma\text{-}U) & = 0
\end{array}
$$

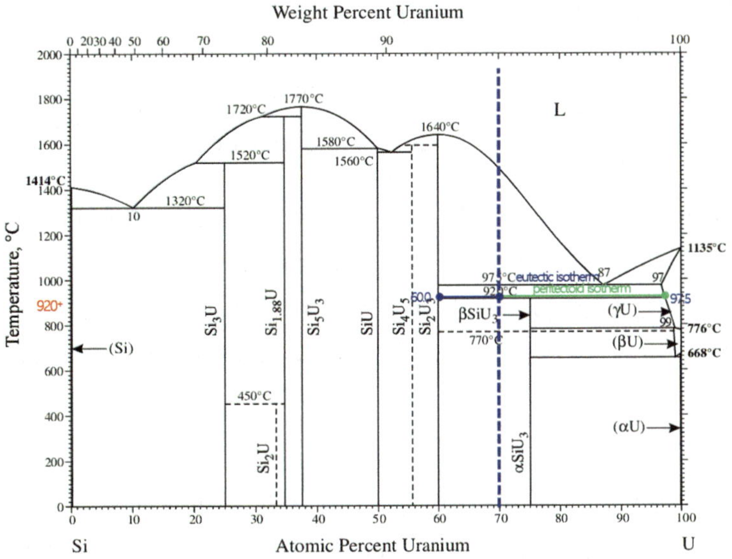

(a)

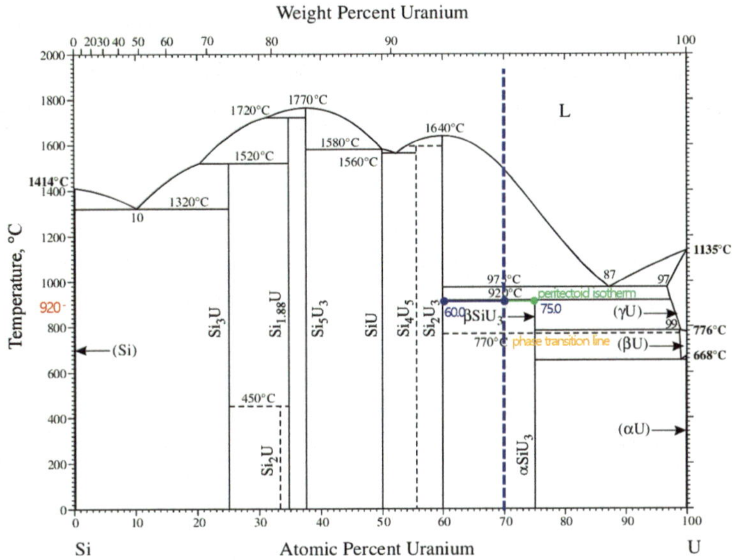

(b)

Fig. 4.11.4. Cooling at 920^{+}℃(a) and 920^{-}℃(b) for a melt with composition of 30.0 at% Si-70.0 at% U.

Table 4.11.4. Isoplethal Analysis at 920^{+}℃ and 920^{-}℃ in Si-U Binary System with Composition of 30.0 at% Si-70.0 at% U

Temp. (℃)	Type and fraction basis of phases	Proportion (%)	Composition (%)		Analysis (%) Si	Analysis (%) U
920^{+}	7.9 mm (γ-U) crystal	26.8	Si	2.5	0.7	
			U	97.5		26.1
	21.6 mm Si_2U_3 crystal	73.2	Si	40.0	29.3	
			U	60.0		43.9
	Total system composition				30.0	70.0
920^{-}	7.9 mm β-SiU_3 crystal	66.4	Si	25.0	16.6	
			U	75.0		49.8
	4.0 mm Si_2U_3 crystal	33.6	Si	40.0	13.4	
			U	60.0		20.2
	Total system composition				30.0	70.0

② 이항 정리하면, 920℃에서 포석반응의 물질수지

$$39.6 \text{ at\% } Si_2U_3 \quad + \quad 26.8 \text{ at\% } (\gamma\text{-U}) \xrightarrow[\text{peritectoid reaction}]{\text{cooling}} 66.4 \text{ at\% } \beta\text{-}SiU_3 \qquad (4\text{-}9)$$

따라서 30.0 at% Si-70.0 at% U 조성의 융체가 평형 냉각될 때 920^{+}℃에서는 고상 Si_2U_3 결정립계에 고용체 (γ-U)가 석출되어 2상 혼합물로 존재했다가, 920℃에서는 {고상 Si_2U_3 + 고용체 (γ-U)}가 포석반응에 의해 새로운 고상 β-SiU_3로 변하게 된다. 따라서 920^{-}℃에서는 고용체 (γ-U)는 포석반응에 참여하여 전부 없어지지만, 과잉의 고상 Si_2U_3는 잔존하고 새로운 고상 β-SiU_3이 포석조직으로 존재한다.

⑥ 고상 혼합물 구간(920℃>T)

등조성선과 포석 등온선의 교차점 온도 미만(920℃>T)의 2상 영역에서는 두 고상으로 완전히 변하여 존재상은 (고상 SiU_3 + 고상 Si_2U_3)의 혼합상이다. 다만 고상 SiU_3는 상전이 온도 770℃를 전후하여 고상 β-SiU_3와 고상 α-SiU_3로 구분된다.

Table 4.11.5의 25℃ 분석에서 보이는 바와 같이, 공액선의 지렛대 원리에 의해 고상 α-SiU_3와 고상 Si_2U_3의 분율은 각각 66.4 at%와 33.6 at%이며, 공액선과 상경계의 교차점 조성에 해당하는 고상 Si_2U_3의 조성은 40.0 at% Si-60.0 at% U이고 고상 α-SiU_3의 조성은 25.0 at% Si-75.0 at% U이다.

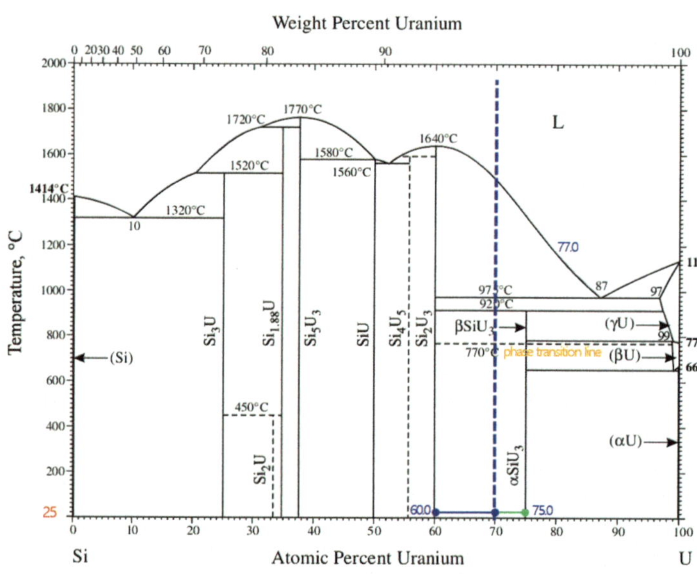

Fig. 4.11.5. Cooling at 25℃ for a melt with composition of 30.0 at% Si-70.0 at% U.

Table 4.11.5. Isoplethal Analysis at 25℃ in Si-U Binary System with Composition of 30.0 at% Si-70.0 at% U

Temp. (℃)	Type and fraction basis of phases	Proportion (%)	Composition (%)		Analysis (%)	
					Si	U
259	7.9 mm α-SiU_3 crystal	66.4	Si	25.0	16.6	
			U	75.0		49.8
	4.0 mm Si_2U_3 crystal	33.6	Si	40.0	13.4	
			U	60.0		20.2
	Total system composition				30.0	70.0

4.6 편정반응이 있는 2성분계 상평형도의 냉각 시뮬레이션

액상이 평형 냉각되어 다른 조성의 액상과 고상을 만드는 편정반응(monotectic reaction)이 있는 2성분계 상평형도에서, 특정 온도-조성의 액상이 평형 냉각되는 동안 일어나는 계의 상태 변화는 다음과 같은 순서의 등조성선 연구를 통하여 알 수 있다.

① 특정 온도-조성의 초기 액상 조성점을 찍고, 계의 조성이 일정하게 유지되는 등조성선을 그어서, 냉각 온도가 어느 상 영역에 속하는지 파악하여 존재하는 상의 수와 종류를 알아낸다.

② 등조성선과 액체 불공용선이 교차하는 온도 초과 범위의 단상 영역이면 초기 융체 조성과 같은 액상으로 100% 존재한다.

③ 등조성선과 액체 불공용선(liquid immiscibility line)이 교차하는 온도에서는 모상 액상이 혼화되지 않는 (제2 액상 + 제3 액상)의 두 공액상(conjugate phases)으로 분리되기 시작한다.

④ 등조성선과 액체 불공용선의 교차점 온도 미만에서 편정 등온선과의 교차점 온도 초과 범위에서는 (제2 액상 + 제3 액상)이 공존하는데, 해당 온도에서 상영역 좌우 경계선까지의 수평 선분인 공액선을 그어서, 공액선의 양 끝점 조성으로부터 두 상의 조성을 알아내고, 등조성선을 기준으로 한 공액선의 분할 길이로부터 두 상의 분율을 구한다.

⑤ 등조성선과 편정 등온선이 교차하는 온도에서는 (제2 액상 + 제3 액상) 중에 제2 액상이 편정반응으로 (제3 액상 + 초정 고상)으로 변하기 시작한다.

⑥ 등조성선과 편정 등온선의 교차점 온도 미만에서 공정 반응선과의 교차점 초과 범위의 2상 영역에서는 (제3 액상 + 초정 고상)이 공존하는데, 해당 온도에서 상영역 좌우 경계선까지의 공액선을 그어서, 공액선의 양 끝점 조성으로부터 두 상의 조성을 알아내고, 등조성선을 기준으로 한공액선의 분할 길이로부터 두 상의 분율을 구한다.

⑦ 등조성선과 공정 반응선이 교차하는 온도에서는 이전에 존재했던 (제3 액상 + 고상) 중의 액상이 공정반응으로 (초정 고상 + 제2 고상)으로 변하기 시작한다.

⑧ 최종으로 등조성선과 공정 반응선의 교차점 온도 미만에서는 (초정 고상 + 제2 고상)이 공존하는데, 상영역 좌우 경계선까지의 수평 선분인 공액선을 그어서, 공액선의 양 끝점 조성으로부터 두 상의 조성을 알아내고, 등조성선을 기준으로 한 공액선의 분할 길이로부터 두 상의 분율을 구한다.

4.6.1 60.0 wt% Cu-40.0 wt% Pb 조성 융체의 평형 냉각

Fig. 4.12의 Cu-Pb 2성분계 상평형도는 액체가 서로 완전히 용해되어 단일 액상 L로 존재하는 상영역과 특정 온도-조성 조건(액체 불공용 조건)에서 액체가 서로 완전히 용해되지 않아 공액상(conjugate phases)인 (액상 L_1 + 액상 L_2)의 2상으로 존재하는 상영역을 갖고 있다. 단상 액상과 2상 공액상이 분리되는 경계를 액체 불공용선(liquid immiscibility line)이라 한다.

Cu-Pb 2성분계에는 편정반응과 공정반응이 나타나 있다. 편정반응은 1228K에서 일어나는 (액상 L_1 → 고상 Cu + 액상 L_2) 반응이고 공정반응은 599K에서 일어나는 (액상 L_2 → 고상 Cu + 고상 Pb) 반응이다. 이 계에서 상의 영역은 1개의 단상 액상 영역, 3개의 (액상 + 고상) 2상 영역, 1개의 두 액상 2상 영역과 1개의 두 고상 2상 영역 등, 모두 6개가 있다.

60.0 wt% Cu-40.0 wt% Pb 조성의 초기 융체가 평형 냉각될 때 각각의 온도 구간에서 존재하는 상의 조성과 분율은 다음과 같다.

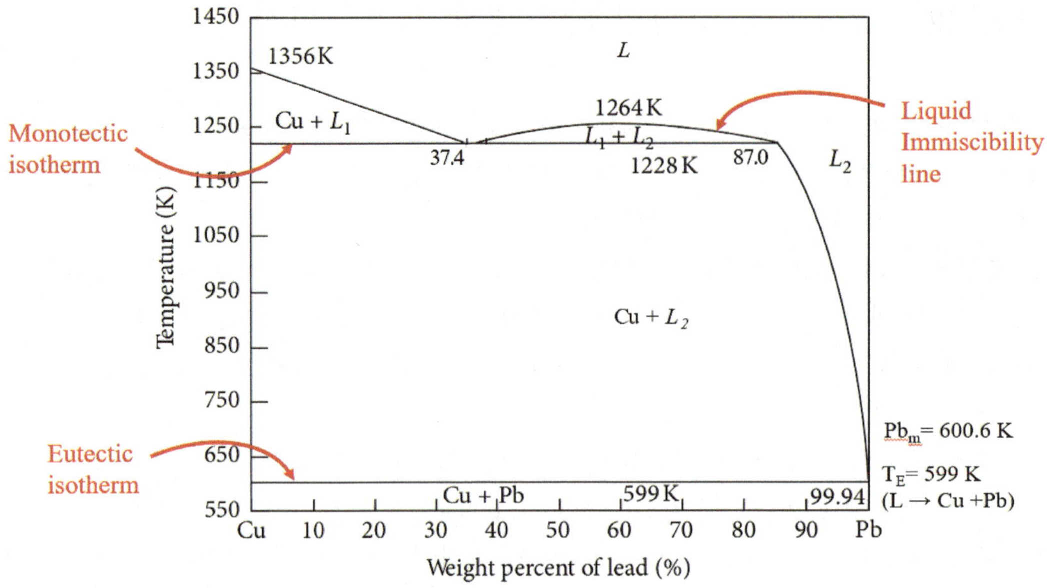

Fig. 4.12. Cu-Pb binary phase diagram containing a monotectic reaction.[12)]

① 단일 액상 유지 구간(T>1235K)

Fig. 4.12.1와 Table 4.12.1의 1350K 분석에 나타낸 바와 같이, 등조성선과 액체 불공용선이 교차하는 온도 초과(T>1235K)에서는 단상 영역을 지나므로 계의 상태는 변화 없이 초기 액체와 조성이 같은 액상 L로 100% 존재한다.

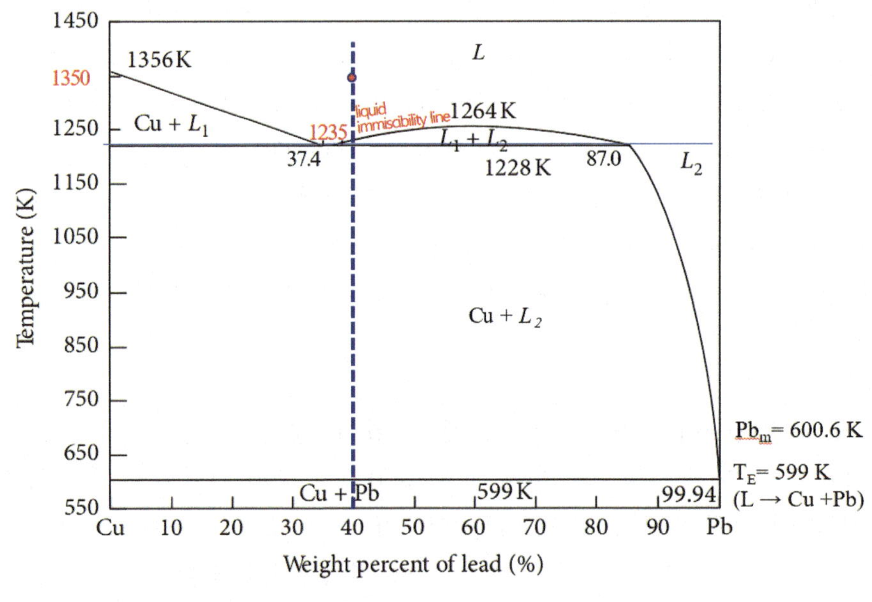

Fig. 4.12.1. Cooling at 1350K for a melt with composition of 60.0 wt% Cu-40.0 wt% Pb.

Table 4.12.1. Isoplethal Analysis at 1350K in Cu-Pb Binary System with Composition of 60.0 wt% Cu-40.0 wt% Pb

Temp. (K)	Type and fraction basis of phases	Proportion (%)	Composition (%)		Analysis (%)	
					Cu	Pb
1350	– mm melt	100.0	Cu	60.0	60.0	
			Pb	40.0		40.0
	Total system composition				60.0	40.0

② 액체 불혼화 영역 구간(1235K>T>1228K)

등조성선과 액체 불공용선의 교차점 온도 이하에서 편정 등온선과의 교차점 온도 초과까지의 범위(1235K>T>1228K)인 공액상 영역을 지나는 구간으로, 해당 온도를 기준으로 상영역 좌우 경계선까지의 수평선인 공액선을 그어서 (제2 액상 L_1 + 제3 액상 L_2)의 두 액상의 분율과 조성을 알 수 있다.

③ 편정반응 구간(T=1228 K)

등조성선과 편정 등온선이 교차하는 1228K에서는 (제2 액상 L_1 → 고상 Cu + 제3 액상 L_2)로 변하는 편정 반응이 시작되어 (제2 액상 L_1 + 제3 액상 L_2 + 고상 Cu)의 3상이 공존한다. 즉, Fig. 4.12.2(a)에 나타낸 것처럼 1228^{+}K에서 존재했던 (제2 액상 L_1 + 제3 액상 L_2)는 Fig. 4.12.2(b)에 보인 것처럼 1228^{-}K에서는 (고상 Cu + 제3 액상 L_2)로 변하게 된다.

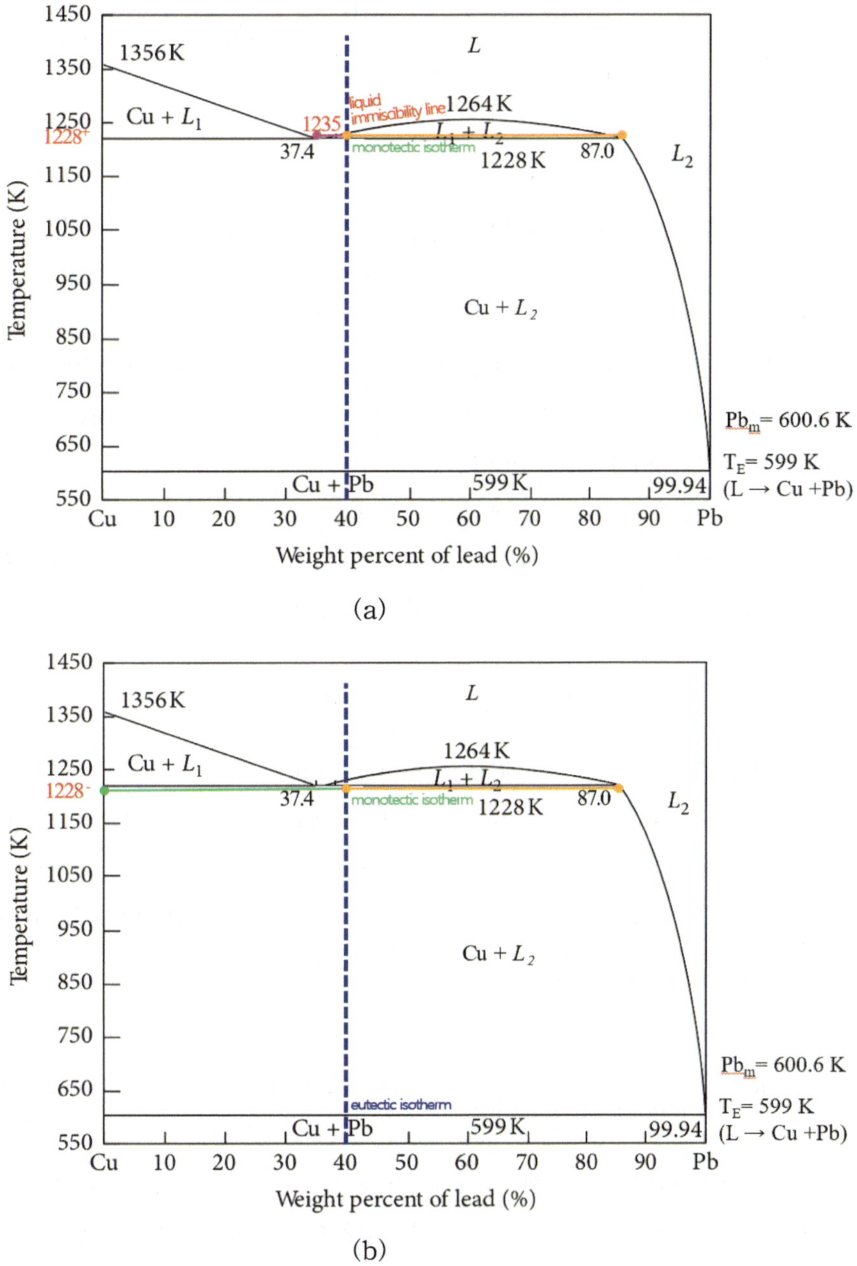

Fig. 4.12.2. Cooling at 1228^{+}K(a) and 1228^{-}K(b) for a melt with composition of 60.0 wt% Cu-40.0 wt% Pb.

Table 4.12.2. Isoplethal Analysis at 1228^{+}K and 1228^{-}K in Cu-Pb Binary System with Composition of 60.0 wt% Cu-40.0 wt% Pb

Temp. (K)	Type and fraction basis of phases	Proportion (%)	Composition (%)		Analysis (%)	
					Cu	Pb
1228^{+}	36.9 mm L_1 liquid	94.6	Cu	62.7	59.3	
			Pb	37.3		35.3
	2.1 mm L_2 liquid	5.4	Cu	13.0	0.7	
			Pb	87.0		4.7
	Total system composition				60.0	40.0
1228^{-}	36.5 mm Cu crystal	54.0	Cu	100.0	54.0	
			Pb	0.0		0.0
	31.1 mm L_2 liquid	46.0	Cu	13.0	6.0	
			Pb	87.0		40.0
	Total system composition				60.0	40.0

Fig. 4.12.2와 Table 4.12.2의 분석에 나타낸 바와 같이, 1228^{+}K에서는 공액선의 지렛대 원리로 계산된 제2 액상 L_1과 제3 액상 L_2의 분율은 각각 94.6 wt%와 5.4 wt%이고, 공액선 양 끝점 조성에 해당하는 제2 액상 L_1과 제3 액상 L_2의 조성은 각각 62.7 wt% Cu-37.7 wt% Pb와 13.0 wt% Cu-87.0 wt% Pb이다. 그리고 1228^{-}K에서는 공액선의 지렛대 원리로 계산된 고상 Cu와 제3 액상 L_2의 분율은 각각 54.0 wt%와 46.0 wt%이고 공액선 양 끝점 조성에 해당하는 고상 Cu와 제3 액상 L_2의 조성은 각각 100.0 wt% Cu와 13.0 wt% Cu-87.0 wt% Pb이다.

1228K에서 일어나는 편정반응에 대한 물질수지는 다음과 같다. 1228^{+}K에서의 존재상은 반응물이고 1228^{-}K에서의 존재상은 생성물로서, Table 4.12.2의 분석으로 계산된 존재상의 중량백분율 데이터에 기반한 (생성물의 양 - 반응물의 양 = 0)의 관계로부터 다음과 같이 구할 수 있다.

① 편정반응의 물질수지: 생성물 무게 - 반응물 무게 = 0

54.0 wt% Cu crystal + 46.0 wt% L_2 liquid

-) 5.4 wt% L_2 liquid + 94.6 wt% L_1 liquid

54.0 wt% Cu crystal + 40.6 wt% L_2 liquid - 94.6 wt% L_1 liquid = 0

② 이항 정리하면, 1228K에서 편정반응의 물질수지

$$94.6 \text{ wt\% } L_1 \text{ liquid} \xrightarrow[\text{monotectic reaction}]{\text{cooling}} 54.0 \text{ wt\% Cu crystal} + 40.6 \text{ wt\% } L_2 \text{ liquid} \quad (4\text{-}10)$$

따라서 60.0 wt% Cu-40.0 wt% Pb 조성 융체의 평형 냉각 시, 1228^{+}K에서 존재하던 (제2 액상 L_1 + 제3 액상 L_2)의 공액상 중 제2 액상 L_1은 1228K에서 (제2 액상 L_1 → 고상 Cu + 제3 액상 L_2)로 편정반응 한다. 따라서 1228^{-}K에서는 (고상 Cu 고상 + 제2 액상 L_2)의 편정조직이 생성된다.

④ 고상 정출 구간(1228K>T>599K)

등조성선과 편정 등온선의 교차점 온도 미만에서 공정 반응선과의 교차점 온도 초과까지의 범위(1228K>T>599K)인 2상 영역에서는 (고상 Cu + 제3 액상 L_2)가 존재한다. 또한 냉각이 진행됨에 따라 제3 액상 L_2는 점차 Pb가 풍부한 조성으로 바뀌며, 이에 연동하여 고상 Cu와 제3 액상 L_2의 분율도 변한다.

⑤ 공정반응 구간(T=599K)

등조성선과 공정 반응선이 교차하는 599K에서는 (제3 액상 L_2 → 고상 Cu + 고상 Pb)의 공정반응이 일어난다. 즉, Fig. 4.12.3(a)에 나타낸 것처럼 599^{+}K에서 존재했던 (고상 Cu + 제3 액상 L_2)는 Fig. 4.12.3(b)에 보인 것처럼 599^{-}K에서는 (고상 Cu + 고상 Pb)로 변하게 된다.

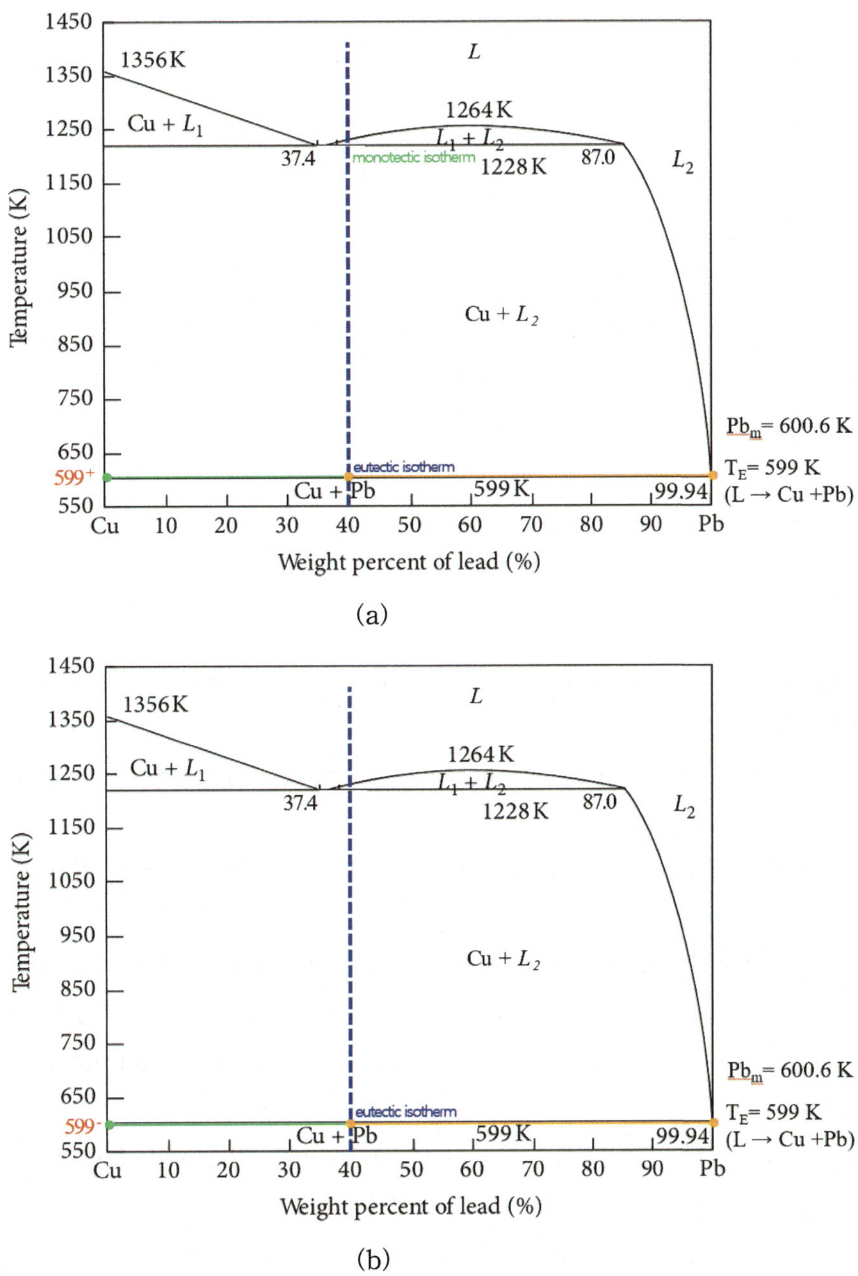

Fig. 4.12.3. Cooling at 599^{+}K(a) and 599^{-}K(b) for a melt with composition of 60.0 wt% Cu-40.0 wt% Pb.

Table 4.12.3. Isoplethal Analysis at 599^{+}K and 599^{-}K in Cu-Pb Binary System with Composition of 60.0 wt% Cu-40.0 wt% Pb

Temp. (K)	Type and fraction basis of phases	Proportion (%)	Composition (%)		Analysis (%)	
					Cu	Pb
599^{+}	47.66 mm Cu crystal	59.98	Cu	100.0	59.98	
			Pb	0.0		0.00
	31.8 mm L_2 liquid	40.02	Cu	0.06	0.02	
			Pb	99.94		39.996
	Total system composition				60.0	40.0
599^{-}	47.7 mm Cu crystal	60.0	Cu	100.0	60.0	
			Pb	0.0		0.0
	31.8 mm Pb crystal	40.0	Cu	0.0	0.0	
			Pb	100.0		40.0
	Total system composition				60.0	40.0

Table 4.12.3의 599^{+}K와 599^{-}K 분석에서 보이는 바와 같이, 고상 Cu의 조성은 일정하지만, 제3 액상 L_2와 고상 Pb의 조성은 아주 미소한 차이를 보이며 그에 따라 각 상의 분율도 미소하게 변한다.

⑥ 고상 혼합상 구간(T<599.5K)

등조성선과 공정 반응선의 교차점 온도 미만의 범위(T<599.5K)에서 계는 일정한 상의 상태를 유지한다. 즉, 599.5K 미만에서는 Table 4.12.3의 599^{-}K 분석에서 보듯이, 두 고상의 분율은 초기 융체의 성분 분율과 같아진다.

[참고문헌]

1. W. D. Kingery, H. K. Bowen and D. R. Uhlmann, 'Introduction to Ceramics,' 2nd Edition, John Wily & Sons, 1976.
2. C. G. Bergeron and S. H. Risbud, 'Introduction to Phase Equilibria in Ceramics,' The American Ceramic Society, Wiley, 1984.
3. W. F. Smith and J. Hashemi, 'Foundations of Materials Science and Engineering,' 5th Edition, Mc Graw Hill, 2010.
4. W. D. Callister, 'Materials Science and Engineering,' 7th Edition, John Wiley & Son, 2007.
5. http://www.engineeringarchives.com/les_matsci_isomorphousbinaryphasediagram.html
6. https://serc.carleton.edu/serc/quick_urls.html/Integrating Research and Education/Teaching Phase Equilibria (2023).
7. A. E. McHale and R. S. Roth, "Low-Temperature Phase Relationships in the System ZrO_2-TiO_2," J. Am. Ceram. Soc., 69(11) 827-832 (1986).
8. R. Schmid-Fetzer, "Phase Diagrams: The Beginning of Wisdom," J. Phase Equilibria and Diffusion, 35(6) 735-760 (2014).

9. J. Shackelford, Ch 9. Phase Diagrams-Equilibrium Microstructural Development in 'Introduction to Materials Science for Engineers.' Pearson Education, 2015.
10. R. H. J. Hannink, P. M. Kelly and B. C. Muddle, "Transformation Toughening in Zirconia-Containing Ceramics," J. Am. Ceram. Soc., 83(3) 461-487 (2000).
11. H. Okamoto, "Si-U(Silicon-Uranium)," JPEDAV, 34, 167-168 (2013).
12. X. Hao,Y. Li,Y. Hu and G. Geng, "Effect of the Third Element Ni on the Solidification Microstructure of Undercooled Cu-40wt.% Pb Monotectic Alloy Melt," Adv. Mater. Sci. Eng., 3086716 (2019).

제 5 장 3성분계 상평형도의 기본 개념

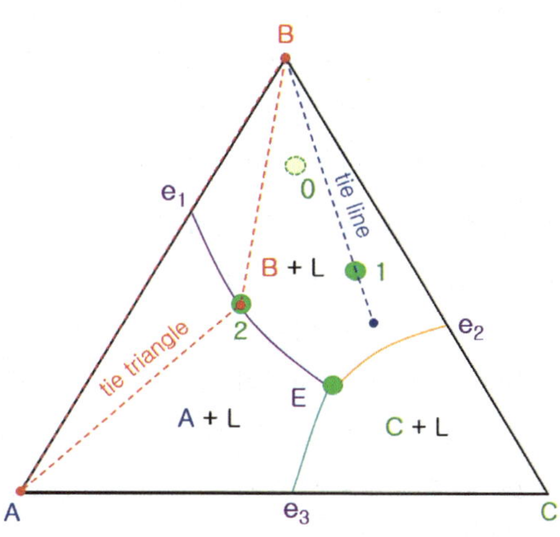

제 5 장 3성분계 상평형도의 기본 개념(Basic Concepts of Ternary Phase Diagrams)

세 가지 성분으로 구성된 물질계를 3성분계(ternary system, three-component system)라 한다. 3성분계 상평형도(ternary phase diagrams)는 세기 변수인 온도, 압력 및 조성 조건에 따른 물질계의 상태 변화를 보여준다. 그런데 3성분계의 조성을 표현하려면 2개의 조성 변수가 필요하므로, 상평형에서 조성을 나타내기 위해서는 2차원 삼각형이 요구된다. 따라서 3성분계 상평형도를 그리려면 압력, 온도 및 2개 조성 변수의 네 가지 세기 변수를 나타내는 4차원 공간을 사용해야 한다. 하지만, 일정한 압력 조건에서는 온도와 2개의 조성 변수의 세 가지 변수를 나타내는 3차원 상평형도를 사용하고, 더 나아가서는 3차원 입체 상평형도를 반영한 정삼각형에 2차원 상평형도를 그리는 것이 일반적이다.

5.1 3성분계 상평형도 표현(Expression of Ternary Phase Diagrams)

일반적으로 압력이 일정한 3성분계 상평형도에서는 평면 정삼각형에 상(phases)의 영역을 구분하고 각각의 조성점(composition points), 불변점(invariant points)과 등온선(isotermal lines)을 표현한다. 이는 높낮이를 갖는 실제 3차원 지형을 등고선으로 그린, 2차원 지도로 표시하는 것과 유사하다. 실제로 Fig. 5.1(b)에 나타낸 CaO-Al_2O_3-SiO_2 3성분계의 3차원 입체 도형을 Fig. 5.1(a)에서와 같은 2차원 정삼각형 상평형도로 표시한다. 2차원 상평형도에는 상의 조성점, 상영역 및 등온선이 있고, 2개의 상영역이 만나는 경계선과 3개 상영역이 만나는 경계점(그림에서 하얀 원 내의 한 점)은, 주변의 상영역이 합류하면서 특정한 반응이 일어나는 반응선과 반응점으로 이해하면 된다.

일정한 압력(주로 대기압)에서 하나의 공정점을 포함하는 응축 3성분계(condensed ternary system)인 가상의 A-B-C 3성분계 상평형도는 Fig. 5.2(a)와 같이 3차원 입체 도형이며, 일반적으로 Fig. 5.2(b)와 같이 2차원 평면 정삼각형으로 간략하게 나타내고 다음과 같은 의미를 내포하고 있다.

① 3성분계 입체 도형에서 밑면은 정삼각형을 이루는 데, 그 꼭지점들은 세 성분의 조성이고 밑면의 특정 위치는 특정 조성을 나타낸다. 온도축은 이 밑면에 수직이다.

② 3성분계 입체 도형에서 언덕과 계곡 형세의 표면 곡면은 액상면(liquidus surfaces)에 해당하는데, 액상면 초과 온도(액상면 온도는 포함하지 않음을 의미)에서 평형 상태는 액상이고 액상면 이하 온도에서는 액상과 고상이 공존한다. 액상면은 액상 내에 고상의 최대 용해도를 나타내는 모든 온도-조성 점들의 궤적이다. 입체의 옆면은 A-B, B-C 및 A-C의 2성분계 상평형도를 나타낸다.

③ 3차원 입체 도형의 곡면 영역과 2차원 삼각형의 평면 영역은 존재하는 각각의 상영역(phase fields)이다. 3차원 도형에서 곡면 영역 안에 그린 곡선이나 2차원 삼각형의 평면 영역 안에 그은 점선은 같은 온도를 갖는 등온선(isotherm lines)이고, 입체 도형에서의 곡선은 밑면에 평행하다.

④ 3차원 입체 도형에서 곡면 영역이 만나는 곡선이나 2차원 삼각형에서 평면 영역이 만나는 곡선은 공통경계선(common boundary curves)이라 하며, 이 선상에서는 액상과 2개의 고상이 공존한다. 공통경계선에 그린 화살표의 화살촉 방향은 온도가 낮아지는 방향을 가리킨다.

⑤ 3차원 입체 도형에서 곡면 영역의 공통경계선이 모이는 점이나 2차원 삼각형에서 평면 영역의 공통경계선이 모이는 점은 3원 불변점(ternary invariant point)으로, 액상과 3개의 고상이 공존하는 지점이다.

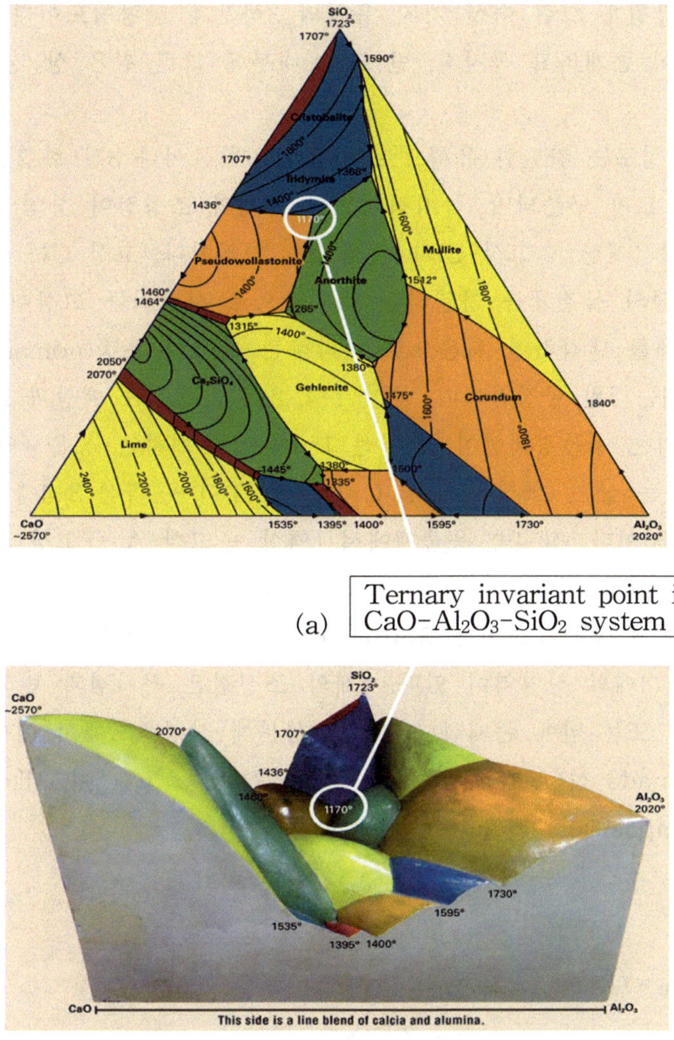

Fig. 5.1. A birds-eye view(a) and the three-dimensional model(b) of $CaO-Al_2O_3-SiO_2$ ternary phase diagram: a point in the white circle is one of the lowest-melting point for a specific composition of calcia, alumina and silica.[1)]

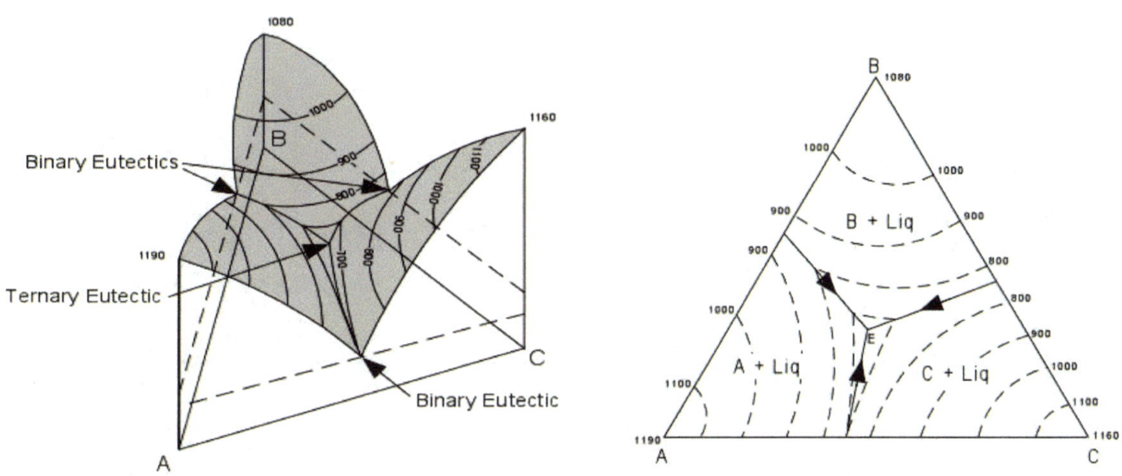

Fig. 5.2. Three dimensional representation(a) and two dimensional figure(b) of the hypothetical A-B-C system containing one ternary eutectic point.

Fig. 5.3은 2차원 평면 삼각형에 그린 여섯 가지 유형의 3성분계 상평형도이다. 각각의 상평형도에는 3개, 4개 또는 5개의 상영역이 존재하고 꼭지점, 변 또는 내부에 그린 원은 상 영역의 조성점을 의미한다.

Fig. 5.3(a)의 3성분계 상평형도는 간단한 유형으로서, 2원 화합물이나 3원 화합물이 존재하지 않고 상 A, 상 B 및 상 C의 상영역으로만 구분되며, 꼭지점에 있는 3개의 조성점이 상영역 안에 존재한다. 상영역 C-1-4-2는 평형 상태에서 (액상 + 고상 C)가 존재하는 영역이다. 고상 C는 이 영역의 주상으로서, 이 영역 안에 속한 특정 조성의 물질계를 가열하면 마지막으로 사라지는 고상이다. 또한 고상 C는 이 영역 내 특정 조성의 액체 계를 냉각하면 처음으로 나타나는 고상인 초정(primary crystals)이다. 점 1, 2와 3은 2원 공정점이고 점 4는 3원 공정점이며, 곡선 1-4, 2-4 및 3-4는 액상과 2개 고상의 3상이 평형으로 존재하는 조건을 나타내는 공통경계선이다. 곡선 1-4에서 존재하는 상은 (액상 + 고상 A + 고상 C)이고, 곡선 2-4에서 존재하는 상은 (액상 + 고상 C + 고상 B)이며, 곡선 3-4에서 평형에 존재하는 상은 (액상 + 고상 A + 고상 B)이다. 점 4는 응축계에서 (액상 + 고상 A + 고상 B + 고상 C)가 평형으로 공존하는 4중점(quadruple point)이다.

좀 더 복잡한 유형의 3성분계 상평형도 Fig. 5.3(b)~(e)에는 상 A, 상 B 및 상 C 이외에 2성분의 중간화합물 AB 상이 추가되어 4개의 상영역이 있다. 4개의 조성점은 꼭지점과 변의 특정한 지점에 있는데, 각각의 해당 상영역의 안 또는 밖에 존재한다. 이들 3성분계 상평형도에서 이웃하는 각 상영역의 조성점을 연결한 직선을 Alkemade 선(Alkemade lines)이라 부른다. 또한 이 Alkemade 선들은 3성분계 상평형도를 조성 삼각형(composition triangles)으로 나눈다.

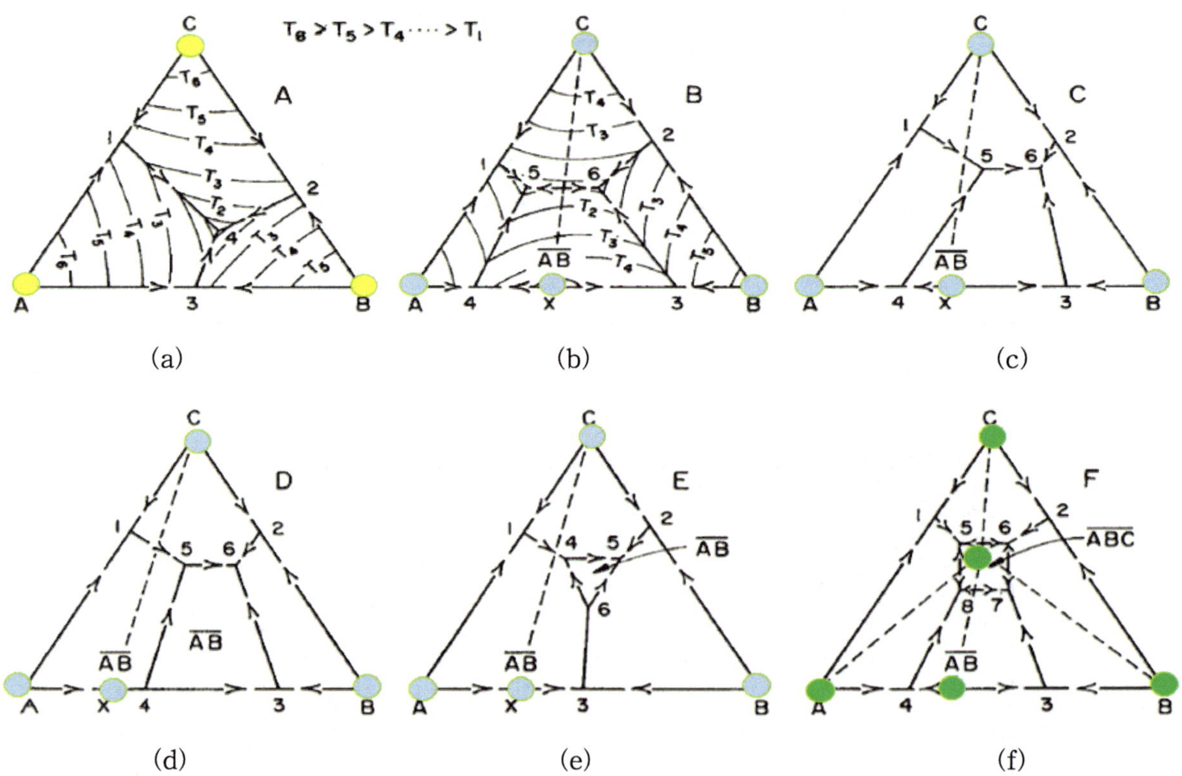

Fig. 5.3. Six typical cases of the the hypothetical A-B-C ternary systems having 3 phase fields(a), 4 phase fields (b-e) and 5 phase fields(f)(Colored circles indicate the composition points of phase fields).[2,3]

특정 조성의 물질계가 평형 결정화 과정에서 나타나는 최종 결정상이 무엇인지는 여러 조성 삼각형 중에서 해당 물질계의 초기 조성점이 속한 조성 삼각형의 꼭지점으로 알 수 있다. 예를 들어 Fig. 5.3 (b)~(e)의 상평형도에서 조성 삼각형 C-AB-B 안에 있는 특정 조성 물질계의 평형 냉각으로 나타나는 최종 결정상은 (고상 C + 고상 AB +고상 C)이다.

Fig. 5.3(b)의 3성분계 상평형도에서 2원 화합물 AB는 조성점이 상영역 4-5-6-3의 안에 위치하므로 조화용융 화합물이고 융점 미만에서는 안정하다. 점 5와 점 6은 각각의 조성 삼각형 내부에 존재하므로 3원 공정점이다. 그러나 Fig. 5.3(c)의 상평형도에서 조성 삼각형 C-AB-B 안에 있는 점 6은 3원 공정점이지만, 조성 삼각형 C-A-AB 밖에 있는 점 5는 3원 포정점이다. Fig. 5.3(b)의 3성분계 상평형도에서 선분 C-X는 고상 C와 고상 AB를 성분으로 하는 2성분계 상평형도를 형성한다. 즉, 선분 C-X를 경계로 A-B-C 3성분계를 2개의 3성분계로 나뉠 수 있고, 각각은 개별적인 3성분계로 취급될 수 있다.

그러나 Fig. 5.3(c)의 3성분계 상평형도에서는 선분 C-X가 이 선분에 해당하지 않는 다른 조성의 초정 영역을 가로지르므로, A-B-C 3성분계 상평형도는 선분 C-X를 경계로 하는 2개의 3성분계로 나뉠 수 없다.

Fig. 5.3(d)의 3성분계 상평형도에서 2원 화합물 AB는 조성점이 상영역 4-5-6-3의 밖에 위치하므로, 비조화용융 화합물이다. A-B-C 3성분계에서 화합물 AB는 상영역 4-5-6-3 안에서는 안정하게 존재하지만, A-B 2성분계에서는 점 4에 해당하는 온도에서 (액상 + 고상 A)로 분해된다.

Fig. 5.3(e)의 3성분계 상평형도에서 2원 화합물 AB는 2성분계의 (고상 A + 고상 B)로 분해된다. 3성분계에서 화합물 AB는 상영역 4-5-6에서 안정하다.

가장 복잡한 유형인 Fig. 5.3(f)의 3성분계 상평형도에는 상 A, 상 B, 상 C 이외에 2원 화합물인 상 AB와 3원 화합물인 상 ABC가 추가되어 5개의 상영역이 있다. 5개의 조성점은 꼭지점, 변 및 내부 지점에 있다. 이 상평형도에 있는 2원 화합물 AB와 3원 화합물 ABC 각각의 조성점이 상영역 경계선과 경계선 안에 위치하기 때문에, 둘 다 조화용융 화합물이다.

5.2 공간 모델과 평면 도형(Space Model and Planer Plots)

3성분계는 세 가지 성분으로 구성된 계이다. 2성분계의 조성은 2개의 독립적인 값을 단일 숫자나 분율로 표기하는 것이 가능하지만, 3성분계의 조성은 단일 숫자나 분율로 표기하는 것은 불가능하다. 예를 들어, 2성분계 Fe-36Ni 합금의 조성은 36% Ni를 함유한다는 것만을 명시함으로써 조성을 완전히 설명할 수 있고 Fe 함량이 64%라고 반드시 말할 필요는 없다. 반면에 3성분계 Fe-18Cr-8Ni 합금의 조성은 18% Cr와 8% Ni를 함유한다는 것을 명시해야 완전히 설명할 수 있고 Fe 함량이 74%라고 말할 필요는 없다. 따라서 3성분계의 조성을 설명하기 위해 2개의 변수를 명시해야 한다는 것은, 3성분계의 조성을 나타내기 위해 2차원적 설명이 요구된다는 것을 의미한다.

3성분계 상평형도에서 꼭 필요한 구성 변수로서는 압력 P, 온도 T 그리고 조성 X, Y, Z 중에서 최소 2개 조성(예를 들어, X와 Y)이다. 이러한 모든 네 가지 변수를 나타내는 완전한 상평형도를 그리려면 4차원 공간을 사용해야 한다. 하지만 일정한 압력에서는 온도 변수와 2개의 조성 요소를 변수로 나타내는 3차원 상평형도로 표현하는 것이 일반적이다. 따라서 1기압에서 그린 3차원 상평형도에서 Gibbs의 상률을 적용할 때는 이미 한 개의 자유도는 고정되었다고 생각해야 한다.

5.2.1 3차원 공간 모델(3D Space Model)

일정한 압력에서 3성분계의 평형 상태를 완전하게 표현하려면 Fig. 5.4에 나타낸 바와 같이, 조성을 표현하기 위한 2차원 평면과 온도를 표현하기 위한 3번째 차원이 필요하므로 3차원 공간 모델을 사용한다.

사용된 모델의 틀은 Fig. 5.4(a)에서 보이는 바와 같은 삼각형 기둥 모양으로, 온도는 수직축에 표시하고 조성은 삼각형 기둥의 밑면 정삼각형에 표시할 수 있다. 정삼각형의 세 꼭지점은 각각 A-B-C 3성분 중 한 성분이 100%인 조성점이며, 삼각형 내부의 임의의 점은 세 성분이 특정 백분율(%)을 갖는 조성점을 나타낸다. 따라서 삼각형 기둥의 수직 옆면은 3개의 A-B, B-C 및 A-C 2성분계를 나타내고, 이들이 합쳐져 A-B-C 3성분계가 된다. 성분 A, B, C로 구성되고 하나의 3원 공정반응이 포함된 가상의 3성분계 상평형도의 예를 Fig. 5.4(b)에 나타내었다. 이 상평형도는 3개의 수직 면에 표현된 A-B, A-C 및 B-C 2성분계 상태도의 조합으로 이루어져 있고, 3개의 2원 공정반응을 포함하고 있다. 또한 언덕과 계곡의 형상으로 이루어진 상평형도의 맨 위 곡면은 액상 면을 나타낸다.

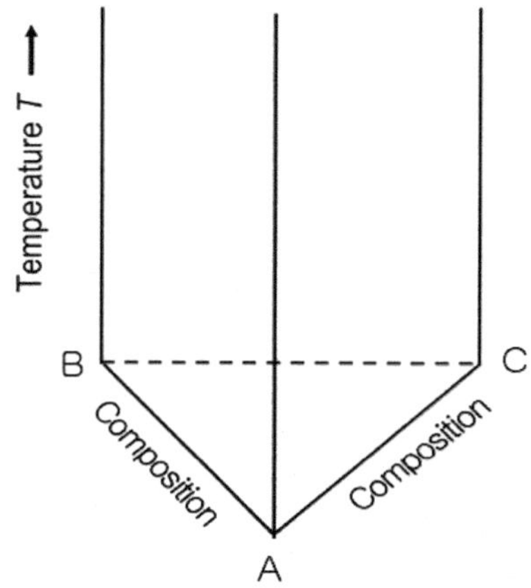

(a)

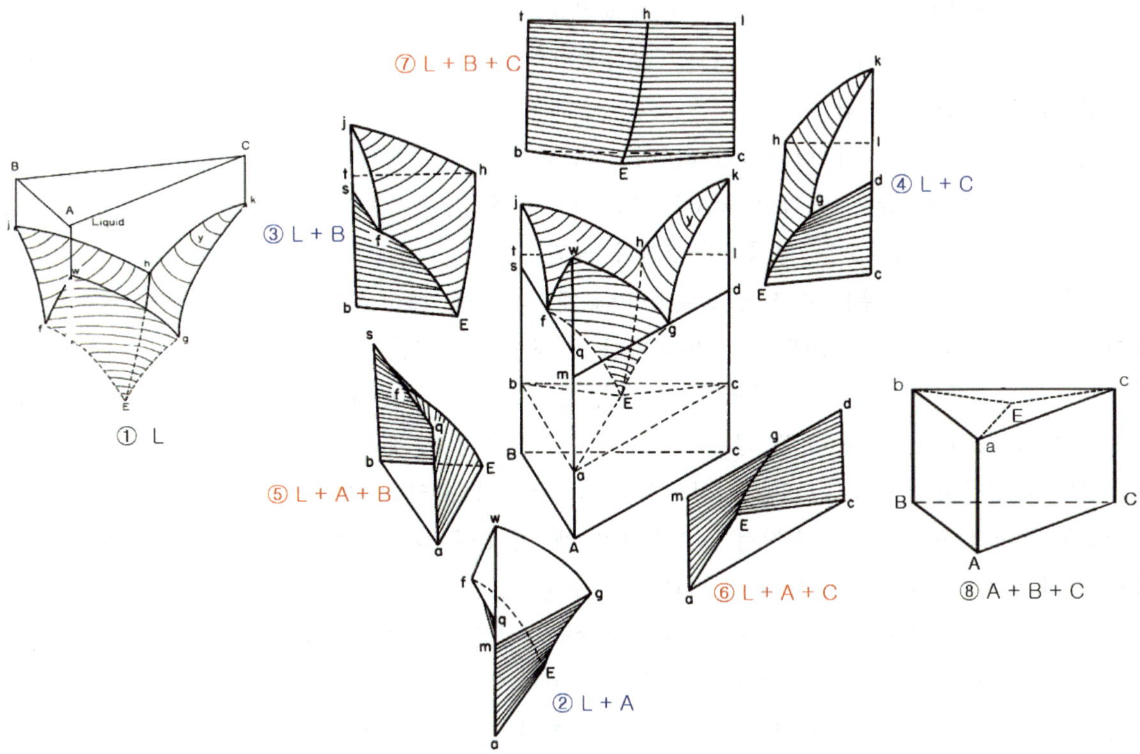

(b)

Fig. 5.4. Framework of space model for an A-B-C ternary phase diagram(a) and the separate crystallization spaces for the hypothetical A-B-C ternary phase diagram containing one ternary eutectic point(b).[4]

3원 공정반응이 포함된 가상의 A-B-C 3성분계 상평형도의 상영역을 이루는 8개의 공간(spaces)을 설명하기 위해서는 특정점, 선(직선 혹은 곡선) 및 면(평면 혹은 곡면)에 대한 정의가 필요하며, 이 공간들이 의미하는 것은 다음과 같다.

(A) 액상 공간(Liquid Spaces)

① 액상 공간

- 액상 공간은 액상면 초과 온도의 상영역이며 액상 L만으로 이루어짐.
- 액상면 khEg, wgEf, jkEh은 포함하지 않음.

(B) 3개의 초정출 공간(Primary Crystallization Spaces)

② 고상 A + 액상 L 공간

③ 고상 B + 액상 L 공간

④ 고상 C + 액상 L 공간

- 초정 정출 공간은 액상면 이하에서 2원 정출 곡면 초과 온도까지의 상영역이며, (액상 L + 초정)으로 이루어짐.
- 이 공간 안의 모든 조성-온도 점들은 해당 상영역의 입체 모서리에 해당하는 조성을 갖는 초정과 해당 상영역이 액상면과 만나는 한 점의 조성을 갖는 액상 L 사이의 평형을 나타냄.
- 상부 표면은 해당 액상면에 의해 제한되고, 골짜기 모양의 하부 표면은 다음과 같이 형성되는 두

개의 곡면이 한 선에서 만나 접히는 곡면으로 제한됨.

(예) 초정출 공간의 (액상 L + 고상 A)를 생각하면, 골짜기 모양의 하부 표면은 다음과 같이 두 개의 곡면 maEg와 qaEf가 됨.

㉠ 동일한 수직선에서 높이가 다르지만 60°의 각도로 벌어진 2개의 막대기를 수평을 유지하며 내려오게 할 때, 한쪽 끝은 수직선 wA에 대고 다른 쪽 끝은 나선형으로 돌리며 서로 맞닿도록 내려오는 막대기의 궤적으로 형성되는 2개의 곡면

㉡ 첫 번째 막대기 한쪽 끝은 수직선 wA에 맞닿게 점 m에 대고, 다른 쪽 끝은 액상면이 이루는 경계 곡선 fg에 맞닿게 점 g에 대어 막대기를 수평으로 맞춤.

㉢ 첫 번째 막대기를 수평으로 내려오게 하는데, 한쪽 끝을 점 m에서 점 a까지 수직선 wA에 맞닿으며 미끄러뜨리면서 다른 쪽 끝은 점 g에서 점 E까지 경계 곡선 gE에 맞닿으며 나선형으로 미끄러뜨려 형성되는 곡면 maEg가 상영역 하부 골짜기 모양 표면의 한쪽 곡면이 됨.

㉣ 두 번째 막대기 한쪽 끝은 수직선 wA에 맞닿게 점 q에 대고, 다른 쪽 끝은 액상면이 이루는 경계 곡선 fg에 맞닿게 점 f에 대어 막대기를 수평으로 맞춤.

㉣ 두 번째 막대기를 수평으로 내려오게 하는데, 한쪽 끝을 점 q에서 점 a까지 수직선 wA에 맞닿으며 미끄러뜨리면서 다른 쪽 끝은 점 f에서 점 E까지 경계 곡선 fE에 맞닿으며 나선형으로 미끄러뜨려 형성되는 곡면 qaEf가 상영역 하부 골짜기 모양 표면의 다른 쪽 곡면이 됨.

㉤ 상영역 골짜기 모양 하부 표면은 한쪽 곡면 maEg의 바닥과 다른 쪽 곡면 qaEf의 바닥이 직선 aE에서 만나 겹쳐짐.

(C) 3개의 2원 정출 공간(Binary Crystallization Spaces)

⑤ 고상 A + 고상 B + 액상 L 공간

⑥ 고상 A + 고상 C + 액상 L 공간

⑦ 고상 B + 고상 C + 액상 L 공간

- 2원 정출 공간은 초정출 공간 하부 표면 이하에서 공정점을 포함하는 수평면 초과 온도까지의 상영역이며, (액상 L + 초정 + 2차 결정)으로 이루어짐.
- 상부 표면은 초정출 공간의 하부 표면에 의해 제한되고, 하부 표면은 공정점 E를 지닌 수평면 abc에 의해 제한됨.
- 이 공간 안의 모든 조성-온도 점들은 입체 옆면(직사각형 macd, sbaq, lcbf)에 놓이는 한 점(두 고상 조성점 사이의 한 점) 양쪽 모서리에 해당하는 조성을 갖는 두 결정과 해당 경계선(gE, fE, hE)에 놓이는 한 점의 조성을 갖는 액상 L이 3쌍을 이루며 평형을 나타냄.
- 예를 들어 (액상 L + 고상 A + 고상 C)의 2원 정출 공간에서는, 한 점은 고상의 두 조성점을 연결한 macd 면에 놓이고 한 점은 액상 L의 조성을 나타내는 경계선 gE 상에 놓이며 쌍을 이룸.

※ 2원 정출 공간의 하부 수평면 온도에 해당하는 3원 공정온도에 있는 계는 (액상 L + 초정 + 2차 결정 + 3차 결정)의 4상이 공존함.

(D) 세 결정상 공간(Three Crystalline Phases Space)

⑧ 고상 A + 고상 B + 고상 C 공간

- 세 결정 공간은 공정점을 포함하는 수평면 미만 온도의 상영역이며, 액상 L은 사라지고 (결정 A + 결정 B + 결정 C)로 이루어짐.
- 공정점 E를 포함하는 수평면 abc 미만 온도의 공간

5.2.2 2차원 평면 도형(2D Planer Plots)

3성분계 공간 모델은 3차원 도형으로 사용하기 불편하므로 일반적으로는 액상면 도형, 등온면 도형 및 등조성면 도형 등 간편한 2차원 평면 도형을 사용한다.

① 액상면 도형(Liquidus Plots)

Fig. 5.5(a)에서 보이는 바와 같이, 3성분계 공간 모델에서 음영 처리된 위 표면은 특정 조성의 계가 냉각 과정에서는 고화가 시작되면서 초정이 정출되고, 가열 과정에서는 액화가 종료되어 모두 액상 L로 되는 온도이다. Fig. 5.5(b)에서 보이는 2차원 액상면 도형에서 특정 조성의 3성분계가 모두 액상 L로 되는 온도는 상평형도에서 해당 조성점이 가리키는 온도인데, 상영역마다 단위 온도 간격으로 그린 다른 양상의 곡선으로 나타낸 등온선으로부터 알 수 있다. 액상면 도형에서 특정 조성의 3성분계에 대한 고화와 액화를 예측할 수 있다. 상영역의 경계선인 액상선에는 냉각 방향을 나타내는 화살표가 있다. 액상면 도형에서는 특정 조성의 3성분계가 고화 과정에서 형성되는 초정이 무엇인지를 알려준다. 또한 고화 과정에서 순차적으로 형성되는 2차 결정과 3차 결정이 무엇인지와 어느 온도에서 고화되는지도 알려준다.

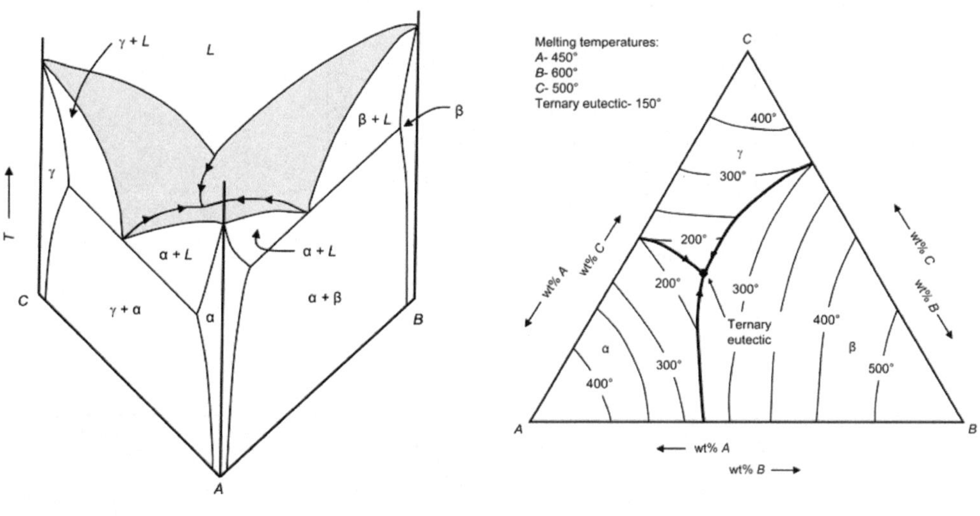

(a) (b)

Fig. 5.5. Space model(a) and liquidus plot(b) for the hypothetical A-B-C ternary phase diagram containing one ternary eutectic point(b).[5)]

② 등온면 도형(Isotherm Plots)

3성분계 공간 도형의 각 조성에 대하여 모두 액상 L로 되는 온도를 나타내는 2차원 등온면 도형은 특정 조성의 3성분계가 특정 온도에서 존재하는 모든 상을 보여주기 때문에, 어떤 온도에서 어느 상이 존재하는지와 그 분율과 조성이 어떻게 되는지를 예측하는 데 유용하다.

Fig. 5.6에는 A-B-C 3성분계 공간 모델에 대해 2차원 등온면 도형으로 나타내었다. 3성분계는 하나의 고용체와 2개의 공정반응이 있는 2성분계를 포함하고 있다. 액상 L, 고용체 α 및 고용체 β의 세 개 단상 영역, (액상 L + 고용체 α), (액상 L + 고용체 β) 및 (고용체 α + 고용체 β)의 세 개 2상 영역과 (액상 L + 고용체 α + 고용체 β)의 3상 영역이 있다.

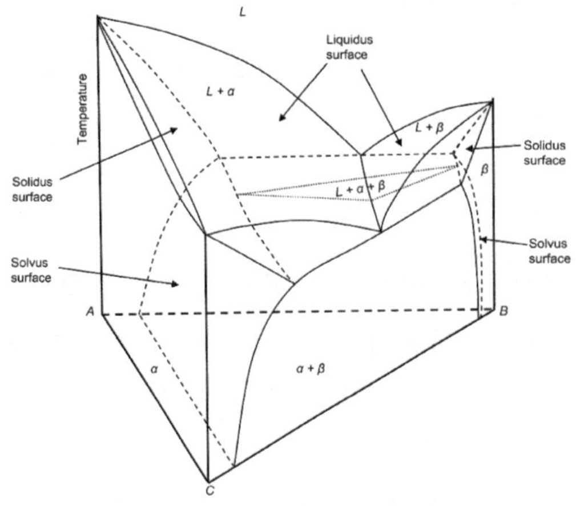

(a)

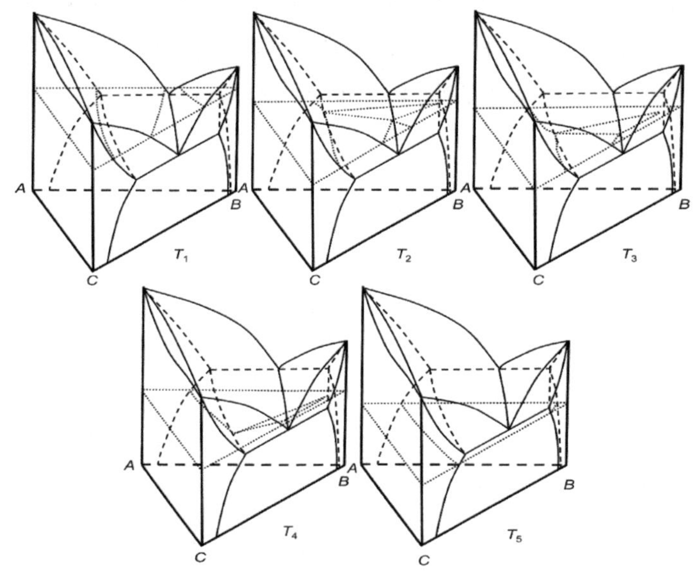

(b)

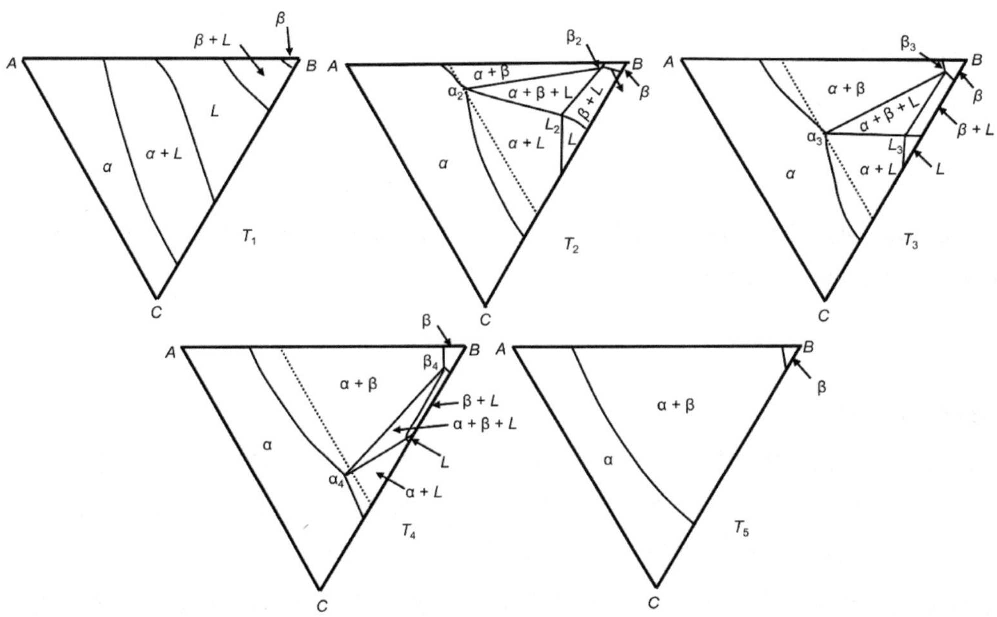

(c)

Fig. 5.6. Space model(a), development of isotherms(b) and two dimensional isotherm plots(c) for the hypothetical A-B-C ternary phase diagram containing one eutectic point.[5)]

Fig. 5.6(a)에 보이는 3성분계 공간 모델에 대해 Fig. 5.6(b)에서는 T_1에서 T_5까지의 지정 온도에서 다섯 개의 등온 단면을 전개하였고, Fig. 5.6(c)에서는 2차원 등온면 도형을 나타내었다. Fig. 5.6(c)의 등온면 도형에서 T_2와 같은 특정 온도를 선택하면 존재하는 상인 (액상 L_2 + 고용체 α_2 + 고용체 β_2)의 조성이 고정된다. 또는 유사하게, 35% B(등온선 T_2, T_3 및 T_4에서 점선으로 표시)를 유지하는 조성의 3성분계에서 (액상 L + 고용체 α + 고용체 β)가 평형 상태로 존재하는 조건을 만족하는 등온선은 T_3 하나뿐이다. 고용체 α의 조성 변수 하나를 설정하면, 존재하는 상인 (액상 L_3 + 고용체 β_3)의 온도와 조성은 고정된다.

③ 등조성면 도형(Isopleth Plots)

3성분계 공간 모델에서 특정 조성을 갖는 2성분계 조합의 수직 단면인 2차원 등조성면 도형을 그릴 수 있다. 등조성면 도형은 3성분계의 세 성분 중에서 한 성분의 조성은 고정하고 다른 두 성분의 조성은 변하게 그린 도형이다. 등조성면 도형을 보면 두 성분 분율이 변할 때 온도에 따라 상의 상태가 어떻게 변하는지를 쉽게 알 수 있다. 공액선은 보통 수직 단면에 놓여있지 않으므로 상의 조성과 분율을 알아내는 데는 사용할 수 없다.

Fig. 5.7(a)의 A-B-C 3성분계 공간 모델에서 세 성분 중 성분 C의 조성이 40%로 고정된 계에서 성분 A와 B의 조성 변화에 따른 2차원 등조성면 도형을 Fig. 5.7(b)에 나타내었다. 30% A-30% B-40% C 조성의 융체는 300℃ 근처에서 동결되기 시작하여 고용체 β가 먼저 초정으로 정출된다. 210℃ 부근에서는 고용체 ɣ도 2차 결정으로 형성되기 시작하고, 마지막으로 약 160℃에서 고용체 α가 형성되면서 남아있던 액상 L이 사라진다. 최종으로 (고용체 α + 고용체 β + 고용체 ɣ)로 결정화된다.

등조성면 도형은 3성분계에서 한 조성이 고정된 경우, 평형 냉각 및 가열 과정에 존재하는 상의 상태를 알아보는 데 매우 유용하다.

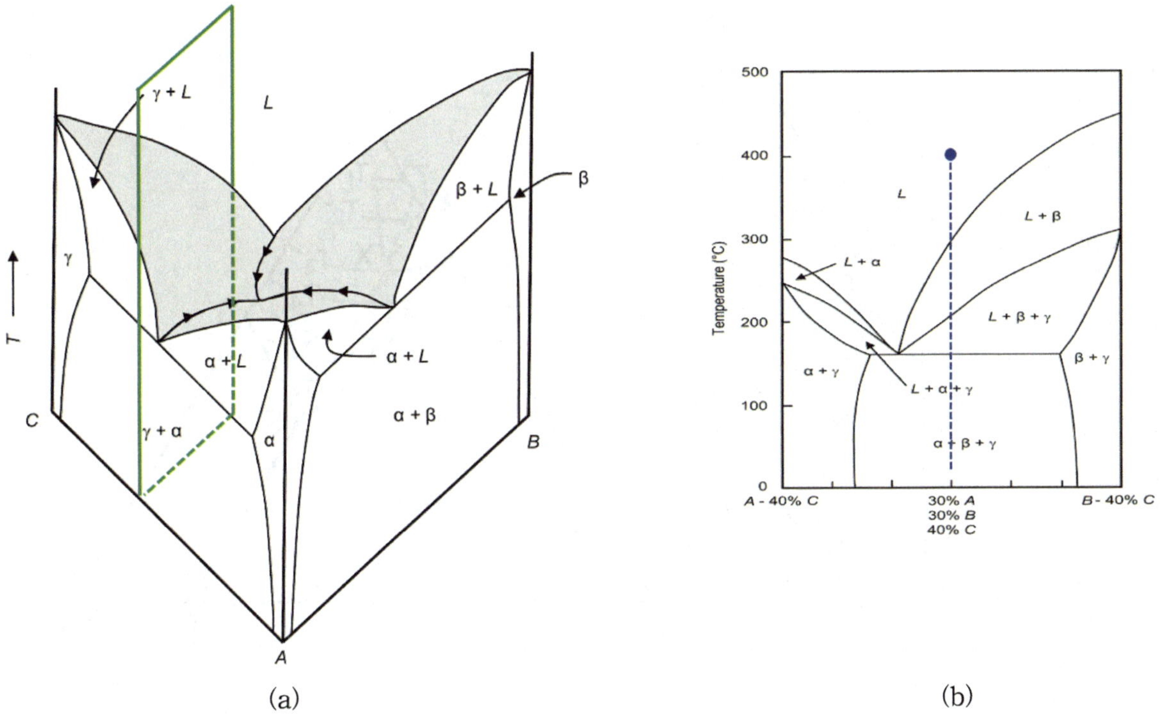

Fig. 5.7. Space model(a) and isopleth plot at a constant 40% C composition(b) for the hypothetical A-B-C ternary phase diagram.[5)]

5.2.3 공간 도형과 액상면 도형의 연관성

세라믹과 금속 재료에 대해 일정한 압력 조건에서 상태 변화 정보를 제공하는 3성분계 상평형도는 3차원 공간 도형(3D space model)보다는 2차원 액상면 도형(2D liquidus plots)이 일반적이다. 특정 조성의 융체를 냉각하는 동안 일어나는 상태 변화는 3성분계 공간 도형에서 가상의 여러 선과 도형(등조성선, 공액선, 공액 삼각형, 교차선 및 조성 삼각형)을 그어서 알아낼 수 있다. 그런데 공간 도형에서 가상의 선과 도형은 바닥에 투영된 액상면 도형에도 그대로 상응하게 투영되어 있다. 그러므로 3성분계 공간 도형과 액상면 도형 사이의 상호관계를 이해하는 것이 필요하다.

Fig. 5.8은 3원계 공정점을 포함하는 가상 A-B-C 3성분계 상평형도이다. 온도는 공간 도형에서는 상 C의 초정 공간의 액상면 KHEG에 그린 것처럼 연속적인 등온선들로 나타나고, 액상면 도형에서는 상 C의 초정 영역 CHEG에 투사되어 등온선들로 나타난다.

조성 X의 융체를 평형 냉각하는 동안 계의 조성이 유지되는 기준이 있는데, 공간 도형에서는 등조성선 X-X'이고 액상면 도형에서는 조성점 X이다. 조성 X 융체가 평형 냉각됨에 따라 일어나는 상의 변화는 공간 도형과 액상면 도형에서 다음과 같이 단계적으로 가상선과 가상 도형을 그려가면서 알아낼 수 있다.

① 액상 유지 구간($T>T_3$)

공간 도형에서 등조성선 X-X'가 액상면과 교차하는 온도 T_3 초과 구간은 액상면 도형에서는 초기 융체 조성점 X가 가리키는 온도 T_3보다 높은 온도 구간이다. T_3 온도 초과 범위(예를 들어, 온도 T_1과 T_2)에서는 초기 융체와 같은 조성 X의 액상 L만 존재한다.

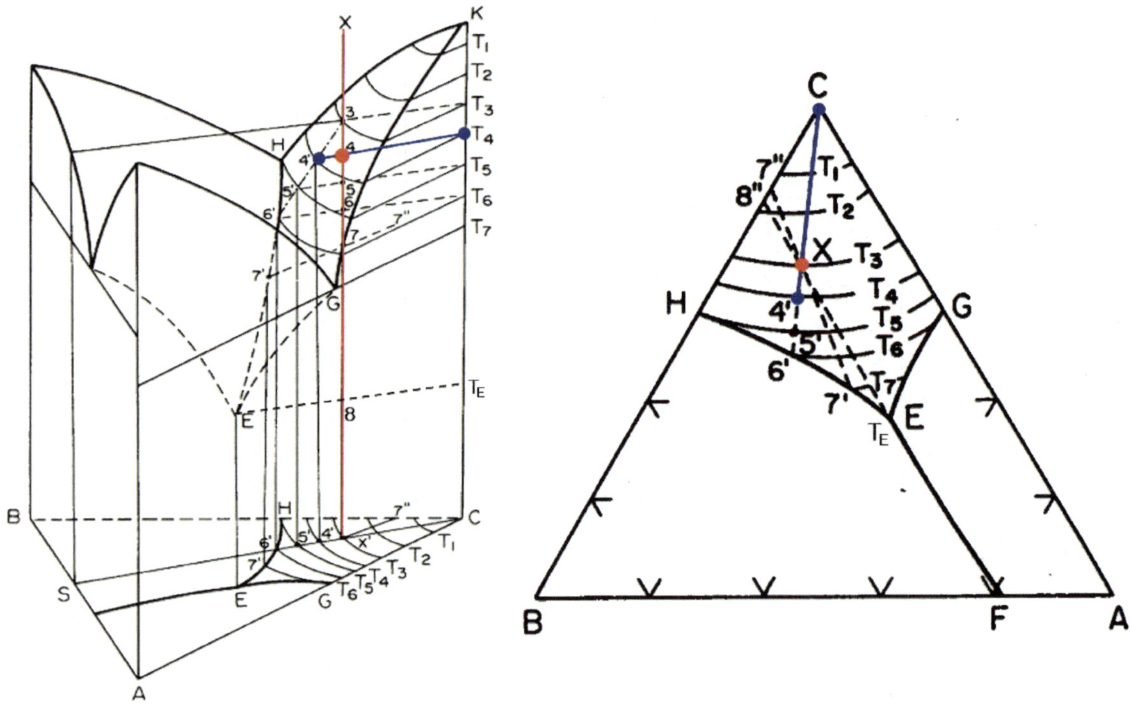

(a)

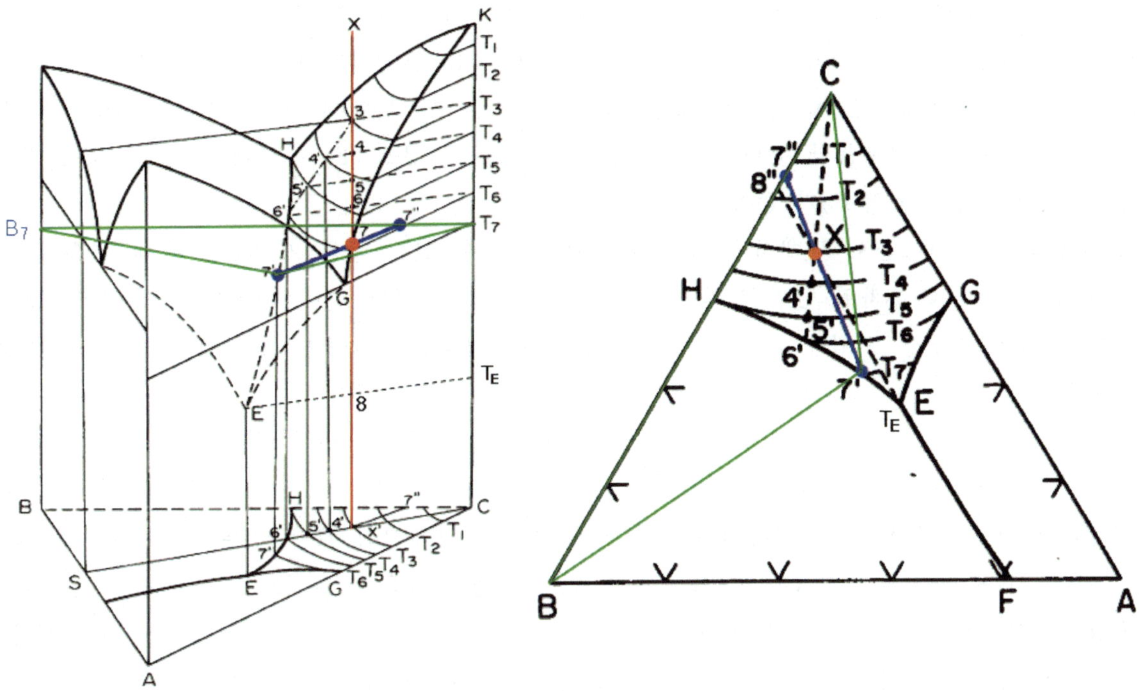

(b)

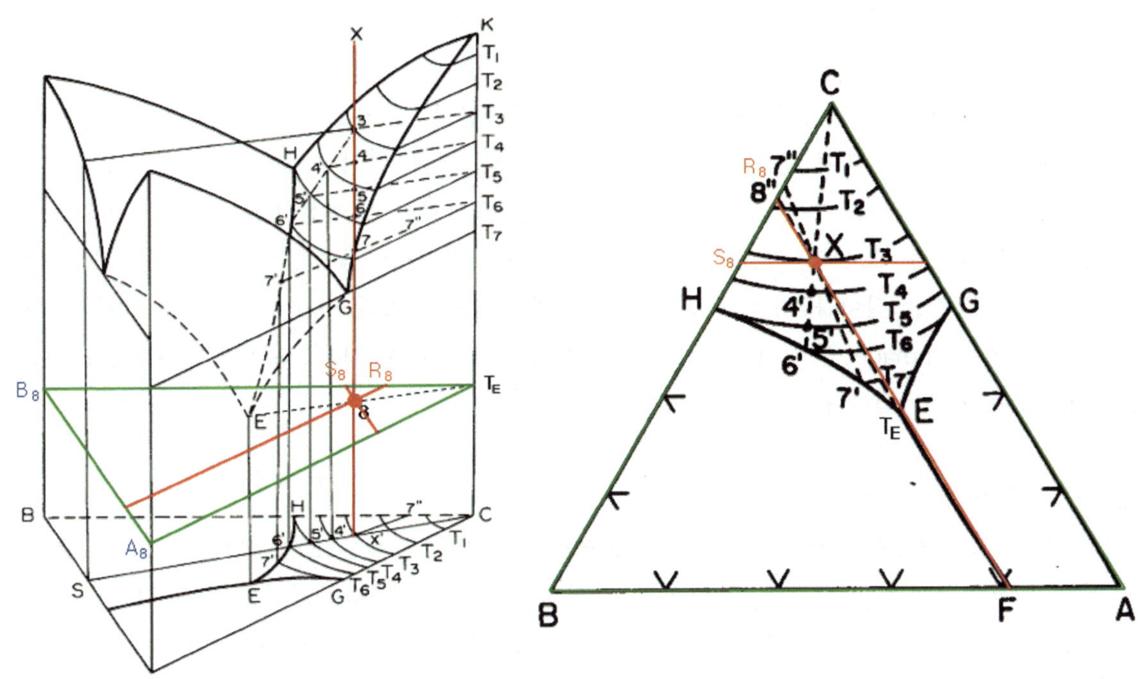

(c)

Fig. 5.8. Cooing path during primary crystallization(a), binary crystallization(b) and after ternary crystallization(c) for the melt with composition X in space models(left) and liquidus plots(right) for the hypothetical A-B-C ternary phase diagram containing one eutectic point.[4)]

② 초정 정출 구간($T_3 \geq T > T_6$)

초기 융체 조성점 X는 공간 도형에서 고상 C의 초정 정출 공간에 속하고 액상면 도형에서도 고상 C의 상영역에 속한다. 공간 도형에서 등조성선 X-X'가 액상면과 교차하는 온도는 T_3이고, 액상면 도형에서는 초기 융체 조성점 X가 가리키는 온도 T_3이다. 온도 T_3에서 액상 L에서 초정 C가 정출되기 시작하고, 온도 T_3에서뿐만 아니라 더 낮은 온도 T_4, T_5(온도 T_3 이하에서 온도 T_6 초과까지 범위)에서는 (액상 L + 초정 C)가 존재한다.

이 냉각 범위의 한 예로 온도 T_4에서 존재상의 정보를 알 수 있는 등온 가상선(다음에 서술할 공액선(tie lines)을 의미)은 3차원 공간 도형과 2차원 액상면 도형에서 같이 대응된다. Fig. 5.8(a)에서 보이는 바와 같이, 공간 도형에서는 등온 가상선 T_4-4-4'이고, 액상면 도형에서는 등온 가상선 C-X-4'이다.

③ 2원 정출 구간($T_6 \geq T > T_E$)

공간 도형에서 등조성선 X-X'에 직각인 등온 가상선과 공통경계선의 교차는 온도 T_6에서 일어나고, 액상면 도형에서는 초정 조성점 C에서부터 초기 융체 조성점 X을 가로지르는 직선인 등온 가상선과 공통경계선의 교차는 마찬가지로 온도 T_6에서 일어난다. 온도 T_6에서 액상 L에서 초정 C와 더불어 2차 결정 B가 2원 정출 되기 시작하고, 온도 T_6뿐만 아니라 더 낮은 온도 T_7(온도 T_6 이하에서 온도 E 초과까지의 범위)에서는 (액상 L + 초정 C + 2차 결정 B)가 존재한다.

이 냉각 범위의 한 예로 온도 T_7에서도 존재상의 정보를 알 수 있는 가상의 삼각형(다음에 서술할 공액 삼각형(tie triangles)을 의미)도 3차원 공간 도형과 2차원 액상면 도형에서 같이 대응된다. Fig. 5.8(b)에서 보이는 바와 같이, 공간 도형에서는 가상의 삼각형 7'-T_7-B_7이고, 액상면 도형에서는 가상의 삼각형 7'-C-B이다. 이 경우의 가상 삼각형은 액상 조성점인 점 7'과 공통경계선의 양쪽 상영역 조성점인 점 C와 점 B를 연결하는 삼각형이다.

가상 삼각형의 꼭지점 조성은 존재하는 상의 조성에 해당한다. 그리고 가상 삼각형의 한 꼭지점인 액상 조성점부터 직선으로 초기 융체 조성점을 지나 상대 변과 만나는 교점을 잇는 내부 교차선(internal intersection lines)의 분할 길이를 이용한 지렛대 원리로 액상 L과 고상의 분율을 알 수 있다. 고상 중 각각의 두 고상의 분율도 교점을 기준으로 한 가상 삼각형 한 변(=공통경계선의 해당 Alkemade 선)의 분할 길이를 지렛대 원리에 적용하여 알 수 있다. 공간 도형에서 내부 교차선은 7'-7-7"이고, 해당 Alkemade 선은 T_7-7"-B_7이다. 액상면 도형에서 내부 교차선은 7'-X-7"이고, 해당 Alkemade 선은 C-7"-B이다.

④ 공정반응 구간($T = T_E$)

공간 도형에서 등조성선 X-X'에 직각인 가상 등온선과 3원계 공정점 E의 교차는 온도 T_E에서 일어나고, 액상면 도형에서는 액상 L의 조성점과 공정점 E의 교차는 마찬가지로 온도 T_E에서 일어난다. 온도 T_E는 3원 공정점이므로 액상 L이 공정반응으로 (고상 C + 고상 B + 고상 A)로 변한다. 따라서 온도 T_E에서는 (액상 L + 고상 C + 고상 B + 고상 A)가 존재한다.

⑤ 세 고상 구간($T_E > T$)

온도 T_E 미만에서는 액상 L이 모두 없어지고 (고상 C + 고상 B + 고상 A)의 세 결정이 최종적으로 남는다. T_E 미만에서도 존재상의 정보를 알 수 있는 가상의 삼각형(다음에 서술할 조성 삼각형(composition triangles)을 의미)은 3차원 공간 도형과 2차원 액상면 도형에서 같이 대응된다.

Fig. 5.8(c)에서 보이는 바와 같이, 공간 도형에서는 가상 삼각형 T_E-B_8-A_8로, 액상면 도형에서는 가상 삼각형 C-B-A로 온도 T_E 미만에서의 존재상에 대한 정보를 알 수 있다.

가상 삼각형의 꼭지점 조성은 존재하는 세 고상의 조성에 해당한다. 초기 융체 조성점(공간 도형에서는 점 8, 액상면 도형에서는 점 X)을 지나고 가상 삼각형의 두 변에 평행하게 그은 두 개의 빨간색 직선이 반대쪽 변과 만나는 각각의 교점(공간 도형과 액상면 도형에서 교점 R_8, S_8)을 기준으로 한 변의 분할 길이를 지렛대 원리에 적용하면 세 고상의 분율을 알 수 있다. 세 고상의 분율을 계산할 때 사용되는 가상 삼각형의 변은 공간 도형에서는 선분 T_E-B_8이고, 액상면 도형에서는 선분 C-B이다. 따라서 최종 고상 C, B와 A의 분율은 공간 도형에서는 각각 분할 길이 B_8-S_8, R_8-T_E와 S_8-R_8을, 액상면 도형에서는 각각 분할 길이 B-S_8, R_8-C와 S_8-R_8을 이용한 3원 지렛대 원리로 구할 수 있다.

5.3 3성분계의 조성 결정(Determination of Composition in a Three-Component Systems)

재료공학자는 대부분 "응축된 상(condensed phases)", 즉 액체와 고체의 물질계에 대한 상의 상태를 다루고, 상압(대기압)의 경우가 일반적이며 더 높거나 낮은 압력의 경우에는 따로 압력을 고려한 상평형도가 필요하다. 압력이 일정한 조건에서 3성분계 온도-조성 상평형도는 Fig. 5.9와 같이 3차원 공간 도형에 나타내는데, 3차원 상평형도를 이해하고 해석하는 것은 시각화 기술의 도움을 받아야 한다. 상평형도를 연구할 때 가장 일반적인 방법은 등조성선 분석(isopleth analysis)이다.

특정 조성의 3성분 물질계에서 온도 변화에 따른 응축 상의 상태를 분석하기 위한 등조성선 분석에서는 우선 Fig. 5.9의 3성분계 공간 도형에 붉은 선으로 표시된 것과 같은 등조성선(isopleth line)을 그어서 동일한 조성을 유지하는 물질계의 상태 변화를 이해해야 한다. 등조성선은 3차원 온도-조성 상평형도의 온도 축에 평행하다. 공간 도형에서 등조성선은 바닥의 액상면 도형에서의 조성점에 해당한다. 3성분계 액상면 도형에서의 조성은 각 성분이 100%인 100%인 3개의 점을 꼭지점으로 하는 정삼각형 내에 각 성분의 분율을 조합한 점(조성점)으로 표시된다. 따라서 압력이 일정한 응축 3성분계 상평형도를 나타내는 정삼각형의 액상면 상평형도는 3성분으로 구성되는 모든 조합의 조성 표현과 온도 표현을 가능하게 한다.

3성분계의 2차원 상평형도 내에 있는 한 점에 대한 성분 조성(각각 성분의 백분율)을 알아내는 방법은 다음과 같이 고도법, 교차법 및 그리드법 등이 있다. 이러한 방법 중, 특정점의 조성을 알아내는 것뿐만 아니라 상평형도 내에 특정 조성의 점을 찍는데 유용한 방법은 그리드법으로, 상평형도의 조성 해석으로 가장 많이 활용한다.

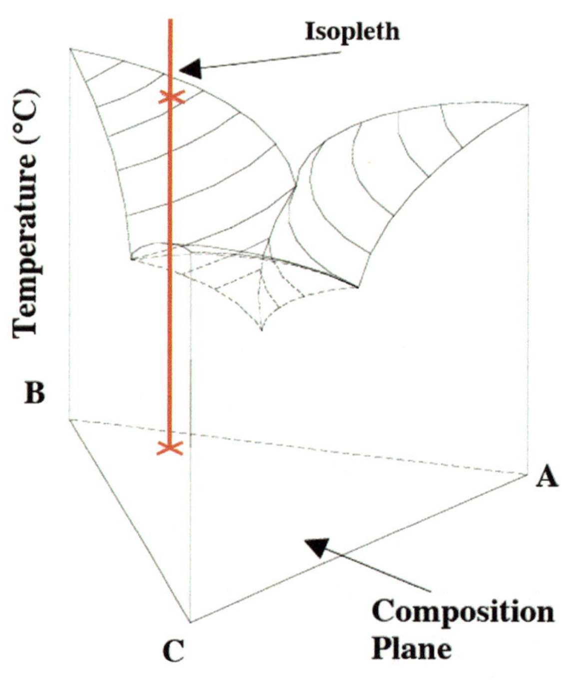

Fig. 5.9. Isopleth line and point for the composition of 20.0% A-70.0% B-10.0% C in the hypothetical A-B-C ternary phase diagram containing one eutectic point.[6]

5.3.1 고도법(Altitude Method)

고도법은 내부 그리드 선이 없이 정삼각형에 그려진 2차원 상평형도의 성분 조성을 간단하게 알아내는 방법으로 수직선 법(perpendicular line method)이라고도 한다. 삼각형의 고도(높이)를 100%로 설정하고, 내부의 관심 지점에서 각 변까지의 최단 거리(변까지 수직 길이)로 조성을 결정하는 것이다. Viviani의 정리*에 따르면 삼각형 내부의 특정점에서 각 변까지의 최단 거리(전체 높이 100%에 대한 거리의 분율)의 합은 삼각형의 고도 길이와 같다.

Fig. 5.10(a)에서 보이는 바와 같이 삼각형의 꼭지점을 성분으로 하는 3성분계 상평형도에서 내부 특정점에서의 조성%는 삼각형 고도 길이에 대한 백분율로부터 알아낼 수 있다.

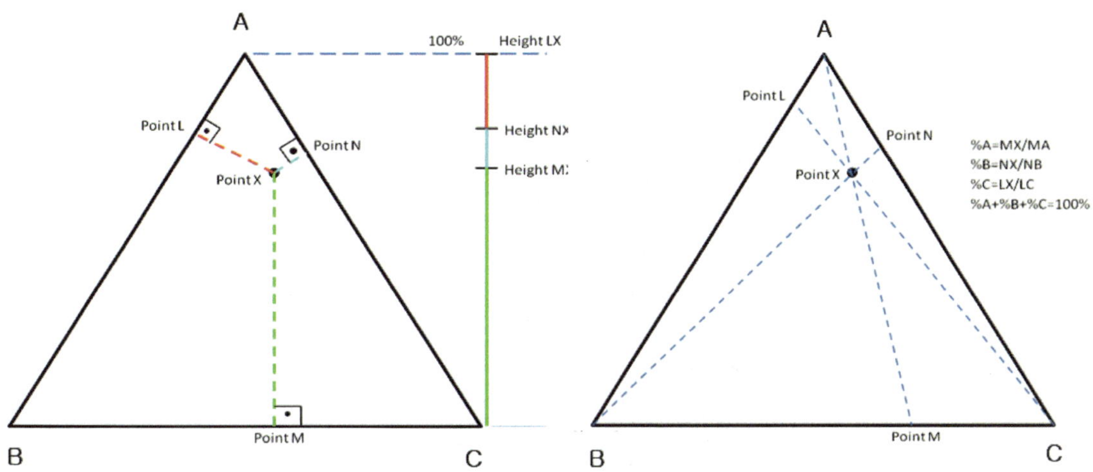

(a) (b)

Fig. 5.10. Altitude method(a) and intersection method(b) for determining composition of the specific point on the hypothetical A-B-C ternary phase diagram.[7]

*Viviani의 정리: 어떤 내부 점에서 등변 삼각형의 변까지의 거리의 합은 삼각형의 고도(높이)와 같다.

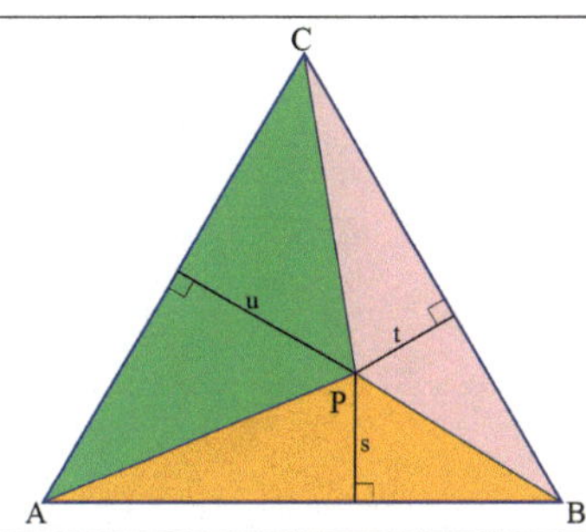

5.3.2 교차법(intersection method)

교차법 또는 꼭지점 선법(corner line method)은 Fig. 5.10(b)에서 보이는 바와 같이 삼각형의 각 꼭지점에서 직선으로 내부 특정점을 지나 반대쪽 변과 만나는 내부 교차선을 각각 그어서 3성분계 상평형도의 특정점에 대한 조성을 알아내는 방법이다. 꼭지점에서 변까지의 내부 교차선 길이에 대한 특정점에서 변까지의 분할 길이 백분율이 해당 꼭지점 성분의 조성%가 된다. 삼각형 내부의 특정점을 기준으로 각 꼭지점에 대한 내부 교차선 분할 길이 백분율은 특정점에서 세 구성 성분의 조성을 의미하며 이들의 합은 100%가 된다.

5.3.3 그리드법(Grid Method)

그리드법은 Fig. 5.11에서 보이는 바와 같이 상평형도의 삼각형 세 변에 평행하게 일정한 간격으로 내부에 그린 가상의 그리드(내부 %를 안내하는 선)를 사용하는 것으로 평행선법(parallel line method)으로도 부른다. 삼각형의 한 변에 대한 일련의 내부 평행선은 그 변과 반대 위치에 있는 꼭지점 성분 조성의 궤적이다. 각 성분 조성은 삼각형 꼭지점에서 100%이고 반대쪽 변에서 0%이며, 꼭지점에서 반대쪽 변으로 거리가 증가함에 따라 해당 성분 조성은 선형적으로 감소한다. 삼각형 변의 한쪽 끝점을 0%로 하고 다른 쪽 끝점을 100%로 하여 일정한 간격으로 일련의 내부 평행선을 그으면, 미세한 분할이 설정되어 3성분계 상평형도의 성분 조성을 쉽게 알아낼 수 있다. 또한 3성분계 상평형도에 특정 조성의 점을 찍는 데에도 유용한 방법이다. 따라서 3성분계 상평형도에서 조성을 해석하는 데에는 그리드법이 가장 많이 활용한다.

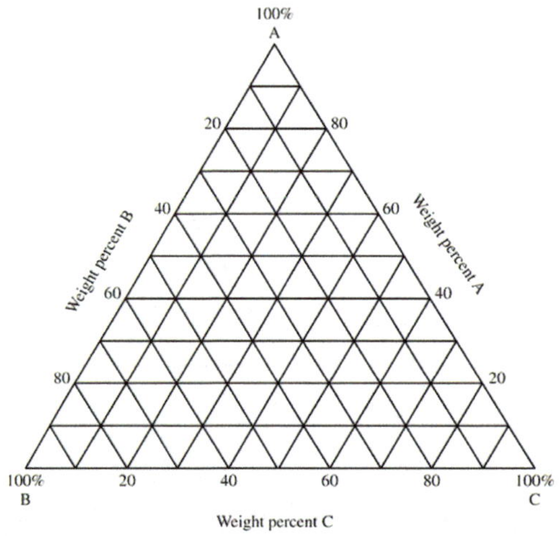

Fig. 5.11. A series of grid lines are constructed within a hypothetical A-B-C ternary phase diagram.

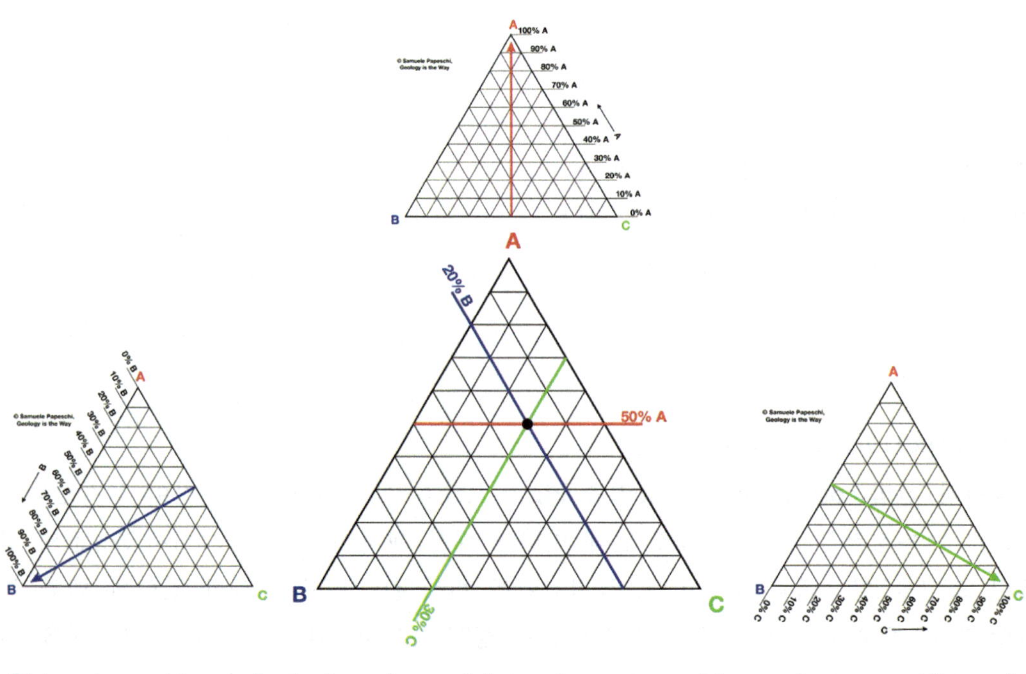

Fig. 5.12. Triangle grid method for determining the composition of a specific point on the hypothetical A-B-C ternary phase diagram.

Fig. 5.12에서 볼 수 있듯이 정삼각형으로 그려진 3성분계 상평형도에서 꼭지점 A는 100% A(-0% B-0% C)의 조성점이고, 꼭지점 B는 100% B(-0% A-0% C), 꼭지점 C는 100% C(-0% A-0% B)의 조성점이다. 삼각형의 내부 및 변에 있는 특정 지점의 조성은 꼭지점에서 평행선(그리드)까지의 거리가 멀어질수록 선형적으로 감소한다. 그리고 조성점이 평행선을 따라 이동하더라도 한 성분의 조성은 변하지 않고, 나머지 두 성분의 조성은 변하지만 두 조성의 합은 일정하게 유지된다. Fig. 5.12의 3성분계 상평형도 내부에 표시된 특정점의 조성은 50% A-20% B-30% C이다.

Fig. 5.13의 3성분계 상평형도에 있는 특정점의 조성은 그리드법으로 쉽게 알 수 있다. Fig. 5.13(a)에서 점 X의 조성은 20% A-70% B-10% C이다. Fig. 5.13(b)의 점 R은 30% A-40% B-30% C, 점 S는 80% A-10% B-10% C, 점 P는 20% A-70% B-10% C 및 점 Q는 60% A-0% B-40% C의 조성을 나타낸다. 실제 3성분계 상평형도에는 5.13(c)에 보이는 바와 같이 그리드 대신 일정한 간격의 꺾쇠가 삼각형의 변에 그려져 있는 것도 있다. 조성을 알기 위한 또 다른 방법으로는, 특정점을 지나고 두 변에 평행한 2개의 선분을 그어서 반대쪽 변이 분할되는 길이 백분율로 각 성분의 조성을 정하는 방법으로, 이는 3원 지렛대 원리를 적용하는 것이다. 이 방법으로 구한 Fig. 5.13(c)의 점 Y의 조성은 10% A-30% B-60% C이고, Fig. 5.13(d)의 점 Z의 조성은 27% A-46% B-27% C이다.

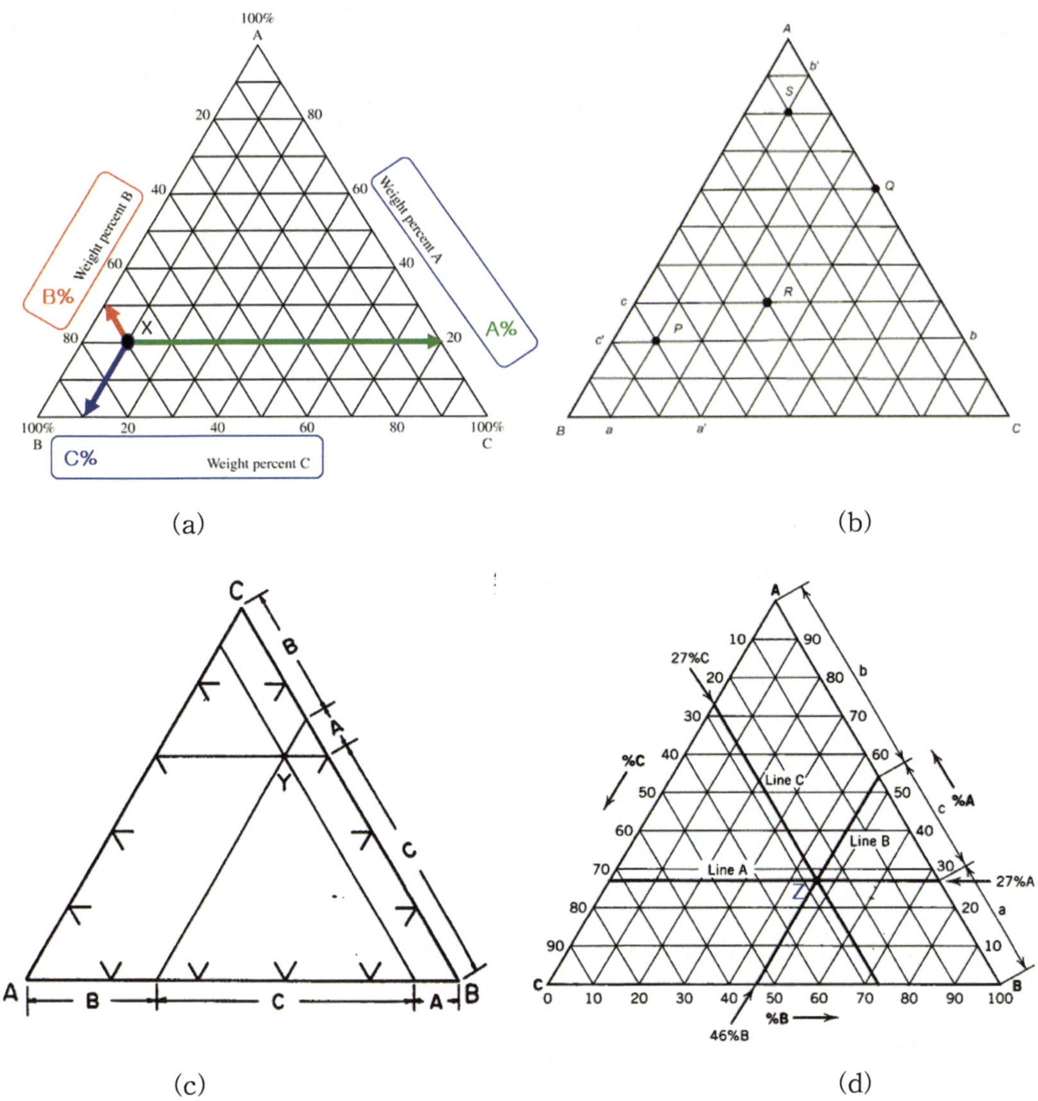

Fig. 5.13. Triangle grid method for determining the composition of specific points on the hypothetical A-B-C ternary phase diagram.

5.4 Alkemade 선(Alkemade Lines)

3성분계 2차원 액상면 도형에서 초정 영역의 조성점을 연결한 직선을 2원 연결선(binary join lines)이라고 부르며, 이 선들은 서로 교차할 수 있다. 이 중에서 이웃하는 초정 영역이 공통경계선(common boundary lines)을 가지면, 두 초정 영역의 조성점을 연결하는 직선을 Alkemade 선(Alkemade lines)이라고 한다. Alkemade 선은 공통경계선이 존재하는 경우에만 그을 수 있으므로 결국 Alkemade 선의 개수와 공통경계선의 개수는 1:1로 대응되고, Alkemade 선은 절대 서로 교차하지 않는다.[4] 그리고 Alkemade 선은 특정 조성의 융체가 냉각 시 2원 정출 이후 석출되는 결정들의 분율을 결정하는 지렛대 원리의 기준선이기도 하다.

2성분 화합물 BC가 조화용융 화합물(congruently melting compound)인 경우는 조성점 BC가 상영역 bc 안에 있다. 이러한 상평형도에서 특정 조성의 융체가 냉각할 때 처음으로 나타나는 초정의 상영역은 Fig. 5.14(b)와 같이 표시된다. 이 상평형도에서 각 성분 모두는 조화 용융하기 때문에 상 A, B, C의 조성점은 경계선 내의 각 초정 영역 안에 위치해야 하므로 삼각형의 꼭지점을 포함하는 영역이 각 상의 초정 영역 a, b, c가 되고, 남아있는 초정 영역이 상 BC의 상영역 bc가 된다. 이 상평형도에 대해서 Alkemade 선을 그리면 Fig. 5.14(c)와 같이 천연색 직선이다. 공통경계선이 5개이므로, Alkemade 선도 A-B, A-C, C-BC, BC-B와 A-AB의 5개이다. 여기서 선분 B-C는 2원 연결선이지만, 해당 상영역이 이웃하지 않아 공통경계선 조건을 만족하지 못하여 Alkemade 선은 아니다.

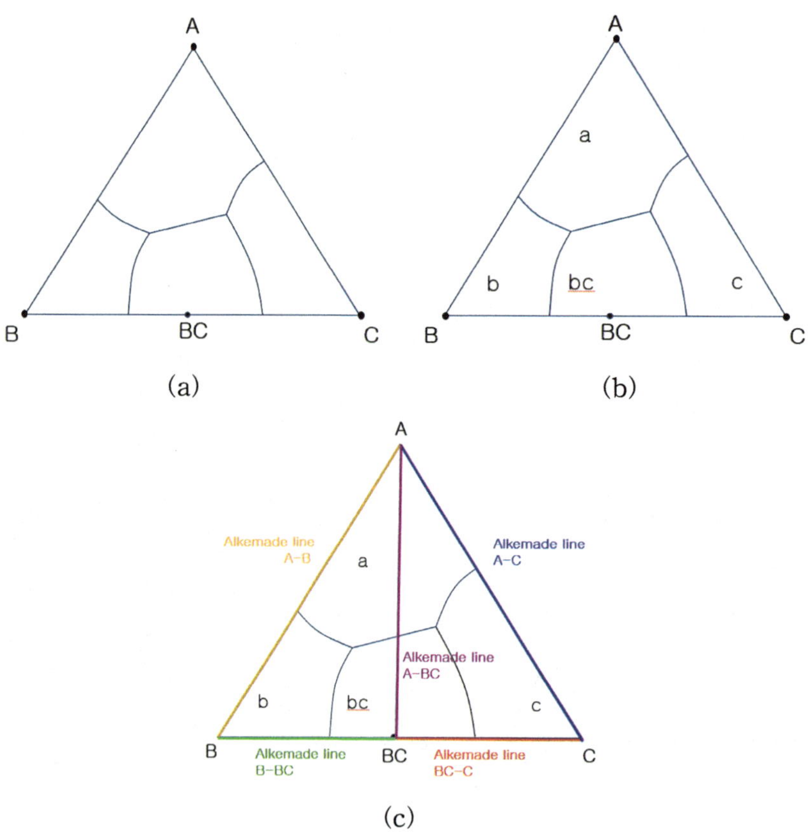

Fig. 5.14. The hypothetical A-B-C ternary phase diagram containing a congruently melting binary compound BC(a), labeling of primary phase fields(b), and construction of Alkemade lines(c).

Fig. 5.15(a)의 A-B-C 상평형도는 2원 화합물 BC가 비조화용융 화합물(incongruently melting compound)인 경우로 조성점 BC가 상영역 bc 밖에 있다. Fig. 5.15(b)와 같이 공통경계선 5개와 대응하는 Alkemade 선은 선분 A-B, B-BC, BC-C, C-A와 A-BC로 모두 5개이다.

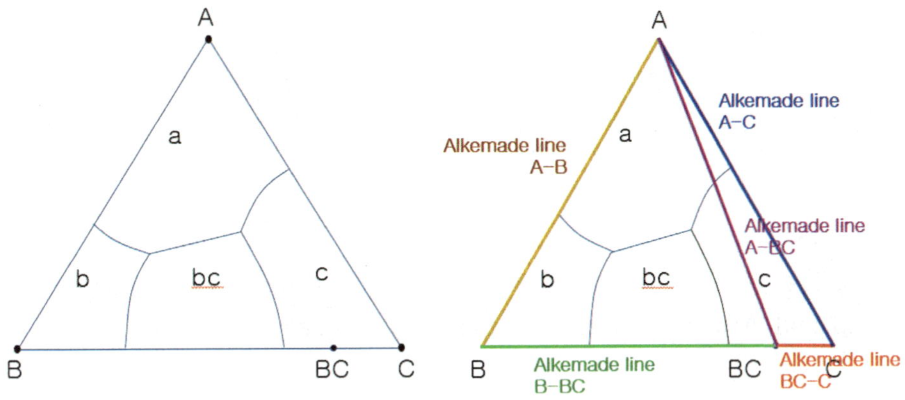

(a) (b)

Fig. 5.15. The hypothetical A-B-C ternary phase diagram containing an incongruently melting binary compound BC(a) and construction of Alkemade lines(b).

Fig. 5.16(a)의 A-B-C 상평형도에서는 3원 화합물 ABC가 조화용융 화합물인 경우로 조성점 ABC가 상영역 abc 안에 있다. Fig. 5.16(b)와 같이 공통경계선 6개와 1:1 대응하는 Alkemade 선은 선분 A-B, B-C, C-A, A-ABC, B-ABC와 C-ABC로 모두 6개이다.

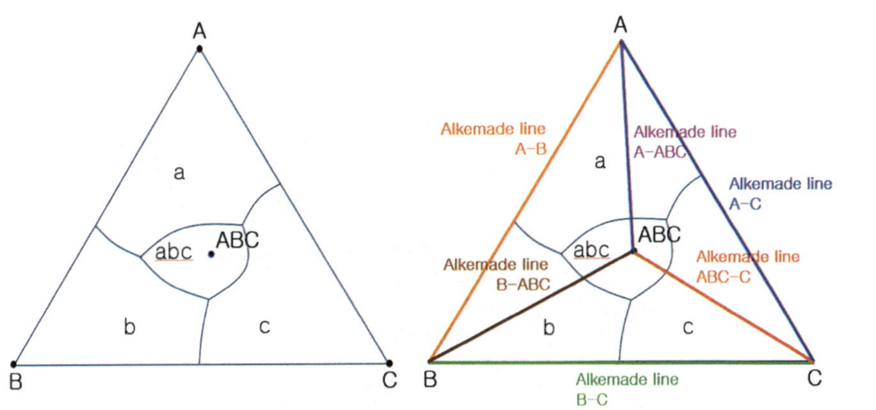

(a) (b)

Fig. 5.16. The hypothetical A-B-C ternary phase diagram containing a congruently melting ternary compound ABC(a) and construction of Alkemade lines(b).

Fig. 5.17(a)의 A-B-C 상평형도에서는 비조화용융 3원 화합물 ABC를 포함하는 경우로 조성점 ABC가 상영역 abc 밖에 있다. Fig. 5.17(b)와 같이 6개 공통경계선과 대응하는 Alkemade 선은 선분 A-B, B-C, C-A, A-ABC, B-ABC와 C-ABC로 모두 6개이다.

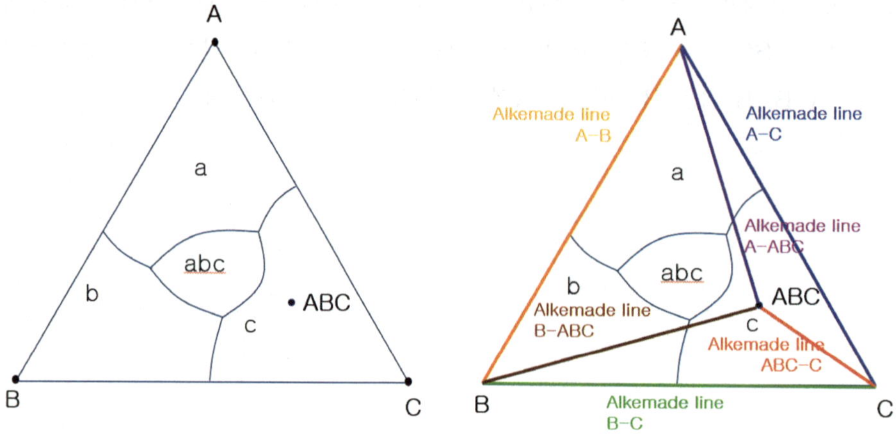

(a) (b)

Fig. 5.17. The hypothetical A-B-C ternary phase diagram containing an incongruently melting ternary compound ABC(a) and construction of Alkemade lines(b).

여러 상을 포함하는 MgO-Al_2O_3-SiO_2 3성분계 상평형도는 Fig. 5.18(a)와 같이 상영역, 조성점과 등온선이 표시되어 있어 복잡하다. 이 계에서는 여러 개의 2원 화합물과 2개의 비조화용융 3원 화합물인 cordierite(2MgO · $2Al_2O_3$ · $5SiO_2$)와 sapphirine(4MgO · $5Al_2O_3$ · $2SiO_2$)이 있다. 최저 액상 온도는 tridymite-protoenstetite-cordierite 조성 삼각형의 3원 공정점 1345℃이며, cordierite-protoenstetite-forsterite 조성 삼각형의 3원 공정점 1360℃도 저융점이다. MgO-Al_2O_3-SiO_2 3성분계 상평형에서 상영역과 조성점을 Fig. 5.18(b)에 천연색으로 나타내었다. Fig. 5.18(c)와 같이, 여러 상을 포함하는 3성분계 상평형도에는 표시되지 않은 Alkemade 선을 상평형도에 추가하여 긋는 것은 각 상의 관계 분석과 해석을 단순화시키기 때문에 중요하다.

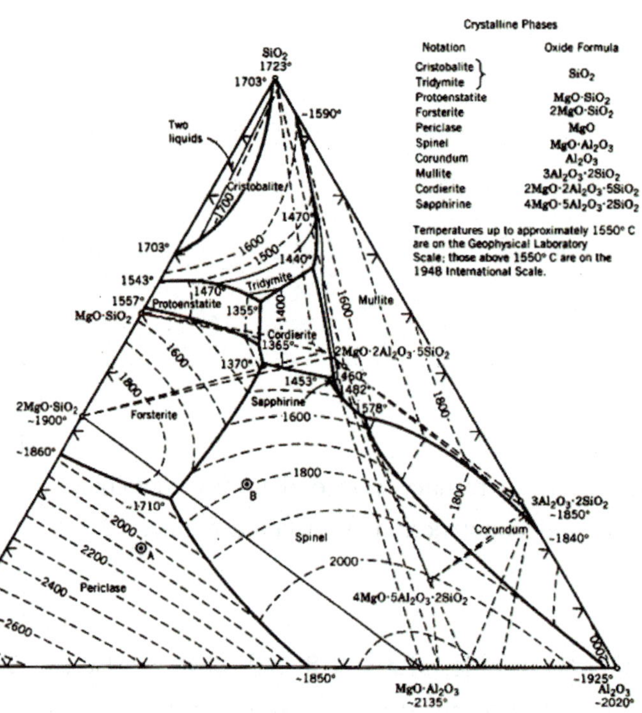

(a)

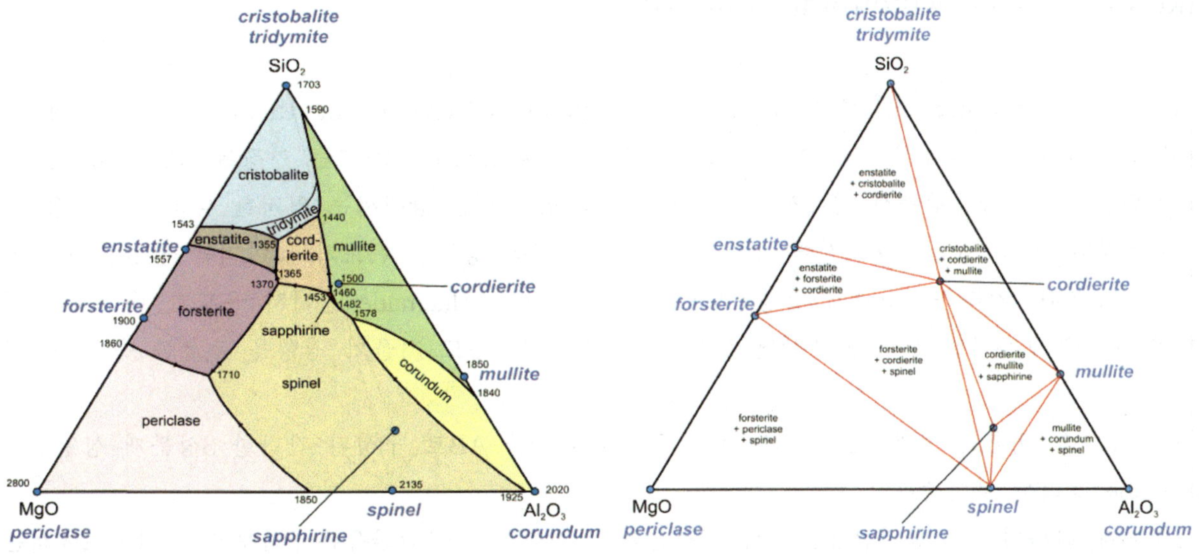

(b) (c)

Fig. 5.18. MgO-Al_2O_3-SiO_2 ternary phase diagram(a),[8] their primary phase fields and composition points(b), and their Alkemade lines(c).

5.5 Alkemade 정리(Alkemade Theorem)

A. C. van Rijn van Alkemade[‡] 에 의해 정립된 Alkemade 정리(Alkemade theorem)는 3성분계 상평형도에서 상영역의 공통경계선(또는 연장된 공통경계선)이 Alkemade 선(또는 연장된 Alkemade 선)과 만나는 교점의 온도는, 공통경계선 상에서는 최고이고 Alkemade 선 상에서는 최저를 나타내는 것을 말한다.[9-11] 공통경계선이나 Alkemade 선에 그린 화살표의 화살촉 방향은 온도가 낮아지는 방향을 가리킨다. 따라서 Alkemade 정리는 3성분계 상평형도의 공통경계선과 Alkemade 선에서 온도가 내려가는 기울기 방향을 추측하고 3차원 도형과 액상면 도형에서 일반적인 온도 기울기 경향을 추측할 수 있게 한다.

Fig. 5.19는 3개의 비혼화 성분 A, B, C와 하나의 2원 화합물 AB로 구성된 간단한 3성분계 상평형도에서 Alkemade 정리를 보여준다.

Fig. 5.19(a)에 나타나듯이 공정반응을 갖는 2성분계 상평형도의 불변반응은 3성분계 상평형도에서는 상경계로 투영되어 점 e_1, e_2, e_3와 e_4로 표시된다. 이웃하는 상영역의 공통경계선은 5개 존재하고, 해당 상영역의 조성점을 직선으로 연결하는 Alkemade 선도 상평형도의 변에 4개(선분 A-AB, AB-B, B-C 및 C-A)와 상평형도 안에 1개(선분 C-AB)를 합하여 5개를 그을 수 있다. 따라서 3성분계 상평형도에 Alkemade 선을 그으면 상평형도가 2개의 조성 삼각형(composition triangles)으로 나뉜다. 공통경계선이 Alkemade 선과의 교점 e_1, e_2, e_3와 e_4에서 만날 뿐만 아니라, 상영역 C/AB의 공통경계선 I_1-I_2가 Alkemade 선 C-AB와 만나는 교점 X에서도 만나게 된다. Alkemade 정리에 따르면, 상영역 A/AB, AB/B, B/C 및 C/A의 공통경계선을 따라서는 교점 e_1, e_2, e_3와 e_4에서 멀어지는 안쪽 방향으로 온도가 감소하며, 상영역 C/AB의 공통경계선 I_1-I_2에 따라서는 녹색 화살표로 표시된 것처럼 교점 X를 기준으로 멀어지는 양방향으로 온도가 감소하게 된다. 동시에 Alkemade 선에서는 검은색 화살표로 알 수 있는 것처럼 교점 e_1, e_2, e_3와 e_4뿐만 아니라 교점 X에서의 온도가 최저이다.

Fig. 5.19(b)에서는 공정반응과 더불어 포정반응을 포함하는 2성분계 상평형도의 불변반응은 3성분계 상평형도에서는 상경계로 투영되어 점 e_1, e_2, e_3뿐만 아니라 점 p_1으로 표시된다. 5개의 공통경계선이 존재하여 Alkemade 선도 5개를 그을 수 있으며, 3성분계 상평형도가 2개의 조성 삼각형으로 나뉜다.

‡ A. C. van Rijn van Alkemade가 네덜란드의 Apeldoorn에 있는 고등 시민 학교의 교사일 때, 염 용액의 평형에 대한 광범위한 논의를 발표했다. Alkemade 정리는 1893년 Alkemade가 네덜란드어로 처음 쓴 기본 논문에 기원을 두고 있다. 몇 년 후 Wilder D. Bancroft의 저서 'The Phase Rule'에서 'Alkemade 정리'로 공식적으로 인용되었고 오늘날에도 여전히 사용되고 있다. Alkemade 정리는 3성분계에서 1차 결정화 상영역 사이의 경계선(또는 그 연장선)이 두 상의 조성점을 연결하는 직선(소위 Alkemade 선)과 만나는 교점이 공통경계선에서 최대 온도에 해당한다. 이는 공통경계선을 따라 온도가 감소하는 방향이 항상 해당 Alkemade 선과의 교점에서 멀어진다는 것을 의미한다. 동시에, 공통경계선과의 교점은 Alkemade 선에서는 최저 온도이다. 그러나 그 당시 Bancroft는 이 정리가 실제로 일반적인 타당성을 가지는지 확신하지 못했다. Alkemade 정리가 Malakhov에 의해 마침내 입증{D.V. Malakhov, "A Rigorous Proof of the Alkemade Theorem," Calphad, 28(2), 209-211 (2004)}되기까지 100년 이상이 걸렸다.

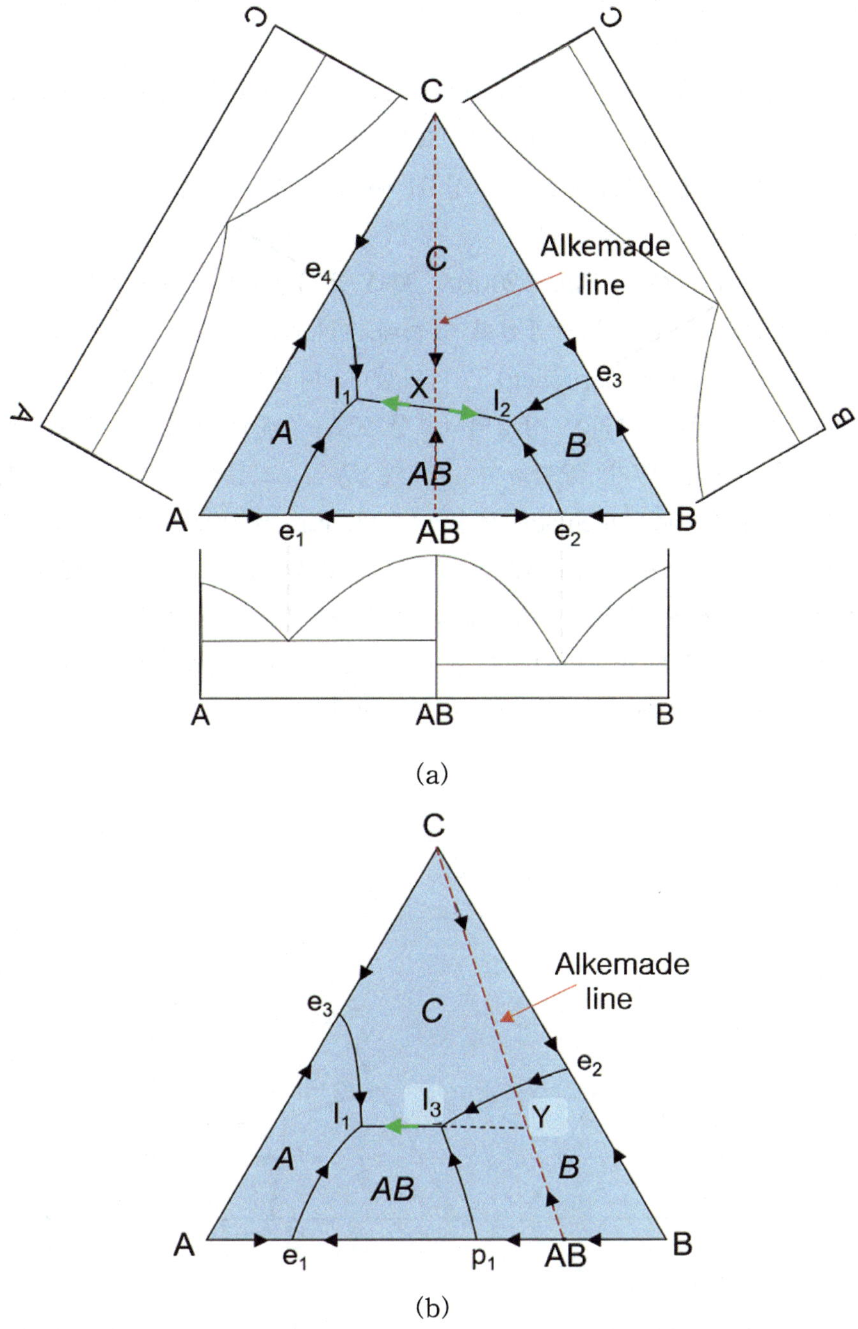

(a)

(b)

Fig. 5.19. Application of the Alkemade theorem on a liquidus surface projection of the hypothetical A-B-C ternary phase diagram containing a congruently melting binary compound AB(a) and an incongruently melting binary compound AB(b).[12)]

Fig. 5.19(b)에서 보듯이 액상면 상평형도의 변에 있는 4개의 Alkemade 선은 Fig. 5.19(a)에서처럼 해당 공통경계선과 만나지만, 비조화용융 AB 화합물이 존재하여 빨간색 점선으로 표시한 Alkemade 선 C-AB는 해당 공통경계선 I_1-I_3와 만나지 않는다. 이러한 경우는 검은색 점선으로 표시한 것처럼 연장된 공통경계선 I_1-I_3-Y를 적용하며, 해당 Alkemade 선 C-AB와는 교점 Y에서 만나게 된다. Alkemade 정리에 따르면, 상평형도 변과 접하는 공통경계선을 따라서는 교점 e_1, e_2, e_3와 p_1을 기준으로 멀어지는 안쪽 방향으로 온도가 감소하며, 상영역 C/AB의 공통경계선 I_1-I_3를 따라서는 녹색 화살표로 표시된 것처

럼 점 I_3에서 점 I_1 방향으로 온도가 감소하게 된다. 동시에 Alkemade 선에서는 교점 e_1, e_2, e_3와 e_4뿐만 아니라 교점 X에서의 온도가 최저이다.

따라서 3성분계 상평형도 안에 있는 3원 불변점은 Fig. 5.19(a)의 점 I_1과 점 I_2 및 Fig. 5.19(b)의 점 I_1은 {액상 L ↔ 고상 C + 고상 AB + 고상 A(또는 고상 B)}와 같은 3원 공정반응(ternary eutectic reactions)과 Fig. 5.19(b)에서의 점 I_3는 (액상 L + 고상 B ↔ 고상 C + 고상 AB)와 같은 3원 포정반응(ternary peritectic reactions) 유형으로 구분된다.

화학양론 화합물을 많이 포함하는 예로, Fig. 5.20(a)의 X-Y-Z 3성분계 상평형도에는 상영역 (고상 X + 액상 L)과 (고상 XY + 액상 L)을 구분하는 곡선이 있는데, 이는 고상 X와 XY가 경계선을 따라 공통으로 존재하는 공통경계선(common boundary lien)을 의미한다. 따라서 조성점 X와 조성점 XY를 연결하는 직선 X-XY는 Alkemade 선이다. 그리고 상영역 (고상 XY + 액상 L)과 (고상 W + 액상 L) 사이의 공통경계선을 따라 고상 XY와 W가 공존하며, XY와 W의 조성점을 연결하는 직선 XY-W도 Alkemade 선이다. 이와 같은 방법으로 Alkemade 선을 그으면, Fig. 5.20(b)에서 보이는 바와 같이 선분 X-XY, XY-Y, Y-YZ, YZ-Z, Z-W, X-W, XY-W, Y-W, YZ-W 및 Z-W 등 모두 10개가 존재한다. 또한, Fig. 5.20(b)에서 점선으로 표시된 각각의 Alkemade 선은 각각의 공통경계선과의 교점을 기준으로 공통경계선에 표시된 화살표의 화살촉 방향이 반대 방향이므로, 공통경계선에서는 교점에서 최고 온도를 나타내고, Alkemade 선에서는 화살표가 표시되어 있지는 않지만 역시 교점에서 최저 온도가 된다.

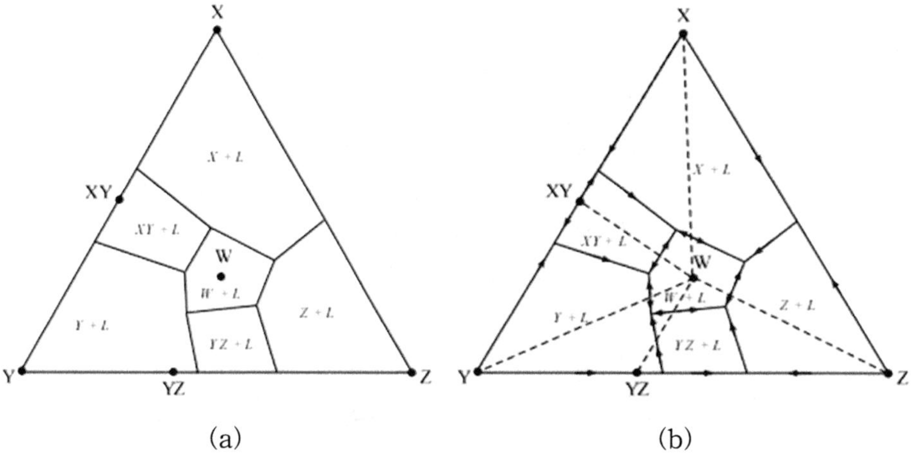

Fig. 5.20. Primary crystallization fields(a) and construction of Alkemade lines(b) in the hypothetical X-Y-Z ternary phase diagram.

Fig. 5.21~5.24에는 유형별 3성분계 상평형도에 그은 Alkemade 선과 온도 기울기에 관한 Alkemade 정리에 따라 온도가 내려가는 방향을 화살표로 표시하였다.

Fig. 5.21(a)의 2원 조화용융 화합물을 포함하는 가상의 A-B-C 3성분계 상평형도에서는 Fig. 5.21(b)에 나타낸 바와 같이 5개의 Alkemade 선을 그을 수 있다. 두 상영역의 경계인 공통경계선이 해당 Alkemade 선과 만나는 네 교점은 초록색 점선 원 안에서 볼 수 있다. Alkemade 정리에 따라 두 선의 교점에서의 온도는 공통경계선에서 최대이고 Alkemade 선에서 최저이다. 이에 따라 Fig. 5.21(b)에 나타낸 바와 같이, 공통경계선이나 Alkemade 선에서 온도가 내려가는 방향을 화살촉으로 하여 화살표를 그릴 수 있다.

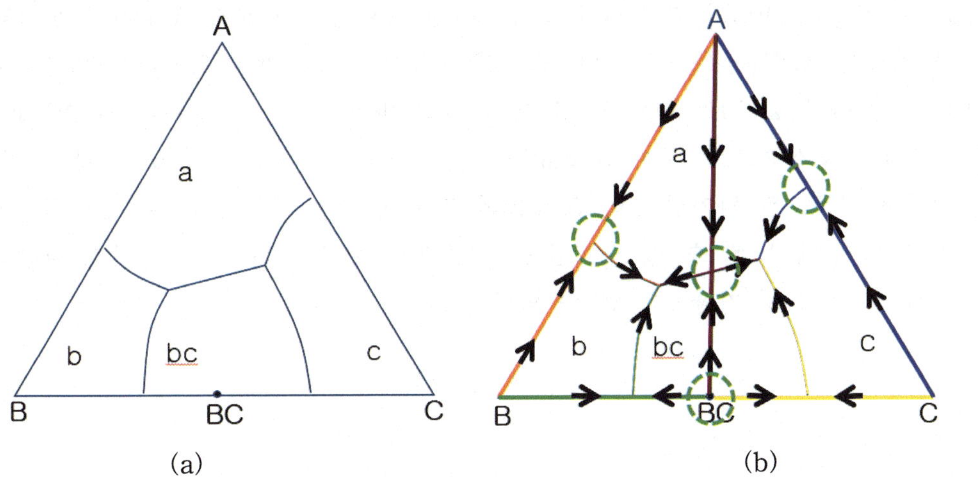

Fig. 5.21. Primary crystallization fields in the hypothetical A-B-C ternary phase diagram containing a congruently melting binary compound(a), and construction of Alkemede lines and determination of temperature slopes on common boundary lines and Alkemede lines(b).

Fig. 5.22(a)의 비조화용융 2원 화합물을 포함하는 가상의 A-B-C 3성분계 상평형도에서는 Fig. 5.22(b)에 나타낸 바와 같이 5개의 Alkemade 선 A-B, B-BC, BC-C, A-C 및 A-BC를 그을 수 있다. 상평형도 변에서는 각각의 공통경계선이 해당 Alkemade 선과 만나는 교점을 세 군데에서 볼 수 있다. 그러나 초록색 점선 원 안에서 볼 수 있는 두 군데에서는 공통경계선이 해당 Alkemade 선과 만나지 않는다. 첫 번째는 상영역 a와 bc의 공통경계선과 해당 Alkemade 선 A-BC의 경우이고, 두 번째는 상영역 bc와 c의 공통경계선과 해당 Alkemade 선 BC-C의 경우이다. 이러한 경우는 두 선 중 하나를 연장하여, 즉 첫 번째는 공통경계선을 연장하고 두 번째는 Alkemade 선을 연장하여 서로 만나도록 해서, Alkemade 정리를 적용하여 공통경계선과 Alkemade 선에서 온도가 내려가는 방향으로 화살표를 그리면 된다.

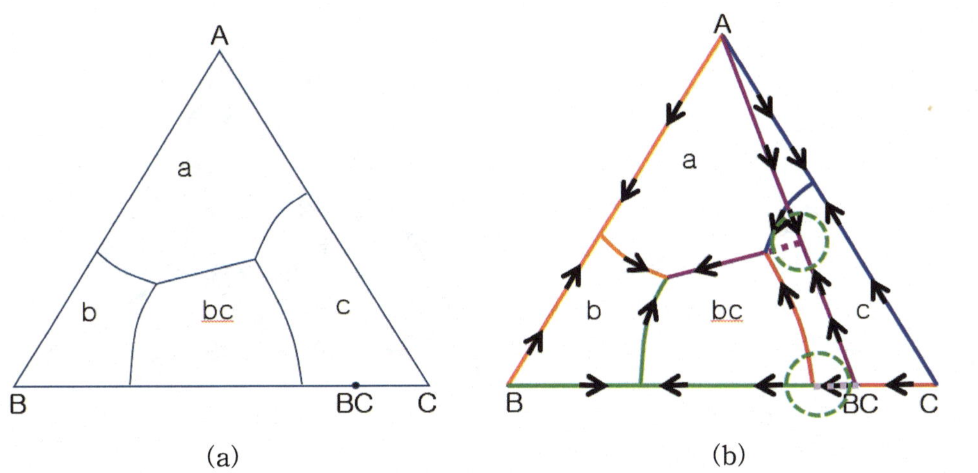

Fig. 5.22. Primary crystallization fields in the hypothetical A-B-C ternary phase diagram containing an incongruently melting binary compound BC(a), and construction of Alkemede lines and determination of temperature slopes on common boundary lines and Alkemede lines(b).

또한, Fig. 5.23(a)와 Fig. 5.24(a)의 가상 A-B-C 3성분계 상평형도는 각각 조성점이 상영역 abc 안에 위치하는 조화용융 화합물 ABC를 갖는 경우와, 조성점이 상영역 abc 밖에 위치하는 비조화용융 화합물 ABC를 갖는 경우이다. Fig. 5.23(b)와 Fig. 5.24(b)에 나타낸 바와 같이, 공통경계선과 Alkemade 선에서 온도가 내려가는 방향을 화살촉으로 하여 화살표를 그릴 수 있다. Fig. 5.23(b)와 같이 공통경계선과 Alkemade 선의 교점을 기준으로 하거나, Fig. 5.24(b)와 같이 연장된 공통경계선과 연장된 Alkemade 선의 교점(초록색 점선 원 안에서 볼 수 있는 교점)을 기준으로 해도 Alkemade 정리를 적용하여 공통경계선과 Alkemade 선에서의 온도 기울기를 알 수 있다.

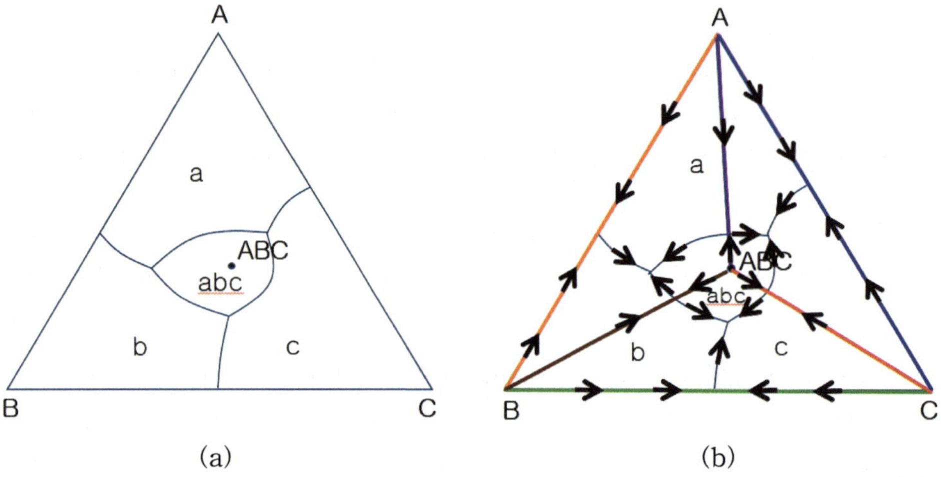

Fig. 5.23. Primary crystallization fields in the hypothetical A-B-C ternary phase diagram containing a congruently melting ternary compound ABC(a), and construction of Alkemede lines and determination of temperature slopes on common boundary lines and Alkemede lines(b).

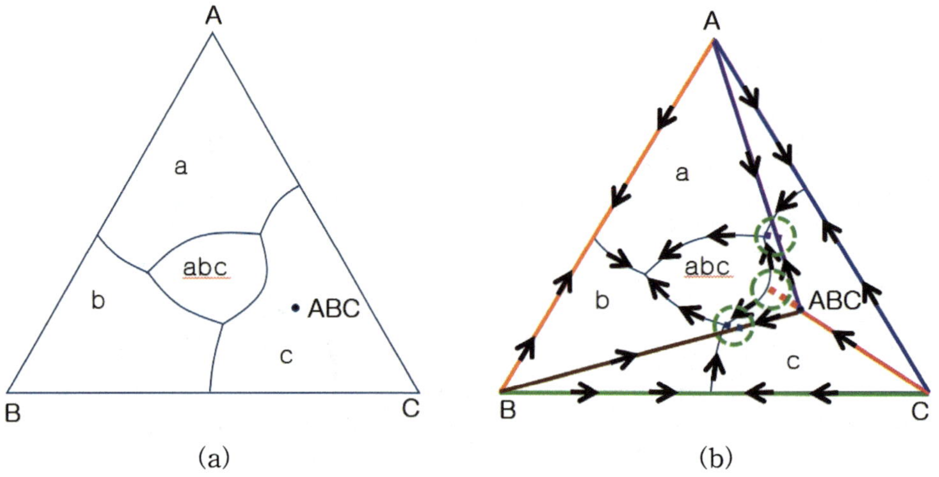

Fig. 5.24. Primary crystallization fields in the hypothetical A-B-C ternary phase diagram containing an incongruently melting ternary compound ABC(a), and construction of Alkemede lines and determination of temperature slopes on common boundary lines and Alkemede lines(b).

5.6 조성 삼각형(Composition Triangles)

3성분계 상평형도에서 조성 삼각형은 3개의 Alkemade 선을 변으로 하는 삼각형이며, Gibbs 조성 삼각형(Gibbs composition triangles), 조화 삼각형(compatibility triangles) 또는 조화 영역(compatibility fields)이라고도 한다.

조성 삼각형은 3성분계 상평형도의 3원 불변점에 존재하는 세 고상의 조성점을 직선으로 연결한 삼각형이기도 하다. 따라서 하나의 3원 불변점은 하나의 조성 삼각형과 1:1 대응되어, 3성분계 상평형도를 나누는 조성 삼각형의 개수는 3원 불변점의 개수와 같다. 그러므로 조성 삼각형은 여러 상을 포함하고 있는 복잡한 3성분계 상태도에서 특정 조성의 융체가 냉각될 때, 각 냉각 단계에서 존재하는 상들의 조성과 분율의 분석뿐만 아니라 고화가 완료되어 최종 결정의 조성과 분율 해석을 단순화시키기 때문에 중요하다.

Fig. 5.25에는 다섯 가지 유형별 가상의 A-B-C 3성분계 상평형도에 Alkemade 선과 조성 삼각형을 나타내었다. Fig. 5.25(a)와 같이 간단하게 상영역 a, b 및 c로만 구분되는 상평형도에는 3개의 Alkemade 선으로 그려지는 하나의 조성 삼각형이 존재한다. Fig. 5.25(b)와 (c)에서는 상영역 a, b 및 c 이외에 조화용융 2원 화합물 또는 비조화용융 2원 화합물 BC의 상영역 bc가 추가되어 있다. 이들 상평형도에는 5개의 Alkemade 선을 그을 수 있어, 조성 삼각형은 2개로 나뉘고 2개의 불변점과 대응된다. Fig. 5.25(d)와 (e)에서는 상영역 a, b 및 c 이외에 조화용융 또는 비조화용융 3원 화합물 ABC의 상영역 abc가 추가되어 있다. 이들 상평형도에는 6개의 Alkemade 선을 그을 수 있어, 조성 삼각형은 3개로 나뉘고 3개의 불변점과 대응된다.

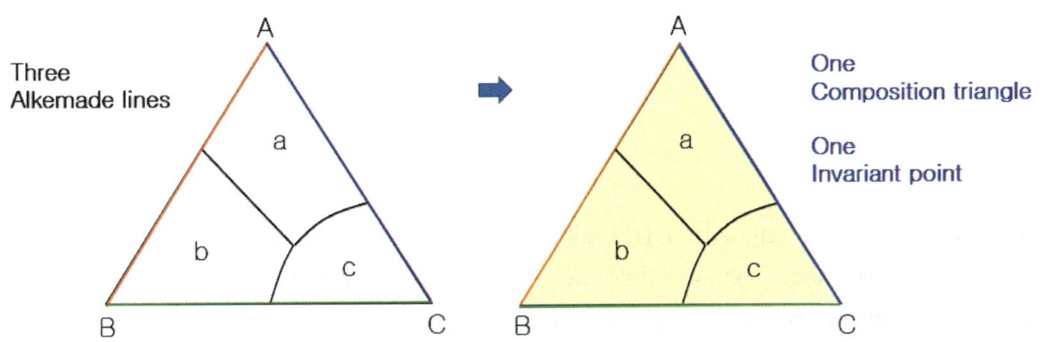

(a)

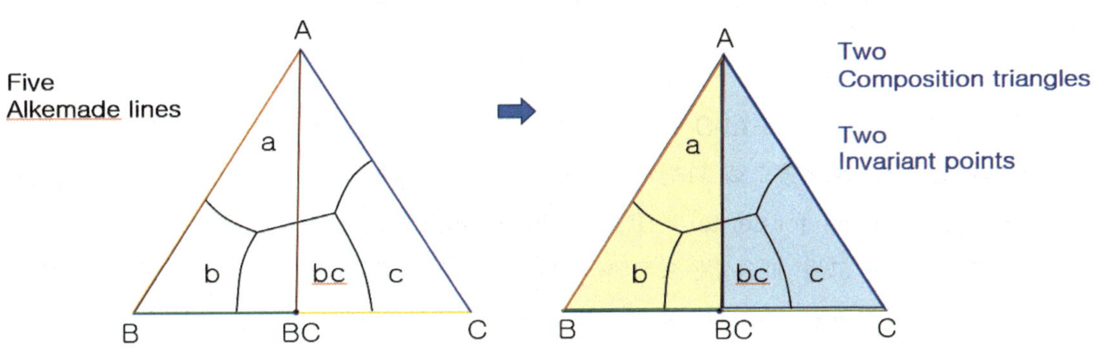

(b)

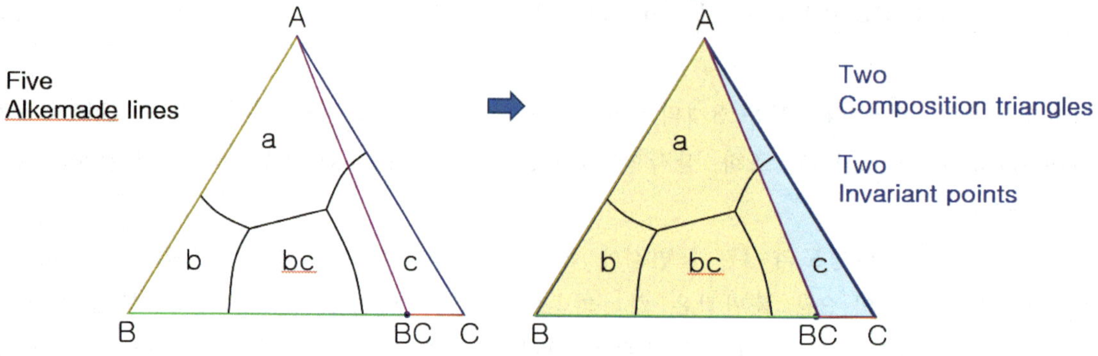

(c)

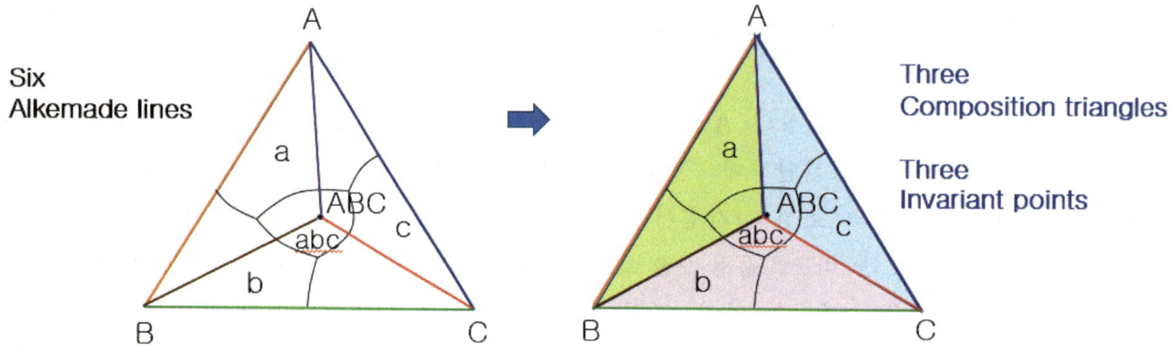

(d)

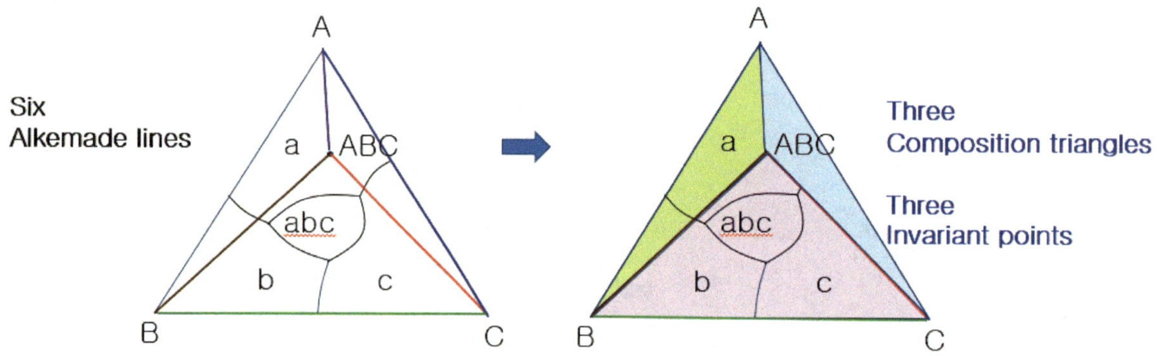

(e)

Fig. 5.25. Alkemade lines and composition triangles in the five typical A-B-C ternary phase diagram having three primary phase fields(a), and four primary phase fields containing a congruently melting binary compound BC(b) or an incongruently melting binary compound BC(c), and four primary phase fields containing a congruently melting ternary compound ABC(d) or an incongruently melting ternary compound ABC(e).

Fig. 5.26(a)에서와 같은 실제 $MgO-Al_2O_3-SiO_2$ 상평형도에서 Alkemade 선을 그리면 Fig. 5.26(b)에 보이는 바와 같이 9개의 조성 삼각형으로 나뉜다. 상평형도에 있는 특정 조성점 A와 B는 각각 조성 삼각형 P-S-F(protoenstatite-spinel-forsterite)와 F-C-S(forsterite-cordierite-spinel) 안에 놓인다. 따라서 특정 조성의 융체 A와 B가 응고될 때, 상온으로 냉각된 최종 결정은 해당 조성 삼각형의 꼭지점이 나타내는 조성의 결정으로 결정화될 것이다. 즉 조성 A의 융체가 평형 냉각될 때의 최종 결정은 P (protoenstatite), S(spinel) 및 F(forsterite)이고, 조성 B의 융체가 평형 냉각되면 최종 결정은 F (forsterite), C(cordierite) 및 S(spinel)이다.

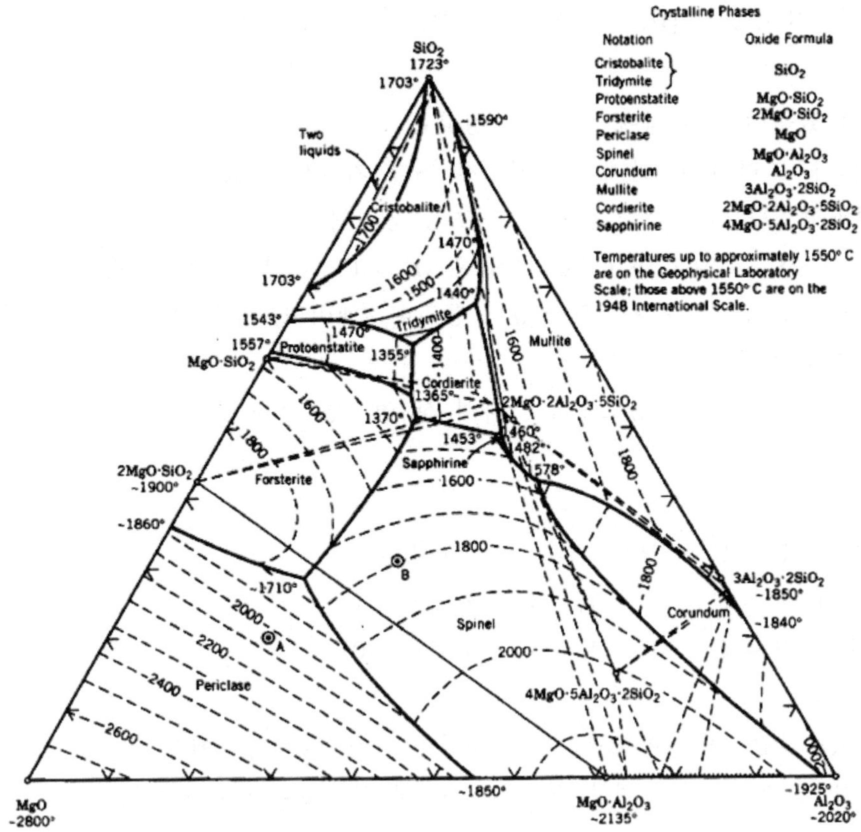

(a)

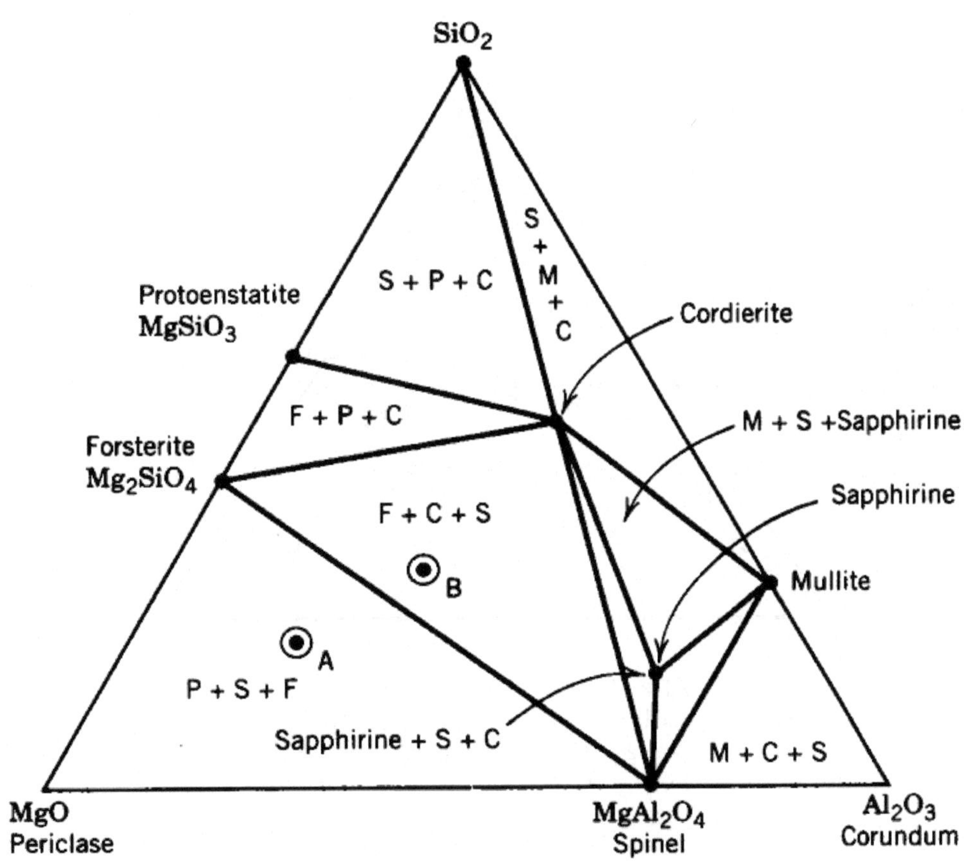

(b)

Fig. 5.26. $MgO-Al_2O_3-SiO_2$ ternary phase diagram(a)[(8)] and the final three crystallines associated composition triangles after cooling for the melt with specific compositions(b).

5.7 Gibbs 상률의 적용(Application of the Gibbs Phase Rule)

앞서 1.3절에서 기술하였듯이, 상평형에서 Gibbs 상률은 (F = C - P + 2)이고, 3성분계에서는 성분의 수가 3개로 C = 3이다. 따라서 3성분계에서 가능한 최대 자유도는 4(2개의 조성 변수, 온도, 압력)이다. 통상의 3성분계 상평형도는 압력을 고정한 온도-조성 상평형도로 나타내며, 이와 같은 응축 3성분계 상평형도에서는 자유도가 하나 줄어들어 Gibbs 상률은 (F = C - P + 1)이 된다. 따라서 일정한 압력의 3성분계에서 가능한 최대 상의 수 P는 F = 0일 경우로 4개이고, 최대 자유도 F는 P = 1일 경우로 3(2개의 조성 변수 및 온도)이다.

따라서, 압력을 고정한 3성분계 상평형도에서 각각의 상 영역별 자유도는 다음과 같다.

① 단상 영역: 자유도 3 (F = C - P + 1 = 3 - 1 + 1 = 3)
② 2상 영역: 자유도 2 (F = C - P + 1 = 3 - 2 + 1 = 2)
③ 3상 영역: 자유도 1 (F = C - P + 1 = 3 - 3 + 1 = 1)
④ 4상 영역: 자유도 0 (F = C - P + 1 = 3 - 4 + 1 = 0)

Fig. 5.27에는 공정점을 갖는 가상 A-B-C 계의 액상면 도형 상평형도에서 상영역의 상부(가상 상영역), 내부, 공통경계선 및 불변점에서의 성분 수, 상의 수 및 자유도를 나타내었다.

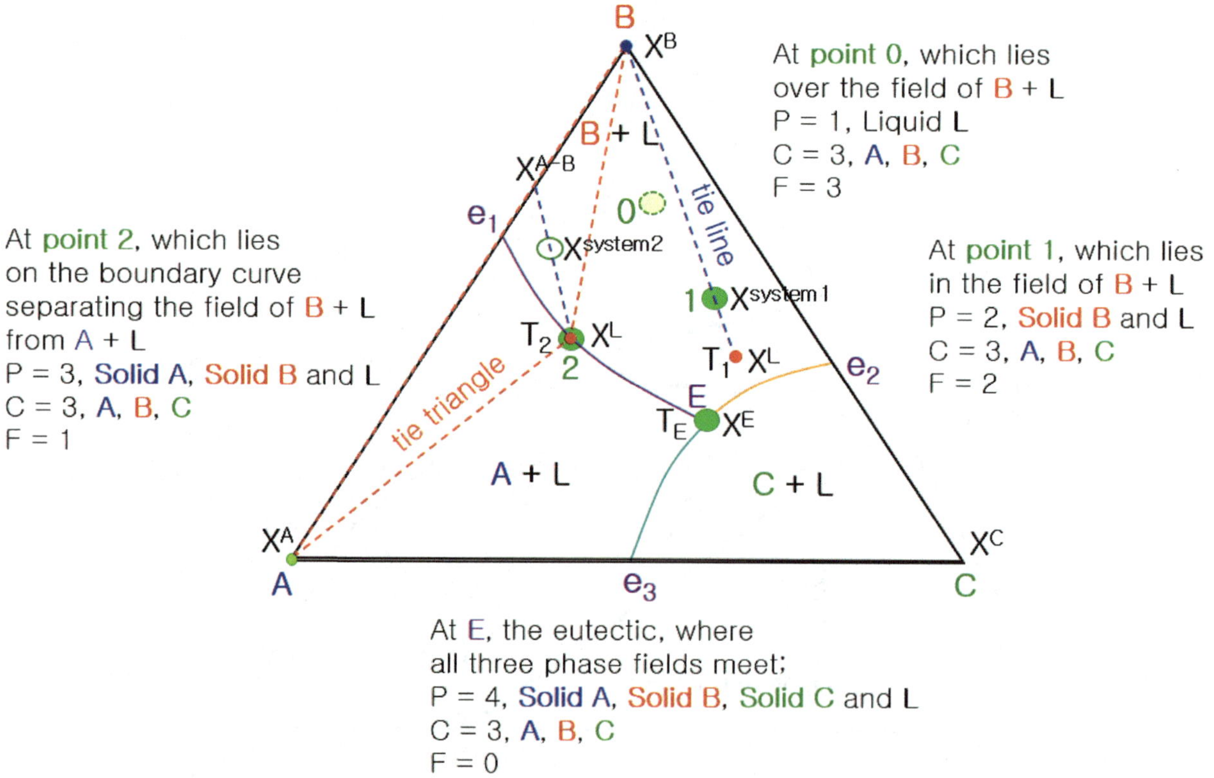

Fig. 5.27. Applying the Gibbs phase rule to the hypothetical A-B-C ternary phase diagram containing a ternary eutectic point.

① 점 0: (액상 L) 상영역의 점 0

- C = 3 - 성분 A-B-C의 3성분
- P = 1 - 액상 L의 단상
- F = 3 - 주어진 가변 영역에서 자유도 3
- 초정 상영역의 특정 조성점이 가리키는 온도 초과에서 액상이 안정하게 평형이 유지되는 계는 세기 변수 3개(점 0에서는 온도 변수 T, 액상 L의 조성 변수 X_1^L과 X_2^L) 모두를 독립적으로 변화시킬 수 있어 독립 세기 변수의 수(=자유도)는 3개(T, X_1^L, X_2^L)임.
- A-B-C 3성분으로 구성된 액상 L의 조성 X^L은 하나의 조성 변수로 나타낼 수 없고, X_1^L, X_2^L 및 X_3^L의 3개 변수로 나타내야 하는데, X_1^L은 A-B 성분의 분율이고, 조성 변수 X_2^L은 B-C 성분의 분율이며, 조성 변수 X_3^L은 A-C 성분의 분율을 의미함(조합 순서가 바뀌어도 됨).
- 액상 L의 조성 X^L은 X_1^L, X_2^L 및 X_3^L의 3개의 조성 변수 중에서, (X_3^L = 1 - X_1^L - X_2^L)의 관계로부터 X_3^L는 따로 설정하지 않아도 정해지는 종속 변수가 되어, 2개의 조성 변수 조합으로 나타낼 수 있음(즉, X_1^L, X_2^L 및 X_3^L의 세 변수 중에 두 조성 변수의 조합으로 A-B-C 3성분의 분율인 액상의 조성 X^L을 나타낼 수 있음).

② 점 1: (고상 B + 액상 L) 상영역 내부의 점 1

- C = 3 - 성분 A-B-C의 3성분
- P = 2 - (고상 B + 액상 L)의 2상
- F = 2 - 주어진 가변 영역에서 자유도 2
- 2상 영역 내부에 있는 (고상 B + 액상 L)의 계는 전체 세기 변수가 7개(점 1에서는 온도 변수 T, 초정 B의 조성 X^B는 조성 변수 X_1^B, X_2^B 및 X_3^B, 액상의 조성 X^L은 조성 변수 X_1^L, X_2^L 및 X_3^L)가 있음.
- 초정 B의 조성 X^B는 X_1^B, X_2^B 및 X_3^B의 조성 변수 중에서 (X_3^B = 1 - X_1^B - X_2^B)의 관계로부터 X_3^B는 종속 변수가 되고, 액상 L의 조성 X^L은 X_1^L, X_2^L 및 X_3^L의 조성 변수 중에서 (X_3^L = 1 - X_1^L - X_2^L)의 관계로부터 X_3^L는 종속 변수가 됨에 따라 조성 변수 2개가 종속 변수로 됨.
- 2상 영역에 있는 계의 조성점 1이 가리키는 온도 이하의 특정 온도 T_1에서 평형 상태에 놓인다면, 계의 조성점 1이 속한 2상 영역의 초정 조성점 B에서 계의 조성점 1을 가로질러 직선으로 해당 온도 T_1까지 그은 공액선 B-T_1의 함수 관계에서 세기 변수 간에 연관성을 가짐.
  - 2상 영역에 있는 계가 특정 온도 T_1에서 평형 상태에 놓인다면, 초정 B의 조성 X^B는 계의 조성점 1이 속한 상영역의 조성점 B로 정해져, 초정 B의 조성 변수 X_1^B와 X_2^B가 정해지는 종속 변수가 됨에 따라 추가로 변수 2개가 종속 변수로 됨.
  - 2상 영역에 있는 계가 특정 온도 T_1에서 평형 상태에 놓인다면, 액상 L의 조성점 X^L의 위치가 공액선 B-T_1의 직선 방정식을 따르는 두 번째 함수 관계로부터, T_1, X_1^L 및 X_2^L 중에서 1개 변수가 종속 변수가 됨에 따라 추가로 변수 1개가 종속 변수로 됨.
- Table 5.1에 나타낸 바와 같이, (고상 B + 액상 L)의 2상 영역 내부에 있는 계는 전체 세기 변수가 7개(T + X_1^B + X_2^B + X_3^B + X_1^L + X_2^L + X_3^L)인데, 점 2에서와 같이 특정 온도 T_1에서 평형 상태에 놓인다면 변수 5개가 종속 변수로 됨에 따라 지정해야 할 독립 세기 변수의 수(=자유도)는 2개(T, X_1^L, X_2^L 중에서 2개)임.

Table 5.1 Independent Variables that Must Be Specified for Ternary System with Equilibrium in Two-Phase Field(Case for Point 1 in Figure 5.27)

System	Total intensive variables for the system	Dependent variables specified by composition relationship with 3-component	Dependent variables specified by relationship in which primary crystalline composition follows the composition point of phase field to which the system belongs	Dependent variables specified by functional relationship in which liquid composition follows a straight line equation of tie line	Independent variables {F=C-P+1}
3 Component - 2 Phase	T, X_1^L, X_2^L, X_3^L, X_1^B, X_2^B, X_3^B	X_3^L $(=1-X_1^L-X_2^L)$, X_3^B $(=1-X_1^B-X_2^B)$	X_1^B, X_2^B	One of T, X_1^L, X_2^L	Two of T, X_1^L, X_2^L {2(=3-2+1)}

③ 점 2: (고상 B + 액상 L) 상영역과 (고상 A + 액상 L) 상영역의 공통경계선 상의 점 2

- C = 3 - 성분 A-B-C의 3성분
- P = 3 - (고상 B + 고상 A + 액상 L)의 3상
- F = 1 - 주어진 가변 영역에서 자유도 1
- 공통경계선에 있는 (고상 B + 고상 A + 액상 L)의 계는 전체 세기 변수가 10개(점 2에서는 온도 변수 T, 초정 B의 조성 X^B는 조성 변수 X_1^B, X_2^B 및 X_3^B, 2차 결정 A의 조성 X^A는 조성 변수 X_1^A, X_2^A 및 X_3^A, 액상 L의 조성 X^L은 조성 변수 X_1^L, X_2^L 및 X_3^L)가 있음.
- 초정 B의 조성 X^B는 X_1^B, X_2^B 및 X_3^B의 조성 변수 중에서 $(X_3^B = 1 - X_1^B - X_2^B)$의 관계로부터 X_3^B는 종속 변수가 되고, 2차 결정 A의 조성 X^A는 X_1^A, X_2^A 및 X_3^A의 조성 변수 중에서 $(X_3^A = 1 - X_1^A - X_2^A)$의 관계로부터 X_3^A는 종속 변수가 되며, 액상 L의 조성 X^L은 X_1^L, X_2^L 및 X_3^L의 조성 변수 중에서 $(X_3^L = 1 - X_1^L - X_2^L)$의 관계로부터 X_3^L는 종속 변수가 되므로 조성 변수 3개가 종속 변수로 됨.
- 3상 영역에 있는 계가 공통경계선 e_1-E의 특정 온도 T_2에서 평형 상태에 놓인다면, 공통경계선 e_1-E의 액상 L의 조성점 X^L과 공통경계선 양쪽 상영역의 조성점 B, A를 직선으로 연결하여 그린 공액 삼각형 B-A-T_2의 함수 관계에서 세기 변수 간에 연관성을 가짐.
  - 3상 영역에 있는 계가 특정 온도 T_2에서 평형 상태에 놓인다면, 초정 B의 조성 X^B와 2차 결정 A의 조성 X^A가 공액 삼각형 B-A-T_2의 두 꼭지점 B와 A의 조성을 따르는 첫 번째 함수 관계로부터, 초정 B의 조성 X^B의 조성 변수 X_1^B와 X_2^B가 정해지고, 2차 결정 A의 조성 X^A의 조성 변수 X_1^A와 X_2^A가 정해지는 종속 변수가 됨에 따라 추가로 조성 변수 4개가 종속 변수로 됨.
  - 3상 영역에 있는 계가 특정 온도 T_2에서 평형 상태에 놓인다면, 액상 L의 조성 X^L이 공통경계선 e_1-E의 곡선 방정식을 따르는 두 번째 함수 관계로부터 T_2, X_1^L 및 X_2^L 중에서 1개 변수가 추가로 종속 변수로 됨.
  - 3상 영역에 있는 계가 특정 온도 T_2에서 평형 상태에 놓인다면, 액상 L의 조성 X^L이 T_2에서 직선으로 초기 액상의 조성점 $X^{system2}$를 지나 상대편 변과의 교점 X^{A-B}까지 내부 교차선 T_2-X^{A-B}의 직선 방정식을 따르는 세 번째 함수 관계로부터 T_2, X_1^L 및 X_2^L 중에서 1개 변수가 추가로 종속

변수로 됨.

- Table 5.2에 나타낸 바와 같이, (고상 B + 고상 A + 액상 L)의 3상 영역인 공통경계선 e_1-E에 있는 계는 전체 세기 변수가 10개(T + X_1^B + X_2^B + X_3^B + X_1^A + X_2^A + X_3^A + X_1^L + X_2^L + X_3^L)인데, 점 2에서와 같이 특정 온도 T_2에서 평형 상태에 놓인다면 변수 9개가 종속 변수로 됨에 따라 지정해야 할 독립 세기 변수의 수(=자유도)는 1개(T, X_1^L, X_2^L 중에서 1개)임.

Table 5.2 Independent Variables that Must Be Specified for Ternary System with Equilibrium in Three-Phase Field(Case for Point 2 in Figure 5.27)

System	Total intensive variables for the system	Dependent variables specified by composition relationship with 3-component	Dependent variables specified by relationship in which with two solid compositions follow the composition point of the composition point of phase fields to which common boundary line belong	Dependent variables specified by functional relationship in which a liquid composition follows a curved line equation of a common boundary line	Dependent variables specified by functional relationship in which a liquid composition follows a straight line equation of a internal intersection line	Independent variables {F=C-P+1}
3 Component - 3 Phase	T, X_1^L, X_2^L, X_3^L, X_1^B, X_2^B, X_3^B, X_1^A, X_2^A, X_3^A	X_3^L (=1-X_1^L-X_2^L), X_3^B (=1-X_1^B-X_2^B), X_3^A (=1-X_1^A-X_2^A)	X_1^B, X_2^B, X_1^A, X_2^A	One of T, X_1^L, X_2^L	One of T, X_1^L, X_2^L	One of T, X_1^L, X_2^L {1(=3-3+1)}

④ 점 E: (고상 A + 액상 L), (고상 B + 액상 L) 및 (고상 C + 액상 L) 영역의 세 상영역이 만나는 점 E

- C = 3 - 성분 A-B-C의 3성분
- P = 4 - (고상 B + 고상 A + 고상 C + 액상 L)의 4상
- F = 0 - 주어진 3원 불변점에서 자유도 0
- 3원 불변점에 있는 (고상 B + 고상 A + 고상 C + 액상 L)의 계는 전체 세기 변수가 13개(점 E에서는 온도 변수 T, 초정 B의 조성 X^B는 조성 변수 X_1^B, X_2^B 및 X_3^B, 2차 결정 A의 조성 X^A는 조성 변수 X_1^A, X_2^A 및 X_3^A, 3차 결정 C의 조성 X^C는 조성 변수 X_1^C, X_2^C 및 X_3^C 그리고 액상 L의 조성 X^L은 조성 변수 X_1^L, X_2^L 및 X_3^L)임.
- 초정 B의 조성 X^B는 X_1^B, X_2^B 및 X_3^B의 조성 변수 중에서 (X_3^B = 1 - X_1^B - X_2^B)의 관계로부터 X_3^B는 종속 변수가 되고, 2차 결정 A의 조성 X^A는 X_1^A, X_2^A 및 X_3^A의 조성 변수 중에서 (X_3^A = 1 - X_1^A - X_2^A)의 관계로부터 X_3^A는 종속 변수가 되고, 3차 결정 C의 조성 X^C는 X_1^C, X_2^C 및 X_3^C의 조성 변수 중에서 (X_3^C = 1 - X_1^C - X_2^C)의 관계로부터 X_3^C는 종속 변수가 되며, 액상 L의 조성 X^L은 X_1^L, X_2^L 및 X_3^L의 조성 변수 중에서 (X_3^L = 1 - X_1^L - X_2^L)의 관계로부터 X_3^L는 종속 변수가 되므로 조성 변수 4개가 종속 변수로 됨.

○ 4상 영역에 있는 계가 2원 불변점 온도 T_E에서 평형 상태에 놓인다면, 3원 불변점은 고정된 온도 T_E와 조성 X_E를 가진 특정점으로 온도 변수 T는 T_E로 정해지고 액상 L의 조성 X^L이 X_E로 정해지는 관계로부터 T, X_1^L 및 X_2^L이 정해짐에 따라 변수 3개가 세기 변수에서 빠짐.

○ 4상 영역에 있는 계가 3원 불변점 온도 T_E에서 평형 상태에 놓인다면, 초정의 조성 X^B, 2차 결정의 조성 X^A 및 3차 결정의 조성 X^C가 조성 삼각형 B-A-C의 세 꼭지점 B, A 및 C의 조성을 따르는 함수 관계로부터, X_1^B, X_2^B, X_1^A, X_2^A, X_1^C 및 X_2^C가 정해짐에 따라 변수 6개가 세기 변수에서 빠짐.

○ 4상 영역에 있는 계는 전체 세기 변수가 13개(T + X_1^B + X_2^B + X_1^A + X_2^A + X_1^C + X_2^C + X_1^L + X_2^L + X_3^L)인데, 점 E에서와 같이 3원 불변점 온도 T_E에서 평형 상태에 놓인다면 세기 변수 13개 모두가 고정됨에 따라 지정해야 할 독립 세기 변수의 수(=자유도)는 0개임.

5.8 불변점과 공통경계선에서의 반응(Reactions in Invariant Points and Common Boundary Lines)

3성분계 등조성선 분석에서 중요한 온도는 상의 상태가 변화하는 상경계의 바로 위와 아래이다. 냉각 도중에 상이 변하는 중요한 단계는 액상에서 초정의 정출, 고상의 상전이, 2원 공정반응, 2원 포정반응 및 3원 포정반응이다. 한편 특정한 상황에서 발생하기 때문에 식별하기 어려운 재흡수 반응(resorption reactions)이 일어나는 경우도 있다. 냉각 중에 재흡수 반응이 진행되는 경우는 더 높은 온도에서 형성되었던 고상의 결정화 속도가 음수가 되어, 이미 형성되었던 고상이 액상에 용해되어 재흡수되고 다른 고상만을 형성하는 것이다. 재흡수 반응을 거친 이후에는 2차 결정 단독 정출도 뒤따른다.

3성분계 물질계의 냉각 과정에서 일어나는 반응은 Gibbs 상률에서 F = 0인 3원 불변점에서 끝나는데, 존재상은 불변점을 통과하면서 급격한 변화가 일어난다. 3성분계 상평형도에서 3원 불변점은 특정 조성의 3성분계 융체가 냉각될 때 액상이 마지막으로 사라지는 지점이기도 하다.

5.8.1 3원 불변점에서의 반응

3성분계에서 액상이 관여하는 3원 불변반응은 공정반응과 포정반응이고, 액상이 게재하지 않는 공석반응과 포석반응이 일어나는 3원 불변반응은 존재하지 않는다. 3원 불변반응에는 다음과 같이 3가지 주요 유형이 있다.

유형 I. 3원 공정반응(ternary eutectic reactions)($L \rightleftharpoons \alpha + \beta + \gamma$)
냉각 시 하나의 액상이 세 고상으로 변하는 3원 공정반응으로, 상평형도에서 불변점에 도달하기 직전 온도에서는 액상이 포함된 영역이고 도달한 직후 온도에서는 세 고상 영역임

유형 II. 3원 전이 포정반응(ternary transient peritectic reactions)($L + \alpha \rightleftharpoons \beta + \gamma$)
냉각 시 액상과 하나의 고상이 다른 두 고상으로 변하는 3원 전이 포정반응으로, 상평형도에서 불변점에 도달하기 직전 온도에서는 액상과 고상의 2상 영역이고 도달한 직후 온도에는 두 고상 영역임

유형 III. 3원 포정반응(ternary peritectic reactions)($L + \alpha + \beta \rightleftharpoons \gamma$)
냉각 시 액상과 두 고상이 다른 고상으로 변하는 3원 포정반응으로, 상평형도에서 불변점에 도달하기 직전 온도에는 액상과 두 고상의 3상 영역이고 도달한 직후 온도에서는 단상의 고상 영역임

Fig. 5.28과 Fig. 5.29에는 조화용융 화합물 또는 비조화용융 화합물을 포함하는 3성분계 상평형도에 나타나는 3원 불변점을 표시하였다.

조화용융 2원 화합물 BC를 포함하는 Fig. 5.28(a) 상평형도에서 상 bc의 조성점 BC는 bc 상영역 안에 위치하고, 5개의 Alkemade 선을 그으면 상평형도는 2개의 조성 삼각형으로 나뉘고 3개의 공통경계선이 만나는 2개의 3원 불변점 E를 포함하게 된다. 조화용융 3원 화합물 ABC를 포함하는 Fig. 5.28(b) 상평형도에서도 상 abc의 조성점 ABC가 abc 상영역 안에 있고, 6개의 Alkemade 선을 그으면 상평형도는 3개의 조성 삼각형으로 나뉘고 3개의 3원 불변점 E를 포함하게 된다.

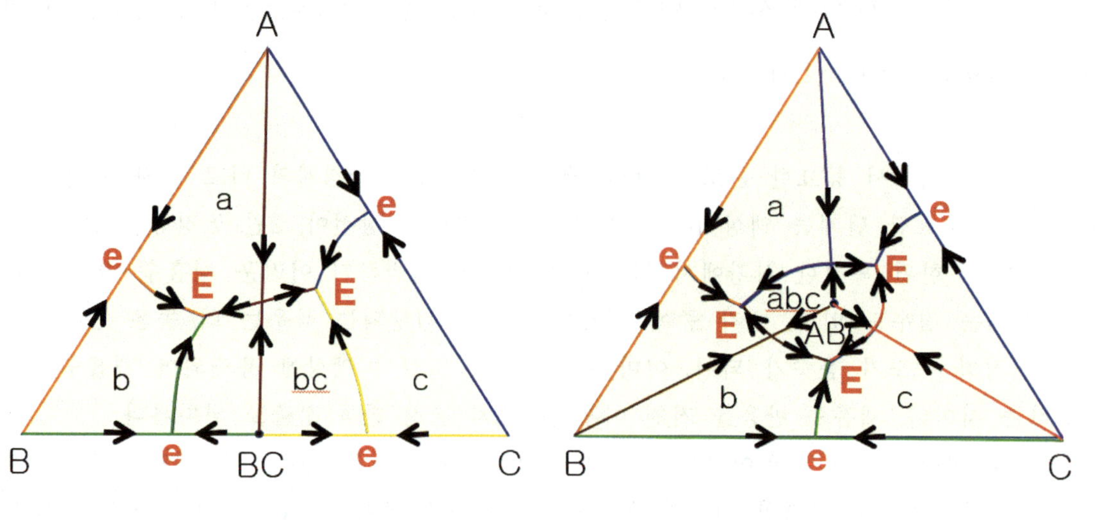

(a) (b)

Fig. 5.28. Temperature slops within common boundary lines and Alkemade lines, and invariant points in the hypothetical A-B-C ternary phase diagram containing a congruently melting binary compound BC(a) and a congruently melting ternary compound ABC(b).

비조화용융 2원 화합물 BC를 포함하는 Fig. 5.29(a) 상평형도에서 상 bc의 조성점 BC는 bc 상영역 밖에 위치하고, 5개의 Alkemade 선을 그으면 상평형도는 2개의 조성 삼각형으로 나뉘고, 3개의 공통경계선이 만나는 2개의 3원 불변점 E와 P를 포함하게 된다.

비조화용융 3원 화합물 ABC를 포함하는 Fig. 5.29(b) 상평형도에서도 상 abc의 조성점 ABC가 abc 상영역 안에 있고, 6개의 Alkemade 선을 그으면 상평형도는 3개의 조성 삼각형으로 나뉘고 3개의 3원 불변점 E를 포함하게 된다.

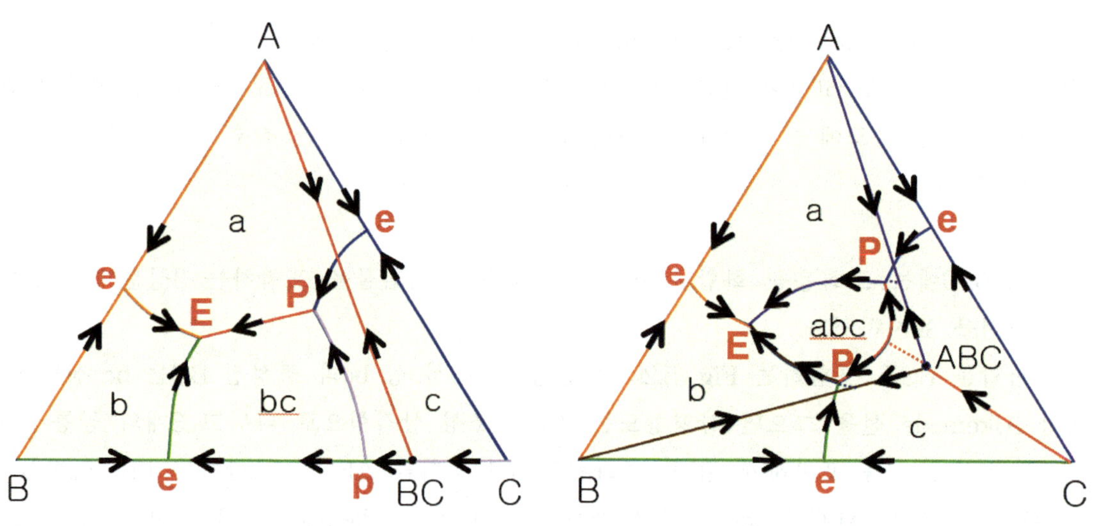

(a) (b)

Fig. 5.29. Temperature slops within boundary lines and Alkemade lines, and invariant points in the hypothetical A-B-C ternary phase diagram containing an incongruently melting binary compound BC(a) and an incongruently melting ternary compound ABC(b).

3성분계의 3원 불변점에서는 공정반응 또는 포정반응이 일어난다. 3원 불변점의 위치는 3개의 공통경계선이 만나는 지점(또는 세 상영역이 만나는 지점)으로, 각각의 상영역 조성점을 꼭지점으로 하는 조성 삼각형 안에 위치할 때는 3원 공정점(Fig. 5.28과 29에서 대문자 “E”로 표시한 점)이고, 조성 삼각형 밖에 위치할 때는 3원 포정점(Fig. 5.29에서 대문자 “P”로 표시한 점)이다.

3성분계 상평형도에 Alkemade 정리를 적용하면, 3원 공정점은 한 점에서 만나는 3개 공통경계선에서의 온도 감소(화살촉 방향)가 모두 교점을 향하는 경우이고 3원 포정점은 한 점에서 만나는 공통경계선에서의 온도 감소가 3개 중 하나 또는 둘이 교점을 향하는 경우이다. 그리고 3원 포정점 중에서 2개의 공통경계선에서의 온도 감소가 교점을 향하면 전이 포정반응으로 구분하는 경우가 있다. 3성분계 상평형도에 존재하는 3원 불변점의 특징을 정리하면 Table 5.1과 같다.

Table 5.1. Position and Temperature Arrow Directions of the Ternary Invariant Points within Ternary Phase Diagrams

Reaction type	Eutectic reaction	Peritectic reaction	Transition peritectic reaction†
Position of triple point with the composition triangle	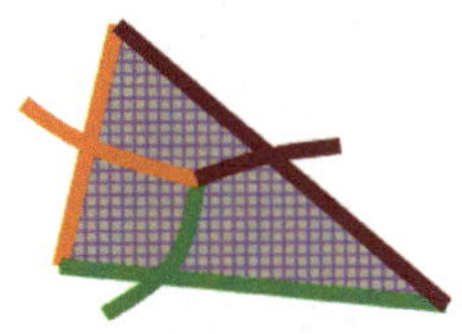	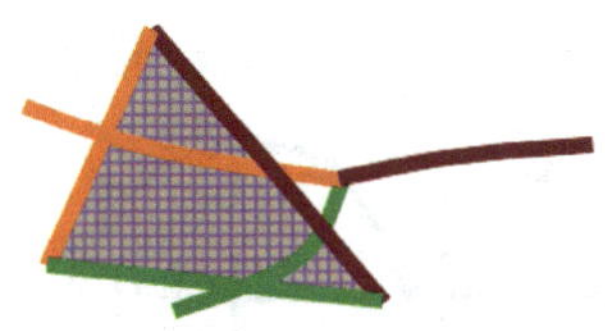	
Temperature arrow direction on the boundary line near the triple point	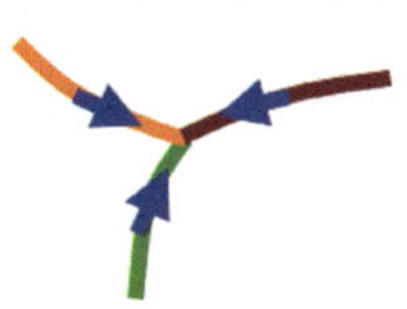	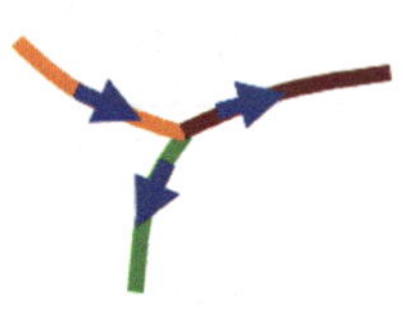	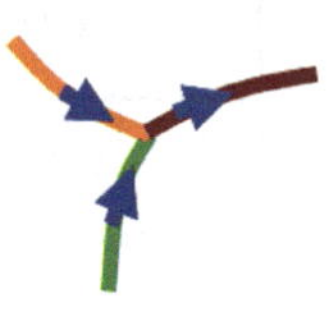
Reaction formula	$L \rightleftharpoons \alpha + \beta + \gamma$	$L + \alpha + \beta \rightleftharpoons \gamma$	$L + \alpha \rightleftharpoons \beta + \gamma$

† This reaction can be thought of as being halfway between the eutectic reaction and the peritectic reaction, and depending on the textbook, only the left case is called the peritectic reaction.

5.8.2 공통경계선에서의 반응

3성분계의 냉각 과정에서 상의 변화는 3원 불변점뿐만 아니라, 상영역의 경계인 공통경계선에서도 일어난다.

3성분계 상평형도에서 공통경계선은 2원 공정선(binary eutectic lines)과 2원 포정선(binary peritectic lines)으로 구분된다. 그리고 공통경계선이 3성분계 상평형도의 한 변과 만나는 교점은 2성분계의 불변점에 해당한다. 3성분계 융체를 냉각할 때 마지막으로 액상이 사라지는 온도점은 3원 불변점이지만, 한 성분의 분율이 “0”인 특정 조성의 2성분 물질계가 냉각될 때 마지막 액상이 사라지는 온도점은 공통경계선이 3성분계 상평형도의 한 변과 만나는 교점인 2성분계의 불변점이다.

Fig. 5.30에서 보이는 바와 같이 3성분계 상평형도가 2성분계 상평형도를 포함하는 관계로부터 2원 공정선과 2원 포정선을 구분할 수 있다. 3성분계 상평형도에 있는 공통경계선이 해당 Alkemade 선과 만

나는 교점을 기준으로 Alkemade 선에서의 온도 감소 방향(화살촉 방향)이 양쪽에서 서로 모이면, 그 교점은 2원 공정점이다. 2원 공정점은 Fig. 5.30(a)와 (b)에서 소문자 “e”로 표시되어 있다. 3성분계 상평형도에서 2원 공정점을 포함하고 있는 해당 공통경계선이 2원 공정선이다.

그러나 3성분계 상평형도에서 공통경계선이 ‘연장된 Alkemade 선’(예를 들어 Fig. 5.30(b)의 3성분계 상평형도에서 초록색 실선 C-BC는 Alkemade 선이고, 초록색 실선과 점선을 합한 선 C-p가 ‘연장된 Alkemade 선’)과 만나는 경우는, 교점을 기준으로 Alkemade 선에서의 온도 감소 방향이 한쪽에서 들어와서 반대쪽으로 나가므로 2원 포정점이다. 이 포정점은 Fig. 5.30(b)에서 소문자 “p”로 표시되어 있다. 또한 3성분계 상평형도에서 2원 포정점을 포함하고 있는 해당 공통경계선이 2원 포정선이다.

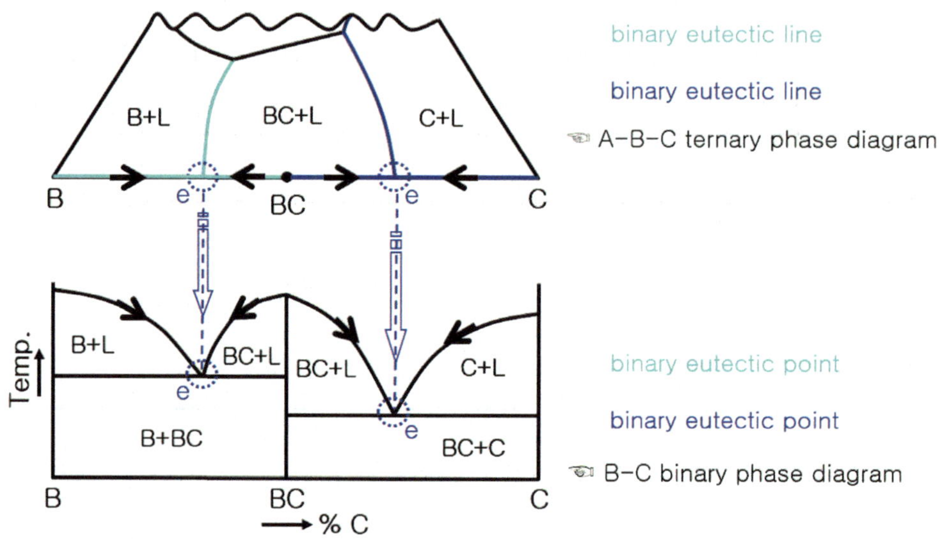

(a)

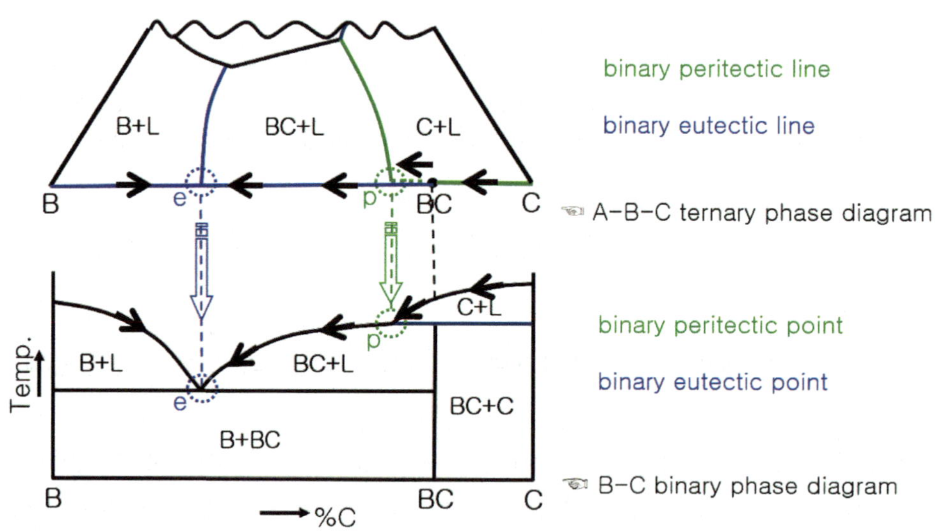

(b)

Fig. 5.30. Binary eutectic and peritectic lines in a part of the hypothetical A–B–C ternary phase diagram and the associated B–C binary phase diagrams containing a congruent melting binary compound BC(a) and an incongruent melting binary compound BC(b).

5.9 냉각 단계별 존재상의 조성과 분율 결정(Determination of the Composition and Fraction for the Phases Present at the Cooling Stage)

3성분계의 특정 조성 융체가 평형 조건으로 냉각될 때, 존재하는 액상과 고상 결정은 냉각 단계에 따라 구분된다. 따라서 단상의 액상으로만 존재하는 구간, 2상이 존재하는 초정 정출 구간, 3상이 존재하는 2원 정출 구간, 4상이 존재하는 3원 불변점 및 평형 냉각이 끝나 3상이 존재하는 불변점 미만 등, 각각의 냉각 단계에 따라 다음과 같은 일정한 기준으로 존재상의 조성과 분율을 결정할 수 있다.

① 특정 조성 융체가 평형 냉각될 때, 초기 융체 조성점이 가리키는 온도 초과에서는 초기 융체와 조성이 같은 단상의 액상으로만 100% 존재함.

② 초정 정출 구간(또는 냉각 과정에서 2차 결정 단독 정출 구간)의 특정 온도에서 존재하는 두 상의 조성과 분율은 직선으로 상영역 조성점에서 초기 융체 조성점을 지나 냉각 온도점까지 연결한 공액선(tie line)을 기준으로 정함.

③ 2원 정출 구간의 특정 온도에서 존재하는 세 상의 조성과 분율은 액상의 조성점과 공통경계선 양쪽 상영역의 고상 조성점을 연결한 공액 삼각형(tie triangle)을 기준으로 정함.

④ 4상이 존재하는 3원 불변점에서 존재하는 액상의 조성은 3원 불변점의 조성이며, 세 고상의 조성은 3원 불변점과 만나는 세 상영역의 고상 조성점에 해당함.

⑤ 평형 냉각이 끝나는 3원 불변점 미만 온도에서 세 고상의 조성과 분율은 초기 융체 조성점이 속한 해당 조성 삼각형(composition triangle)을 기준으로 정함.

5.9.1 초정 정출 구간의 특정 온도에서 존재하는 액상과 초정의 조성과 분율

3성분계의 특정 조성 융체가 초정 정출 구간을 지나며 냉각될 때는 (액상 + 초정)의 2상으로 존재한다. 상평형도에 초기 융체 조성점이 속한 상영역의 조성점이 초정의 조성이고, 액상의 조성은 초정 정출량에 따라 변한다.

초정 정출 구간의 특정 온도에서 액상과 초정의 조성과 분율은 초정 조성점에서 직선으로 초기 융체 조성점을 지나 해당 온도까지 그은 공액선을 기준으로 정할 수 있다. 공액선 양 끝점의 조성이 존재하는 액상과 초정의 조성이다. 액상과 초정의 분율(또는 백분율)은 초기 융체 조성점을 기준으로 한 공액선의 분할 길이를 지렛대 원리에 적용하여 구한다.

예를 들어, Fig. 5.31의 가상 A-B-C 3성분계 상평형도에서 특정 조성 융체가 초정 정출 구간의 특정 온도로 냉각될 때는 (액상 + 초정)이 존재한다.

조성 Q(70.0 wt% A-20.0 wt% B-10.0 wt% C)의 융체가 온도 L_1까지 냉각될 때는 초정 조성점 A에서 직선으로 초기 융체 조성점 Q를 지나 온도점 L_1까지 그은 공액선 A-L_1을 기준으로 존재하는 (액상 L_1 + 초정 A)의 조성과 분율을 구한다. 액상 L_1과 초정 A의 조성은 공액선 A-L_1 양 끝점이 가리키는 조성을 갖는데, 액상 L_1의 조성은 60.0 wt% A-26.7 wt% B-13.3 wt% C이고 초정 A의 조성은 100 wt% A이다. 액상 L_1과 초정 A의 분율은 초기 융체 조성점 Q를 기준으로 한 공액선 A-L_1의 분할 길이 A-Q와 A-L_1를 지렛대 원리에 적용하여 구하면 각각 75.0 wt%와 25.0 wt%이다.

조성 R(30.0 wt% A-20.0 wt% B-50.0 wt% C)의 융체가 온도 L_2까지 냉각할 때는 초정 조성점 AC에서 직선으로 초기 융체 조성점 R을 지나 온도점 L_2까지 그은 공액선 AC-L_2를 기준으로 존재하는

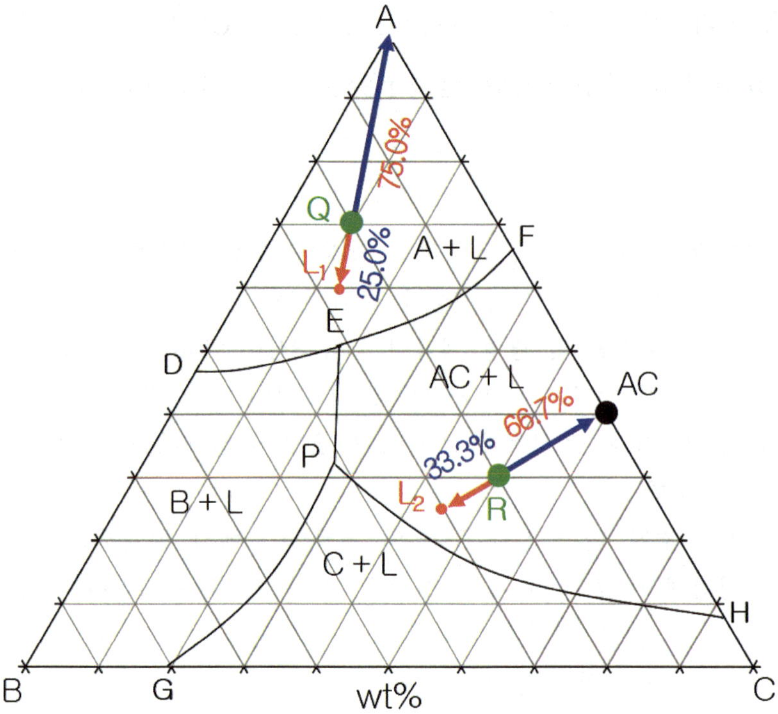

Fig. 5.31. Schematic illustration for determining the liquid and solid phase percentage by binary lever rule in the associated tie line during cooling to the primary crystallization region of the melt with composition Q and R in the hypothetical A-B-C ternary phase diagram.

(액상 L_2 + 초정 AC)의 조성과 분율을 구한다. 액상 L_2와 초정 AC의 조성은 공액선 AC-L_2 양 끝점이 가리키는 조성을 갖는데, 액상 L_2의 조성은 25.0 wt% A-30.0 wt% B-45.0 wt% C이고 초정 AC의 조성은 40.0 wt% A-60.0 wt% C이다. 액상 L_2와 초정 AC의 분율은 초기 융체 조성점 R을 기준으로 한 공액선 AC-L_2의 분할 길이 AC-R과 R-L_2를 지렛대 원리에 적용하여 구하면 각각 66.7 wt%와 33.3 wt%이다.

5.9.2 2원 정출 구간의 특정 온도에서 존재하는 액상과 두 고상의 조성과 분율

3성분계의 특정 조성 융체가 공통경계선을 따라 2원 정출 구간을 지나며 냉각될 때는 액상과 두 고상의 3상이 존재한다. 2원 정출 구간의 특정 온도에서는 공통경계선 상의 액상의 조성점과 공통경계선 양쪽 상영역의 조성점에 해당하는 두 고상의 조성점을 직선으로 연결하여 그은 공액 삼각형(tie triangles)을 기준으로 액상과 두 고상의 조성과 분율을 정할 수 있다. 즉, 공액 삼각형의 꼭지점 조성은 존재하는 3상의 조성이다. 그리고 존재상의 분율은 공액 삼각형의 액상 조성점에서 직선으로 초기 융체 조성점을 지나 반대편 변과 만나는 교점까지의 내부 교차선을 긋고, 내부 교차선과 해당 Alkemade 선의 분할 길이를 지렛대 원리에 적용하면 구할 수 있다.

이는 Fig. 5.32에 보이는 바와 같이 무게가 다른 세 물체가 기본 지렛대와 2차 지렛대로 구성된 이중 지렛대에 놓일 때, 지렛대 팔의 길이를 조절하여 수평으로 균형을 유지하는 3원 지렛대의 원리와 같다. 즉, 액상과 고상의 분율은 기본 지렛대 원리로 1차로 우선 정하고, 전체 고상 중 각각의 고상 분율은 1차로 정해진 전체 고상 분율에 2차 지렛대 원리로 구한 각 고상의 분율을 곱해서 정한다.

$$W_L : W_{S1} : W_{S2} = \frac{L_L}{[L_S + L_L]} : \frac{L_S}{[L_S + L_L]} \times \frac{L_{S1}}{[L_{S2} + L_{S1}]} : \frac{L_S}{[L_S + L_L]} \times \frac{L_{S2}}{[L_{S2} + L_{S1}]}$$

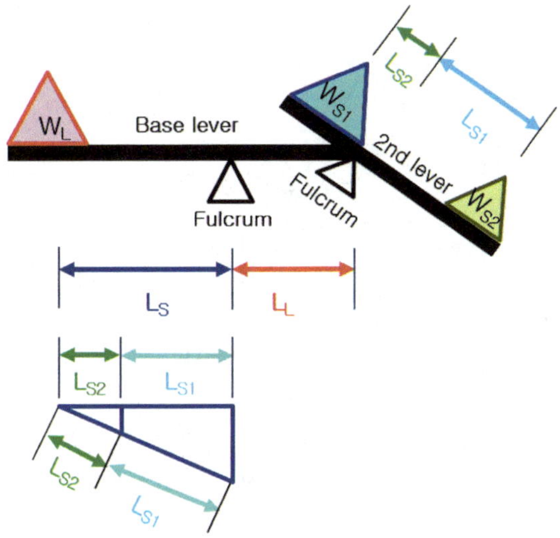

Fig. 5.32. Schematic illustration of three objects on the balanced levers showing that the light object on the long arms balance the heavy object on the short arms on the balanced levers.

Fig. 5.33의 3성분계 상평형도에서 특정 조성의 융체가 2원 정출 구간의 특정 온도에서 존재하는 상의 조성과 분율은 다음과 같은 순서로 구할 수 있다.

① 조성 X(70.0 wt% A-25.0 wt% B-5.0 wt% C)의 융체가 공통경계선을 지나는 2원 정출 구간(액상 L + 고상 A + 고상 B)의 온도 L_3까지 냉각될 때

㉠ Fig. 5.33(a)에 나타낸 바와 같이, 공통경계선의 특정 온도점에 해당하는 액상 조성점 L_3와 두 고상의 조성점 A 및 B의 세 점을 초록색 선으로 연결한 공액 삼각형 L_3-A-B를 그림.

㉡ 존재하는 (액상 L_3 + 고상 A + 고상 B)의 조성은 공액 삼각형 L_3-A-B의 꼭지점 조성에 해당하여, 액상 L_3의 조성은 50.0 wt% A-35.0 wt% B-15.0 wt% C이고 초정 A의 조성은 100 wt% A이며 2차 결정 B의 조성은 100 wt% B임.

㉢ 액상 조성점 L_3에서 직선으로 초기 융체 조성점 X를 지나 공액 삼각형의 변 A-B(=해당 Alkemade 선 A-B)의 교점 M까지 내부 교차선 L_3-M을 그음.

㉣ 액상 L_3와 전체 고상(고상 A + 고상 B)의 분율은 초기 융체 조성점 X를 기준으로 한 내부 교차선 L_3-M의 분할 길이 M-X와 X-L_3를 2원 지렛대 원리에 적용하여 구함(액상의 분율: M-X/L_3-M=0.333≡33.3 wt%, 전체 고상의 분율: X-L_3/L_3-M=0.667≡66.7 wt%).

㉤ 전체 고상 중에 각각 결정의 분율은 교점 M을 기준으로 한 Alkemade 선 A-B에 대해 3원 지렛대 원리로 구함{결정 A의 분율은 고상 분율(66.7 wt%)에 결정 A가 차지하는 분율(M-B/A-B=0.80≡80.0%)을 곱하여 구하고(결정 A의 분율: 66.7 wt%×80.0%=53.4 wt%), 결정 B의 분율은 고상 분율(66.7 wt%)에 결정 B가 차지하는 분율(M-A/A-B=0.20≡20.0%)을 곱하여 구함(결정 B의 분율: 66.7 wt%×20.0%=13.3 wt%)}.

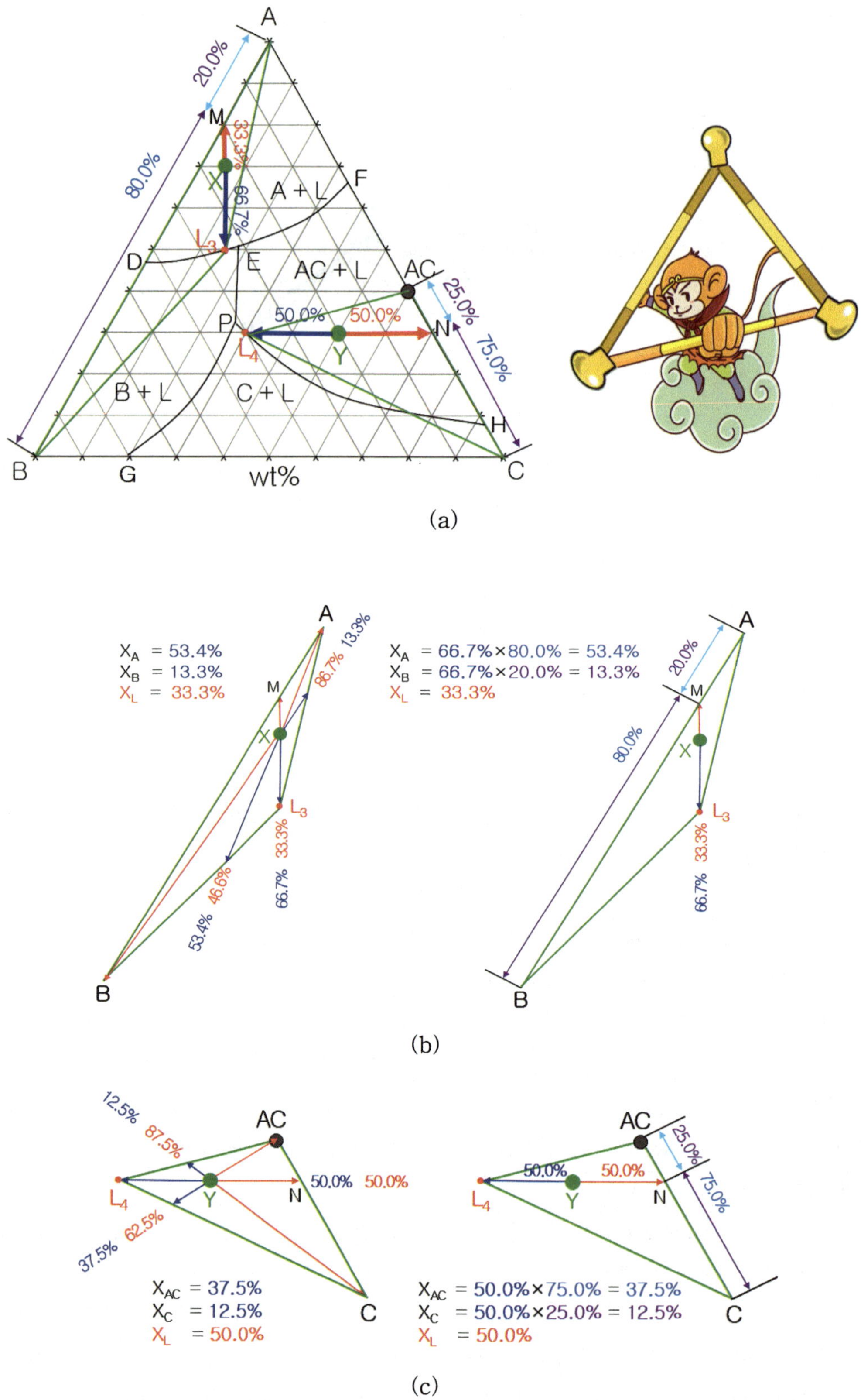

Fig. 5.33. Schematic illustration for determining the liquid and two crystalline phases percentage by lever rule in the associated tie triangle during cooling to the binary crystallization region of the melt with composition X and Y(a), simplified proportion of each phase obtained from the associated tie triangle during cooling to the binary crystallization region of the melt with composition X(b) and Y(c) in the hypothetical A-B-C ternary phase diagram.

조성 X(70.0 wt% A-25.0 wt% B-5.0 wt% C)의 융체가 공통경계선을 지나는 2원 정출 구간의 특정 온도 L_3에서 존재상의 분율을 구하는 방법을 계산식과 함께 Fig. 5.33(b)의 오른쪽 그림으로 요약하였다. 한편, Fig. 5.33(b)의 왼쪽 그림에 나타낸 바와 같이, 존재상의 분율은 공액 삼각형 L_3-A-B의 각 꼭지점에서 직선으로 초기 융체 조성점 X를 지나 반대편 변의 교점까지 각 내부 교차선을 긋고, 점 X를 기준으로 각 내부 교차선에 대한 지렛대 원리로 구할 수도 있다.

② 조성 Y(30.0 wt% A-20.0 wt% B-50.0 wt% C)의 융체가 공통경계선을 지나는 2원 정출 구간(액상 L + 고상 AC + 고상 C)의 온도 L_4까지 냉각될 때

㉠ Fig. 5.33(a)에서처럼 액상의 조성점 L_4와 두 고상의 조성점 AC와 C의 세 점을 초록색 선으로 연결한 공액 삼각형 L_4-AC-C를 그림.

㉡ 존재하는 (액상 L_4 + 고상 AC + 고상 C)의 조성은 공액 삼각형 L_4-AC-C의 꼭지점 조성에 해당하여, 액상 L_4의 조성은 30.0 wt% A-40.0 wt% B-30.0 wt% C이고 초정 AC의 조성은 40.0 wt% A-60.0 wt% C이며 2차 결정 C의 조성은 100 wt% C임.

㉢ 액상 조성점 L_4에서 직선으로 초기 융체 조성점 Y를 지나 공액 삼각형의 변 AC-C의 교점 N까지 내부 교차선 L_4-N을 그음.

㉣ 액상 L_4와 전체 고상의 분율은 초기 융체 조성점 Y를 기준으로 한 내부 교차선 L_4-N의 분할 길이 N-Y와 Y-L_4를 지렛대 원리에 적용하여 구함(액상의 분율: N-Y/L_4-N=0.50≡50.0 wt%, 전체 고상의 분율: Y-L_4/L_4-N=0.50≡50.0 wt%).

㉤ 결정 AB의 분율은 고상의 분율(50.0 wt%)에 결정 AC가 차지하는 분율(N-C/AC-C=0.75≡75.0%)을 곱하여 구하고(결정 AC의 분율: 50.0 wt%×75.0%=37.5 wt%), 결정 C의 분율은 고상 분율(50.0 wt%)에 결정 C가 차지하는 분율(N-AC/AC-C=0.25≡25.0%)을 곱하여 구함(결정 C의 분율: 50.0 wt%×25.0%=12.5 wt%).

조성 Y(30.0 wt% A-20.0 wt% B-50.0 wt% C)의 융체가 공통경계선을 지나는 2원 정출 구간의 특정 온도 L_4에서 존재상의 분율을 구하는 방법을 계산식과 함께 Fig. 5.33(c)의 오른쪽 그림으로 요약하였다. 한편, Fig. 5.33(c)의 왼쪽 그림에 나타낸 바와 같이, 존재상의 분율은 초기 융체 조성점 Y를 기준으로 공액 삼각형 L_4-AC-C에서 직접 구할 수도 있다.

5.9.3 평형 냉각이 끝나는 불변점 미만에서 존재하는 최종 고상의 조성과 분율

3성분계의 특정 조성 융체의 평형 냉각 과정에서의 반응은 3원 불변점에서 끝난다. 평형 냉각이 끝나는 3원 불변점 미만의 온도에서는 항상 세 고상이 존재한다. 최종 세 고상의 조성과 분율은 3성분계 상평형 도에 Alkemade 선을 그어서 만든 여러 개의 조성 삼각형 중에서 초기 융체 조성점이 속한 조성 삼각형을 기준으로 정할 수 있다.

예를 들어 Fig. 5.34의 A-B-C 3성분계 상평형도에 Alkemade 선을 그으면, 상평형도는 두 개의 조성 삼각형 A-B-AC와 AC-B-C로 나뉜다. 조성 Z(20% A-20% B-60% C)인 융체가 3원 불변점(이 경우는 점 P이며, 해당 조성 삼각형 AC-B-C 밖에 위치하므로 3원 포정점) 미만으로 냉각될 때 나타나는 최종 결정의 조성(종류)과 분율은 다음의 순서대로 구할 수 있다.

㉠ 초기 융체 조성점 Z가 속한 조성 삼각형 AC-B-C로부터 최종 고상은 (결정 AC + 결정 C + 결정 B)이고, 조성 삼각형 AC-B-C의 꼭지점 조성에 해당하는 결정 AC의 조성은 40.0 wt% A-60.0 wt% C이고 결정 C의 조성은 100 wt% C이며 결정 B의 조성은 100 wt% B임.

㉡ 초기 융체 조성점 Z를 지나고 조성 삼각형 AC-B-C의 두 변(예를 들어, 변 AC-B와 변 AC-C)에

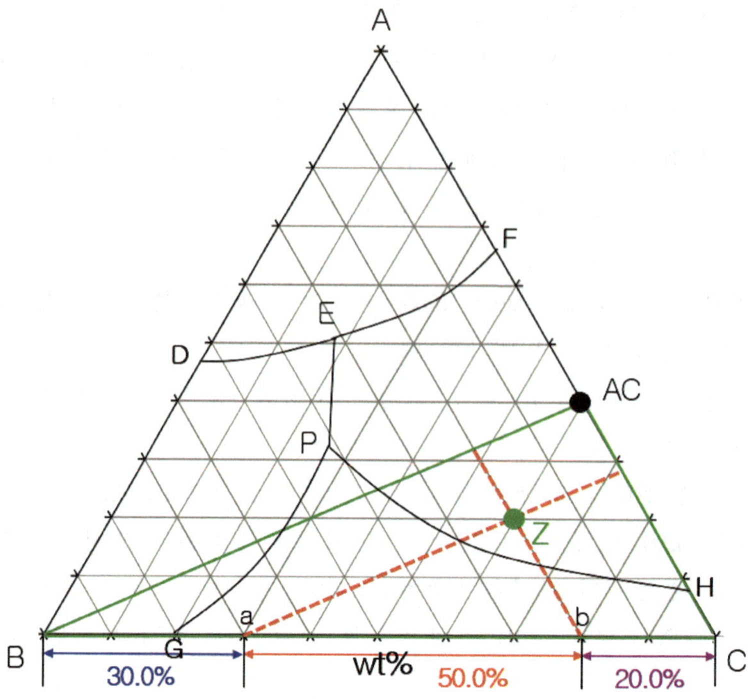

Fig. 5.34. Schematic illustration for determining the final crystalline percentage by ternary lever rule in the associated composition triangle of the melt with composition Z within the hypothetical A-B-C ternary phase diagram.

평행한 직선으로 나머지 변의 교점 a, b까지 각각 그음.

㉢ 교점 a, b를 기준으로 한 조성 삼각형 변의 분할 길이(예를 들어, 변 B-C의 분할 길이 a-b, B-a 및 b-C)를 지렛대 원리에 적용하여 구한 최종 결정 AC, C 및 B의 분율은 20.0 wt%, 20.0 wt% 및 50.0 wt%임.

여러 상영역으로 구성된 복잡한 상평형도에서 특정 조성의 융체가 평형 조건으로 냉각될 때 나타나는 최종 결정의 조성과 분율을 알고자 할 때도, 상평형도에 Alkemade 선을 그어 조성 삼각형으로 구분하면 상분석을 단순화시킬 수 있다. 예를 들어 Fig. 5.35에서 보이듯이 여러 상영역으로 구성된 복잡한 $MgO-Al_2O_3-SiO_2$ 3성분계 상평형도에서도 특정 조성의 융체가 냉각되어 생성되는 최종 결정의 조성과 분율도 초기 융체 조성점이 속한 조성 삼각형을 찾으면 쉽게 알 수 있다.

초기 조성이 60.0 wt% MgO-20.0 wt% Al_2O_3-20.0 wt% SiO_2인 융체는 조성점 A가 조성 삼각형 Mg_2SiO_4-MgO-$MgAl_2O_4$ 안에 놓이므로, 평형 냉각으로 최종 생성되는 결정 Mg_2SiO_4의 조성은 57.3 wt% MgO-42.7 wt% SiO_2이고, 결정 MgO의 조성은 100.0 wt% MgO이며, 결정 $MgAl_2O_4$의 조성은 28.3 wt% MgO-71.7 wt% Al_2O_3이다. 그리고 최종 결정 MgO, 결정 $MgAl_2O_4$ 및 결정 Mg_2SiO_4의 중량 백분율은 25.3 wt%, 28.2 wt% 및 46.5 wt%이다.

초기 조성 40.0 wt% MgO-30.0 wt% Al_2O_3-30.0 wt% SiO_2인 융체는 조성점 B가 조성 삼각형 2MgO · $2Al_2O_3$ · $5SiO_2$-Mg_2SiO_4-$MgAl_2O_4$ 안에 놓이므로, 평형 냉각으로 최종 생성되는 결정 2MgO · $2Al_2O_3$ · $5SiO_2$의 조성은 13.8 wt% MgO-34.9 wt% Al_2O_3-51.4 wt% SiO_2이고, 결정 Mg_2SiO_4의 조성은 57.3 wt% MgO-42.7 wt% SiO_2이며, 결정 $MgAl_2O_4$의 조성은 28.3 wt% MgO-71.7 wt% Al_2O_3이다. 그

리고 최종 결정 $MgAl_2O_4$, $MgAl_2O_4$ 및 $2MgO \cdot 2Al_2O_3 \cdot 5SiO_2$의 중량백분율은 각각 32.0 wt%, 50.0 wt% 및 18.0 wt%이다.

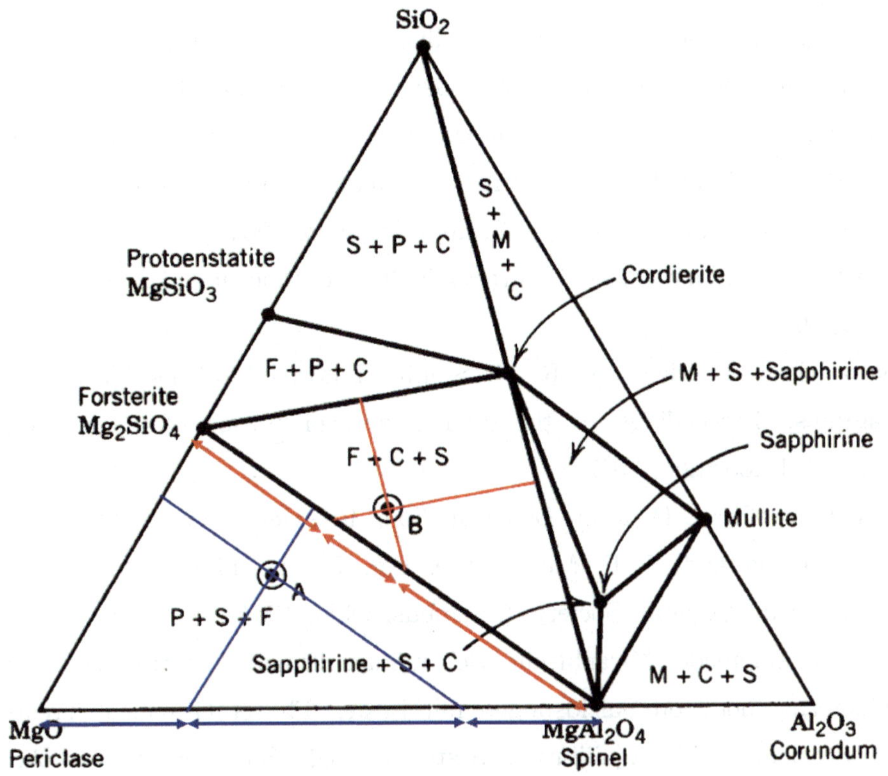

Fig. 5.35. Schematic illustration for determining the final crystalline percentage with the associated composition triangle after cooling of the melt with composition A(60.0 wt% MgO-20.0 wt% Al_2O_3-20.0 wt% SiO_2) and B(40.0 wt% MgO-30.0 wt% Al_2O_3-30.0 wt% SiO_2) in the MgO-Al_2O_3-SiO_2 ternary system.

Table 5.2. The Final Crystalline Percentage in Solid Mixture After Cooling of the Melt with Composition A(60.0 wt% MgO-20.0 wt% Al_2O_3-20.0 wt% SiO_2) and B(40.0 wt% MgO-30.0 wt% Al_2O_3-30.0 wt% SiO_2) within the Figure 5.36

<table>
<tr><td rowspan="2">Initial melt composition point</td><td colspan="4">Composition of initial melt(wt%)</td></tr>
<tr><td colspan="2">MgO</td><td>Al_2O_3</td><td>SiO_2</td></tr>
<tr><td>Point A</td><td colspan="2">60.0</td><td>20.0</td><td>20.0</td></tr>
<tr><td>Point B</td><td colspan="2">40.0</td><td>30.0</td><td>30.0</td></tr>
<tr><td rowspan="2">Initial melt composition point</td><td colspan="4">Percentages in final crystalline phases(wt%) after cooling</td></tr>
<tr><td>Periclase (MgO)*</td><td>Spinel ($MgO \cdot Al_2O_3$)</td><td>Forsterite ($2MgO \cdot SiO_2$)</td><td>Cordierite ($2MgO \cdot 2Al_2O_3 \cdot 5SiO_2$)</td></tr>
<tr><td>A point</td><td>25.3</td><td>28.2</td><td>46.5</td><td></td></tr>
<tr><td>B point</td><td></td><td>32.0</td><td>50.0</td><td>18.0</td></tr>
</table>

* ( ) is chemical formula

[참고문헌]

1. S. Solacu, 'Physical Chemistry of Technical Silicates,' Tehnica Press Co., Bucharest, Romania, 1968.
2. O. Andersen. "The System Anorthite-Forsterite-Silica," Am. J. Sci. 4th Ser., 39, 407-454 (1915).
3. R. S. Roth, J. R. Dennis and H. F. Mc Murdie, General Discussion of Phase Diagrams in 'Phase Diagrams for Ceramists: Volume 1,' The American Ceramic Society, Columbus, Ohio, 1964.
4. C. G. Bergeron and S. H. Risbud, Ch. 6. Ternary Systems in 'Introduction to Phase Equilibria in Ceramics,' The American Ceramic Society, Westerville, Ohio, 1984.
5. F. C. Campbell, Ch 10. Ternary Phase Diagrams in 'Phase Diagrams-Understanding the Basics,' ASM International, 2012.
6. W. G. Fahrenholtz, H. R. Bentley, and R. M. Smith, 'Tutorial Modules for the Study of Phase Equilibrium Diagrams,' Proceedings of the 2001 American Society for Engineering Education Annual Conference & Exposition, 2001.
7. J.-C. Zhao, 'Methods for Phase Diagram Determination,' Elsevier Science, 2007.
8. R. S. Roth, J. R. Dennis and H. F. Mc Murdie, Fig. 712 in 'Phase Diagrams for Ceramists: Volume 1,' The American Ceramic Society, Columbus, Ohio, 1964.
9. A. C. van Rijn van Alkemade, "Graphische Behandlung Einiger Thermodynamischen Probleme über Gleichgewichtszustände von Salzlösungen mit Festen Phasen(Graphical Treatment of Some Thermodynamic Problems with Equilibrium States of Salt Solutions with Solid Phases)," Z. Phys. Chem., 11(3) 287-327 (1893).
10. W. D. Bancroft, 'The Phase Rule,' pp. 149 in Journal of Physical Chemistry, Ithaca, NY, 1897.
11. D. V. Malakhov, "A Rigorous Proof of the Alkemade Theorem," Calphad, 28(2) 209 - 211 (2004).
12. F. Stein and C. He, "About the Alkemade Theorem and the Limits of its Applicability for the Construction of Ternary Liquidus Surfaces," J. Phase Equilib. Diffus., 45, 489-501 (2024).

제 6 장 3성분계 상평형도 냉각 시뮬레이션

6.1 공정반응이 있는 3성분계 상평형도의 냉각 시뮬레이션

6.1.1 30 wt% Anorthite-20 wt% Diopside-50 wt% Forsterite 조성 융체의 평형 냉각

6.1.2 20 wt% Anorthite-30 wt% Forsterite-50 wt% Quartz 조성 융체의 평형 냉각

6.1.3 70 wt% ZrO_2-20 wt% TiO_2-10 wt% Al_2O_3 조성 융체의 평형 냉각

6.2 포정반응이 있는 3성분계 상평형도의 냉각 시뮬레이션

6.2.1 20 wt% A-10 wt% B-70 wt% C 조성 융체의 평형 냉각

6.2.2 31 wt% SiO_2-39 wt% MgO-30 wt% Al_2O_3 조성 융체의 평형 냉각

6.2.3 20 wt% Anorthite-60 wt% Forsterite-20 wt% Quartz 조성 융체의 평형 냉각

6.2.4 35 wt% A-15 wt% B-50 wt% C 조성 융체의 평형 냉각

6.3 재흡수 반응이 있는 3성분계 상평형도의 냉각 시뮬레이션

6.3.1 25 wt% Anorthite-50 wt% Forsterite-25 wt% Quartz 조성 융체의 평형 냉각

6.3.2 10 wt% A-20 wt% B-70 wt% C 조성 융체의 평형 냉각

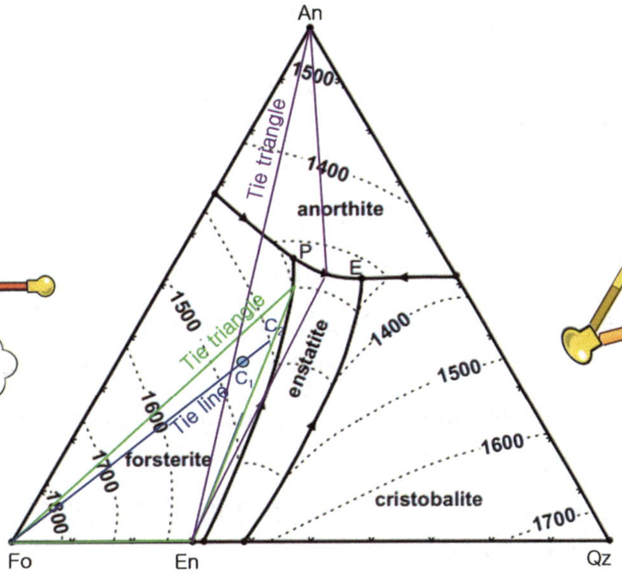

제 6 장 3성분계 상평형도 냉각 시뮬레이션(Cooling Simulations for Ternary Phase Diagrams)

공정점, 포정점 등 3원 불변점을 포함하는 3성분계 상평형도(ternary phase diagrams)에서 특정 조성의 융체가 다양한 냉각 경로를 거치는 동안의 상태 변화를 등조성선 연구를 통한 냉각 시뮬레이션으로 설명하고자 한다.

Fig. 6.1은 일정한 압력에서 조성-온도에 따라 존재하는 평형상을 나타내는 가상의 3성분계 입체 상평형도로서, 붉은색으로 표시된 수직선은 계의 성분 조성이 20 wt% A-70 wt% B-10 wt% C로 일정하게 유지되는 등조성선(isoplethal line)으로 온도 축에 평행한 직선이다. 특정 조성의 융체에 대한 등조성선은 융체가 냉각 과정을 거치는 여러 온도에서 동일 조성을 유지하며 존재하는 평형상의 조성과 분율을 분석할 수 있는 기준선이다.

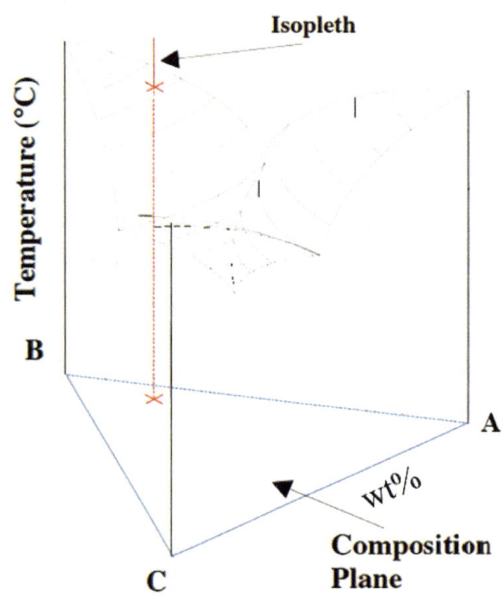

Fig. 6.1. A hypothetical ternary phase diagram with an isopleth line for the melt with composition of 20 wt% A-70 wt% B-10 wt% C.[1)]

Fig. 6.2(a)에서 보이는 바와 같이 비조화용융 화합물 AB를 포함하는 3성분계 상평형도에서 특정 조성(29.0% A-60.0% B-11.0% C) 융체의 냉각 시뮬레이션은 다음과 같은 냉각 단계별 상의 상태 변화를 보여준다. 여기서 온도를 표시하는 숫자에 나타내는 위첨자 '+'와 '-'는 냉각과정에서 해당 온도에 도달하기 직전과 도달한 직후의 온도(the temperature just before and after reaching)를 의미한다.

① 초정 상영역 초과 온도에서는 융체를 유지함.

② 초정 상영역에 도달하는 온도 T_1에서부터 초정 b가 정출되고, 온도 범위 T_1~T_2^+에서 계속 냉각되면 액상의 조성은 변동되고 초정 b의 정출량은 증가함.

③ 온도가 더욱 내려가 공통경계선인 T_2에 도달하면 새로운 고상 ab도 결정화되기 시작하여, 온도 범위 T_2^-~T_3에서는 (액상 L + 초정 b + 제2 결정 ab)가 존재함.

④ 특정 온도 T_3에 도달하면 초정 b는 없어지고 온도 범위 $T_3 \sim T_4^+$에서는 유일한 고상인 제2 결정 ab의 정출량이 증가하며, 이후 제2 공통경계선을 따르는 온도 범위 $T_4^- \sim T_5^+$에서는 (액상 L + 제2 결정 ab + 제3 결정 c)가 존재함.

⑤ 최종적으로 3원 불변점 T_5에 도달하면, 남아있던 액상 모두가 동시에 3가지의 (결정 ab + 결정 c + 결정 a)로 정출됨.

3성분계 상평형도에서 특정 조성의 융체가 냉각되는 과정은 마치 Fig. 6.2(b)에서와 같이 헬리콥터에서 밧줄을 타고 산의 능선에 내려서 능선과 계곡을 따라 내려오는 아름다운 트레킹 코스를 연상하게 한다.

① 헬리콥터에서 밧줄에 매달려 내려옴.

② 산의 능선에 내려 걸어서 능선을 타고 내려옴.

③ 계곡을 만나면 덕풍계곡에서 시원한 물속을 걷는 것처럼 계곡을 따라 내려옴.

④ 폭포나 가파른 계곡을 만나면 돌아서 다른 계곡을 따라 내려옴.

⑤ 마지막으로 다른 계곡이 합류하는 지점까지 내려옴.

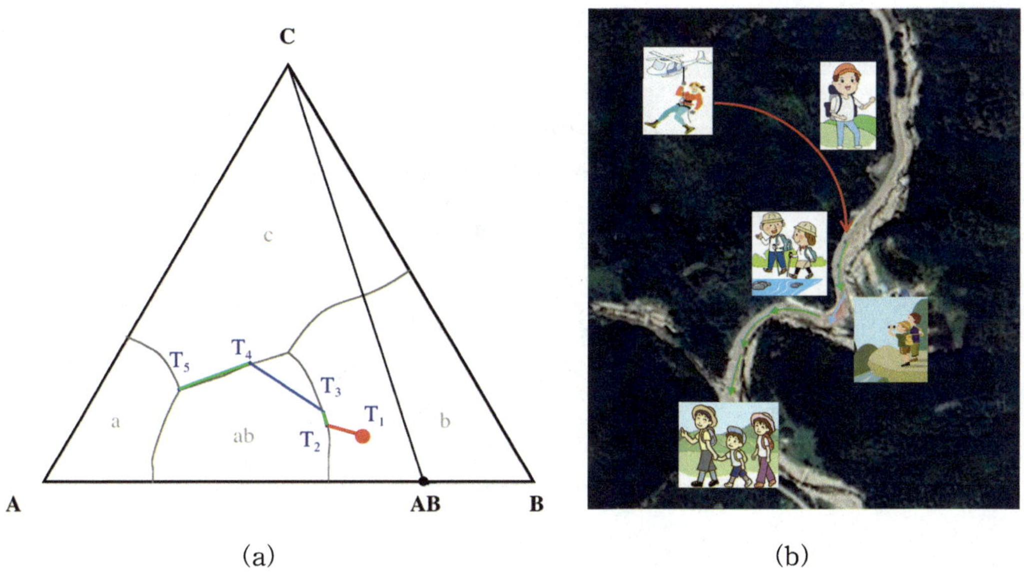

Fig. 6.2. Cooling path for the melt with composition of 29.0% A-60.0% B-11.0% C in the A-B-C hypothetical ternary system containing an incongruently melting compound AB(a) and tracking path along ridges and valleys(b).

3성분계 상평형도에서 특정 조성의 융체에 대한 냉각 시뮬레이션을 수행하기 위해서는 우선 상평형도 내에 존재하는 불변점이 무엇인지를 특정한 다음에 냉각 단계별로 상 분석을 해야 한다.

① 3성분계 상평형도에 Alkemade 선을 그어서 만든 조성 삼각형(composition triangles)과 상평형도 내부에 있는 불변점(invariant points)의 위치 관계를 살펴서 불변점을 특정해야 한다. 3개의 상영역이 만나는 불변점이 해당 조성 삼각형 내부에 존재하면 3원 공정점(ternary eutectic point)이고, 해당 조성 삼각형 밖에 존재하면 3원 포정점(ternary peritectic point)이다.

② 초기 융체 조성점이 속한 조성 삼각형으로부터 정출되는 초정과 냉각 경로 및 최종 결정을 예측하

고, 각각 냉각 단계에서는 공액선(tie line), 공액 삼각형(tie triangle)을 그어, 존재하는 상의 조성과 분율을 알아낸다.

③ 2원 정출 구간에서는 공통경계선과 만나는 Alkemade 선의 교점 부근 온도 기울기로부터, 또는 공통경계선 상의 온도별 상분석 결과로부터 2원 공정반응인지, 또는 2원 포정반응인지를 판별한다.

④ 초기 융체 조성점과 조성 삼각형의 위치 관계로 알 수 있는 평형 냉각이 끝나는 3원 불변점에서는 최종 결정의 조성과 분율을 초기 융체 조성점이 속한 조성 삼각형으로부터 알아낸다.

예를 들어 Fig. 6.3에서와 같이 2원 비조화용융 화합물을 포함하는 3성분계에서 특정 조성의 융체가 평형 냉각되는 경로는 다른 양상을 나타낸다. 우선 상평형도 내에 존재하는 3원 불변점 P, E를 특정하기 위해 5개의 Alkemade 선을 그으면, 2개의 조성 삼각형이 만들어진다. 불변점과 조성 삼각형 위치 관계로부터 점 E는 3원 공정점이고 점 P는 3원 포정점임을 알 수 있다. 그리고 특정 조성을 갖는 융체 A(24.0% Fo-19.0% An-57.0% Qz), 융체 B(54.0% Fo-36.0% An-10.0% Qz) 및 융체 C(40.0% Fo-40.0% An-20.0% Qz)는 다음과 같이 다른 경로로 냉각되고 그에 따른 상태 변화를 알 수 있다.

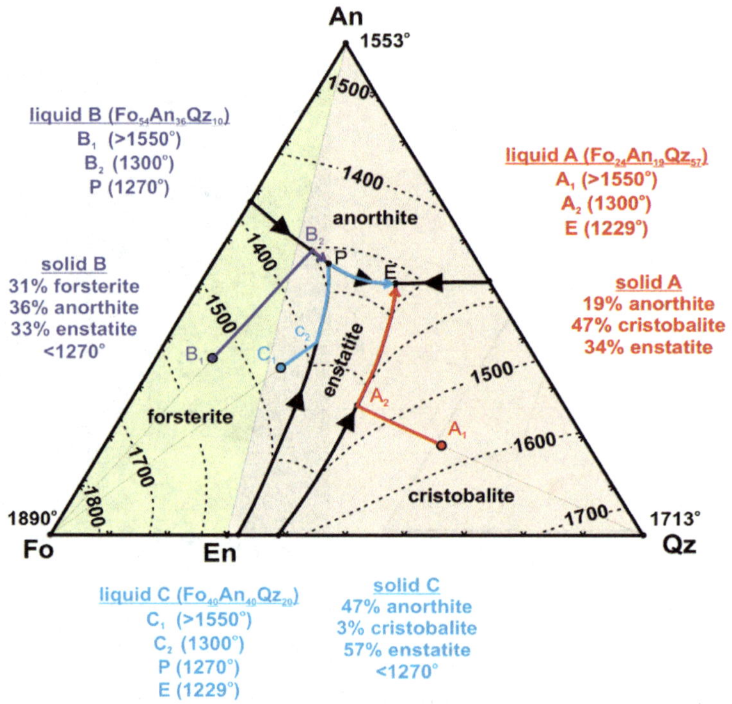

Fig. 6.3. Cooling paths for the liquids with initial compositions of A, B and C in the An-Fo-Qz ternary system.[2)]

조성 A의 융체가 냉각되는 경우, 초기 융체 조성점 A가 속해있는 상영역인 cristobalite가 초정으로 우선 정출되는 온도 범위 A_1~A_2^+에서는 공액선으로부터 존재하는 (액상 L + cristobalite)의 조성과 분율을 알 수 있다. 중간 냉각 단계인 2원 정출 구간의 온도 범위 A_2~E^+에서는 공액 삼각형으로부터 존재하는 (액상 L + cristobalite + enstatite)의 조성과 분율을 알 수 있다. 마지막으로 온도점 E에서는 액상이 공정반응으로(cristobalite + enstatite + anorthite)로 변화되며, 공정점 E 미만에서는 조성 삼각형 An-En-Qz로부터 최종 결정 (cristobalite + enstatite + anorthite)의 조성과 분율을 알 수 있다.

조성 B의 융체가 냉각되는 경우, 초정 forsterite가 정출되는 온도 구간 $B_1 \sim B_2^+$에서는 공액선으로부터 존재하는 (액상 L + forsterite)의 조성과 분율을 알 수 있다. 중간 냉각 단계인 2원 정출 구간의 온도 범위 $B_2 \sim P^+$에서는 공액 삼각형으로부터 존재하는 (액상 L + forsterite + anorthite)의 조성과 분율을 알 수 있다. 마지막으로 온도점 P에서 (액상 L + forsterite)가 포정반응 하여 (anorthite + enstatite)로 변화되며, 포정점 P 미만에서는 조성 삼각형 An-Fo-En으로부터 최종 결정 (forsterite + anorthite + enstatite)의 조성과 분율을 알 수 있다.

냉각 경로가 가장 복잡한 조성 C의 융체에 대해서는 각 단계의 상분석에 대한 이해를 돕기 위해 필요한 공액선과 공액 삼각형을 그려서 Fig. 6.3.1에 추가로 나타내었다. 초정 forsterite가 정출되는 온도 범위 $C_1 \sim C_2^+$에서는 파란색 공액선으로부터 존재하는 (액상 L + forsterite)의 조성과 분율을 알 수 있다. 중간 냉각 단계인 제 1의 2원 정출 구간의 온도 범위 $C_2 \sim P^+$에서는 초록색 공액 삼각형으로부터 존재하는 (액상 L + forsterite + enstatite)의 조성과 분율을 알 수 있다. 온도점 P에서 (액상 L + forsterite)가 포정반응 하여 (enstatite + anorthite)로 변화된다. 또 다른 냉각 단계인 제2의 2원 정출 구간의 온도 범위 $P^- \sim E^+$에서는 보라색 공액 삼각형으로부터 존재하는 (액상 L + enstatite + anorthite)의 조성과 분율을 알 수 있다. 마지막으로 온도점 E에 도달하면 액상이 공정반응 하여 (enstatite + anorthite + cristobalite)로 변화되며, 공정점 E 미만에서는 조성 삼각형 An-En-Qz로부터 최종 결정 (enstatite + anorthite + cristobalite)의 조성과 분율을 알 수 있다.

이와 같이, 3성분계 상평형도에서 특정 조성의 융체에 대하여 냉각 단계별 상분석을 할 경우, Fig. 6.3.1(a)에 나타낸 바와 같이 2상이 존재할 때는 공액선이, 그리고 3상이 존재할 때는 공액 삼각형이 존재하는 상의 조성과 분율을 아는 데에 아주 유용한 도구이다. 이는 마치 Fig. 6.3.1(b)와 (c)에서와 같이 어려운 상황을 극복할 때, 손오공의 여의봉과 만능 삼각형이 전지전능한 역할을 하는 것과 같다.

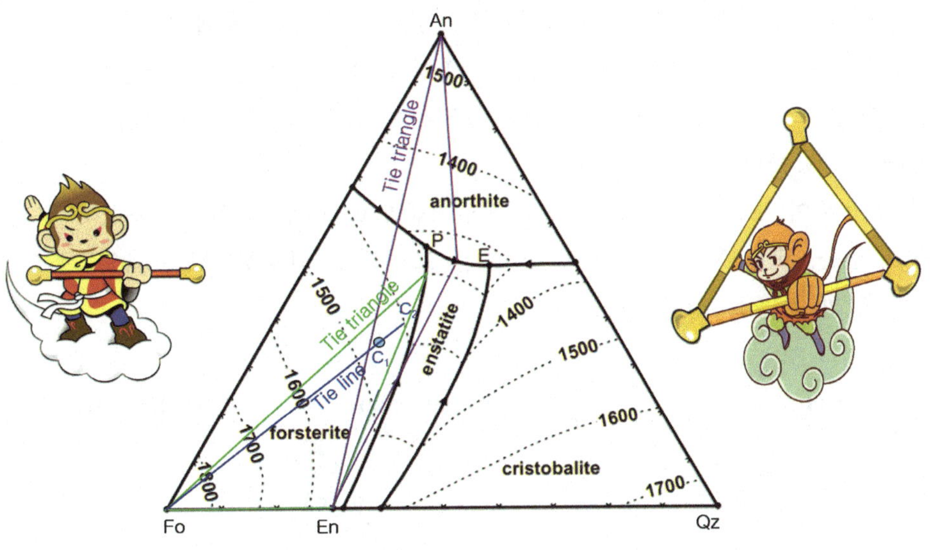

(b) (a) (c)

Fig. 6.3.1. Tie line associated with cooling in the primary crystallization region and tie triangle associated with cooling in the binary crystallization region for the melt with a initial composition C within the An-Fo-Qz ternary phase diagram(a). Tie line in the two-phase analysis of the phase diagram is like Sun Wukong's Yeouibong stick(b) and tie triangles in the three-phase analysis of the phase diagram is like Sun Wukong's Omniscient triangle(c).

3성분계 상평형도에서 특정 조성 융체의 냉각 경로가 초정 정출 구간을 지날 때는 Fig. 6.3.2에 나타낸 순서에 따라 공액선을 그으면, 존재하는 2상의 조성과 분율을 알 수 있다.

① 주어진 특정 조성 융체의 조성점 C_M을 상평형도에 표시하고, 초기 융체 조성점 C_M이 속한 초정 영역의 초정 조성점 C_S를 찾는다.

② 초정 조성점 C_S에서 직선으로 초기 융체 조성점 C_M을 지나 냉각 온도점(=액상 조성점) C_L까지의 선분인 공액선 C_S-C_L을 그으면, 공액선의 양 끝 조성에 해당하는 두 상의 조성을 알 수 있다.

③ 지렛대 원리를 적용하여, 초기 융체 조성점 C_M을 기준으로 공액선 C_S-C_L의 분할 길이로부터 존재하는 두 상의 분율을 구할 수 있다.

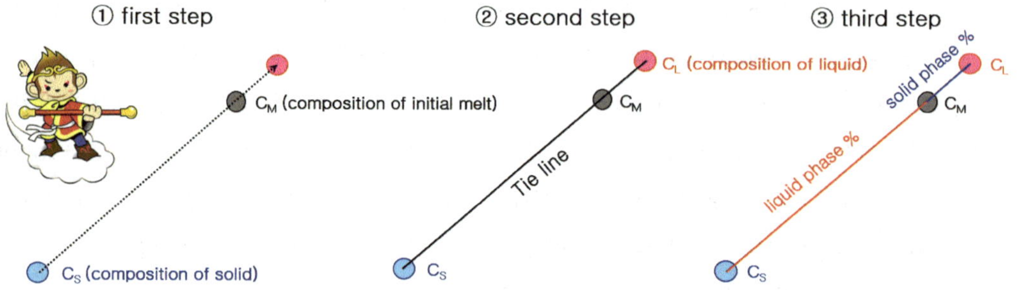

Fig. 6.3.2. Process steps to determine the composition and fraction of existing phases by tie line associated with cooling in the primary crystallization region for the melt with a specific composition.

3성분계 상평형도에서 특정 조성 융체의 냉각 경로가 2원 정출 구간을 지날 때는 Fig. 6.3.3에 나타낸 순서에 따라 공액 삼각형을 그리면, 존재하는 3상의 조성과 분율을 알 수 있다.

① 액상 조성점 C_L과 해당하는 두 고상 조성점 C_{S1}과 C_{S2}를 연결하는 공액 삼각형 C_L-C_{S1}-C_{S2}를 그리면, 공액 삼각형의 꼭지점 조성에 해당하는 3상의 조성을 알 수 있다.

② 공액 삼각형의 액상 조성점 C_L에서 초기 융체 조성점 C_M을 가로질러 변에 이르는 교점 X까지 내부 교차선 C_L-X를 긋는다.

③ 지렛대 원리에 적용하여, 초기 융체 조성점 C_M을 기준으로 내부 교차선 C_L-X의 분할 길이로부터 고상과 액상의 분율을, 교점 X를 기준으로 두 고상 조성점을 연결한 Alkemade 선 C_{S1}-C_{S2}의 분할 길이로부터 두 고상의 분율을 구할 수 있다.

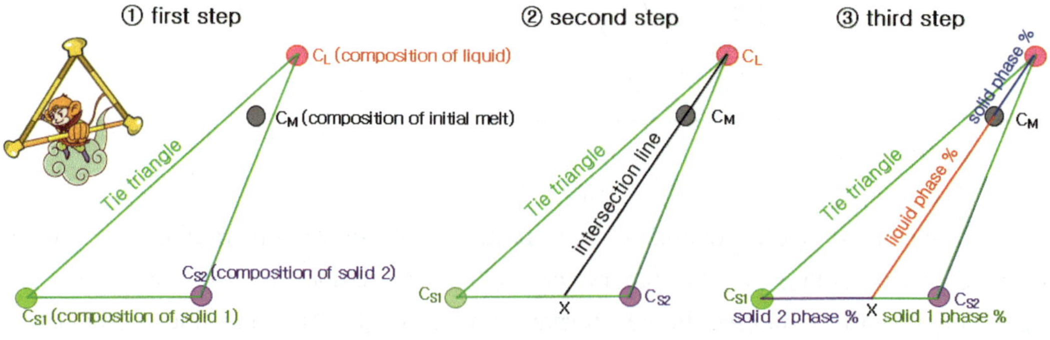

Fig. 6.3.3. Process steps to determine the composition and fraction of existing phases by tie triangles associated with cooling in the binary crystallization region for the melt with a specific composition.

따라서 3성분계 특정 조성 융체의 평형 냉각에 관한 등조성선 연구로서의 냉각 시뮬레이션은 다음과 같이 순차적으로 진행하는 것이 일반적이다. 물론 각각의 냉각 단계별로 존재하는 상에 대해서는 성분별로 분리하여 합산한 조성이 처음에 제시한 초기 융체 조성과 맞는지 검산하여 상분석의 정확성을 확인해야 한다.

① 3성분계 상평형도에 Alkemade 선을 그어 만든 조성 삼각형과 상평형도 내부에 있는 3원 불변점의 위치 관계를 살펴서 불변점을 특정 짓는다.

② 특정 조성 융체의 조성점을 상평형도에 표시하고, 조성 삼각형과의 위치 관계로부터 냉각 경로를 예측한다.

③ 초기 융체 조성점이 속한 상영역으로부터 초정을 알아내고 초정 정출 구간에서는 공액선을 그어 액상과 초정의 조성과 분율을 구한다.

④ 액상의 조성이 공통경계선을 따라서 냉각되는 2원 정출 구간에서는 공통경계선과 만나는 해당 Alkemade 선(또는 연장된 Alkemade 선)의 교점 부근 온도 기울기로부터 2원 공정반응이 일어날지, 2원 포정반응이 일어날지를 판별한다. 액상과 두 고상 조성점이 이루는 공액 삼각형을 그어, 존재하는 3상의 조성과 분율을 구한다.

⑤ 3원 불변점에서는 초기 융체 조성점과 조성 삼각형의 위치 관계로부터 3원 불변점에서 냉각 경로가 끝나는지, 또는 다른 냉각 경로로 진행되는지를 판별한다.

⑥ 다른 2원 정출 구간으로 진행되면 액상과 두 고상 조성점이 이루는 공액 삼각형을 그려서 3상의 조성과 분율을 구한다.

⑦ 만약 2원 포정반응이 일어나는 도중에 단독 정출 구간으로 진행되면 공액선을 그어서 액상과 초정의 조성과 분율을 구한다.

⑧ 평형 냉각이 끝나는 3원 불변점에서는 초기 융체 조성점이 속한 조성 삼각형으로부터 결정화되는 3개 최종 결정의 조성과 분율을 구한다.

3성분계 상평형도의 등조성선 연구에서는 2성분계 상평형도의 등조성선 연구에서와 마찬가지로, 온도를 표시하는 숫자에 나타내는 위첨자 '+'와 '−'는 냉각과정에서 해당 온도에 도달하기 직전과 도달한 직후 온도(the temperature just before and after reaching)를 나타내기 위해 사용한다. 이는 공정이나 포정반응이 일어나는 온도 전후의 반응물과 생성물 상태를 명확히 구분하는 데에 필요하기 때문이다. 그리고 'ε'는 아주 미량(infinitesimal amount)을 의미하는데, 반응이 일어날 때 반응이 시작한다는 의미를 표시하기 위함이다. 그리고 등조성선 연구를 하기 위한 3성분계 상평형도 삼각형의 크기는 일반적으로 한 변의 길이를 150 mm로 하였고, 상평형도에서 존재상의 분율(백분율)을 구하기 위한 특정 선분의 길이 측정은 0.5 mm 크기 단위로 읽었다.

다음의 세 절에서는 특정 조성의 3성분계 융체가 평형 냉각되어 처음에 초정이 정출되고, 중간 단계에서 2원 공정반응, 2원 포정반응 또는 중간에 초정이 재흡수 반응을 거쳐서, 마지막으로 3원 불변점에서 냉각이 끝나는 냉각 시뮬레이션에 대해 구체적인 실례를 들어 설명하고자 한다. 비교적 쉬운 등조성선 연구부터 복잡해 보이는 등조성선 연구까지 순차적으로 상분석의 난이도가 높아진다고 할 수 있다. 그렇지만, 냉각 과정에 따라 공액선과 공액 삼각형 및 조성 삼각형을 적재적소에 대입하여 상분석 하면 손오공이 극복했던 것처럼 그리 어려운 것도 아니다.

6.1 공정반응이 있는 3성분계 상평형도의 냉각 시뮬레이션(Cooling Simulations for Ternary Phase Diagrams with the Eutectic Reaction)

단상의 액상이 냉각 시 3개의 고상으로 변하는 3원 공정반응(ternary eutectic reaction)이 있는 3성분계 상평형도에서, 주어진 특정 조성의 융체가 평형 냉각되는 동안 공정반응이 일어나는 계의 상태 변화는 다음과 같은 순서의 등조성선 연구를 통하여 알 수 있다.

① 3성분계 상평형도에 Alkemade 선을 그어서 만든 조성 삼각형과 상평형도 내부에 있는 불변점의 위치 관계를 살펴서 불변점이 3원 공정점인지 혹은 3원 포정점인지를 특정 짓는다.

② 초기 융체의 조성점을 상평형도에 찍고, 초기 융체 조성점과 조성 삼각형의 위치 관계로부터 순차적으로 정출되는 결정, 일어나는 반응 및 최종 결정을 예측한다.

③ 초기 융체 조성점이 가리키는 온도 초과에서는 초기 융체와 조성이 같은 액상이 100% 존재한다.

④ 초기 융체 조성점이 가리키는 온도에서 액상 조성점이 공통경계선에 도달하기 직전까지의 초정 정출 구간에서는 액상으로부터 초기 융체 조성점이 속한 상영역의 초정 결정이 정출된다.

⑤ 초정 정출 구간을 따라 냉각될 때는 초정 상영역의 조성점에서 초기 융체 조성점을 가로질러 냉각 온도점(=액상 조성점)까지의 선분인 공액선을 그어서, 공액선의 양 끝 조성에 해당하는 두 상의 조성을 알아내고 초기 융체 조성점을 기준으로 하는 공액선의 지렛대 원리에 의해 존재하는 두 상의 분율을 구한다.

⑥ 액상의 조성이 공통경계선을 따라서 냉각되는 2원 정출 구간에서는, 공통경계선과 만나는 해당 Alkemade 선(또는 연장된 Alkemade 선)의 교점 부근 온도 기울기로부터 2원 공정반응이 일어날지, 또는 2원 포정반응이 일어날지 판별한다(온도 기울기를 알 수 없는 가상 상평형도에서는 공통경계선 상의 온도별 상분석 결과로부터 2원 공정반응이 일어났는지, 또는 2원 포정반응이 일어났는지를 판별한다).

⑦ 공통경계선을 따라 냉각되는 구간에서는 액상이 2원 공정반응 하여 (초정 + 2차 결정)으로 변하거나, 또는 (액상 + 초정)이 2원 포정반응 하여 2차 결정으로 변한다.

⑧ 공통경계선을 따라 냉각될 때는 액상 조성점-초정 조성점-2차 결정 조성점을 연결하는 공액 삼각형을 그어서, 존재하는 3상의 조성과 분율을 구한다.

⑨ 공통경계선을 따라 냉각될 때, 존재하는 3상의 분율은 액상 조성점에서 초기 융체 조성점을 가로질러 공액 삼각형의 한 변과 만나는 교점까지의 선분인 내부 교차선을 그어서, 지렛대 원리를 적용하여 구한다. 초기 융체 조성점을 기준으로 정해지는 내부 교차선의 분할 길이로부터 액상과 고상의 분율을, 교점을 기준으로 정해지는 공액 삼각형 한 변(=두 고상의 조성점을 연결한 Alkemade 선)의 분할 길이로부터 두 고상의 분율을 구한다.

⑩ 평형 냉각이 끝나는 3원 공정점에서는 최종적으로 액상이 3원 공정반응(ternary eutectic reaction) 하여 (초정 + 2차 결정 + 3차 결정)으로 변한다.

⑪ 평형 냉각이 끝나는 3원 공정점 미만에서는 최종적으로 초기 융체 조성점이 속한 조성 삼각형의 꼭지점에 해당하는 조성의 세 결정으로 공존한다. 세 결정의 분율은 초기 융체 조성점을 지나고 조성 삼각형의 두 변과 평행하게 나머지 변과 만나는 교점까지의 두 직선을 그어서, 두 교점을 기준으로 정해지는 분할된 변의 길이로부터 구한다.

다음 항에서부터는 특정 조성의 3성분계 융체가 평형 냉각되어 초정이 정출되는 구간을 거쳐 2원 정출 구간으로 진행되다가 3원 공정반응으로 냉각이 끝나는 냉각 시뮬레이션에 대해 구체적인 실례를 들어 설명하고자 한다. 3성분계 상평형도에서 3원 공정반응으로 끝나는 등조성선 연구는 다음의 실례와 같이, 비교적 단순한 과정으로 냉각이 끝나는 경우부터 좀 더 복잡한 과정을 거쳐 평형 냉각이 끝나는 경우까지 순차적인 냉각 시뮬레이션으로 상분석의 이해도를 높이고자 하였다.

실례 ① 1개의 조성 삼각형만 있는 An-Di-Fo 3성분계 상평형도에서 특정 조성 융체가 (액상 유지 구간 → 초정 정출 구간 → 2원 공정반응 구간 → 3원 공정반응)의 경로를 거치는 평형 냉각

실례 ② 2개의 조성 삼각형이 있는 An-Fo-Qz 3성분계 상평형도에서 특정 조성 융체가 (액상 유지 구간 → 초정 정출 구간 → 2원 공정반응 구간 → 3원 공정반응)의 경로를 거치는 평형 냉각

실례 ③ 3개의 조성 삼각형이 있는 ZrO_2-TiO_2-Al_2O_3 3성분계 상평형도에서 특정 조성 융체가 (액상 유지 구간 → 초정 정출 구간 → 2원 포정반응 구간 → 3원 공정반응)의 경로를 거치는 평형 냉각

6.1.1 30 wt% Anorthite-20 wt% Diopside-50 wt% Forsterite 조성 융체의 평형 냉각

Fig. 6.4에 보이는 An(anorthite, CaO · Al_2O_3 · $2SiO_2$), Di(diopside, MgO · CaO · $2SiO_2$) 및 Fo (forsterite, 2MgO · SiO_2) 3성분계 상평형도는 하나의 불변점 E를 포함하고 3개의 상영역으로 구분되어 있다. 상평형도에 초록색의 3개 Alkemade 선을 그으면, 하나의 조성 삼각형이 만들어진다. 불변점 E(1270℃)는 해당 조성 삼각형 An-Di-Fo 안에 위치하므로 3원 공정점이다.

조성이 30.0 wt% An-20.0 wt% Di-50.0 wt% Fo인 융체 A는 초정 영역 Fo 안에 위치하여 평형 냉각되면 결정 Fo가 초정으로 정출된다. 그리고 초기 융체의 조성점 A가 조성 삼각형 An-Di-Fo 안에 있으므로 상온까지 냉각했을 때의 최종 결정은 (결정 An + 결정 Di + 결정 Fo)이다.

따라서 융체 A가 평형 냉각되면 초정으로 결정 Fo가 정출되고, 공통경계선 N-E를 따라가는 구간에서는 (액상 L + 결정 Fo + 결정 An)이 존재하며, 최종적으로 3원 공정점 E에서 액상이 3원 공정반응으로 (결정 Fo + 결정 An + 결정 Di)로 결정화된다.

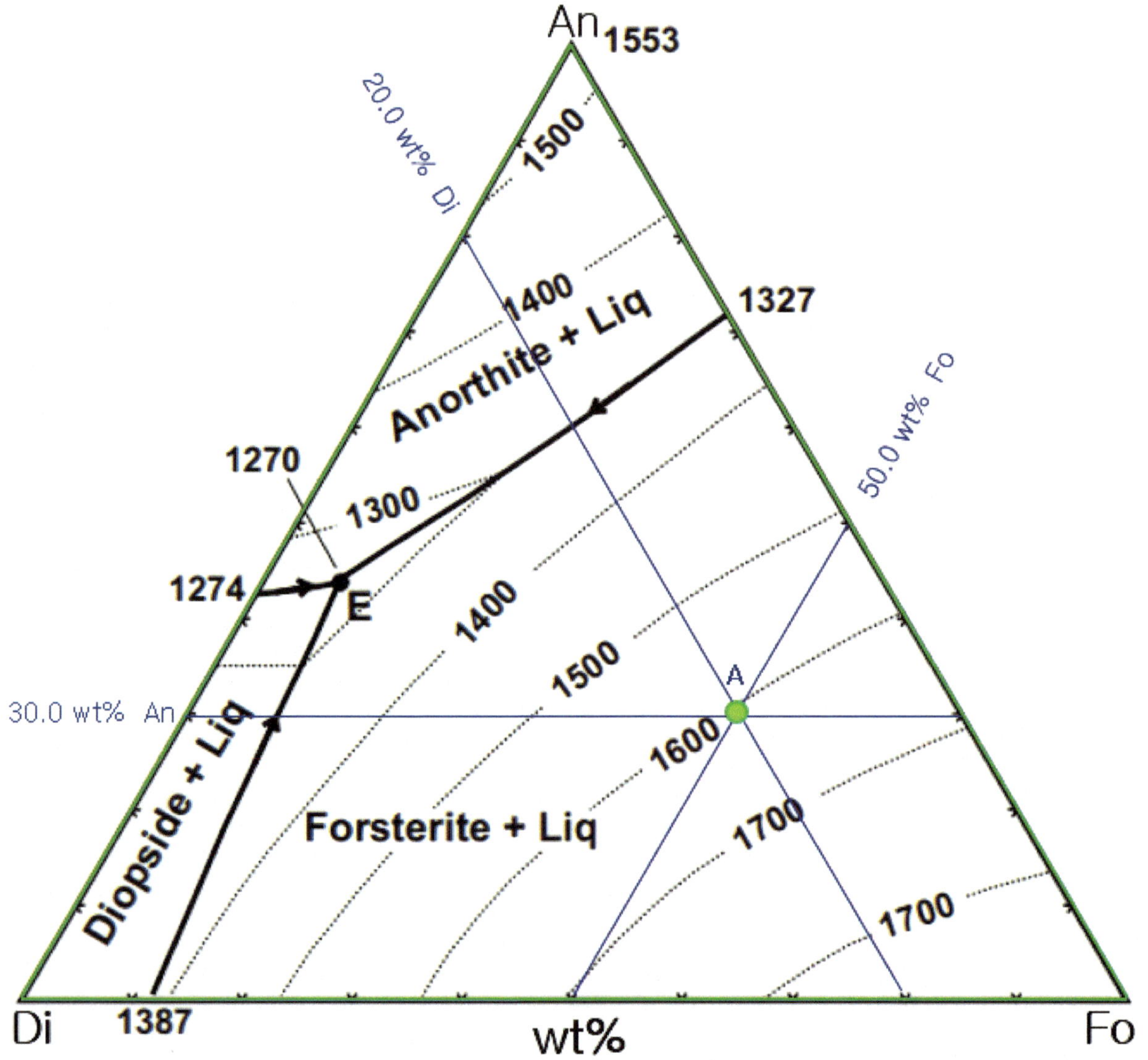

Fig. 6.4. Composition triangle and the melt with initial composition A(30.0 wt% An-20.0 wt% Di-50.0 wt% Fo) in An-Di-Fo ternary phase diagram containing an ternary eutectic point E.[2)]

① 초정 정출 구간

초기 융체 조성점 A가 가리키는 온도 초과에서 계는 초기 융체 조성과 동일한 조성의 액상 L로 100% 존재한다. Fig. 6.4.1에서 보이는 바와 같이 평형 냉각될 때, 초기 융체 조성점 A가 가리키는 온도(1605℃)에서는 융체로부터 결정 Fo가 초정으로 정출되기 시작한다. 이 온도에서는 고상 정출량이 아주 미량("ε"으로 표현함)이기 때문에 액상 L의 조성은 초기 융체 조성을 그대로 유지한다고 간주한다.

온도 범위 A~D⁻(1605~1290⁻℃)의 초정 정출 구간에서는 (액상 L + 초정 Fo)가 존재하는데, 융체로부터 초정 Fo의 정출이 늘어남에 따라 액상 L의 Fo 농도는 감소한다. 따라서 냉각됨에 따라 액상 L의 조성은 초정의 조성점 Fo에서 직선으로 초기 융체 조성점 A를 지나 똑바로 멀어지는 점 A에서 점 B, C를 거쳐 점 D로 변한다.

온도점 B(1500℃)에서는 점 A를 기준으로 공액선 Fo-B의 길이가 17.0 mm와 66.0 mm로 분할되어, 액상 L의 분율은 79.5 wt%이고 초정 Fo의 분율은 20.5 wt%이다. 공액선 양 끝의 조성이 존재하는 상의 조성에 해당하므로, 초정 Fo의 조성은 100.0 wt% Fo이고, 액상 L의 조성은 37.7 wt% An-25.2 wt% Di-37.1 wt% Fo(An-Di-Fo 상평형도에서 점 Fo와 점 B의 조성을 읽음)이다.

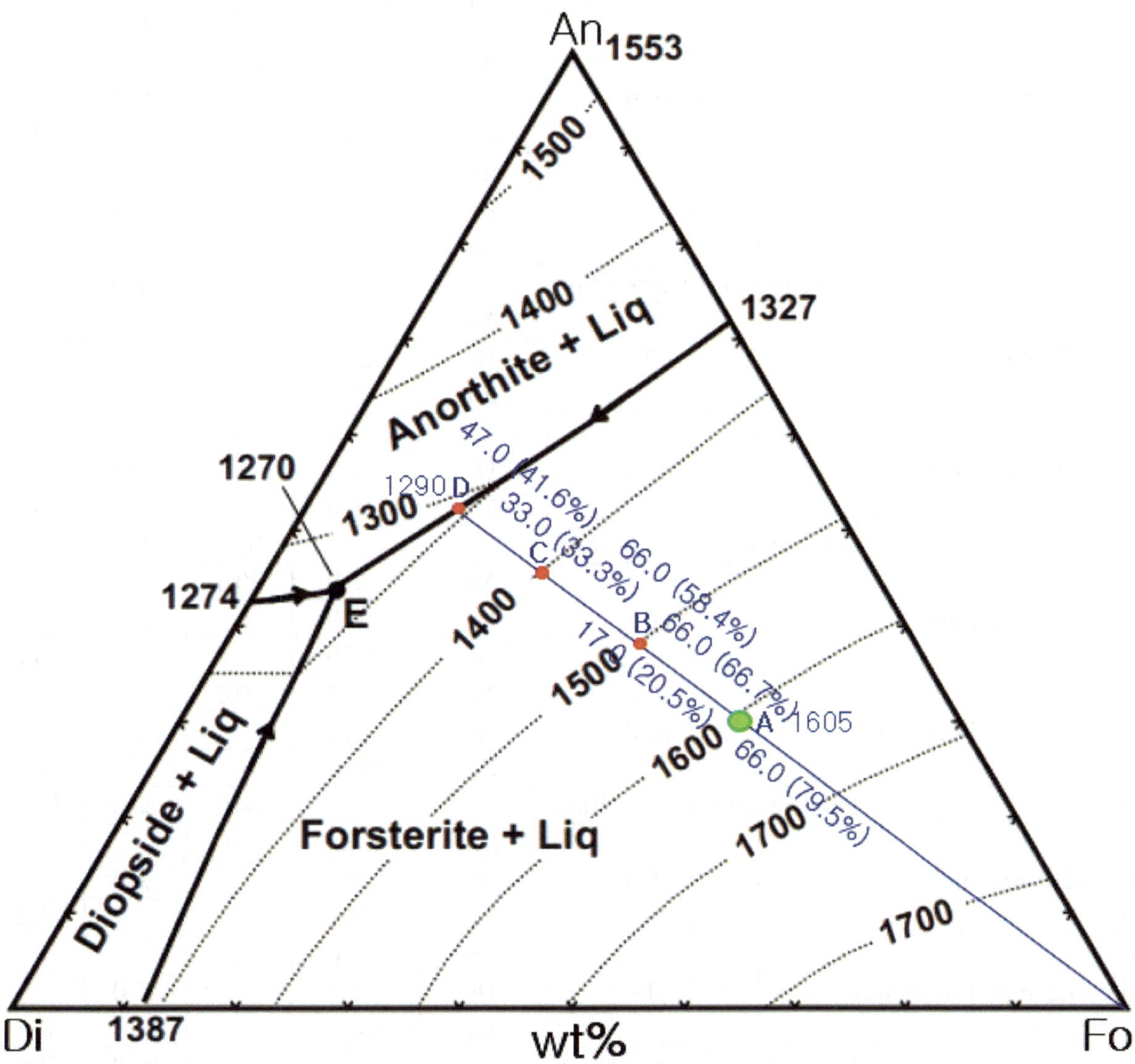

Fig. 6.4.1. Cooling path from A(1605℃) to D⁺(1290⁺℃) and tie line drawn at D⁺(1290⁺℃) for the melt with initial composition A(30.0 wt% An-20.0 wt% Di-50.0 wt% Fo).

온도점 C(1400℃)에서는 공액선 Fo-C로부터 액상 L의 조성은 45.0 wt% An-30.0 wt% Di-25.0 wt% Fo이고 분율은 66.7 wt%이며, 결정 Fo의 분율은 33.3 wt%이다.

점 D에 도달하기 직전 온도점 D^{+}(1290^{+}℃)(위첨자 "+"는 냉각 과정 중에 해당 온도에 도달하기 직전인 바로 위 온도를 의미)에서는 공액선 Fo-D가 그어진다. 초기 융체 조성점 A를 기준으로 공액선 Fo-D의 지렛대 원리에 의해 액상 L의 분율은 58.4 wt%이고 결정 Fo의 분율은 41.6 wt%이다. 공액선 양 끝 조성으로부터 결정 Fo의 조성은 100.0 wt% Fo이고 액상 L의 조성은 51.4 wt% An-34.2 wt% Di-14.4 wt% Fo이다.

초정 정출 온도 범위인 A~D^{+}(1605~1290^{-}℃)에서 존재하는 상의 조성과 분율에 대한 등조성선 연구 결과는 Table 6.4.1에 나타내었다.

Table 6.4.1. Isoplethal Analysis at A(1605℃), B(1500℃), C(1440℃) and D^{+}(1290^{+}℃) for the Melt with Initial Composition of 30.0 wt% An-20.0 wt Di-50.0 wt% Fo

Temp. (℃)	Type and fraction basis of phases	Proportion(%)	Composition(%)		Analysis(%)		
					An	Di	Fo
A (1605)	66.0 mm melt	100.0	An	30.0	30.0		
			Di	20.0		20.0	
			Fo	50.0			50.0
	† ε mm Fo crystal	ε	An	0.0	0.0		
			Di	0.0		0.0	
			Fo	100.0			0.0
	Total system composition				30.0	20.0	50.0
B (1500)	66.0 mm melt	79.5	An	37.7	30.0		
			Di	25.2		20.0	
			Fo	37.1			29.5
	17.0 mm Fo crystal	20.5	An	0.0	0.0		
			Di	0.0		0.0	
			Fo	100.0			20.5
	Total system composition				30.0	20.0	50.0
C (1400)	66.0 mm melt	66.7	An	45.0	30.0		
			Di	30.0		20.0	
			Fo	25.0			16.7
	33.0 mm Fo crystal	33.3	An	0.0	0.0		
			Di	0.0		0.0	
			Fo	100.0			33.3
	Total system composition				30.0	20.0	50.0
#D^{+} (1290^{+})	66.0 mm melt	58.4	An	51.4	30.0		
			Di	34.2		20.0	
			Fo	14.4			8.4
	47.0 mm Fo crystal	41.6	An	0.0	0.0		
			Di	0.0		0.0	
			Fo	100.0			41.6
	Total system composition				30.0	20.0	50.0

† ε represents infinitesimal amount.

+ indicates the temperature just above.

② 2원 정출 구간

Fig. 6.4.2에서 보이는 바와 같이, 액상 L의 조성점이 초정 상영역과 다른 상영역의 공통경계선 e-E에 도달하여 공통경계선을 따라 냉각되는 온도 범위 D^{-}~E^{+}(1290^{-}~1270^{+}℃)는 2원 정출 구간이다. 이때 공통경계선 e-E는 해당 Alkemade 선 Fo-An과의 교점인 점 e(빨간색 점선의 원 안에 표기)에서 만난다. 점 e 부근 Alkemade 선 An-Fo에서의 온도 기울기 화살표가 점 e로 모이므로 점 e는 2원 공정점이며, 공통 경계선 e-E를 따라 냉각되는 2원 정출 구간에서는 2원 공정반응이 일어난다고 판별할 수 있다. 이러한 2원 정출 구간에서는 액상 L이 2원 공정반응 하여 (초정 Fo + 2차 결정 An)으로 변한다.

점 D에 도달한 직후 온도점 D^{-}(1290^{-}℃)(위첨자 "-"는 냉각 과정 중에 해당 온도에 도달한 직후 온도를 의미)에서는 초기 융체 조성점 A를 기준으로 하여 공액 삼각형 D-Fo-An으로부터 계산되는 액상 L의 분율은 58.4 wt%이고 고상의 분율은 41.6 wt%이다. 이때 액상 조성점 D에서 직선으로 초기 융체 조성점 A를 지나는 내부 교차선 D-Fo가 Alkemade 선 Fo-An의 한쪽 끝인 점 Fo에서 만나므로, 존재하는 고상의 대부분은 결정 Fo이고 결정 An은 아주 미량 ε이다.

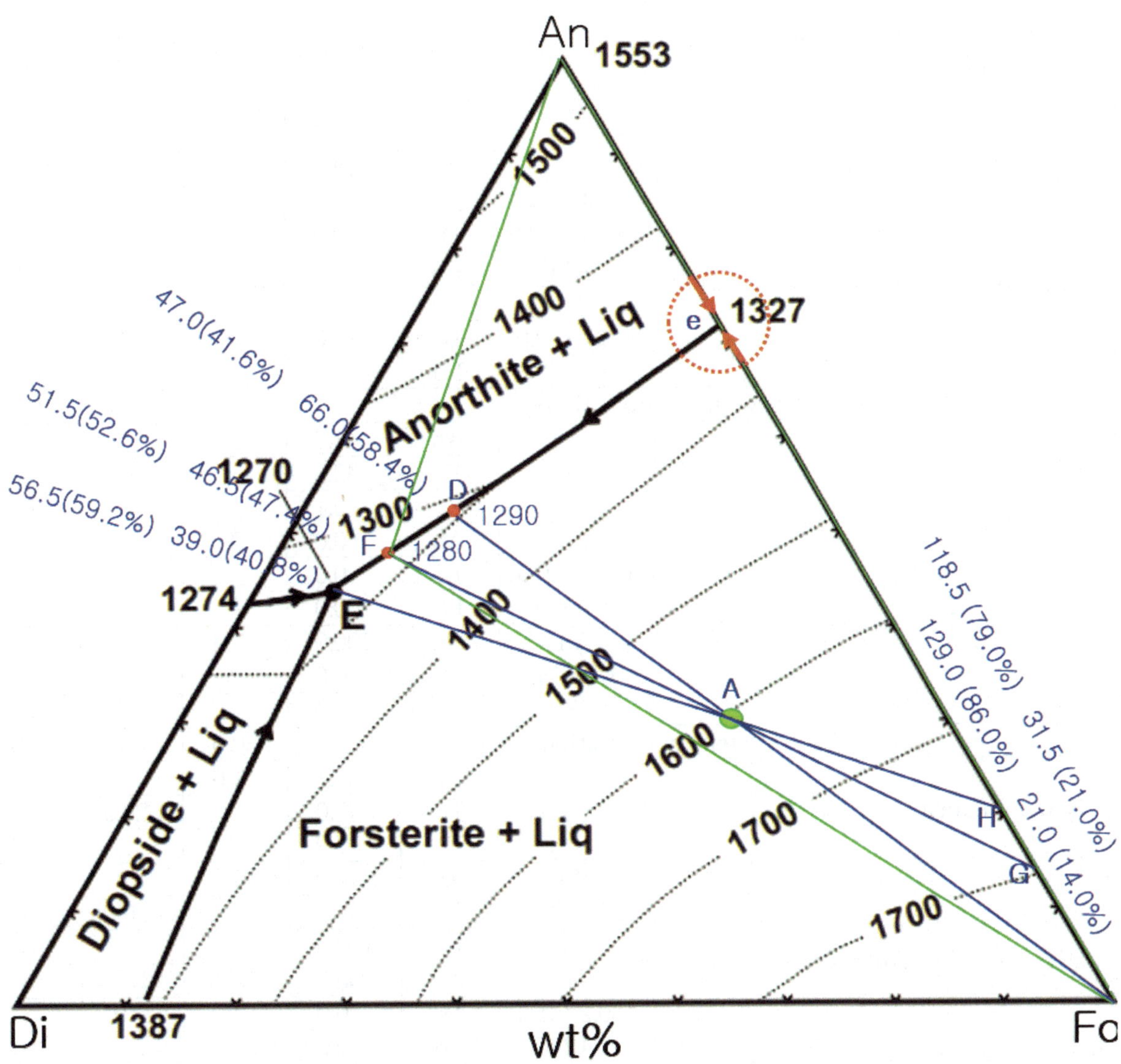

Fig. 6.4.2. Cooling path from D^{-}(1290^{-}℃) to E^{+}(1270^{+}℃) and tie triangle drawn at F(1280℃) for the melt with initial composition A(30.0 wt% An-20.0 wt% Di-50.0 wt% Fo).

온도점 F(1280℃)에서의 공액 삼각형은 초록색 선으로 그린 삼각형 F-Fo-An이다. 액상 조성점 F에서 초기 융체 조성점 A를 가로질러 변까지 그은 내부 교차선 F-G를 기준으로 계산되는 액상 L의 분율은 47.4 wt%이고 고상의 분율은 52.6 wt%이다. 교점 G를 기준으로 하여 Alkemade 선 Fo-An으로부터 구해지는 고상 중 결정 Fo의 분율은 52.6 wt%×86.0%=45.2 wt%이고, 결정 An의 분율은 52.6 wt%×14.0%=7.4wt%이다.

3원 공정점 E에 도달하기 직전 온도점 E$^+$(1270$^+$℃)에서는 공액 삼각형 E-Fo-An의 내부 교차선 E-H로부터 계산되는 액상 L의 분율은 40.8 wt%이고 고상의 분율은 59.2 wt%이다. Alkemade 선 Fo-An으로부터 계산되는 결정 Fo의 분율은 59.2 wt%×79.0%=46.8 wt%이고, 결정 An의 분율은 59.2 wt%×21.0%=12.4 wt%이다. 이 온도에서 액상 L의 조성은 43.1 wt% An-49.0 wt% Di-7.9 wt% Fo이다.

2원 공정반응 구간의 온도점 D$^-$(1290$^-$℃), F(1280℃) 및 E$^+$(1270$^+$℃)에서 존재하는 상의 조성과 분율에 관한 등조성선 연구 결과는 Table 6.4.2에 나타내었다.

Table 6.4.2. Isoplethal Analysis at D$^-$(1290$^-$℃), F(1280℃) and E$^+$(1270$^+$℃) for the Melt with Initial Composition of 30.0 wt% An-20.0 wt% Di-50.0 wt% Fo

Temp. (℃)	Type and fraction basis of phases	Proportion(%)		Composition(%)		Analysis(%)		
						An	Di	Fo
※D$^-$ (1290$^-$)	66.0 mm melt	58.4		An	51.4	30.0		
				Di	34.2		20.0	
				Fo	14.4			8.4
	47.0 mm Fo, An crystals	41.6	Fo (41.6×100.0 = 41.6)	An	0.0	0.0		
				Di	0.0		0.0	
				Fo	100.0			41.6
			An (41.6× 0.0 = 0.0)	An	100.0	0.0		
				Di	0.0		0.0	
				Fo	0.0			0.0
	Total system composition					30.0	20.0	50.0
F (1280)	46.5 mm melt	47.4		An	47.7	22.6		
				Di	42.2		20.0	
				Fo	10.1			4.8
	51.5 mm Fo, An crystals	52.6	Fo (52.6×86.0 = 45.2)	An	0.0	0.0		
				Di	0.0		0.0	
				Fo	100.0			45.2
			An (52.6×14.0 = 7.4)	An	100.0	7.4		
				Di	0.0		0.0	
				Fo	0.0			0.0
	Total system composition					30.0	20.0	50.0
#E$^+$ (1270$^+$)	39.0 mm melt	40.8		An	43.1	17.6		
				Di	49.0		20.0	
				Fo	7.9			3.2
	56.5 mm Fo, An crystals	59.2	Fo (59.2×79.0 = 46.8)	An	0.0	0.0		
				Di	0.0		0.0	
				Fo	100.0			46.8
			An (59.2×21.0 = 12.4)	An	100.0	12.4		
				Di	0.0		0.0	
				Fo	0.0			0.0
	Total system composition					30.0	20.0	50.0

※ - indicates the temperature just below.

\# + indicates the temperature just above.

③ 3원 공정반응 구간

3원 공정점 E(1270℃)에서 액상은 3개의 고상과 평형이며 다음과 같이 3원 공정반응 한다.

$$\text{melt}(\ell) \underset{\text{cooling}}{\overset{\text{heating}}{\leftrightarrows}} \text{An crystal(s)} + \text{Di crystal(s)} + \text{Fo crystal(s)} \qquad (6\text{-}1)$$

조성이 30.0 wt% An-20.0 wt% Di-50.0 wt% Fo인 초기 융체의 조성점 A가 조성 삼각형 An-Di-Fo 안에 있으므로, 3원 공정점 E(1270℃)에서 평형 냉각 경로가 끝난다.

Fig. 6.4.3에서 보이는 바와 같이 A 조성의 융체가 공정점 온도 미만인 E^-(1270$^-$℃)로 냉각되면, 남아 있던 액상 L도 3원 공정반응으로 모두 없어지고 (초정 Fo + 2차 결정 An + 3차 결정 Di)로 결정화한다. 이때 최종 3개 결정의 조성과 분율은 초기 융체 조성점이 속한 조성 삼각형 An-Di-Fo로부터 구할 수 있다.

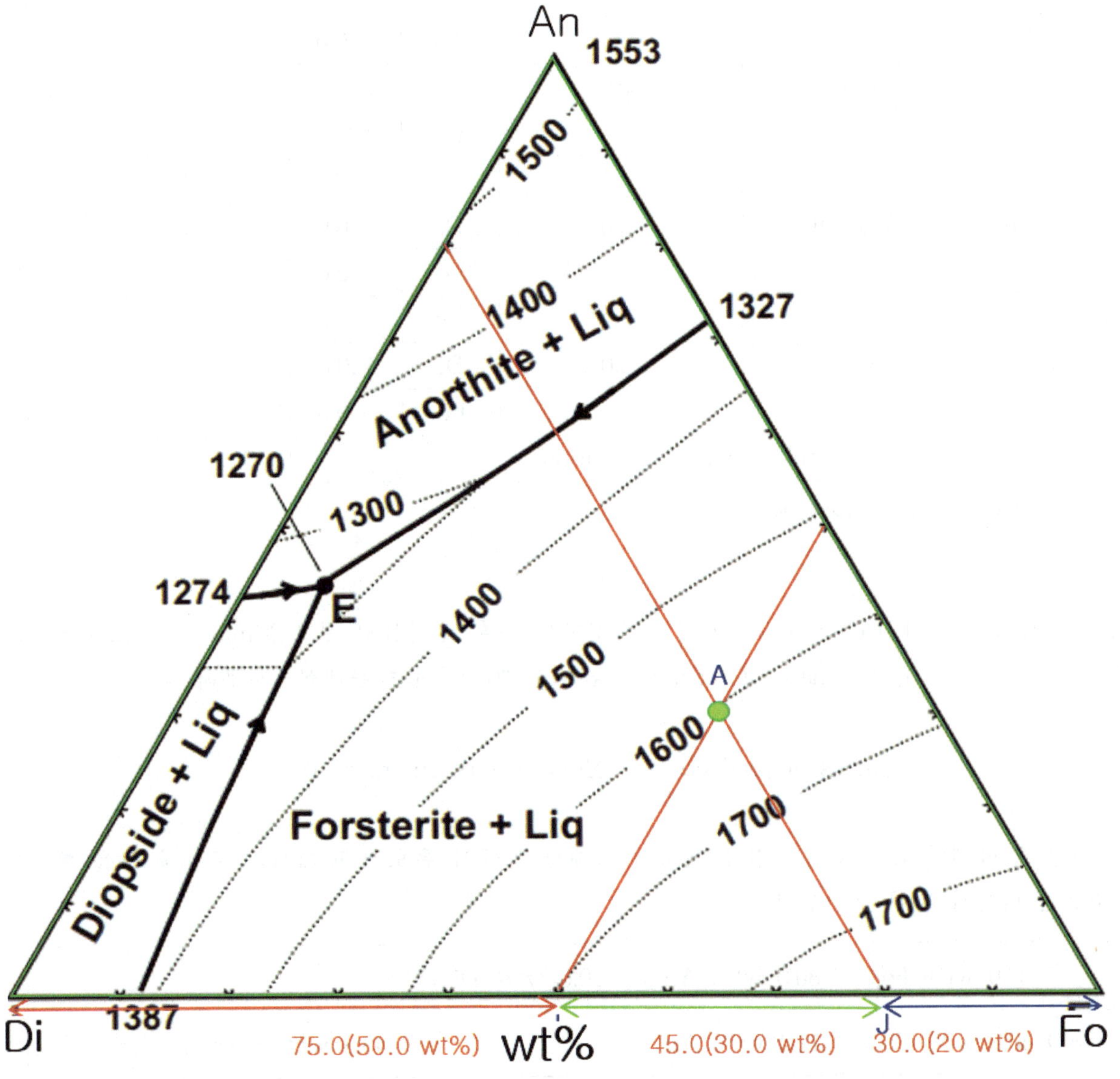

Fig. 6.4.3. The composition and fraction of final crystalline phases determined by composition triangle after cooling just below eutectic point E(1270$^-$℃) for the melt with initial composition A(30.0 wt% An-20.0 wt% Di-50.0 wt% Fo).

최종 결정상의 조성과 명칭은 100.0 wt% An 조성의 결정 An, 100.0 wt% Di 조성의 결정 Di 및 100.0 wt% Fo 조성의 결정 Fo이다. 또한 초기 융체 조성점 A를 지나고 조성 삼각형 An-Di-Fo의 변 An-Di와 변 An-Fo에 평행한 두 개의 직선을 그으면, 두 선은 조성 삼각형의 변 Di-Fo의 각각 점 I와 J에서 만난다. 점 I와 J로 정해지는 변 Di-Fo의 분할 길이를 지렛대 원리에 적용하여 계산되는 결정 Fo, 결정 An 및 결정 Di의 분율은 50.0 wt%, 30.0 wt% 및 20.0 wt%이다. 최종 결정에 대한 성분별 분율 합산 조성이 처음에 주어진 초기 융체 조성(30.0 wt% An-20.0 wt% Di-50.0 wt% Fo)과 정확하게 일치한다.

Table 6.4.3. Isoplethal Analysis just below E(1270⁻℃) for the Melt with Initial Composition of 30.0 wt% An-20.0 wt% Di-50.0 wt% Fo

Temp. (℃)	Type and fraction basis of phases	Proportion(%)	Composition(%)		Analysis(%)		
					An	Di	Fo
*E⁻ (1270⁻)	75.0 mm Fo crystal	50.0	An	0.0	0.0		
			Di	0.0		0.0	
			Fo	100.0			50.0
	45.0 mm An crystal	30.0	An	100.0	30.0		
			Di	0.0		0.0	
			Fo	0.0			0.0
	30.0 mm Di crystal	20.0	An	0.0	0.0		
			Di	100.0		20.0	
			Fo	0.0			0.0
	Total system composition				30.0	20.0	50.0

*- indicates the temperature just below.

반응 물질수지(mass balance with reaction)는 공정반응 이후 생성물의 무게(Σmass of products)에서 공정반응 이전 반응물의 무게(Σmass of reactants)를 빼서 "0"이 되는 관계식으로부터 구할 수 있다.

$$\Sigma\text{mass of products} - \Sigma\text{mass of reactants} = 0 \qquad (6\text{-}2)$$

따라서 조성 A 융체에 대하여 온도점 E⁻에서의 존재상 양에서 온도점 E⁺에서의 존재상 양을 뺀 것을 "0"으로 놓으면 다음과 같이 계산된다.

$$
\begin{array}{l}
\quad 50.0\text{ wt\% } Fo_{(s)} + 30.0\text{ wt\% } An_{(s)} + 20.0\text{ wt\% } Di_{(s)} \\
-)\ 46.8\text{ wt\% } Fo_{(s)} + 12.4\text{ wt\% } An_{(s)} \qquad\qquad + 40.8\text{ wt\% melt}_{(\ell)} \\
\hline
\quad 3.2\text{ wt\% } Fo_{(s)} + 17.6\text{ wt\% } An_{(s)} + 20.0\text{ wt\% } Di_{(s)} - 40.8\text{ wt\% melt}_{(\ell)} = 0
\end{array}
$$

이항 정리하면, 온도점 E(1270℃)에서 3원 공정반응의 물질수지는 다음과 같다.

$$40.8 \text{ wt\% melt}_{(\ell)} \underset{\text{cooling}}{\overset{\text{heating}}{\leftrightarrows}} 3.2 \text{ wt\% Fo}_{(s)} + 17.6 \text{ wt\% An}_{(s)} + 20.0 \text{ wt\% Di}_{(s)} \qquad (6\text{-}3)$$

조성이 A(30.0 wt% An-20.0 wt% Di-50.0 wt% Fo)인 융체가 평형 냉각될 때, 특정 온도 구간에서 일어나는 순차적인 미세구조의 변화를 Fig. 6.4.4에 나타내었다.

① 초정 정출 구간

초기 융체 조성점이 가리키는 온도 1605℃에서 융체로부터 초정 Fo가 정출하기 시작하여 아주 미량 ε가 존재한다. 초정 정출 구간(1650~1290⁺℃)이 끝나는 1290⁺℃에서는 액상 L의 분율은 58.4 wt%로 감소하고 초정 Fo의 분율이 41.6 wt%로 증가한다.

② 2원 정출 구간

2원 정출 구간(1290⁻~1270⁺℃)에서는 액상 L이 2원 공정반응 하여 (결정 Fo + 결정 An)이 동시에 정출한다. 1280℃에서는 액상 L 내에 결정 Fo가 45.2 wt%와 결정 An이 7.4 wt% 존재한다.

③ 3원 공정반응 구간

3원 공정점 1270℃에서 남아있던 액상 L이 3원 공정반응 하여 모두 사라지고, 3원 공정점 미만인 1270⁻℃에서는 최종적으로 (결정 Fo 50.0 wt% + 결정 An 30.0 wt% + 결정 Di 20.0 wt%)로 결정화된다.

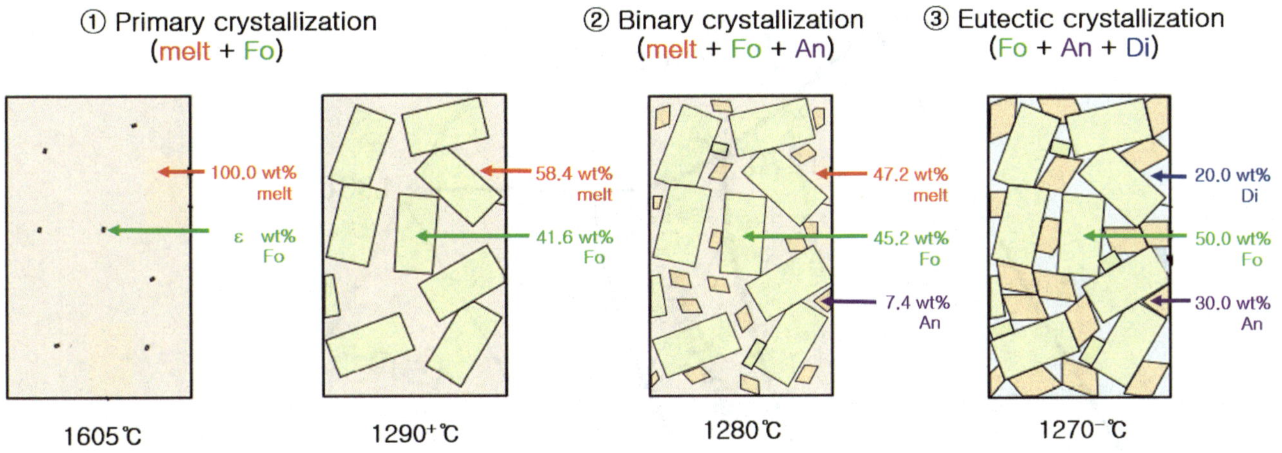

Fig. 6.4.4. The change of microstructure during equilibrium cooling for the melt with initial composition of 30.0 wt% An-20.0 wt% Di-50.0 wt% Fo.

6.1.2 20 wt% Anorthite-30 wt% Forsterite-50 wt% Quartz 조성 융체의 평형 냉각

Fig. 6.5에 보이는 An-Fo-Qz 3성분계 상평형도에는 An(anorthite, $CaO \cdot Al_2O_3 \cdot 2SiO_2$), Fo(forsterite, $2MgO \cdot SiO_2$), Qz(cristobalite, SiO_2)와 En(enstatite, $MgO \cdot SiO_2$) 상영역과 2개의 불변점이 있다. 5개의 Alkemade 선을 그으면, 2개의 조성 삼각형이 만들어진다. 점 E(1228℃)는 해당 조성 삼각형 An-En-Qz 안에 위치하므로 3원 공정점(ternary eutectic point)이나, 점 P(1270℃)는 해당 조성 삼각형 An- Fo-En 밖에 위치하므로 3원 포정점(ternary peritectic point)이다.

조성 20.0 wt% An-30.0 wt% Fo-50.0 wt% Qz인 초기 융체 조성점 B는 cristobalite(SiO_2 조성의 융체로부터 결정화되는 최초의 결정은 β-cristobalite이지만, 이후 α-cristobalite, tridymite와 quartz 결정상으로 상전이 할 수 있는데, 이후부터는 대표로 “Qz”로 표기함) 상영역 안에 있으므로 결정 Qz가 초정으로 정출된다. 또한 조성점 B가 조성 삼각형 An-En-Qz에 속하므로 냉각되었을 때 최종적으로 (결정 An + 결정 En + 결정 Qz)가 된다.

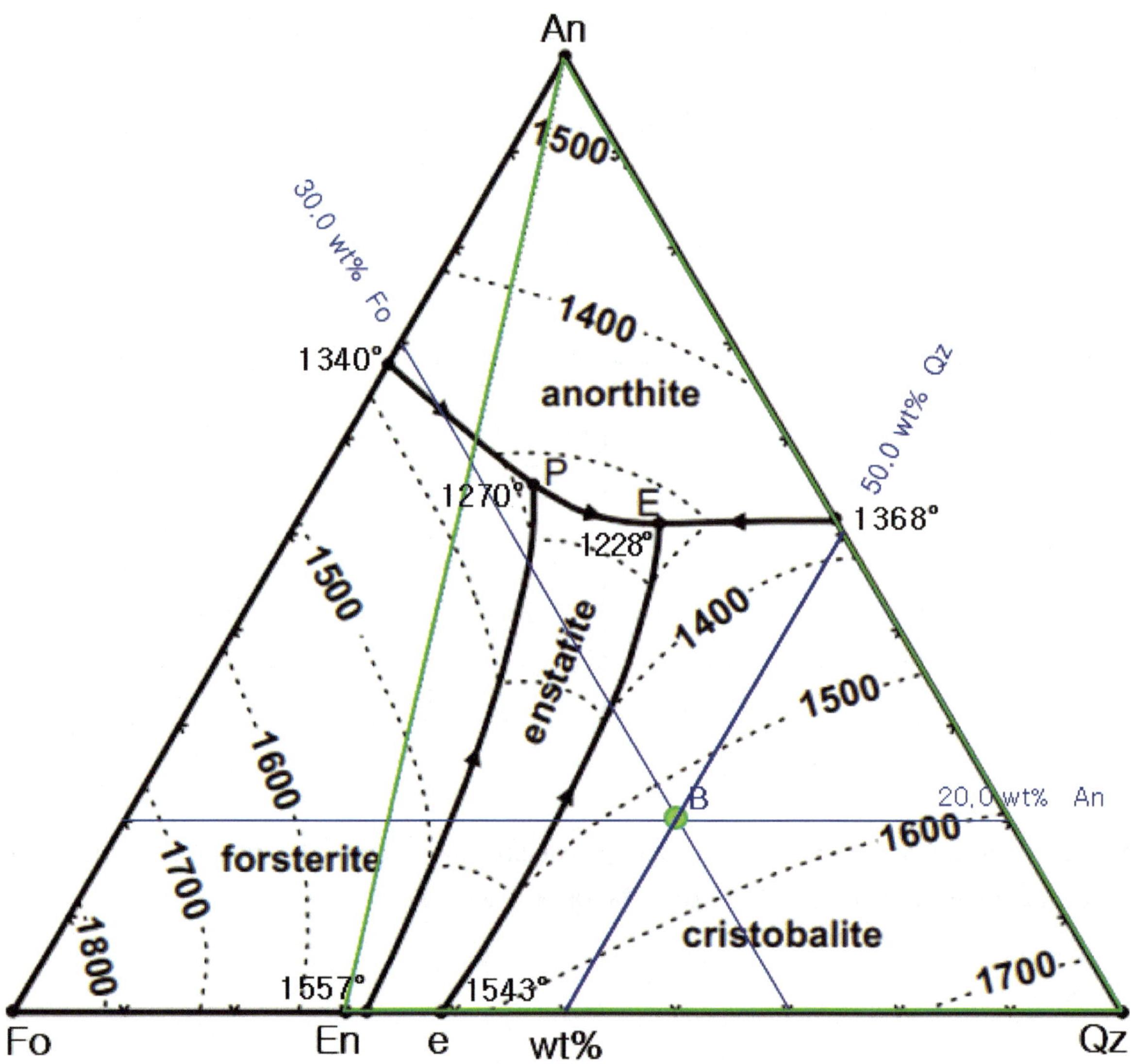

Fig. 6.5. Composition triangle drawn for the melt with initial composition B(20.0 wt% An-30.0 wt% Fo-50.0 wt% Qz) in An-Fo-Qz ternary phase diagram containing a ternary eutectic point E and a ternary peritectic point P.[2,3]

따라서 융체 B가 평형 냉각될 때는 결정 Qz가 초정으로 정출되고, 공통경계선 e-E를 따라가는 2원 정출 구간에서는 (액상 L + 결정 Qz + 결정 En)이 존재하며, 공정점 E에서 최종적으로 (결정 Qz + 결정 En + 결정 An)으로 변화되는 경로를 거칠 것이다.

① 초정 정출 구간

초기 융체 조성점 B가 가리키는 온도 초과에서 계는 초기 융체 조성과 동일한 조성의 액상 L로 존재한다. Fig. 6.5.1에서 보이는 바와 같이, 초기 융체 조성점 B가 가리키는 온도점 B(1520℃)에서는 초정으로 결정 Qz가 정출되기 시작하여 온도 범위 B~D⁺(1520~1440⁺℃)의 초정 정출 냉각 구간에서는 (액상 L + 초정 Qz)가 존재한다. 액상 L로부터 결정 Qz의 정출이 많아지면 액상에서 Qz 농도가 감소하여 액상 L의 조성은 초정 조성점 Qz에서 초기 융체 조성점 B를 가로질러 똑바로 멀어지는 직선을 따라 점 B에서 점 C를 거쳐 점 D로 변한다.

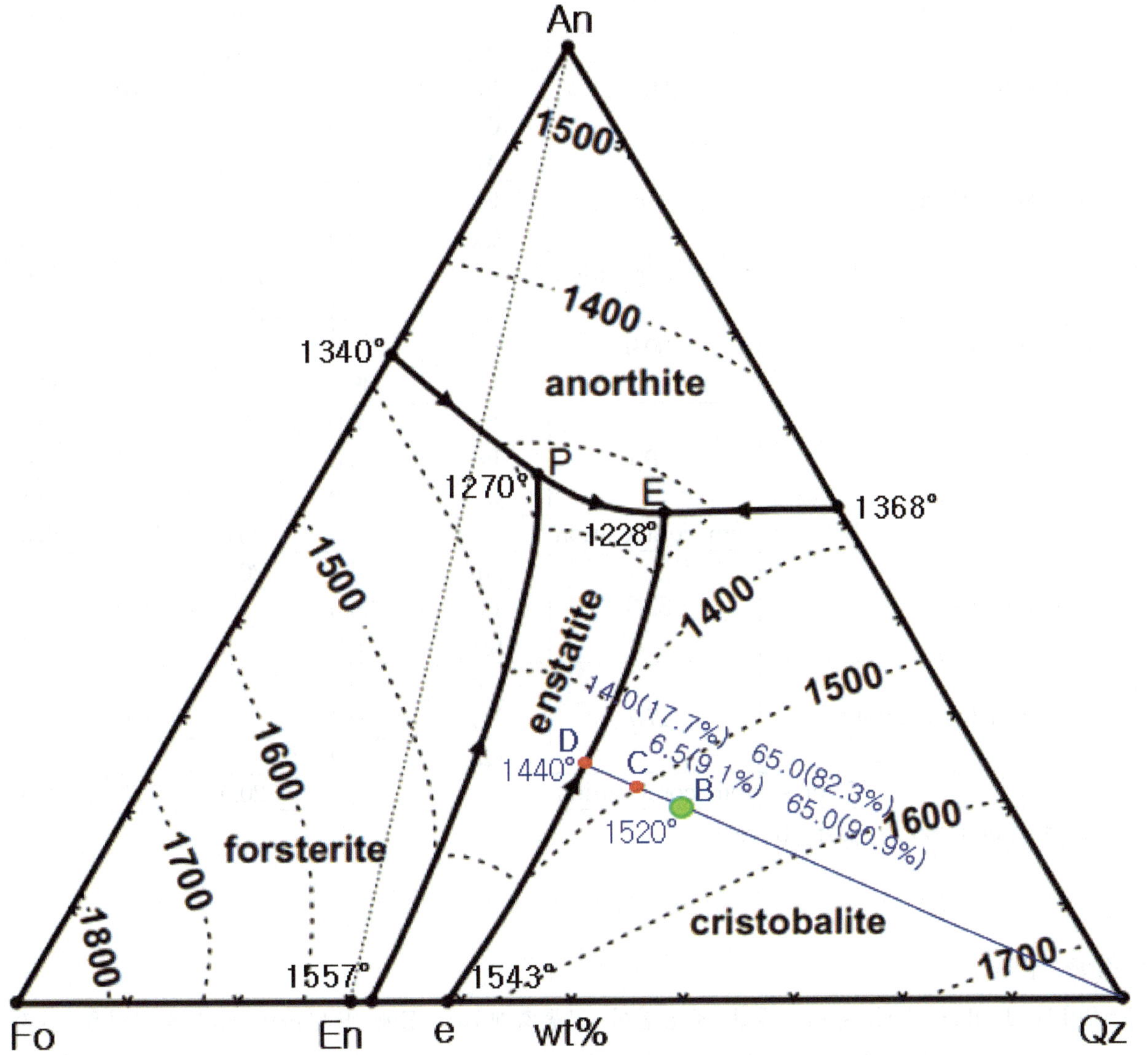

Fig. 6.5.1. Cooling path from B(1520℃) to D⁺(1440⁺℃) and tie line drawn at D⁺(1440⁺℃) for the melt with initial composition B(20.0 wt% An-30.0 wt% Fo-50.0 wt% Qz).

온도점 C(1500℃)에서 공액선 Qz-C로부터 계산되는 액상 L과 초정 Qz의 분율은 각각 90.9 wt%와 9.1 wt% 이다. 초정 Qz의 조성은 100.0 wt% Qz이고, 액상 L의 조성은 22.0 wt% An-33.0 wt% Fo-45.0 wt% Qz이다.

점 D에 도달하기 직전 온도점 D^+(1440^+℃)에서는 공액선 Qz-D가 그어진다. 따라서 액상 L과 초정 Qz의 분율은 82.3 wt%와 17.7 wt%이며, 액상 L의 조성은 24.3 wt% An-36.5 wt% Fo-39.2 wt% Qz이다.

초정 정출 냉각 구간인 온도점 B(1520℃), C(1500℃) 및 D^+(1440^+℃)에서 존재하는 상의 조성과 분율에 관한 등조성선 연구 결과는 Table 6.5.1에 나타내었다.

Table 6.5.1. Isoplethal Analysis at B(1520℃), C(1500℃) and D^+(1440^+℃) for the Melt with Initial Composition of 20.0 wt% An-30.0 wt% Fo-50.0 wt% Qz

Temp. (℃)	Type and fraction basis of phases	Proportion(%)	Composition(%)		Analysis(%)		
					An	Fo	Qz
B (1520)	65.0 mm melt	100.0	An	20.0	20.0		
			Fo	30.0		30.0	
			Qz	50.0			50.0
	✝ ε mm Qz crystal	ε	An	0.0	0.0		
			Fo	0.0		0.0	
			Qz	100.0			0.0
	Total system composition				20.0	30.0	50.0
C (1500)	65.0 mm melt	90.9	An	22.0	20.0		
			Fo	33.0		30.0	
			Qz	45.0			40.9
	6.5 mm Qz crystal	9.1	An	0.0	0.0		
			Fo	0.0		0.0	
			Qz	100.0			9.1
	Total system composition				20.0	30.0	50.0
#D^+ (1440^+)	65.0 mm melt	82.3	An	24.3	20.0		
			Fo	36.5		30.0	
			Qz	39.2			32.3
	14.0 mm Qz crystal	17.7	An	0.0	0.0		
			Fo	0.0		0.0	
			Qz	100.0			17.7
	Total system composition				20.0	30.0	50.0

+ indicates the temperature just above.

② 2원 정출 구간

Fig. 6.5.2에서 보이는 바와 같이, 액상 조성점이 공통경계선 e-E에 도달하여 공통경계선을 따라서 냉각이 진행되는 온도 범위 D^-~E^+(1440^-~1228^+℃)는 2원 정출 구간이다. 이때는 공통경계선 e-E가 해당 Alkemade 선 Qz-En과의 교점인 점 e(빨간색 점선의 원 안에 표기)에서 만난다. 점 e 부근 Alkemade 선에서의 온도 기울기 화살표가 점 e를 향해 모이므로 점 e는 2원 공정점이고, 공통 경계선 e-E를 따라 냉각되는 2원 정출 구간에서는 2원 공정반응이 일어난다고 판별할 수 있다.

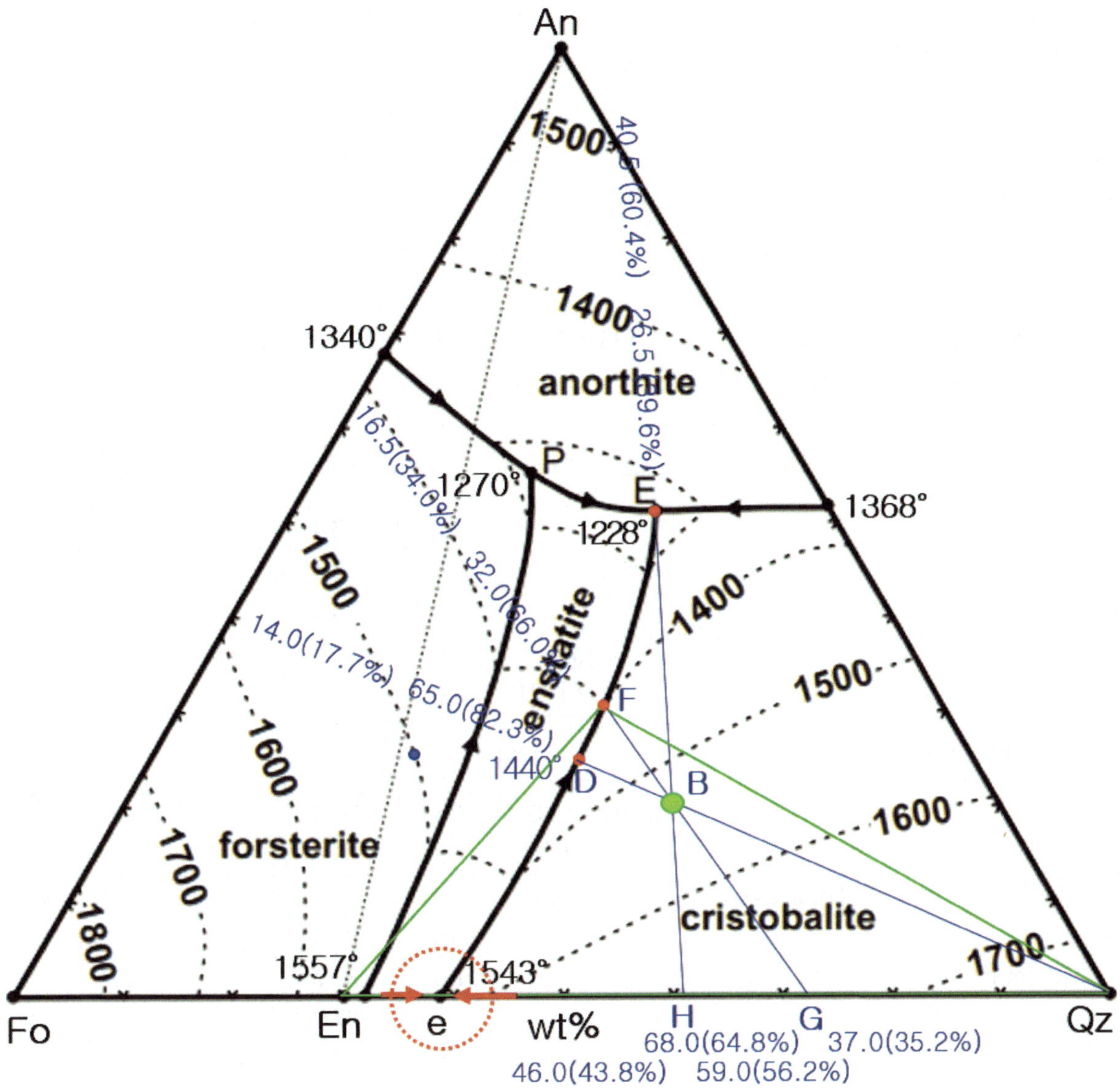

Fig. 6.5.2. Cooling path from D^-(1440⁻℃) to E^+(1228⁺℃) and tie line drawn at F(1400℃) for the melt with initial composition B(20.0 wt% An-30.0 wt% Fo-50.0 wt% Qz).

따라서 공통 경계선 e-E를 따라 냉각되는 2원 정출 구간에서는 액상 L이 2원 공정반응 하여 (초정 Qz + 2차 결정 En)으로 변하며, 존재상은 (액상 L + 초정 Qz + 2차 결정 En)이다.

점 D에 도달한 직후 온도점 D^-(1440⁻℃)에서는 공액 삼각형 D-Qz-En을 기준으로 한 지렛대 원리로부터 계산되는 액상 L의 분율은 82.3 wt%이고 고상의 분율은 17.7 wt%이다. 이때는 초기 융체 조성점 B를 가로지르는 내부 교차선 D-Qz가 Alkemade 선 Qz-En의 한쪽 끝인 점 Qz와 만나므로, 2차 결정 En은 아주 미량 ε이고 고상의 대부분은 초정 Qz이다.

온도점 F(1400℃)에서는 초록색으로 그은 공액 삼각형 F-Qz-En의 내부 교차선 F-G가 Alkemade 선 Qz-En의 점 G에서 만난다. 이때는 액상 L과 고상의 분율은 66.0 wt%와 34.0 wt%인데, 고상 중에서 초정 Qz의 분율은 34.0 wt%×64.8%=22.0 wt%이고, 2차 결정 En의 분율은 34.0 wt%×35.2%=12.0 wt%이다.

점 E에 도달하기 직전 온도점 E^+(1228⁺℃)에서 공액 삼각형 E-Qz-En의 내부 교차선 E-H에 의해 구해지는 액상 L과 고상의 분율은 각각 39.6 wt%와 60.4 wt%이다. 이때의 Alkemade 선 Qz-En에 의해 계산되는 고상 중 초정 Qz의 분율은 60.4 wt%×56.2%=33.9 wt%이고, 2차 결정 En의 분율은 60.4 wt% ×43.8%=26.5 wt%이다.

2원 공정반응이 일어나는 구간의 온도점 D^-(1440$^-$), F(1400℃) 및 E^+(1228$^+$℃)에서 존재하는 상의 조성과 분율에 관한 등조성선 연구 결과는 Table 6.5.2에 나타내었다.

Table 6.5.2. Isoplethal Analysis at D^-(1440$^-$), F(1400℃) and E^+(1228$^+$℃) for the Melt with Initial Composition of 20.0 wt% An-30.0 wt% Fo-50.0 wt% Qz

Temp. (℃)	Type and fraction basis of phases	Proportion(%)		Composition(%)		Analysis(%) An	Analysis(%) Di	Analysis(%) Fo
※D^- (1440$^-$)	65.0 mm melt	82.3		An	23.4	20.0		
				Fo	36.5		30.0	
				Qz	39.2			32.3
	14.0 mm Qz, En crystals	17.7	Qz (17.7×100.0 = 17.7)	An	0.0	0.0		
				Fo	0.0		0.0	
				Qz	100.0			17.7
			En (17.7× 0.0 = 0.0)	An	0.0	0.0		
				Fo	70.0		0.0	
				Qz	30.0			0.0
	Total system composition					20.0	30.0	50.0
F (1400)	32.0 mm melt	66.0		An	30.3	20.0		
				Fo	32.7		21.6	
				Qz	37.0			24.4
	16.5 mm Qz, En crystals	34.0	Qz (34.0×64.8 = 22.0)	An	0.0	0.0		
				Fo	0.0		0.0	
				Qz	100.0			22.0
			En (34.0×35.2 = 12.0)	An	0.0	0.0		
				Fo	70.0		8.4	
				Qz	30.0			3.6
	Total system composition					20.0	30.0	50.0
#E^+ (1228$^+$)	26.5 mm melt	39.6		An	50.5	20.0		
				Fo	28.8		11.4	
				Qz	20.7			8.2
	40.5 mm Qz, En crystals	60.4	Qz (60.4×56.2 = 33.9)	An	0.0	0.0		
				Fo	0.0		0.0	
				Qz	100.0			36.5
			En (60.4×43.8 = 26.5)	An	0.0	0.0		
				Fo	70.0		18.6	
				Qz	30.0			7.9
	Total system composition					20.0	30.0	50.0

※ - indicates the temperature just below.
\# + indicates the temperature just above.

③ 3원 공정반응 구간

3원 공정점 E(1228℃)에서 액상 L은 3개의 다른 고상과 평형이며 공정반응(eutectic reaction) 한다.

$$\text{melt}(\ell) \underset{\text{cooling}}{\overset{\text{heating}}{\leftrightarrows}} \text{Qz crystal(s)} + \text{En crystal(s)} + \text{An crystal(s)} \qquad (6\text{-}4)$$

Fig. 6.5.3에서 보이는 바와 같이 초기 융체 조성점 B가 조성 삼각형 Qz-En-An 안에 위치하므로, 3원 공정반응 이후에 더 이상 다른 경로의 냉각이 진행되지 않고 3원 공정점에서 최종적으로 냉각이 끝난다.

공정점 E 미만 온도점 E^-(1228⁻℃)에서는 지금까지 남아있던 액상 L도 모두 없어지고, (초정 Qz + 2차 결정 En + 3차 결정 An)으로 존재한다.

최종 결정의 분율을 구하기 위해 초기 융체 조성점 B를 지나고 조성 삼각형 An-En-Qz의 변 An-En과 변 En-Qz에 평행한 두 개의 직선을 그으면, 두 선은 각각 변 An-Qz의 점 R과 Q에서 만난다. 따라서 변 An-Qz의 분할 길이에 의해 계산되는 결정 Qz, 결정 En 및 결정 An의 분율은 37.0 wt%, 43.0 wt%와 20.0 wt%이다.

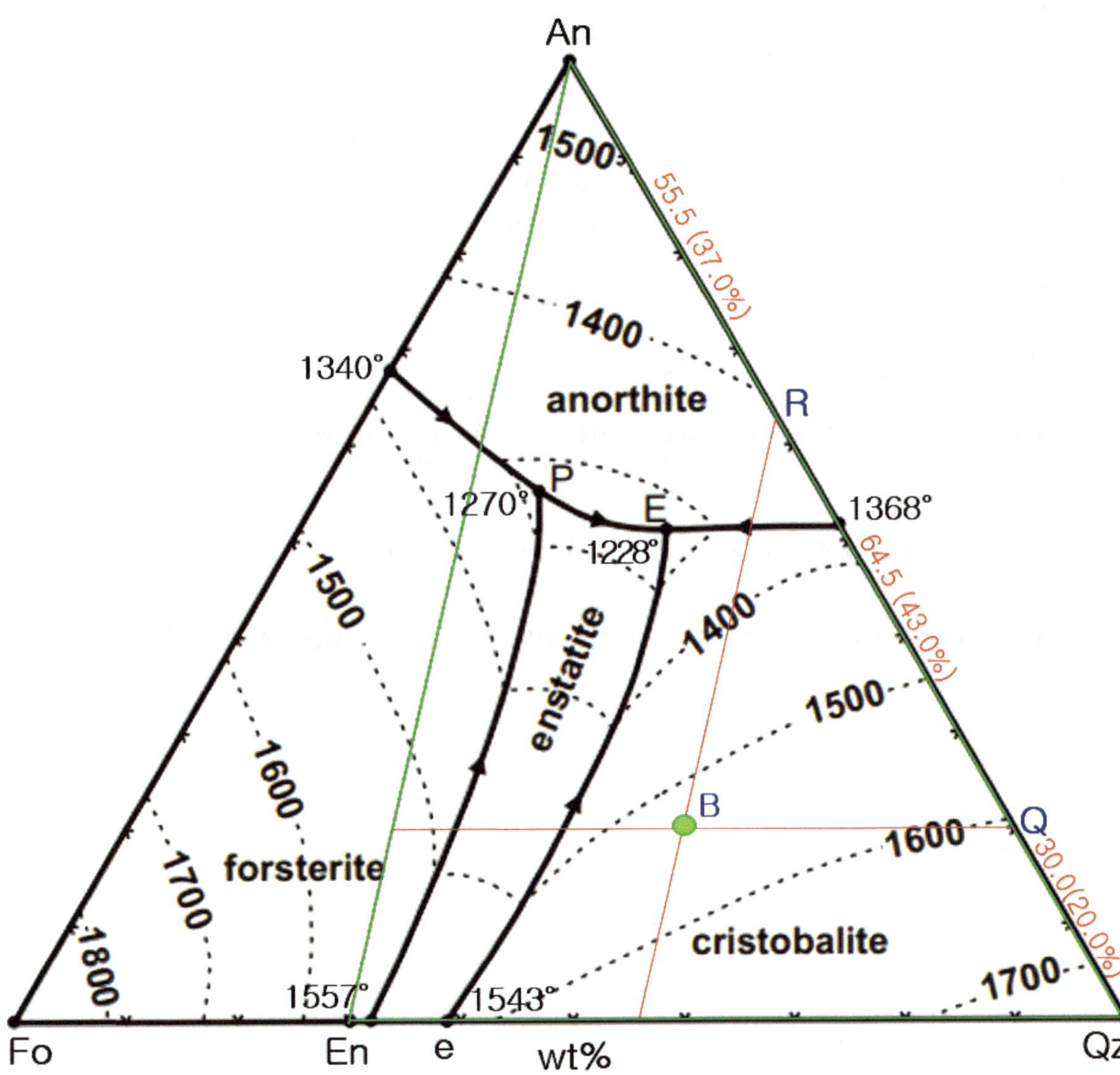

Fig. 6.5.3. The composition and fraction of final crystalline phases determined by composition triangle after cooling just below ternary eutectic point E(1228⁻℃) for the melt with initial composition A(20.0 wt% An-30.0 wt% Fo-50.0 wt% Qz).

Table 6.5.3. Isoplethal Analysis just below ternary eutectic point E(1228⁻℃) for the Melt with Initial Composition of 20.0 wt% An-30.0 wt% Fo-50.0 wt% Qz

Temp. (℃)	Type and fraction basis of phases	Proportion(%)	Composition(%)		Analysis(%)		
					An	Fo	Qz
*E⁻ (1228⁻)	55.5 mm Qz crystal	37.0	An	0.0	0.0		
			Fo	0.0		0.0	
			Qz	100.0			37.0
	64.5 mm En crystal	43.0	An	0.0	0.0		
			Fo	70.0		30.0	
			Qz	30.0			13.0
	30.0 mm An crystal	20.0	An	100.0	20.0		
			Fo	0.0		0.0	
			Qz	0.0			0.0
	Total system composition				20.0	30.0	50.0

* - indicates the temperature just below.

반응 물질수지는 3원 공정반응 이후의 생성물의 양에서 공정반응 이전의 반응물의 양을 빼서 "0"이 되는 관계식으로부터 구할 수 있다. 따라서 융체 B에 대하여 온도점 E^-에서의 존재상 양에서 온도점 E^+에서의 존재상 양을 빼서 "0"으로 하면 다음과 같이 계산된다.

$$\begin{array}{l} 37.0\ \text{wt\%}\ Qz_{(s)} + 43.0\ \text{wt\%}\ En_{(s)} + 20.0\ \text{wt\%}\ An_{(s)} \\ -)\ 33.9\ \text{wt\%}\ Qz_{(s)} + 26.5\ \text{wt\%}\ En_{(s)} \qquad\qquad + 39.6\ \text{wt\%}\ melt_{(\ell)} \\ \hline 3.1\ \text{wt\%}\ Qz_{(s)} + 16.5\ \text{wt\%}\ En_{(s)} + 20.0\ \text{wt\%}\ An_{(s)} - 39.6\ \text{wt\%}\ melt_{(\ell)} = 0 \end{array}$$

이항 정리하면, 온도점 E에서 3원 공정반응의 물질수지는 다음과 같다.

$$39.6\ \text{wt\%}\ melt_{(\ell)} \leftrightarrows 3.1\ \text{wt\%}\ Qz_{(s)} + 16.5\ \text{wt\%}\ En_{(s)} + 20.0\ \text{wt\%}\ An_{(s)} \quad (6\text{-}5)$$

6.1.3 70 wt% ZrO_2-20 wt% TiO_2-10 wt% Al_2O_3 조성 융체의 평형 냉각

Fig. 6.6의 ZrO_2-TiO_2-Al_2O_3 3성분계 상평형도에는 상영역 ZrO_2, $ZrTiO_4$, TiO_2, Al_2TiO_5 및 Al_2O_3가 있다. 조성 44.0 wt% TiO_2-66.0 wt% Al_2O_3의 2성분계 화합물 Al_2TiO_5의 조성점은 상영역 Al_2TiO_5 안에 위치하여 조화용융 화합물이다. 그리고 조성 60.7 wt% ZrO_2-39.3 wt% TiO_2의 2성분계 화합물 $ZrTiO_4$의 조성점은 상영역 $ZrTiO_4$ 밖에 위치하여 비조화용융 화합물이다.

상평형도에 Alkemade 선을 7개를 그으면, 조성 삼각형은 3개가 된다. (액상 L + 결정 ZrO_2 + 결정 Al_2TiO_5 + 결정 Al_2O_3)가 평형인 점 E_1(1610℃), (액상 L + 결정 ZrO_2 + 결정 $ZrTiO_4$ + 결정 Al_2TiO_5)가 평형인 점 E_2(1590℃) 및 (액상 L + 결정 $ZrTiO_4$ + 결정 TiO_2 + 결정 Al_2TiO_5)가 평형인 점 E_3(1580℃) 모두가 해당 조성 삼각형 안에 위치하므로 3원 공정점(ternary eutectic point)이다.

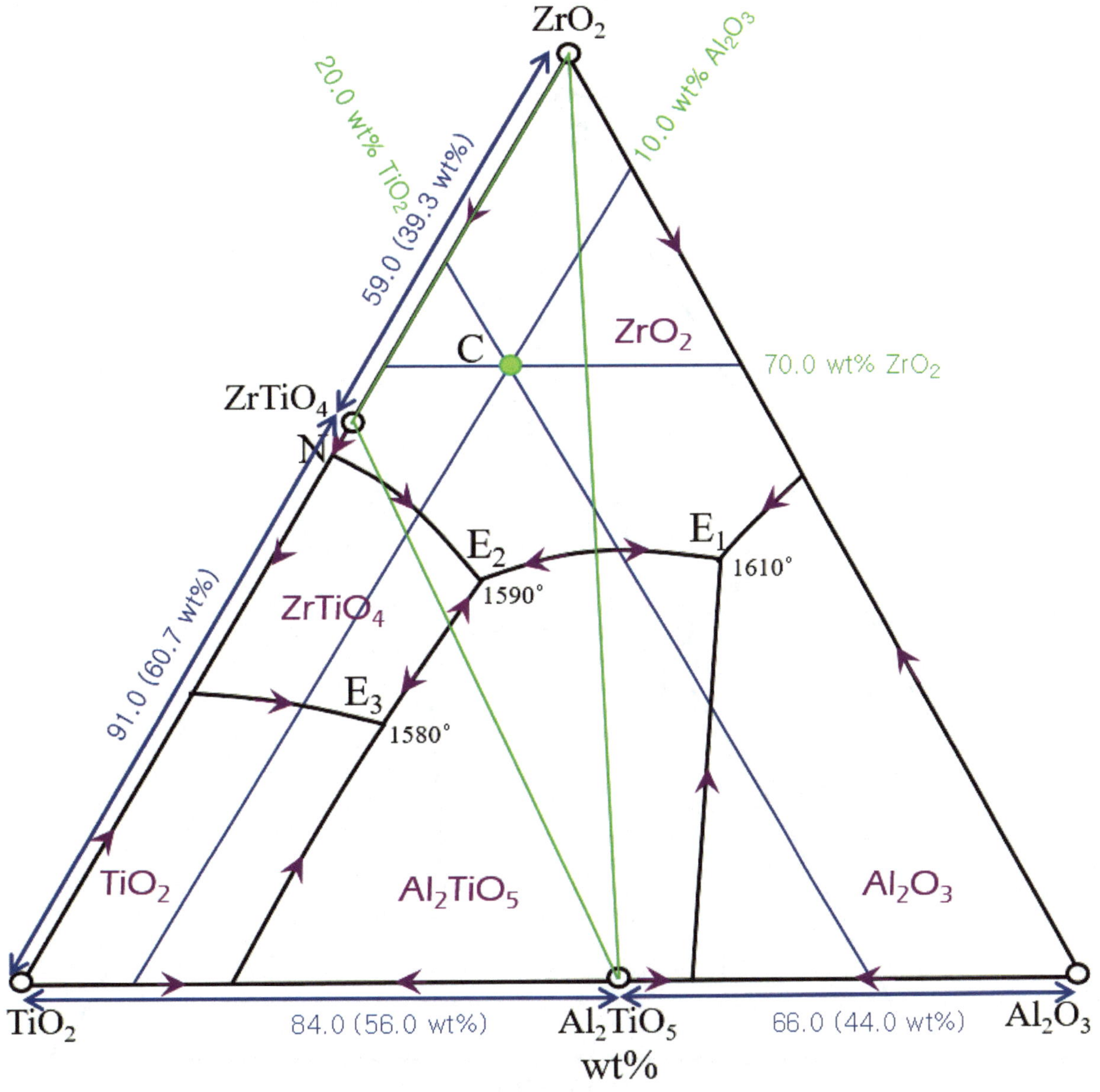

Fig. 6.6. Composition triangle drawn for the melt with initial composition C(70.0 wt% ZrO_2-20.0 wt% TiO_2-10.0 wt% Al_2O_3) in ZrO_2-TiO_2-Al_2O_3 ternary phase diagram containing three ternary eutectic points.[4)]

70.0 wt% ZrO_2-20.0 wt% TiO_2-10.0 wt% Al_2O_3 조성의 초기 융체 조성점 C는 상영역 ZrO_2 안에 있으므로 냉각 시 결정 ZrO_2가 초정으로 정출된다. 또한 초기 융체 조성점 C가 조성 삼각형 ZrO_2-$ZrTiO_4$-Al_2TiO_5의 안에 있으므로 상온까지 냉각될 때의 최종 결정은 (결정 ZrO_2 + 결정 $ZrTiO_4$ + 결정 Al_2TiO_5)이다. 따라서 조성 C의 융체를 평형 냉각할 경우, 결정 ZrO_2가 초정으로 정출되고, 공통경계선 N-E_2를 따라가는 2원 정출 냉각 구간에서는 (액상 L + 결정 ZrO_2 + 결정 $ZrTiO_4$)로 존재하며, 3원 공정점 E_2에서 최종적으로 3가지 결정으로 결정화되는 경로를 거치게 될 것이다.

① 초정 정출 구간

초기 융체 조성점 C가 가리키는 온도 초과에서는 액상으로만 100% 존재한다. Fig. 6.6.1에서 보이는 바와 같이, 융체가 냉각되어 초기 융체 조성점 C가 가리키는 온도에 도달하면 초정 ZrO_2가 정출되기 시작한다. 따라서 초정 정출 냉각 구간에서의 존재상은 (액상 L + 초정 ZrO_2)이다.

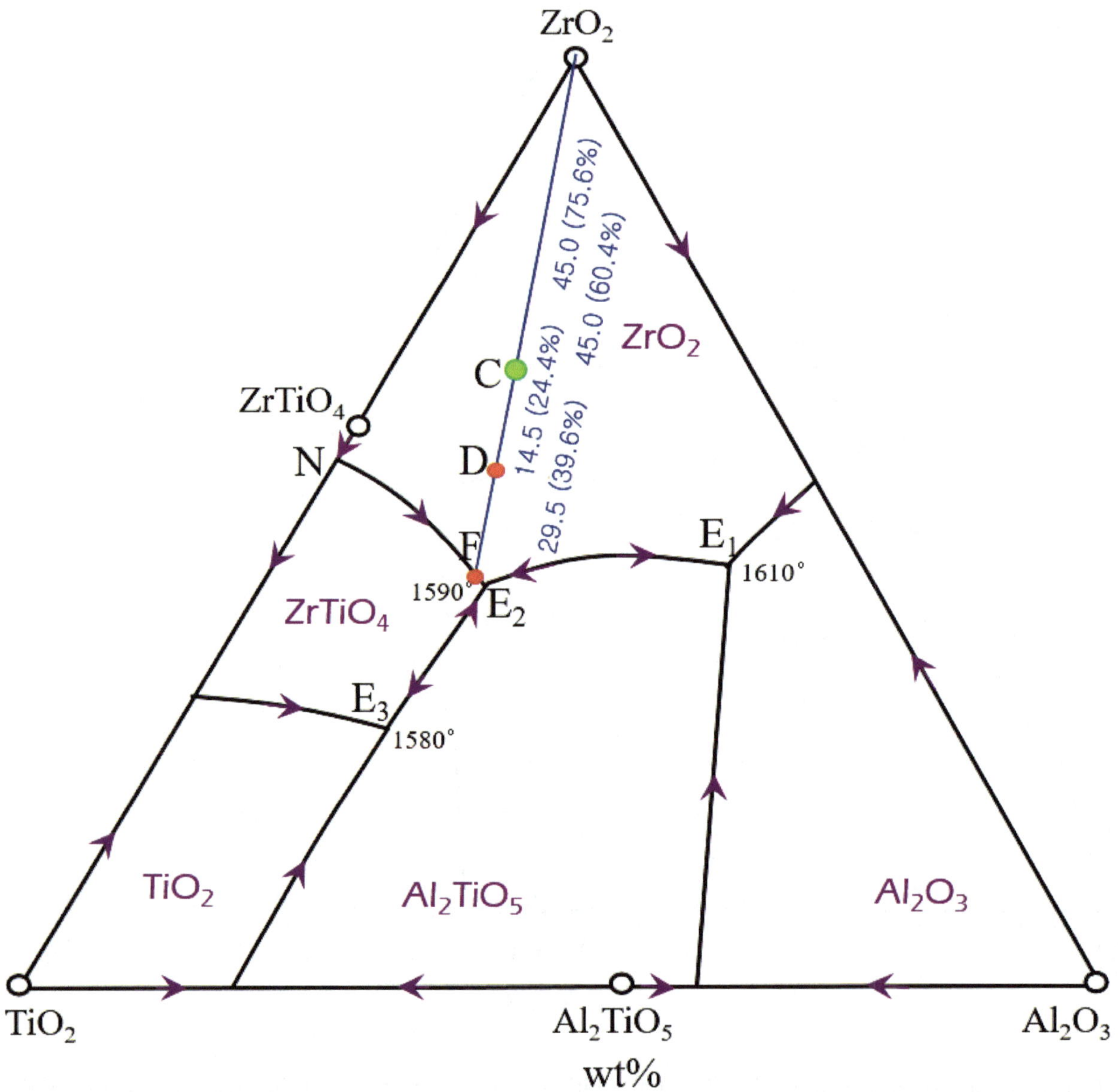

Fig. 6.6.1. Cooling path from C to F^+ and tie lines drawn at F^+ for the melt with initial composition C(70.0 wt% ZrO_2-20.0 wt% TiO_2-10.0 wt% Al_2O_3).

온도 범위 C~F^+의 초정 정출 구간에서 냉각이 계속되면 융체로부터 결정 ZrO_2의 정출이 늘어나 액상의 조성은 초정 조성점 ZrO_2에서 똑바로 멀어지는 직선을 따라 점 C를 가로질러 점 D를 거쳐 점 F로 변한다.

온도점 D에서는 초기 융체 조성점 C를 기준으로 공액선 ZrO_2-D를 기준으로 하여 지렛대 원리로 계산되는 액상 L과 결정 ZrO_2의 분율은 각각 75.6 wt%와 24.4 wt%이다. 초정 ZrO_2의 조성은 100.0 wt% ZrO_2이고, 액상 L의 조성은 60.3 wt% ZrO_2-26.5 wt% TiO_2-13.2 wt% Al_2O_3이다.

점 F에 도달하기 직전 온도점 F^+에서는 공액선 ZrO_2-F가 그어진다. 초기 융체 조성점 C를 기준으로 공액선 ZrO_2-F로부터 구해지는 액상 L과 결정 ZrO_2의 분율은 각각 60.4 wt%와 39.6 wt%이다. 공액선 한 끝점에 해당하는 액상 L의 조성은 50.3 wt% ZrO_2-33.1 wt% TiO_2-16.6 wt% Al_2O_3이다.

Table 6.6.1. Isoplethal Analysis at C, D and F^+ for the Melt with Initial Composition of 70.0 wt% ZrO_2-20.0 wt% TiO_2-10.0 wt% Al_2O_3

Temp. (℃)	Type and fraction basis of phases	Proportion(%)	Composition(%)		Analysis(%)		
					ZrO_2	TiO_2	Al_2O_3
C	45.0 mm melt	100.0	ZrO_2	70.0	70.0		
			TiO_2	20.0		20.0	
			Al_2O_3	10.0			10.0
	† ε mm ZrO_2 crystal	ε	ZrO_2	100.0	0.0		
			TiO_2	0.0		0.0	
			Al_2O_3	0.0			0.0
	Total system composition				70.0	20.0	10.0
D	45.0 mm melt	75.6	ZrO_2	60.3	45.6		
			TiO_2	26.5		20.0	
			Al_2O_3	13.2			10.0
	14.5 mm ZrO_2 crystal	24.4	ZrO_2	100.0	24.4		
			TiO_2	0.0		0.0	
			Al_2O_3	0.0			0.0
	Total system composition				70.0	20.0	10.0
#F^+	45.0 mm melt	60.4	ZrO_2	50.3	30.4		
			TiO_2	33.1		20.0	
			Al_2O_3	16.6			10.0
	29.5 mm ZrO_2 crystal	39.6	ZrO_2	100.0	39.6		
			TiO_2	0.0		0.0	
			Al_2O_3	0.0			0.0
	Total system composition				70.0	20.0	10.0

† ε represents infinitesimal amount.
# + indicates the temperature just above.

② 2원 정출 구간

액상 조성점이 공통경계선 N-E_2를 따라서 냉각될 때는 초정 ZrO_2 외에 2차 결정 $ZrTiO_4$가 나타난다. 이 경우는 Fig. 6.6.2의 왼쪽 부분 빨간색 점선 원으로 표시한 바와 같이, 공통 경계선 N-E_2가 연장된 Alkemade 선 ZrO_2-N과 점 N에서 만난다. 교점 N을 기준으로 연장된 Alkemade 선 ZrO_2- N에서의 온도 감소 방향(화살표의 화살촉 방향)이 한쪽에서 들어와서 반대쪽으로 나가므로 점 N은 2원 포정점이고, 공통경계선 N-E_2를 따라 냉각되는 구간에서는 2원 포정반응이 일어난다.

공통경계선 N-E_2를 따라 냉각되는 온도 범위 F^-~E_2^+에서는 (액상 L + 초정 ZrO_2)의 일부가 2원 포정 반응하여 2차 결정 $ZrTiO_4$가 생성된다. 이 구간에서의 공액 삼각형은 액상 조성점과 두 고상 조성점을 연결한 삼각형(예를 들어, 온도점 E_2^+에서는 초록색으로 표시한 삼각형 E_2-ZrO_2-$ZrTiO_4$)이며, 공액 삼각형으로부터 존재하는 상의 조성과 분율을 알 수 있다.

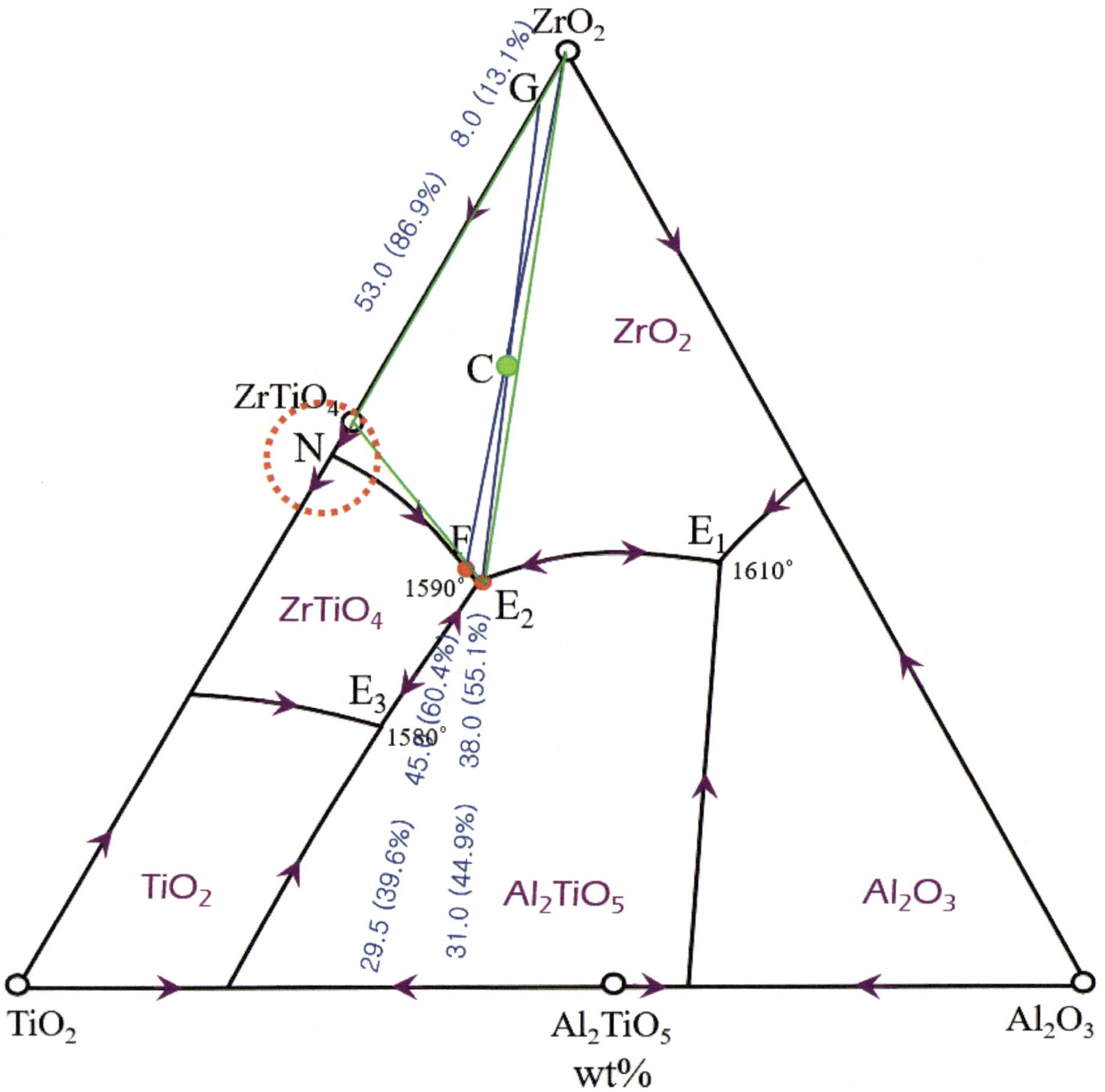

Fig. 6.6.2. Cooling path from F^- to E_2^+(1590$^+$℃) and tie triangle drawn at E_2^+(1590$^+$℃) for the melt with initial composition C(70.0 wt% ZrO_2-20.0 wt% TiO_2-10.0 wt% Al_2O_3).

점 F에 도달한 직후 온도점 F^-에서는 공액 삼각형 $F-ZrO_2-ZrTiO_4$로부터 구해지는 액상 L과 고상의 분율은 각각 60.5 wt%와 39.5 wt%인 데, 고상 대부분이 결정 ZrO_2이고 결정 $ZrTiO_4$는 아주 미량 ε이다. 이후 공통경계선 $N-E_2$를 따라 냉각되면 (액상 L + 초정 ZrO_2)의 일부가 2원 포정반응으로 2차 결정 $ZrTiO_4$가 생성되어, 초정 ZrO_2의 양은 줄어들고 2차 결정 $ZrTiO_4$의 양은 늘어난다.

3원 공정점 E_2에 도달하기 직전 온도점 $E_2^+(1590^+℃)$에서는 공액 삼각형 $E_2-ZrO_2-ZrTiO_4$의 내부 교차선 E_2-G로부터 계산되는 액상 L과 고상의 분율은 각각 55.1 wt%와 44.9 wt%이다. 이때 교점 G를 기준으로 Alkemade 선 $ZrO_2-ZrTiO_4$로부터 계산되는 고상 중 결정 ZrO_2의 분율은 44.9 wt%×86.9%= 39.0 wt%이고, 결정 $ZrTiO_4$의 분율은 44.9 wt%×13.1%=5.9 wt%이다.

2원 포정반응이 일어나는 구간의 온도점 F^-와 $E_2^+(1590^+℃)$에서 존재하는 상의 조성과 분율에 관한 등조성선 연구 결과는 Table 6.6.2에 나타내었다.

Table 6.6.2. Isoplethal Analysis at F^- and $E_2^+(1590^+℃)$ for the Melt with Initial Composition of 70.0 wt% ZrO_2–20.0 wt% TiO_2–10.0 wt% Al_2O_3

Temp. (℃)	Type and fraction basis of phases	Proportion(%)		Composition(%)		Analysis(%) ZrO_2	Analysis(%) TiO_2	Analysis(%) Al_2O_3
※F^-	45.0 mm melt	60.4		ZrO_2	50.3	30.4		
				TiO_2	33.1		20.0	
				Al_2O_3	16.6			10.0
	29.5 mm ZrO_2, $ZrTiO_4$ crystals	39.6	ZrO_2 (39.6×100.0 = 39.6)	ZrO_2	100.0	39.6		
				TiO_2	0.0		0.0	
				Al_2O_3	0.0			0.0
			$ZrTiO_4$ (39.6× 0.0 = 0.0)	ZrO_2	60.7	0.0		
				TiO_2	39.3		0.0	
				Al_2O_3	0.0			0.0
	Total system composition					70.0	20.0	10.0
#E_2^+ (1590^+)	38.0 mm melt	55.1		ZrO_2	49.7	27.4		
				TiO_2	32.2		17.7	
				Al_2O_3	18.1			10.0
	31.0 mm ZrO_2, $ZrTiO_4$ crystals	44.9	ZrO_2 (44.9×86.9 = 39.0)	ZrO_2	100.0	39.0		
				TiO_2	0.0		0.0	
				Al_2O_3	0.0			0.0
			$ZrTiO_4$ (44.9×13.1 = 5.9)	ZrO_2	60.7	3.6		
				TiO_2	39.3		2.3	
				Al_2O_3	0.0			0.0
	Total system composition					70.0	20.0	10.0

※ – indicates the temperature just below.
\# + indicates the temperature just above.

③ 3원 공정반응 구간

3원 공정점 E_2(1590℃)에서는 액상 L이 3개의 다른 고상과 평형이며, 다음과 같이 3원 공정반응이 일어난다.

$$\text{melt}(\ell) \underset{\text{cooling}}{\overset{\text{heating}}{\leftrightarrows}} ZrO_2 \text{ crystal(s)} + ZrTiO_4 \text{ crystal(s)} + Al_2TiO_5 \text{ crystal(s)} \quad (6\text{-}6)$$

Fig. 6.6.3에서 보이는 바와 같이 초기 융체 조성점 C가 조성 삼각형 ZrO_2-$ZrTiO_4$-Al_2TiO_5 안에 있으므로, 3원 공정반응 이후에 더 이상 다른 경로의 냉각이 진행되지 않고 3원 공정점에서 최종적으로 냉각 경로가 끝나는 것으로 판단할 수 있다.

3원 공정점 E_2에 도달한 직후 온도점 E_2^-(1590⁻℃)에서는 계에 남아있던 액상 L은 모두 없어지고, 최종적으로 (초정 ZrO_2 + 2차 결정 $ZrTiO_4$ + 3차 결정 $ZrTiO_4$)의 세 종류의 고상으로 남게 된다.

Fig. 6.6.3에서 보이는 바와 같이, 초기 융체 조성점 C가 속한 조성 삼각형 ZrO_2-$ZrTiO_4$-Al_2TiO_5로부터 최종 결정의 조성과 분율을 구할 수 있다.

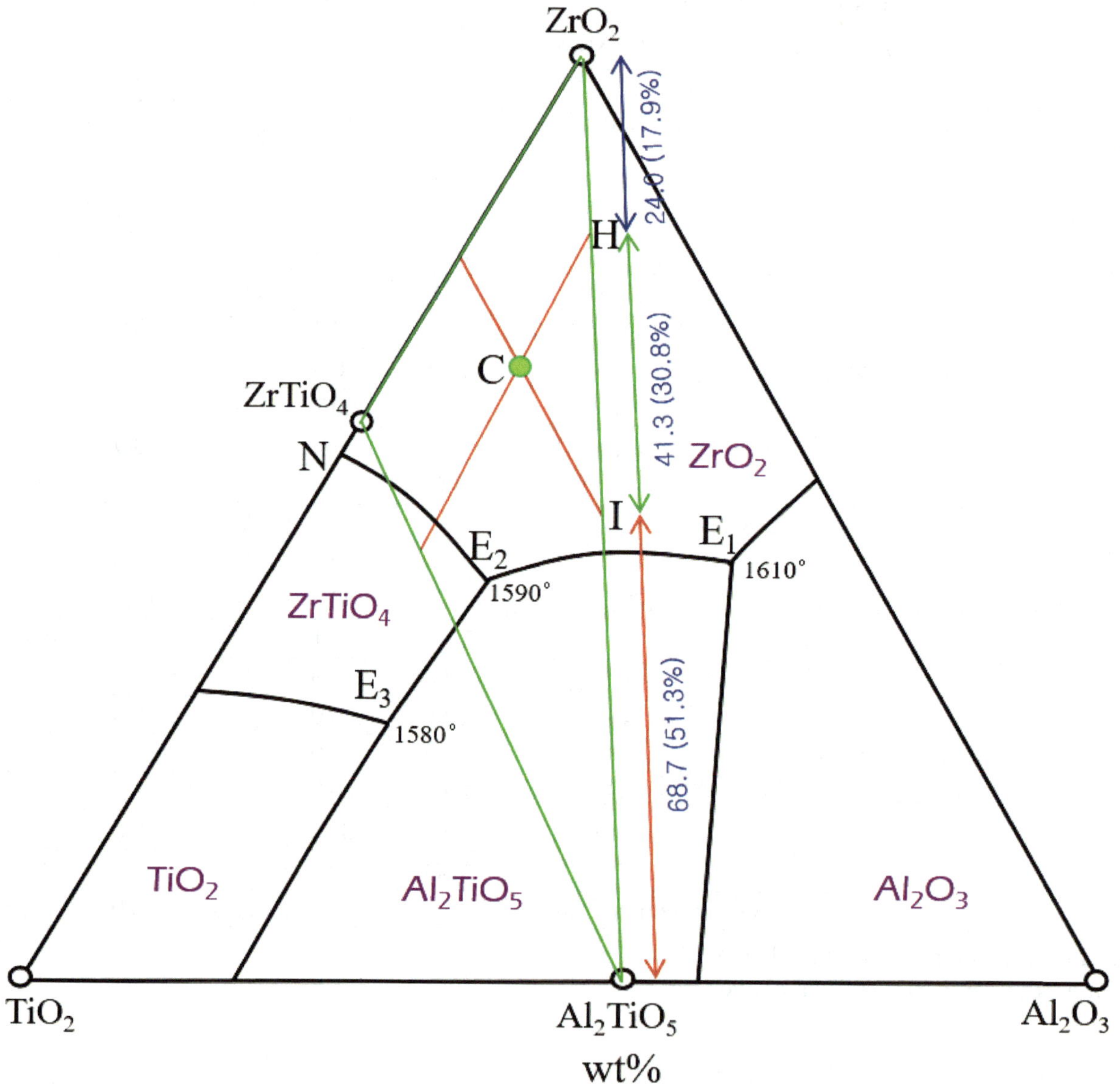

Fig. 6.6.3. The composition and fraction of final crystalline phases determined by composition triangle after cooling just below eutectic point E_2(1590⁻℃) for the melt with initial composition C(70.0 wt% ZrO_2-20.0 wt% TiO_2-10.0 wt% Al_2O_3).

최종 결정의 조성과 명칭은 100.0 wt% ZrO_2의 ZrO_2 결정, 60.7 wt% ZrO_2-39.3 wt% TiO_2의 $ZrTiO_4$ 결정 및 44.0 wt% TiO_2-56.0 wt% Al_2O_3의 Al_2TiO_5 결정이다.

최종 결정의 분율을 구하기 위하여 초기 융체 조성점 C를 지나고 조성 삼각형 ZrO_2-$ZrTiO_4$-Al_2TiO_5의 변 ZrO_2-$ZrTiO_4$와 변 $ZrTiO_4$-Al_2TiO_5에 평행한 두 직선을 그으면, 나머지 변 ZrO_2- Al_2TiO_5의 점 H와 점 I에서 만난다. 교점 H와 교점 I를 기준으로 변 ZrO_2-Al_2TiO_5의 분할 길이를 지렛대 원리에 적용하여 계산하면, ZrO_2 결정, $ZrTiO_4$ 결정 및 Al_2TiO_5 결정의 분율은 각각 51.3 wt%, 30.8 wt% 및 17.9 wt%이다.

최종 결정에 대하여 성분별로 분리 합산한 조성은 (51.3 wt% + 18.7 wt%)=70.0 wt% ZrO_2, (12.1 wt% + 7.9 wt%)=20.0 wt% TiO_2 및 10.0 wt% Al_2O_3이다. 이는 처음에 주어진 초기 융체 조성(70.0 wt% ZrO_2-20.0 wt% TiO_2-10.0 wt% Al_2O_3)과 정확하게 일치한다.

Table 6.6.3. Isoplethal Analysis just below Eutectic Point E_2(1590$^-$℃) for the Melt with Initial Composition of 70.0 wt% ZrO_2-20.0 wt% TiO_2-10.0 wt% Al_2O_3

Temp. (℃)	Type and fraction basis of phases	Proportion(%)	Composition(%)		Analysis(%)		
					ZrO_2	TiO_2	Al_2O_3
※E_2^- (1590$^-$)	68.7 mm ZrO_2 crystal	51.3	ZrO_2	100.0	51.3		
			TiO_2	0.0		0.0	
			Al_2O_3	0.0			0.0
	41.3 mm $ZrTiO_4$ crystal	30.8	ZrO_2	60.7	18.7		
			TiO_2	39.3		12.1	
			Al_2O_3	0.0			0.0
	24.0 mm Al_2TiO_5 crystal	17.9	ZrO_2	0.0	0.0		
			TiO_2	44.0		7.9	
			Al_2O_3	56.0			10.0
	Total system composition				70.0	20.0	10.0

※ - indicates the temperature just below.

3원 공정반응 물질수지는 공정반응 이후의 생성물의 양에서 공정반응 이전의 반응물의 양을 빼서 "0"이 되는 관계식으로부터 구할 수 있다. 따라서 융체 C에 대하여 온도점 E^-(1590$^-$℃)에서의 존재상 양에서 온도점 E^+(1590$^+$℃)에서의 존재상 양을 빼서 "0"으로 하면 다음과 같이 계산된다.

$$\begin{array}{lllll} & 51.3\ wt\%\ ZrO_{2(s)} & +\ 30.8\ wt\%\ ZrTiO_{4(s)} & +\ 17.9\ wt\%\ Al_2TiO_{5(s)} & \\ -)\ & 39.0\ wt\%\ ZrO_{2(s)} & +\ 5.9\ wt\%\ ZrTiO_{4(s)} & & +\ 55.1\ wt\%\ melt_{(\ell)} \\ \hline & 12.3\ wt\%\ ZrO_{2(s)} & +\ 24.9\ wt\%\ ZrTiO_{4(s)} & +\ 17.9\ wt\%\ Al_2TiO_{5(s)} & -\ 55.1\ wt\%\ melt_{(\ell)} = 0 \end{array}$$

이항 정리하면, 온도점 E(1590℃)에서 3원 공정반응의 물질수지는 다음과 같다.

$$55.1\ wt\%\ melt_{(\ell)} \leftrightarrows 12.3\ wt\%\ ZrO_{2(s)} + 24.9\ wt\%\ ZrTiO_{4(s)} + 17.9\ wt\%\ Al_2TiO_{5(s)} \quad (6\text{-}7)$$

6.2 포정반응이 있는 3성분계 상평형도의 냉각 시뮬레이션(Cooling Simulations for Ternary Phase Diagrams with the Peritectic Reaction)

냉각 시 액상과 고상이 반응하여 새로운 고상을 형성하는 3원 포정반응(ternary peritectic reaction)이 있는 3성분계 상평형도에서, 주어진 특정 조성의 융체가 평형 냉각되는 동안 포정반응이 일어나는 계의 상태 변화는 다음과 같은 순서의 등조성선 연구를 통하여 알 수 있다.

① 3성분계 상평형도에 Alkemade 선을 그어서 만든 조성 삼각형과 상평형도 내부에 있는 불변점의 위치 관계를 살펴서 불변점이 3원 공정점인지, 또는 3원 포정점인지를 특정 짓는다.

② 초기 융체의 조성점을 상평형도에 찍고, 초기 융체 조성점과 조성 삼각형의 위치 관계로부터 순차적으로 정출되는 결정, 일어나는 반응 및 최종 결정을 예측한다.

③ 초기 융체 조성점이 가리키는 온도 초과에서는 초기 융체와 조성이 같은 액상이 100% 존재한다.

④ 초기 융체 조성점이 가리키는 온도에서 액상 조성점이 공통경계선에 도달하기 직전까지의 초정 정출 구간에서는 액상으로부터 초기 융체 조성점이 속한 상영역의 초정 결정이 정출된다.

⑤ 초정 정출 구간을 따라 냉각될 때는 초정 영역의 조성점에서 초기 융체 조성점을 가로질러 냉각 온도점(=액상 조성점)까지의 선분인 공액선을 그어서, 존재하는 두 상의 조성과 분율을 구한다.

⑥ 액상의 조성이 공통경계선을 따라 냉각되는 2원 정출 구간에서는, 공통경계선과 만나는 해당 Alkemade 선(혹은 연장된 Alkemade 선)의 교점 부근 온도 기울기로부터 2원 공정반응이 일어날지, 또는 2원 포정반응이 일어날지를 판별한다(온도 기울기를 알 수 없는 가상 상평형도에서는 공통경계선 상의 온도별 상분석 결과로부터 2원 공정반응이 일어났는지, 또는 2원 포정반응이 일어났는지를 판별한다).

⑦ 공통경계선을 따라 냉각되는 구간에서는 액상이 2원 공정반응 하여 (초정 + 2차 결정)으로 변하거나, 또는 (액상 + 초정)이 2원 포정반응 하여 2차 결정으로 변한다.

⑧ 공통경계선을 따라 냉각될 때는 액상 조성점-초정 조성점-2차 결정 조성점을 연결하는 공액 삼각형을 그려서, 존재하는 3상의 조성과 분율을 구한다.

⑨ 액상 조성이 3원 포정점을 만나면, (액상 + 초정)이 3원 포정반응하여 (2차 결정 + 3차 결정)으로 변한다.

⑩ 3원 포정반응 이후에는 초기 융체 조성점과 조성 삼각형의 위치 관계로부터 3원 포정점에서 최종적으로 냉각이 끝날지, 또는 다른 제2 공통경계선을 따라 계속 냉각될지를 판별한다.

⑪ 3원 포정점에서 평형 냉각이 끝날 때에는 초기 융체 조성점이 속한 조성 삼각형으로부터 최종 결정의 조성과 분율을 구한다.

⑫ 액상의 조성이 제2 공통경계선을 따라 냉각되는 2원 정출 구간에서는, 제2 공통경계선과 만나는 해당 Alkemade 선(혹은 연장된 Alkemade 선)의 교점 부근 온도 기울기로부터 2원 공정반응이 일어날지, 또는 2원 포정반응이 일어날지를 판별한다(온도 기울기를 알 수 없는 가상 상평형도에서는 공통경계선 상의 온도별 상분석 결과로부터 2원 공정반응이 일어났는지, 또는 2원 포정반응이 일어났는지를 판별한다).

⑬ 제2 공통경계선을 따라 냉각될 때는 액상 조성점-2차 결정 조성점-3차 결정 조성점을 연결하는 공액 삼각형을 그려서, 존재하는 (액상 + 2차 결정 + 3차 결정)의 조성과 분율을 구한다.

⑭ 평형 냉각이 끝나는 3원 공정점에서는 액상이 3원 공정반응 하여 (2차 결정 + 3차 결정 + 4차 결정)으로 변하고, 3원 포정점에서는 (액상 + 2차 결정)이 3원 포정반응 하여 (3차 결정 + 4차 결정)

으로 변한다.

⑮ 평형 냉각이 끝나는 3원 불변점 미만에서는 최종적으로 초기 융체 조성점이 속한 조성 삼각형의 꼭지점에 해당하는 조성의 세 결정으로 존재하며, 지렛대 원리를 적용하여 세 결정의 분율을 구한다.

다음 항부터는 특정 조성의 3성분계 융체가 평형 냉각될 때, 초정이 정출되는 구간을 거쳐 2원 정출 구간으로 진행되다가 3원 포정반응으로 끝나거나 또는 냉각이 계속되어 2원 정출 구간으로 진행되다가 3원 공정반응으로 끝나는 냉각 시뮬레이션에 대해 구체적인 실례를 들어 설명하고자 한다. 3성분계 상평형도에서 3원 포정반응이 있는 등조성선 연구는 다음과 같이, 비교적 단순한 과정으로 냉각이 끝나는 경우부터 좀 더 복잡한 과정을 거쳐 평형 냉각이 끝나는 경우까지의 순차적인 냉각 시뮬레이션을 통해 상분석의 이해도를 높이고자 하였다.

실례 ① 2개의 조성 삼각형이 있는 A-B-C 가상 3성분계 상평형도에서 특정 조성 융체가 (액상 유지 구간 → 초정 정출 구간 → 2원 공정반응 구간 → 3원 포정반응)의 경로를 거치는 평형 냉각

실례 ② 여러 개의 조성 삼각형이 있는 SiO_2-MgO-Al_2O_3 3성분계 상평형도에서 특정 조성 융체가 (액상 유지 구간 → 초정 정출 구간 → 2원 공정반응 구간 → 3원 포정반응)의 경로를 거치는 평형 냉각

실례 ③ 2개의 조성 삼각형이 있는 An-Fo-Qz 3성분계 상평형도에서 특정 조성 융체가 (액상 유지 구간 → 초정 정출 구간 → 2원 포정반응 구간 → 3원 포정반응 → 2원 공정반응 구간 → 3원 공정반응)의 경로를 거치는 평형 냉각

6.2.1 20 wt% A-10 wt% B-70 wt% C 조성 융체의 평형 냉각

Fig. 6.7에 보이는 가상의 A-B-C 3성분계 상평형도는 상영역 a, b, c와 bc를 포함하고 있다. 화합물 BC의 조성은 0.0 wt% A-16.7 wt% B-83.3 wt% C이고, 조성점 BC가 해당 상영역 bc 밖에 위치하므로 비조화용융 화합물이다. 상평형도에서 공통경계선과 Alkemade 선은 각각 5개이고, 조성 삼각형은 2개가 된다. 두 개의 불변점 중 점 E는 해당 조성 삼각형 A-B-BC 안에 위치하여 3원 공정점이지만, 점 P는 해당 조성 삼각형 A-BC-C 밖에 위치하여 3원 포정점이다.

20.0 wt% A-10.0 wt% B-70.0 wt% 융체의 조성점을 상평형도에 표시하면, Fig. 6.7에서 보이는 바와 같이 점 X이다. 초기 융체 조성점 X가 상영역 c 안에 위치하여 결정 C가 초정으로 정출된다. 초기 융체 조성점 X가 조성 삼각형 A-BC-C 안에 위치하므로 상온까지 냉각했을 때의 최종상은 (결정 A + 결정 BC + 결정 C)이다. 조성 X의 초기 융체가 평형 냉각될 때 초정은 결정 C이고, 2원 정출 구간을 거쳐 최종적으로 포정점 P에서 포정반응 하는 경로로 진행된다.

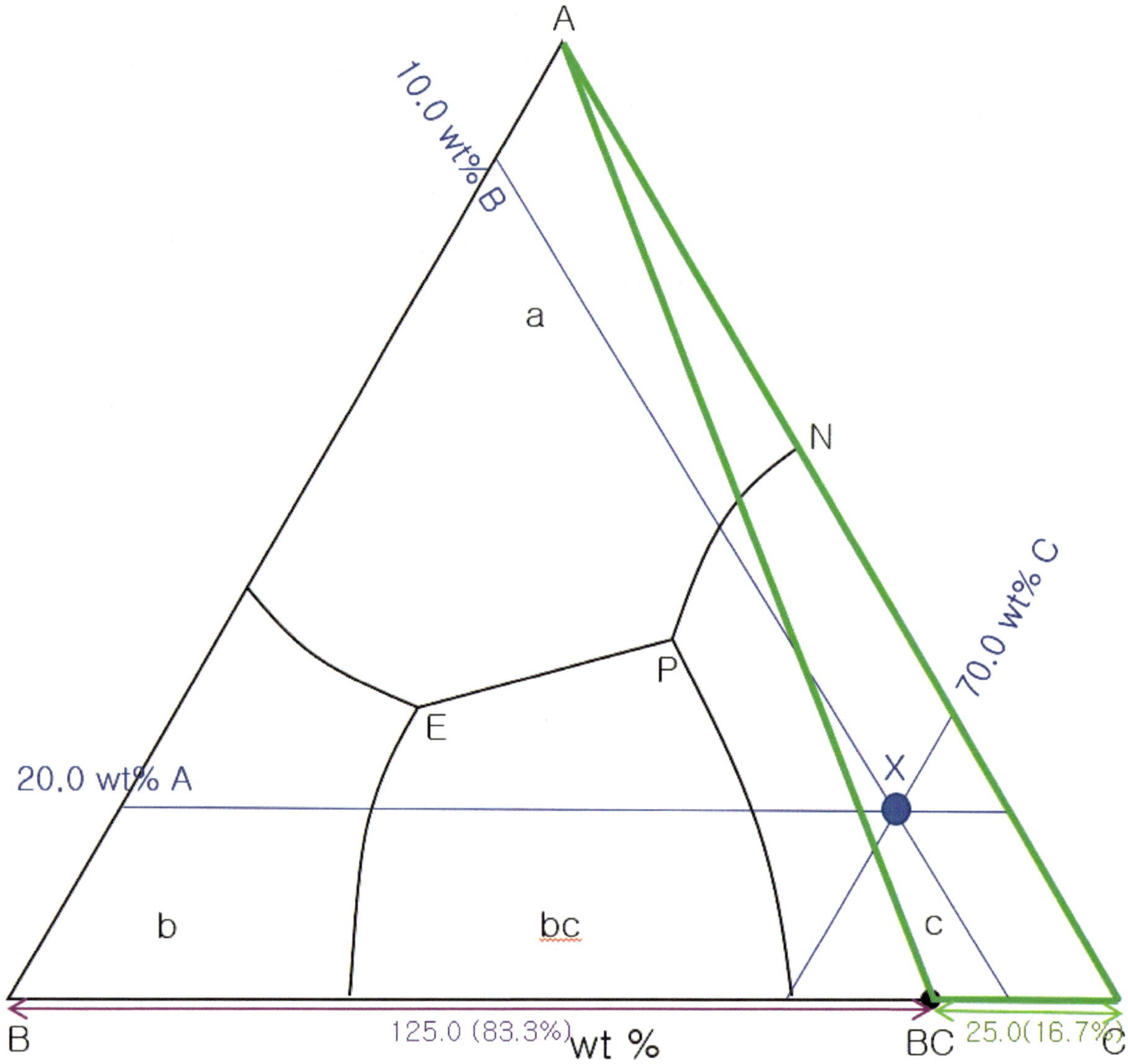

Fig. 6.7. Composition triangle drawn for the melt with initial composition X(20.0 wt% A-10.0 wt% B -70.0 wt% C) in a hypothetical A-B-C ternary phase diagram with an incongruently melting binary compound AB.

① 초정 정출 구간

초기 융체 조성점 X가 가리키는 온도 초과에서는 초기 융체와 같은 조성의 액상 L로만 100% 존재한다. Fig. 6.7.1에서 보이는 바와 같이, 초기 융체 조성점이 가리키는 온도에서 액상 L의 조성점이 공통경계선 N-P와 만나는 온도까지인 X~H^{+}의 초정 정출 냉각 구간에서는 액상 L로부터 초정 C가 정출되어 존재상은 (액상 L + 초정 C)이다. 이 구간에서의 공액선은 초정 조성점 C에서 직선으로 초기 융체 조성점 X를 지나 해당 온도까지 그은 선분이다.

온도점 X에서는 액상 L로부터 초정 C가 아주 미량 정출되며 액상 L의 조성은 초기 융체 조성과 같다. 점 H에 도달하기 직전 온도점 H^{+}에서는 존재하는 상의 조성과 분율은 공액선 H-C를 따른다. 초기 융체 조성점 X를 기준으로 공액선 H-C에 의해 계산되는 액상 L과 고상 C의 분율은 각각 50.6 wt%와 549.4 wt%이다. 공액선 H-C 양 끝 조성으로부터 초정 C의 조성은 100.0 wt% C이고, 액상 L의 조성은 39.5 wt% A-19.8 wt% B-40.7 wt% C이다.

초정 정출 구간의 온도점 X와 H^{+}에서의 등조성선 연구 결과는 Table 6.7.1에 나타내었다.

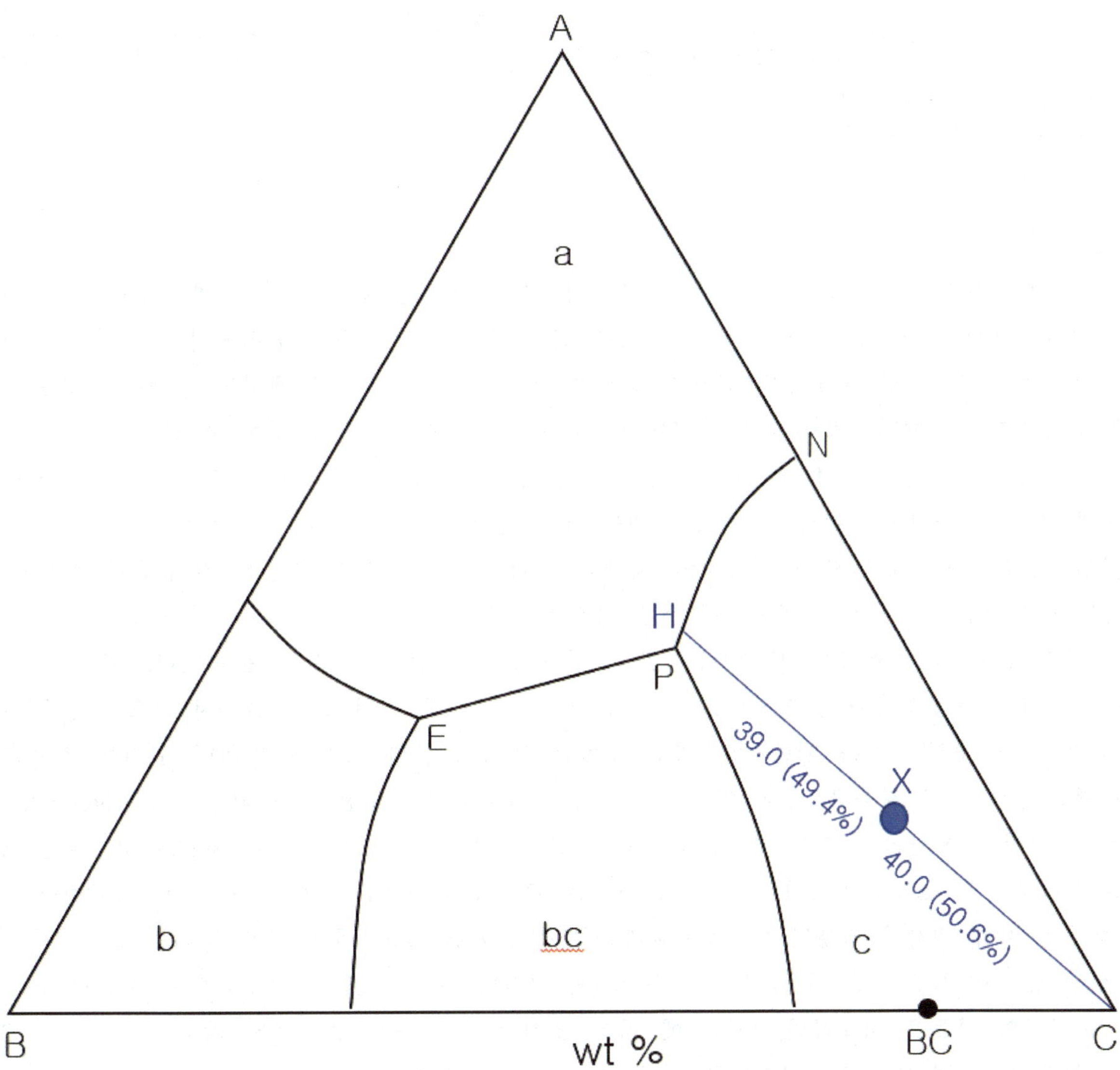

Fig. 6.7.1. Cooling path from X to H^{+} and tie line drawn at H^{+} for the melt with initial composition X(20.0 wt% A-10.0 wt% B-70.0 wt% C).

Table 6.7.1. Isoplethal Analysis at X and H^+ for the Melt with Initial Composition of 20.0 wt% A -10.0 wt% B-70.0 wt% C

Temp. (℃)	Type and fraction basis of phases	Proportion(%)	Composition(%)		Analysis(%)		
					A	B	C
X	40.0 mm melt	100.0	A	20.0	20.0		
			B	10.0		10.0	
			C	70.0			70.0
	† ε mm C crystal	ε	A	0.0	0.0		
			B	0.0		0.0	
			C	100.0			0.0
	Total system composition				20.0	10.0	70.0
#H^+	40.0 mm melt	50.6	A	39.5	20.0		
			B	19.8		10.0	
			C	40.7			20.6
	39.0 mm C crystal	49.4	A	0.0	0.0		
			B	0.0		0.0	
			C	100.0			49.4
	Total system composition				20.0	10.0	70.0

† ε represents infinitesimal amount.
\# + indicates the temperature just above.

② 2원 정출 구간

Fig. 6.7.2에서 보이는 바와 같이, 액상 L의 조성이 공통 경계선 N-P를 따라 변화하는 온도 범위 H^-~ P^+에서의 존재상은 (액상 L + 초정 C + 2차 결정 A)이다. 이 온도 범위에서의 공액 삼각형은 액상 L의 조성점과 두 고상 조성점을 연결한 삼각형(예를 들어, 온도점 P^+에서는 초록색으로 표시한 삼각형 P-C-A)이다. 이때에는 공액 삼각형으로부터 존재상의 조성과 분율을 구할 수 있다.

점 H에 도달한 직후 온도점 H^-에서는 공액 삼각형 H-C-A 내부의 교차선 H-C가 Alkemade 선 C-A의 한쪽 끝점인 조성점 C에서 만난다. 이때는 초기 융체 조성점 X를 기준으로 한 내부 교차선 H-C의 분할 길이를 지렛대 원리에 적용하여 계산되는 액상 L과 고상의 분율은 각각 50.0 wt%인데, 고상 중에서 결정 A는 아주 미량 ε이고 대부분은 결정 C이다.

점 P에 도달하기 직전 온도점 P^+에서는 공액 삼각형 P-C-A를 그려서 분석한다. 공액 삼각형 P-C-A의 액상 L의 조성점 P에서 직선으로 초기 융체 조성점 X를 지나 변 C-A까지 그으면 점 K에서 만난다. 초기 융체 조성점 X를 기준으로 내부 교차선 P-K의 분할 길이를 지렛대 원리에 적용하여 계산되는 액상 L과 고상 분율은 각각 47.3 wt%와 52.7 wt%이다. 교점 K를 기준으로 Alkemade 선 C-A의 분할 길이로 계산되는 고상 중 결정 C의 분율은 52.7 wt%×95.7%=50.4 wt%이고, 결정 A의 분율은 52.7 wt%×4.3%=2.3 wt%이다. 액상 L의 조성은 37.4 wt% A-21.2 wt% B-41.4 wt% C이다.

공통경계선을 따라 냉각이 진행될 때, 공통경계선 N-P가 Alkemade 선 C-A과 만나는 교점 N 부근 Alkemade 선 C-A에서의 온도 기울기는 알 수 없다. 그러나 온도점 H^-와 상대적으로 저온인 온도점 P^+에서의 존재상의 분율을 비교하면, 냉각됨에 따라 초정 C의 분율은 줄어들지 않고 (초정 C + 2차 결정 A)의 분율이 증가하므로 2원 공정반응이 진행된 것으로 판별된다.

2원 공정반응이 진행되는 온도점 H^-와 P^+에서 존재하는 상의 조성과 분율에 관한 등조성선 연구 결과는 Table 6.7.2와 3에 나타내었다.

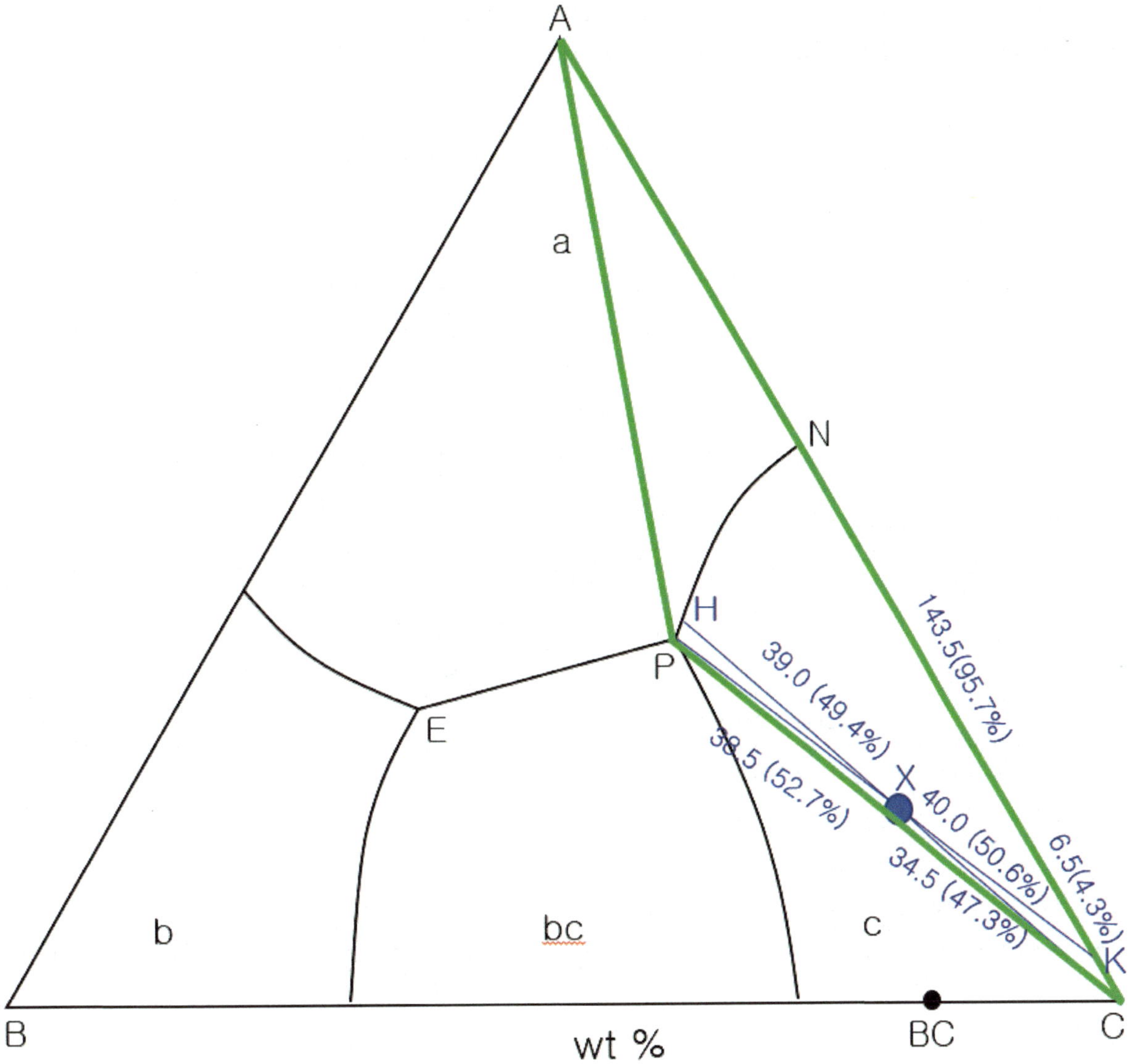

Fig. 6.7.2. Cooling path from H^- to P^+ and tie triangle drawn at P^+ for the melt with initial composition X(20.0 wt% A-10.0 wt% B-70.0 wt% C).

Table 6.7.2. Isoplethal Analysis just below H(H^-) for the Melt with Initial Composition of 20.0 wt% A-10.0 wt% B-70.0 wt% C

Temp. (℃)	Type and fraction basis of phases	Proportion(%)		Composition(%)		Analysis(%) A	B	C
H^-	40.0 mm melt	50.6		A	39.5	20.0		
				B	19.8		10.0	
				C	40.7			20.6
	39.0 mm C, A crystals	49.4	C (49.4×100.0 = 49.4)	A	0.0	0.0		
				B	0.0		0.0	
				C	100.0			49.4
			A (49.4× 0.0 = 0.0)	A	100.0	0.0		
				B	0.0		0.0	
				C	0.0			0.0
	Total system composition					20.0	10.0	70.0

※ - indicates the temperature just below.

Table 6.7.3. Isoplethal Analysis just above Ternary Peritectic Point P for the Melt with Initial Composition of 20.0 wt% A-10.0 wt% B-70.0 wt% C

Temp. (℃)	Type and fraction basis of phases	Proportion(%)		Composition(%)		Analysis(%)		
						A	B	C
$^{\#}P^{+}$	34.5 mm melt	47.3		A	37.4	17.7		
				B	21.2		10.0	
				C	41.4			19.6
	38.5 mm C, A crystals	52.7	C (52.7×95.7 = 50.4)	A	0.0	0.0		
				B	0.0		0.0	
				C	100.0			50.4
			A (52.7× 4.3 = 2.3)	A	100.0	2.3		
				B	0.0		0.0	
				C	0.0			0.0
	Total system composition					20.0	10.0	70.0

\# + indicates the temperature just above.

③ 3원 포정반응 구간

3원 포정점 P에서 액상 L과 일부의 초정 C는 다음과 같이 3원 포정반응 하여 (결정 BC + 결정 A)를 형성한다.

$$\text{C crystal(s)} + \text{melt}(\ell) \underset{\text{cooling}}{\overset{\text{heating}}{\leftrightarrows}} \text{BC crystal(s)} + \text{A crystal(s)} \qquad (6\text{-}8)$$

Fig. 6.7.4에서 보이는 바와 같이 초기 융체 조성점 X가 조성 삼각형 C-A-BC 안에 위치하므로, 3원 포정반응 이후에 더 이상 다른 경로의 냉각이 진행되지 않고 3원 포정점에서 최종적으로 냉각 경로가 끝나는 것으로 판단할 수 있다.

조성 X의 융체가 3원 포정반응 직후 온도점 P^-에서는 초기 융체 조성점 X가 속한 조성 삼각형 A-BC-C로부터 최종 결정의 조성과 명칭은 100.0 wt% A의 결정 A, 16.7 wt% B-83.3 wt% C의 결정 BC 및 100.0 wt% C의 결정 C이다.

그리고 최종 결정의 분율을 구하기 위하여 초기 융체 조성점 X를 지나고 조성 삼각형 A-BC-C의 변 A-BC와 변 BC-C에 평행한 직선 2개를 그으면, 두 선은 각각 변 A-C의 점 R과 점 Q에서 만난다. 따라서 분할 길이 A-R, R-Q 및 Q-C를 지렛대 원리에 적용하여 계산되는 결정 C, 결정 BC 및 결정 A의 분율은 각각 20.0 wt%, 60.0 wt% 및 20.0 wt%이다.

3원 포정반응 직후 온도점 P^-에서의 최종상에 관한 등조성선 연구 결과는 Table 6.7.4에 나타내었다.

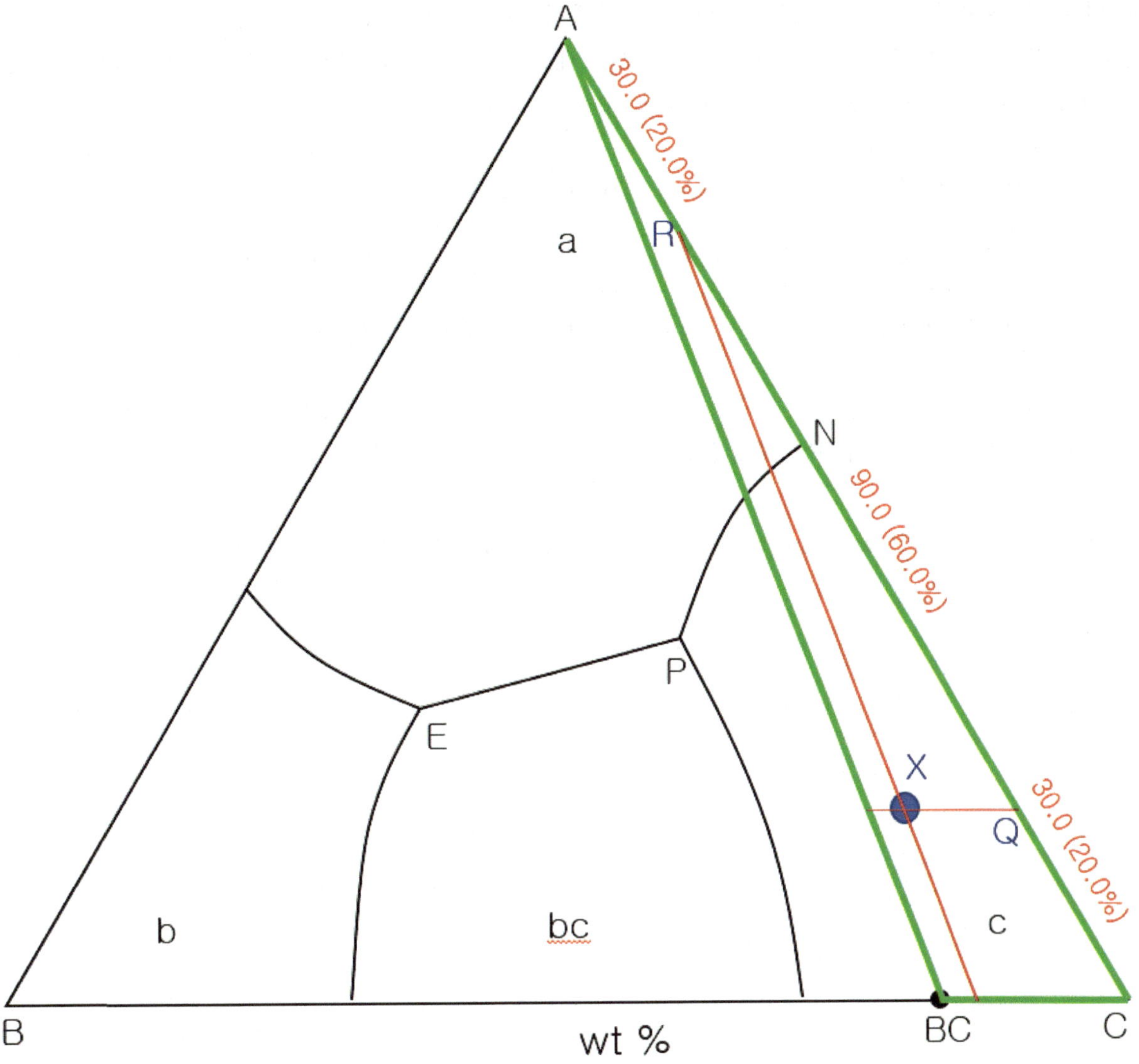

Fig. 6.7.3. The composition and fraction of final crystalline phases determined by composition triangle after cooling just below peritectic point P(P⁻) for the melt with initial composition X(20.0 wt% A-10.0 wt% B-70.0 wt% C).

Table 6.7.4. Isoplethal Analysis just below Ternary Peritectic Point P(P⁻) for the Melt with Initial Composition of 20.0 wt% A-10.0 wt% B-70.0 wt% C

Temp. (℃)	Type and fraction basis of phases	Proportion(%)	Composition(%)		Analysis(%)		
					A	B	C
※P⁻	90.0 mm BC crystal	60.0	A	0.0	0.0		
			B	16.7		10.0	
			C	83.3			50.0
	30.0 mm A crystal	20.0	A	100.0	20.0		
			B	0.0		0.0	
			C	0.0			0.0
	30.0 mm C crystal	20.0	A	0.0	0.0		
			B	0.0		0.0	
			C	100.0			20.0
	Total system composition				20.0	10.0	70.0

※- indicates the temperature just below.

3원 포정반응 물질수지는 반응 이후 생성물의 양에서 반응 이전 반응물의 양을 빼서 “0”이 되는 관계식으로부터 구할 수 있다. 따라서 조성 X 융체에 대하여 온도점 P^-에서의 존재상의 양에서 온도점 P^+에서의 존재상의 양을 빼서 “0”으로 하면 다음과 같이 계산된다.

$$
\begin{array}{rl}
 & 20.0\ \text{wt\%}\ C_{(s)} + 20.0\ \text{wt\%}\ A_{(s)} + 60.0\ \text{wt\%}\ BC_{(s)} \\
-) & 50.4\ \text{wt\%}\ C_{(s)} + 2.3\ \text{wt\%}\ A_{(s)} + 47.3\ \text{wt\%}\ \text{melt}_{(\ell)} \\
\hline
 & -30.4\ \text{wt\%}\ C_{(s)} + 17.7\ \text{wt\%}\ A_{(s)} + 60.0\ \text{wt\%}\ BC_{(s)} - 47.3\ \text{wt\%}\ \text{melt}_{(\ell)} = 0
\end{array}
$$

이항 정리하면, 온도점 P에서 3원 포정반응의 물질수지는 다음과 같다.

$$30.4\ \text{wt\%}\ C(s) + 47.3\ \text{wt\%}\ \text{melt}(\ell) \leftrightarrows 60.0\ \text{wt\%}\ BC(s) + 17.7\ \text{wt\%}\ A(s) \quad (6\text{-}9)$$

6.2.2 31 wt% SiO_2-39 wt% MgO-30 wt% Al_2O_3 조성 융체의 평형 냉각

Fig. 6.8에 보이는 SiO_2-MgO-Al_2O_3 3성분계 상평형도는 Fig. 6.8.1에서 보이는 바와 같이 9개의 상영역으로 나뉘고, Fig. 6.8.2에서 보이는 바와 같이 Alkemade 선 17개를 그으면 조성 삼각형은 9개가 된다. 또한 여러 개의 조화 용융점인 3원 공정점과 비조화 용융점인 3원 포정점을 포함하고 있다.

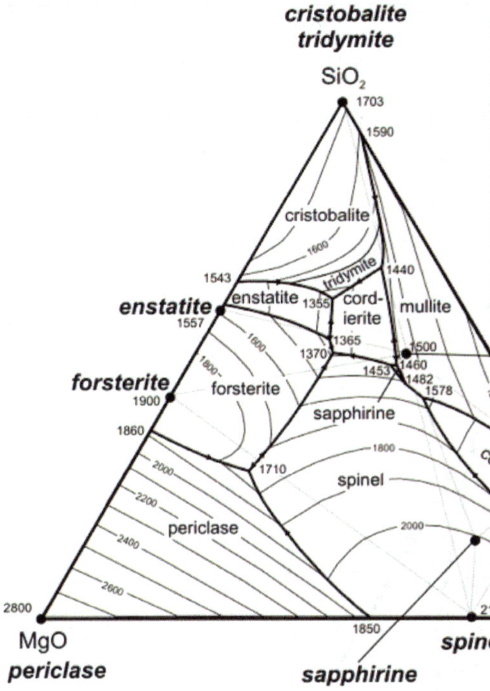

Crystalline phases	Oxide Formula
Cristobalite	SiO_2
Tridymite	SiO_2
Enstatite	$MgO \cdot SiO_2$
Forsterite	$2MgO \cdot SiO_2$
Periclase	MgO
Spinel	$MgO \cdot Al_2O_3$
Corundum	Al_2O_3
Mullite	$3Al_2O_3 \cdot 2SiO_2$
Cordierite	$2MgO \cdot 2Al_2O_3 \cdot 5SiO_2$
Sapphirine	$4MgO \cdot 5Al_2O_3 \cdot 2SiO_2$

Fig. 6.8. MgO-Al_2O_3-SiO_2 ternary phase diagram containing various ternary invariant points.[5-7]

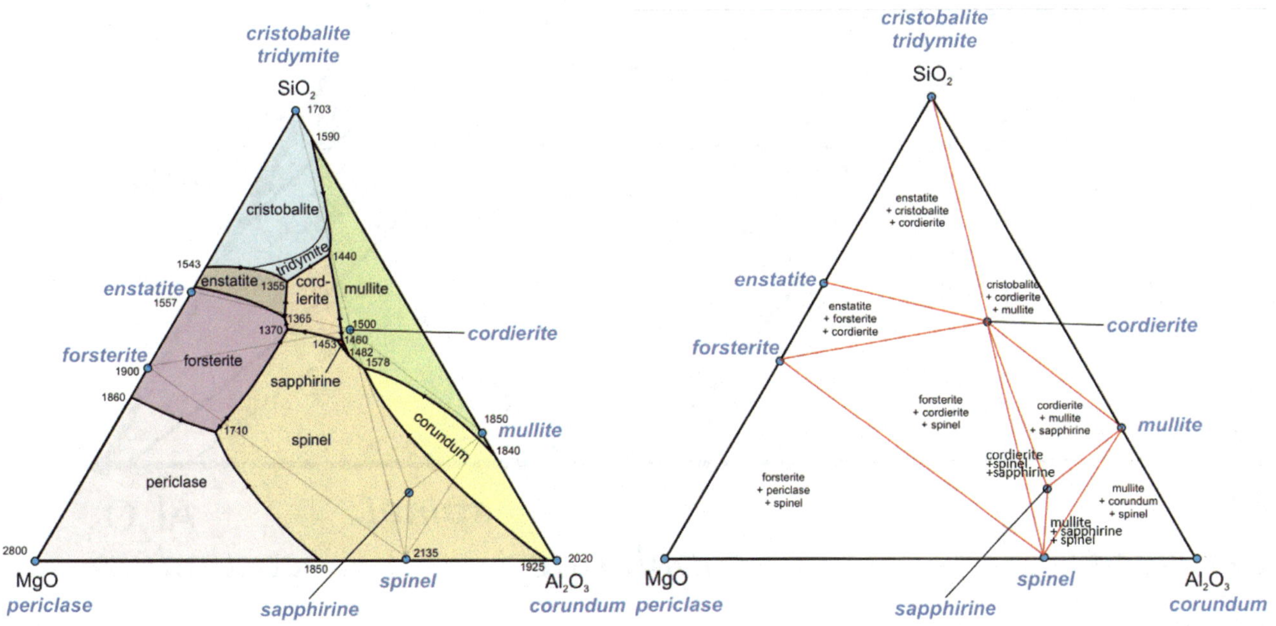

(a) (b)

Fig. 6.8.1. Phase fields(a) and composition triangles(b) in MgO-Al_2O_3-SiO_2 ternary phase diagram.

Fig. 6.8.2에는 등조성선 연구할 초기 융체 조성점 A(31.0 wt% SiO_2-39.0 wt% MgO-30.0 wt% Al_2O_3)와 초기 융체 조성점 주변의 조성 삼각형을 표시하였다. 상평형도에서 불변점 E는 빨간색으로 표시한 해당 조성 삼각형 forsterite-periclase-spinel 안에 위치하여 3원 공정점이고, 불변점 P는 초록색으로 표시한 해당 조성 삼각형 forsterite-spinel-cordierite 밖에 위치하여 3원 포정점이다.

초기 융체 조성점 A는 상영역 spinel 안에 위치하여 spinel이 초정으로 정출된다. 그리고 초기 융체 조성점 A가 조성 삼각형 cordierite-forsterite-spinel 안에 위치하여 평형 냉각될 때 최종 결정은 {cordierite($2MgO \cdot 2Al_2O_3 \cdot 5SiO_2$) + forsterite ($2MgO \cdot SiO_2$) + spinel($MgO \cdot Al_2O_3$)}이다. 따라서 조성 A의 융체는 평형 냉각에서 spinel이 초정으로 정출되고, 공통경계선 E-P를 따라가는 2원 정출 구간에서는 (액상 L + 고상 spinel + 고상 forsterite)로 존재하며, 최종으로 (액상 L + 고상 spinel + 고상 forsterite + 고상 cordierite)가 평형인 3원 포정점 P까지의 냉각 경로를 거치게 될 것이다.

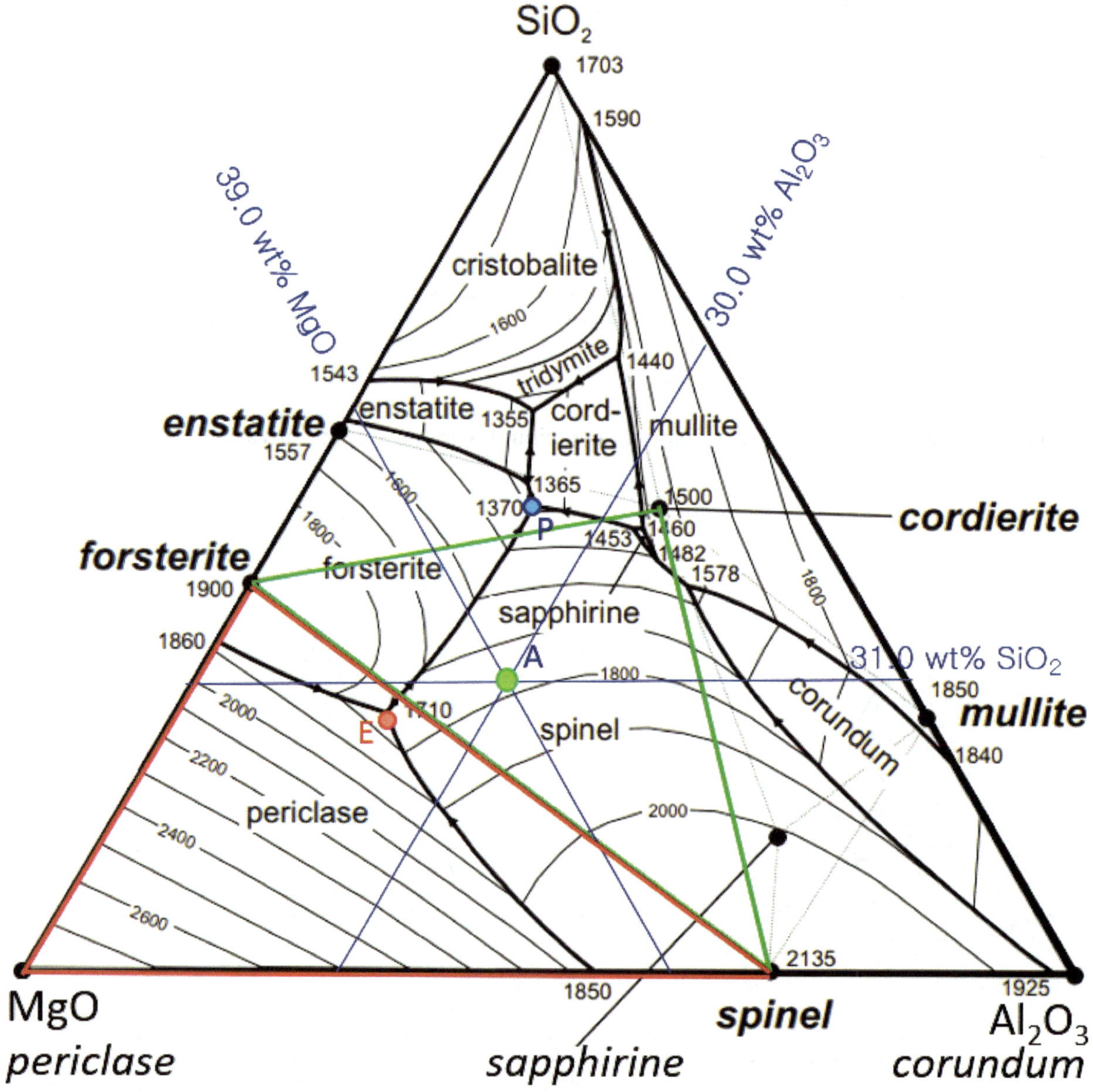

Fig. 6.8.2. Composition triangles drawn in the near region of the melt with initial composition A(31.0 wt% SiO_2-39.0 wt% MgO-30.0 wt% Al_2O_3) in SiO_2-MgO-Al_2O_3 ternary phase diagram.

① 초정 정출 구간

Fig. 6.8.3에서 보이는 바와 같이 융체가 냉각되어 조성점 A가 가리키는 온도 초과에서는 액상 L로 존재하다가 온도점 A(1790℃)에 도달하면 액상 L로부터 결정 spinel이 초정으로 정출되기 시작한다. 온도 범위 A~C⁺(1790~1650⁺℃)의 초정 정출 구간에서 결정 spinel 정출됨에 따라 액상 L의 조성은 spinel의 조성점에서 직선으로 초기 융체 조성점 A를 지나 똑바로 멀어지는 점 A에서 점 C로 변한다.

온도점 B(1700℃)에서는 초기 융체 조성점 A를 기준으로 공액선 B-spinel을 기준으로 하여 계산되는 액상 L과 초정 spinel의 분율은 각각 89.6 wt%와 10.4 wt%이다. 초정 spinel의 조성은 28.7 wt% MgO-71.3 wt% Al_2O_3이고, 액상 L의 조성은 34.6 wt% SiO_2-40.2 wt% MgO-25.2 wt% Al_2O_3이다. 점 C에 도달하기 직전 온도점 C⁺(1650⁺℃)에서는 공액선 C-spinel로부터 계산되는 액상 L과 초정 spinel의 분율은 각각 83.6 wt%와 16.4 wt%이다.

초정 정출 구간의 온도점 A, B 및 C⁺에서의 등조성선 연구 결과는 Table 6.8.1에 나타내었다.

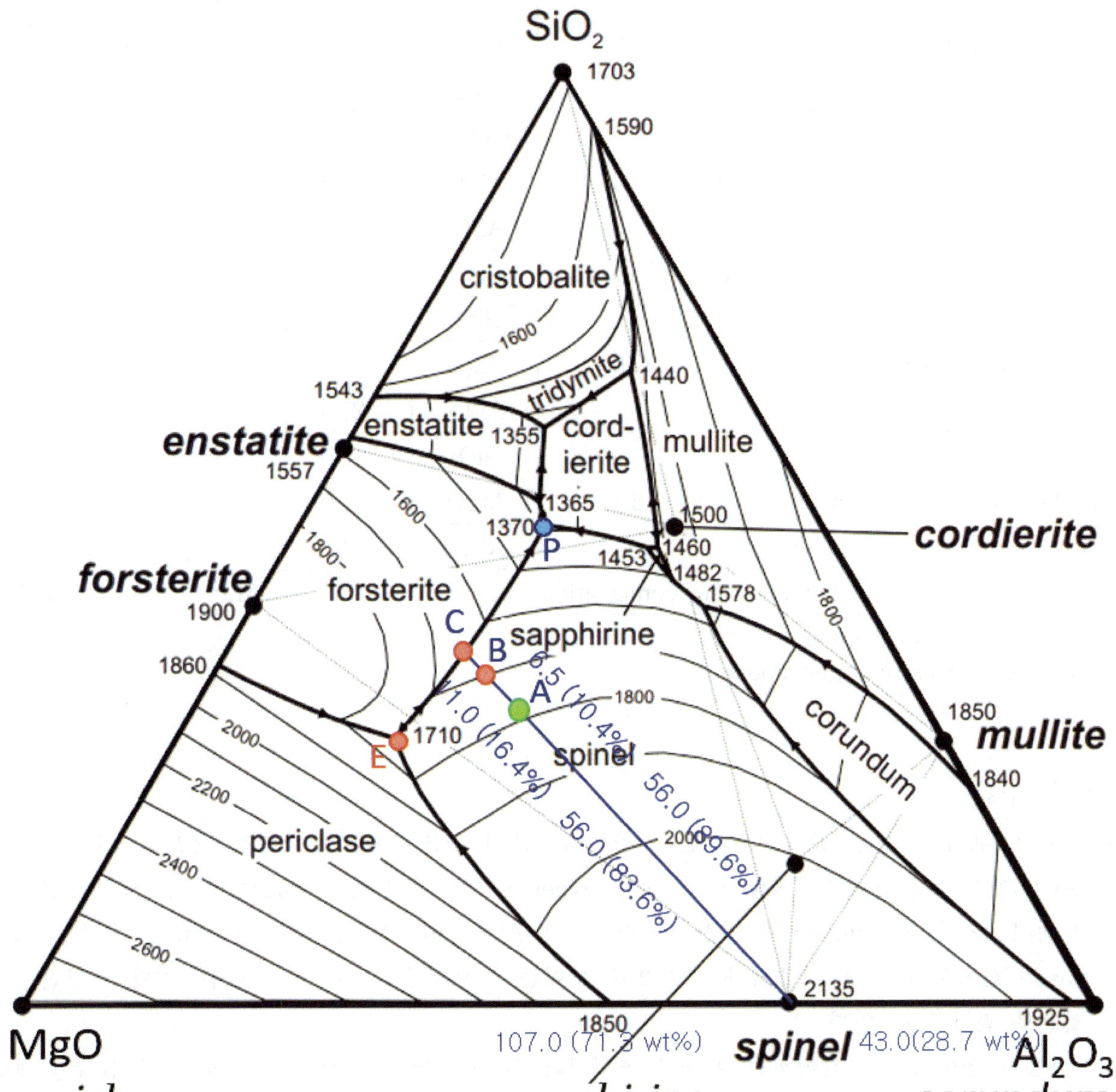

Fig. 6.8.3. Cooling path from A(1790℃) to B(1700℃) to C⁺(1650⁺℃) and tie line drawn at C⁺ for the melt with initial composition A(31.0 wt% SiO_2-39.0 wt% MgO-30.0 wt% Al_2O_3).

Table 6.8.1. Isoplethal Analysis at A(1790℃), B(1700℃) and C^{+}(1650^{+}℃) for the Melt with Initial Composition of 31.0 wt% SiO_2-39.0 wt% MgO-30.0 wt% Al_2O_3

Temp. (℃)	Type and fraction basis of phases	Proportion(%)	Composition(%)		Analysis(%)		
					SiO_2	MgO	Al_2O_3
A (1790)	46.0 mm melt	100.0	SiO_2	31.0	31.0		
			MgO	39.0		39.0	
			Al_2O_3	30.0			30.0
	† ε mm spinel crystal	ε	SiO_2	0.0	0.0		
			MgO	28.7		0.0	
			Al_2O_3	71.3			0.0
	Total system composition				31.0	39.0	30.0
B (1700)	56.0 mm melt	89.6	SiO_2	34.6	31.0		
			MgO	40.2		36.0	
			Al_2O_3	25.2			22.6
	6.5 mm spinel crystal	10.4	SiO_2	0.0	0.0		
			MgO	28.7		3.0	
			Al_2O_3	71.3			7.4
	Total system composition				31.0	39.0	30.0
#C^{+} (1650^{+})	56.0 mm melt	83.6	SiO_2	37.1	31.0		
			MgO	41.0		34.3	
			Al_2O_3	21.9			18.3
	11.0 mm spinel crystal	16.4	SiO_2	0.0	0.0		
			MgO	28.7		4.7	
			Al_2O_3	71.3			11.7
	Total system composition				31.0	39.0	30.0

† ε represents infinitesimal amount.
# + indicates the temperature just above.

② 2원 정출 구간

Fig. 6.8.4에서 보이는 바와 같이 액상 L이 공통경계선 E-P를 따라 냉각되는 온도 구간 C^{-}~E_2^{+} (1650^{-}~1370^{+}℃)에서의 존재상은 (액상 L + 초정 spinel + 2차 결정 forsterite)이다. 빨간색 점선으로 표시한 부분에서 볼 수 있듯이, 공통경계선 E-P가 해당 Alkemade 선 spinel-forsterite와 만나는 교점 부근 Alkemade 선에서의 온도 기울기가 교점으로 모이는 것으로부터, 이 구간에서는 2원 공정반응이 일어나는 것으로 판단할 수 있다.

2원 공정반응이 일어나는 구간에서는 액상의 조성점과 두 고상의 조성점을 연결한 공액 삼각형(예를 들어, 온도점 D에서는 초록색으로 표시한 삼각형 D-spinel-forsterite)으로부터 존재하는 상의 조성과 분율을 알 수 있다. Alkemade 선 SiO_2-MgO에 있는 forsterite의 조성점에서 정출되는 2차 결정 forsterite의 조성은 42.0 wt% SiO_2-58.0 wt% MgO이다.

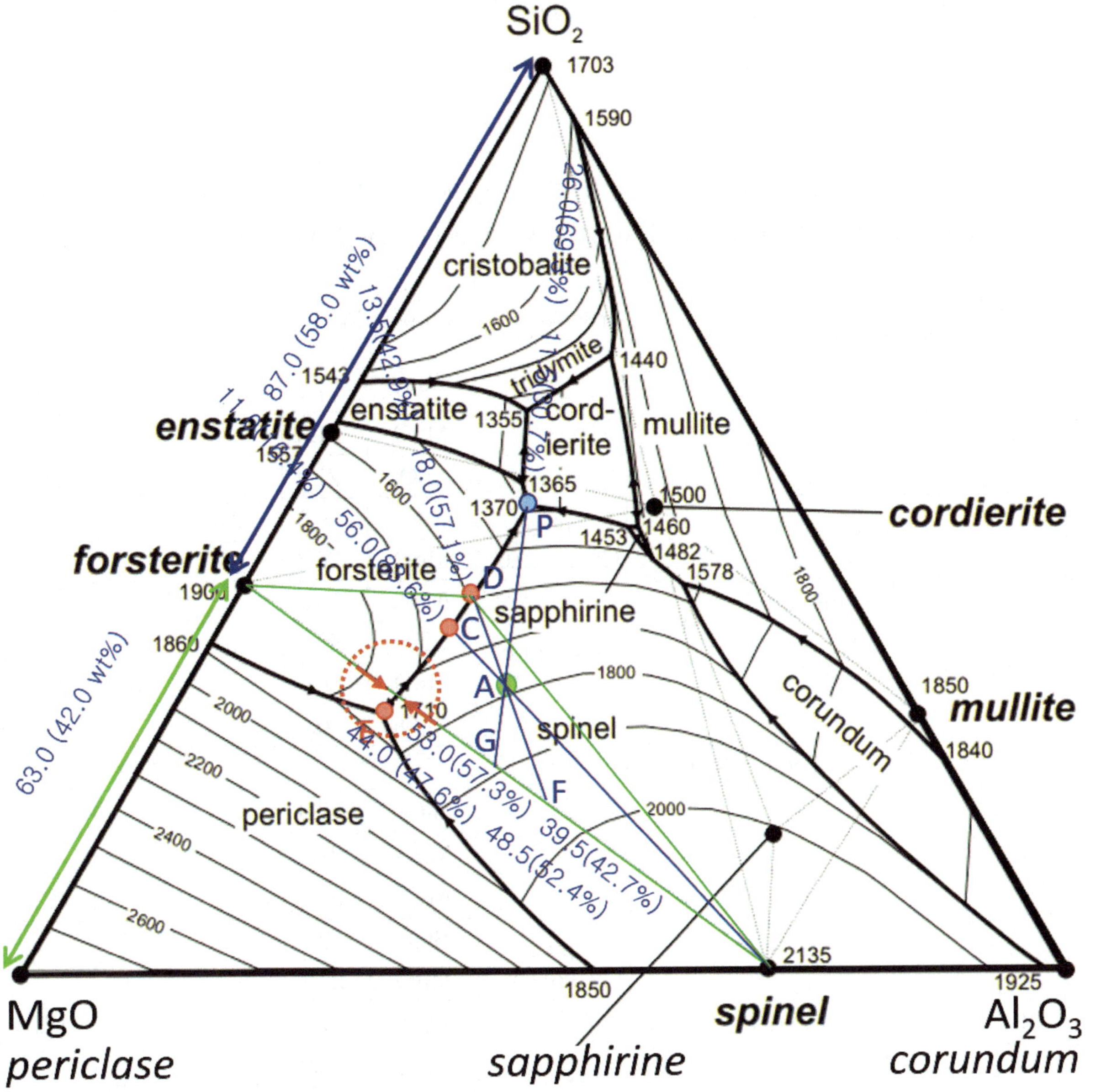

Fig. 6.8.4. Cooling path from $C^{-}(1650^{-})$ to D(1600) to $P^{+}(1370^{+})$ and tie triangle drawn at D for the melt with initial composition A(31.0 wt% SiO_2-39.0 wt% MgO-30.0 wt% Al_2O_3).

점 C에 도달한 직후 온도점 $C^{-}(1650^{-}$℃)에서는 공액 삼각형 C-spinel-forsterite의 내부 교차선 C-spinel로 계산되는 액상 L과 고상의 분율은 각각 83.6 wt%와 16.4 wt%이다. 이때는 고상의 대부분은 초정 spinel이고, 2차 결정 forsterite는 아주 미량 ε이다.

온도점 D(1600℃)에서는 공액 삼각형 D-spinel-forsterite의 내부 교차선 D-F의 분할 길이로부터 계산되는 액상 L과 고상의 분율은 각각 57.1 wt%와 42.9 wt이다. 고상 중에서 초정 spinel의 분율은 42.9 wt%×57.3%=24.6 wt%이고, 2차 결정 forsterite의 분율은 42.9 wt%×42.7%=18.3 wt%이다.

3원 포정점 P에 도달하기 직전 온도점 $P^{+}(1370^{+}$℃)에서는 공액 삼각형 P-forsterite-spinel의 내부 교차선 P-G의 분할 길이로부터 계산되는 액상 L과 고상의 분율은 각각 30.7 wt%와 69.3 wt%이다. 이때 교점 G를 기준으로 한 Alkemade 선 forsterite-spinel에 의해 계산되는 초정 spinel의 분율은 69.3 wt%×47.6%=33.0 wt%이고, 2차 결정 forsterite의 분율은 69.3 wt%×52.4%=36.3 wt%이다.

2원 공정반응이 일어나는 온도점 C^-(1650$^-$℃), D(1600℃) 및 P^+(1370$^+$℃)에서의 등조성선 연구 결과는 Table 6.8.2에 나타내었다.

Table 6.8.2. Isoplethal Analysis at C^-(1650$^-$℃), D(1600℃) and P^+(1370$^+$℃) for the Melt with Initial Composition of 31.0 wt% SiO_2-39.0 wt% MgO-30.0 wt% Al_2O_3

Temp. (℃)	Type and fraction basis of phases	Proportion(%)		Composition(%)		Analysis(%)		
						SiO_2	MgO	Al_2O_3
※C^- (1650$^-$)	56.0 mm melt	83.6		SiO_2	37.1	31.0		
				MgO	41.0		34.3	
				Al_2O_3	21.9			18.3
	11.0 mm spinel, forsterite crystals	16.4	spinel (16.4×100.0 = 16.4)	SiO_2	0.0	0.0		
				MgO	28.7		4.7	
				Al_2O_3	71.3			11.7
			forsterite (16.4× 0.0 = 0.0)	SiO_2	42.0	0.0		
				MgO	58.0		0.0	
				Al_2O_3	0.0			0.0
	Total system composition					31.0	39.0	30.0
D (1600)	18.0 mm melt	57.1		SiO_2	40.8	23.3		
				MgO	37.3		21.3	
				Al_2O_3	21.9			12.5
	13.5 mm spinel, forsterite crystals	42.9	spinel (42.9×57.3 = 24.6)	SiO_2	0.0	0.0		
				MgO	28.7		7.1	
				Al_2O_3	71.3			17.5
			forsterite (42.9×42.7 = 18.3)	SiO_2	42.0	7.7		
				MgO	58.0		10.6	
				Al_2O_3	0.0			0.0
	Total system composition					31.0	39.0	30.0
#P^+ (1370$^+$)	11.5 mm melt	30.7		SiO_2	51.5	15.8		
				MgO	27.3		8.4	
				Al_2O_3	21.2			6.5
	26.0 mm spinel, forsterite crystals	69.3	spinel (69.3×47.6 = 33.0)	SiO_2	0.0	0.0		
				MgO	28.7		9.5	
				Al_2O_3	71.3			23.5
			forsterite (69.3×52.4 = 36.3)	SiO_2	42.0	15.2		
				MgO	58.0		21.1	
				Al_2O_3	0.0			0.0
	Total system composition					31.0	39.0	30.0

※ - indicates the temperature just below.
+ indicates the temperature just above.

③ 3원 포정반응 구간

3원 포정점 P(1370℃)에서 남아있던 (액상 L + 초정 spinel)은 아래와 같은 3원 포정반응 하여 (2차 결정 forsterite + 3차 결정 cordierite)로 변한다.

$$\text{melt}(\ell) + \text{spinel crystal(s)} \underset{\text{cooling}}{\overset{\text{heating}}{\leftrightarrows}} \text{forsterite crystal(s)} + \text{cordierite crystal(s)} \qquad (6\text{-}10)$$

여기서 3차 결정 cordierite($2MgO \cdot 2Al_2O_3 \cdot 5SiO_2$)의 조성 역시 상평형도에서 조성점을 읽어 알 수 있는데, 51.4 wt% SiO_2-13.8 wt% MgO-34.8 wt% Al_2O_3이다.

Fig. 6.8.5에서 보이는 바와 같이 초기 융체 조성점 A가 조성 삼각형 spinel-forsterite-cordierite 안에 위

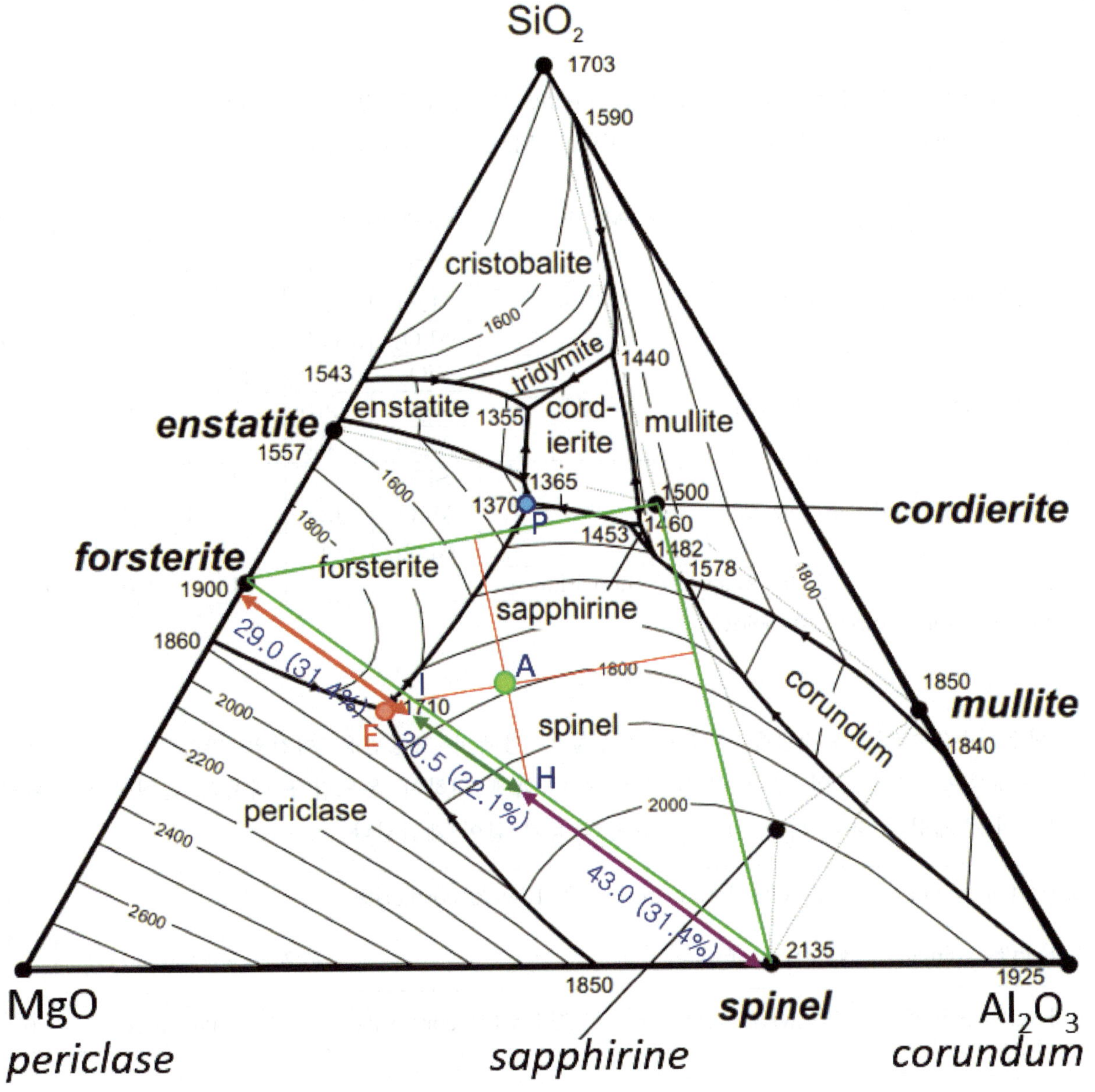

Fig. 6.8.5. The composition and fraction of final crystalline phases determined by composition triangle after cooling just below peritectic point P(1370⁻℃) for the melt with initial composition A(31.0 wt% SiO_2-39.0 wt% MgO-30.0 wt% Al_2O_3).

치하므로, 3원 포정반응 이후에 더 이상 다른 경로의 냉각이 진행되지 않고 3원 포정점에서 최종적으로 냉각이 끝나는 것으로 판단할 수 있다.

3원 포정반응 일어난 직후 온도점 P^-(1370⁻℃)에서는 초기 융체 조성점 A가 속한 조성 삼각형 spinel-forsterite-cordierite에 의해 알 수 있는 바와 같이, (초정 spinel + 2차 결정 forsterite + 3차 결정 cordierite)로 존재한다. 그리고 초기 융체 조성점 A를 지나고 조성 삼각형 spinel-forsterite-cordierite의 변 cordierite-spinel과 변 cordierite-forsterite에 평행하게 그은 직선이 변 forsterite-spinel과 만나는 교점은 각각 점 H와 I이다. 점 H와 I를 기준으로 하는 변 forsterite-spinel의 분할 길이를 지렛대 원리에 적용하여 계산되는 결정 spinel, forsterite 및 cordierite의 분율은 각각 31.4 wt%, 46.5 wt% 및 22.2 wt%이다.

Table 6.8.3에 나타내었듯이 최종으로 존재하는 결정 spinel, forsterite 및 cordierite에 대해 성분별로 분리 합산한 조성이 처음에 제시한 초기 융체 조성(31.0 wt% SiO_2-39.0 wt% MgO-30.0 wt% Al_2O_3)과 정확하게 일치함을 알 수 있다.

Table 6.8.3. Isoplethal Analysis just below Peritectic Point P(1370⁻℃) for the Melt with Initial Composition of 31.0 wt% SiO_2-39.0 wt% MgO-30.0 wt% Al_2O_3

Temp. (℃)	Type and fraction basis of phases	Proportion(%)	Composition(%)		Analysis(%)		
					SiO_2	MgO	Al_2O_3
※P^- (1370⁻)	29.0 mm spinel crystal	31.4	SiO_2	0.0	0.0		
			MgO	28.7		9.0	
			Al_2O_3	71.3			22.4
	43.0 mm forsterite crystal	46.5	SiO_2	42.0	19.5		
			MgO	58.0		27.0	
			Al_2O_3	0.0			0.0
	20.5 mm cordierite crystal	22.1	SiO_2	51.4	11.4		
			MgO	13.8		3.0	
			Al_2O_3	34.8			7.7
	Total system composition				31.0	39.0	30.0

※- indicates the temperature just below.

3원 포정반응 물질수지는 포정반응 이후의 생성물의 양에서 포정반응 이전의 반응물의 양을 빼서 "0"이 되는 관계식으로부터 구할 수 있다. 따라서 융체 A에 대하여 온도점 P^-에서의 존재상의 양에서 온도점 P^+에서의 존재상의 양을 빼서 "0"으로 하면 다음과 같이 계산된다.

$$
\begin{array}{l}
\quad 31.4 \text{ wt\% spinel}_{(s)} + 46.5 \text{ wt\% forsterite}_{(s)} + 22.1 \text{ wt\% cordierite}_{(s)} \\
-)\ 33.0 \text{ wt\% spinel}_{(s)} + 36.3 \text{ wt\% forsterite}_{(s)} \qquad\qquad + 30.7 \text{ wt\% melt}_{(\ell)} \\
\hline
-\ 1.6 \text{ wt\% spinel}_{(s)} + 10.2 \text{ wt\% forsterite}_{(s)} + 22.1 \text{ wt\% cordierite}_{(s)} - 30.7 \text{ wt\% melt}_{(\ell)} = 0
\end{array}
$$

이항 정리하면, 온도점 P에서 3원 포정반응의 물질수지는 다음과 같다.

$$30.7 \text{ wt\% melt}_{(\ell)} + 1.6 \text{ wt\% spinel}_{(s)} \leftrightarrows 10.2 \text{ wt\% forsterite}_{(s)} + 22.1 \text{ wt\% cordierite}_{(s)} \quad (6\text{-}11)$$

6.2.3 20 wt% Anorthite-60 wt% Forsterite-20 wt% Quartz 조성 융체의 평형 냉각

Fig. 6.9에 보이는 An-Fo-Qz 3성분계 상평형도에 나타나듯이, 상영역 An(anorthite, $CaO \cdot Al_2O_3 \cdot 2SiO_2$), Fo(forsterite, $2MgO \cdot SiO_2$), Qz{SiO_2 조성의 융체로부터 결정화되는 최초의 결정은 β-cristobalite이고 저온에서 α-cristobalite로 상전이(변위형 전이) 하는데, 어렵게는 cristobalite가 tridymite를 거쳐 quartz로 상전이(재구축형 전이) 하기도 한다. 여기서는 SiO_2의 동질이상을 구분하지 않고 성분과 상의 명칭을 "Qz"로 통일하였다. 그리고 이 상평형도는 70.0 wt% Fo-30.0 wt% Qz 조성인 화합물 En(enstatite, $MgO \cdot SiO_2$)을 포함하고 있는데, En의 조성점이 상영역 En 밖에 위치하므로 En은 비조화용융 화합물이다.

상평형도의 상영역 경계선은 5개가 있고 초록색으로 그은 Alkemade 선도 5개이며, 조성 삼각형은 2개가 된다. 따라서 두 개의 불변점 중 점 E(1228℃)는 해당 조성 삼각형 An-En-Qz 안에 위치하므로 3원 공정점(ternary eutectic point)이나, 점 P(1270℃)는 해당 조성 삼각형 An- Fo-En 밖에 위치하므로 3원 포정점이다.

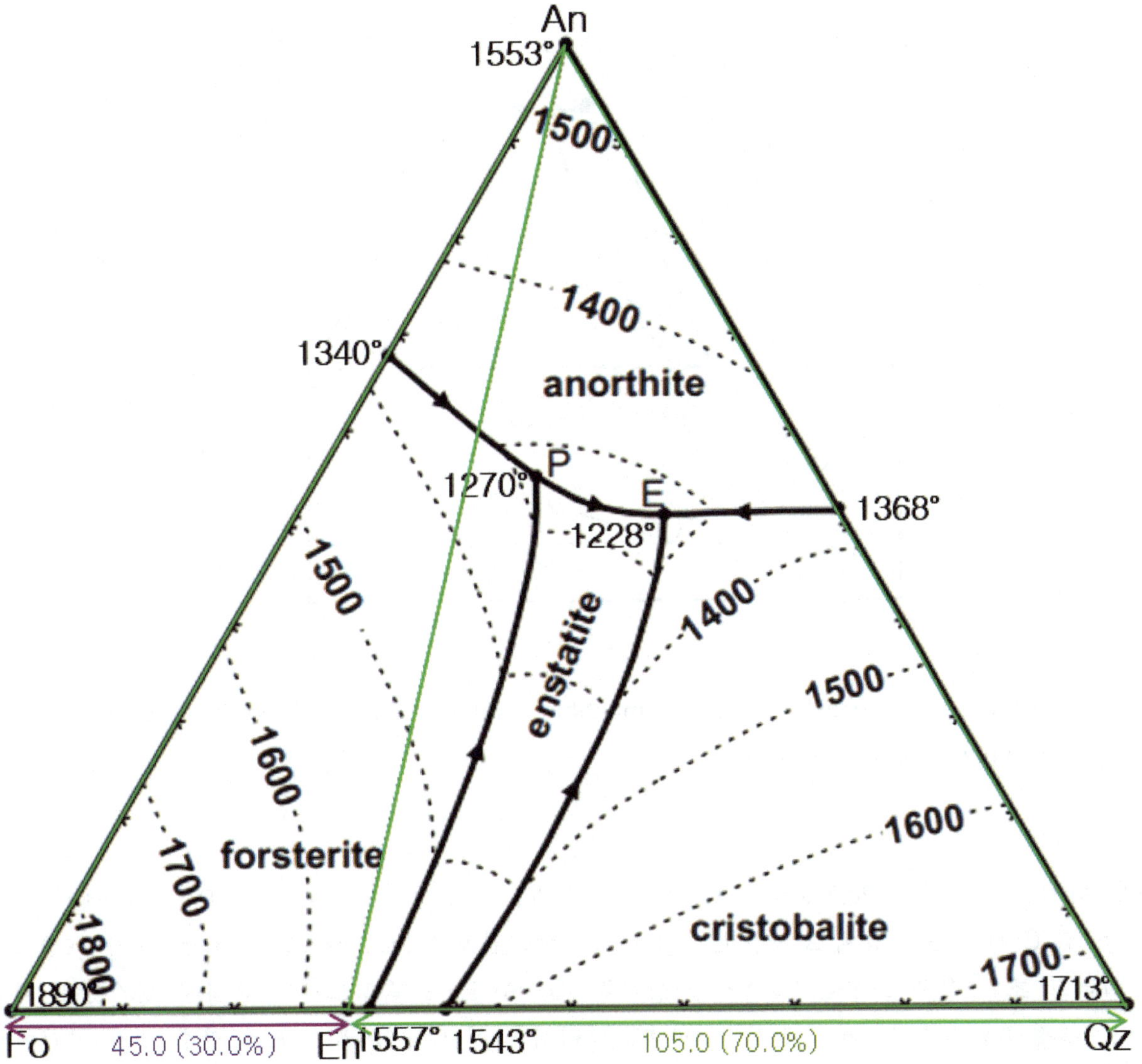

Fig. 6.9. Composition triangles drawn in An(anorthite)-Fo(forsterite)-Qz(quartz) ternary phase diagram with an incongruently melting binary compound En(enstatite).[2,3]

Fig. 6.9의 An-Fo-Qz 3성분계 상평형도의 세 변은 Fig. 6.9.1에 나타낸 바와 같이 각각의 2성분계 상평형도에 상응한다. Fo-An 2성분계에서는 공정조성 액상이 1340℃에서 2원 공정반응 하여 (결정 Fo + 결정 An)으로 되고, An-Qz 2성분계에서는 공정조성 액상이 1368℃에서 2원 공정반응 하여 (결정 Fo + 결정 Qz)로 된다. 단순한 공점점을 포함하는 2성분계와는 다르게, Fo-Qz 2성분계에서는 (액상 L + 결정 Fo)가 1557℃에서 2원 포정반응 하여 결정 En으로 되며, 또 다른 공정조성 액상은 1543℃에서 2원 공정반응 하여 (결정 En + 결정 Qz)로 변한다.

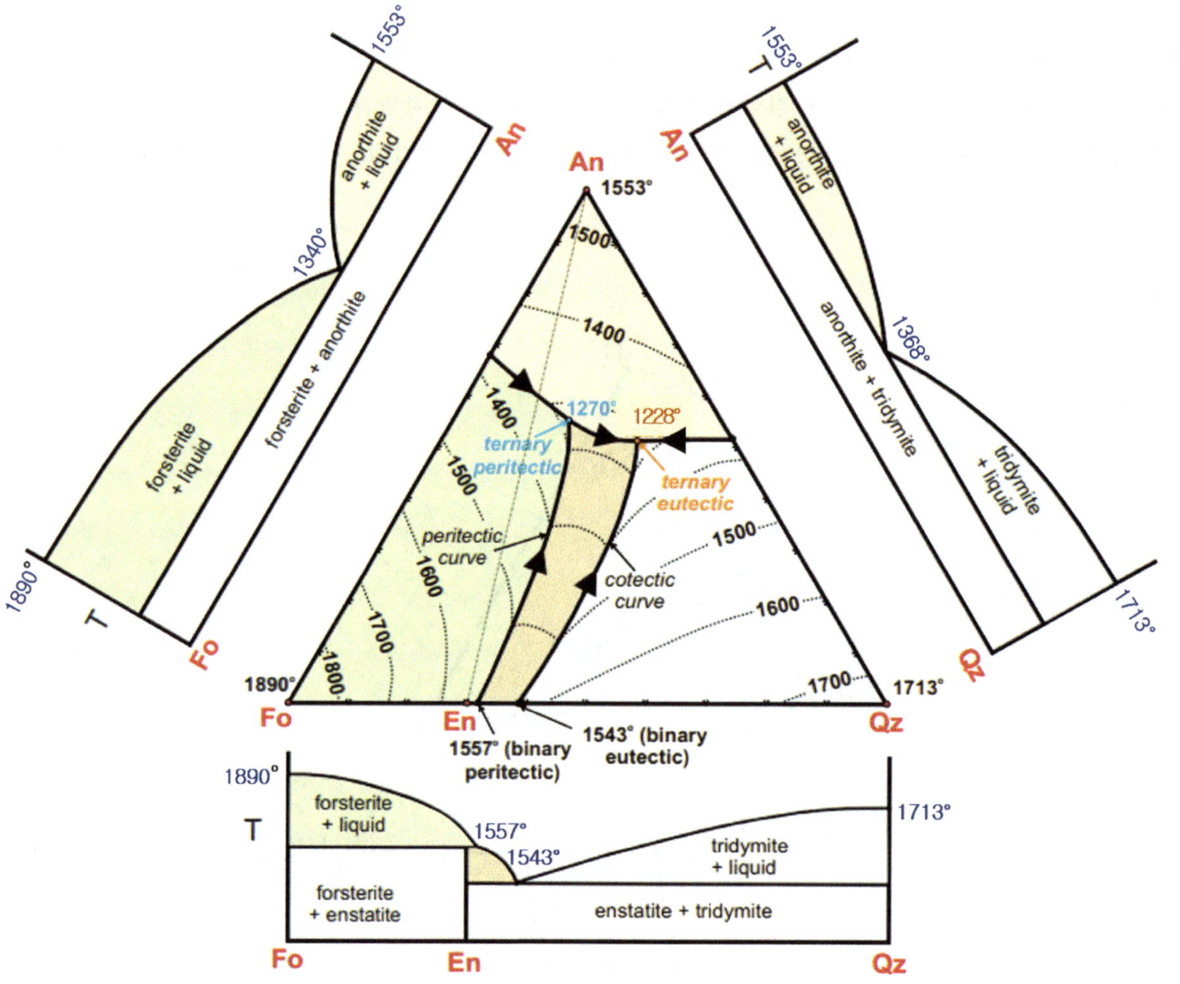

Fig. 6.9.1. An-Fo-Qz ternary phase diagram compatible with the three related Fo-An, An-Qz and Fo-Qz binary phase diagrams.[3)]

20.0 wt% An-60.0 wt% Fo-20.0 wt% Qz 융체의 조성점을 상평형도에 표시하면, Fig. 6.9.2에서 보이는 바와 같이 점 C이다. 초기 융체 조성점 C가 상영역 Fo에 위치하므로 냉각될 때 결정 Fo가 초정으로 정출된다. 그리고 초기 융체 조성점 C가 조성 삼각형 An-Fo-En에 속하므로 상온까지 냉각했을 때의 최종 결정은 (결정 Fo + 결정 En + 결정 An)이다. 따라서 조성 C의 융체는 초정 정출 냉각 구간에서 결정 Fo가 정출되고, 공통경계선 p-P를 따라가는 냉각 구간에서는 (액상 L + 결정 Fo + 결정 En)이 존재하며, 최종으로는 (액상 L + 결정 Fo + 결정 En + 결정 An)이 평형으로 존재하는 3원 포정점 P까지의 냉각 경로를 거친다.

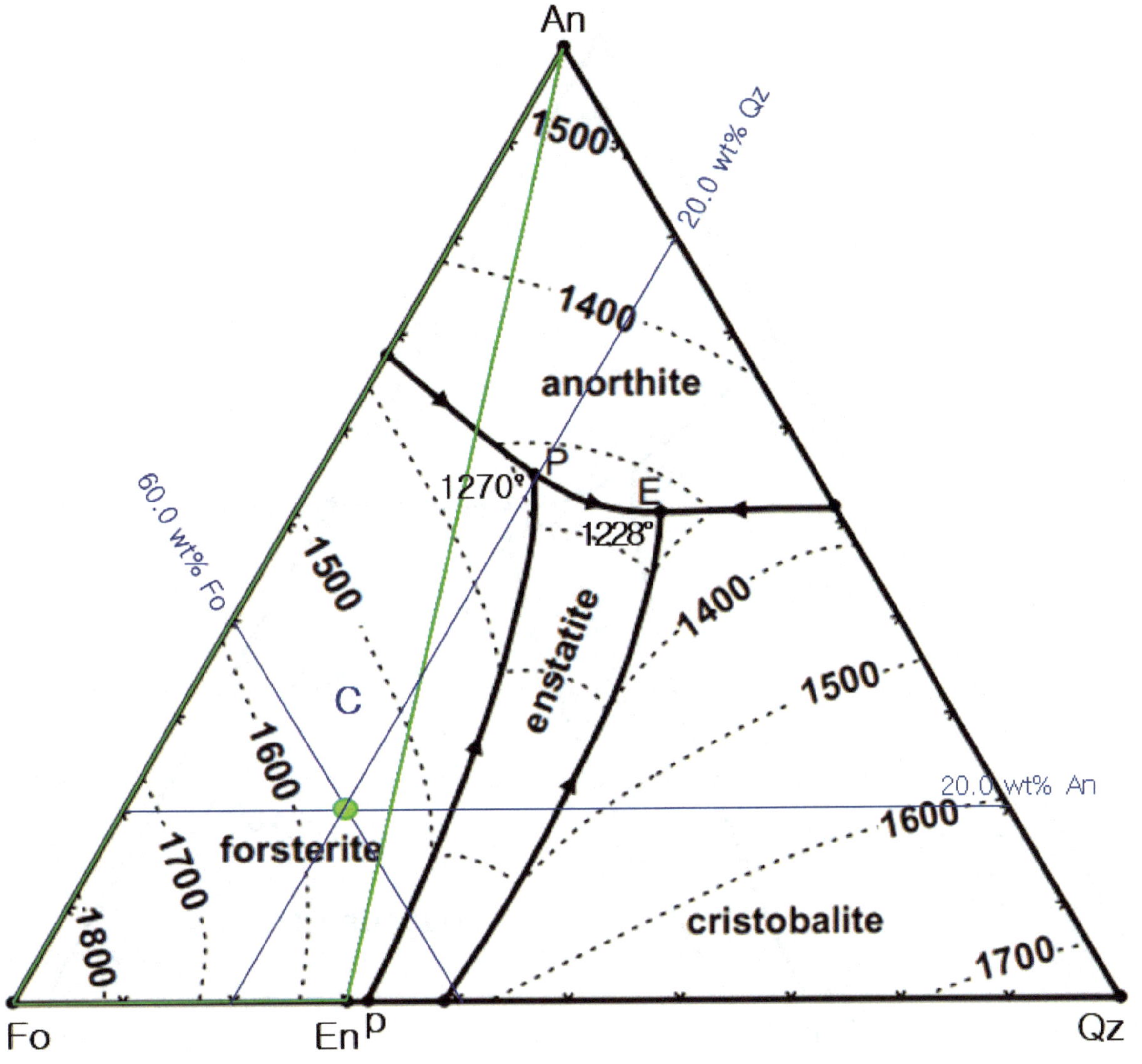

Fig. 6.9.2. Composition triangle drawn for the melt with initial composition C(20.0 wt% An-60.0 wt% Fo-20.0 wt% Qz) in An-Fo-Qz ternary phase diagram.

① 초정 정출 구간

초기 융체 조성점 C가 가리키는 온도 초과에서는 액상 L로만 존재한다. Fig. 6.9.3에서 보이는 바와 같이, 온도 범위 C~G⁺(1580~1430⁺℃)의 초정 정출 구간에서의 존재상은 (액상 L + 초정 Fo)이다. 해당 온도에서의 공액선은 초정 조성점 Fo에서 직선으로 초기 융체 조성점 C를 지나 냉각 온도까지 그은 선분이다.

초기 융체 조성점 C가 가리키는 온도(1580℃)에서 액상 L로부터 초정 Fo가 정출 되기 시작한다.

온도점 F(1500℃)에서 공액선 Fo-F를 기준으로 계산되는 액상 L과 초정 Fo의 분율은 각각 82.0 wt%와 18.0 wt%이다. 온도점 G에 도달하기 직전인 G⁺(1430⁺℃)에서는 초기 융체 조성점 C를 기준으로 공액선 Fo-G로부터 계산되는 액상 L과 초정 Fo의 분율은 각각 70.5 wt%와 29.5 wt%이다. 이때, 액상 L의 조성은 28.4 wt% An-43.2 wt% Fo-28.4 wt% Qz이다.

초정 정출 구간의 온도점 C(1580℃), F(1500℃) 및 G⁺(1430⁺℃)에서 각각 존재하는 상의 조성과 분율에 관한 등조성선 연구 결과는 Table 6.9.1과 Table 6.9.2에 나타내었다.

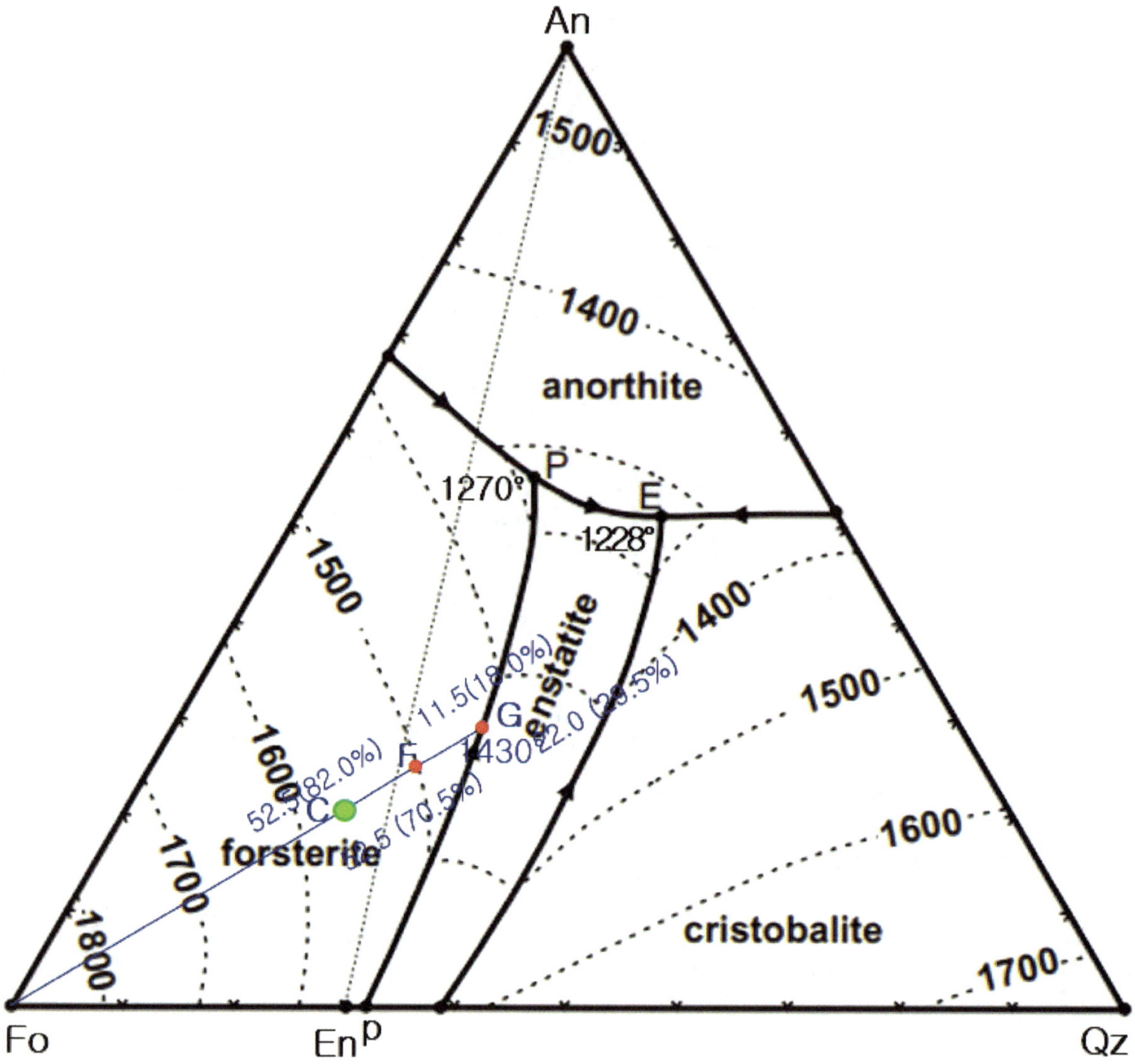

Fig. 6.9.3. Cooling path from C(1580℃) to G⁺(1430⁺℃) and tie line drawn at G⁺(1430⁺℃) for the melt with initial composition C(20.0 wt% An-60.0 wt% Fo-20.0 wt% Qz).

Table 6.9.1. Isoplethal Analysis at C(1580℃) for the Melt with Initial Composition of 20.0 wt% An -60.0 wt% Fo-20.0 wt% Qz

Temp. (℃)	Type and fraction basis of phases	Proportion(%)	Composition(%)		Analysis(%)		
					An	Fo	Qz
C (1580)	66.0 mm melt	100.0	An	20.0	20.0		
			Fo	60.0		60.0	
			Qz	20.0			20.0
	† ε mm Fo crystal	ε	An	0.0	0.0		
			Fo	100.0		0.0	
			Qz	0.0			0.0
	Total system composition				20.0	60.0	20.0

† ε represents infinitesimal amount.

Table 6.9.2. Isoplethal Analysis at F(1500℃) and G^+(1430$^+$℃) for the Melt with Initial Composition of 20.0 wt% An-60.0 wt% Fo-20.0 wt% Qz

Temp. (℃)	Type and fraction basis of phases	Proportion(%)	Composition(%)		Analysis(%)		
					An	Fo	Qz
F (1500)	52.5 mm melt	82.0	An	24.4	20.0		
			Fo	51.2		42.0	
			Qz	24.4			20.0
	11.5 mm Fo crystal	18.0	An	0.0	0.0		
			Fo	100.0		18.0	
			Qz	0.0			0.0
	Total system composition				20.0	60.0	20.0
#G^+ (1430$^+$)	52.5 mm melt	70.5	An	28.4	20.0		
			Fo	43.2		30.5	
			Qz	28.4			20.0
	22.0 mm Fo crystal	29.5	An	0.0	0.0		
			Fo	100.0		29.5	
			Qz	0.0			0.0
	Total system composition				20.0	60.0	20.0

#+ indicates the temperature just above.

② 2원 포정반응 구간

액상 L의 조성점이 공통경계선 p-P에 도달하여 따라서 냉각되는 온도 범위 G^-~P^+(1430$^-$~1270$^+$℃) 구간에서는 (액상 L + 초정 Fo) 외에 2차 결정 En이 나타난다. 이 경우는 Fig. 6.9.4의 아랫부분 빨간색 점선 원으로 표시한 부분에서 보이는 바와 같이, 공통경계선 p-P가 연장된 Alkemade 선 Fo-p와 점 p에서 만난다. 점 p를 기준으로, 연장된 Alkemade 선 Fo-p에서의 온도 감소 방향이 한쪽에서 들어와서 반대쪽으로 나가므로, 점 p는 2원 포정점이다. 따라서 공통경계선 p-P를 따라 냉각되는 구간에서는 존재하던 (액상 L + 초정 Fo)의 일부가 2원 포정 반응으로 2차 결정 En을 생성한다.

점 G에 도달한 직후 온도점 G^-(1430$^-$℃)에서는 공액 삼각형 G-Fo-En의 내부 교차선 G-Fo에 대한 분할 길이를 지렛대 원리에 적용하여 계산되는 액상 L과 고상의 분율은 각각 70.5 wt%와 29.5 wt%이다. 이때는 내부 교차선 G-Fo가 공액 삼각형의 변 G-Fo와 겹치므로 고상의 대부분은 결정 Fo이며 결정 En은 아주 미량 ε이다.

온도점 H(1400℃)에서는 초록색으로 그린 공액 삼각형 H-Fo-En의 내부 교차선 H-J가 Alkemade 선 Fo-En과 점 J에서 만난다. 이때 점 J를 기준으로 하는 내부 교차선 H-J의 분할 길이로부터 계산되는 액상 L과 고상의 분율은 각각 59.3 wt%와 40.7 wt%이다. Alkemade 선 Fo-En의 분할 길이로부터 계산되는 고상 중에 존재하는 결정 Fo의 분율은 40.7 wt%×66.7%=27.1 wt%이고, 결정 En의 분율은 40.7 wt%×33.3%=13.6 wt%이다. 그리고 액상 L의 조성은 23.7 wt% An-39.5 wt% Fo-26.8 wt% Qz이다.

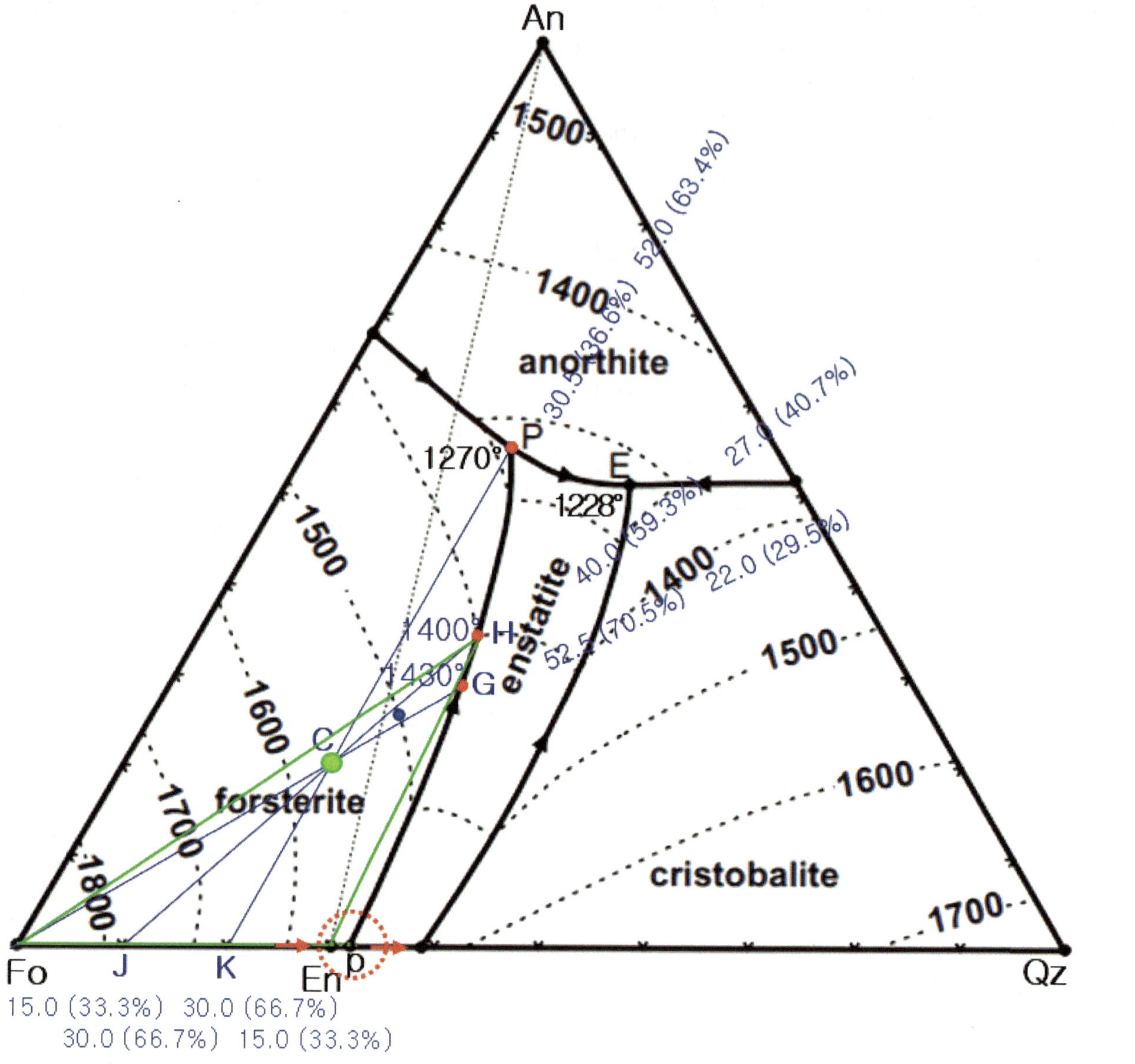

Fig. 6.9.4. Cooling path from G^-(1430$^-$℃) to P^+(1270$^+$℃) and tie triangle drawn at H(1400℃) for the melt with initial composition C(20.0 wt% An- 60.0 wt% Fo-20.0 wt% Qz).

점 P 직전 온도점 P^+(1270$^+$℃)에 도달하면, 2원 포정반응이 상당히 진행되어 (액상 L + 초정 Fo)의 분율은 줄어들고 2차 결정 En의 분율은 상당히 늘어난다. 이 경우 공액 삼각형 P-Fo-En의 내부 교차선 P-K의 분할 길이로 계산되는 액상 L과 고상의 분율은 각각 36.6 wt%와 63.4 wt%이다. 해당 Alkemade 선 Fo-En의 분할 길이로부터 계산되는 고상 중 결정 Fo의 분율은 63.4 wt%×33.3%=21.1 wt%이고, 결정 En의 분율은 63.4 wt%×66.7%=42.3 wt%이다. 그리고 액상 L의 조성은 54.6 wt% An-25.5 wt% Fo-19.9 wt% Qz이다.

2원 포정반응이 일어나는 온도점 G^-(1430$^-$℃), H(1400℃) 및 P^+(1270$^+$℃)에서 존재하는 상의 조성과 분율에 관한 등조성선 연구 결과는 Table 6.9.3에 나타내었다.

Table 6.9.3. Isoplethal Analysis at G⁻(1430⁻℃), H(1400℃) and P⁺(1270⁺℃) for the Melt with Initial Composition of 20.0 wt% An-60.0 wt% Fo-20.0 wt% Qz

Temp. (℃)	Type and fraction basis of phases	Proportion(%)		Composition(%)		Analysis(%) An	Analysis(%) Fo	Analysis(%) Qz
※G⁻ (1430⁻)	52.5 mm melt	70.5		An	28.4	20.0		
				Fo	43.2		30.5	
				Qz	28.4			20.0
	22.0 mm Fo, En crystals	29.5	Fo (29.5×100.0 = 29.5)	An	0.0	0.0		
				Fo	100.0		29.5	
				Qz	0.0			0.0
			En (29.5× 0.0 = 0.0)	An	0.0	0.0		
				Fo	70.0		0.0	
				Qz	30.0			0.0
	Total system composition					20.0	60.0	20.0
H (1400)	40.0 mm melt	59.3		An	33.7	20.0		
				Fo	39.5		23.4	
				Qz	26.8			15.9
	27.5 mm Fo, En crystals	40.7	Fo (40.7×66.7 = 27.1)	An	0.0	0.0		
				Fo	100.0		27.1	
				Qz	0.0			0.0
			En (40.7×33.3 = 13.6)	An	0.0	0.0		
				Fo	70.0		9.5	
				Qz	30.0			4.1
	Total system composition					20.0	60.0	20.0
P⁺ (1270⁺)	30.5 mm melt	36.6		An	54.6	20.0		
				Fo	25.5		9.3	
				Qz	19.9			7.3
	52.0 mm Fo, En crystals	63.4	Fo (63.4×33.3 = 21.1)	An	0.0	0.0		
				Fo	100.0		21.1	
				Qz	0.0			0.0
			En (63.4×66.7 = 42.3)	An	0.0	0.0		
				Fo	70.0		29.6	
				Qz	30.0			12.7
	Total system composition					20.0	60.0	20.0

※- indicates the temperature just below.
#+ indicates the temperature just above.

④ 3원 포정반응 구간

3원 포정점 P에 도달하기 직전 온도까지 존재하던 상은 (액상 L + 초정 Fo + 2차 결정 En)이다. 3원 포정점 P(1270℃)에서는 2원 포정반응 후에도 남아있던 (액상 L + 초정 Fo) 모두가 다음과 같은 3원 포정반응으로 (3차 결정 An + 2차 결정 En)을 생성한다.

$$\text{Fo crystal(s)} + \text{melt}(\ell) \underset{\text{cooling}}{\overset{\text{heating}}{\leftrightarrows}} \text{An crystal(s)} + \text{En crystal(s)} \qquad (6\text{-}12)$$

Fig. 6.9.5에서 보이는 바와 같이 초기 융체 조성점 C가 조성 삼각형 An-Fo-En 안에 위치하므로, 3원 포정반응 이후에 더 이상 다른 경로의 냉각이 진행되지 않고 3원 포정점에서 최종으로 냉각이 끝나는 것으로 판단할 수 있다.

3원 포정점 P에 도달한 직후 온도점 P⁻(1270⁻℃)으로 평형 냉각이 끝나면, 최종으로 3개의 결정으로 변한다. 최종 결정은 초기 융체 조성점 C가 속한 조성 삼각형 An-Fo-En의 각 꼭지점 조성에 해당하는 100.0 wt% 조성의 결정 An, 100.0 wt% Fo 조성의 결정 Fo 및 70.0 wt% Fo-30.0 wt% Qz 조성의 결정 En이다.

최종 결정의 분율을 구하기 위해 초기 융체 조성점 C를 지나고 조성 삼각형 An-Fo-En의 변 An-En과 변 Fo-En에 평행한 직선을 그으면, 이 선은 변 An-Fo에서 점 R과 Q에서 만난다. 초기 융체 조성점 C를 기준으로 정해지는 변 An-Fo의 분할 길이를 지렛대 원리에 적용하여 구해지는 결정 Fo, En 및 An의 분율은 각각 13.3 wt%, 66.7 wt% 및 20.0 wt%이다.

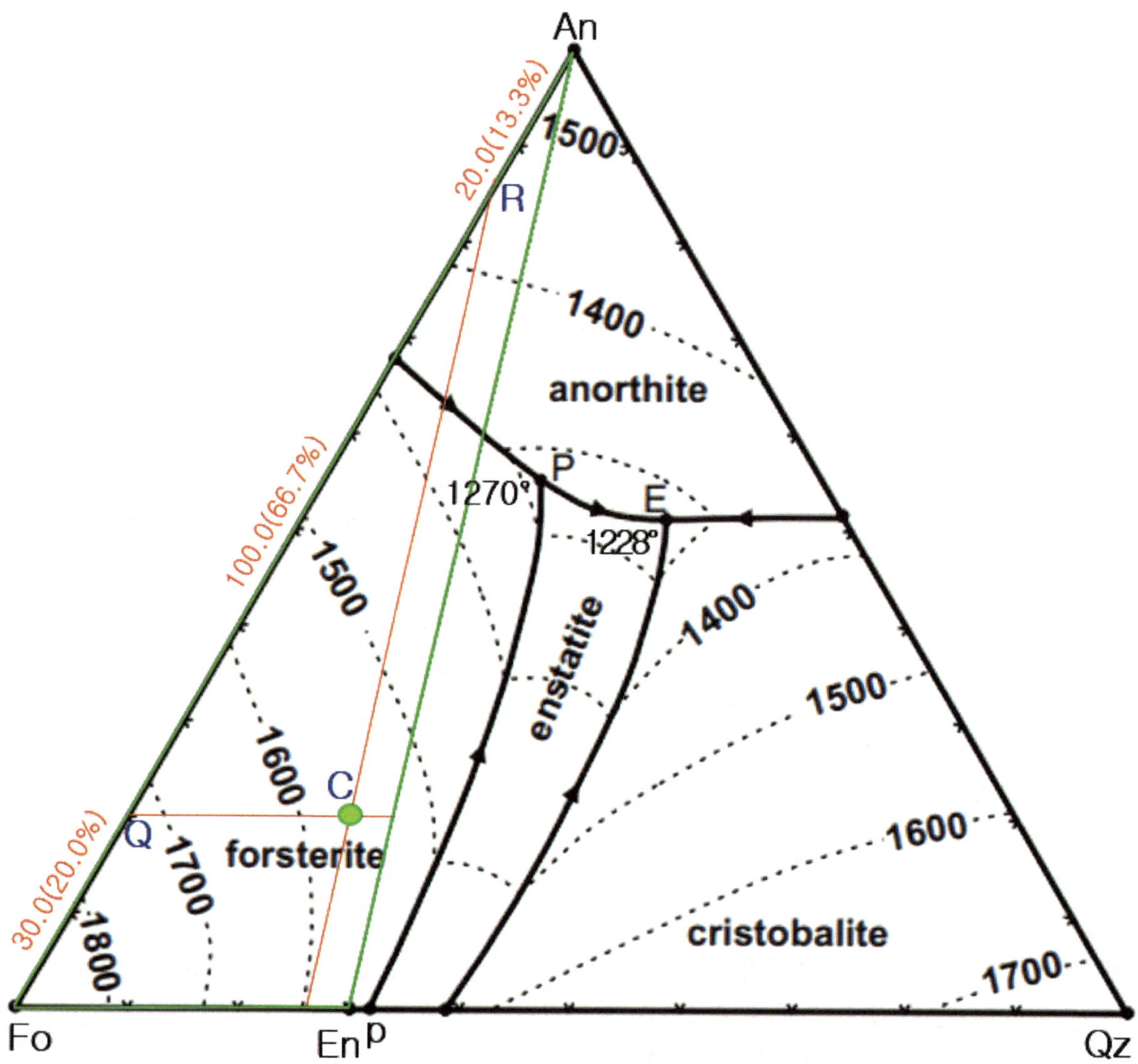

Fig. 6.9.5. The composition and fraction of final crystalline phases determined by composition triangle after cooling just below peritectic point P(1270⁻℃) for the melt with initial composition C(20.0 wt% An- 60.0 wt% Fo-20.0 wt% Qz).

Table 6.9.4에 나타내었듯이 최종 결정에 대해 각각의 성분 분율로 합산한 조성이 처음에 제시한 초기 융체 조성(20.0 wt% An-60.0 wt% Fo-20.0 wt% Qz)과 정확하게 일치함을 알 수 있다.

Table 6.9.4. Isoplethal Analysis just below peritectic point P(1270^{-}℃) for the Melt with Initial Composition of 20.0 wt% An-60.0 wt% Fo-20.0 wt% Qz

Temp. (℃)	Type and fraction basis of phases	Proportion(%)	Composition(%)		Analysis(%) An	Analysis(%) Fo	Analysis(%) Qz
*P^{-} (1270^{-})	20.0 mm Fo crystal	13.3	An	0.0	0.0		
			Fo	100.0		13.3	
			Qz	0.0			0.0
	100.0 mm En crystal	66.7	An	0.0	0.0		
			Fo	70.0		46.7	
			Qz	30.0			20.0
	30.0 mm An crystal	20.0	An	100.0	20.0		
			Fo	0.0		0.0	
			Qz	0.0			0.0
	Total system composition				20.0	60.0	20.0

*- indicates the temperature just below.

3원 포정반응 물질수지는 반응 이후 생성물의 양에서 반응 이전 반응물의 양을 빼서 "0"이 되는 관계식으로부터 구할 수 있다. 따라서 조성 C 융체에 대해 온도점 P^{-}에서 존재상의 양에서 온도점 P^{+}에서 존재상의 양을 빼서 "0"으로 하면 다음과 같이 계산된다.

$$\begin{aligned} & 13.3\ \text{wt\%}\ Fo_{(s)} + 66.7\ \text{wt\%}\ En_{(s)} + 20.0\ \text{wt\%}\ An_{(s)} \\ -)\ & 21.1\ \text{wt\%}\ Fo_{(s)} + 42.3\ \text{wt\%}\ En_{(s)} + 36.6\ \text{wt\%}\ melt_{(\ell)} \\ \hline & -7.8\ \text{wt\%}\ Fo_{(s)} + 24.4\ \text{wt\%}\ En_{(s)} + 20.0\ \text{wt\%}\ An_{(s)} - 36.6\ \text{wt\%}\ melt_{(\ell)} = 0 \end{aligned}$$

이 식을 이항 정리하면, 온도점 P에서의 3원 포정반응의 물질수지는 다음과 같다.

$$7.8\ \text{wt\%}\ Fo(s) + 36.6\ \text{wt\%}\ melt(\ell) \leftrightarrows 24.4\ \text{wt\%}\ En(s) + 20.0\ \text{wt\%}\ An(s) \quad (6\text{-}13)$$

6.2.4 35 wt% A-15 wt% B-50 wt% C 조성 융체의 평형 냉각

Fig. 6.10에 보이는 가상의 A-B-C 3성분계 상평형도는 상영역 a, b, c와 bc를 포함하고 있다. 16.7 wt% B-83.3 wt% C 조성의 화합물 BC는 상영역 bc 밖에 위치하므로 비조화용융 화합물이다. 상평형도에 Alkemade 선을 5개 그으면 조성 삼각형은 2개가 된다. 점 E는 해당 조성 삼각형 A-B-BC 안에 위치하므로 3원 공정점이지만, 점 P는 해당 조성 삼각형 A-BC-C 밖에 위치하므로 3원 포정점이다.

35.0 wt% A-15.0 wt% B-50.0 wt% C 융체의 조성점을 상평형도에 표시하면, Fig. 6.10에서 보이는 바와 같이 점 Y이다. 초기 융체 조성점 Y는 상영역 c 안에 위치하므로 결정 C가 초정으로 정출되며, 또한 조성 삼각형 A-B-BC 안에 위치하므로 평형 냉각되었을 때 최종 결정은 (결정 A + 결정 B + 결정 BC)이다. 따라서 조성 Y의 융체가 평형 냉각될 때, 초기에 정출되었던 결정 C는 냉각 과정 중에 사라지고, 최종적으로 3원 공정점 E에 이르는 냉각 경로를 거치게 된다.

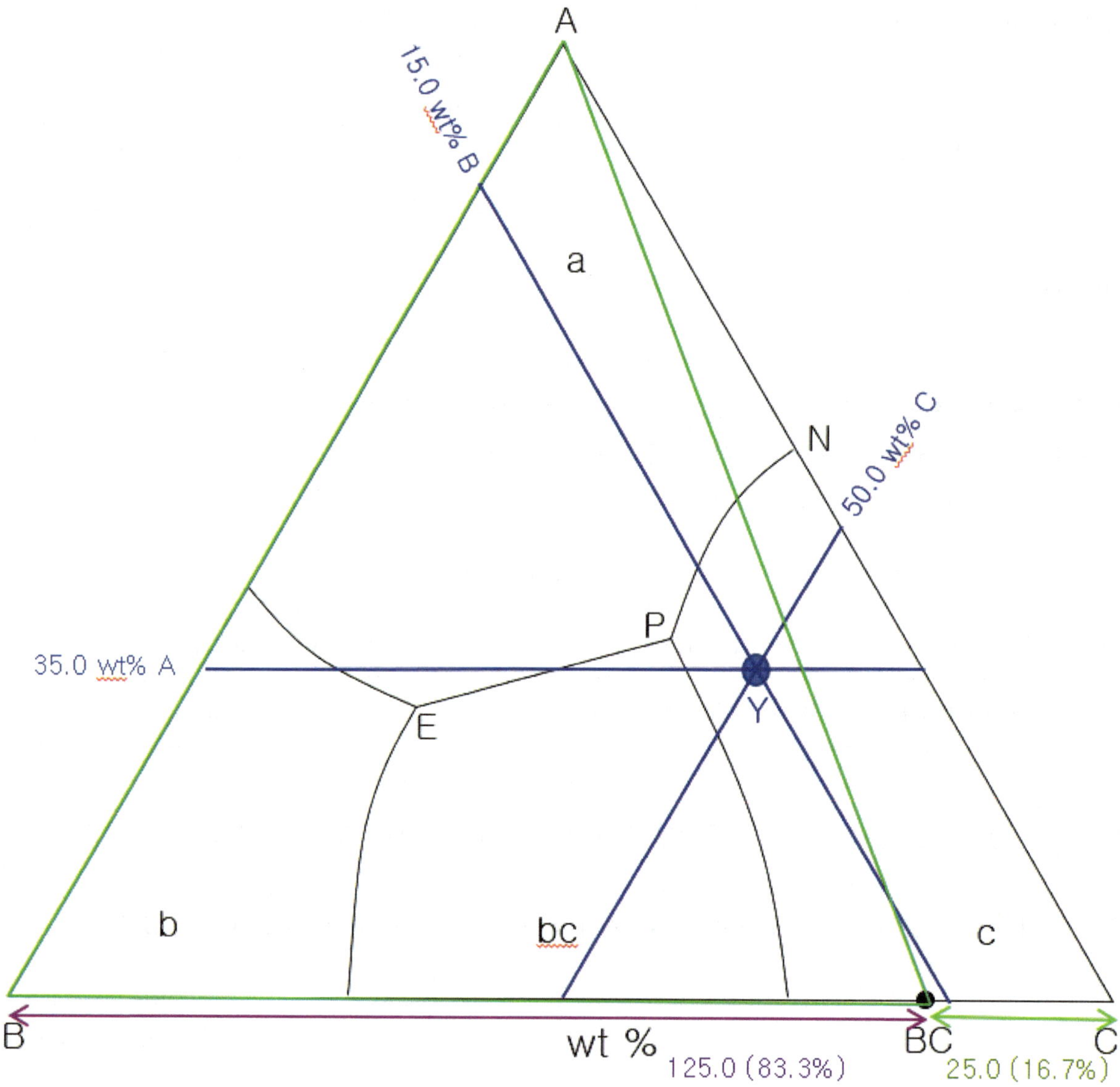

Fig. 6.10. Composition triangle drawn for the initial melt composition Y(35.0 wt% A-15.0 wt% B-50.0 wt% C) in a hypothetical A-B-C ternary phase diagram with an incongruently melting binary compound BC.

① 초정 정출 구간

초기 융체 조성점 Y가 가리키는 온도 초과에서는 액상 L로만 존재한다. Fig. 6.10.1에서 보이는 바와 같이, 온도 범위 Y~G^+의 초정 정출 구간에서는 조성점 Y가 상영역 c에 속하므로 액상 L로부터 초정 C가 정출된다. 이 구간에서의 공액선은 초정 조성점 C에서 직선으로 점 Y를 지나 해당 온도까지 그은 선분이다. 이때 액상 L의 조성은 초정 조성점 C에서 직선으로 점 Y를 지나서 똑바로 멀어지는 점 Y에서 점 G로 변한다.

점 G에 도달하기 직전 온도점 G^+에서는 점 Y를 기준으로 하여 정해지는 공액선 C-G의 분할 길이를 지렛대 원리에 적용하여 계산되는 액상 L과 고상 C의 분율은 각각 84.0 wt%와 16.0 wt%이다. 공액선 C-G 양 끝점의 조성으로부터 초정 C의 조성은 100.0 wt% C이고, 액상 L의 조성은 41.7 wt% A-17.9 wt% B-40.4 wt% C이다.

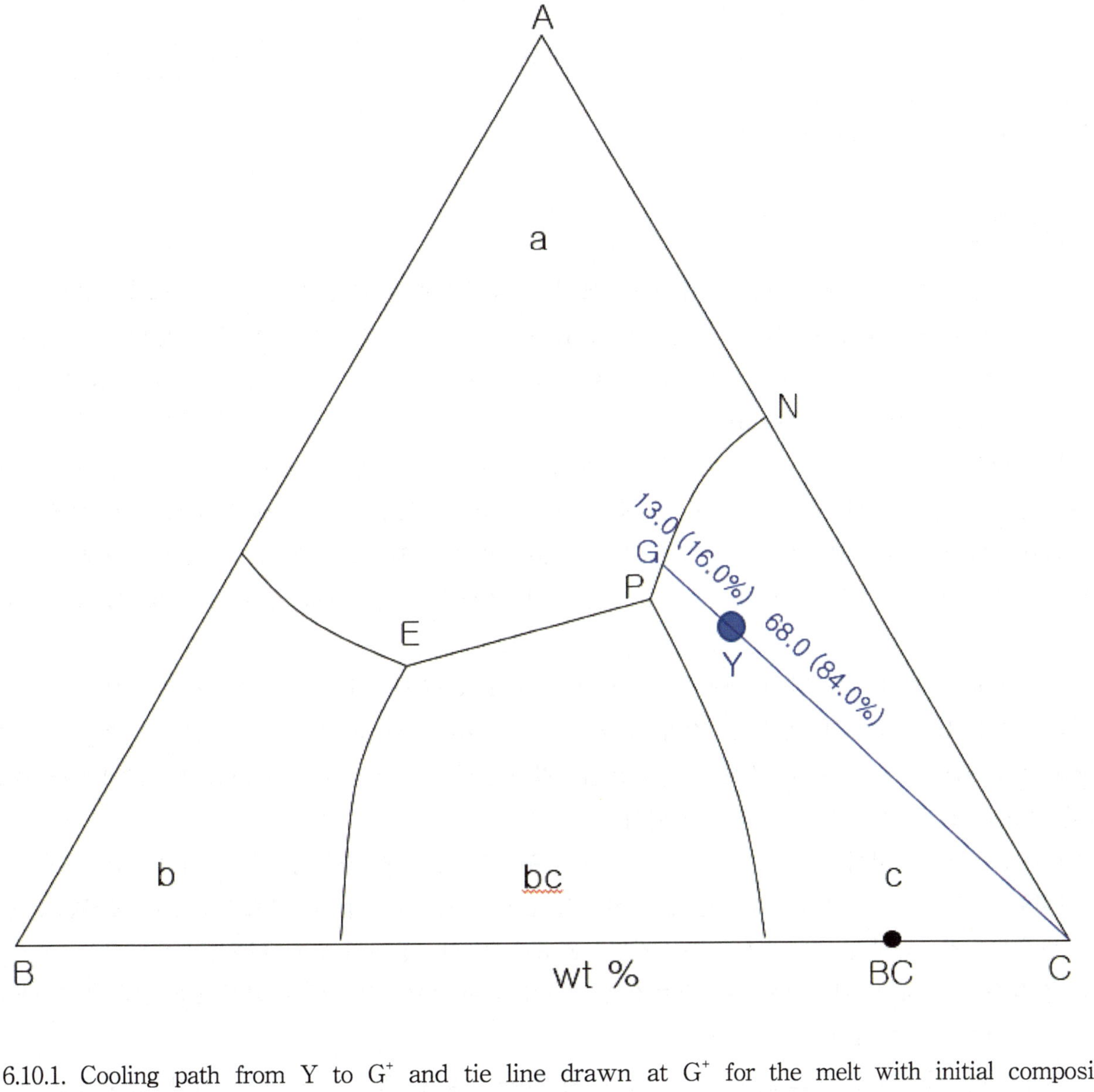

Fig. 6.10.1. Cooling path from Y to G^+ and tie line drawn at G^+ for the melt with initial composition Y(35.0 wt% A-15.0 wt% B-50.0 wt% C).

Table 6.10.1. Isoplethal Analysis at Y and G^+ for for the Melt with Initial Composition of 35.0 wt% A-15.0 wt% B-50.0 wt% C

Temp. (℃)	Type and fraction basis of phases	Proportion(%)	Composition(%)		Analysis(%)		
					A	B	C
Y	68.0 mm melt	100.0	A	35.0	35.0		
			B	15.0		15.0	
			C	50.0			50.0
	† ε mm C crystal	ε	A	0.0	0.0		
			B	0.0		0.0	
			C	100.0			0.0
	Total system composition				35.0	15.0	50.0
#G^+	68.0 mm melt	84.0	A	41.7	35.0		
			B	17.9		15.0	
			C	40.4			34.0
	13.0 mm C crystal	16.0	A	0.0	0.0		
			B	0.0		0.0	
			C	100.0			16.0
	Total system composition				35.0	15.0	50.0

† ε represents infinitesimal amount.
\# + indicates the temperature just above.

② 2원 정출 구간

Fig. 6.10.2에서 보이는 바와 같이, 액상 L의 조성이 공통경계선 N-P를 따라 변화하는 온도 범위 G^-~P^+의 2원 정출 구간에서 존재하는 상은 (액상 L + 초정 C + 2차 결정 A)이다. 2원 정출 구간을 지날 때는 공액 삼각형(예를 들어, 온도점 G^-에서는 초록색으로 표시한 삼각형 G-C-A)으로부터 존재하는 상의 조성과 분율을 알 수 있다.

점 G에 도달한 직후 온도점 G^-에서는 공액 삼각형 G-C-A의 내부 교차선 G-C가 공액 삼각형 G-C-A의 변 G-C와 겹친다. 이때는 초기 융체 조성점 Y를 기준으로 하는 내부 교차선 G-C에 대한 지렛대 원리에 의해 액상 L과 고상의 분율은 각각 84.0 wt%와 16.0 wt%인데, 고상 중 존재하는 결정 A는 아주 미량 ε이고 대부분은 결정 C이다. 액상 L의 조성은 41.7 wt% A-17.9 wt% B-40.4 wt% C이다.

점 P에 도달하기 직전 온도점 P^+에서는 공액 삼각형 P-C-A의 내부 교차선 P-R에 대한 지렛대 원리로부터 액상 L과 고상의 분율은 각각 71.4 wt%와 28.6 wt%이다. 교점 R을 기준으로 하는 Alkemade 선 C-A의 분할 길이로 계산되는 고상 중 결정 C의 분율은 28.6 wt%×73.0%=20.9 wt%이고, 결정 A의 분율은 28.6 wt%×27.0%=7.7 wt%이다.

공통경계선을 따라 냉각이 진행될 때, 빨간색 점선 원으로 표시한 공통경계선 N-P와 Alkemade 선 C-A가 만나는 교점 N 부근 Alkemade 선 C-A에서의 온도 기울기를 알 수 없으므로 2원 공정반응인지 2원 포정반응인지를 판별할 수 없다. 그렇지만 온도점 G^-와 상대적으로 저온인 온도점 P^+에서의 존재상의 분율을 비교하면, 냉각됨에 따라 (초정 C + 2차 결정 A)의 분율이 증가하므로 2원 공정반응이 진행되었다는 것을 알 수 있다.

2원 공정반응이 일어나는 온도점 G^-와 P^+에서 존재하는 상의 조성과 분율에 관한 등조성선 연구 결과는 Table 6.10.2와 6.10.3에 나타내었다.

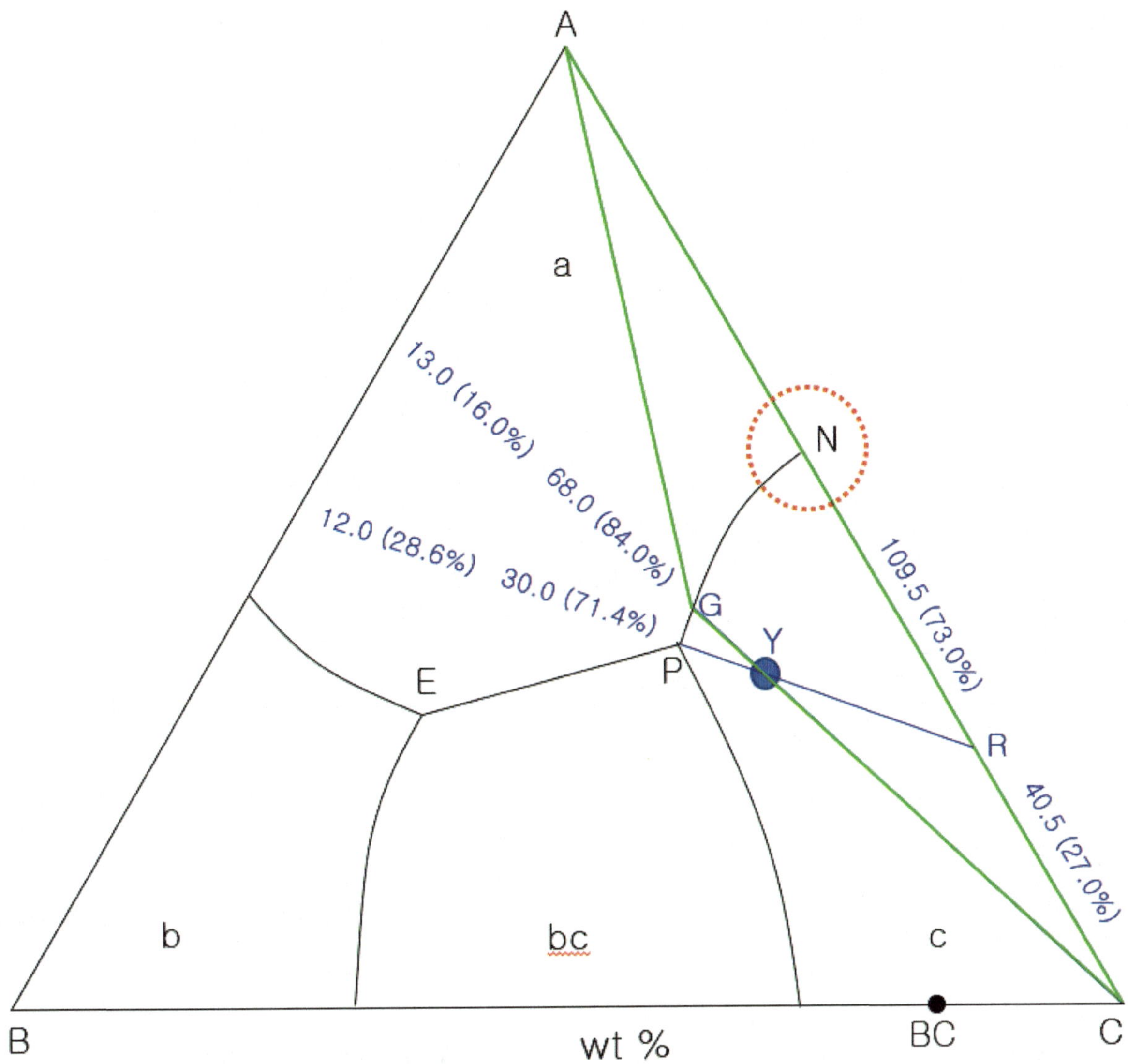

Fig. 6.10.2. Cooling path from G^- to P^+ and tie triangle drawn at G^- for the melt with initial composition Y(35.0 wt% A-15.0 wt% B-50.0 wt% C).

Table 6.10.2. Isoplethal Analysis at G^- for for the Melt with Initial Composition of 35.0 wt% A- 15.0 wt% B-50.0 wt% C

<table>
<tr><th rowspan="2">Temp. (℃)</th><th rowspan="2">Type and fraction basis of phases</th><th rowspan="2" colspan="2">Proportion(%)</th><th rowspan="2" colspan="2">Composition(%)</th><th colspan="3">Analysis(%)</th></tr>
<tr><th>A</th><th>B</th><th>C</th></tr>
<tr><td rowspan="10">※G^-</td><td rowspan="3">68.0 mm melt</td><td rowspan="3" colspan="2">84.0</td><td>A</td><td>41.7</td><td>35.0</td><td></td><td></td></tr>
<tr><td>B</td><td>17.9</td><td></td><td>15.0</td><td></td></tr>
<tr><td>C</td><td>40.4</td><td></td><td></td><td>34.0</td></tr>
<tr><td rowspan="6">13.0 mm C, A crystals</td><td rowspan="6">16.0</td><td rowspan="3">C (16.0×100.0 = 16.0)</td><td>A</td><td>0.0</td><td>0.0</td><td></td><td></td></tr>
<tr><td>B</td><td>0.0</td><td></td><td>0.0</td><td></td></tr>
<tr><td>C</td><td>100.0</td><td></td><td></td><td>16.0</td></tr>
<tr><td rowspan="3">A (16.0× 0.0 = 0.0)</td><td>A</td><td>100.0</td><td>0.0</td><td></td><td></td></tr>
<tr><td>B</td><td>0.0</td><td></td><td>0.0</td><td></td></tr>
<tr><td>C</td><td>0.0</td><td></td><td></td><td>0.0</td></tr>
<tr><td colspan="5">Total system composition</td><td>35.0</td><td>15.0</td><td>50.0</td></tr>
</table>

※- indicates the temperature just below.

Table 6.10.3. Isoplethal Analysis at P$^+$ for for the Melt with Initial Composition of 35.0 wt% A- 15.0 wt% B-50.0 wt% C

Temp. (℃)	Type and fraction basis of phases	Proportion(%)		Composition(%)		Analysis(%)		
						A	B	C
#P$^+$	30.0 mm melt	71.4		A	38.2	27.3		
				B	21.0		15.0	
				C	40.8			29.1
	12.0 mm C, A crystals	28.6	C (28.6×73.0 = 20.9)	A	0.0	0.0		
				B	0.0		0.0	
				C	100.0			20.9
			A (28.6×27.0 = 7.7)	A	100.0	7.7		
				B	0.0		0.0	
				C	0.0			0.0
	Total system composition					35.0	15.0	50.0

#+ indicates the temperature just above.

③ 3원 포정반응 구간

액상의 조성이 3원 포정점 P에 도달하면, (액상 L + 초정 C)는 3원 포정반응 하여 (3차 결정 BC + 2차 결정 A)로 변화된다.

$$\text{C crystal(s)} + \text{melt}(\ell) \underset{\text{cooling}}{\overset{\text{heating}}{\leftrightharpoons}} \text{BC crystal(s)} + \text{A crystal(s)} \qquad (6\text{-}14)$$

그리고 Fig. 6.10.3에서 보이는 바와 같이, 초기 융체 조성점 Y가 조성 삼각형 A-BC-C 밖인 조성 삼각형 A-B-BC 안에 위치하므로, 3원 포정반응이 일어나는 점 P에서 냉각이 끝나지 않고 다른 경로인 공통 경계선 P-E를 따라 냉각이 계속 진행되어 불변점 E에서 평형 냉각 경로가 끝나는 것으로 판단할 수 있다.

Fig. 6.10.3에 나타낸 바와 같이, 3원 포정반응 직전에서의 액상 L의 조성은 공통경계선 N-P의 점 P$^+$이고, 포정반응 직후에서의 액상 L의 조성은 공통경계선 P-E의 점 P$^-$지만 액상 L의 조성은 서로 같다고 생각할 수 있다. 그러나 2원 정출 냉각 구간이 구분됨과 같이 해당 고상들의 조성점이 달라짐에 따라, 공액 삼각형을 구분해서 상을 분석하여야 한다. 즉, 포정반응 직전의 온도점 P$^+$에서는 초록색으로 표시한 공액 삼각형 P-C-A로, 포정반응 직후의 온도점 P$^-$에서는 보라색으로 표시한 공액 삼각형 P-A-BC로 분석해야 한다.

Table 6.10.3에 나타낸 바와 같이, 온도점 P$^+$에서는 공액 삼각형 P-C-A에 의해 계산되는 액상 L, 결정 C 및 결정 A의 분율은 각각 71.4 wt%, 20.9 wt% 및 7.7 wt%이다. 그리고 Table 6.10.4에 나타낸 바와 같이, 온도점 P$^-$에서는 초기 융체 조성점 Y를 기준으로 공액 삼각형 P-A-BC의 내부 교차선 P-J를 기준으로 하는 지렛대 원리로부터 액상 L과 고상의 분율은 각각 40.0 wt%와 60.0 wt%이다. 또한 점 J를 기준으로 한 Alkemade 선 A-BC의 분할 길이로 계산되는 고상 중에서 결정 BC의 분율은 60.0 wt%×67.1%=40.3 wt%이고, 결정 A의 분율은 60.0 wt%×32.9%=19.7 wt%이다.

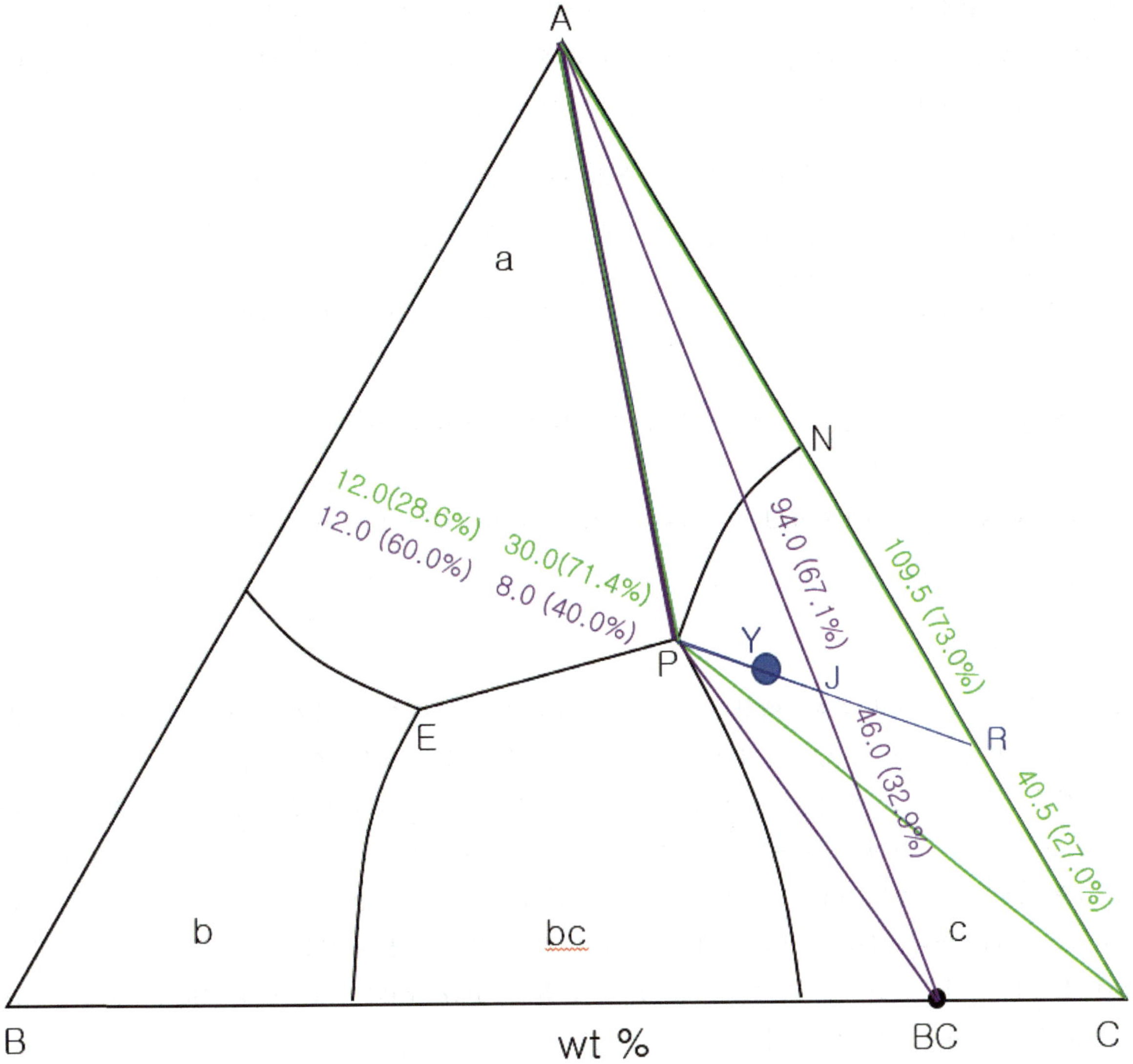

Fig. 6.10.3. Cooling path from P^+ to P^- and tie triangles drawn at P^+ and P^- for the melt with initial composition Y(35.0 wt% A-15.0 wt% B-50.0 wt% C).

Table 6.10.4. Isoplethal Analysis at P^- for for the Melt with Initial Composition of 35.0 wt% A- 15.0 wt% B-50.0 wt% C

<table>
<tr><th rowspan="2">Temp. (℃)</th><th rowspan="2">Type and fraction basis of phases</th><th rowspan="2" colspan="2">Proportion(%)</th><th rowspan="2" colspan="2">Composition(%)</th><th colspan="3">Analysis(%)</th></tr>
<tr><th>A</th><th>B</th><th>C</th></tr>
<tr><td rowspan="10">*P^-</td><td rowspan="3">8.0 mm melt</td><td rowspan="3" colspan="2">40.0</td><td>A</td><td>38.2</td><td>15.3</td><td></td><td></td></tr>
<tr><td>B</td><td>20.8</td><td></td><td>8.2</td><td></td></tr>
<tr><td>C</td><td>41.0</td><td></td><td></td><td>15.9</td></tr>
<tr><td rowspan="6">12.0 mm BC, A crystals</td><td rowspan="6">60.0</td><td rowspan="3">BC (60.0×67.1 = 40.3)</td><td>A</td><td>0.0</td><td>0.0</td><td></td><td></td></tr>
<tr><td>B</td><td>16.7</td><td></td><td>6.8</td><td></td></tr>
<tr><td>C</td><td>83.3</td><td></td><td></td><td>34.1</td></tr>
<tr><td rowspan="3">A (60.0×32.9 = 19.7)</td><td>A</td><td>100.0</td><td>19.7</td><td></td><td></td></tr>
<tr><td>B</td><td>0.0</td><td></td><td>0.0</td><td></td></tr>
<tr><td>C</td><td>0.0</td><td></td><td></td><td>0.0</td></tr>
<tr><td colspan="5">Total system composition</td><td>35.0</td><td>15.0</td><td>50.0</td></tr>
</table>

*- indicates the temperature just below.

3원 포정반응의 물질수지는 반응 이후 생성물의 양에서 반응 이전 반응물의 양을 빼서 “0”이 되는 관계식으로부터 구할 수 있다. 따라서 조성이 Y인 융체에 대해 온도점 P^-에서의 존재상 양에서 온도점 P^+에서의 존재상 양을 빼서 “0”으로 하면 다음과 같이 계산된다.

$$
\begin{array}{rl}
 & 19.7\ \text{wt\%}\ A_{(s)} + 40.3\ \text{wt\%}\ BC_{(s)} + 40.0\ \text{wt\%}\ \text{melt}_{(\ell)} \\
-) & 20.9\ \text{wt\%}\ C_{(s)} + 7.7\ \text{wt\%}\ A_{(s)} + 71.4\ \text{wt\%}\ \text{melt}_{(\ell)} \\
\hline
 & -20.9\ \text{wt\%}\ C_{(s)} + 12.0\ \text{wt\%}\ A_{(s)} + 40.3\ \text{wt\%}\ BC_{(s)} - 31.4\ \text{wt\%}\ \text{melt}_{(\ell)} = 0
\end{array}
$$

이항 정리하면, 온도점 P에서 3원 포정반응의 물질수지는 다음과 같다.

$$20.9\ \text{wt\%}\ C(s) + 31.4\ \text{wt\%}\ \text{melt}(\ell) \leftrightarrows 40.3\ \text{wt\%}\ BC(s) + 12.0\ \text{wt\%}\ A(s) \quad (6\text{-}15)$$

④ 2차 2원 정출 구간

Fig. 6.10.4에서 보이는 바와 같이, 액상 조성점이 공통경계선 P-E를 따라가는 온도 범위인 $P^- \sim E^+$의 2차 2원 정출 구간에서 존재하는 상은 (액상 L + 2차 결정 A + 3차 결정 BC)이다.

온도점 F에서는 초록색으로 표시한 공액 삼각형 F-A-BC의 내부 교차선 F-K로부터 계산되는 액상 L과 고상의 분율은 각각 17.9 wt%와 82.1 wt%이다. 교점 K를 기준으로 한 Alkemade 선 A-BC의 분할 길이로 계산되는 고상 중 결정 BC의 분율은 82.1 wt%×65.5%=53.8 wt%이고, 결정 A의 분율은 82.1 wt%×34.5%= 28.3 wt%이다. 3원 공정점 E에 도달하기 직전 온도점 E^+에서는 공액 삼각형 E-A-BC의 내부 교차선 E-M을 기준으로 계산되는 액상 L의 분율은 10.7 wt%이고, 결정 BC의 분율은 57.8 wt%이며, 결정 A의 분율은 31.5 wt%이다.

따라서, 온도 범위 $P^- \sim E^+$의 2차 2원 정출 구간에서는 냉각됨에 따라 계에 존재하는 (2차 결정 A + 3차 결정 BC)의 분율이 증가하므로 2원 공정반응이 진행되었음을 알 수 있다. 2원 공정반응 구간의 온도점 F와 E^+에서의 등조성선 연구 결과를 각각 Table 6.10.5와 6.10.6에 나타내었다.

Table 6.10.5. Isoplethal Analysis at F for the Melt with Initial Composition of 35.0 wt% A-15.0 wt% B-50.0 wt% C

Temp. (℃)	Type and fraction basis of phases	Proportion(%)		Composition(%)		Analysis(%) A	Analysis(%) B	Analysis(%) C
F	6.0 mm melt	17.9		A	37.4	6.7		
				B	33.5		6.0	
				C	29.1			5.2
	27.5 mm BC, A crystals	82.1	BC (82.1×65.5 = 53.8)	A	0.0	0.0		
				B	16.7		9.0	
				C	83.3			44.8
			A (82.1×34.5 = 28.3)	A	100.0	28.3		
				B	0.0		0.0	
				C	0.0			0.0
	Total system composition					35.0	15.0	50.0

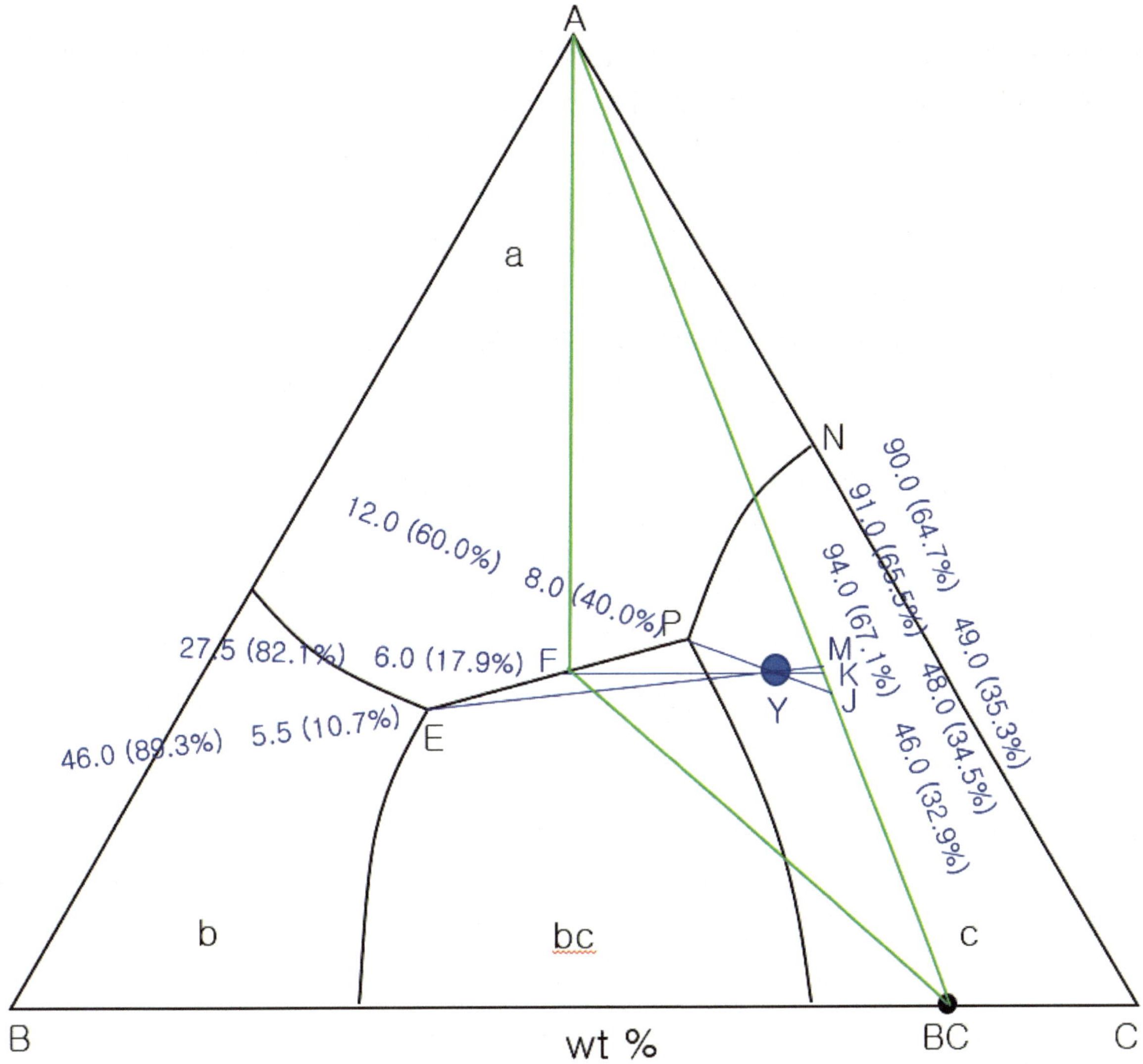

Fig. 6.10.4. Cooling path from P⁻ to F to E⁺ and tie triangle drawn at F for the melt with initial composition Y(35.0 wt% A-15.0 wt% B-50.0 wt% C).

Table 6.10.6. Isoplethal Analysis at E⁺ for the Melt with Initial Composition of 35.0 wt% A-15.0 wt% B-50.0 wt% C

<table>
<tr><th rowspan="2">Temp. (℃)</th><th rowspan="2">Type and fraction basis of phases</th><th rowspan="2" colspan="2">Proportion(%)</th><th rowspan="2" colspan="2">Composition(%)</th><th colspan="3">Analysis(%)</th></tr>
<tr><th>A</th><th>B</th><th>C</th></tr>
<tr><td rowspan="10">#E⁺</td><td rowspan="3">5.5 mm melt</td><td rowspan="3" colspan="2">10.7</td><td>A</td><td>32.7</td><td>3.5</td><td></td><td></td></tr>
<tr><td>B</td><td>49.5</td><td></td><td>5.3</td><td></td></tr>
<tr><td>C</td><td>17.8</td><td></td><td></td><td>1.9</td></tr>
<tr><td rowspan="6">46.0 mm BC, A crystals</td><td rowspan="6">89.3</td><td rowspan="3">BC (89.3×64.7 = 57.8)</td><td>A</td><td>0.0</td><td>0.0</td><td></td><td></td></tr>
<tr><td>B</td><td>16.7</td><td></td><td>9.7</td><td></td></tr>
<tr><td>C</td><td>83.3</td><td></td><td></td><td>48.1</td></tr>
<tr><td rowspan="3">A (89.3×35.3 = 31.5)</td><td>A</td><td>100.0</td><td>35.1</td><td></td><td></td></tr>
<tr><td>B</td><td>0.0</td><td></td><td>0.0</td><td></td></tr>
<tr><td>C</td><td>0.0</td><td></td><td></td><td>0.0</td></tr>
<tr><td colspan="5">Total system composition</td><td>35.0</td><td>15.0</td><td>50.0</td></tr>
</table>

#+ indicates the temperature just above.

⑤ 3원 공정반응 구간

3원 공정점 E에서 평형 냉각되면 이전까지 남아있던 액상 L은 3원 공정반응으로 (결정 A + 결정 BC + 결정 B)로 결정화된다. Fig. 6.10.5에서 보이는 바와 같이 초기 융체 조성점 Y가 조성 삼각형 A-B-BC 안에 위치하므로, 3원 공정반응 이후에 더 이상 다른 경로의 냉각이 진행되지 않고 3원 공정점 E에서 최종으로 냉각 경로가 끝나는 것으로 판단할 수 있다.

초기 조성 Y의 융체가 평형 냉각되어 3원 공정점 E에 도달한 직후 온도점 E^-에서는 초기 융체 조성점 Y가 조성 삼각형 A-B-BC에 속하게 되어 최종 결정의 조성과 명칭은 100.0 wt% A의 결정 A, 100.0 wt% B의 결정 B 및 16.7 wt% B-83.3 wt% C의 결정 BC이다.

그리고 초기 융체 조성점 Y를 지나고 조성 삼각형 A-B-BC의 변 A-BC와 변 B-BC에 평행하게 직선을 그으면, 변 A-B의 점 R과 Q에서 만난다. 따라서 변 A-B의 분할 길이에 의한 최종적인 결정 A, 결정 BC 및 결정 B의 분율은 각각 35.0 wt%, 60.0 wt% 및 5.0 wt%이다.

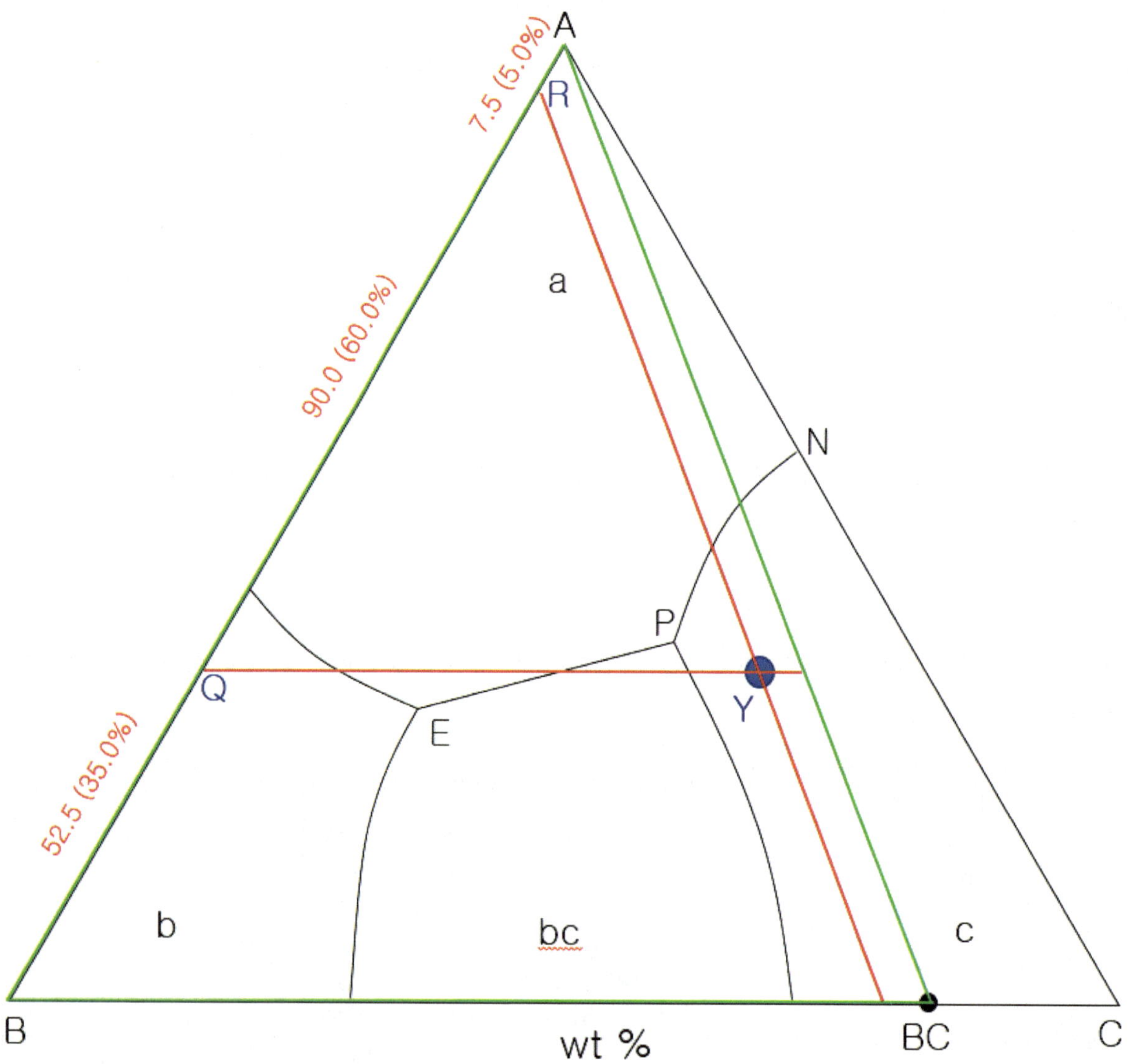

Fig. 6.10.5. The composition and fraction of final crystalline phases determined by composition triangle after cooling just below ternary eutectic point E for the melt with initial composition Y(35.0 wt% A-15.0 wt% B-50.0 wt% C).

조성 Y(35.0 wt% A-15.0 wt% B-50.0 wt% C)의 융체를 온도 E 미만으로 평형 냉각하였을 때, 존재하는 상의 조성과 분율에 대한 등조성선 분석 결과는 Table 6.10.7에 나타내었다.

Table 6.10.7. Isoplethal Analysis just below ternary eutectic point E for for the Melt with Initial Composition of 35.0 wt% A- 15.0 wt% B-50.0 wt% C

Temp. (℃)	Type and fraction basis of phases	Proportion(%)	Composition(%)		Analysis(%)		
					A	B	C
※E⁻	90.0 mm BC crystal	60.0	A	0.0	0.0		
			B	16.7		10.0	
			C	83.3			50.0
	52.5 mm A crystal	35.0	A	100.0	10.0		
			B	0.0		0.0	
			C	0.0			0.0
	7.5 mm B crystal	5.0	A	0.0	0.0		
			B	100.0		5.0	
			C	0.0			0.0
	Total system composition				35.0	15.0	50.0

※- indicates the temperature just below.

3원 공정반응의 물질수지는 반응 이후 생성물의 양에서 반응 이전 반응물의 양을 빼서 "0"이 되는 관계식으로부터 구할 수 있다. 따라서 조성 Y인 융체에 대해 온도점 E^-에서의 존재상 양에서 온도점 E^+에서의 존재상 양을 빼서 "0"으로 하면 다음과 같이 계산된다.

$$\begin{array}{lllll} & 60.0\ wt\%\ BC_{(s)} & +\ 35.0\ wt\%\ A_{(s)} & +\ 5.0\ wt\%\ B_{(s)} & \\ -\ ) & 57.8\ wt\%\ BC_{(s)} & +\ 31.5\ wt\%\ A_{(s)} & & +\ 10.7\ wt\%\ melt_{(\ell)} \\ \hline & 2.2\ wt\%\ BC_{(s)} & +\ 3.5\ wt\%\ A_{(s)} & +\ 5.0\ wt\%\ B_{(s)} & -\ 10.7\ wt\%\ melt_{(\ell)} = 0 \end{array}$$

이항 정리하면, 공정점 E에서 3원 공정반응의 물질수지는 다음과 같다.

$$10.7\ wt\%\ melt(\ell) \leftrightarrows 2.2\ wt\%\ BC(s) + 3.5\ wt\%\ A(s) + 5.0\ wt\%\ B(s) \qquad (6\text{-}16)$$

6.3 재흡수 반응이 있는 3성분계 상평형도의 냉각 시뮬레이션(Cooling Simulations for Ternary Phase Diagrams with the resorption Reaction)

3성분계의 특정 조성 융체가 평형 냉각되는 여러 경로 중 하나는 초정 정출 구간을 거쳐 2원 포정반응 구간과 2원 공정반응 구간으로 진행되다가 최종적으로 불변점에서 냉각이 끝나는 경우이다. 만약 냉각이 진행되는 도중에 2원 포정반응이 일어나는 구간에서, 존재하던 초정이 재흡수 반응(resorption reaction)으로 모두 없어지고 (액상 + 2차 결정)으로 남게 되는 2차 결정 단독 정출 구간이 포함될 수도 있다. 3성분계의 특정 조성 융체가 평형 냉각되는 동안 재흡수 반응이 일어나는 계의 상태 변화는 다음과 같은 순서의 등조성선 연구를 통하여 알 수 있다.

① 3성분계 상평형도에 Alkemade 선을 그어서 만든 조성 삼각형과 상평형도 내부에 있는 불변점의 관계를 살펴서 불변점이 3원 공정점인지 혹은 3원 포정점인지를 특정 짓는다.

② 초기 융체의 조성점을 상평형도에 찍고, 초기 융체 조성점과 조성 삼각형의 위치 관계로부터 순차적으로 정출되는 결정, 일어나는 반응 및 최종 결정을 예측한다.

③ 초기 융체 조성점이 가리키는 온도 초과에서는 최초 융체와 조성이 같은 액상 L이 100% 존재한다.

④ 초기 융체 조성점이 가리키는 온도에서 액상 조성점이 공통경계선에 도달하기 직전까지의 초정 정출 구간에서는 액상 L로부터 초기 융체 조성점이 속한 상영역의 초정 결정이 정출된다.

⑤ 초정 정출 구간을 따라 냉각될 때는 초정 상영역의 조성점에서 직선으로 초기 융체 조성점을 지나 냉각 온도점(=액상 조성점)까지의 선분인 공액선을 그어서, 존재하는 두 상의 조성과 분율을 구한다.

⑥ 액상 L의 조성이 공통경계선을 따라서 냉각되는 2원 정출 구간에서는, 공통경계선과 만나는 해당 Alkemade 선(또는 연장된 Alkemade 선)의 교점 부근 온도 기울기로부터 2원 공정반응이 일어날지, 또는 2원 포정반응이 일어날지를 판별한다(온도 기울기를 알 수 없는 가상 상평형도에서는 공통경계선 상의 온도별 상분석 결과로부터 2원 공정반응이 일어났는지, 또는 2원 포정반응이 일어났는지를 판별한다).

⑦ 공통경계선을 따라 냉각되는 구간에서는 액상 L이 2원 공정반응 하여 (초정 + 2차 결정)으로 변하거나, 또는 (액상 L + 초정)이 2원 포정반응 하여 2차 결정으로 변한다.

⑧ 공통경계선을 따라 냉각될 때는 액상 조성점-초정 조성점-2차 결정 조성점을 연결하는 공액 삼각형을 그려서, 존재하는 3상의 조성과 분율을 구한다.

⑨ 만약 공통경계선을 따라 2원 포정반응이 일어날 때, 그려진 공액 삼각형의 한 꼭지점이 2차 결정의 조성점을 만나면 존재하던 (액상 L + 초정 + 2차 결정)에서 초정이 재흡수 반응으로 전부 없어지고 (액상 L + 2차 결정)으로 남는다.

⑩ 재흡수 반응이 완결된 이후에서 액상의 조성이 제2 공통경계선에 도달하기 직전까지의 2차 결정 단독 정출 구간을 따라 냉각될 때는 2차 결정의 조성점에서 직선으로 초기 융체 조성점을 지나 냉각 온도점(=액상 조성점)까지의 선분인 공액선을 그어서, 존재하는 (액상 L + 2차 결정)의 조성과 분율을 구한다.

⑪ 액상 L의 조성이 제2 공통경계선을 따라 냉각되는 2원 정출 구간에서는, 공통경계선과 만나는 해당 Alkemade 선(또는 연장된 Alkemade 선)의 교점 부근 온도 기울기로부터 2원 공정반응이 일어

날지 또는 2원 포정반응이 일어날지를 판별한다(온도 기울기를 알 수 없는 가상 상평형도에서는 공통경계선 상의 온도별 상분석 결과로부터 2원 공정반응이 일어났는지, 또는 2원 포정반응이 일어났는지를 판별한다).

⑫ 액상 L의 조성이 제2 공통경계선을 따라 냉각되는 구간에서는 액상 L이 2원 공정반응 하여 (2차 결정 + 3차 결정)으로 변하거나, 또는 (액상 L + 2차 결정)이 2원 포정반응 하여 3차 결정으로 변한다.

⑬ 제2 공통경계선을 따라 냉각될 때는 구간에서는 액상 조성점-초정 조성점-2차 결정 조성점을 연결하는 공액 삼각형을 그려서, 존재하는 3상의 조성과 분율을 구한다.

⑭ 평형 냉각이 끝나는 3원 공정점에서는 액상이 3원 공정반응 하여 (2차 결정 + 3차 결정 + 4차 결정)으로 변하고, 3원 포정점에서는 (액상 L + 2차 결정)이 3원 포정반응 하여 (3차 결정 + 4차 결정)으로 변한다.

⑮ 평형 냉각이 끝나는 3원 불변점 미만에서는 최종적인 세 결정으로 공존하며, 초기 융체 조성점이 속한 조성 삼각형에 의해 결정의 조성과 분율을 구한다.

다음 항에서는 특정 조성의 3성분계 융체가 평형 냉각될 때, 중간 단계의 2원 포정 구간에서 존재하던 초정이 재흡수 반응으로 모두 없어지고 냉각이 계속 진행되는 경우의 냉각 시뮬레이션을 구체적인 2가지 실례로 설명함으로써, 비교적 복잡한 단계를 거치는 상분석의 이해도를 높이고자 하였다.

실례 ① 2개의 조성 삼각형이 있는 An-Fo-Qz 3성분계 상평형도에서 특정 조성 융체가 (액상 유지 구간 → 초정 정출 구간 → 2원 포정반응과 재흡수 반응 구간 → 단독 결정 정출 구간 → 2원 공정반응 구간 → 3원 공정반응)의 경로를 거치는 평형 냉각

실례 ② 2개의 조성 삼각형이 있는 A-B-C 가상 3성분계 상평형도에서 특정 조성 융체가 (액상 유지 구간 → 초정 정출 구간 → 2원 포정반응과 재흡수 반응 구간 → 단독 결정 정출 구간 → 2원 공정반응 구간 → 3원 공정반응)의 경로를 거치는 평형 냉각

6.3.1 25 wt% Anortite-50 wt% Forsterite-25 wt% Quartz 조성 융체의 평형 냉각

Fig. 6.11에 보이는 An-Fo-Qz 3성분계 상평형도에는 상영역 An(anorthite), Fo(forsterite), Qz 및 En(enstatite) 및 En(enstatite)을 포함하고 있다. 화합물 En(70.0 wt% Fo-30.0 wt% Qz)의 조성점이 상영역 En 밖에 위치하므로 비조화용융 화합물이다. 상영역 경계선과 Alkemade 선은 각각 5개이고 조성 삼각형은 2개이다. 불변점 E는 해당 조성 삼각형 An-En-Qz 안에 위치하여 3원 공정점이지만, 불변점 P는 해당 조성 삼각형 An-Fo-En 밖에 위치하므로 3원 포정점이다.

조성이 25 wt% An-50 wt% Fo-25 wt% Qz인 초기 융체의 조성점 D는 상영역 Fo 안에 위치하므로, 평형 냉각되면 결정 Fo가 초정으로 정출된다. 그러나 조성점 D가 조성 삼각형 An-En-Qz에 속하므로 정출 되었던 초정 Fo는 냉각하는 도중에 사라지고, 최종 냉각되면 (결정 An + 결정 En + 결정 Qz)로 결정화된다.

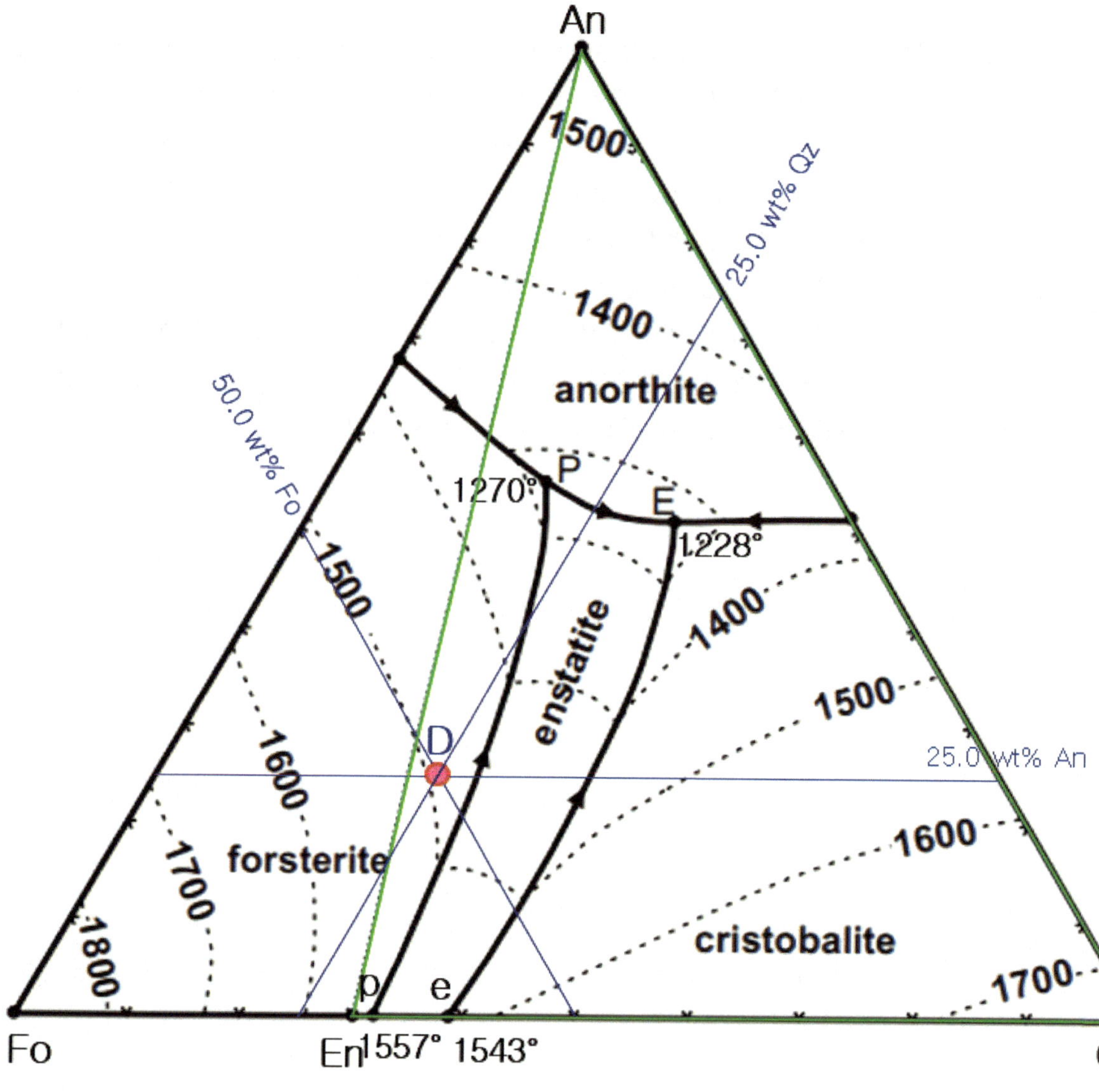

Fig. 6.11. Composition triangle drawn for the melt with initial composition D(25.0 wt% An-50.0 wt% Fo-25.0 wt% Qz) in An-Fo-Qz ternary phase diagram.[2,3]

① 초정 정출 구간

초기 조성이 D인 융체가 평형 냉각될 때, 조성점 D가 가리키는 온도 초과에서는 액상 L로만 존재한다. Fig. 6.11.1에서 보이는 바와 같이, 조성점 D가 가리키는 온도점 1495℃에서 초정 Fo가 정출되기 시작한다. 조성점 D가 가리키는 온도에서 액상 L의 조성이 공통경계선 p-P에 도달하기 직전까지 온도 범위인 D∼F^{+}(1495∼1450^{+}℃)의 초정 정출 냉각 구간에서 존재하는 상은 (액상 L + 초정 Fo)이다. 이 구간에서는 초정 Fo의 정출이 점차 늘어나면서 액상 L의 조성은 선분 Fo-F 상의 점 D에서 점 F로 이동한다.

온도점 D(1495℃)에서는 100% Fo 조성의 초정 Fo가 아주 미량 정출되므로 액상 L의 조성은 초기 융체 조성인 25 wt% An-50 wt% Fo-25 wt% Qz를 유지한다.

점 F에 도달하기 직전 온도점 F^{+}(1450^{+}℃)에서는 초기 융체 조성점 D를 기준으로 공액선 Fo-F로부터 계산한 액상 L과 초정 Fo의 분율은 각각 91.7 wt%와 8.3 wt%이다. 이때 액상 L의 조성은 공액선 끝점에 해당하는 27.2 wt% An-45.5 wt% Fo-27.3 wt% Qz이다.

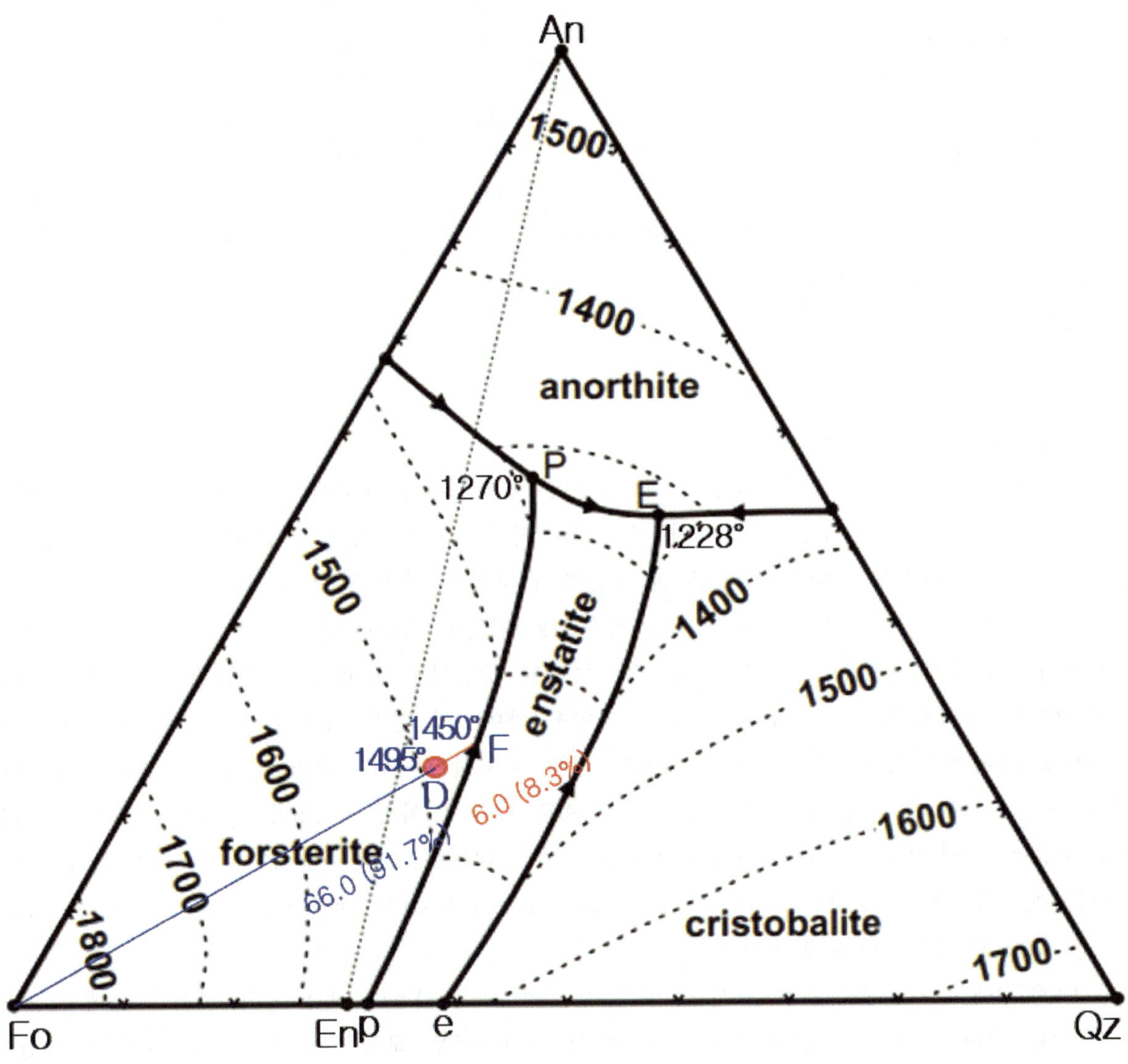

Fig. 6.11.1. Cooling path from D(1495℃) to F^{+}(1450^{+}℃) and tie line drawn at F^{+}(1450^{+}℃) for the melt with initial composition D(25.0 wt% An-50.0 wt% Fo-25.0 wt% Qz).

초정 Fo 정출 구간의 온도점 D(1495℃)와 F^{+}(1450^{+}℃)에서 존재하는 상의 조성과 분율에 관한 등조성선 연구 결과는 Table 6.11.1에 나타내었다.

Table 6.11.1. Isoplethal Analysis at D(1495℃) and F^{+}(1450^{+}℃) for the Melt with Initial Composition of 25.0 wt% An-50.0 wt% Fo-25.0 wt% Qz

Temp. (℃)	Type and fraction basis of phases	Proportion(%)	Composition(%)		Analysis(%)		
					An	Fo	Qz
D (1495)	66.0 mm melt	100.0	An	25.0	25.0		
			Fo	50.0		50.0	
			Qz	25.0			25.0
	† ε mm Fo crystal	ε	An	0.0	0.0		
			Fo	100.0		0.0	
			Qz	0.0			0.0
	Total system composition				25.0	50.0	25.0
#F^{+} (1450^{+})	66.0 mm melt	91.7	An	27.2	25.0		
			Fo	45.5		41.7	
			Qz	27.3			25.0
	6.0 mm Fo crystal	8.3	An	0.0	0.0		
			Fo	100.0		8.3	
			Qz	0.0			0.0
	Total system composition				25.0	50.0	25.0

† ε represents infinitesimal amount.
#+ indicates the temperature just above.

② 2원 포정반응과 초정의 재흡수 구간

Fig. 6.11.2에서 보이는 바와 같이, 액상 L의 조성이 공통경계선 p-P에 도달하여 선 p-P를 따라 냉각되는 온도 범위 F~H(1450~1300℃)의 2원 정출 구간에서는 (액상 L + 초정 Fo + 2차 결정 En)이 존재한다. Fig. 6.11.2의 아랫부분 빨간색 점선 원 부분에서 보이는 바와 같이, 공통경계선 p-P가 연장된 Alkemade 선 Fo-p와 점 p에서 만난다. 교점 p를 기준으로 연장된 Alkemade 선 Fo-p에서의 온도 감소 방향이 한쪽에서 들어와서 반대쪽으로 나가므로 점 p는 2원 포정점이다. 따라서 공통경계선 p-P를 따라 냉각하는 구간에서는 (액상 L + 초정 Fo)가 2원 포정반응 하여 2차 결정 En으로 변할 것으로 판단된다.

온도점 F(1450℃)에서는 공액 삼각형 F-Fo-En의 내부 교차선 F-Fo가 Alkemade 선 Fo-En의 한쪽 끝인 점 Fo에서 만난다. 초기 융체 조성점 D를 기준으로 내부 교차선 F-Fo에 대하여 계산되는 액상 L과 고상의 분율은 각각 91.7 wt%와 8.3 wt%이다. 고상은 대부분 초정 Fo이고, 2차 결정 En은 아주 미량의 ε이다. 여기서 2차 결정 En의 조성은 70.0 wt% Fo-30.0 wt% Qz이고, 액상 L의 조성은 27.2 wt% An-45.5 wt% Fo-27.3 wt% Qz이다.

온도점 G(1400℃)에서는 초록색으로 표시한 공액 삼각형 G-Fo-En의 액상 L의 조성점 G에서 초기 융체 조성점 D를 지나는 직선이 변 Fo-En의 점 I에서 만나, 내부 교차선 G-I가 그어진다. 초기 융체 조성점 D를 기준으로 내부 교차선 G-I에 대한 지렛대 원리로 계산되는 액상 L과 고상의 분율은 각각 73.6 wt%와 26.4 wt%이다. 교점 I를 기준으로 Alkemade 선 Fo-En에 대해 계산되는 결정 Fo의 분율은

26.4 wt%×18.9%=5.0 wt%이고, 결정 En의 분율은 26.4 wt%×81.1%=21.4 wt%이다. 이때의 액상 L의 조성은 공액선 끝점에 해당하는 34.0 wt% An-40.7 wt% Fo-25.3 wt% Qz이다.

2원 포정반응이 더욱 진행되어 온도점 H(1300℃)에 도달하면, 공액 삼각형 H-Fo-En의 내부 교차선 H-En이 Alkemade 선 Fo-En의 한쪽 끝인 조성점 En에서 만난다. 이때는 초기 융체 조성점 D를 기준으로 정해지는 내부 교차선 H-En에 대한 지렛대 원리로부터 계산되는 액상 L과 고상의 분율은 각각 50.0 wt%와 50.0 wt%이다. 내부 교차선 H-En이 공액 삼각형 H-Fo-En의 변 E-En과 겹치게 되어, 고상은 전부 결정 En이고 결정 Fo는 없어진다. 이때의 액상 L의 조성은 공액선 끝점에 해당하는 50.0 wt% An-30.0 wt% Fo-20.0 wt% Qz이다.

따라서 공통경계선 p-P를 따라 냉각되는 온도 범위 F~H(1450~1300℃)에서 온도점 F에서와 상대적으로 저온인 온도점 G와 온도점 H에서의 존재상 분율을 비교하면, 냉각이 진행됨에 따라 액상 L

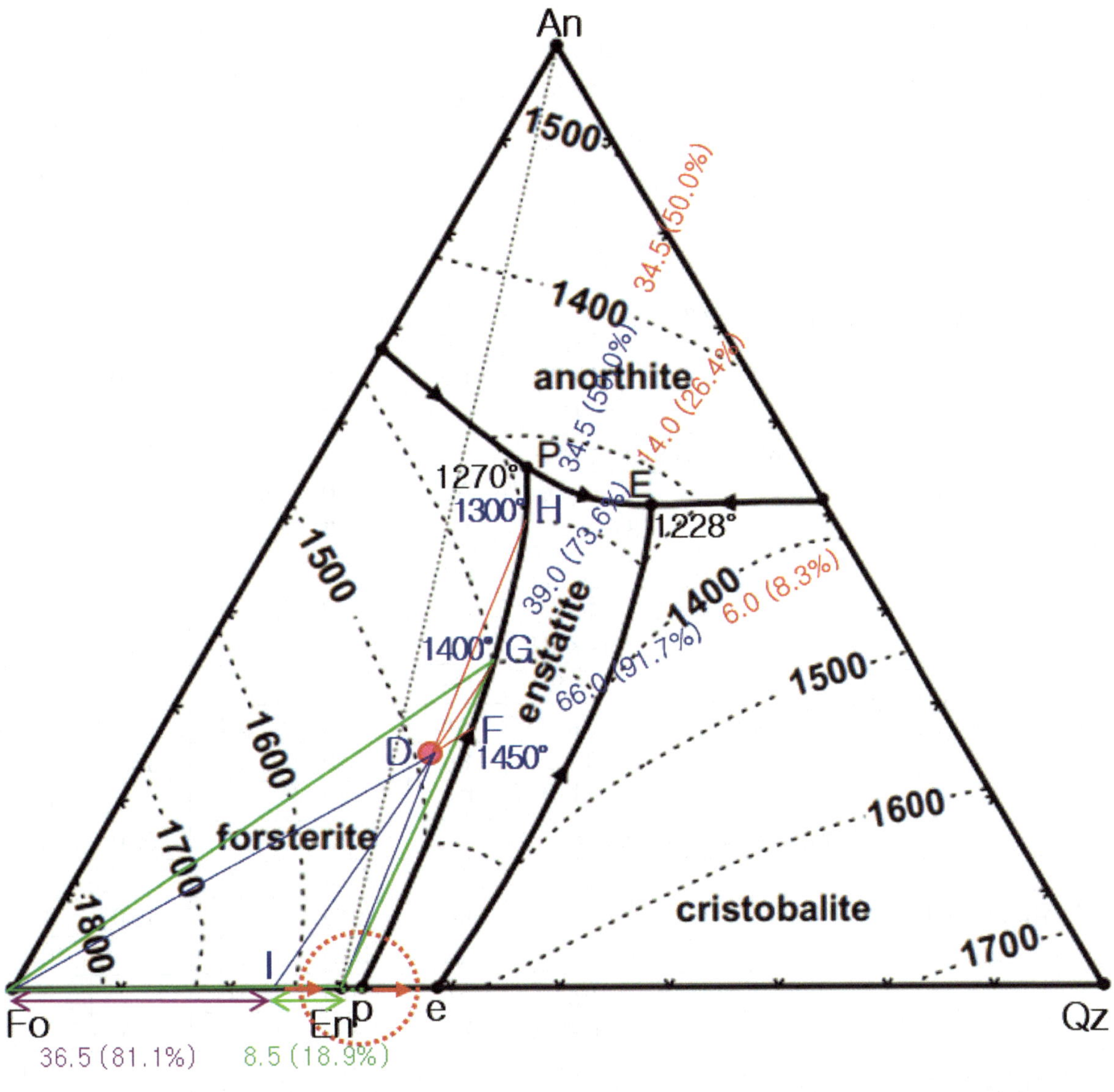

Fig. 6.11.2. Cooling path from F(1450℃) to H(1300℃) and tie triangle drawn at G(1400℃) for the melt with initial composition D(25.0 wt% An-50.0 wt% Fo-25.0 wt% Qz)(Complete resorption reaction of primary crystalline phase Fo occurs during cooling).

로부터 정출 되었던 초정 Fo는 줄어들고 2차 결정 En의 정출은 늘어나, 2원 포정반응이 진행되었다는 것을 알 수 있다.

또한 공통경계선 p-P를 따라 냉각될 때는 도중에 일어나는 2원 포정반응으로 인하여 액상 L로부터 정출되었던 초정 Fo가 8.3 wt%(온도점 F)에서 5.0 wt%(온도점 G)로 줄어들다가 결국에는 0.0 wt%(온도점 H)로 모두 없어지는 초정 Fo의 재흡수 반응이 일어났고, 결국 온도점 H에서 유일하게 존재하는 결정상은 2차 결정 En이다.

2원 포정반응 구간의 온도점 F(1450℃), G(1400℃) 및 H(1300℃)에서 존재하는 상의 조성과 분율에 관한 등조성선 연구 결과는 Table 6.11.2에 나타내었다.

Table 6.11.2. Isoplethal Analysis at F(1450℃), G(1400℃) and H(1300℃) for the Melt with Initial Composition of 25.0 wt% An-50.0 wt% Fo-25.0 wt% Qz

Temp. (℃)	Type and fraction basis of phases	Proportion(%)		Composition(%)		Analysis(%) An	Fo	Qz
F (1450)	66.0 mm melt	91.7		An	27.2	25.0		
				Fo	45.5		41.7	
				Qz	27.3			25.0
	6.0 mm Fo, En crystals	8.3	Fo (8.3×100.0 = 8.3)	An	0.0	0.0		
				Fo	100.0		8.3	
				Qz	0.0			0.0
			En (8.3× 0.0 = 0.0)	An	0.0	0.0		
				Fo	70.0		0.0	
				Qz	30.0			0.0
	Total system composition					25.0	50.0	25.0
G (1400)	39.0 mm melt	73.6		An	34.0	25.0		
				Fo	40.7		30.0	
				Qz	25.3			18.6
	14.0 mm Fo, En crystals	26.4	Fo (26.4×18.9 = 5.0)	An	0.0	0.0		
				Fo	100.0		5.0	
				Qz	0.0			0.0
			En (26.4×81.1 = 21.4)	An	0.0	0.0		
				Fo	70.0		15.0	
				Qz	30.0			6.4
	Total system composition					25.0	50.0	25.0
H (1300)	34.5 mm melt	50.0		An	50.0	25.0		
				Fo	30.0		15.0	
				Qz	20.0			10.0
	34.5 mm Fo, En crystals	50.0	Fo (50.0× 0.0 = 0.0)	An	0.0	0.0		
				Fo	100.0		0.0	
				Qz	0.0			0.0
			En (50.0×100.0 = 50.0)	An	0.0	0.0		
				Fo	70.0		35.0	
				Qz	30.0			15.0
	Total system composition					25.0	50.0	25.0

온도 범위 F~H(1450~1300℃) 구간에서 초정 Fo의 재흡수 반응에 대한 물질수지는 반응 이후 생성물의 양에서 반응 이전 반응물의 양을 빼서 "0"이 되는 관계식으로부터 구할 수 있다. 따라서 조성이 D인 융체에 대해 온도 H에서의 존재상 양에서 온도 F^-에서의 존재상 양을 빼서 "0"으로 하면 다음과 같이 계산된다.

	50.0 wt% $En_{(s)}$			+	50.0 wt% $melt_{(\ell)}$	
−)			8.3 wt% $Fo_{(s)}$	+	91.7 wt% $melt_{(\ell)}$	
	50.0 wt% $En_{(s)}$	−	8.3 wt% $Fo_{(s)}$	−	41.7 wt% $melt_{(\ell)}$	= 0

이항 정리하면, 조성 D인 융체가 온도 범위 F~H(1450~1300℃) 구간에서 초정 Fo가 재흡수 반응되는 물질수지는 다음과 같다.

$$41.7 \text{ wt\% melt}(\ell) + 8.3 \text{ wt\% Fo(s)} \leftrightarrows 50.0 \text{ wt\% En(s)} \qquad (6\text{-}17)$$

③ 2차 결정 단독 정출 구간

공통경계선 p-P에 따라 냉각될 때, 2원 포정반응이 끝나는 온도점 H(1300℃)에서는 (액상 L + 2차 결정 En)으로 존재한다. 온도점 H(1300℃)에 도달한 이후에도 냉각 경로가 계속해서 상영역 Fo와 상영역 En의 공통경계선 p-P를 따른다고 가정하면, 공액 삼각형의 액상 L의 조성점에서 초기 융체 조성점을 지나는 내부 교차선을 그으면 조성점 Fo와 조성점 En을 연결한 Alkemade 선 Fo-En 밖으로 벗어나므로 이러한 냉각 경로는 불가능하다. 따라서 Fig. 6.11.3에서 보이는 바와 같이, 점 H에 도달한 직후 온도점 H^-부터는 공통경계선 p-P를 따르지 않고 (액상 L + 2차 결정 En)이 유지되는 공액선 En-K 경로를 따라 냉각되어야 한다.

존재상이 (액상 L + 2차 결정 En)으로 유지되는 조건의 냉각 경로에서 액상 L의 조성은 2차 결정 En의 조성점에서 직선으로 초기 융체 조성점 D를 지나는 선분인 공액선을 따라 점 $H^-(1300^-℃)$에서 점 J(1280℃)를 거쳐 점 K^+로 이동한다. 즉, 점 H에 도달한 직후 온도점 $H^-(1300^-℃)$에서 제2 공통 경계선 P-E에 도달하기 직전 온도점 $K^+(1260^+℃)$까지 온도 범위 H^-~$K^+(1300^-$~$1260℃)$인 냉각 구간에서는 2차 결정 BC의 단독 정출 구간이다.

엄밀하게는 공통경계선 p-P에 존재하는 온도점 H(1300℃)와 이 온도에 도달한 한 직후에 공통경계선 p-P에서 벗어나 공액선 $En-K^-$로 옮긴 온도점 $H^-(1300^-℃)$는 서로 구분되어야 한다. 하지만 온도점 H(1300℃)에서 존재하는 2차 결정 En의 분율은 50.0 wt%이고 온도점 $H^-(1300^-℃)$에서도 추가 정출되는 2차 결정 En의 양이 아주 미량 ε이므로, 두 온도점에서 계에 존재하는 2차 결정 En의 분율은 같다고 생각해도 된다.

온도점 J(1280℃)에서 공액선 J-En에 대한 지렛대 원리로 계산되는 액상 L과 결정 En의 분율은 각각 47.6 wt%와 52.4 wt%이며, 액상 L의 조성은 52.5 wt% An-27.9 wt% Fo-19.6 wt% Qz이다.

점 K에 도달하기 직전 온도점 $K^+(1260^+℃)$에서는 공액선 K-En에 대해 계산되는 액상 L과 결정 En의 분율은 각각 45.4 wt%와 54.6 wt%이며, 액상 L의 조성은 55.1 wt% An-26.0 wt% Fo-18.9 wt% Qz이다. 2차 결정 En 단독 정출 냉각 구간의 온도점 J(1280℃)와 $K^+(1260^+℃)$에서 존재하는 상의 조성과 분율에 관한 등조성선 연구 결과는 Table 6.11.3에 나타내었다.

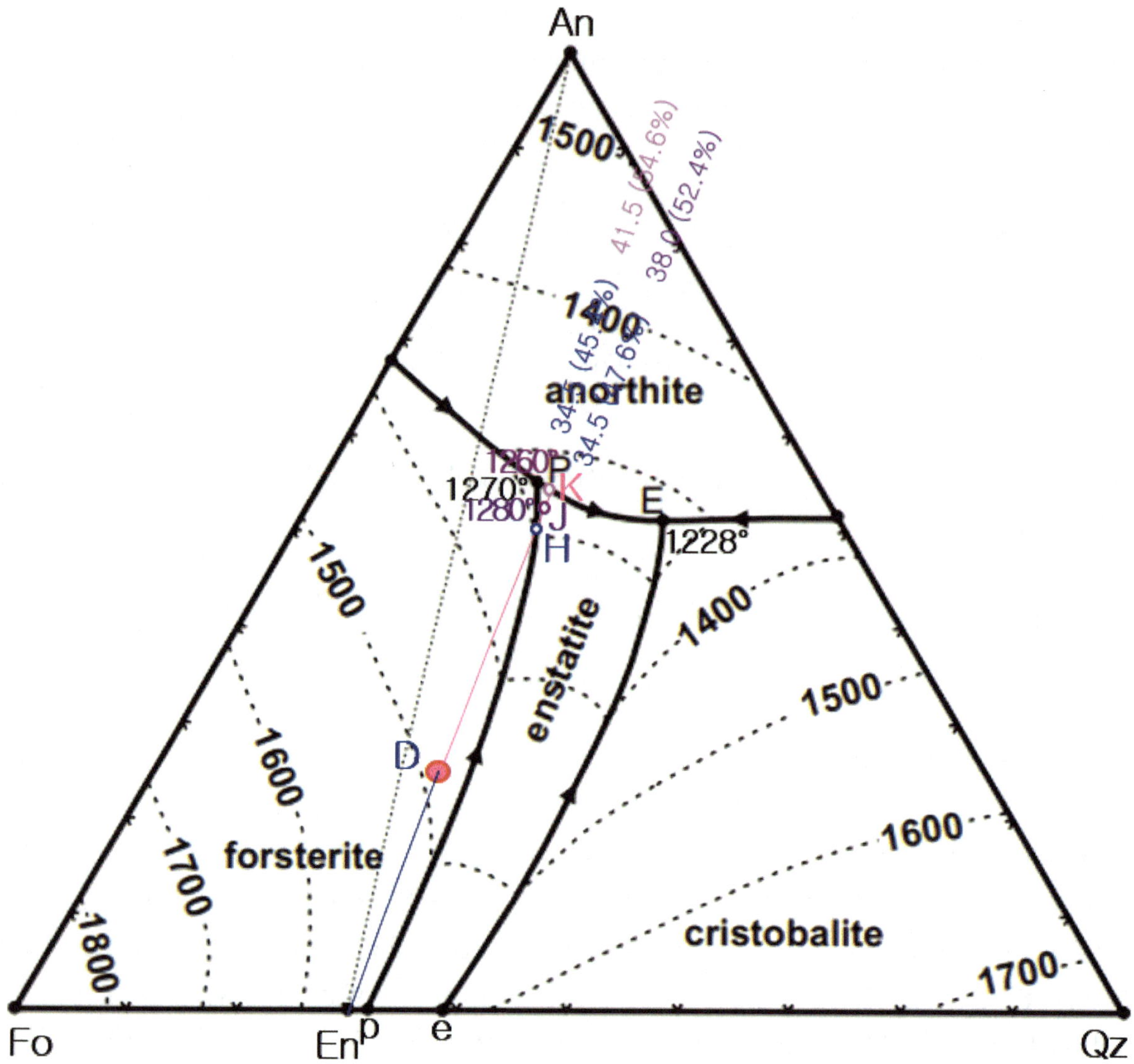

Fig. 6.11.3. Cooling path from H(1300℃) to J(1280℃) to K^{+}(1260^{+}℃) and tie line drawn at K^{+} for the melt with initial composition D(25.0 wt% An-50.0 wt% Fo-25.0 wt% Qz).

Table 6.11.3. Isoplethal Analysis at J(1280℃) and K^{+}(1260^{+}℃) for the Melt with Initial Composition of 25.0 wt% An-50.0 wt% Fo-25.0 wt% Qz

Temp. (℃)	Type and fraction basis of phases	Proportion(%)	Composition(%)		Analysis(%)		
					An	Fo	Qz
J (1280)	34.5 mm melt	47.6	An	52.5	25.0		
			Fo	27.9		13.3	
			Qz	19.6			9.3
	38.0 mm En crystal	52.4	An	0.0	0.0		
			Fo	70.0		36.7	
			Qz	30.0			15.7
	Total system composition				25.0	50.0	25.0
#K^{+} (1260^{+})	34.5 mm melt	45.4	An	55.1	25.0		
			Fo	26.0		11.8	
			Qz	18.9			8.6
	41.5 mm En crystal	54.6	An	0.0	0.0		
			Fo	70.0		38.2	
			Qz	30.0			16.4
	Total system composition				25.0	50.0	25.0

#+ indicates the temperature just above.

④ 2차 2원 정출 구간

Fig. 6.11.4에서 보이는 바와 같이, 2차 공통경계선 P-E를 따라 냉각되는 온도 범위 K~E⁺(1260~1228⁺℃)에서의 존재상은 (액상 L + 2차 결정 En + 3차 결정 An)이다. 빨간색 점선 원으로 표시한 부분에서 보이는 바와 같이, 연장된 공통경계선 O-E가 Alkemade 선 An-En과 점 O에서 만난다. 교점 O를 기준으로 Alkemade 선 An-En에서의 온도 감소 방향이 한쪽에서 모인다. 따라서 공통경계선 P-E를 따라 냉각하는 구간에서는 존재하던 액상 L이 2원 공정반응 하여 (2차 결정 En + 3차 결정 An)을 생성할 것으로 판단된다.

온도점 K(1260℃)에서는 공액 삼각형 K-En-An의 내부 교차선 K-En이 해당 Alkemade 선 En-An의 한쪽 끝인 En 조성점에서 만난다. 이때는 초기 융체 조성점 D를 기준으로 내부 교차선 K-En에 대해 지렛대 원리로 계산되는 액상 L과 고상의 분율은 각각 45.4 wt%와 54.6 wt%인데, 고상 중에서 정출된 3차 결정 An은 아주 미량(ε)이고 대부분은 결정 En이다.

온도점 L(1245℃)에서 공액 삼각형 L-En-An의 내부 교차선 L-M에 대해 지렛대 원리로 계산되는 액상 L과 고상의 분율은 각각 28.1 wt%와 71.9 wt%이다. 교점 M을 기준으로 해당 Alkemade 선 En-An

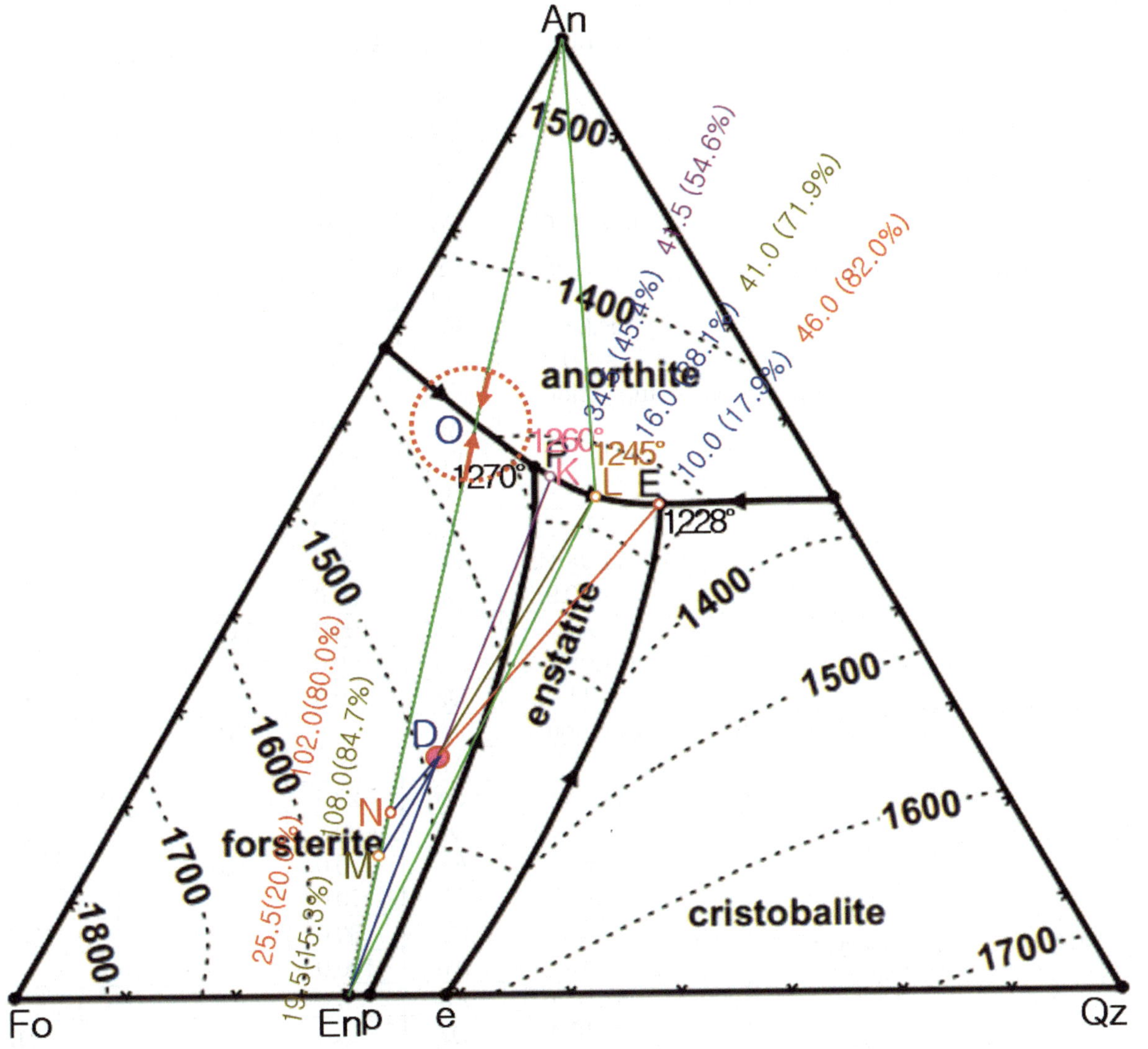

Fig. 6.11.4. Cooling path from K(1260℃) to E⁺(1228⁺℃) and tie triangle drawn at L(1245℃) for the melt with initial composition D(25.0 wt% An-50.0 wt% Fo-25.0 wt% Qz).

에 의해 계산되는 결정 En의 분율은 71.9 wt%×84.7%=60.9 wt%이고, 결정 An의 분율은 71.9 wt%×15.3%=11.0 wt%이다. 이 온도에서 액상 L의 조성은 49.8 wt% An-26.4 wt% Fo-23.8 wt% Qz이다.

3원 공정점 E에 도달하기 직전 온도점 E^{+}(1228^{+}℃)에서는 공액 삼각형 E-En-An의 내부 교차선 E-N에 대해 계산되는 액상 L과 고상의 분율은 각각 17.9 wt%와 82.1 wt%이다. 이때 교점 N을 기준으로 해당 Alkemade 선 En-An에 의해 계산되는 결정 En의 분율은 82.1 wt%×80.0%=65.7 wt%이고, 결정 An의 분율은 82.1 wt%×20.0%=16.4 wt%이다. 액상 L의 조성은 48.0 wt% An-22.3 wt% Fo-29.7 wt% Qz이다.

따라서 2차 공통경계선 P-E를 따라 냉각되는 온도 범위 K~E^{+}(1260~1228^{+}℃)에서, 온도점 K와 상대적으로 저온인 온도점 L과 E^{+}에서의 존재상 분율을 비교하면, 냉각이 진행됨에 따라 액상 L에서 (초정 Fo + 2차 결정 En)의 정출이 계속 늘어나므로 2원 공정반응이 진행되었다는 것을 알 수 있다.

2차 2원 정출 냉각 구간의 온도점 K(1260℃), L(1245℃) 및 E^{+}(1228^{+}℃)에서 존재하는 상의 조성과 분율에 관한 등조성선 연구 결과는 Table 6.11.4에 나타내었다.

Table 6.11.4. Isoplethal Analysis at K(1260℃), L(1245℃) and E^{+}(1228^{+}℃) for the Melt with Initial Composition of 25.0 wt% An-50.0 wt% Fo-25.0 wt% Qz

Temp. (℃)	Type and fraction basis of phases	Proportion(%)		Composition(%)		Analysis(%) An	Analysis(%) Fo	Analysis(%) Qz
K (1260)	34.5 mm melt	45.4		An	55.1	25.0		
				Fo	26.0		11.8	
				Qz	18.9			8.6
	41.5 mm En, An crystals	54.6	En (54.6×100.0 = 54.6)	An	0.0	0.0		
				Fo	70.0		38.2	
				Qz	30.0			16.4
			An (54.6× 0.0 = 0.0)	An	100.0	0.0		
				Fo	0.0		0.0	
				Qz	0.0			0.0
	Total system composition					25.0	50.0	25.0
L (1245)	16.0 mm melt	28.1		An	49.8	14.0		
				Fo	26.4		7.4	
				Qz	23.8			6.7
	41.0 mm En, An crystals	71.9	En (71.9×84.7 = 60.9)	An	0.0	0.0		
				Fo	70.0		42.6	
				Qz	30.0			18.3
			An (71.9×15.3 = 11.0)	An	100.0	11.0		
				Fo	0.0		0.0	
				Qz	0.0			0.0
	Total system composition					25.0	50.0	25.0
#E^{+} (1228^{+})	10.0 mm melt	17.9		An	48.0	8.6		
				Fo	22.3		4.0	
				Qz	29.7			5.3
	46.0 mm En, An crystals	82.1	En (82.1×80.0 = 65.7)	An	0.0	0.0		
				Fo	70.0		46.0	
				Qz	30.0			19.7
			An (82.1×20.0 = 16.4)	An	100.0	16.4		
				Fo	0.0		0.0	
				Qz	0.0			0.0
	Total system composition					25.0	50.0	25.0

#+ indicates the temperature just above.

⑤ 3원 공정반응 구간

3원 공정점 E(1228℃)에서 평형 냉각되면 이전까지 남아있던 액상 L은 공정반응으로 (2차 결정 En + 3차 결정 An + 4차 결정 Qz)로 결정화된다. Fig. 6.11.5에서 보이는 바와 같이, 초기 융체 조성점 D가 조성 삼각형 An-En-Qz 안에 위치하므로, 3원 공정반응 이후 더 이상 다른 경로의 냉각이 진행되지 않고 3원 공정점에서 냉각이 끝나는 것으로 판단할 수 있다.

조성 D인 융체가 3원 공정점 온도 미만인 E⁻(1228⁻℃)으로 냉각될 때, 초기 융체 조성점 D가 조성 삼각형 An-En-Qz에 속하므로, 결정화되는 최종 결정의 명칭과 조성은 결정 An(100.0 wt% An), 결정 En(70.0 wt% Fo-30.0 wt% Qz) 및 결정 Qz(100.0 wt% Qz)이다.

그리고 초기 융체 조성점 D를 지나고 조성 삼각형 An-En-Qz의 변 An-En과 변 En-Qz에 평행하게 직선을 그으면, 변 An-Qz의 교점 Q와 R에서 만난다.

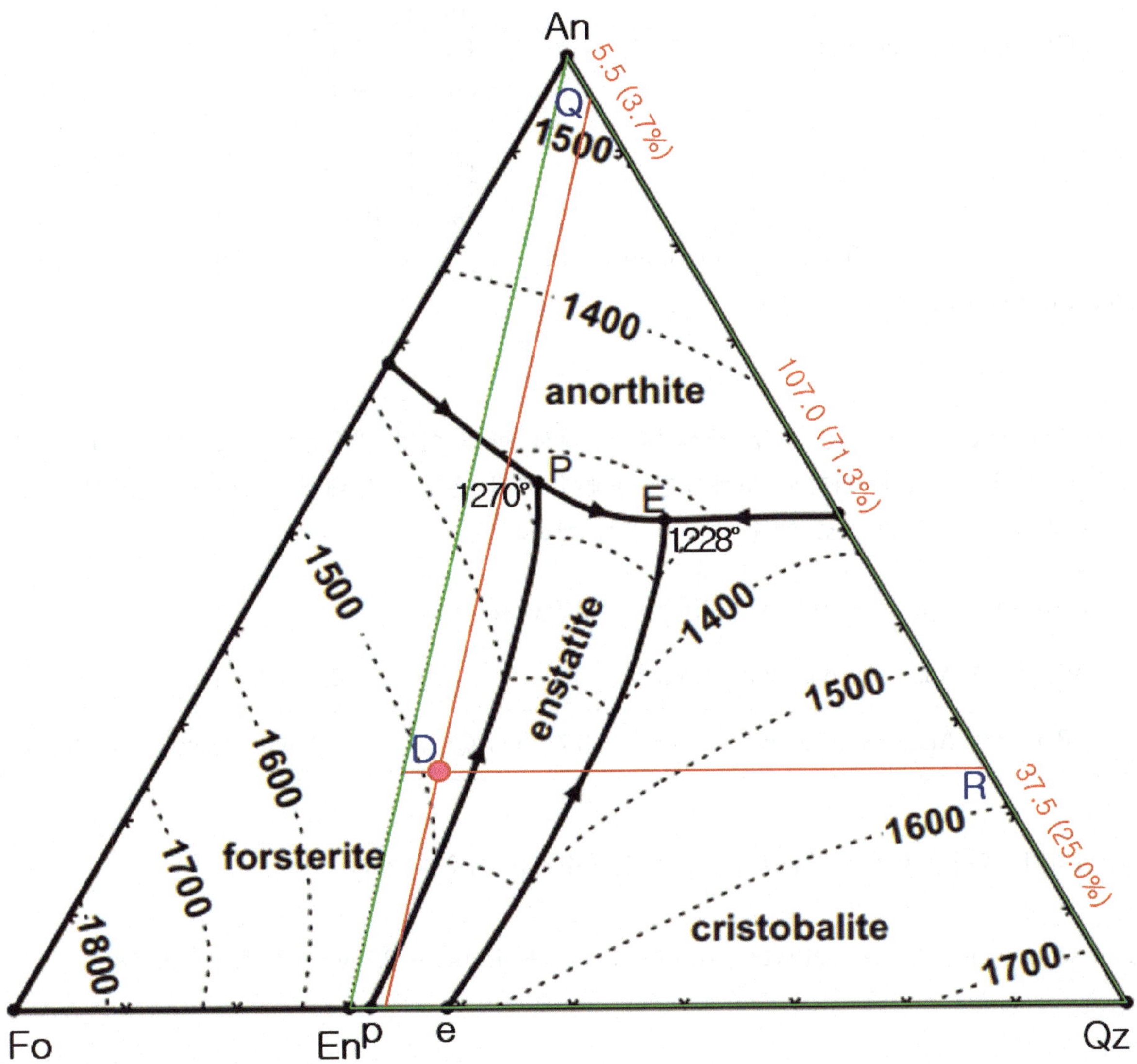

Fig. 6.11.5. The composition and fraction of final crystalline phases determined by composition triangle after cooling just below ternary eutectic point E(1228⁻℃) for the melt with initial composition D(25.0 wt% An-50.0 wt% Fo-25.0 wt% Qz).

두 교점을 기준으로 정해지는 변 An-Qz의 분할 길이 An-Q, Q-R와 R-Qz를 재서 지렛대 원리에 적용하여 실제로 구한 결정 An, En 및 Qz의 분율은 각각 25.0 wt%, 71.3 wt% 및 3.7 wt%이다.

조성 25 wt% An-50 wt% Fo-25 wt% Qz인 융체를 3원 공정점 E 미만인 온도점 E^-(1228$^-$℃)로 최종 냉각하였을 때, 존재하는 상의 조성과 분율에 관한 등조성선 연구 결과는 Table 6.11.5에 나타내었다.

Table 6.11.5. Isoplethal Analysis just below Ternary Eutectic Point E(1228$^-$℃) for the Melt with Initial Composition of 25.0 wt% An-50.0 wt% Fo-25.0 wt% Qz

Temp. (℃)	Type and fraction basis of phases	Proportion(%)	Composition(%)		Analysis(%)		
					An	Fo	Qz
※E^- (1228$^-$)	37.5 mm An crystal	25.0	An	100.0	25.0		
			Fo	0.0		0.0	
			Qz	0.0			0.0
	107.0 mm En crystal	71.3	An	0.0	0.0		
			Fo	70.0		49.9	
			Qz	30.0			21.4
	5.5 mm Qz crystal	3.7	An	0.0	0.0		
			Fo	0.0		0.0	
			Qz	100.0			3.7
	Total system composition				25.0	50.0	25.0

※- indicates the temperature just below.

3원 공정반응의 물질수지는 반응 이후 생성물의 양에서 반응 이전 반응물의 양을 빼서 "0"이 되는 관계식으로부터 구할 수 있다. 따라서 조성 Z인 융체에 대해 온도점 E^-에서의 존재상 양에서 온도점 E^+에서의 존재상 양을 빼서 "0"으로 하면 다음과 같이 계산된다.

$$
\begin{array}{lllll}
 & 25.0 \text{ wt\% } An_{(s)} & + \ 71.3 \text{ wt\% } En_{(s)} & + \ 3.7 \text{ wt\% } Qz_{(s)} & \\
-) & 16.4 \text{ wt\% } An_{(s)} & + \ 65.7 \text{ wt\% } En_{(s)} & & + \ 17.9 \text{ wt\% } melt_{(\ell)} \\
\hline
 & 8.6 \text{ wt\% } An_{(s)} & + \ 5.6 \text{ wt\% } En_{(s)} & + \ 3.7 \text{ wt\% } Qz_{(s)} & - \ 17.9 \text{ wt\% } melt_{(\ell)} = 0
\end{array}
$$

이항 정리하면, 공정점 E에서 3원 공정반응의 물질수지는 다음과 같다.

$$17.9 \text{ wt\% } melt(\ell) \leftrightarrows 8.6 \text{ wt\% } An(s) + 5.6 \text{ wt\% } En(s) + 3.7 \text{ wt\% } Qz(s) \quad (6\text{-}18)$$

6.3.2 10 wt% A-20 wt% B-70 wt% C 조성 융체의 평형 냉각

Fig. 6.12에 보이는 가상의 A-B-C 3성분계 상평형도에는 상영역 a, b, c 및 bc가 있고, 조성점이 상영역 bc 밖에 위치하는 비조화용융 화합물 BC를 포함하고 있다. 상평형도에 5개의 Alkemade 선을 그으면, 2개의 조성 삼각형이 만들어진다. 불변점 E는 해당 조성 삼각형 A-B-BC 내부에 위치하여 3원 공정점이지만, 불변점 P는 해당 조성 삼각형 A-BC-C 밖에 위치하여 3원 포정점이다.

조성이 10.0 wt% A-20.0 wt% B-70.0 wt% C인 융체의 조성점을 표시하면, Fig. 6.12에서 보이는 바와 같이 점 Z이다. 초기 융체 조성점 Z가 상영역 c에 위치하므로 조성 Z인 융체를 평형 냉각하면 결정 C가 초정으로 정출된다. 그리고 초기 융체 조성점 Z가 조성 삼각형 A-B-BC에 속하므로 상온까지 냉각했을 때의 최종 결정은 (결정 A + 결정 BC + 결정 B)이다. 따라서 초정 C는 평형 냉각 과정 중에 사라지고, 냉각 경로는 최종적으로 3원 공정점 E에서 끝나게 된다.

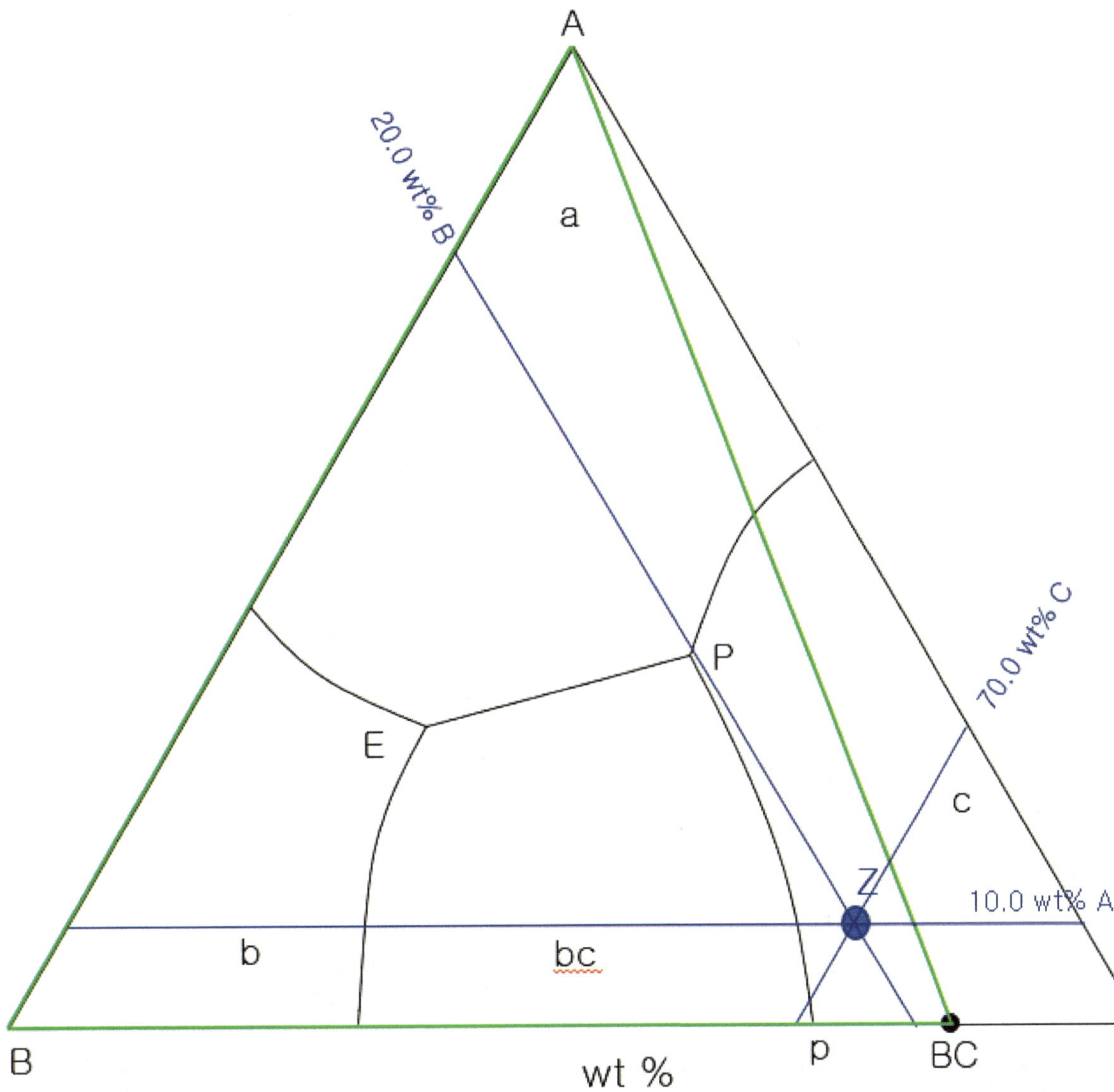

Fig. 6.12. Composition triangle drawn for the melt with initial composition Z(10.0 wt% A-20.0 wt% B-70.0 wt% C) in a hypothetical A-B-C ternary phase diagram.

① 초정 정출 구간

조성 Z인 융체가 평형 냉각될 때, 초기 융체 조성점 Z가 가리키는 온도 초과에서는 액상 L로만 존재한다. Fig. 6.12.1에 보이는 바와 같이, 초기 융체 조성점 Z가 가리키는 온도에서 초정 C가 정출되기 시작한다. 초기 융체 조성점 Z가 가리키는 온도에서 액상 L의 조성이 공통경계선 p-P에 도달하기 직전까지인 온도 범위 Z~F^{+}의 초정 정출 구간에서 존재하는 상은 (액상 L + 초정 C)이다. 초정 정출 구간에서 냉각될 때는 초정 조성점 C에서 초기 융체 조성점 Z를 지나 해당 온도에 이르는 공액선을 그어서, 액상 L과 초정 C의 조성과 분율을 구할 수 있다.

온도점 Z에서는 100.0 wt% C 조성의 초정 C가 아주 미량(ε) 정출되므로 액상 L의 조성은 초기 융체 조성을 그대로 유지한 10.0 wt% A-20.0 wt% B-70.0 wt% C이다.

점 F에 도달하기 직전 온도점 F^{+}에서는 공액선 F-C 한 끝점에 해당하는 액상 L의 조성은 12.2 wt% A-24.5 wt% B-63.3 wt% C이다. 온도점 F^{+}에서 초기 융체 조성점 Z를 기준으로 정해지는 공액선 F-C의 분할 길이로 계산되는 액상 L과 초정 C의 분율은 각각 81.8 wt%와 18.2 wt%이다.

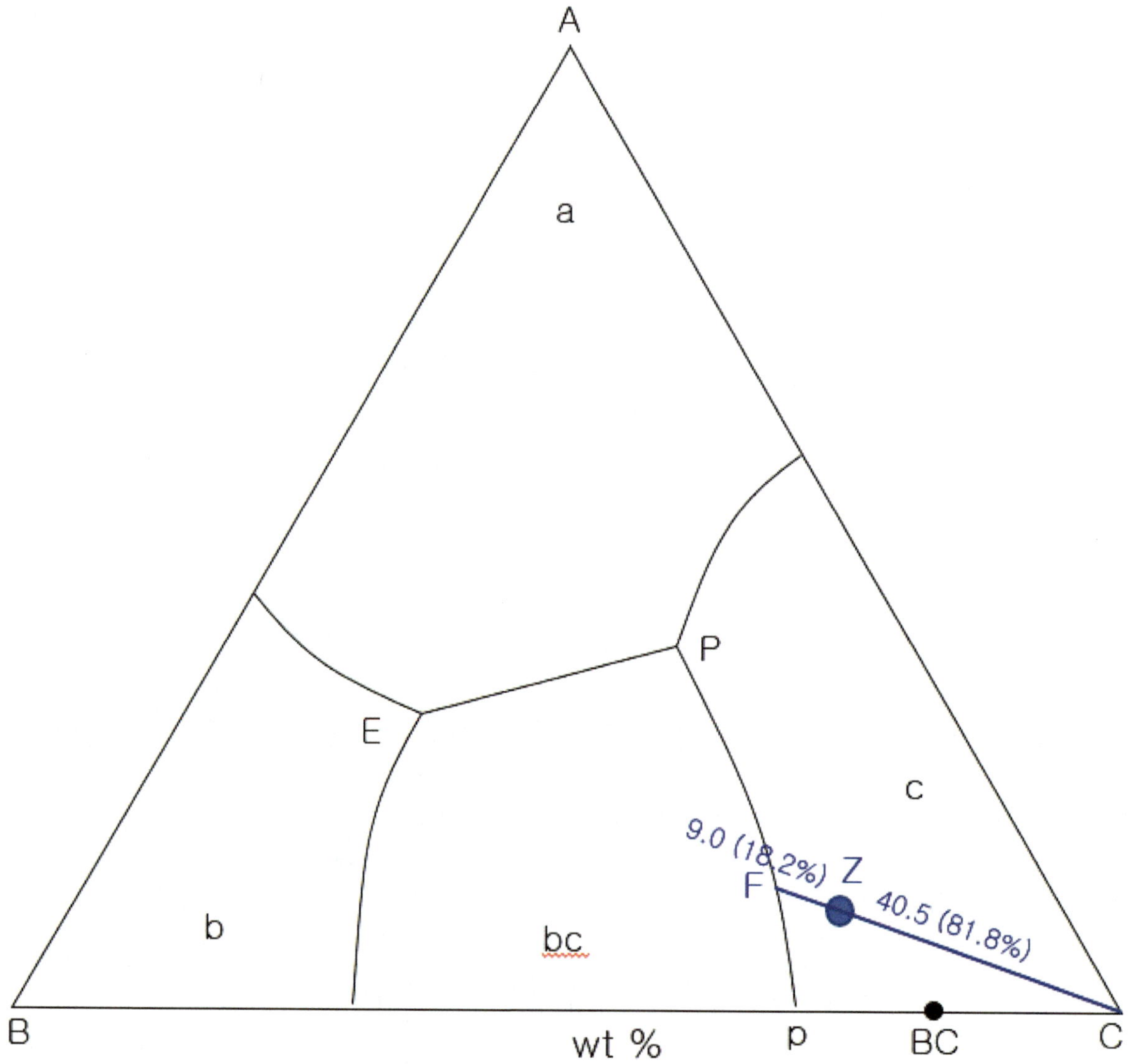

Fig. 6.12.1. Cooling path from Z to F^{+} and tie line drawn at F^{+} for the melt with initial composition Z(10.0 wt% A-20.0 wt% B-70.0 wt% C).

Table 6.12.1. Isoplethal Analysis at Z and F⁺ for the Melt with Initial Composition of 10.0 wt% A -20.0 wt% B-70.0 wt% C

Temp. (℃)	Type and fraction basis of phases	Proportion(%)	Composition(%)		Analysis(%)		
					A	B	C
Z	40.5 mm melt	100.0	A	10.0	10.0		
			B	20.0		20.0	
			C	70.0			70.0
	† ε mm C crystal	0.0	A	0.0	0.0		
			B	0.0		0.0	
			C	100.0			0.0
	Total system composition				10.0	20.0	70.0
#F⁺	40.5 mm melt	81.8	A	12.2	10.0		
			B	24.5		20.0	
			C	63.3			51.8
	9.0 mm C crystal	18.2	A	0.0	0.0		
			B	0.0		0.0	
			C	100.0			18.2
	Total system composition				10.0	20.0	70.0

† ε represents infinitesimal amount.
#+ indicates the temperature just above.

② 2원 포정반응과 초정의 재흡수 구간

Fig. 6.12.2에서 보이는 바와 같이, 액상의 조성이 공통경계선 p-P에 도달하여 공통경계선 p-P를 따라 냉각되는 온도 범위 F~I의 2원 정출 구간에서는 (액상 L + 초정 C + 2차 결정 BC)가 존재한다.

공통경계선 p-P에 따르는 2원 정출 구간에서 2원 포정반응이 일어날지, 또는 2원 공정반응이 일어날지를 판별하기 위해 Fig. 6.12.2에서와 같이 상평형도에 초록색의 조성 삼각형을 그어 공통경계선과 만나는 교점을 기준으로 해당 Alkemade 선에서의 온도 기울기 방향을 알아냈다(5장 8절 참조). 파란색 점선 원 부분에서 보이는 바와 같이, 공통경계선 e-E는 Alkemade 선 B-BC와 점 e에서 만나고, 교점 e를 기준으로 Alkemade 선 B-BC에서의 온도 기울기 방향이 양쪽에서 모이므로 점 e는 2원 공정점이다. 그러나 빨간색 점선 원 부분에서 보이는 바와 같이, 공통경계선 p-P는 연장된 Alkemade 선 C-p와 점 p에서 만난다. 교점 p를 기준으로 연장된 Alkemade 선 C-p에서의 온도 기울기 방향이 한쪽에서 들어와서 반대쪽으로 나가므로 점 p가 2원 포정점이다. 따라서 공통경계선 p-P를 따라 2원 포정반응이 일어나는 것을 판별할 수 있다.

온도점 F에서는 공액 삼각형 F-C-BC의 내부 교차선 F-C가 Alkemade 선 C-BC의 한쪽 끝인 조성점 C에서 만난다. 이때는 초기 융체 조성점 Z를 기준으로 정해지는 내부 교차선 F-C로 계산되는 액상 L과 고상의 분율은 각각 81.8 wt%와 18.2 wt%인데, 결정 BC가 아주 미량(ε)이므로 고상 대부분은 결정 C이다. 이때 2차 결정 BC의 조성은 16.7 wt% B-83.3 wt% C이고 액상 L의 조성은 12.2 wt% A-24.5 wt% B-63.3 wt% C이다.

온도점 G에서는 공액 삼각형 G-C-BC의 내부 교차선 G-H로부터 계산되는 액상 L과 고상의 분율은 각각 69.9 wt%와 30.1 wt%이다. 교점 H를 기준으로 Alkemade 선 C-BC의 분할 길이로 계산되는 고상 중 결정 C의 분율은 30.1 wt%×34.0%=10.2 wt%이고, 결정 BC의 분율은 30.1 wt%×66.0%=19.9 wt%이

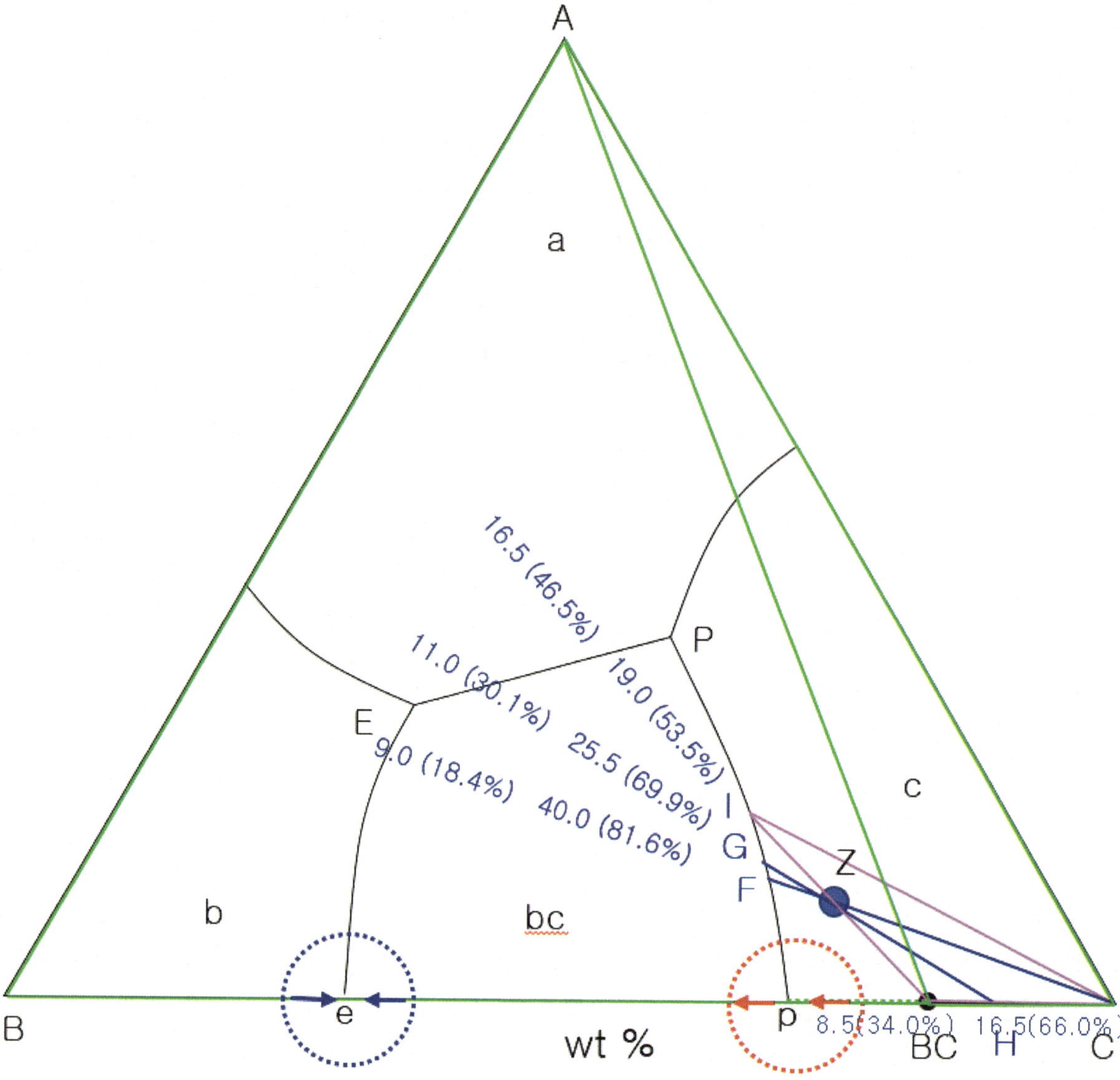

Fig. 6.12.2. Cooling path from F to G to I and tie triangle drawn at I for the melt with initial composition Z(10.0 wt% A-20.0 wt% B-70.0 wt% C)(Complete resorption reaction of primary crystalline phase C occurs during cooling).

다. 이때 액상 L의 조성은 14.3 wt% A-23.9 wt% B-61.8 wt% C이다.

온도점 I에서는 보라색으로 표시한 공액 삼각형 I-C-BC의 내부 교차선 I-BC는 Alkemade 선 C-BC의 한쪽 끝인 조성점 BC에서 만난다. 이때는 초기 융체 조성점 Z를 기준으로 정해지는 내부 교차선 I-BC의 분할 길이에 의해 계산되는 액상 L과 고상의 분율은 각각 53.5 wt%와 46.5 wt%인데, 고상은 2차 결정 BC만 남고 초정 C는 없어진다.

따라서 공통경계선 p-P를 따라 냉각되는 온도 범위인 F~I 구간에서 온도점 F와 상대적으로 저온인 온도점 G와 I에서의 존재상 분율을 비교하면, 냉각이 진행됨에 따라 융체로부터 정출 되었던 초정 C는 줄어들고 2차 결정 BC의 정출은 늘어나 2원 포정반응이 진행되었다고 확인할 수 있다.

또한 공통경계선 p-P를 따라 냉각될 때는, 도중에 일어나는 2원 포정반응으로 인하여 액상 L로부터 정출되었던 초정 C가 18.2 wt%(온도점 F)에서 10.2 wt%(온도점 G)로 줄어들다가 결국에는 0.0 wt%

(온도점 I)로 모두 없어지는, 초정 C의 재흡수 반응이 일어났고, 결국 온도점 I에서 유일하게 존재하는 결정상은 2차 결정 BC이다.

2원 포정반응 냉각 구간의 온도점 F, G 및 I에서 존재하는 상의 조성과 분율에 관한 등조성선 연구 결과는 Table 6.12.2에 나타내었다.

Table 6.12.2. Isoplethal Analysis at F, G and I for the Melt with Initial Composition of 10.0 wt% A-20.0 wt% B-70.0 wt% C

Temp. (℃)	Type and fraction basis of phases	Proportion(%)		Composition(%)		Analysis(%) A	Analysis(%) B	Analysis(%) C
F	40.5 mm melt	81.8		A	12.2	10.0		
				B	24.5		20.0	
				C	63.3			51.8
	9.0 mm C, BC crystals	18.2	C (18.2×100.0 = 18.2)	A	0.0	0.0		
				B	0.0		0.0	
				C	100.0			18.2
			BC (18.2× 0.0 = 0.0)	A	0.0	0.0		
				B	16.7		0.0	
				C	83.3			0.0
	Total system composition					10.0	20.0	70.0
G	25.5 mm melt	69.9		A	14.3	10.0		
				B	23.9		16.7	
				C	61.8			43.2
	11.0 mm C, BC crystals	30.1	C (30.1×34.0 = 10.2)	A	0.0	0.0		
				B	0.0		0.0	
				C	100.0			10.2
			BC (30.1×66.0 =19.9)	A	0.0	0.0		
				B	16.7		3.3	
				C	83.3			16.6
	Total system composition					10.0	20.0	70.0
I	19.0 mm melt	53.5		A	18.7	10.0		
				B	22.8		12.2	
				C	58.5			31.3
	16.5 mm C, BC crystals	46.5	C (46.5×0.0 = 0.0)	A	0.0	0.0		
				B	0.0		0.0	
				C	100.0			0.0
			BC (46.5×100.0 =46.5)	A	0.0	0.0		
				B	16.7		7.8	
				C	83.3			38.7
	Total system composition					10.0	20.0	70.0

온도 범위 F~I 구간에서 초정 C의 재흡수 반응에 대한 물질수지는 반응 이후 생성물의 양에서 반응 이전 반응물의 양을 빼서 "0"이 되는 관계식으로부터 구할 수 있다. 따라서 조성이 Z인 융체에 대해 온도점 I에서의 존재상 양에서 온도점 F에서의 존재상 양을 빼서 "0"으로 하면 다음과 같이 계산된다.

	46.5 wt% $BC_{(s)}$			+	53.8 wt% $melt_{(\ell)}$		
−)			18.2 wt% $C_{(s)}$	+	81.8 wt% $melt_{(\ell)}$		
	46.5 wt% $BC_{(s)}$	−	18.2 wt% $C_{(s)}$	−	28.3 wt% $melt_{(\ell)}$	=	0

이항 정리하면, 온도 범위 F~I 구간에서 초정 C가 재흡수 반응되는 물질수지는 다음과 같다.

$$28.3\ \text{wt\%}\ melt(\ell) + 18.2\ \text{wt\%}\ C(s) \leftrightarrows 46.5\ \text{wt\%}\ BC(s) \qquad (6\text{-}19)$$

③ 2차 결정 단독 정출 구간

공통경계선 p-P에 따라 냉각되면서 2원 포정반응이 끝나는 온도점 I에서는 (액상 L + 2차 결정 BC)로 존재한다. 온도점 I에 도달한 이후에도 냉각 경로가 상영역 c와 상영역 bc의 공통경계선 p-P를 계속해서 따른다고 가정하면, 공액 삼각형의 액상 조성점에서 초기 융체 조성점을 가로지르는 내부 교차선을 그으면 조성점 C와 조성점 BC를 연결한 Alkemade 선 C-BC 밖으로 벗어나야만 하므로 이러한 냉각 경로는 불가능하다. 따라서 Fig. 6.12.3에서 보이는 바와 같이, 점 I에 도달한 이후 온도점 I^-에서부터는 공통경계선 p-P를 따르지 않고 (액상 L + 2차 결정 BC)가 유지되는 공액선 BC-K 경로를 따라 냉각되어야 한다.

존재상이 (액상 L + 2차 결정 BC)로 유지되는 냉각 경로에서는 2차 결정 BC의 조성점에서 초기 융체 조성점 Z를 지나는 선분인 공액선을 따라 액상 L의 조성이 점 I^-에서 점 J를 거쳐 점 K^+까지 이동한다. 즉, 점 I에 도달한 이후 온도점 I^-에서 제2 공통경계선 P-E에 도달하기 직전 온도점 K^+까지 온도 범위인 I^-~K^+의 냉각 과정은 2차 결정 BC의 단독 정출 구간이다.

엄밀하게는 공통경계선 p-P에 존재하는 온도점 I와 이 온도에 도달한 직후 공통경계선 p-P에서 벗어나 공액선 BC-I^-로 옮긴 온도점 I^-는 구분되어야 한다. 하지만 온도점 I에서 존재하는 2차 결정 BC의 분율은 46.5 wt%이고 온도점 I^-에서 추가로 정출되는 2차 결정 BC의 양이 아주 미량(ε)이므로, 두 온도점에서 계에 존재하는 2차 결정 BC의 분율은 같다고 생각해도 된다.

온도점 J에서는 초기 융체 조성점 Z를 기준으로 한 공액선 J-BC의 분할 길이 BC-Z와 Z-J에 의해 계산되는 액상 L과 2차 결정 BC의 분율은 각각 38.0 wt%와 62.0 wt%이다. 이때 공액선 J-BC의 한 끝점에 해당하는 액상 L의 조성은 26.3 wt% A-25.3 wt% B-48.4 wt% C이다.

점 K에 도달하기 직전인 온도점 K^+에서는 초기 융체 조성점 Z를 기준으로 한 공액선 K-BC의 분할 길이 BC-Z와 Z-K를 지렛대 원리에 적용하여 계산되는 액상 L과 2차 결정 BC의 분율은 각각 29.5 wt%와 70.5 wt%이다. 이때 액상 L의 조성은 공액선 K-BC의 한끝의 조성에 해당하는 33.9 wt% A-27.8 wt% B-38.3 wt% C이다.

2차 결정 단독 정출 냉각 구간의 온도점 J 및 K^+에서 존재하는 상의 등조성선 연구 결과는 Table 6.12.3에 나타내었다.

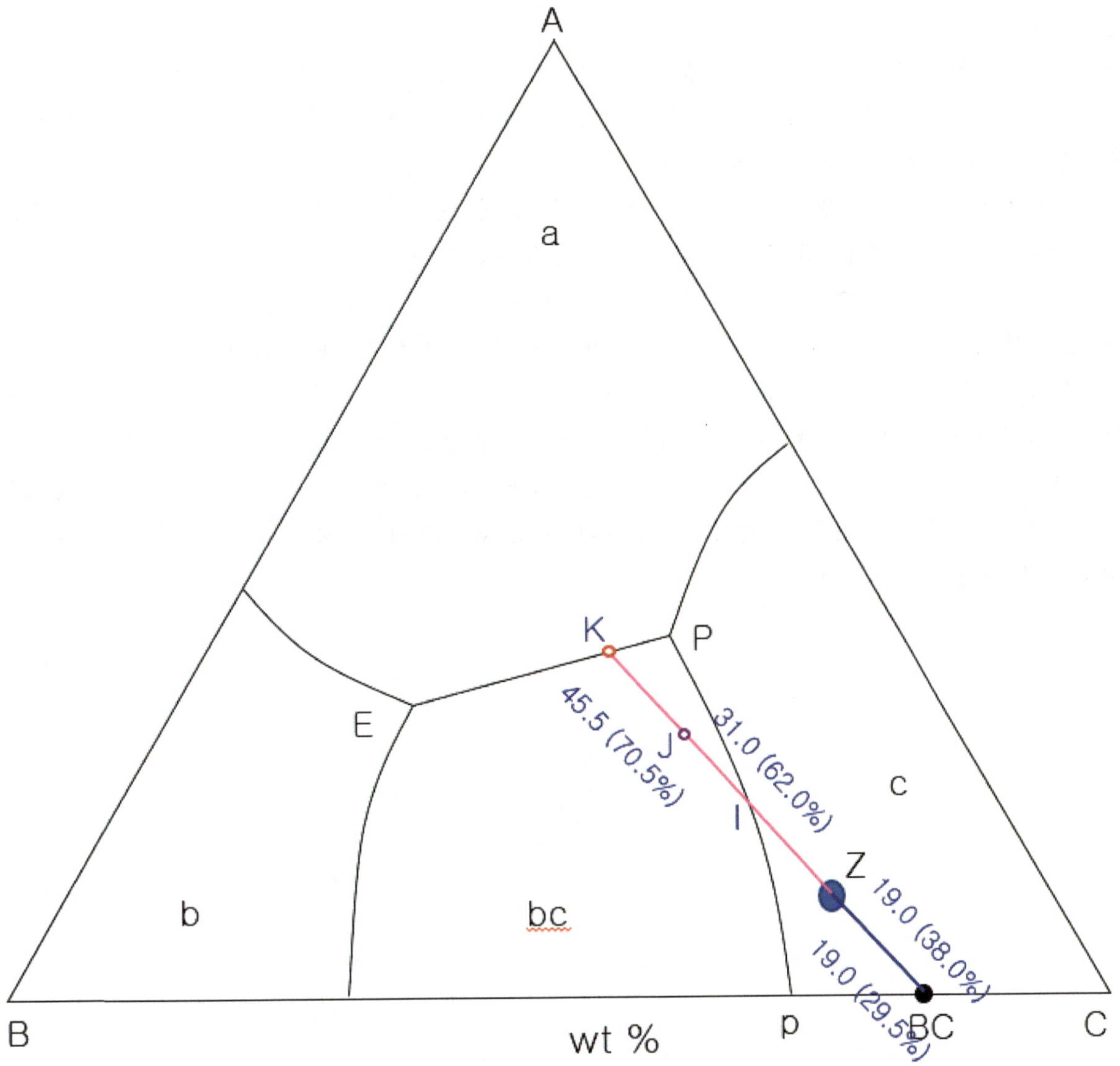

Fig. 6.12.3. Cooling path from I$^-$ to J to K$^+$ and tie lines drawn at K$^+$ for the melt with initial composition Z(10.0 wt% A-20.0 wt% B-70.0 wt% C).

Table 6.12.3. Isoplethal Analysis at J and K$^+$ for the Melt with Initial Composition of 10.0 wt% A-20.0 wt% B-70.0 wt% C

Temp. (℃)	Type and fraction basis of phases	Proportion(%)	Composition(%)		Analysis(%)		
					A	B	C
J	19.0 mm melt	38.0	A	26.3	10.0		
			B	25.3		9.6	
			C	48.4			18.4
	31.0 mm BC crystals	62.0	A	0.0	0.0		
			B	16.7		10.4	
			C	83.3			51.6
	Total system composition				10.0	20.0	70.0
K$^+$	19.0 mm melt	29.5	A	33.9	10.0		
			B	27.8		8.2	
			C	38.3			11.3
	45.5 mm BC crystals	70.5	A	0.0	0.0		
			B	16.7		11.8	
			C	83.3			58.7
	Total system composition				10.0	20.0	70.0

④ 2차 2원 정출 구간

Fig. 6.12.4에서 보이는 바와 같이, 2차 공통경계선 P-E를 따라 냉각되는 온도 범위 K~E⁺에서의 존재하는 상은 (액상 L + 2차 결정 BC + 3차 결정 A)이다. 이때는 액상 조성점-BC-A를 연결하는 공액 삼각형을 그려서 존재상을 분석할 수 있다.

공통경계선 P-E에 따르는 2원 정출 구간에서 2원 포정반응이 일어날지, 또는 2원 공정반응이 일어날지를 판별하기 위해 Fig. 6.12.4에서와 같이 상평형도에 초록색의 조성 삼각형을 그어 공통경계선과 만나는 교점을 기준으로 해당 Alkemade 선에서의 온도 기울기 방향을 알아냈다(5장 8절 참조). 파란색 점선 원 부분에서 보이는 바와 같이, 연장된 공통경계선 E-O는 Alkemade 선 A-BC와 점 O에서 만나고, 교점 O를 기준으로 Alkemade 선 A-BC에서의 온도 기울기 방향이 양쪽에서 모이므로 점 O는 2원 공정점이다. 따라서 공통경계선 P-E를 따라 2원 공정반응이 일어나는 것을 판별할 수 있다.

온도점 K에서 초기 융체 조성점 Z를 기준으로 한 공액 삼각형 K-BC-A의 내부 교차선 K-BC로 계산되는 액상 L과 고상의 분율은 각각 29.5 wt%와 70.5 wt%이다. 이때 3차 결정 A는 아주 미량 ε이므로 고상 대부분은 2차 결정 BC이다.

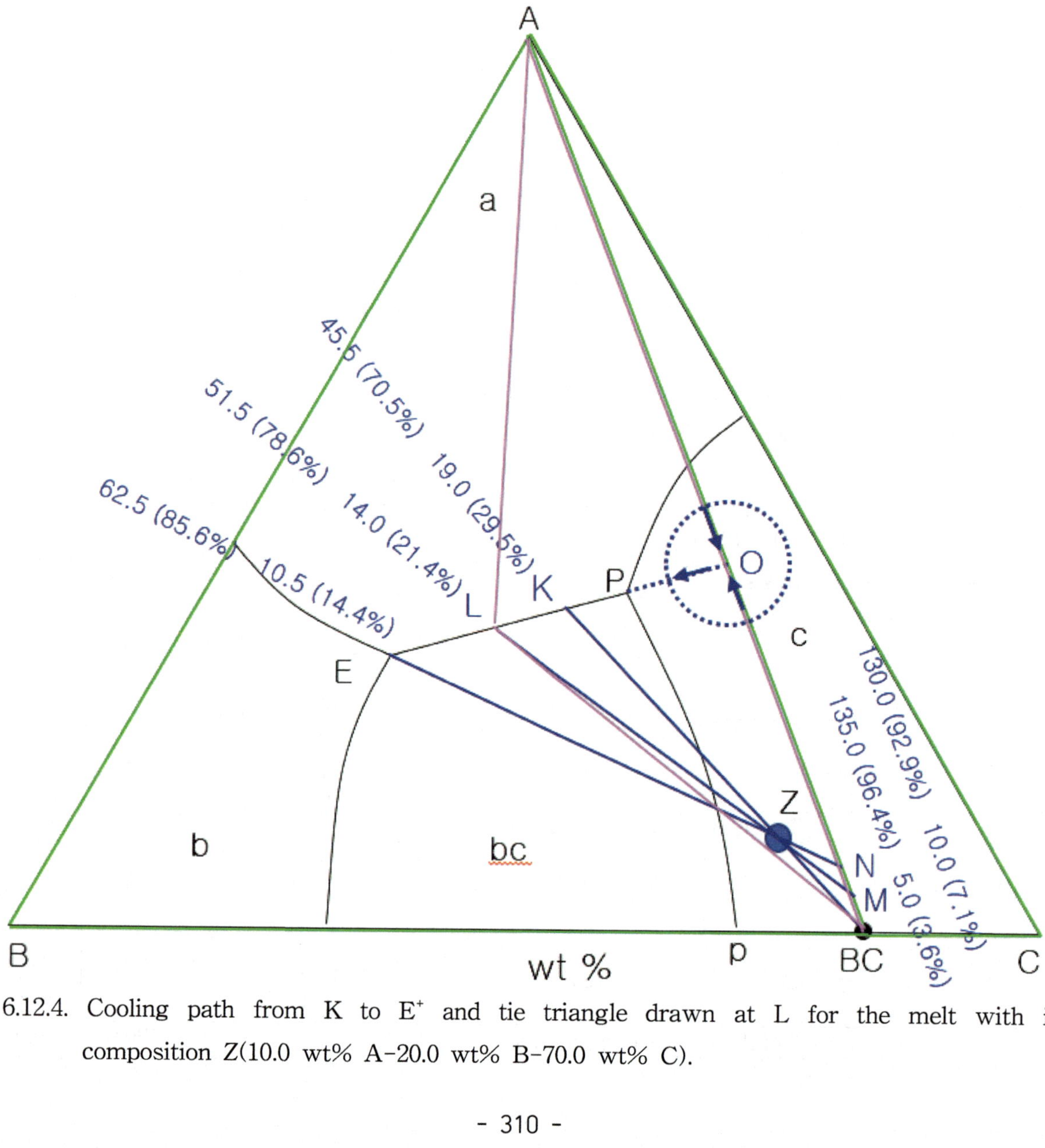

Fig. 6.12.4. Cooling path from K to E⁺ and tie triangle drawn at L for the melt with initial composition Z(10.0 wt% A-20.0 wt% B-70.0 wt% C).

온도점 L에서는 점 Z를 기준으로 한 공액 삼각형 L-BC-A의 내부 교차선 L-M의 분할 길이 M-Z와 Z-L을 이용하여 계산되는 액상 L과 고상의 분율은 각각 21.4 wt%와 78.6 wt%이다. 또한 교점 M을 기준으로 한 Alkemade 선 A-BC의 분할 길이 A-M과 M-BC로 계산되는 2차 결정 BC 분율은 78.7 wt%×96.4%=75.8 wt%이고, 3차 결정 A의 분율은 78.6 wt%×3.6%=2.8 wt%이다.

3원 공정점 E에 도달하기 직전 온도점 E^+에서는 점 Z를 기준으로 공액 삼각형 E-BC-A의 내부 교차선 E-N에 의해 계산한 액상 L과 고상의 분율은 각각 14.4 wt%와 85.6 wt%이다. 이때 교점 N 기준으로 해당 Alkemade 선 A-BC에 의해 계산한 2차 결정 BC의 분율은 85.6 wt%×92.9%=79.5 wt%이고, 3차 결정 A의 분율은 85.6 wt%×7.1%=6.1 wt%이다.

따라서 온도 범위 P^-~E^+에서의 상분석 결과로부터, 냉각됨에 따라 계에 존재하는 2차 결정 A의 분율이 줄지 않고, (2차 결정 A + 3차 결정 BC)의 분율이 증가하였으므로 2원 공정반응이 일어났음을 확인할 수 있다. 2차 2원 공정반응 구간의 온도점 K, L 및 E^+에서 존재하는 상의 조성과 분율에 관한 등조성선 연구 결과는 Table 6.12.4에 나타내었다.

Table 6.12.4. Isoplethal Analysis at K, L and E^+ for the Melt with Initial Composition of 10.0 wt% A-20.0 wt% B-70.0 wt% C

Temp. (℃)	Type and fraction basis of phases	Proportion(%)		Composition(%)		Analysis(%) A	B	C
K	19.0 mm melt	29.5		A	33.9	10.0		
				B	27.8		8.2	
				C	38.3			11.3
	45.5 mm BC, A crystals	70.5	BC (70.5×100.0 = 70.5)	A	0.0	0.0		
				B	16.7		11.8	
				C	83.3			58.7
			A (70.5× 0.0 = 0.0)	A	100.0	0.0		
				B	0.0		0.0	
				C	0.0			0.0
	Total system composition					10.0	20.0	70.0
L	14.0 mm melt	21.4		A	33.1	7.2		
				B	34.1		7.3	
				C	32.2			6.9
	51.5 mm BC, A crystals	78.6	BC (78.6×96.4 = 75.8)	A	0.0	0.0		
				B	16.7		12.7	
				C	83.3			63.1
			A (78.6× 3.6 = 2.8)	A	100.0	2.8		
				B	0.0		0.0	
				C	0.0			0.0
	Total system composition					10.0	20.0	70.0
#E^+	10.5 mm melt	14.4		A	27.1	3.9		
				B	46.5		6.7	
				C	26.4			3.8
	62.5 mm BC, A crystals	85.6	BC (85.6×92.9 = 79.5)	A	0.0	0.0		
				B	16.7		13.3	
				C	83.3			66.2
			A (85.6× 7.1 = 6.1)	A	100.0	6.1		
				B	0.0		0.0	
				C	0.0			0.0
	Total system composition					10.0	20.0	70.0

#+ indicates the temperature just above.

⑤ 3원 공정반응 구간

공정점 E에서 평형 냉각되면, 이전까지 남아있던 액상 L이 3원 공정반응 하여 (2차 결정 BC + 3차 결정 A + 4차 결정 B)로 결정화된다. Fig. 6.12.5에서 보이는 바와 같이, 초기 융체 조성점 Z가 조성 삼각형 A-B-BC 안에 위치하므로, 3원 공정반응 이후에 더 이상 다른 경로의 냉각이 진행되지 않고 3원 공정점에서 냉각이 끝나는 것으로 판단할 수 있다.

조성 Z인 융체가 3원 공정점 온도 미만인 E^-로 냉각되면, 최종 결정의 조성은 초기 융체 조성점 Z가 속한 조성 삼각형 BC-A-B의 각 꼭지점 조성에 해당한다. 따라서, 최종 결정 각각의 조성과 명칭은 100.0 wt% A의 결정 A, 100.0 wt% B의 결정 B 및 16.7 wt% B-83.3 wt% C의 결정 BC이다.

그리고 온도점 E^-에서 최종 결정의 분율을 구하기 위해 초기 융체 조성점 Z를 지나고 조성 삼각형 A-B-BC의 변 A-BC와 변 B-BC에 평행한 직선을 그으면, 변 A-B에서는 점 R과 Q에서 만난다.

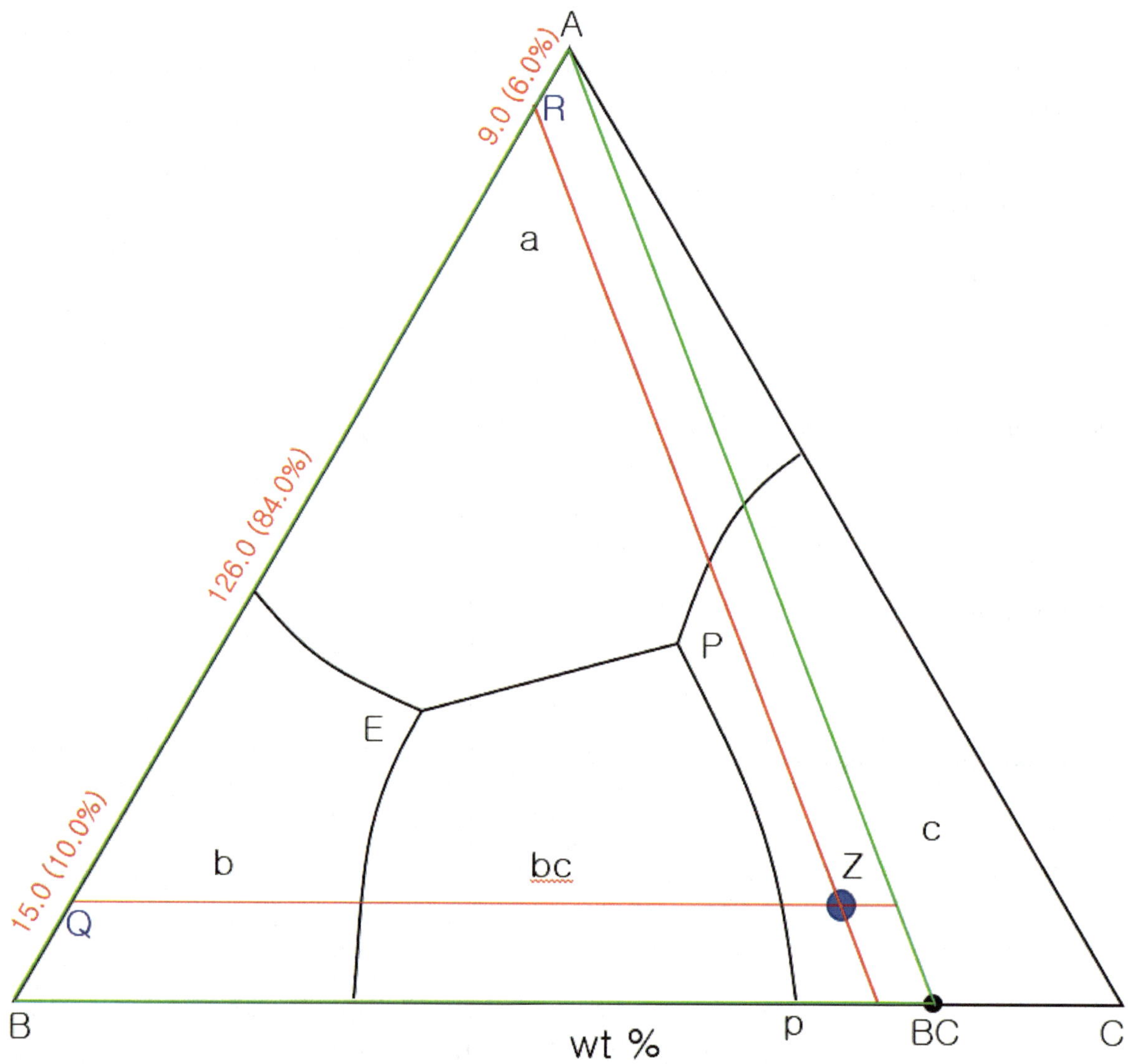

Fig. 6.12.5. The composition and fraction of final crystalline phases determined by composition triangle after cooling just below ternary eutectic point E for the melt with initial composition Z(10.0 wt% A-20.0 wt% B-70.0 wt% C).

따라서 분할 길이 A-R, R-Q, Q-B를 재서 지렛대 원리에 적용하여 실제로 구한 결정 BC, 결정 A 및 결정 BC의 분율은 각각 84.0 wt%, 10.0 wt% 및 6.0 wt%이다.

조성 Z(10.0 wt% A-20.0 wt% B-70.0 wt% C)인 융체를 온도 E 미만으로 평형 냉각하였을 때, 최종적으로 존재하는 상의 조성과 분율에 관한 등조성선 연구 결과는 Table 6.11.5에 나타내었다.

Table 6.12.5. Isoplethal Analysis just below ternary eutectic point E for the Melt with Initial Composition of 10.0 wt% A-20.0 wt% B-70.0 wt% C

Temp. (℃)	Type and fraction basis of phases	Proportion(%)	Composition(%)		Analysis(%) A	Analysis(%) B	Analysis(%) C
※E⁻	126.0 mm BC crystal	84.0	A	0.0	0.0		
			B	16.7		14.0	
			C	83.3			70.0
	15.0 mm A crystal	10.0	A	100.0	10.0		
			B	0.0		0.0	
			C	0.0			0.0
	9.0 mm B crystal	6.0	A	0.0	0.0		
			B	100.0		6.0	
			C	0.0			0.0
	Total system composition				10.0	20.0	70.0

※- indicates the temperature just below.

3원 공정반응의 물질수지는 반응 이후 생성물의 양에서 반응 이전 반응물의 양을 빼서 "0"이 되는 관계식으로부터 구할 수 있다. 따라서 조성 Z인 융체에 대해 온도점 E^-에서의 존재상 양에서 온도점 E^+에서의 존재상 양을 빼서 "0"으로 하면 다음과 같이 계산된다.

$$84.0\ wt\%\ BC_{(s)} + 10.0\ wt\%\ A_{(s)} + 6.0\ wt\%\ B_{(s)}$$

$$-)\ 79.5\ wt\%\ BC_{(s)} + 6.1\ wt\%\ A_{(s)} + 14.4\ wt\%\ melt_{(\ell)}$$

$$4.5\ wt\%\ BC_{(s)} + 3.9\ wt\%\ A_{(s)} + 6.0\ wt\%\ B_{(s)} - 14.4\ wt\%\ melt_{(\ell)} = 0$$

이항 정리하면, 공정점 E에서 3원 공정반응의 물질수지는 다음과 같다.

$$14.4\ wt\%\ melt(\ell) \leftrightarrows 4.5\ wt\%\ BC(s) + 3.9\ wt\%\ A(s) + 6.0\ wt\%\ B(s) \quad (6\text{-}20)$$

[참고문헌]

1. W. G. Fahrenholtz, H. R. Bentley and R. M. Smith, 'Tutorial Modules for the Study of Phase

Equilibrium Diagrams,' Proceedings of the 2001 American Society for Engineering Education Annual Conference & Exposition, 2001.

2. Integrating Research and Education, Teaching Phase Equilibria, Phase Diagrams (and Pseudo-sections), Ternary Phase Diagrams, Science Education Resource Center at Carleton Collage (2011).
3. John D. Winter, Ch. 7, Systems with More than Two Components, pp. 105 in 'An Introduction to Igneous and Metamorphic Petrology,' Prentice Hall 2001.
4. https://slideplayer.com/amp/5154625(2023).
5. E. M. Levin, C. R. Robbins and H. F. Mc Murdie, Fig. 712 in 'Phase Diagrams for Ceramists', American Ceramic Society, 1975.
6. A. Askin, I. Tatar, S. Kilinc and O. Tezel, "The Utilization of Waste Magnesite in the Production of the Cordierite Ceramic," Energy Procedia 107, 137-143 (2017).
7. https://serc.carleton.edu/research_education/equilibria/ternary_diagrams,html(2023).